浙江省普通本科高校"十四五"重点教材

绿色环保领域普通高等教育教学丛书

大气污染控制工程

（第三版）

吴忠标　主编

科 学 出 版 社

北 京

内 容 简 介

本书系统介绍大气污染产生、控制及排放的原理和理论基础,重点论述了大气污染控制的技术和装置及有关设计计算问题,尤其是结合工程应用进行分析讨论,系统阐述且重点突出了大气污染控制技术应用的除尘、脱硫、脱硝和有机废气治理四大领域。全书共 10 章,第 1 章介绍大气污染控制的发展概况;第 2 章介绍主要大气污染物产生的过程原理;第 3 章介绍除尘技术;第 4 章介绍大气污染物治理中应用的过程单元操作方法和原理;第 5 章介绍二氧化硫控制技术;第 6 章介绍氮氧化物控制技术;第 7 章介绍有机废气处理技术;第 8 章介绍含重金属废气、无机废气、恶臭废气及富含雾沫气体的控制及处理技术;第 9 章介绍大气污染控制过程应用的配套辅助设备;第 10 章介绍气象条件与大气污染物排放和扩散之间的关系。本书内容遵循过程原理与实际应用结合的原则,突出大气污染控制工程案例,体现了理论性与实用性的高度统一,并采用新形态教材形式支撑学生个性化学习和拓展学习。

本书可作为高等学校相关专业高年级本科生及研究生的教材或参考书,也可作为相关领域的科研、生产、教学和应用开发人员了解主流大气污染控制技术的参考资料。

图书在版编目(CIP)数据

大气污染控制工程 / 吴忠标主编. -- 3 版. -- 北京 : 科学出版社, 2025.2. -- (浙江省普通本科高校"十四五"重点教材)(绿色环保领域普通高等教育教学丛书). --ISBN 978-7-03-079582-3

Ⅰ. X510.6

中国国家版本馆 CIP 数据核字第 2024GL1826 号

责任编辑:赵晓霞 / 责任校对:杨 赛
责任印制:张 伟 / 封面设计:有道文化

斜 学 出 版 社 出版
北京东黄城根北街 16 号
邮政编码:100717
http://www.sciencep.com

北京中石油彩色印刷有限责任公司印刷
科学出版社发行 各地新华书店经销
*
2002 年 7 月第 一 版 开本:787×1092 1/16
2021 年 8 月第 二 版 印张:26 3/4
2025 年 2 月第 三 版 字数:669 000
2025 年 2 月第十二次印刷
定价:89.00 元
(如有印装质量问题,我社负责调换)

第三版前言

　　《大气污染控制工程》是浙江大学百门核心课程配套教材，也是浙江省普通本科高校"十四五"重点教材。根据新形态教材的要求，结合大气污染控制领域及相关学科的最新发展，我们在第二版教材的基础上进行了补充、修订。

　　本书依然突出大气污染控制技术应用的除尘、脱硫、脱硝和有机废气治理四大主要方面，章节顺序保持不变，主要修订内容如下：第 1 章对所涉及的法律法规、标准和相关控制措施及其相关数据进行了更新，增加"双碳"目标和碳交易方面的内容；第 2 章重点对燃烧与大气污染部分进行了修改；第 3 章对机械式除尘器和湿式除尘器部分进行了精简，重点突出新的除尘技术与装备；第 4 章重点修改燃烧法部分；第 5 章进行了缩减调整，增加以废治污内容，适应技术发展趋势；第 6 章进一步规范了烟气脱硝的概念和定义；第 7 章增加了有机废气相关的控制排放标准，并根据技术发展进行了删减调整；第 8 章优化调整了内容框架；第 9 章对管道设计、风机的设计与选择及废气处理过程中的安全与防爆设计进行了删减和修改；第 10 章精简了部分内容。

　　本书按新形态教材标准建设了教材的增值服务内容，包括主题讨论、拓展阅读、动画展示、示范课视频、实验实践课等数字资源，以更灵活、更便捷和更实用为内核的教材建设支撑学生的个性化学习，激发学生学习的兴趣点，调动学生学习的积极性，达成课程目标，达到学生的知识掌握、设计训练和实际运用的目的。此外，本书工程案例"真"、通专融合"实"、产教融合"深"，文字更加精练，例题习题更具针对性，更突出新技术工程原理和应用。

　　全书由吴忠标任主编，吴晓琴、翁小乐任副主编，参加第三版编写的主要人员有：浙江大学吴忠标（第 1、3、5 章）、翁小乐（第 1 章）、王海强（第 4 章）、刘越（第 10 章），中国计量大学付海陆（第 2 章）、曹爽（第 3 章），成都信息工程大学刘洁（第 3、8 章），武汉科技大学吴晓琴（第 5 章），浙江工商大学江博琼（第 6 章），南京师范大学盛重义（第 4、9 章），遵义师范学院王青峰（第 7、10 章），电子科技大学董帆（第 7 章）。参与部分编写的人员有：浙江大学官宝红(5.4.6 小节)、李伟(7.2.6 小节)，上海交通大学瞿赞和徐浩淼(2.2.5 小节)、黄文君(2.2.5 小节)，武汉科技大学俞丹青(7.2.2 小节)，浙江工业大学张士汉(7.2.6 小节)。浙江天蓝环保技术股份有限公司王岳军、高珊、陈美秀编写了大部分工程实例。

　　在本书编写过程中，得到了国内同行对教材修订的诸多宝贵意见和建议。科学出版社赵晓霞编辑为本书的出版付出了辛勤的劳动。浙江大学和编写人员所在高校的吴云硕等多届本科生和研究生对教材的修订提出了许多好的建议，并在资料收集、图表加工和习题演算等方面给予了很多帮助。在此，一并致以诚挚的谢意！

　　由于我们水平和经验所限，书中难免会有疏漏之处，敬请读者批评指正、提出意见。

吴忠标

2024 年 7 月

第二版前言

《大气污染控制工程》自 2002 年出版以来，已连续印刷了 8 次，得到了读者的广泛关注和好评。在此期间我国在大气污染控制领域取得了巨大的进步，大气污染控制的理论和技术不断发展。编者多年来在该领域从事教学、研究和工程实践工作，本次再版根据大气污染控制领域的发展和变化，以及新的学科发展需要和教学需求，在第一版教材的基础上进行了补充、修订和调整。

全书系统介绍了大气污染产生、控制及排放的原理和理论基础，更加注重大气污染控制的技术和装置及有关设计计算问题，尤其是结合工程应用进行了分析讨论。编者将除尘、脱硫、脱硝和有机废气治理放到同一层面上，突出了大气污染控制技术应用的四大主要方面，因此全书由第一版的 9 章变更为第二版的 10 章。第二版主要修订内容如下：更新了 2002 年以来国家在大气污染控制领域的法律法规、标准及相关控制措施；除了传统的大气污染控制关注的重点领域外，基于细颗粒物($PM_{2.5}$)和臭氧(O_3)为特征的区域性大气复合污染，增补了 $PM_{2.5}$ 和臭氧的重要前体物——挥发性有机物(VOCs)的相关治理技术，第 3 章增加了细颗粒物的控制技术，第 4 章增加了挥发性有机物控制的工程科学基础原理，新增第 7 章有机废气处理技术；第 5 章和第 6 章对脱硫、脱硝近年来发展的技术进行了更新和补充，包括循环流化床烟气脱硫、碱性废物烟气脱硫、冶炼高 SO_2 浓度烟气的回收治理、选择性催化还原法(SCR)和选择性非催化还原法(SNCR)脱硝技术等；第 8 章新增了含汞等重金属废气的控制治理技术。第二版还更新和新增了近年来工业应用的大气污染控制工程实例，并尽量以翔实的工程描述，与工艺方法相呼应。本书内容力求学以致用，遵循过程原理与实际应用结合的原则，突出大气污染控制工程案例，体现了理论性与实用性的高度统一。

全书由吴忠标担任主编，吴晓琴担任副主编，参与第二版编写的主要人员有：浙江大学吴忠标(第 1、3、5 章)、翁小乐(第 1 章)、王海强(第 4 章)、刘越(第 10 章)，中国计量大学付海陆(第 2 章)、曹爽(第 3 章)，上海交通大学瞿赞(第 2 章)，成都信息工程大学刘洁(第 3、8 章)，武汉科技大学吴晓琴(第 4 章)，浙江工商大学江博琼(第 6 章)，南京师范大学盛重义(第 6、9 章)，电子科技大学董帆和遵义师范学院王青峰(第 7 章)。其他参与部分编写的人员有：浙江大学官宝红(5.4.6 小节)、李伟(7.2.6 小节)，上海交通大学徐浩森和黄文君(2.2.5 小节)，武汉科技大学俞丹青(7.2.2 小节)，浙江工业大学张士汉(7.2.6 小节)。浙江天蓝环保技术股份有限公司王岳军、高珊、陈美秀参与编写了大部分的工程实例。

在本书编写过程中，得到了国内同行对教材修订的诸多宝贵意见和建议。科学出版社赵晓霞编辑为本书的出版付出了辛勤的劳动。编写人员所在高校的多届本科生和研究生对教材的修订提出了许多好的建议，并在资料收集、图表加工和习题演算等方面给予了很多帮助。在此一并致以诚挚的谢意！

由于编者水平和经验所限，书中难免会有疏漏之处，敬请读者批评指正、提出意见。

吴忠标

2020 年 12 月

第一版前言

本书是根据教育部高等学校环境科学与工程教学指导委员会制定的基本教学要求，以浙江大学多年讲授"大气污染控制工程"的讲义和经验为基础，并参考和吸收了国外优秀教材和国内各校教材的精髓，为高等学校环境科学与工程类专业学生编写的一本教材。本书系统介绍了大气污染产生、控制及排放的原理和理论基础，重点论述了烟尘、二氧化硫、氮氧化物、其他废气等大气污染控制的常用技术和装置，并结合工程应用进行了分析讨论。

本书立足学以致用，力求做到层次分明、重点突出、概念清晰，并充分注意必要的系统性、完整性和实用性，使学生在学习过程中能理论联系实际，并逐步提高自身提出问题、分析问题和解决问题的能力。

使用本书作为教材，可根据不同专业的要求选择教学内容和确定学时，参考学时为80～100。本书可作为高等学校环境科学与工程类专业的教材，也可供化工、机械、能源、化学等领域的工程技术人员及环境管理人员参考。

本书由浙江大学吴忠标任主编、金一中任副主编，参加编写的人员有：浙江大学吴忠标(第1，3，5章)、金一中(第4，7，8章)、官宝红(第2章、附录Ⅳ～Ⅷ)、李伟(第6章、附录Ⅰ～Ⅲ)、杨岳平(第9章)。

由于编者学术水平和经验所限，书中缺点和错误在所难免，敬请读者批评指正

编　者

2001 年 11 月于浙江大学求是园

目　录

第 1 章

大气污染及控制概况

大气环境是指生物赖以生存的空气的物理、化学和生物学特性。物理特性主要包括空气的温度、湿度、风速、气压和降水,它们均由太阳辐射这一原动力引起。化学特性则为空气的主要化学组成,还有一些微量杂质及含量变化较大的水汽。生物学特性是人类生活或工农业生产排出的氨、二氧化硫、一氧化碳、氮氧化物与氟化物等有害物质可改变原有空气的组成,并引起污染,造成全球气候变化,破坏生态平衡。大气环境和人类生存密切相关,大气环境的每一个因素几乎都可以影响人类。人与大气环境之间连续不断的物质和能量交换,决定了大气环境的重要地位。

自然状况下的大气由混合气体、水汽和悬浮颗粒物组成。除去水汽和悬浮颗粒物的大气称为干洁空气。干洁空气的主要成分为氮(N_2)、氧(O_2)和氩(Ar)。按大气层容积计算,氮占 78.08%,氧占 20.95%,氩占 0.93%,三者共占大气总容积的 99.96%。其他气体,如二氧化碳(CO_2)、氖(Ne)、氦(He)、氪(Kr)、氢(H_2)、一氧化二氮(N_2O)、臭氧(O_3)、氙(Xe)等,仅占 0.04% 左右。干洁空气的组成见表 1-1。

表 1-1　干洁空气的组成

气体成分	体积分数/%	气体成分	体积分数/%
氮(N_2)	78.08	氪(Kr)	1.0×10^{-4}
氧(O_2)	20.95	氢(H_2)	0.5×10^{-4}
氩(Ar)	0.93	一氧化二氮(N_2O)	0.5×10^{-4}
二氧化碳(CO_2)	0.03	氙(Xe)	0.08×10^{-4}
氖(Ne)	1.8×10^{-4}	臭氧(O_3)	0.02×10^{-4}
氦(He)	5.2×10^{-4}	干洁空气	100

干洁空气的组成在从地面到 85km 高度的范围内是基本不变的,并且物理性质基本稳定,可视为理想气体。干洁空气的平均分子量为 28.966,标准状态(273.15K,101.325kPa)下的密度为 1.293kg/m³。

大气中的水汽含量与时间、地区及气象条件的变化息息相关。在潮湿的热带地区,水汽的体积分数可达 4%,而在干旱的沙漠地带则不足 0.01%。大气中的水汽含量虽然不高,但在云、雾、雨、霜、露等天气现象的演变中起着重要作用。

大气中的悬浮物是悬浮在大气中的固体、液体颗粒物质的总称。液体悬浮颗粒主要包括水汽凝结物，如水滴、云雾和冰晶等。固体悬浮物则主要包括火山灰、风刮起的尘土、工业生产过程中向大气中排放的一次细颗粒物、光化学反应生成的二次气溶胶等。

1.1 大气污染及其影响

1.1.1 大气污染

1.1.1.1 大气污染的概念

国际标准化组织(ISO)认为，"大气污染是指由于人类活动和自然过程引起某些物质进入大气中，呈现出足够浓度，达到足够时间，从而危害人体舒适、健康和福利或危害环境"。人体的舒适和健康包括从人体正常的生活环境和生理机能的影响到引起慢性病、急性病致死亡的范围。人体的福利则指与人类协调共存的生物、自然资源、财产及器物等。

在我国，大气污染和空气污染通常不作同一词使用。空气污染常被理解为室内空气污染，即指厂房内部或其他劳动场所和人类活动场所的空气污染；而室外空气污染，即地区性空气污染，则大多使用大气污染一词。也有人将大气污染理解为这两种污染的总称。

1.1.1.2 造成大气污染的原因

大气污染主要是由自然界所发生的自然灾害和人类活动共同造成的。

自然灾害包括火山爆发排出火山灰、二氧化硫、硫化氢，煤田和油田自然逸出煤气和天然气，腐烂的动植物尸体放出有害气体等。自然灾害所造成的污染多为暂时的、局部的。

我们通常所说的大气污染问题多指由人为因素引起的大气污染。这类污染持续时间长、影响范围广。人为源大气污染的形成需要具备三个条件：一是大量的污染物排入大气中；二是当地不利的气象条件；三是污染物在大气中积累或变化，以及污染物间的相互作用(如光化学作用等)。与发达国家城市经历的大气污染不同，我国的城市和区域大气污染状况更为复杂。英国伦敦20世纪50年代的烟雾主要来自冬季燃煤，美国洛杉矶的光化学烟雾主要来自机动车尾气的光化学反应产物，而在我国的主要城市和地区，燃煤和机动车尾气排放导致的大气复合污染特征明显。我国科学家于1997年提出了大气复合污染的概念。大气复合污染主要来自工业、发电、交通、取暖等多种污染源排放的颗粒态和气态一次污染物，以及经过一系列复杂的物理、化学和生物过程形成的二次细颗粒物和臭氧等二次污染物。这些污染物在具有"静稳"特征的不利气象和天气过程的影响下，在短时间累积形成高浓度的污染，并在大范围的区域间相互输送，对人体健康和生态环境产生严重危害。

1.1.1.3 大气污染源

根据不同的研究目的和污染源特点，污染源的类型有以下五种划分方法。
(1) 按污染源存在形式划分
固定污染源：位置固定，如工厂的排烟或排气。
移动污染源：在移动过程中排放大量废气，如汽车、轮船等。
(2) 按污染物排放方式划分
点源：通过某种装置集中排放的固定点状源，如烟囱、集气筒等。

面源：在一定区域范围内，以低矮集的方式自地面或近地面的高度排放污染物的源，如工业生产过程中的无组织排放、储存堆、渣场等排放源。

线源：污染物呈线状排放或由移动源构成线状排放的源，如城市道路的机动车排放源等。

体源：源本身或附近建筑物的空气动力学作用使污染物呈一定体积向大气排放的源，如焦炉炉体、屋顶天窗等。

(3) 按污染物排放时间划分

连续源：污染物连续排放，如化工厂的排气筒等。

间断源：污染物排放时断时续，如取暖锅炉的烟囱。

瞬时源：污染物排放时间短暂，如工厂的事故排放。

(4) 按污染物排放空间划分

高架源：在距地面一定高度处排放污染物，如高烟囱。

地面源：在地面上排放污染物，如煤炉、锅炉等。

(5) 按污染物产生的类型划分

工业污染源：主要是燃料燃烧排放的污染物，生产过程中的排气及排放的各类矿物和金属粉尘。表1-2和表1-3列出了各类工业企业及工业炉窑向大气排放的主要污染物质。

表 1-2　各类工业企业向大气中排放的主要污染物质

工业部门	企业类型	排放的主要大气污染物质
电力	火力发电厂	烟尘、二氧化硫、氮氧化物、一氧化碳、苯
冶金	钢铁厂	烟尘、二氧化硫、一氧化碳、氧化铁尘、氧化钙尘、锰尘
	有色金属冶炼厂	粉尘(各种重金属：铅、锌、镉、铜等)、二氧化硫
	焦化厂	烟尘、二氧化硫、一氧化碳、硫化氢、苯、酚、萘、烃类
化工	石油化工厂	二氧化硫、硫化氢、氰化物、氮氧化物、氯化物、烃类
	氮肥厂	烟尘、氮氧化物、一氧化碳、氨、硫酸气溶胶
	磷肥厂	烟尘、氟化物、硫酸气溶胶
	硫酸厂	二氧化硫、氮氧化物、砷、硫酸气溶胶
	氯碱厂	氯气、氯化氢
	化学纤维厂	烟尘、硫化氢、氨、二硫化碳、甲醇、丙酮、二氯甲苯
	合成橡胶厂	丁间二烯、苯乙烯、异戊烯、异戊二烯、丙烯腈、二氯乙醚、乙硫醇、氯代甲烷
	农药厂	砷、汞、氯、农药
	水晶石厂	氟化氢
机械	机械加工厂	烟尘
轻工	造纸厂	烟尘、硫醇、硫化氢
	仪表厂	汞、氰化物
	冰晶石厂	烟尘、汞
建材	水泥厂	水泥尘、烟尘

表 1-3　各种工业炉窑的粉尘排放情况

污染装置	烟尘类别	粉尘粒径/μm	粉尘含量/(g/m³)
水泥烧结窑	水泥尘	2～4	10～50
石灰窑	石灰尘	0.5～20	21
锌矿焙烧窑	锌矾飘尘	0.1～10	1～8
炼铁高炉	矿粉、焦粉	0.1～10	7～85
镍铁熔矿炉	硅粉	0.02～0.5	2～10
熔铅炉	铅尘	0.08～10	2～6
炼钢平炉	氧化铁		2～14
废铁炼钢平炉	氧化铁、氧化锌		1～34
黄铁矿焙烧炉	矿尘		1～40
铝矾土煅烧炉	半烧铝粉尘		25～30
煤粉锅炉	飘尘		8～30
炭黑工厂	炭尘	1～30	0.5～2.5
煤干馏炉	煤焦油	1～10	5～40
硫酸厂	硫酸雾	5～85	0.6～0.8

生活污染源：主要是家庭炉灶、取暖设备，以及城市垃圾在堆放过程中由于厌氧分解排放出的二次污染物和垃圾焚烧过程中产生的废气等。

交通污染源：主要是汽车、飞机、火车和船舶等交通工具。

1.1.1.4　大气污染类型

大气污染类型主要取决于所用能源和污染物的化学反应特性。根据污染物的化学性质及其存在的大气环境状况进行如下分类。

(1) 还原型(煤炭型)污染

煤炭型污染是指污染物由煤炭燃烧时放出的烟气、粉尘、二氧化硫等所构成的一次污染物，以及由这些污染物发生化学反应而生成的硫酸、硫酸盐类气溶胶等二次污染物。主要污染源为工业企业烟气排入物，另外，家庭炉灶的排放物也起重要作用。在低温、高湿度且风速很小的阴天，并伴有逆温的情况下，一次污染物易在低空积聚，生成还原性烟雾。伦敦烟雾事件是其典型代表，故这类污染又称为伦敦烟雾型污染。

(2) 氧化型(汽车尾气型)污染

氧化型污染多发生在以使用石油为燃料的地区，主要污染源为汽车排气、燃油锅炉及石油化工企业，主要的一次污染物是一氧化碳、氮氧化物和碳氢化合物。在阳光照射下这些污染物会发生光化学反应，生成臭氧、醛类、过氧乙酰硝酸酯(PAN)等二次污染物。这类物质具有极强的氧化性，对人眼睛等的黏膜有很强的刺激作用。洛杉矶光化学烟雾属于这类污染。

(3) 石油型污染

石油型污染的主要污染物来自汽车排放、石油冶炼及石油化工厂的排放，主要包括 NO_2、烯烃、链烷、醇、羰基化合物等碳氢化合物，以及它们在大气中形成的 O_3、各种自由基及其反应生成的一系列中间产物与最终产物。

(4) 复合型污染

复合型污染来自多种污染源排放的气态和颗粒态一次污染物，以及经一系列物理、化学过程形成的二次细颗粒物和臭氧等二次污染物。这些污染物与天气、气候系统相互作用和影响，形成高浓度的污染，并在大范围的区域间相互输送与反应。复合型污染是当前我国大气污染的主要特征，其治理已成为我国生态文明进程中遇到的前所未有的重大难题。

(5) 特殊型污染

特殊型污染是指有关工厂企业排放的特殊气体所造成的污染。这类污染常限于局部范围，如生产磷肥造成的氟污染、氯碱工厂周围形成的氯气污染等。

1.1.2 大气污染物

目前对环境和人类产生危害的大气污染物约有 100 种，其中影响范围广的污染物有颗粒物、含硫化合物、氮氧化物、碳氧化物、挥发性有机化合物等。

1.1.2.1 主要的大气污染物

(1) 颗粒物

颗粒物是指大气中除气体之外的物质，包括固体、液体和气溶胶。其中有固体的灰尘、烟尘、烟雾，以及液体的云雾和雾滴，其粒径范围为 $0.1 \sim 200 \mu m$。按粒径的差异，可以分为降尘和飘尘两种。

降尘是指粒径大于 $10 \mu m$ 且在重力作用下可沉降的颗粒状物质。其多产生于固体破碎、燃烧残余物的结块及研磨粉碎的细碎物质。自然界刮风及沙暴也可产生降尘。

飘尘是指粒径小于 $10 \mu m$ 的煤烟、烟气和烟雾等颗粒状物质。这些物质粒径小、质量轻，在大气中呈悬浮状态，且分布极广。柴油发动机排出的颗粒物直径大多小于 $10 \mu m$。

颗粒物自污染源排放后，因空气动力条件的不同和气象条件的差异而发生不同程度的迁移。降尘在重力作用下很快降落到地面，而飘尘则可在大气中长时间停留。颗粒物能作为水汽的凝结核，参与形成降水。

(2) 含硫化合物

大气中含硫化合物主要有二氧化硫和硫化氢，还有少量的亚硫酸和硫酸(盐)微粒。自然源产生的硫主要是细菌活动产生的硫化氢。人为源产生的硫排放，其主要形式为二氧化硫，主要来自含硫煤和石油燃烧、石油炼制、有色金属冶炼和硫酸制造等。

(3) 氮氧化物

氮氧化物(NO_x)种类很多，主要为一氧化氮和二氧化氮，另外还有一氧化二氮、三氧化二氮、四氧化二氮和五氧化二氮等多种化合物。

自然排放的氮氧化物主要来自土壤和海洋中有机物的分解，属于自然界的氮循环过程。人为活动排放的氮氧化物大部分来自化石燃料的燃烧，如汽车、飞机、内燃机及工业锅炉炉窑的燃烧，也有来自生产、使用硝酸的过程，如氮肥厂、有机中间体厂、有色及黑金属冶炼厂等。

(4) 碳氧化物

碳氧化物主要有两种物质，即 CO 和 CO_2。CO 主要由含碳物质不完全燃烧产生，自然排放较少。人为产生的 CO 约有 70%来自机动车的尾气排放。在大多数城市地区，机动车排放的 CO 占总排放量的 90%以上。CO 是无色、无臭的有毒气体，化学性质稳定，可以在大气中较长时间停留。在一定条件下，CO 会转化成 CO_2，但转化速率较低。人为排放大量的 CO 不仅会对植物造成危害，还会与人体血液中的血红蛋白结合，生成碳氧血红蛋白，影响人体血液对氧的吸收。

(5) 挥发性有机化合物

挥发性有机化合物常用 VOCs 表示，它是 volatile organic compounds 的缩写。VOCs 包括碳氢化合物(烷烃、烯烃和芳烃)、含氧有机物(醇、醛、酮、酸、醚)，以及含杂原子的有机物(如甲基氯仿、三氯乙烯、硫醇等)。VOCs 的排放源包括燃料的不完全燃烧，机动车辆燃料箱和气化器内未燃烧的汽油的蒸发，燃料向加油站输送、储存和分配过程中发生的泄漏，另外天然气管线的泄漏也增加了 VOCs 的排放。家庭来源包括油漆涂料和溶剂、消费品、黏合剂的使用及燃料的燃烧。

1.1.2.2 一次污染物和二次污染物

从污染源排入大气中的污染物在与大气混合过程中会发生各种物理和化学变化。按照形成过程不同，可分为一次污染物和二次污染物，如表 1-4 所示。

表 1-4 大气污染物的分类

项目	一次污染物	二次污染物
含硫化合物	SO_2、H_2S、含 S 有机物等	SO_3、H_2SO_4、MSO_4
含氮化合物	NO、NH_3、含 N 有机物等	NO_2、HNO_3、MNO_3
碳氢化合物	$C_1 \sim C_5$ 化合物	醛、过氧乙酰硝酸酯
碳氧化物	CO、CO_2	
卤素化合物	HF、HCl、含卤有机物等	

(1) 一次污染物

一次污染物是指直接从各种排放源进入大气的各种气体、蒸气和颗粒物。如前所述的 SO_2、氮氧化物、碳氧化物、碳氢化合物和颗粒物等都是主要的一次污染物。许多一次污染物性质不稳定，在大气中常与某些物质发生化学反应，或作为催化剂促进其他污染物发生化学反应，如 SO_2 和 NO_2 等。

(2) 二次污染物

由一次污染物通过各种化学反应生成的一系列新的污染物统称为二次污染物。例如，大气中的碳氢化合物和氮氧化物等一次污染物在光作用下发生光化学反应，生成臭氧、醛、酮、过氧乙酰硝酸酯等二次污染物。常见的二次污染物有臭氧、过氧乙酰硝酸酯、硫酸及硫酸盐气溶胶、硝酸及硝酸盐气溶胶，以及一些活性中间物，如过氧化氢自由基($HO_2 \cdot$)、氢氧自由基($\cdot OH$)、过氧化氮自由基($NO_3 \cdot$)和氧原子等。

1.1.3 大气污染对人类健康的危害

大气污染物侵入人体主要有三种途径：表面接触；食入被污染的食物和水；吸入被污染的空气。其中第三种途径最为重要。大气污染物对人体健康的危害主要表现为呼吸道疾病。

根据其影响缓急,大气污染对人体健康的危害可分为急性和慢性两类。

(1) 急性影响

当大气出现严重污染时,会对人体产生急性影响,造成急性中毒,甚至在短时间内死亡,也可使原呼吸系统疾病和心脏病等患者的病情恶化,进而加速其死亡。20世纪以来,曾发生多起著名的严重的大气污染事件。世界上最早报道的是1930年12月比利时马斯河谷烟雾事件,该事件造成几千名急性呼吸道刺激性疾患,一周内死亡逾60人,主要污染物为二氧化硫、氟化物、一氧化碳和微粒物质。1952年12月英国伦敦烟雾事件,造成大量居民死亡,当月就有约4000人死亡,主要污染物为二氧化硫和烟尘。1954年美国洛杉矶光化学烟雾事件,造成75%的居民患眼疾病,主要污染物为光化学反应形成的二次污染物。

(2) 慢性影响

除了以上高浓度大气污染对人体健康的急性作用外,低浓度的大气污染对人体的长期作用及远期效应也不容忽视,虽不如急性影响那样显而易见,但影响面广、受影响人数多。很多调查研究证明,慢性呼吸道疾病与主要以臭氧和$PM_{2.5}$为指标的大气污染有密切关系,疾病率随大气污染程度的增加而增加。

下面介绍几种主要大气污染物对人体的危害。

(1) 粉尘

粉尘的危害不仅取决于它的暴露浓度,还在很大程度上取决于它的组成成分、理化性质、粒径和生物活性等。

粉尘的成分和理化性质是对人体危害的主要因素。有毒金属粉尘和非金属粉尘(铬、锰、镉、铅、汞、砷等)进入人体后,会引起中毒甚至死亡。

粉尘的粒径大小是危害人体健康的另一重要因素,主要表现在以下两个方面。①粒径越小,越不容易沉降,长期飘浮在空气中容易被吸入体内,并且易深入肺部。动力学当量直径$5\sim10\mu m$的尘粒大部分会在呼吸道沉积,被分泌的黏液吸附,可以随痰排出;小于$5\mu m$的微粒能深入肺部,引起各种尘肺病。②粒径越小,粉尘比表面积越大,物理、化学活性越高,加剧了生理效应的发生和影响。此外,尘粒的表面可以吸附空气中的各种有害气体及其他污染物,成为它们的载体,如可以承载强致癌物质苯并芘及细菌等。

(2) 二氧化硫

SO_2是一种无色的中等强度刺激性气体。低浓度SO_2的主要影响是造成呼吸道管腔缩小,呼吸加快,每次呼吸量减少。SO_2浓度较高时,喉头感觉异常,并出现咳嗽、打喷嚏、咳痰、声哑、胸闷、呼吸困难、呼吸道红肿等症状,造成支气管炎、哮喘病,严重的可引起肺气肿,甚至死亡。一般认为,空气中SO_2浓度超过0.5ppm[①]就对人体健康产生潜在性影响,$1\sim3$ppm时多数人开始受到刺激,10ppm时刺激加剧,个别人还会出现严重的支气管痉挛等。

(3) 氮氧化物

污染环境的氮氧化物主要是NO和NO_2,NO约95%。NO对生物的危害尚不清楚,经动物实验证实其毒性仅为NO_2的1/5。NO_2是棕红色气体,对呼吸器官有强烈的刺激作用,能引起急性哮喘病。NO_2会伤害肺脏的最细气道。NO_2的急性接触可引起呼吸疾病(如咳嗽和咽喉痛),若叠加SO_2的影响可加重支气管炎、哮喘病和肺气肿。实验研究表明,当NO_2浓度超过300ppb[②]

---

① 1ppm=10^{-6}。

② 1ppb=10^{-9}。

$(575\mu g/m^3)$时，可恶化慢性支气管炎和哮喘病患者的肺功能。

(4) 一氧化碳

CO 是一种影响全身的毒物，会妨碍血红蛋白吸收氧气，恶化心血管疾病，影响神经导致心绞痛。CO 的危害不仅与 CO 的分压、体内碳氧血红蛋白的饱和浓度有关，还与接触浓度、暴露时间、机体活动时的肺通气量和血容量等许多复杂因素有关。由于和血液中主管输送氧气的血红蛋白有很强的结合力，人体呼吸摄入的 CO 进入血液后迅速形成碳氧血红蛋白，妨碍氧气的补给，使人产生头晕、头痛、恶心、疲劳等氧气不足的症状，危害中枢神经系统，严重时甚至窒息、死亡。

(5) 臭氧

产生光化学烟雾时生成的臭氧是具有特殊臭味的气体。臭氧能够损伤敏感的肺部组织，削弱身体对细菌和病毒的抵抗力。高浓度臭氧使哮喘患者病情恶化，削弱肺功能，增加呼吸道感染。运动时甚至低浓度的臭氧也能够引起如咳嗽、窒息、气短、痰多、喉咙痒哑、作呕和肺部功能削弱的症状。

(6) 含氟化合物

氟化氢(HF)有强烈的刺激和腐蚀作用，可通过呼吸道黏膜、皮肤和肠道吸收，对人体产生毒害作用。氟能与人体骨骼和血液中的钙结合，从而导致氟骨病。长期暴露在低浓度的氢氟酸蒸气中，可引起牙齿酸蚀症，使牙齿粗糙无光泽，易患牙龈炎。高浓度的氢氟酸能引起支气管炎和肺炎。

氟利昂大量排放到大气中，到达平流层后经光分解产生氯原子，破坏臭氧层。

(7) 多环芳烃

多环芳烃(PAHs)是指含多环结构的碳氢化合物，其种类很多，如萘、菲、蒽、萤蒽、苯并[a]芘、苯并蒽、苯并萤蒽及晕苯等。这类物质大多数有致癌作用，其中苯并[a]芘、二噁英是国际上公认的致癌能力很强的物质。

(8) 铅和其他有毒金属

微量金属多以颗粒物的形态存在。它们来自黑色和有色金属冶炼和加工、电池制造、垃圾焚烧、机动车辆、水泥和肥料生产及化石燃料的燃烧。目前已知的砷、铬和镍都是致癌物质。有毒金属能够损害心血管循环系统和肺部系统，引起皮肤病，影响中枢神经系统。

1.1.4 大气污染的区域影响

1.1.4.1 全球性的不良影响

(1) 全球气候变暖

大气中的飘尘、烟雾和各种气态污染物增多，使大气变得混浊，能见度降低，太阳光直接辐射减少。此外，大量的废热排出，地面长波辐射的变化，大气中的微粒形成水蒸气凝结核的作用等，也会使全球或局部地区大气的温度、湿度、雨量等发生变化。

温室气体使得全球气候变暖。世界各地气象部门的统计数据表明，自 20 世纪 70～80 年代以来，气温升高了 0.7℃左右，这是人类社会过去几千年、上万年所没有的现象。据估计，按照现在化石燃料燃烧的增加速度，大气中的 CO_2 将在 50 年内加倍，这将使中纬度地面温度升高 2～3℃，极地温度升高 6～10℃。

CO_2 等温室气体产生温室效应的机理至今仍有争议，但普遍认为的是 CO_2 等温室气体对来自太阳的短波辐射具有高度的透过性，而对地面长波辐射却具有高度的吸收性能。CO_2 等温室气体在大气中迅速增加，而将地面反射的红外辐射大量截留在大气层内，使地球表面的能量平衡发生改变，导致大气层温度升高，气候变暖，形成温室效应。

另外，氯氟烃(CFCs)和甲烷(CH_4)也是重要的温室气体，虽然它们的排放量比二氧化碳小，但它们的吸热能力分别是二氧化碳的 20000 倍和 20 倍，对全球气候变暖的贡献较大。此外，对流层的臭氧和一氧化二氮也是很重要的温室气体。

表 1-5 列出了某些温室气体现有浓度、增长率和对温室效应增加的贡献的估算值。

表 1-5　大气中温室气体现有浓度、增长率和对温室效应增加的贡献

名称	现有浓度/ppm	估计年增长率/%	估计对温室效应增加的贡献/%
CO_2	350	0.4	56
平流层的臭氧	0.1～10	0.5	
对流层的臭氧	0.02～0.1	0～0.7	
CH_4	1.7	1～2	11
CO	0.12	0.2	
N_2O	0.3	0.2	6
氟利昂 CFC_{11}	$0.23×10^{-3}$	5.0	24
氟利昂 CFC_{12}	$0.4×10^{-3}$	5.0	24

全球气候变暖导致的严重后果是海平面不断升高。据统计，近百年来随着全球气候增暖 0.6～0.7℃，全球海平面上升了 10～15cm。科学家预测如果全球气候增暖 3℃，海平面将平均上升 80cm(各海域上升高度不同)。届时，将会对生活在沿海 100km 以内 30 多亿人口的生命构成威胁。

全球变暖也将引起世界温度带移动，大气会产生相应的运动，使降水情况发生变化。专家预测，全球变暖可能使大部分地区温度升高，全球降雨量明显增加，但某些地方可能迎来更频繁的干旱天气；沿海岸的亚热带地区会出现更潮湿的季风；台风的强度增加；飓风更频繁、更强大，并向高纬度地区发展。

另外，全球气候的变化必然给生物圈造成多种冲击，生物群落的纬度分布和生物带都会有相应变化，很可能有部分植物、高等真菌物种会处于濒临灭绝和物种变异的境地，植物的变异也必然影响动物群落。专家预测，气候变暖会使森林火灾更为频繁和严重。

(2) 臭氧层破坏

20 世纪 70 年代后期，美国人首先观察到南极上空的臭氧层出现了一个"空洞"，1979 年英国科学家也发现了这一现象。科学家观测到 1987 年南极臭氧层减少了一半；在北半球也观测到了臭氧层减少的现象，1991 年欧洲上空的臭氧层减少了 10%～20%。1995 年 12 月 7 日，世界气象组织宣布，地球臭氧层破坏的规模达到创纪录的水平：南极臭氧洞面积为 2500 万 km^2，而且臭氧减少现象的出现比往年早了 2 个月；北极臭氧层损害也到了历史最严重的水平；同时臭氧层破坏在西伯利亚上空、美洲南部、英伦三岛也有发现。

臭氧层的破坏，将对地球上的生命系统构成极大危害。由于臭氧层的破坏，大量紫外线辐射将到达地面而危害人类健康。据科学家预测，如果地球平流层臭氧减少 1%，则太阳紫外线的辐射量增加 2%，皮肤癌的发病率增加 3%～5%，白内障患者将增加 0.2%～1.6%。此外，紫外线辐射增大，也会对动植物产生影响，威胁生态平衡。臭氧层破坏还将导致地球气候出现异常，由此带来灾害。

1.1.4.2 区域性的不良影响

(1) 酸沉降

湿沉降(酸雨、雪、雾等)和干沉降(酸性颗粒物和气溶胶)都是化石燃料在燃烧中释放出大量 SO_2 和 NO_x 时形成的。酸雨是世界各国普遍关注和最具代表性的区域性酸沉降。

酸雨是指 pH 小于 5.6 的降水，其危害主要是破坏森林生态系统，改变土壤性质和结构，破坏水生生态系统，腐蚀建筑物和损害人体的呼吸道系统与皮肤。例如，在欧洲 15 个国家中有 700 万 km^2 的森林受到酸雨的影响，森林正在遭受死亡综合征的侵袭；在瑞典北部地区，因受酸雨影响，土壤酸化而使肥力减退，河湖酸化而影响水生生物的生长和繁衍。此外，酸雨渗入地下，会使地下水酸化。

(2) 地面臭氧

汽车排放大量的氮氧化物和挥发性有机化合物使环境中的臭氧水平急剧增加。在欧洲，臭氧的年平均浓度以 1%～2%的速度增加。近年来，在英国南部、比利时和荷兰，臭氧峰期小时浓度为 150ppb，而在雅典和意大利北部为 275～300ppb。墨西哥臭氧峰期小时浓度达到了 400～600ppb。目前在我国东部发达城市，日均臭氧浓度均存在超标问题。

地面臭氧能伤害多种树木和作物叶片中的细胞，干扰光合作用，造成营养浸出，最终导致植物生长减慢和直接的叶片伤害。受臭氧伤害的植物更容易遭受昆虫侵袭，根系也很容易腐烂。接触臭氧，加上酸雨和其他不利条件，是欧洲和北美等大面积森林衰退的主要原因。臭氧对农业生产能力造成的损失在欧洲和北美更常见，如美国当前的臭氧水平导致作物产量下降 5%～10%。

臭氧对人体和动物的健康都产生严重影响，尤其是夏季逆温差天气造成大面积连续几天高浓度接触时，对健康的影响更为明显。

(3) 细颗粒物

$PM_{2.5}$ 指的是空气动力学当量直径小于等于 2.5μm 的颗粒物。2013 年 2 月全国科学技术名词审定委员会将 $PM_{2.5}$ 命名为细颗粒物。细颗粒物的化学成分主要包括有机碳(OC)、元素碳(EC)、硝酸盐、硫酸盐、铵盐、钠盐(Na^+)等。$PM_{2.5}$ 颗粒粒径小，比表面积大，易富集空气中的有毒有害物质，并随呼吸进入体内，甚至到达肺泡和血液，导致各种疾病。

细颗粒物有两大来源：自然源和人为源。自然源主要来自土壤扬尘、海盐、植物花粉、孢子等；人为源主要来自燃料燃烧、交通工具排放的尾气、烹饪产生的油烟等。室内空气的细颗粒物主要来源于二手烟及与室外气流交换。

2013 年 10 月 17 日，世界卫生组织国际癌症研究机构将 $PM_{2.5}$ 列入致癌性物质名单，指出 $PM_{2.5}$ 会对呼吸系统和心血管系统造成伤害，导致哮喘、肺癌、心血管疾病、出生缺陷和过早死亡。据估计，瑞典每年与远程传输颗粒物相关的过早死亡人数达 3500 人。

(4) 区域性复合污染

区域性复合污染指来自不同排放源的各种污染物在大气中发生多界面间的理化过程形成的一种大气污染。

目前我国大气污染特征已从煤烟型污染转变成为复合型污染。当前我国以煤为主的能源结构未发生根本性变化，煤烟型污染作为主要污染类型长期存在，城市大气环境中的二氧化硫和可吸入颗粒物污染问题没有得到全面解决。臭氧及细颗粒物是大气复合污染中的关键污染物，大气复合型污染特征具体表现在如下几个方面。

1) 来源复合：自然源与人为源排放的大气颗粒物的复合，点源、线源和面源组成的复杂体系排放的多种化学成分的复合。

2) 空间复合：其环境影响呈现出城市(如空气质量)、区域(如能见度)与全球(如气候变化)等多尺度复合。处于一定区域内的城市间大气颗粒物呈现较明显的相互影响作用。

3) 成因复合：指一次颗粒物与二次颗粒物的复合。颗粒物不仅来自污染源的直接排放，也来自 SO_2、NO_x 和 VOCs 等气态前体物在大气中通过均相或非均相(在颗粒物表面)反应生成 SO_4^{2-}、NO_3^- 和有机气溶胶等二次颗粒物。

4) 过程复合：大气物理过程与大气化学过程的复合，即平流输送、湍流扩散、干沉降和湿沉降等物理过程与大气化学转化的复合，化学转化可在颗粒物长距离输送过程中发生。

5) 气象复合：局地气象因子与区域天气形势的相互影响和复合。

1.1.4.3　局部的不良影响

局部的气候影响主要指城市热岛效应，即城市大气的热污染。城市化改变了城市的地面组成和性质，由砖瓦、水泥、玻璃、石材及金属等人工构筑的表面代替了土壤、草地、森林等自然表面，改变了反射和辐射的性质，以及近地面热交换和地面粗糙度，从而影响大气的物理性质。城市气温高于周围地区，形成城市热岛。城市中心区暖流上升并从高层向四周扩散，市郊较冷空气则从低层吹向市区，构成局部环流，这样在一定程度上使污染物集中在此局部环流中，不易向更大范围扩散，污染物逐步积累，在城市上空形成一个污染物幕罩。

1.2　大气污染控制发展历程及趋势

大气污染治理是环境工程的一个重要组成部分，它的萌芽和发展经历了漫长的年代。随着工业及交通运输的发展，在第二次世界大战后，大工业地带增多，石油在能源结构中的比重上升，大气污染物种类越来越多，污染问题日益严重。20世纪60年代以后废气治理工程有了较大的发展，除尘、脱硫、脱硝的实用技术在废气治理中发挥了重要作用。我国的大气污染控制工程起步较晚，但发展迅速。自1973年开始到现在，大致经历了从不四个阶段。

(1) 起步阶段(1973～1981年)

1973年第一次全国环境保护会议后，从北京等大城市开始，开展了以锅炉和工业炉窑为控制对象的消烟除尘工作，并逐步推向全国。这个阶段的主要特点是抓单一污染源治理，从中央到各省（直辖市、自治区）都把消烟除尘作为保护大气的突破口，采取改进燃烧装置、安装除尘器等技术措施，控制烟尘、粉尘排放量及排烟的林格曼黑度。1973年国家颁布的第一个综合性排放标准《工业"三废"排放试行标准》，虽然对发电站燃煤排放的二氧化硫规定了排放标准，但二氧化硫治理工程限于当时的技术经济水平难以实施。这一阶段除消烟除尘外，还对污染严重的化工尾气进行了治理。

(2) 发展阶段(1982~1991 年)

1982 年 4 月 6 日我国正式颁布了《大气环境质量标准》(GB 3095—1982)。该标准划分为三级，用于三类功能不同的区域，废气治理工程必须与各功能区污染防治相结合。该标准包括 6 种主要污染物，即总悬浮微粒(TSP)、飘尘、二氧化硫、氮氧化物、一氧化碳、光化学氧化剂。

1982 年 8 月在北京召开的第一次全国工业系统防治污染经验交流会进一步促进了我国废气治理工作的开展。这次会议总结了我国十几年防治工业污染的经验，提出了 5 条防治工业污染的基本途径：结合工业结构调整，改善不合理布局；通过技术改造，最大限度地实现"三废"达标排放；加强工业企业环境管理，落实企业环境责任制(纳入企业经济责任制)等。

1982~1991 年的 10 年间，由于政策、法规和各项环境标准逐步形成体系，指导思想更加明确，废气治理工作在已有经验的基础上取得了较大的进步和发展。

(3) 开拓阶段(1992~2012 年)

1992 年 6 月联合国在巴西里约热内卢召开环境与发展会议后，实施可持续发展战略成为世界各国的共识。1996 年第八届全国人民代表大会第四次会议通过的《国民经济和社会发展"九五"计划和 2010 年远景目标纲要(草案)》，确定实行两个具有全局意义的根本性转变，实施科教兴国战略和可持续发展战略，环境保护进入了一个新的阶段。

1996 年 7 月，第四次全国环境保护会议在北京召开，会上制定了《国家环境保护"九五"计划和 2010 年远景目标》，提出到 2010 年，基本改变生态环境恶化状况，城乡环境质量需有明显的改善。2001 年发布的《国家环境保护"十五"计划》要求到 2005 年，二氧化硫、尘(烟尘及工业粉尘)等主要污染物排放量比 2000 年减少 10%，酸雨控制区和二氧化硫控制区二氧化硫排放量比 2000 年减少 20%。2005 年发布的《国家环境保护"十一五"规划》中对二氧化硫的排放总量提出进一步减少 10%的目标。2011 年发布的《国家环境保护"十二五"规划》首次将氮氧化物减排纳入计划，要求到 2015 年氮氧化物排放总量较 2010 年下降 10%，二氧化硫排放总量下降 8%。

在大气污染治理的实践和探索中，我国进一步认识到以行政区划为界限、各地方单独治理的模式已经难以解决现今的大气污染问题，只有在一定区域内开展联合治理才能有效改善空气质量。在总结国内实践经验和借鉴国外有效措施的基础上，我国开始构建大气污染联防联控制度。2010 年，国务院办公厅转发了《关于推进大气污染联防联控工作改善区域空气质量的指导意见》(以下简称《意见》)，这是我国第一个相关规范性文件。《意见》提出了联防联控工作的指导思想、基本原则与工作目标，从源头治理的角度提出了治理措施。2012 年，国家制定了《重点区域大气污染防治"十二五"规划》，提出建立联席会议、联合执法监管、重大项目环评会商、信息共享及区域污染预警应急等五大机制，再次强调要实现区域空气质量监测体系的统一，充实了联防联控制度的内容。

(4) 深化阶段(2013 年至今)

2013 年 6 月国务院召开常务会议，部署大气污染防治十条措施。2013 年 9 月国务院印发《大气污染防治行动计划》，要求到 2017 年全国地级及以上城市可吸入颗粒物浓度比 2012 年下降 10%以上，优良天数逐年提高。2014 年，国务院发布配套的考核办法，对重点区域联合防控工作的考核指标、方法及未通过的处理办法做出规定。

2015 年 8 月 29 日，经过三次审议，第十二届全国人民代表大会常务委员会第十六次会议表决通过了修订后的《中华人民共和国大气污染防治法》(以下简称《大气污染防治法》)。

新法强化了地方政府的责任，加强了对地方政府的监督；对燃煤、工业、机动车等主要大气污染源控制做了具体规定，尤其是对重点区域联防联治、重污染天气的应对措施做了明确要求。

2016 年国务院发布了《"十三五"生态环境保护规划》，提出要深入实施《大气污染防治行动计划》，大幅削减二氧化硫、氮氧化物和颗粒物的排放量，全面启动挥发性有机化合物污染防治，开展大气氨排放控制试点，实现全国地级及以上城市二氧化硫、一氧化碳浓度全部达标，细颗粒物、可吸入颗粒物浓度明显下降，二氧化氮浓度继续下降，臭氧浓度保持稳定、力争改善。

2018 年 7 月，国务院印发《打赢蓝天保卫战三年行动计划》(以下简称《行动计划》)，明确了大气污染防治工作的总体思路、基本目标、主要任务和保障措施，提出了打赢蓝天保卫战的时间表和路线图。《行动计划》提出，到 2020 年，二氧化硫、氮氧化物排放总量分别比 2015 年下降 15%以上；PM₂.₅ 未达标地级及以上城市浓度比 2015 年下降 18%以上，地级及以上城市空气质量优良天数比率达到 80%，重度及以上污染天数比率比 2015 年下降 25%以上。

通过实施《大气污染防治行动计划》，并在"2+26"城市、汾渭平原和雄安新区推广"一市一策"驻点跟踪研究工作模式，我国大气污染治理取得显著成效，生态环境质量得到持续改善。以 $PM_{2.5}$ 为例，2013 年是向污染宣战的"大气十条"实施的第一年，到 2018 年，第一批开展 $PM_{2.5}$ 监测的 74 个重点城市的 $PM_{2.5}$ 平均浓度下降了 41.7%。此外，重污染天气影响的范围、发生的频次及每次发生的严重程度都明显减轻。然而，需指出的是，当前我国主要城市的 $PM_{2.5}$ 平均浓度离世界卫生组织指导值 $10\mu g/m^3$ 还有很大差距，且东部沿海地区臭氧污染加剧趋势日益显著，我国大气污染控制工作仍任重道远。

近年来，全球各国深入推进碳达峰和碳中和战略，以应对全球变暖和气候变化关键挑战。其中，碳交易制度建立及相关平台建设是重中之重。通过设定碳排放配额和允许交易碳排放权可引导企业减少碳排放，促进低碳经济转型。欧盟排放交易体系（ETS）是全球最大碳市场，覆盖电力、工业和航空等行业。我国于 2011 年正式启动碳市场建设工作，并率先在北京、上海、湖北等七省市开展碳交易试点。2021 年 7 月正式启动全国碳交易市场，首批仅覆盖电力行业，未来将逐步扩展至钢铁、水泥等高排放行业。碳价作为碳市场的重要风向标，目前已展现出稳中有升的趋势。

碳交易制度及平台的建立对全球未来产业发展具有深远影响。碳交易制度提高了高排放行业排碳成本，迫使企业调整生产结构，并通过技术创新降低碳排放。碳交易市场建立同时也使碳资产成为新的投资标的，吸引更多资金流向低碳和环保产业。企业通过碳管理和减排技术的提升，可以在国际市场上获得更大竞争优势，进而推动全球经济走向更加可持续和低碳的发展方向。

1.3　大气污染控制法律法规

1.3.1　国外大气污染控制法的发展史

大气污染控制的立法大致可分为以下四个阶段。

第一阶段，萌芽时期(1951 年以前)，主要发生在 18 世纪产业革命爆发以前。部分国家的法律中开始出现一些零星的大气保护法律规范。据记载，古巴比伦的《汉谟拉比法典》和 1306 年英国国会颁布的用煤禁令均涉及大气保护。

第二阶段，发展时期(1952～1970 年)，产业革命爆发到 1952 年伦敦烟雾事件发生，是大气污染控制立法开始的时期。随着蒸汽机、火车头、汽车的发明应用和工厂、大城市的兴起，大气污染逐渐严重，有些国家开始制定大气污染控制的单行法规。但是，法律体系的建立并没有有效控制大气污染的发展。

美国 1955 年颁布的《空气污染控制法》是第一个由联邦制定的控制大气污染的法律。1967 年颁布的《空气质量法》，根据气象、地形和气候，将全国分成 8 个特区，加强对大气污染的控制；1970 年颁布的《清洁空气法》，宣告了新的"环境十年"开始。英国于 1956 年颁布《清洁空气法》，1968 年进行修改，用于控制除制碱业以外各种向大气排放烟尘的污染源。法国于 1961 年对《环境保护分类工厂法》做了补充规定；1963 年、1964 年和 1969 年分别对汽车排气、工厂烟囱高度和各污染工业制定了法令。比利时、联邦德国、波兰、意大利、荷兰也都制定了相应的法律法规。

第三阶段，完善时期(1971～1992 年)，1971 年以来，是大气污染控制立法的继续完备时期。许多国家大气污染状况出现明显好转，各国在过去立法的基础上加以修订或增订，使大气污染控制的立法更加完备。法国于 1976 年修订了《环境保护分类工厂法》。1970 年美国出台了具有重大意义的《清洁空气法》后，1977 年、1990 年对其进行了两次修正，并于 1990 年通过了《清洁空气法修正案》。英国为了控制制碱工厂排放大量的氯化氢所造成的大气污染，于 1863 年颁布了《制碱业管理法》，之后又于 1906 年、1966 年和 1972 年先后对此法进行了修订。

在各国立法逐渐完善的前提下，国际组织和区域也起草并签署了一系列环境保护国际公约。1972 年，联合国在斯德哥尔摩召开的人类环境会议上通过了《人类环境宣言》。1979 年《远程越界空气污染公约》(《日内瓦公约》)通过，并于 1983 年生效。1985 年《保护臭氧层维也纳公约》通过，并于 1988 年开始生效。1987 年，《关于消耗臭氧层物质的蒙特利尔议定书》通过。1991 年，美国和加拿大两国签订了《大气质量协定》。

第四阶段，全球化时期(1992 年至今)，1992 年，联合国在巴西里约热内卢召开环境与发展会议。这是继 1972 年 6 月瑞典斯德哥尔摩联合国人类环境会议之后，环境与发展领域中规模最大、级别最高的一次国际会议。本次会议通过了《关于环境与发展的里约热内卢宣言》《21 世纪议程》和《关于森林问题的原则声明》三项文件。1994 年，《联合国气候变化框架公约》(UNFCCC)生效，这是世界上第一个为全面控制二氧化碳等温室气体排放，应对全球气候变暖给人类经济和社会带来不利影响的国际公约，也是国际社会在应对全球气候变化问题上进行国际合作的一个基本框架。我国于 1992 年 11 月 7 日经全国人民代表大会批准加入 UNFCCC，并于 1993 年 1 月 5 日将批准书交存联合国秘书长处。1994 年 3 月 21 日，UNFCCC 对中国生效。截至 2023 年 12 月，加入该公约的缔约方共有 198 个（197 个国家和欧盟）。

1.3.2　我国环境保护法体系

在 1989 年召开的第二次全国环境保护大会上，国务院正式宣布"环境保护是我国的一项基本国策"，明确了环境保护在我国社会、经济发展中的地位。由于各国经济发展水平的差异和社会制度的不同，保护采用的手段、措施各有差异，但加强环境法治建设，用法律的手段来保护环境是共同的方法之一。

环境法体系指为了保护和改善环境，防治污染和其他公害而产生的各种法律规范，以及由此形成的有机联系的统一整体。我国的环境保护法经过近 30 年的建设与实施，现已基本形成了一套完整的法律体系，如图 1-1 所示。

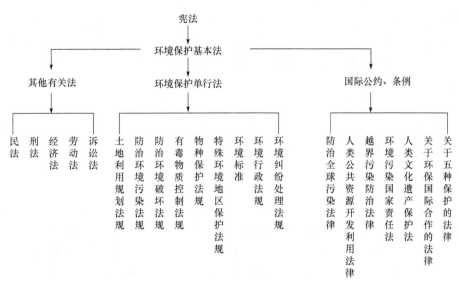

图 1-1　我国环境保护法体系

(1) 《中华人民共和国宪法》中有关环境保护的规范

《中华人民共和国宪法》(以下简称《宪法》)中明确规定"环境保护是我国的一项基本国策"。《宪法》第九条第二款规定"国家保障自然资源的合理利用，保护珍贵的动物和植物。禁止任何组织或者个人用任何手段侵占或者破坏自然资源"；第二十六条规定"国家保护和改善生活环境和生态环境，防治污染和其他公害"。《宪法》中的这些规定是环境立法的依据和指导原则。

(2) 《中华人民共和国环境保护法》

1989 年 12 月 26 日，第七届全国人民代表大会常务委员会第十一次会议通过了《中华人民共和国环境保护法》(以下简称《环境保护法》)。现在实施的《环境保护法》已由第十二届全国人民代表大会常务委员会第八次会议于 2014 年 4 月 24 日修订通过，并自 2015 年 1 月 1 日起施行。该法是我国有关环境保护的综合性法规，也是环境保护领域的基本法律，主要规定国家的环境政策和环境保护的方针、原则和措施，是制定其他环境保护单行法规的基本依据。

(3) 环境保护单行法

环境保护单行法是为特定的污染防治领域和特定资源保护对象而制定的单项法律，目前已经颁布的环境保护单行法包括《中华人民共和国大气污染防治法》、《中华人民共和国水污染防治法》、《中华人民共和国固体废物污染环境防治法》和《中华人民共和国海洋环境保护法》等。这些法律属于防治环境污染、保护自然资源等方面的专门性法规。通过这些环境保护单行法的颁布与修订完善，有力地保障和推动了我国环保事业的发展。

(4) 环境保护行政法规

自 1984 年以来，国务院多次发布了有关环境保护的规范性文件，如国务院《关于环境保护工作的决定》、《征收排污费暂行办法》和《中华人民共和国海洋倾废管理条例》等。2012 年 2 月，《环境空气质量标准》(GB 3095—2012)首次把 $PM_{2.5}$ 纳入环境空气质量评价体系，并于 2016 年 1 月开始在全国实施；2018 年 7 月 31 日，国务院审议并原则通过《环境空气质量标准》修改单，调整了环境空气功能区分类，将三类区并入二类区；分别于 2013 年、2014 年发布了《大气污染防治行动计划》和《2014—2015 年节能减排低碳发展行动方案》；2018 年

7月，国务院发布《打赢蓝天保卫战三年行动计划》，希望通过三年努力，大幅减少主要大气污染物排放总量，协同减少温室气体排放，进一步明显降低 PM$_{2.5}$ 浓度，明显减少重污染天数，明显改善环境空气质量，明显增强人民的蓝天幸福感。

(5) 地方性环境法规

地方性环境法规是由各省、自治区、直辖市根据国家环境法规和地区的实际情况制定的综合性或单行环境法规，通常以解决本地区某一特定的环境问题为目标，具有较强的针对性和可操作性，如《浙江省大气污染防治条例》《浙江省挥发性有机物深化治理与减排工作方案(2017—2020 年)》《上海市扬尘在线监测数据执法应用规定》等。

(6) 环境保护标准

环境保护标准是为了执行各种专门环境法而制定的技术规范，是我国环境保护法体系中的一个重要组成部分，也是环境法制管理的基础和重要依据。我国环境保护标准包括环境质量标准、污染物排放标准、环境检测方法标准、环境标准样品标准和环境基础标准等。已颁布的环境质量标准有《环境空气质量标准》《地表水环境质量标准》等，污染物排放标准有《污水综合排放标准》《大气污染物综合排放标准》等。

(7) 环境保护部门规章

由生态环境部和国务院有关部门颁布的部门规章加强了我国的环境保护工作。国家环境保护部门颁布的规章包括《建设项目环境影响后评价管理办法(试行)》《突发环境事件应急管理办法》等，国务院有关部门颁布的相关规章包括《铅蓄电池行业准入条件》等。

此外，在我国其他法律(如民法、刑法、经济法)，我国参加的国际条约或由其他国家签订为我国承认的国际协定中有关环境保护的条款，也属于我国环保法体系的组成部分。

1.3.3　我国大气污染防治法

我国《大气污染防治法》于 1987 年 9 月 5 日在第六届全国人民代表大会常务委员会第二十二次会议上通过。1995 年 8 月 29 日第八届全国人民代表大会常务委员会第十五次会议对其进行了第一次修正；在 2000 年 4 月 29 日第九届全国人民代表大会常务委员会第十五次会议上进行了第一次修订；在 2015 年 8 月 29 日第十二届全国人民代表大会常务委员会第十六次会议上进行了第二次修订；在 2018 年 10 月 26 日第十三届全国人民代表大会常务委员会第六次会议进行了第二次修正。

1.3.3.1　大气污染防治的一般法律规定

(1) 大气环境质量及其控制分级制度

《环境空气质量标准》(GB 3095—2012)将大气质量分为两级：一级标准是要求不发生任何危害影响的空气质量，适用于国家级自然保护区、风景游览区和其他需要特殊保护的地区；二级标准则适用于二类区，包括居住区、商业交通居民混合区、文化区、工业区和农村地区。

(2) 城市大气环境质量控制区制度

我国法律、法规规定，城市人民政府应根据国家确定的城市大气环境质量控制级别，划定城市大气环境质量控制区，根据城市功能分区，制定和实施达到大气环境质量标准的计划。地方人民政府可以根据当地大气环境质量状况和质量控制级别，确定对污染大气环境的主要污染物实行总量控制的区域。

(3) 特殊区域的特别保护

特殊区域是指风景名胜区、自然保护区和其他需要特殊保护的区域。在这些区域内，不得建设污染环境的工业生产设施；已建成的限期治理。在这些区域内建设其他设施，其大气污染物排放不得超过标准；对超标的限期治理。

(4) "黑名单"制度

为减少污染的产生，国家实行禁止使用的严重污染大气环境的工艺和设备名录。凡名录上的设备，不得制造、销售和使用；名录所列的工艺，不得采用。国家对排放大气污染物严重的产品规定污染物排放标准；达不到标准要求的产品，不得制造、销售和进口。禁止采用严重污染大气环境的简易工艺炼制生产砷、汞、焦炭、硫磺、铅锌及国家规定的其他物质。

1.3.3.2　大气污染防治主要措施

1) 国务院有关部门和地方各级人民政府应当采取措施，调整能源结构，推广清洁能源的生产和使用。

2) 燃煤电厂和其他燃煤单位应当采用清洁生产工艺，配套建设除尘、脱硫、脱硝等装置，或者采取技术改造等其他控制大气污染物排放的措施。

3) 钢铁、建材、有色金属、石油、化工等企业生产过程中排放粉尘、硫化物和氮氧化物的，应当采用清洁生产工艺，配套建设除尘、脱硫、脱硝等装置，或者采取技术改造等其他控制大气污染物排放的措施。

4) 工业生产、垃圾填埋或者其他活动产生的可燃性气体应当回收利用，不具备回收利用条件的，应当进行污染防治处理。

5) 在用机动车排放大气污染物超过标准的，应当进行维修；经维修或者采用污染控制技术后，大气污染物排放仍不符合国家在用机动车排放标准的，应当强制报废。

6) 各级人民政府及其农业行政等有关部门应当鼓励和支持采用先进适用技术，对秸秆、落叶等进行肥料化、饲料化、能源化、工业原料化、食用菌基料化等综合利用，加大对秸秆还田、收集一体化农业机械的财政补贴力度。

7) 排放油烟的餐饮服务业经营者应当安装油烟净化设施并保持正常使用，或者采取其他油烟净化措施，使油烟达标排放，并防止对附近居民的正常生活环境造成污染。

1.3.3.3　重点区域大气污染联防联控

1) 建立重点区域大气污染联防联控机制，统筹协调重点区域内大气污染防治工作。国务院生态环境主管部门根据主体功能区划、区域大气环境质量状况和大气污染传输扩散规律，划定国家大气污染防治重点区域，报国务院批准。

2) 编制可能对国家大气污染防治重点区域的大气环境造成严重污染的有关工业园区、开发区、区域产业等发展规划，应当依法进行环境影响评价。

1.3.3.4　重污染天气应对

1) 建立重污染天气监测预警体系。国务院生态环境主管部门会同国务院气象主管机构等有关部门，国家大气污染防治重点区域内有关省、自治区、直辖市人民政府，建立重点区域重污染天气监测预警机制，统一预警分级标准。可能发生区域重污染天气的，应当及时向重点区域内有关省、自治区、直辖市人民政府通报。

2) 省、自治区、直辖市、设区的市人民政府生态环境主管部门应当会同气象主管机构建立会商机制,进行大气环境质量预报,可能发生重污染天气时,应当及时向本级人民政府报告。预警信息发布后,人民政府及其有关部门应当通过电视、广播、网络、短信等途径告知公众采取健康防护措施,指导公众出行和调整其他相关社会活动。

3) 县级以上地方人民政府应当依据重污染天气的预警等级,及时启动应急预案。应急响应结束后,人民政府应当及时开展应急预案实施情况的评估,适时修改完善应急预案。

1.3.4 我国大气污染控制技术规范

自 2005 年以来,我国对钢铁行业、火电厂等固定源废气脱硫和脱硝控制技术,工业有机废气治理技术和粉尘排放控制技术提出了一系列技术规范。

1.3.4.1 烟气脱硫工程技术规范

我国现行烟气脱硫技术规范主要是针对火电厂和钢铁工业释放的含硫烟气。

《工业锅炉烟气治理工程技术规范》(HJ 462—2021)对工业锅炉烟气治理工程的污染物与污染负荷、总体要求、工艺设计、主要工艺设备和材料、检测与过程控制、主要辅助工程、施工与验收、运行与维护等做出了技术要求,适用于工业锅炉烟气中颗粒物、二氧化硫和氮氧化物三类污染物的治理工程,可作为环境影响评价、工程设计、施工、调试、验收、运行管理以及环境监理的技术依据。

《石灰石/石灰-石膏湿法烟气脱硫工程通用技术规范》(HJ 179—2018)对石灰石/石灰-石膏湿法烟气脱硫工艺的烟气系统、吸收剂制备系统、吸收系统、副产物处理系统、浆液排放和回收系统及脱硫废水处理系统等设计及制造提出了技术要求,可作为建设项目环境影响评价及环境保护设施设计、施工、验收和运行管理的技术依据。

此外,国家还出台了《烟气循环流化床法烟气脱硫工程通用技术规范》(HJ 178—2018)、《氨法烟气脱硫工程通用技术规范》(HJ 2001—2018)等烟气脱硫工程技术规范。

1.3.4.2 烟气脱硝工程技术规范

我国现行烟气脱硝技术规范主要是针对火电厂释放的烟气,主要包括《火电厂烟气脱硝工程技术规范 选择性催化还原法》(HJ 562—2010)和《火电厂烟气脱硝工程技术规范 选择性非催化还原法》(HJ 563—2010)。

选择性催化还原(SCR)技术适用于机组容量为 200 MW 及以上的火电厂燃煤、燃气、燃油锅炉同期建设或已建锅炉的烟气脱硝工程,一般由还原剂系统、催化反应系统、公用系统、辅助系统等组成。

选择性非催化还原(SNCR)技术适用于火电厂燃煤、燃气、燃油锅炉同期建设或已建锅炉的烟气脱硝工程,主要包括还原剂的储存与制备、运输、计量分配及喷射。

1.3.4.3 工业有机废气治理工程技术规范

我国现行工业有机废气治理技术主要包括吸附法和催化燃烧法,主要技术规范包括《吸附法工业有机废气治理工程技术规范》(HJ 2026—2013)和《催化燃烧法工业有机废气治理工程技术规范》(HJ 2027—2013)。两种工业有机废气治理技术均由主体工程和辅助工程组成。

吸附法主体工程包括废气收集、预处理、吸附、吸附剂再生和解吸气体后处理单元,辅助工程主要包括检测与过程控制、电气仪表和给排水等单元。

催化燃烧法适用于气态和气溶胶态污染物的治理，主体工程通常包括废气收集、预处理和催化燃烧单元，辅助工程包括检测与过程控制、电气仪表和给排水等。

1.3.4.4　除尘工程技术规范

我国现行除尘工程技术主要包括袋式除尘和电除尘。2012 年和 2013 年，我国先后颁布了《袋式除尘工程通用技术规范》(HJ 2020—2012)和《电除尘工程通用技术规范》(HJ 2028—2013)。

袋式除尘工程适用于各种风量下含尘气体净化，由污染源控制装置、除尘管道、袋式除尘器、风机、排气筒(烟囱)、卸灰和输灰装置等构成。

电除尘工程适用于采用振打或旋转刷方式清灰电除尘器(ESP)的含尘气体净化处理，由集气罩、电除尘器本体、控制装置、卸输灰装置、除尘管道、风机、烟囱等组成。

1.3.4.5　超低排放控制技术规范

2018 年 4 月，生态环境部发布了《燃煤电厂超低排放烟气治理工程技术规范》(HJ 2053—2018)，用以防治环境污染，改善环境质量，规范燃煤电厂超低排放烟气治理工程建设及运行。

▌ 1.4　大气环境标准

环境标准是根据人群健康、生态平衡和社会经济发展对环境结构、状态的要求，在综合考虑本国自然环境特征、科学技术水平和经济条件的基础上，对环境要素间的配比、布局和各环境要素的组成(特别是污染物质的容许含量)所规定的技术规范，是评价环境状况和其他一切环境保护工作的法定依据。

环境标准的作用包括三个方面：环境标准是环境政策目标的具体体现，是制定环境规划时提出环境目标的依据；环境标准是制定国家和地方各级环保法规的技术依据，是环保立法和执法时的具体尺度，具有法律效力；环境标准是现代环境管理的技术基础。

我国目前的环境标准体系分为两类：国家环境标准和地方环境标准。国家环境标准包括环境质量标准、污染物排放标准、环境检测方法标准、环境标准样品标准和环境基础标准。地方环境标准包括环境质量标准和污染物排放标准。

大气环境标准主要分为大气环境质量标准、大气污染物排放标准和大气检测规范、方法标准等。

1.4.1　环境空气质量标准

《环境空气质量标准》(GB 3095—2012)规定了环境空气功能区分类、标准分级、污染物项目、平均时间及浓度限值、监测方法、数据统计的有效性及实施与监督等内容，适用于环境空气质量评价与管理。

《环境空气质量标准》将环境空气功能区分为两类：一类区为自然保护区、风景名胜区和其他需要特殊保护的区域；二类区为居住区、商业交通居民混合区、文化区、工业区和农村地区。表 1-6 为环境空气污染物基本项目浓度限值。

表 1-6 各项污染物的浓度限值

序号	污染物项目	平均时间	浓度限值		单位
			一级	二级	
1	二氧化硫(SO_2)	年平均	20	60	$\mu g/m^3$
		24h 平均	50	150	
		1h 平均	150	500	
2	二氧化氮(NO_2)	年平均	40	40	$\mu g/m^3$
		24h 平均	80	80	
		1h 平均	200	200	
3	一氧化碳(CO)	24h 平均	4	4	mg/m^3
		1h 平均	10	10	
4	臭氧(O_3)	日最大 8h 平均	100	160	$\mu g/m^3$
		1h 平均	160	200	
5	颗粒物(粒径小于等于 10μm)	年平均	40	70	$\mu g/m^3$
		24h 平均	50	150	
6	颗粒物(粒径小于等于 2.5μm)	年平均	15	35	$\mu g/m^3$
		24h 平均	35	75	

1.4.2 大气污染物排放标准

《大气污染物综合排放标准》(GB 16297—1996)规定了 33 种大气污染物的排放限值,其指标体系为最高允许排放浓度、最高允许排放速率和无组织排放监控浓度限值,同时规定了标准执行中的各种要求。

在我国现有的国家大气污染物排放标准体系中,按照综合性排放标准与行业性排放标准"不交叉执行原则"分别制定标准,即有专项排放标准的行业执行相应的行业排放标准,其他大气污染物则执行综合排放标准。表 1-7 为当前我国部分行业大气污染物排放标准。

表 1-7 我国部分行业大气污染物排放标准

排放场合或行业	大气污染物排放标准
工业锅炉	《锅炉大气污染物排放标准》(GB 13271—2014)
工业炉窑	《工业炉窑大气污染物排放标准》(GB 9078—1996)
火电厂锅炉	《燃煤电厂超低排放烟气治理工程技术规范》(HJ 2053—2018)
炼焦炉	《炼焦化学工业污染物排放标准》(GB 16171—2012)
水泥厂	《水泥工业大气污染物排放标准》(GB 4915—2013)
恶臭物质	《恶臭污染物排放标准》(GB 14554—1993)(正在修订)
汽车	《汽车大气污染物排放标准》(GB 14761.1~14761.7—1993)
摩托车	《摩托车排气污染物排放标准》(GB 14621—1993)
其他大气污染物	《大气污染物综合排放标准》(GB 16297—1996)

按照"不交叉执行原则"，在国家污染物综合排放标准、国家行业排放标准、地方综合排放标准这三者中，应优先执行地方综合排放标准；若地方综合排放标准规定的适用范围不包括污染源所属的行业，则应执行国家行业污染物排放标准；最后，污染源所属的行业无行业标准的，执行国家污染物综合排放标准。

表 1-8 为主要大气污染物在综合及行业排放标准中的对比。

表 1-8　主要大气污染物在综合及行业排放标准中的对比

污染物	《大气污染物综合排放标准》 (GB 16297—1996)	《锅炉大气污染物排放标准》 (GB 13271—2014)	《水泥工业大气污染物排放标准》 (GB 4915—2013)
颗粒物/(mg/m³)	22(炭黑尘、染料尘) 80(玻璃棉尘、石英粉尘、矿渣棉尘) 150(其他)	80(燃煤锅炉-在用) 50(燃煤锅炉-新建) 30(燃煤锅炉-重点地区)	20(矿山开采) 30(水泥窑及窑尾余热利用系统)
二氧化硫 /(mg/m³)	1200(硫、二氧化硫、硫酸和其他含硫化合物生产) 700(硫、二氧化硫、硫酸和其他含硫化合物使用)	400(燃煤锅炉-在用) 300(燃煤锅炉-新建) 200(燃煤锅炉-重点地区)	—(矿山开采) 200(水泥窑及窑尾余热利用系统)
氮氧化物 /(mg/m³)	1700(硝酸、氮肥和火炸药生产) 420(硝酸使用和其他)	400(燃煤锅炉-在用) 300(燃煤锅炉-新建) 200(燃煤锅炉-重点地区)	—(矿山开采) 400(水泥窑及窑尾余热利用系统)

1.4.3　大气检测规范、方法标准

为贯彻《中华人民共和国环境保护法》和《中华人民共和国大气污染防治法》，我国对固定污染源废气及环境空气中的气态污染物、颗粒物和金属离子等污染物测定方法制定了一系列标准。为向公众提供健康指引，我国于 2012 年颁布了与《环境空气质量标准》(GB 3095—2012)同步实施的《环境空气质量指数(AQI)技术规定(试行)》(HJ 633—2012)。

1.4.3.1　固定污染源废气与环境空气监测

固定污染源废气中的氯化氢、硫酸雾、挥发性有机物、氮氧化物和铅等污染物的测定受到了较多的关注。我国环境检测方法标准规定，上述污染物分别可使用硝酸银滴定法(HJ 548—2016)、离子色谱法(HJ 544—2016)、固相吸附-热脱附/气相色谱-质谱法(HJ 734—2014)、非分散红外吸收法(HJ 692—2014)和火焰原子吸收分光光度法(HJ 685—2014)进行测定和分析。

近年来，环境空气中的颗粒物和气态污染物检测与测定同样受到了较高的关注。我国发布了《环境空气颗粒物(PM_{10} 和 $PM_{2.5}$)连续自动监测系统技术要求及检测方法》(HJ 653—2021)和《环境空气气态污染物(SO_2、NO_2、O_3、CO)连续自动监测系统技术要求及检测方法》(HJ 654—2013)作为环境空气污染物六项基本项目检测方法。颗粒物连续自动监测主要采用 β 射线吸收法或微量振荡天平法，而 SO_2、NO_2、O_3 和 CO 四种气态污染物分别使用紫外荧光法、化学发光法、紫外吸收法和红外吸收法进行监测。

1.4.3.2 环境空气质量指数

环境空气质量指数是定量描述空气质量状况的无量纲数，可将空气质量分为六级，相关信息见表1-9。

表 1-9 空气质量指数及相关信息

空气质量指数	空气质量指数级别	空气质量指数类别及表示颜色		对健康影响情况
0～50	一级	优	绿色	空气质量令人满意，基本无空气污染
51～100	二级	良	黄色	空气质量可接受，但某些污染物可能对极少数异常敏感人群健康有较弱影响
101～150	三级	轻度污染	橙色	易感人群症状有轻度加剧，健康人群出现刺激症状
151～200	四级	中度污染	红色	进一步加剧易感人群症状，可能对健康人群心脏、呼吸系统有影响
200～300	五级	重度污染	紫色	心脏病和肺病患者症状显著加剧，运动耐受力降低，健康人群普遍出现症状
>300	六级	严重污染	褐红色	健康人群运动耐受力降低，有明显强烈症状，提前出现某些疾病

空气质量分指数(IAQI)及对应的污染物项目浓度限值见表1-10。

表 1-10 空气质量分指数及对应的污染物项目浓度限值

空气质量分指数	污染物项目浓度限值									
	SO_2 24h 平均/ $(\mu g/m^3)$	SO_2 1h 平均/ $(\mu g/m^3)$[1]	NO_2 24h 平均/ $(\mu g/m^3)$	NO_2 1h 平均/ $(\mu g/m^3)$[1]	PM_{10} 24h 平均/ $(\mu g/m^3)$	CO 24h 平均/ (mg/m^3)	CO 1h 平均/ (mg/m^3)[1]	O_3 1h 平均/ $(\mu g/m^3)$	O_3 8h 滑动平均 $/(\mu g/m^3)$	$PM_{2.5}$ 24h 平均 $/(\mu g/m^3)$
0	0	0	0	0	0	0	0	0	0	0
50	50	150	40	100	50	2	5	160	100	35
100	150	500	80	200	150	4	10	200	160	75
150	475	650	180	700	250	14	35	300	215	115
200	800	800	280	1200	350	24	60	400	265	150
300	1600	—[2]	565	2340	420	36	90	800	800	250
400	2100	—[2]	750	3090	500	48	120	1000	—[3]	350
500	2620	—[2]	940	3840	600	60	150	1200	—[3]	500

① SO_2、NO_2 和 CO 的 1h 平均浓度限值仅用于实时报，在日报中需使用相应污染物的 24h 平均浓度限值。

② SO_2 1h 平均浓度值高于 $800\mu g/m^3$ 的，不再进行其空气质量分指数计算，SO_2 空气质量分指数按 24h 平均浓度计算的分指数报告。

③ O_3 8h 平均浓度值高于 $800\mu g/m^3$ 的，不再进行其空气质量分指数计算，O_3 空气质量分指数按 24h 平均浓度计算的分指数报告。

▌ 1.5 大气污染控制技术概况

目前主要的大气污染物有烟尘、二氧化硫、氮氧化物、臭氧、二氧化碳、一氧化碳、铅、光化学烟雾及氯氟烃、苯并[a]芘等各种有机有害气体。为减少大气污染带来的巨大经济损失，各国在采取综合防治对策的同时，投入大量的资金来研究和开发大气污染治理技术。

根据大气污染物的存在状态，其治理技术可概括为两大类：颗粒污染物控制技术和气态污染物控制技术。颗粒污染物控制技术通常称为除尘技术。除尘技术的方法和设备种类很多,各具不同的性能和特点,在治理颗粒污染物时要选择合适的除尘技术和设备,除需考虑当地大气环境质量、尘的排放标准、设备的除尘效率及有关经济技术指标外,还必须了解尘的特性,如粒径、粒度分布、形状、密度、比电阻及含尘气体的化学成分、温度、压力、湿度、黏度等。气态污染物由于种类繁多,特性各异,因此相应的治理技术很多,主要有吸收、吸附、催化、燃烧、等离子体、生物、冷凝、膜分离等,在应用时需根据气态污染物的特性与实际工况进行合理选择。

近年来,在创新发展的新思路驱动下,我国的大气污染治理模式开始从单项污染物控制向多污染物协同控制及超低排放控制转变。2019年4月,生态环境部、国家发展和改革委员会、工业和信息化部等五部门联合发布《关于推进实施钢铁行业超低排放的意见》(以下简称《意见》)。《意见》指出,全国新建(含搬迁)钢铁项目原则上要达到超低排放水平。现有钢铁企业到2020年年底,重点区域钢铁企业力争完成60%左右产能改造,有序推进其他地区钢铁企业超低排放改造工作;到2025年年底,重点区域钢铁企业超低排放改造基本完成,全国力争80%以上产能完成改造。

超低排放控制一般需综合考虑脱硝系统、除尘系统和脱硫装置之间的协同作用,在每个装置脱除其主要污染物的同时,协同脱除其他污染物或为下游装置脱除污染物创造有利条件,最终基于工艺组合优化,实现燃煤烟气超低排放。该技术在发达国家的燃煤电厂锅炉上已实现工程应用,典型的案例有美国的Spurlock电厂1、2号机组采用的是低氮燃烧器+SCR烟气脱硝+电除尘器+湿法烟气脱硫工艺+湿式电除尘器;Trimble County电厂2号机组采用的是低氮燃烧器+SCR烟气脱硝+石灰液喷射系统(脱除 SO_3)+电除尘器+活性炭烟气脱汞装置+布袋除尘器+湿法烟气脱硫工艺+湿式电除尘器。国内目前采用的工艺多借鉴发达国家的成熟经验,相关技术已在燃煤电站锅炉上实现大规模应用。

未来,工业锅炉炉窑烟气超低排放控制、挥发性有机物排放控制、机动车和船舶尾气污染控制将是我国大气污染物减排的重点,而非常规污染物的治理也将成为大气污染控制面临的新挑战。

习　题

1. 什么是大气污染?大气污染是如何形成的?
2. 大气污染的主要类型及特点是什么?
3. 大气污染对人类有哪些危害?
4. 简述大气污染联防联控制度及其实施的必要性。
5. 什么是超低排放控制?

第 2 章

大气污染控制基础

2.1 燃烧与大气污染

煤炭、石油和天然气等矿物燃料是工业、运输和民用系统的主要能源。大气中的主要污染物来自能源燃烧系统排放。

2.1.1 燃烧的基本概念

(1) 燃烧

燃烧是指一种物质发生剧烈的氧化反应，同时发光发热的现象。这里指煤、焦炭、木柴、石油和天然气等在较高的温度下与空气中的氧作用而发光发热的剧烈氧化反应。

(2) 空气量与空气过剩系数

按照燃料中各可燃物质氧化反应计算燃烧过程所需的空气量，称为理论空气量，用 V^0 表示，其单位为 Nm^3/kg 燃料。燃烧过程中实际供给的空气量称为实际空气量，用 V^k 表示。实际空气量通常高于理论空气量，二者之比称为空气过剩系数，表示为

$$\alpha = V^k / V^0 \tag{2-1}$$

2.1.2 燃烧的基本理论

燃烧的基本理论包括燃烧化学反应机理和着火理论。

2.1.2.1 燃烧化学反应机理

燃烧化学反应机理根据复杂程度可分成两类：①简单反应，指反应物经一步反应即直接生成最终产物；②复杂反应，指化学反应需经过一些中间反应步骤才能完成，其中每一中间反应称为基元反应(简单反应)。目前常用活化分子碰撞理论与链锁反应理论来解释燃烧机理。

(1) 活化分子碰撞理论

在简单反应中，反应物中某些比分子平均能量高的分子称为活化分子。活化分子在碰撞时原来的旧键断开，产生新键，生成新的产物，该过程所需的能量由活化分子自身提供。从动力学观点分析，燃烧反应过程可用式(2-2)表示：

$$反应物 \longrightarrow 活化分子 \longrightarrow 生成物 + 放热 \tag{2-2}$$

从反应物到活化分子这一阶段是关键步骤，因为活化分子是高能不稳定络合状态，会很快形成生成物，降低系统内能并放出热量。

(2) 链锁反应理论

链锁反应理论认为很多化学反应需要经过若干中间基元反应完成。其间会生成一些活性

中间体(活性中心)，继而与原始反应物进行化学反应，除产生最终生成物外，同时再生出若干活性中心，使化学反应得以继续。

2.1.2.2　着火理论

着火是指燃烧化学反应速率在极短时间内迅速增加到极高的过程，具有爆炸式化学反应的特点。着火是一切燃烧的准备阶段，通常分为自燃和点燃。

(1) 自燃

根据化学反应的机理，自燃又可分为热自燃与链锁自燃。可燃混合气自身化学反应放出的热量大于向周围散失的热量，造成热量的积累，温度不断升高，促使化学反应速率不断增加，从而很快达到极高的化学反应速率，该过程称为热自燃。在分支链锁反应中，活性中心自行迅速增殖，并不需要高温，从而达到极高的化学反应速率，该过程称为链锁自燃。

(2) 点燃

点燃是依靠外热能量(电弧、电火花、炽热物体和点火火焰等)强化局部可燃混合气化学反应，使反应速率急剧升高而达到爆炸式反应，并向周围未燃的可燃混合气传播的现象。点燃是燃烧装置中可燃混合气着火方式。

2.1.3　燃料与燃烧方式

2.1.3.1　气体燃料的燃烧

在可燃气体混合物(气体燃料和氧化剂)中，火花的直接作用和气体的化学反应会使混合物着火，产生一个氧化反应的局部强烈发光中心，称为火焰中心；之后，火焰中心成为热量与化学活性粒子的集中源，通过热流和化学反应把热量与活性粒子供给周围未燃的可燃气薄层。火焰通过该种方式，传播至整个可燃气体混合物。

当火焰通过分子间的传递从可燃气一层传播到下一层时，这种火焰称为层流火焰。当火焰受到气体的紊流强烈影响时，其传播速度比层流火焰传播速度快得多，称为紊流火焰。当燃料与氧化剂分别送入，边混合边燃烧时，此时的火焰称为扩散火焰。

2.1.3.2　液体燃料的燃烧

液体燃料在燃烧时往往是先雾化为油滴，蒸发成为燃料蒸气，然后与气态氧化剂混合、燃烧。蒸发率取决于它和周围气体之间的接触面积、表面与附近蒸气浓度差和传质系数。在高温含氧介质中油滴将产生下列变化。

1) 油滴蒸发。油滴在高温介质受热后，表面开始蒸发。一般油的沸点都低于 200℃，故其蒸发多在较低温度下开始。

2) 油滴热解和裂化。油蒸气与氧接触前达到高温会因受热而分解。燃油炉所产生的黑烟，便是火焰或烟气中含有热解产生的"烟粒"所致。尚未来得及蒸发的油粒本身，如果剧烈受热而达到较高温度会发生裂化，产生一些较轻的分子，并呈气态从油粒中飞溅出来；剩下较重的分子可能呈固态，即焦粒或沥青。重油烧嘴的"结焦"现象便是裂化的结果。

3) 着火燃烧。油滴蒸发成气态后与氧分子接触并达到着火温度时，便开始剧烈燃烧反应，如图 2-1 所示。在高温介质中，油滴表面先气化，形成的蒸气直接在油滴附近被点燃，油滴周围出现一层球形高温燃烧区，即火焰锋面。在火焰锋面上温度最高。火焰锋面上所释放的热量又向油滴传去，使油滴继续受热、蒸发。在稳定状态下，蒸发速度和燃烧速度相等。

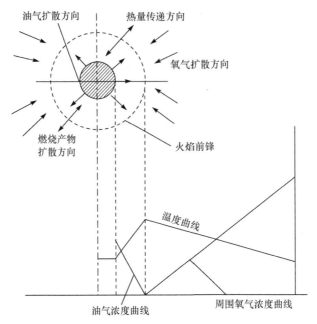

图 2-1　油滴的燃烧示意图

2.1.3.3　固体燃料的燃烧

固体燃料主要指煤，以下以煤为例，阐述固体燃料的燃烧过程与理论。

(1) 单个煤粒的燃烧

单个煤粒的燃烧如图 2-2 所示，煤粒在高温介质中，首先被加热、干燥，然后开始析出挥发分；如果介质温度足够高，同时存在氧气，则挥发分会在煤粒周围着火燃烧，形成明亮的火焰；当挥发分基本燃烧完毕时，火焰逐渐缩小，焦炭表面局部开始燃烧、发亮，继而扩展到整个表面；焦炭燃尽，残留灰分。

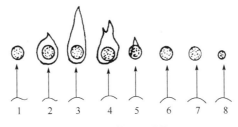

图 2-2　单个煤粒的燃烧过程

(2) 煤的燃烧阶段特征

一般认为煤的燃烧包括三个阶段，即挥发分燃烧阶段、焦炭燃烧阶段和燃尽阶段，但有时仅指前两个阶段。

1) 挥发分燃烧阶段。煤在受热逸出挥发分的同时就开始氧化，只是氧化速度较慢，既无火焰又无光亮。当析出的挥发分达到一定浓度与温度时，开始着火燃烧、发光发热，通常把挥发分着火温度粗略地视为煤的着火温度。挥发分含量高的煤，着火温度较低；反之，着火温度较高。

2) 焦炭燃烧阶段。焦炭是固体燃料的主要可燃物质。在挥发分燃烧后期，焦炭晶粒已被加热至高温，随着挥发分减少，燃烧边界层变薄，氧气得以达到碳粒表面而氧化燃烧。焦炭燃烧不仅需要较长时间，还不易被燃烧完全，它的燃烧程度直接决定着固体燃料的热损失。

3) 焦炭燃尽阶段，即灰渣形成阶段。实际上焦炭燃烧开始，煤中不可燃的矿物质(灰)随即形成，给焦炭外面披上一层薄薄的"外衣"，使之不能很好地与氧气接触，导致燃尽阶段进行得十分缓慢，甚至造成固体不完全燃烧，热损失增大。

2.1.3.4 影响燃烧过程的因素

燃料所含的水分、挥发分、灰分及其可熔性、发热量、黏结性和热稳定性等都会影响燃烧过程。

水分含量多，不仅使燃料中可燃元素减少，还会在燃烧过程中蒸发，吸收气化潜热，使燃料的发热量降低。此外，水分还会增加烟气体积，从而增加烟气从锅炉中带走的热量，降低锅炉效率。

燃料在燃烧时，首先析出挥发分，然后和空气混合并着火，形成明亮的火焰。挥发分燃烧时，将焦炭加热，一旦挥发分燃尽便引起焦炭剧烈燃烧。

灰分是燃料中的杂质，不但增加了燃料的质量，使开采、运输和煤粉制备费用增加，而且在炉内熔融时还会黏附在炉壁和炉箅上，引起结渣，破坏炉膛的正常工作。

燃料的发热量与其碳含量有关。碳的含量越多，则燃料的发热量越大，炉内的温度越高，越有利于燃料的加热、干燥及挥发分析出，从而有利于燃烧，使燃烧过程更加稳定。

2.1.4 燃烧与大气污染物

大气污染物主要来源于燃料燃烧,按存在形态分为气溶胶态污染物和气态污染物两大类。气溶胶态污染物包括粉尘、烟尘、飞灰、黑烟和雾等；气态污染物包括氮氧化物(NO_x)、硫氧化物(SO_x)、碳氧化物(CO_x)和卤素化合物等。

(1) 烟尘

烟尘指煤等固体燃料在燃烧过程中由烟囱排出的烟气中所含的烟、烟黑、灰分和粒状浮游物质的混合物。烟尘量主要取决于燃料种类、燃烧方式和燃烧过程的组织情况。同时，燃煤性质(如粒度、挥发分和黏结性等)对烟尘的产生也有影响。

(2) 硫氧化物

燃料中的硫以两种形式存在：①有机硫，主要以各种有机硫化合物存在；②无机硫，主要包括黄铁矿(成分为 FeS_2)和硫酸盐类。硫酸盐类所含的硫不参与燃料燃烧。有机硫及 FeS_2 中的硫，属于挥发性硫，燃烧过程中会与氧化合生成 SO_2。

(3) 氮氧化物

燃料均含有氮元素，煤中含氮量一般为 1%~2%。燃烧过程中 NO_x 来源于空气和燃料中的氮。燃烧过程中产生的 NO_x 的量与温度的关系尤为密切，通常温度越高，浓度也越高。

(4) 碳氧化物

CO 和 CO_2 是各类大气污染物中发生量最大的，主要来自燃料燃烧和机动车排气。

对各种污染物更详细的介绍参见第 1 章。

■ 2.2 燃烧过程与污染控制

2.2.1 CO 与 CO₂ 的生成与控制

2.2.1.1 燃烧过程中 CO 与 CO₂ 的生成

煤或其他燃料燃烧时释放热能的主要化学反应是 C 与 O_2 的直接反应：

$$C + O_2 \longrightarrow CO_2 + Q \tag{2-3}$$

$$2C + O_2 \longrightarrow 2CO + Q \tag{2-4}$$

同时，所生成的 CO_2 还可能与 C 发生还原反应，即

$$C + CO_2 \longrightarrow 2CO + Q \tag{2-5}$$

由 O_2 或 CO_2 与 C 反应生成的 CO，还可能由于微量水蒸气催化再和 O_2 发生反应，即

$$2CO + O_2 \longrightarrow 2CO_2 + Q \tag{2-6}$$

式(2-3)～式(2-6)在燃烧过程中同时、交叉地进行，是 C 燃烧过程的基础化学反应。

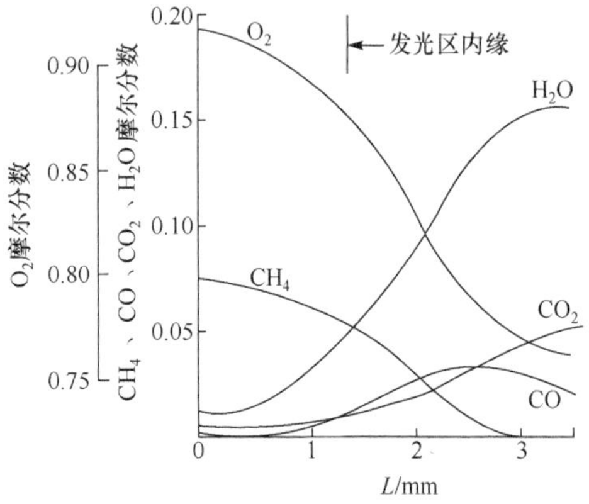

2.2.1.2 控制 CO 生成的燃烧技术

CO 是含碳燃料氧化而产生的一种中间产物，CO 转化为 CO_2 的反应可以归于以下基本反应：

$$CO + \cdot OH \longrightarrow CO_2 + \cdot H \tag{2-7}$$

C 在燃烧之初生成 CO，因此控制 CO 氧化是关键步骤，图 2-3 是预混层流碳氢火焰的浓度场。如图 2-3 所示，CO 是燃烧中间产物，并且在甲烷刚好完全燃烧之前有最大浓度。如果在火焰温度下有充足的 O_2，且燃烧停留时间足够长，那么 CO 的浓度就会在反应之后降至很低。这也是燃烧过程中控制 CO 生成的方法。

图 2-3 预混层流碳氢火焰的浓度场

2.2.2 烟尘的生成与控制

2.2.2.1 燃烧过程中烟尘的生成

(1) 气体燃料燃烧的烟尘

气体燃料在燃烧过程中所生成的烟尘主要成分为碳粒子，通常表现为积炭。关于火焰的碳烟生成机理，从气态烃到 100Å[①] 以上的碳微粒一般认为经历三个阶段，如图 2-4 所示。第一阶段，从低分子量不饱和烃中产生碳烟核，通过化学反应实现高分子化和高次构造化，即成核阶段；第二阶段，碳烟核主要经过液化和凝聚物理过程，长成碳烟微粒，即成长阶段；第三

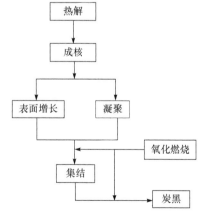

图 2-4 碳烟的生成过程

———————————————

① 1Å=10⁻¹⁰m。

阶段，形成碳烟。

(2) 液体燃料燃烧的烟尘

液体燃料燃烧不仅生成如同气体燃料燃烧生成的积炭，还含有由液态烃燃料自身不完全燃烧生成的碳粒，主要原因是油滴来不及燃尽就随烟气排出。由于挥发分大都已蒸发、气化，因此不完全燃烧的残存油滴中含碳比例较大，容易生成碳烟。

未燃油滴若剧烈受热而达到较高温度，往往使这些油滴来不及蒸发就产生裂化，导致轻分子从油滴中分离出来，以气态形式参与燃烧，余下较重的分子可能呈固态的焦炭或沥青。在工业生产过程中，燃油的"结焦"现象就是裂化的结果，含焦炭和沥青的烟尘也属于碳烟。

(3) 固体燃料燃烧的烟尘

煤是工业生产的主要固体燃料，碳的表面燃烧速度决定了煤的燃烧性能。如果燃烧条件非常理想，煤可以完全燃烧，即被完全氧化为 CO_2 等气体，余下灰分；如果燃烧不够理想，则煤在高温下发生热解作用，极易形成多环化合物(黑烟)，主要包括苯、芘、蒽和苯并芘等。

2.2.2.2 控制烟尘生成的燃烧技术

通过改进燃烧方式、合理调节燃烧过程，可以使烟气中的可燃物大部分燃尽。控制燃烧过程中产生烟尘的重要措施可分为三类：①改善燃料与空气的混合，即改善燃烧室内的传质效果；②维持足够高的燃烧温度与足够长的燃烧时间；③加入抑制积炭生成的添加剂。

(1) 改进燃烧过程

锅炉中的燃烧器大多属于紊流扩散型，在空气供给不足的区域会产生大量烟尘。从减少烟尘生成量来看，做到燃料与空气的最佳混合是最重要的。图 2-5 是一台 9t/h 燃油锅炉旋流强度与烟尘浓度的关系。当旋流强度为 8.4 时，燃料和空气混合工况最佳，烟尘的生成量最小，而当旋流强度偏离 8.4 时，会导致烟尘生成量增加。实验炉中炭黑燃烧 95%所需的时间如图 2-6 所示，当氧气浓度大于 1%时，燃尽时间大约为 0.1s。以此说明，为了减少烟尘生成量，有必要维持一定的氧气浓度与燃烧时间。

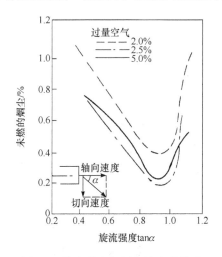

图 2-5　旋流强度与烟尘浓度的关系

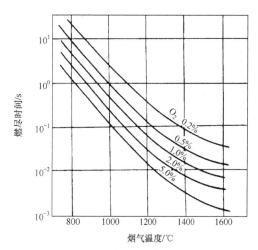

图 2-6　炭黑燃烧 95%所需的时间

(2) 特殊燃烧方法

A. 烟尘再燃烧法

烟气在高温状态下与空气适当接触再燃烧的方法称为烟尘再燃烧法。

假设碳与氧的反应为一次反应，则烟尘生成量可以用式(2-8)计算：

$$dM / dt = -K \cdot m \cdot S \cdot M \cdot V_{O_2} \tag{2-8}$$

式中，dM/dt 为单位时间内烟尘生成量，$kg/(m^3 \cdot s)$；M 为单位体积的烟气中的烟尘质量，kg/m^3；t 为燃烧时间，s；K 为氧的燃烧反应速率常数，m/s；m 为燃烧反应中与单位体积氧化合的碳的质量，kg/m^3；S 为烟尘的比表面积，m^2/kg；V_{O_2} 为单位体积烟气中氧的体积，m^3/m^3。其中 K 为

$$K = 8.1 \times 10^4 \exp(-37 / RT) \tag{2-9}$$

式中，R 为摩尔气体常量，$8.314J/(mol \cdot K)$；T 为燃烧温度，K。

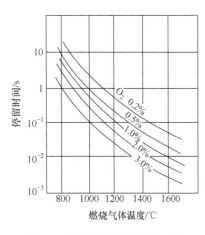

图 2-7 烟尘再燃烧的停留时间

根据式(2-8)计算得烟尘生成量，通过再燃烧去除95%，所需的停留时间如图 2-7 所示。温度低时，所需的停留时间长，温度从 800℃上升到 1300℃，则停留时间降至原来的 1%。同时也说明，燃烧温度足够高的话，二次空气燃烧就没有必要了。

B. 加入添加剂燃烧法

抑制烟尘生成量的燃烧添加剂有 Ba、Mn、Ni、Ca、Mg 等金属添加剂和水、乙醇、硫氢化物等液体添加剂。金属添加剂的作用是控制脱氢，使微小碳粒带上正电而相互排斥，促进氧化反应，阻止碳粒凝聚。液体添加剂有两方面的作用，一是可以增加 $\cdot OH$ 和 $HO_2 \cdot$ 等活性中心，提高反应速率，改善燃烧性能；二是液体添加剂的沸点低，可以造成"微爆"，改善传质与传热效果，促进燃烧。

2.2.3 硫氧化物的生成与控制

2.2.3.1 燃烧过程中硫氧化物的生成

(1) SO_2 的生成

燃料中的硫在燃烧过程中与氧气反应的主要产物是 SO_2。燃料燃烧时，如果空气过剩系数低于 1.0，有机硫将分解，分解产物除 SO_2 外，还有 S、H_2S 和 SO 等。当空气过剩系数高于 1.0 时，将全部燃烧生成 SO_2。在完全燃烧条件下，生成 SO_2 的同时，有少量 SO_2 将进一步氧化生成 SO_3。

在煤粉炉和燃油炉中，目前还不能通过改进燃烧技术的方法控制 SO_2 生成量，SO_2 的生成量正比于燃料中的含硫量。含硫量为 1.5%的重油，排烟中的 SO_2 浓度约为 $1000mg/Nm^3$；煤通常含硫量为 0.5%~5.0%，故其 SO_2 生成量可达 365~$3650mg/Nm^3$。

(2) SO_3 的生成

当有过剩氧气存在时，SO_2 会继续氧化为 SO_3，其生成量取决于在火焰中生成的原子氧浓度。原子氧除来自氧分子离解外，其他含氧物质(如 CO_2)高温下也会热分解生成原子氧。火焰末端温度越低，烟气中 SO_3 浓度越高。火焰拖长可使烟气停留时间增加，烟气温度降低，SO_3 生成量增加。

锅炉运行时，烟气离开炉膛流经对流受热面时，温度虽然降低，SO_3 的浓度反而增加，这是因为积灰和氧化膜具有催化生成作用。其他物质(如硅、铝、钠的氧化物)对 SO_2 氧化也具有一定的催化作用，造成锅炉尾部受热面发生腐蚀现象。综上所述，影响 SO_3 生成量的主要因素包括含硫量、空气过剩系数、火焰中心温度和烟气停留时间。

(3) 硫酸的生成

烟气中水蒸气和气态 SO_3 结合，将生成硫酸蒸气。其反应式如下：

$$SO_3 + H_2O \longrightarrow H_2SO_4 \tag{2-10}$$

SO_3 转变为硫酸蒸气的比例与温度的关系如图 2-8 所示。由图可知，当温度高于 $200 \sim 250^\circ C$ 时，烟气中即使有 SO_3，其转变为硫酸蒸气的比例也很小。通常，烟气在锅炉空气预热器中被冷却时，硫酸蒸气在 $200^\circ C$ 左右开始出现，当烟气温度降低到 $110^\circ C$ 时，几乎全部 SO_3 和水蒸气结合成硫酸蒸气。当温度进一步降低时，硫酸蒸气就会凝结成硫酸液滴。

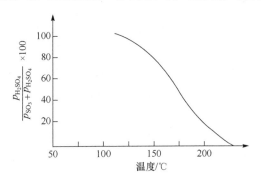

图 2-8 H_2SO_4 的转变率与温度的关系

2.2.3.2 控制硫氧化物生成的燃烧技术

(1) 低氧燃烧

燃料中的硫在燃烧过程中被氧化为 SO_2，部分 SO_2 进一步氧化生成 SO_3，与烟气中的水结合将产生 H_2SO_4，带来低温腐蚀和酸性尘问题。含硫量和烟气中的含氧量是影响 SO_3 生成量的因素。降低剩余氧气的浓度，可使 SO_3 的转化率下降，因此低氧燃烧能有效控制硫燃烧引起的危害。

(2) 流化床燃烧脱硫

流化床燃烧是一种低温燃烧过程，所使用煤的粒径一般在 10mm 以下，大部分是 $0.2 \sim 3mm$。燃烧脱硫使用的脱硫剂通常为石灰石和白云石。将石灰石粉碎成粒径为 2mm 左右，与煤同时加入炉内，在 $850 \sim 1050^\circ C$ 下燃烧，石灰石受热分解放出 CO_2，形成多孔的氧化钙，进而与 SO_2 作用，生成硫酸盐，达到固硫目的。此部分内容将在第 5 章中详细讨论。

2.2.4 NO$_x$的生成与控制

已知的氮氧化物种类较多,但在燃烧过程中生成的氮氧化物几乎全部是 NO 和 NO$_2$,合称为 NO$_x$。根据形成原因 NO$_x$ 可以分为如下几类。

1) 热力型 NO$_x$,燃烧所用空气中的氮在高温下氧化而成。

2) 瞬时机理型 NO$_x$,碳化氢燃料在过浓燃烧时产生。通常这种类型的 NO$_x$ 对温度的依赖性很小,其生成量相对于其他两种 NO$_x$ 要少得多。

3) 燃料型 NO$_x$,燃料中含有的氮化物在燃烧过程中氧化而成。

2.2.4.1 燃烧过程中 NO$_x$ 的生成

(1) 热力型 NO$_x$

炉膛中所生成的 NO$_x$ 中 95%是 NO,所以排入大气的也以 NO 为主。当温度较高(>1500℃)时,NO 的浓度很大,反应如下:

$$N_2 + O \longrightarrow NO + N \tag{2-11}$$

$$N + O_2 \longrightarrow NO + O \tag{2-12}$$

根据式(2-13)可以估算 NO$_2$ 浓度(依利多维奇公式):

$$C_{NO_2} = K\sqrt{C_{O_2}C_{N_2}} \exp\left(-\frac{21500}{RT}\right) \tag{2-13}$$

式中,C_{NO_2}、C_{O_2} 和 C_{N_2} 分别为 NO$_2$、O$_2$ 和 N$_2$ 的浓度,g/m^3;R 为摩尔气体常量,8.314J/(mol·K);T 为温度,K;K 为系数,在 0.023～0.069。该式说明,温度越高,生成的 NO$_2$ 浓度也越高。

根据图 2-9 与图 2-10,可以计算 NO 的生成量。由于在锅炉的燃烧温度下,NO 生成反应尚未达到化学平衡,在其他条件相同的情况下,NO 的生成量将随着烟气在高温区内停留时间

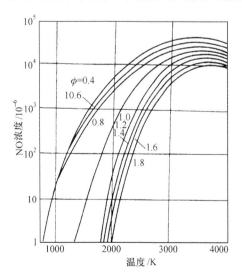

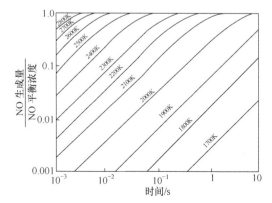

图 2-9　NO 化学平衡浓度与温度、当量比的关系　图 2-10　NO 化学平衡浓度、NO 生成量与燃烧
温度和停留时间的关系

的延长而增大。过量空气与氧气对 NO 生成量有影响，氧气浓度越高，NO 的生成量越大。控制热力型 NO 生成量方法包括：①使燃烧在远离理论空气比的条件下进行；②缩短在高温区的停留时间；③降低氧气浓度；④降低燃烧温度。

(2) 燃料型 NO

燃烧过程中，燃料中的氮部分转化为 NO，实际转化量与理论上的完全转化量之比称为燃料型 NO 转变率。该转变率与含氮化合物种类无关，与燃料含氮量有关。

Esso 的实验结果(图 2-11)表明，燃料含氮量增大导致转变率下降。式(2-14)可表示燃料型 NO 转变率与燃料含氮量(x_N)的关系：

$$\eta = (1 - 4.58x_N + 9.5x_N^2 - 6.67x_N^3) \times 100\% \tag{2-14}$$

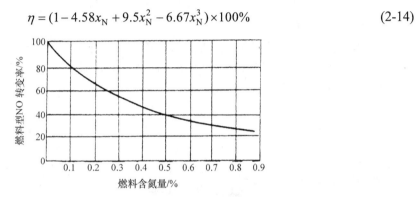

图 2-11　燃料型 NO 转变率与含氮量的关系

事实上，普通燃烧条件下，燃油锅炉中的转变率为 32%～40%；煤粉炉中的情况较为复杂，一般为 20%～25%，不超过 32%。

燃料型 NO 还与空气过剩系数(α)有关，随着 α 的降低，燃料型 NO 的生成量降低，这是因为 N 与 C、H 在燃烧过程中竞争氧气的能力较弱。

燃料型 NO 受温度的影响很小，原因是燃料中 N 的分解温度低于现有燃烧设备中的温度。有些资料认为，N·H 向 NO 转变的温度为(700±100)℃，一旦温度大于 900℃，转变率就急剧下降，即燃料型 NO 具有中温特性。

据以上分析，控制燃料型 NO 的方法包括：①采用含氮量低的燃料；②采用过浓燃烧，即 $\alpha < 1.0$；③扩散燃烧时，抑制空气与燃料的混合。

2.2.4.2　控制 NO_x 生成的燃烧技术

(1) 低氧燃烧法

通常情况下，炉内空气过剩系数为 1.10～1.40，NO_x 生成量随供给空气减少而下降；当空气过剩系数降为 1.03～1.07 时，NO_x 生成量显著降低。这是因为氧气与燃料完全燃烧，空气中的氮与燃料中的氮竞争不到氧气，不利于 NO_x 生成。对固体燃料而言，低氧燃烧实施比较困难，但对气体和液体燃料来说相对容易。但空气过剩系数低会导致烟尘浓度增大。

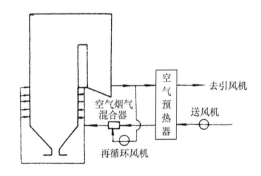

图 2-12　烟气再循环燃烧系统

(2) 烟气再循环燃烧法

烟气再循环燃烧法是采用较多的控制热力型 NO_x 的有效方法，应用于大型锅炉。烟气再循环燃烧系统如图 2-12 所示，温度较低的烟气通过再循环风机与空气混合后进入锅炉。实验证明，采用烟气再循环燃烧法，当再循环烟气的温度为 343℃时，烟气中 NO_2 浓度从 $0.48×10^{-3}g/m^3$ 减少为 $0.24×10^{-3}g/m^3$，减少了一半。

(3) 喷水法

喷水法是指向火焰中喷射水或水蒸气，以降低最高温度带的火焰温度，进而降低 NO 生成量。喷射液滴不能太小，而且应有一定的末速度，以便进入火焰最高温度带。对于液体燃料，首先要将燃料雾化，然后将水蒸气与雾化燃料及氧化剂混合送入燃烧室。

(4) 低 NO_x 燃烧器

低 NO_x 燃烧器通过降低燃烧火焰温度或燃料过浓燃烧(低氧技术)来抑制 NO_x 生成。按照功能分，有二级燃烧器(图 2-13)、燃气自身再循环燃烧器(图 2-14)、过浓燃烧器、喷水或乳化燃烧器等，还有各种功能组合的燃烧器。

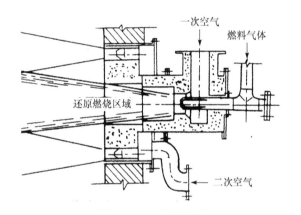

图 2-13 二级燃烧器

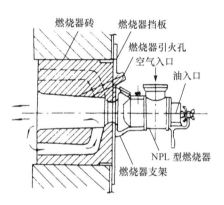

图 2-14 燃气自身再循环燃烧器

二级燃烧器内部把燃烧所需的空气分为两部分，视具体情况，第一级空气供给量占空气总供给量的 20%～70%，氧气供给不足，抑制了 NO_x 生成。第二级空气从空气喷孔供给次级燃烧使用，达到完全燃烧的目的。采用这种燃烧器，不必对燃烧室进行大幅度改造。

燃气自身再循环燃烧器的工作原理是：利用燃烧器喷射燃气的动量，把燃烧室内的燃气吸入燃烧器的内部进行循环，从而降低火焰温度和氧的浓度，达到抑制 NO_x 生成的目的。

2.2.5 汞及其化合物的生成与控制

(1) 汞及其化合物的生成

汞是煤中常见的痕量元素，大多以硫化物等无机汞形态存在，也有少部分以有机汞或单质汞形态存在。燃煤锅炉炉膛的温度一般在 900～1100℃，当煤在锅炉中燃烧时，其中绝大部分的汞化合物在这个温度范围内会分解成单质汞。因此，煤在燃烧过程中其所含的汞化合物几乎全被转化为单质汞并释放到烟气中，而残留在底灰中的汞含量很少，因此煤炭燃烧是我国最主要的大气汞排放源之一。当燃煤烟气从炉膛中排出后，随着温度的降低，烟气中汞的形态也会相应发生变化(图 2-15)。

烟气中一部分单质汞通过物理吸附、化学吸附等途径被烟气中的飞灰吸附捕集，形成颗粒态汞($Hg[p]$)；一部分单质汞则与烟气中氧气、氯化氢和氯气等发生反应，生成氧化态汞

(Hg^{2+})，而部分气态氧化汞又会被烟气中的颗粒物吸附形成颗粒态汞；未被吸附、氧化的部分仍然以单质汞的形态存在于燃煤烟气中。烟气中颗粒态汞的主要组分有氧化汞、氯化汞、硫化汞和硫酸汞等；气态氧化汞则以氯化汞为主。

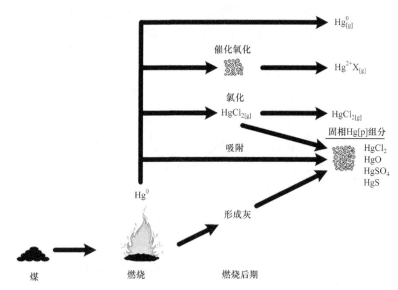

图 2-15　煤炭中的汞在燃烧过程中的形态变化

(2) 汞及其化合物的控制

煤炭在燃烧前可以通过洗选煤、煤热解、化学法和生物法等进行脱汞处理，其中洗选煤是煤炭脱汞的最主要方法。洗选煤脱汞的原理就是利用煤与矿物的密度差异及疏水性差异来实现煤与矿物的分离，由于煤中的汞主要存在于矿物中，因此可以在去除矿物的同时完成汞的脱除。物理洗选煤技术能够在一定程度上降低燃煤烟气中的汞含量，但是脱除后的汞会转移到洗煤废液中，易造成二次污染。

理论上可以通过控制燃烧工况的方法，将烟气中难以去除的气态单质汞转化为容易被去除的颗粒态汞或氧化态汞，从而达到控制烟气汞排放的目的。不过目前关于燃烧中脱汞技术的研究相对较少，还没有成熟的相关技术得到应用。

2.2.6　碳氢化合物的生成与控制

在燃烧温度 $<450℃$ 的均相燃烧过程中，汽油中的简单碳氢化合物 C_mH_n(简写为 RH)首先与氧分子反应生成烷烃自由基 $\cdot R$(如甲基自由基 $\cdot CH_3$、乙基自由基 $\cdot C_2H_5$、丙基自由基 $\cdot C_3H_7$ 等)，自由基 $\cdot R$ 继续与氧发生链反应，生成过氧自由基 $\cdot RO_2$，随后消耗 RH，重新生成 $\cdot R$，链反应过程持续并不断消耗 RH 与 O_2，形成燃烧过程。以下反应方程式为此燃烧过程的基本链锁反应：

$$RH + O_2 \longrightarrow \cdot R + \cdot HO_2 \tag{2-15}$$

$$\cdot R + O_2 \longrightarrow \cdot RO_2 \tag{2-16}$$

$$\cdot RO_2 + RH \longrightarrow ROOH + \cdot R \tag{2-17}$$

汽油在高温($>450℃$)条件下的不完全燃烧过程中，在热力作用下部分大分子碳氢化合物中的氢原子脱离碳原子而被分离出来，同时碳与碳之间的键断开，裂化成较小的不稳定自由基团，这些自由基团又在热力作用下化合成为较大的相当稳定的烟黑，烟黑含有多环芳烃和稠环烷烃等成分，大多有致癌作用，这些污染物已在被汽车排气污染了的大气中发现和证实。

由于影响汽车排气污染物浓度的因素太多，而且这些因素的影响又和其他条件有关，需要综合考虑。

1) 空燃比。空燃比对排气成分的浓度影响如图 2-16 所示。CO 的浓度主要取决于空燃比，其最佳空燃比在 18 左右。但是考虑到其他污染物浓度的影响，空燃比应为 14～15。

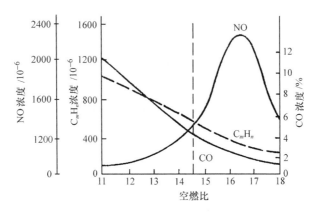

图 2-16 空燃比与 CO、C_mH_n、NO 浓度的关系

2) 点火时间。点火时间对 C_mH_n 浓度影响很大，推迟点火时间，使燃烧速度减慢、排气温度升高，从而加速未燃 C_mH_n 的氧化反应，使 C_mH_n 的浓度下降。在混合气体偏稀、排气口附近的热损失较少时，C·H 削减的效果最为显著。在汽车减速时，由于燃烧不稳定，容易断火，若此时推迟点火，则断火的可能性增大，C·H 的浓度反而会增大。

3) 其他影响因素。残余气体的增多使燃烧温度下降，导致 C·H 浓度增加；排气管温度在 550～600℃时，从燃烧室排出的 CO、C·H 还会和 O_2 发生反应，使 CO 和 C·H 的浓度下降。另外，冷却水的温度和汽车运行情况均对排气中 CO 和 C·H 的浓度有影响。总之，C·H 污染物排放浓度取决于机动车的性能和运行情况、驾驶员的驾驶技术等。

2.3　大气污染控制基础数据计算

我国煤炭资源十分丰富，煤炭是我国工业锅炉与电站锅炉主要的燃料。有关大气污染控制基础数据的计算也以煤炭燃烧为主。

燃烧产物计算的依据是物料衡算，即

$$\sum F - \sum D = A \tag{2-18}$$

式中，F 为进料量；D 为出料量；A 为积累量。

对于连续燃烧过程，积累量 $A = 0$，则上式可改写为

$$\sum F = \sum D \tag{2-19}$$

2.3.1　煤的成分及基准换算

2.3.1.1　煤的成分

煤是在长期的地质历史时期中形成的有机燃料，是一种高分子碳氢化合物，主要成分包

括碳(C)、氢(H)、硫(S)、灰分(A)和水分(W)。

1) 碳(C)。碳是煤中的主要可燃元素，一般占煤成分的 20%～70%(指应用基，下同)，包括挥发分(CH_4、C_2H_2 和 CO 等)和固定碳(挥发分除外的纯碳)。纯碳不易着火，所以含碳量越高的煤着火后燃尽也越困难。1kg 碳完全燃烧时放出约 32700kJ 的热量。

2) 氢(H)。煤中含氢 3%～5%，均以化合态形式存在。氢的发热量约为纯碳发热量的 3.7倍，1kg 氢完全燃烧放出 120370kJ 热量。含氢量高的煤易着火。

3) 氧(O)。氧是煤中的不可燃元素。氧与碳、氢结合，使煤中的可燃碳及可燃氢的含量减少，从而降低煤的发热量。煤中氧的含量变化很大，无烟煤中仅为 1%～2%，而低煤化度的泥炭中含量可达 40%。

4) 氮(N)。煤中的含氮量仅有 0.5%～2.5%。

5) 硫(S)。有机硫和黄铁矿硫可以燃烧并放出热量，称为可燃硫(S_r)或挥发硫，硫酸盐硫为不可燃烧硫(S_{ly})。我国煤的硫酸盐硫含量较低，所以常用全硫代替可燃硫作燃烧计算。1kg硫完全燃烧仅放出 9050kJ 的热量。我国动力煤的含硫量大多小于 1.5%，部分贫煤、无烟煤和劣质烟煤的含硫量在 3%～5%，个别煤种含硫量高达 8%～10%。

6) 灰分(A)。灰分是煤中的不可燃烧杂质。煤中的灰分含量相差很大，一般为 5%～45%；石煤与煤矸石中灰分达到 60%～70%。煤中灰分增加，可燃物质相应减少。

7) 水分(W)。煤中的水分包括外在水分(W_w)和内在水分(W_n)，是不可燃组分，含量变化从百分之几到 40%～50%。W_w 是指在(20±1)℃、相对湿度(65±5)%的空气中自然风干时失去的水分；W_n 是指总水分减去 W_w 之后的水分。

2.3.1.2　煤的基准换算

煤中的成分一般用质量分数(%)表示，通常有四种基准。

1) 应用基。在煤的燃烧计算时采用。包括水分与灰分的煤作为 100%的成分，即煤的实际应用成分，表达式为

$$[C^y] + [H^y] + [O^y] + [N^y] + [S^y] + [A^y] + [W^y] = 100\% \qquad (2\text{-}20)$$

式中，$[C^y]$、$[H^y]$、…、$[W^y]$为煤中各成分应用基的质量分数。

2) 分析基。在实验室内作煤样分析时采用。指去除外在水分的煤作为 100%的成分，表达式为

$$[C^f] + [H^f] + [O^f] + [N^f] + [S^f] + [A^f] + [W^f] = 100\% \qquad (2\text{-}21)$$

式中，$[C^f]$、$[H^f]$、…、$[W^f]$为煤中各成分分析基的质量分数。

3) 干燥基。失去水分的煤作为 100%的成分，表达式为

$$[C^g] + [H^g] + [O^g] + [N^g] + [S^g] + [A^g] = 100\% \qquad (2\text{-}22)$$

式中，$[C^g]$、$[H^g]$、…、$[A^g]$为煤中各成分干燥基的质量分数。

干燥基成分不受水分的影响，此时的$[A^g]$反映的灰分更准确。

4) 可燃基。去掉水分和灰分的煤作为 100%的成分。由于可燃基成分不受水分与灰分含量的影响，因此可以更准确地表示煤的燃烧实质。常用以表示煤的挥发分的含量。表达式如下：

$$[C^r] + [H^r] + [O^r] + [N^r] + [S^r] = 100\% \tag{2-23}$$

煤的成分及其基准组成关系如图 2-17 所示。

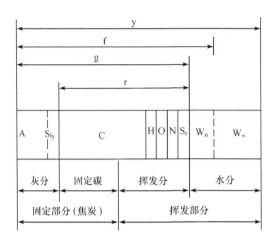

图 2-17　煤的成分及其基准组成关系

例题 2-1　有一种煤的可燃基成分为$[C^r]$、$[H^r]$、$[O^r]$、$[N^r]$、$[S^r]$，求其应用基的成分组成。

解　煤的应用基表达式为$[C^y] + [H^y] + [O^y] + [N^y] + [S^y] + [A^y] + [W^y] = 100\%$，即

$$[C^y] + [H^y] + [O^y] + [N^y] + [S^y] = 100\% - [A^y] - [W^y]$$

对比可燃基的表达式：

$$[C^r] + [H^r] + [O^r] + [N^r] + [S^r] = 100\%$$

可以得到

$$[C^y] / [C^r] = 1 - [A^y] - [W^y]$$

$$[H^y] / [H^r] = 1 - [A^y] - [W^y] \cdots$$

由此得到应用基的组成为

$$[C^y] = [C^r](1 - [A^y] - [W^y]) \qquad [H^y] = [H^r](1 - [A^y] - [W^y]) \cdots$$

$(1 - [A^y] - [W^y])$为可燃基向应用基的转换系数。

各种基准之间可以相互换算，换算系数列于表 2-1。需要说明的是，水分的换算公式如下：

$$[W^y] = [W_w] + [W^f](1 - [W_w]) \tag{2-24}$$

表 2-1　煤的基准之间的换算系数

已知量	换算量			
	应用基	分析基	干燥基	可燃基
应用基	1	$(1 - [W^f]) / (1 - [W^y])$	$1 / (1 - [W^y])$	$1 / (1 - [A^y] - [W^y])$
分析基	$(1 - [W^y]) / (1 - [W^f])$	1	$1 / (1 - [W^f])$	$1 / (1 - [A^f] - [W^f])$
干燥基	$1 - [W^y]$	$1 - [W^f]$	1	$1 / (1 - [A^g])$
可燃基	$1 - [A^y] - [W^y]$	$1 - [A^f] - [W^f]$	$1 - [A^g]$	1

我国各种煤的部分煤质分析列于表 2-2。工业锅炉用煤主要根据可燃基挥发分(V^r)、应用基水分(W^y)、应用基灰分(A^y)和应用基低位发热量(Q^y_{dw})分为若干类(表 2-3)。

表 2-2　我国各种煤的煤质分析结果

煤种	产地	$[W^y]$/%	$[A^g]$/%	可燃基元素/%					$[V^r]$/%	$[W^f]$/%
				$[C^r]$	$[H^r]$	$[O^r]$	$[N^r]$	$[S^r]$		
无烟煤	山西阳泉	5.0	26.0	91.7	3.8	2.2	1.3	1.3	9.0	1.0
	北京京西	4.0	24.0	94.0	1.4	3.7	0.6	0.3	5.5	0.8
烟煤	安徽淮南	6.92	22.8	81.4	5.6	10.6	1.48	0.92	38.52	
	黑龙江鹤岗	5.5	24.0	83.1	5.7	10.0	0.8	0.4	36.0	1.6
贫煤	河南鹤壁	8.0	17.0	89.4	4.3	4.3	1.6	0.4	15.5	0.9
	湖南芙蓉	6.5	26.0	87.6	3.44	2.16	1.36	5.41	13.28	0.65
褐煤	辽宁平庄	24.0	28.0	72.0	4.9	20.4	1.0	1.7	44.0	10.0
	云南皂角	45.0	24.9	70.0	5.9	20.9	1.82	1.31	56.11	13.47
油页岩	广东茂名	16.5	80	57.07	9.64	16.9	2.15	14.24	80.6	

表 2-3　工业锅炉用煤的分类

煤的种类		$[V^r]$/%	$[W^y]$/%	$[A^y]$/%	Q^y_{dw}/(kJ/kg)
烟煤	Ⅰ类	≥20	7～15	<40	>11000～15500
	Ⅱ类	≥20	7～15	>25, <40	>15500～19700
	Ⅲ类	≥20	10～20	<45	>19700
贫煤		>10, <20	<10	<30	≥18800
无烟煤	Ⅰ类	5～10	<10	>25	15000～21000
	Ⅱ类	<5	<10	<25	>21000
	Ⅲ类	5～10	<10	<25	>21000
褐煤		>40	>20	>30	8400～15000
煤矸石				>50	6300～11000
石煤	Ⅰ类			>50	<5500
	Ⅱ类			>50	5500～8400
	Ⅲ类			>50	>8400
油页岩			10～20	>60	<6300

2.3.2　液体燃料与气体燃料的介绍

原油是优良的液体燃料,但很少用作锅炉燃料。原油在常压和一定温度下分馏,分离出汽油、煤油和柴油等轻质油类,剩下的残留物就是重油或渣油。重油再经过减压蒸馏,分离出重柴油和蜡油,残余物为减压重油。工业锅炉与电厂锅炉所使用的液体燃料,通常是重油或减压重油。重油的成分如表 2-4 所示。

表 2-4　重油的成分

组分	碳	氢	硫	氧	氮	W^y	A^y	Q^y_{dw}/(kJ/kg)
含量/%	81～87	11～14	1～2	1～2	1～2	≤4	<1	37700～44000

气体燃料可分为天然气与人工气体燃料。天然气是从地下开采出来的可燃气体,根据来

源又可分为气田天然气和油田天然气。表 2-5 为我国天然气的主要特征。天然气中各种碳氢化合物的含量高达 90%以上，是一种发热量很高的优质燃料(Q_{dw}^y =35000～39000kJ/Nm³)。气田天然气主要成分为 CH_4，油田天然气成分除 CH_4 外，还含有较多的烷族重碳氢化合物。

表 2-5　我国天然气的主要特征

名称	产地	气体体积分数/%										ρ /(kg/m³)	Q_{dw}^y /(kJ/Nm³)
		CH_4	C_2H_6	C_3H_8	C_4H_{10}	C_5H_{12}	C_mH_n	H_2	H_2S	CO_2	N_2		
气田煤气	四川自流井	90	6.5	—	—	—	—	—	—	0.5	3.0	0.6～0.64	37700
	四川	97.2	0.7	0.2	—	—	—	0.1	0.1	1.0	0.7		
油田煤气	四川南充	88.59	6.06	2.02	1.54	—	0.06	0.07	—	0.2	1.46	0.8166	39300

人工气体燃料根据获得方法分为液化石油气、高炉煤气、转炉煤气、焦炉煤气、发生炉煤气和地下气化煤气等。除液化石油气外，其他人工气体燃料的发热量均较低。常见人工气体燃料的主要特性见表 2-6。

表 2-6　常见的人工气体燃料特性

名称	气体体积分数/%								ρ /(kg/Nm³)	Q_{dw}^y /(kJ/Nm³)
	CH_4	H_2	CO	C_mH_n	O_2	CO_2	N_2	H_2S		
焦炉煤气	22.5	57.5	6.8	1.9	0.8	2.3	7.8	0.4	0.483	16600
发生炉煤气	2.3	13.5	26.5	0.3	0.2	5.0	51.9	0.3	1.122	5870
高炉煤气	0.3	2.7	28.0	—	—	10.2	58.5	0.3	1.296	4000
地下气化煤气	1.8	11.1	18.4	—	0.2	10.3	57.6	0.6	—	4300

2.3.3　燃烧所需空气量的计算

1kg 燃料完全燃烧时所需的最小空气量(剩余氧气为 0 或 α =1)称为理论空气量，等于燃料中各可燃元素完全燃烧所需空气量的总和减去燃料自身所含氧量的折算量。燃料中的可燃元素有碳(C)、氢(H)和硫(S)，它们燃烧时所需的空气量可通过燃烧化学方程式求得。

假设空气与氧气皆为理想气体，即标准状态下的容积为 22.4m³/kmol。

(1) 碳燃烧时所需氧气量

燃烧方程式为

$$C + O_2 \longrightarrow CO_2 \tag{2-25}$$

若燃料中含碳量为[C^y](kg/kg 燃料)，则 1kg 燃料中碳燃烧所需的氧气量(m³/kg 燃料)为

$$\frac{22.4}{12} \times [C^y] = 1.867[C^y] \tag{2-26}$$

(2) 氢燃烧时所需氧气量

燃烧方程式为

$$2H_2 + O_2 \longrightarrow 2H_2O \tag{2-27}$$

若燃料中含氢量为 $[H^y]$(kg/kg 燃料)，则 1kg 燃料中氢燃烧所需的氧气量(m^3/kg 燃料)为

$$\frac{22.4}{4 \times 1.008} \times [H^y] = 5.56[H^y] \tag{2-28}$$

(3) 硫燃烧时所需氧气量

燃烧方程式为

$$S + O_2 \longrightarrow SO_2 \tag{2-29}$$

若燃料中含硫量为 $[S^y]$(kg/kg 燃料)，则 1kg 燃料中硫燃烧所需的氧气量(m^3/kg 燃料)为

$$\frac{22.4}{32} \times [S^y] = 0.7[S^y] \tag{2-30}$$

(4) 燃料中氧的当量

若燃料中含氧量为 $[O^y]$(kg/kg 燃料)，则 1kg 燃料中氧的当量(m^3)为

$$\frac{22.4}{32} \times [O^y] = 0.7[O^y] \tag{2-31}$$

因此，燃烧 1kg 燃料所需的氧气量(m^3)即为上述四项之和：

$$1.867[C^y] + 5.56[H^y] + 0.7[S^y] - 0.7[O^y] \tag{2-32}$$

这样，燃烧 1kg 燃料所需的空气量 V^0(m^3/kg)为

$$
\begin{aligned}
V^0 &= \frac{1}{0.21}(1.867[C^y] + 5.56[H^y] + 0.7[S^y] - 0.7[O^y]) \\
&= 8.89[C^y] + 26.48[H^y] + 3.33[S^y] - 3.33[O^y]
\end{aligned} \tag{2-33}
$$

若以质量来表示，则理论空气量(kg)为：$L^0 = 1.293V^0$。值得注意的是上述计算不包含水蒸气，即为干空气的量。

在实际燃烧过程中难以保证燃料与空气的充分混合和完全反应。为使燃料尽可能完全燃烧，必须供给比理论空气量更多的空气，这部分空气称为过量空气量。所谓的实际空气量，即为燃烧 1kg 燃料所需的理论空气量加上过量空气量。实际空气量与理论空气量之比称为空气过剩系数：

$$\frac{V^k}{V^0} = \alpha \tag{2-34}$$

另外，根据各种燃料的理论空气量与发热量的比值接近常数这一特征，出现了一些计算理论空气量(V^0)的经验公式。

A. 贫煤与无烟煤($V^r < 15\%$，V^r 为可燃基挥发分)

$$V^0 = 0.241 \times \frac{Q_{dw}^y}{1000} + 0.61 \tag{2-35}$$

B. 烟煤($V^r > 15\%$)

$$V^0 = 0.253 \times \frac{Q_{dw}^y}{1000} + 0.278 \tag{2-36}$$

C. 劣质烟煤($Q_{dw}^y < 12500$kJ/kg)

$$V^0 = 0.241 \times \frac{Q_{dw}^y}{1000} + 0.455 \tag{2-37}$$

D. 液体燃料

$$V^0 = 0.263 \times \frac{Q_{dw}^y}{1000} \tag{2-38}$$

2.3.4 燃烧产生烟气量的计算

在供给理论空气量时，燃料完全燃烧后所产生的烟气量，称为理论烟气量，此时空气过剩系数 $\alpha = 1$。为了使燃烧尽可能完全，燃烧一般在过量空气条件($\alpha > 1$)下进行，因而理论烟气量、过量空气量与空气带入的水蒸气量之和构成了实际烟气量。

(1) 理论烟气量的计算

燃料完全燃烧后，可燃元素 C、H 和 S 分别被氧化为 CO_2、H_2O 和 SO_2，当 $\alpha = 1$ 时，空气中的 O_2 燃烧反应完毕，惰性气体 N_2 转为烟气的组分。所以，理论烟气量(V_y^0)由 V_{CO_2}、V_{SO_2}、理论水蒸气量 $V_{H_2O}^0$ 及理论氮气量 $V_{N_2}^0$ 所组成。

A. 燃料含碳率为[C^y](kg/kg 燃料)，根据式(2-25)，1kg 燃料完全燃烧产生的 CO_2 体积(m^3/kg 燃料)为

$$\frac{22.4}{12} \times [C^y] = 1.867[C^y] \tag{2-39}$$

B. 燃料含硫率为[S^y](kg/kg 燃料)，根据式(2-29)，1kg 燃料完全燃烧产生的 SO_2 体积(m^3/kg 燃料)为

$$\frac{22.4}{32} \times [S^y] = 0.7[S^y] \tag{2-40}$$

若以 V_{RO_2} 表示 V_{CO_2}、V_{SO_2} 之和，则

$$V_{RO_2} = V_{CO_2} + V_{SO_2} = 1.867([C^y] + 0.375[S^y]) \tag{2-41}$$

C. 理论氮气量 $V_{N_2}^0$，有两个来源：燃料中的氮与理论空气中的氮，则

$$V_{N_2}^0 = \frac{22.4}{28} \times [N^y] + 0.79V^0 = 0.8[N^y] + 0.79V^0 \tag{2-42}$$

D. 理论水蒸气量 $V_{H_2O}^0$，有 4 个来源，分别如下。

a. 燃料中的水分

若燃料的水分含率为[W^y](kg/kg 燃料)，则水蒸气的量(m^3/kg 燃料)为

$$\frac{22.4}{18} \times [W^y] = 1.24[W^y] \tag{2-43}$$

b. 燃料中氢燃烧产生水分

根据式(2-27)，产生的水蒸气量(m^3/kg 燃料)为

$$\frac{2 \times 22.4}{4 \times 1.008} \times [H^y] = 11.11[H^y] \tag{2-44}$$

c. 理论空气带入的水分

设干空气的密度为 $1.293kg/m^3$，水蒸气密度 $18/22.4 = 0.804kg/m^3$，1kg 干空气中含水蒸气为 d g/kg。一般取 $d = 10g/kg$，则理论空气量 V^0 带入的水蒸气容积为

$$1.293 \times (d/1000) \times V^0 / 0.804 = 0.0161V^0 \tag{2-45}$$

因此，理论水蒸气的容积为

$$V_{H_2O}^0 = 1.24[W^y] + 11.11[H^y] + 0.0161V^0 \tag{2-46}$$

d. 随重油喷入的水分

当采用蒸气雾化重油燃烧时，蒸气消耗率为 G_{wh}，则随同重油喷入的水蒸气为

$$\frac{22.4}{18} \times G_{wh} = 1.24G_{wh} \tag{2-47}$$

所以采用蒸气雾化，重油燃烧的理论蒸气量为

$$V_{H_2O}^0 = 1.24[W^y] + 11.11[H^y] + 0.0161V^0 + 1.24G_{wh} \tag{2-48}$$

(2) 实际烟气量的计算

为使燃料尽可能燃烧完全，供给的空气量应大于理论空气量，即 $\alpha > 1$。因此，实际烟气量(V_y)等于理论烟气量(V_y^0)、过量空气量[$(\alpha-1)V^0$]与过量空气带入的水蒸气量($V_{H_2O} - V_{H_2O}^0$)之和。现在将烟气量计算的关系示于图 2-18。

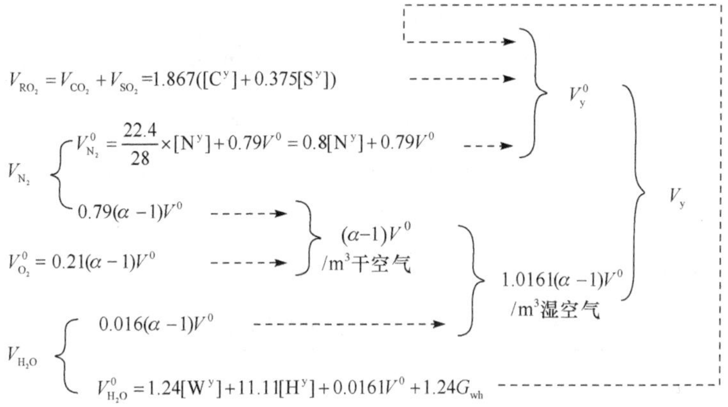

图 2-18　实际烟气量计算关系

实际燃烧过程中，由于影响因素众多，燃料不可能完全燃烧，烟气中还含有一些不完全燃烧产物，如 CO 和 CH_4 等。因此，用烟气分析仪测定烟气中各组分的容积百分含量，据此计算干烟气量(V_{gy})，用计算的方法求出实际水蒸气量(V_{H_2O})，然后得到实际烟气量。干烟气量按下式计算：

$$V_{gy} = V_{RO_2} + V_{N_2} + V_{O_2} = V_{RO_2} + V_{N_2}^0 + (\alpha-1)V^0 \tag{2-49}$$

不完全燃烧的产物有 CO_2、SO_2、CO、H_2 和 C_mH_n，后二者含量甚微，可以忽略。组分占干烟气量的容积百分含量计算如下：

$$\phi_{RO_2} = (V_{CO_2} + V_{SO_2}) / V_{gy} = V_{RO_2} / V_{gy} \tag{2-50}$$

$$\phi_{CO} = V_{CO} / V_{gy} \tag{2-51}$$

上述两式相加，得到

$$V_{gy} = (V_{RO_2} + V_{CO}) / (\phi_{RO_2} + \phi_{CO}) \tag{2-52}$$

由于烟气中的 CO_2 和 CO 所含 C 均来自燃料中的 C，并且从 C 的燃烧反应方程可知，无论产物是 CO_2 还是 CO，它们的总容积是相同的。根据式(2-41)，有

$$V_{RO_2} + V_{CO} = 1.867([C^y] + 0.375[S^y]) \tag{2-53}$$

由式(2-52)与式(2-53)可以得到不完全燃烧时干烟气量的计算式：

$$V_{gy} = 1.867([C^y] + 0.375[S^y]) / (\phi_{RO_2} + \phi_{CO}) \tag{2-54}$$

表 2-7 为固体、液体燃料的可燃元素燃烧计算表，表 2-8 为气体燃料单一组分的燃烧计算表，表 2-9 为一些燃料燃烧时所需理论空气量的概算值。

表 2-7　固体、液体燃料的可燃元素燃烧计算表

可燃元素		燃烧反应	1kg 可燃元素							
			燃烧生成物		需氧量		带入氮量		烟气	
			符号	生成量/(kg/Nm³)	符号	需氧量/(kg/Nm³)	符号	带入量/(kg/Nm³)	符号	生成量/(kg/Nm³)
碳	C	$C + O_2 == CO_2$	CO_2	3.67/1.87	O_2	2.67/1.87	N_2	8.78/7.02	CO_2 和 N_2	12.45/8.89
		$C + 1/2O_2 == CO$	CO	2.33/1.87	O_2	1.33/0.93	N_2	4.39/3.51	CO 和 N_2	6.72/5.38
氢	H	$H_2 + 1/2O_2 == H_2O$	H_2O	9/11.2	O_2	8/5.6	N_2	26.34/21.07	H_2O 和 N_2	35.34/32.27
硫	S	$S + O_2 == SO_2$	SO_2	2/0.7	O_2	1/0.7	N_2	3.29/2.68	SO_2 和 N_2	5.29/3.33

注：符号"/"之前为以 kg 计的数量，符号"/"之后为以 Nm³ 计的数量。

表 2-8　气体燃料单一组分的燃烧计算表

燃料气体		燃烧方程	1Nm³ 的燃料				
			所需空气量/Nm³		生成烟气量/Nm³		
			O_2	N_2	CO_2	H_2O	SO_2
氢	H_2	$2H_2 + O_2 == 2H_2O$	0.5	1.88	—	1	—
一氧化碳	CO	$2CO + O_2 == 2CO_2$	0.5	1.88	1	—	—
甲烷	CH_4	$CH_4 + 2O_2 == CO_2 + 2H_2O$	2	7.52	1	2	—
乙烯	C_2H_4	$C_2H_4 + 3O_2 == 2CO_2 + 2H_2O$	3	11.28	2	2	—
乙炔	C_2H_2	$2C_2H_2 + 5O_2 == 4CO_2 + 2H_2O$	2.5	9.40	2	1	—
苯蒸气	C_6H_6	$2C_6H_6 + 15O_2 == 12CO_2 + 6H_2O$	7.5	28.20	6	3	—
碳氢化合物	C_nH_m	$C_nH_m + (n+m/4)O_2 == nCO_2 + (m/2)H_2O$	$n+m/4$	$3.76(n+m/4)$	n	$m/2$	
硫化氢	H_2S	$2H_2S + 3O_2 == 2SO_2 + 2H_2O$	1.5	2.82	—	2	2

表 2-9 燃料燃烧时所需理论空气量的概算值

气体燃料	V^0/(Nm³ 空气/Nm³ 燃料)	固、液体燃料	V^0/(Nm³ 空气/kg 燃料)
天然气	8.0~9.5	燃料油	10~13
石油气	4.5~11.0	烟煤	7.5~8.5
煤气	4.5~5.5	无烟煤	9.0~10.0
发生炉煤气	0.9~1.2	焦炭	8.5
高炉煤气	0.7	木炭	8.9

2.3.5 烟气中 CO 含量的计算

当用奥氏烟气分析仪测定烟气中组分含量时，其中 RO_2 和 O_2 的含量能够被准确测得，但是 CO 的含量不易测准，主要原因是 CO 含量往往很低，CO 吸收液不够稳定而且吸收缓慢。当忽略烟气中的 H_2 与 CH_4(燃煤时可作此忽略)，不完全燃烧时的燃烧产物组成可表示为

$$[RO_2]+[O_2]+[CO]+[N_2]=100\% \tag{2-55}$$

此时只要求得烟气中的 N_2，就可以通过该式求得 CO 含量。

N_2 来源于燃料：

$$[N_2^r]=(V_{N_2}^r/V_{gy})=(22.4/28)\times([N^y]/V_{gy})=0.8([N^y]/V_{gy}) \tag{2-56}$$

与实际供给的空气：

$$[N_2^k]=(V_{N_2}^k/V_{gy})=(79/21)\times(V_{O_2}^k/V_{gy})=3.76(V_{O_2}^k/V_{gy}) \tag{2-57}$$

即

$$[N_2]=[N_2^r]+[N_2^k] \tag{2-58}$$

现以 $V_{O_2}^{RO_2}$、$V_{O_2}^{CO}$ 和 $V_{O_2}^{H_2O}$ 分别表示生成 RO_2、CO 和 H_2O 所消耗的氧气体积，以 V_{O_2} 和 $V_{O_2}^r$ 分别表示烟气中剩余氧和燃料中氧的体积，则实际供给空气中氧的体积为

$$V_{O_2}^k=V_{O_2}^{RO_2}+V_{O_2}^{CO}+V_{O_2}^{H_2O}+V_{O_2}-V_{O_2}^r \tag{2-59}$$

完全燃烧(即生成物为 CO_2 和 SO_2)时，燃烧前所需氧气体积与燃烧后生成物的体积相同；不完全燃烧时，即生成物为 CO，燃烧所需空气量减半：

$$V_{O_2}^{RO_2}=V_{RO_2} \qquad V_{O_2}^{CO}=0.5V_{CO} \tag{2-60}$$

由氢的燃烧化学反应方程式可知：

$$V_{O_2}^{H_2O}=(22.4/4)\times[H^y] \tag{2-61}$$

燃料中氧的体积为

$$V_{O_2}^r=(22.4/32)\times[O^y] \tag{2-62}$$

将式(2-60)~式(2-62)代入式(2-59)，得到

$$V_{O_2}^k=V_{RO_2}+0.5V_{CO}+V_{O_2}+(22.4/32)\times(8[H^y]-[O^y]) \tag{2-63}$$

将式(2-63)代入式(2-57)，得到

$$[N_2^k] = 3.76[V_{RO_2} + 0.5V_{CO} + V_{O_2} + (22.4/32) \times (8[H^y] - [O^y])] / V_{gy} \tag{2-64}$$

将式(2-56)、式(2-58)和式(2-64)代入式(2-55)，结合式(2-54)，得到

$$21\% = [RO_2] + [O_2] + 0.605[CO] + 2.35([RO_2] + [CO])\{[H^y] \\ - ([O^y]/8) + 0.038[N^y]\} / ([C^y] + 0.375[S^y]) \tag{2-65}$$

令 $\beta = 2.35\{[H^y] - ([O^y]/8) + 0.038[N^y]\} / ([C^y] + 0.375[S^y])$，便可以得到

$$[CO] = \frac{0.21 - [O_2] - (1 + \beta)[RO_2]}{0.605 + \beta} \tag{2-66}$$

式(2-66)即为不完全燃烧方程，β 为燃烧特性系数，其只与燃料的可燃组分有关，而与燃料的水分、灰分无关，也不随元素的基准变化而变化，即对于一定的燃料，具有一定的值。

2.3.6 SO_2 的排放浓度与脱硫效率的计算

由 SO_2 的生成机理可知，煤在燃烧过程中其可燃硫成分全部转化为 SO_2。煤中每 1% 的硫含量会在烟气中生成约 2000mg/Nm³ 的 SO_2(此时 SO_2 浓度为折算到干燥基氧的体积浓度为 6% 时的浓度)，如图 2-19 所示。其中，横坐标为烟气中 SO_2 的原始生成浓度，纵坐标为达到不同排放要求必须将烟气中 SO_2 浓度减少的百分数，即脱硫效率。当煤中的含硫量为 2% 时，烟气中 SO_2 的原始生成浓度为 4000mg/Nm³。如果 SO_2 排放标准是 400mg/Nm³，则在烟气排放进入大气之前要求达到的脱硫效率就是 90%。

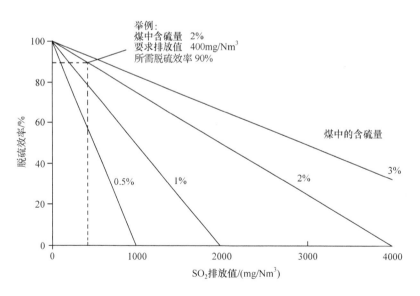

图 2-19　煤中含硫量与 SO_2 的原始生成浓度及脱硫效率关系

但是，即使不采用任何脱硫措施，烟气中 SO_2 的排放浓度也低于其原始生成浓度。这是因为在煤的灰分中含有金属氧化物，其中，CaO 的含量为 20%、Na_2O 的含量为 1%~9%，还含有 MgO、Fe_2O_3 等碱性物质，它们与烟气中的 SO_2 发生以下化学反应：

$$CaO + SO_2 + 0.5O_2 \longrightarrow CaSO_4 \tag{2-67}$$

因此煤的灰分具有一定的脱硫作用。对于煤粉炉，飞灰的脱硫作用取决于灰的碱度，可以用下式表示：

$$\phi = 63 + 34.5 \times (0.99)^{A_j} \tag{2-68}$$

式中，ϕ 为烟气中 SO_2 的排放系数，其等于在燃烧过程中不采取其他脱硫措施时排放出的 SO_2 浓度与原始生成的 SO_2 浓度之比；A_j 为煤灰的碱度，可以按下式计算：

$$A_j = 0.1 \times \alpha_{fh}[A^{zs}](7[CaO] + 3.5[MgO] + [Fe_2O_3])$$
$$[A^{zs}] = [A^y] / Q_{dw}^y \times 1000 \tag{2-69}$$

式中，α_{fh} 为煤灰分中飞灰所占的份额，一般取 0.85；[CaO]、[MgO]、[Fe_2O_3]分别为灰中氧化钙、氧化镁、氧化铁的质量分数；[A^{zs}]为煤的折算含灰量，g/MJ；[A^y]为应用基灰分百分含量；Q_{dw}^y 为煤的应用基低位发热量，MJ/kg。

根据式(2-69)，只要知道煤的成分、含硫量、发热量及灰分中的碱性组分含量，就可以计算锅炉在不采用脱硫措施时烟气中排放的 SO_2 浓度。

习　题

1. 试从生成机理出发，探讨燃烧过程中控制 NO_x 和 SO_x 的方法。

2. 已知无烟煤的可燃基组成为：[C^r] = 90.0%、[H^r] = 2.0%、[O^r] = 4.0%、[S^r] = 2.5%、[N^r] = 1.5%，干燥基灰分为[A^g] = 20.0%，应用基水分为[W^y] = 3.0%，试计算无烟煤的干燥基与应用基的组成。

3. 已知烟煤组成为：[C^y] = 78.67%、[H^y] = 4.85%、[N^y] = 0.80%、[S^y] = 0.58%、[O^y] = 6.1%、[A^y] = 5.8%、[W^y] = 3.2%，试计算燃料燃烧所需的理论空气量、生成的理论烟气量、烟气组成。

4. 某重油的组成为：[C] = 87.3%、[H] = 9.5%、[S] = 1.7%、[H_2O] = 0.5%、[A] = 0.10%，试计算燃烧 1kg 重油所需的理论空气量。

参 考 文 献

常弘哲, 张永康, 沈际群. 1993. 燃料与燃烧. 上海: 上海交通大学出版社.

陈学俊, 陈听宽. 1991. 锅炉原理(上册). 2 版. 北京: 机械工业出版社.

冯俊凯, 沈幼庭. 1992. 锅炉原理及计算. 2 版. 北京: 科学出版社.

顾恒祥. 1993. 燃料与燃烧. 西安: 西北工业大学出版社.

诺曼·奇格. 1991. 能源、燃烧与环境. 韩昭沧, 郭伯伟, 译. 北京: 冶金工业出版社.

彭定一, 林少宁. 1991. 大气污染及其控制. 北京: 中国环境科学出版社.

曾汉才. 1992. 燃烧与污染. 武汉: 华中理工大学出版社.

郑楚光, 张军营, 赵永椿, 等. 2010. 煤燃烧汞的排放及控制. 北京: 科学出版社.

朱廷钰, 晏乃强, 徐文青, 等. 2017. 工业烟气汞污染排放监测与控制技术. 北京: 科学出版社.

庄永茂, 施惠邦. 1998. 燃烧与污染控制. 上海: 同济大学出版社.

第 3 章

除尘技术及装置

3.1 除尘技术基础

除尘技术就是应用除尘装置捕集分离废气中的固态或液态颗粒物。通常按粒径大小将尘分为以下三类。

1) 尘粒：在气相介质中大于 75μm 的颗粒物。

2) 粉尘：煤、矿石等固体物料的运输、筛分、破碎、碾磨、加料、卸料或风吹等机械过程中产生的颗粒物，粉尘粒径较大，一般大于 10μm，小于 75μm。

3) 可吸入颗粒物：在气相介质中空气动力学当量直径小于 10μm 的固体颗粒物，又称 PM_{10}。可吸入颗粒物在空气中停留的时间较长，被人吸入后，会积累在呼吸系统中，引发众多疾病，对人类健康危害大。环境空气中空气动力学当量直径小于等于 2.5μm 的可吸入颗粒物为细颗粒物，又称 $PM_{2.5}$。与较粗的大气颗粒物相比，$PM_{2.5}$ 粒径小、面积大、活性强，易附带有毒、有害物质(重金属、微生物等)，且在大气中的停留时间长、输送距离远，能深入肺泡，对人体健康和大气环境质量的影响更大。

3.1.1 粉尘的物理性质

3.1.1.1 密度

粉尘密度是指单位体积粉尘的质量，单位为 kg/m³。粉尘密度分为真密度和堆积密度。若定义中所指的单位体积不包括粉尘颗粒体内部的空隙，则称为真密度，以符号 ρ_p 表示；若定义中所指的单位体积包括颗粒内部的空隙和颗粒之间的空隙，则称为堆积密度，以符号 ρ_b 表示。堆积密度与真密度之间可用下式换算：

$$\rho_b = (1-\varepsilon) \times \rho_p \tag{3-1}$$

式中，ε 为空隙率，是指粉尘粒子的空隙体积与堆积粉尘的总体积之比。对于一定种类的粉尘，ρ_p 是定值，ρ_b 则随 ε 变化而变化。ε 与粉尘种类、粒径及充填方式等因素有关。粉尘越细，吸附的空气越多，ε 值越大；充填过程加压或振动时，ε 值减小。表 3-1 列出了常见工业粉尘的真密度和堆积密度。

表 3-1　常见工业粉尘的真密度和堆积密度

粉尘种类	真密度/(g/cm³)	堆积密度/(g/cm³)	粉尘种类	真密度/(g/cm³)	堆积密度/(g/cm³)
滑石粉	2.75	0.56~0.71	硅沙粉尘(8μm)	2.63	1.15
炭黑烟尘	1.85	0.04	硅沙粉尘(0.5~72μm)	2.63	1.26
硅沙粉尘(105μm)	2.63	1.55	细煤粉炉飞灰	2.15	1.20
硅沙粉尘(30μm)	2.63	1.45	飞灰(0.7~5.6μm)	2.20	1.07
硅酸盐水泥尘(0.7~91μm)	3.12	1.50	锅炉渣尘	2.1	0.60
造型黏土尘	2.47	0.72~0.8	转炉烟尘	5.0	0.7
矿石烧结尘	3.8~4.2	1.5~2.6	铜精炼尘	4~5	0.2
氧化铜粉尘(0.9~42μm)	6.4	2.60	石墨尘	2	0.3
电炉冶炼尘	4.50	0.6~1.5	铸沙尘	2.7	1.0
化铁炉尘	2.0	0.8	造纸黑液炉尘	3.1	0.13
黄钢熔化炉尘	4~8	0.25~1.2	水泥原料尘	2.76	0.29
锌精炼尘	5	0.5	水泥干燥尘	3.0	0.6
铅精炼尘	6		重油铝炉烟尘	1.98	0.2
铅二次精炼尘	3.0	0.3			

3.1.1.2　比表面积

粉尘比表面积是指单位体积(或质量)粉尘具有的表面积，单位为 m^2/m^3 或 m^2/kg。若已知粉尘的表面积平均粒径 $\bar{d}_s = (\sum nd_p^2 / \sum n)^{1/2}$ 和体积平均粒径 $\bar{d}_v = (\sum nd_p^3 / \sum n)^{1/3}$，比表面积形状系数为 a(对于球形粒子 $a=6$)，则以体积为基准定义的比表面积为

$$S_v = \frac{a\sum nd_p^2}{\sum nd_p^3} \tag{3-2}$$

以质量为基准定义的比表面积为

$$S_w = \frac{a}{\rho_p(\sum nd_p^3 / \sum nd_p^2)} \tag{3-3}$$

粉尘粒子越细，比表面积越大。细小粒子常表现出显著的物理和化学特性，如氧化、溶解、蒸发、吸附、催化及生理效应等，这些物理和化学特性都因细小粒子比表面积大而被加速。有些粉尘的爆炸性和毒性则随粒子的粒径减小而增加。

3.1.1.3　粉尘的润湿性

粉尘的润湿性是指尘粒能否与液体相互附着或附着难易的性质。当尘粒与液体接触时，如果能扩大接触面而相互附着，就是能润湿；若接触面趋于缩小而不能附着，则是不能润湿。根据粉尘能被水润湿的程度，一般分为易被水润湿的亲水性粉尘和难被水润湿的疏水性粉尘。

粉尘的润湿性不仅与粉尘的粒径、生成条件、温度、压力、含水率、表面粗糙度及荷电

性等有关，还与液体的表面张力、对尘粒的黏着力及相对于尘粒的运动速度等有关。气溶胶中小于5μm特别是1μm的尘粒，很难被水润湿。粉尘的润湿性还随着温度的升高而减小，随压力升高而增大，随液体表面张力减小而增大。

在除尘技术中，各种湿式洗涤器的除尘机理主要是靠粉尘被水润湿，因此润湿性好的亲水性粉尘(中等亲水、强亲水)，可选用湿式除尘器。某些润湿性差(即润湿速度过慢)的疏水性粉尘，可加入某些润湿剂(如皂角素等)，以减小固液之间的表面张力，增加粉尘的亲水性。

3.1.1.4 粉尘的荷电性及导电性

(1) 粉尘的荷电性

粉尘在其产生和运动过程中，由于碰撞、摩擦和放射线照射、电晕放电及接触带电体等，总是带有一定的电荷。粉尘荷电后，将改变粉尘的某些物理性质，如凝结性、附着性及在气体中的稳定性等，对人的危害也同时增加。粉尘的荷电量随温度升高、比表面积增大及含水率减小而增大，还与其化学成分有关。表3-2为常见的几种粉尘的荷电量。

表3-2　几种粉尘的荷电量

粉尘种类	粉尘荷电极性分布/%			比电荷/(C/g)	
	正	负	中性	正	负
飞灰	31	26	43	6.3×10^{-6}	7.0×10^{-6}
石膏尘	41	50	9	5.3×10^{-10}	5.3×10^{-10}
熔铜炉尘	40	50	10	6.7×10^{-11}	1.3×10^{-10}
铅尘	25	25	50	1.0×10^{-12}	1.0×10^{-12}
油烟	0	0	100	0	0

(2) 粉尘的比电阻

粉尘的导电性以电阻率表示，单位是$\Omega \cdot cm$。粉尘的导电机理有两种，取决于粉尘和气体的温度、成分。在高温(约高于200℃)情况下，粉尘导电主要靠粉尘自身的电子和离子进行容积导电；在低温(约低于100℃)情况下，则主要靠尘粒表面吸附的水分和化学膜进行表面导电。因此，粉尘的电阻率与测定时的条件有关，仅是一种可以互相比较的表观电阻率，简称比电阻，其定义式为

$$\rho = \frac{V}{j \cdot \delta} \tag{3-4}$$

式中，ρ为粉尘的比电阻，$\Omega \cdot cm$；V为施加在粉尘上的电压，V；j为通过粉尘层的电流密度，A/cm^2；δ为粉尘层的厚度，cm。

粉尘比电阻对电除尘器工作有着很大的影响，最适宜的电除尘器捕集的比电阻为$10^4 \sim 5 \times 10^{10} \Omega \cdot cm$。表3-3列出了一些粉尘的比电阻。

表3-3　一些粉尘的比电阻

粉尘种类	温度/℃	含水量/%	比电阻/($\Omega \cdot cm$)
铜焙烧炉烟尘(1)	143	22	2×10^9
铜焙烧炉烟尘(2)	249	22	1×10^8

粉尘种类	温度/℃	含水量/%	比电阻/(Ω·cm)
铅烧结机烟尘(1)	143	10	1×10^{12}
铅烧结机烟尘(2)	52	9	2×10^{10}
铅烧结机烟尘(3)	40	7.5	1×10^{8}
含锌渣烟化炉烟尘(1)	204	1.3	4×10^{9}
含锌渣烟化炉烟尘(2)	149	1.3	2×10^{10}
炼铁烧结机尾粉尘(1)	100	—	3.8×10^{11}
炼铁烧结机尾粉尘(2)	100	—	8×10^{11}
炼铁烧结机尾粉尘(3)	60	—	1.3×10^{10}
钢厂平炉粉尘(1)	121	—	3×10^{11}
钢厂平炉粉尘(2)	66	—	3×10^{9}
炼铁高炉粉尘	—	—	$(2.2\sim3.4)\times10^{8}$
水泥(1)	66	—	7×10^{8}
水泥(2)	121	—	7×10^{10}
水泥(3)	177	—	2×10^{11}
水泥窑粉尘(1)	244	—	1×10^{10}
水泥窑粉尘(2)	171	5	2×10^{10}
电厂锅炉飞灰(1)	121	—	1×10^{8}
电厂锅炉飞灰(2)	182	—	5×10^{8}
电厂锅炉飞灰(3)	149	—	8×10^{10}
碱液回收锅炉芒硝粉尘	130	—	2×10^{11}
铝电解槽粉尘	77	1～2	1×10^{9}
氧化镁粉尘	180	—	3×10^{12}
石膏回转窑粉尘	149	31	7×10^{9}
白云石粉尘	150	—	4×10^{12}
黏土粉尘	140	—	2×10^{12}

3.1.1.5　粉尘的黏附性

粉尘附着在固体表面上，或粉尘彼此相互附着的现象称为黏附，后者也称自黏。附着的强度，也就是克服附着现象所需要的力(垂直作用在尘粒的重心上)称为黏附力。

在气态介质中产生的力主要为范德华力(van der Waals force)、静电引力和毛细黏附力等。影响粉尘黏附性的因素很多，现象也很复杂。一般情况下，粉尘的粒径小、形状不规则、表面粗糙、含水率高、润湿性好和荷电量大时，易于产生黏附现象。粉尘黏附现象还与周围介质性质有关。例如，在液体中粉尘的黏附要比在气体中弱得多；在粗糙的或遮盖有可溶性和黏性物质的固体表面上，黏附力大大提高；在高速气流中运动的尘粒不易在壁上黏附。

有些除尘器的捕集机理依赖于粉尘在固体表面的黏附。但在含尘气流管道或气流净化设备中，又要防止粉尘在壁面上的黏附，以免堵塞管道或设备。

3.1.1.6 粉尘的安息角与滑动角

粉尘自漏斗连续落到水平板上,堆积成圆锥体。圆锥体的母线同水平面的夹角称为粉尘的安息角,也称为休止角、堆积角等。

滑动角是指光滑平面倾斜时粉尘开始滑动的倾斜角。粉尘的安息角与滑动角表达同样的性质,是评价粉尘流动特性的重要指标。安息角小的粉尘,其流动性好;安息角大的粉尘,流动性差。

影响安息角和滑动角的因素有粉尘粒径、含水率、粒子形状、粒子表面光滑程度、粉尘黏附性等。对于同一粉尘,粉尘粒径大,含水率低,球性系数接近于1,黏附性小,安息角小。表 3-4 为几种常见的粉尘的安息角。

表 3-4　几种粉尘的安息角

粉尘名称	静安息角/(°)	动安息角/(°)	粉尘名称	静安息角/(°)	动安息角/(°)
白云石	—	35	无烟煤粉	37～45	30
黏土	—	40	飞灰	15～20	—
高炉灰	—	25	生石灰	45～50	25
烧结混合料	—	35～40	水泥	40～45	35
烟煤粉	35～45	—			

粉尘的安息角和滑动角是设计除尘器灰斗(或粉料仓)锥度、除尘管路或输灰管路倾斜度的重要依据。

3.1.1.7 爆炸性

在封闭空间内可燃性悬浮物的燃烧在一定浓度范围内会导致化学爆炸,这一浓度称为爆炸极限。能够引起爆炸的最高浓度称为爆炸上限,最低浓度称为爆炸下限。粉尘浓度在超出爆炸极限范围时,均无爆炸危险。

影响粉尘爆炸性的因素很多。粉尘的分散度、湿度,是否含有惰性颗粒及是否有挥发性可燃气体排出等都会影响粉尘的爆炸性。粉尘的分散对爆炸性有很大的影响,大颗粒的粉尘不可能发生爆炸,粉尘分散度高时,燃烧爆炸温度降低;湿度大会促进微细粉尘的凝并,减少粉尘的总表面积,还能吸收热量;惰性颗粒会降低粉尘的爆炸性,还能阻碍火焰的蔓延;挥发性可燃气体的散发会提高粉尘的爆炸性。

对于有爆炸和火灾危险的粉尘,在进行通风除尘设计时必须给予充分的注意,采取必要的净化系统的防爆措施。

3.1.2 粉尘粒径及粒径分布

粉尘的粒径大小及其分布对除尘器的除尘机理和性能有很大影响,是粉尘污染物控制的主要基础参数。

3.1.2.1 粉尘粒径

如果粉尘粒子是大小均匀的球体,则可用直径作为粒子的代表性尺寸,即粒径。但在实际中，不但粒子的大小不同，而且形状也各种各样，需按一定方法确定一个表示粒子大小的最佳代表性尺寸，作为粒子的粒径。一般是将粒径分为代表单个粒子大小的单一粒径和代表由各种不同大小的粒子组成的粒子群的平均粒径。粒径的单位一般以微米(μm)表示。

(1) 单一粒径

粒子的几何形状一般是不规则的。粒径的测定和定义方法不同，则粒径数值也不同。球形颗粒是用直径来表示其大小。对于非球形颗粒，一般用投影径、几何当量径和物理当量径三种方法来定义粒径。

1) 投影径：指颗粒在显微镜下观察到的粒径，有四种表示方法。

长径：在颗粒平面投影中，选择相对两边两根平行线间的最大距离定为颗粒的长径，如图 3-1(a)所示。

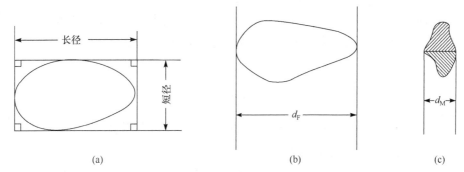

图 3-1　颗粒投影径表示法

(a) 长、短径；(b) 定向粒径；(c) 定向面积等分径

短径：与长径相垂直的距离定为该颗粒的短径，如图 3-1(a)所示。

定向粒径 d_F：指各粒子在平面投影图上在同一方向上的最大投影距离，如图 3-1(b)所示，也称费雷特(Feret)粒径。

定向面积等分径 d_M：指各粒子在平面投影图上按同一方向将粒子投影面积二等分的直线长度，如图 3-1(c)所示，也称马丁(Martin)粒径。

2) 几何当量径：取颗粒的某一几何量(面积、体积等)相同时的球形颗粒的直径，一般也有四种表示方法。

等投影面积径 d_A：与颗粒投影面积相同的某一圆面积的直径，即

$$d_A = \left(\frac{4A_p}{\pi} \right)^{1/2} \tag{3-5}$$

式中，A_p 为颗粒的投影面积。

等体积径 d_V：与颗粒体积相同的某一球形颗粒的直径，即

$$d_V = \left(\frac{6V_p}{\pi} \right)^{1/3} \tag{3-6}$$

式中，V_p 为颗粒的体积。

等表面积径 d_S：与颗粒的某一外表面积相同的某一圆球的直径，即

$$d_S = \left(\frac{S_p}{\pi}\right)^{1/2} \tag{3-7}$$

式中，S_p 为颗粒的外表面积。

体积表面积平均径 d_e：

$$d_e = \frac{6V_p}{S_p} \tag{3-8}$$

3) 物理当量径：取颗粒的某一物理量相同时的球形颗粒的直径。

空气动力直径 d_a：指与被测粒子在空气中的终端沉降速度相同、密度为 $1g/cm^3$ 的球的直径，其单位用 $\mu m(g/cm^3)^{1/2} = \mu mA$ 代表，称为微米气。

沉降直径(斯托克斯直径) d_{st}：指与被测粒子的密度相同、沉降速度相同的球的直径。在粒子雷诺数 Re 较小时，按斯托克斯(Stokes)定律得到沉降直径的定义式为

$$d_{st} = \sqrt{\frac{18\mu u_p}{(\rho_p - \rho)g}} \tag{3-9}$$

式中，μ 为流体的黏度，$Pa \cdot s$；u_p 为粒子在重力场中的终端沉降速度，m/s；ρ 为流体的密度，kg/m^3；ρ_p 为粒子的真密度，kg/m^3。

分割直径(临界粒径) d_{c50}：指某除尘器能捕集一半粒子的直径，即除尘器分级效率为50%的粒子的直径。这是一种表示除尘器性能的很有代表性的粒径。

另外还有筛分粒径，它以颗粒能通过最小筛孔的宽度定为颗粒的粒径，其筛分粒径的范围是 $20\mu m \sim 12mm$。

综上所述，粒径的测定和定义方法不同，所得粒径数值不同，应用场合也不同。因此，在选取粒径测定方法时，除需要考虑方法本身的精度、操作难度及费用等因素外，还应特别注意测定的目的和应用场合。在给出或应用粒径分析结果时，应说明或了解所用的测定方法。

(2) 平均粒径

为了能简明地表示粒子群的某一物理特性，往往需要按照应用目的求出代表粒子群特性的粒径的平均值，即平均粒径。安德烈耶夫对平均粒径所作的定义是：对于一个由粒径大小不同的粒子组成的实际粒子群，以及一个由均匀的球形(或正立方体)粒子组成的假想粒子群，如果它们具有相同的某一物理性质，则称此球形粒子的直径(或正立方体的边长)为实际粒子群的平均粒径。现由求长度平均粒径的例子加以说明，如图3-2所示。

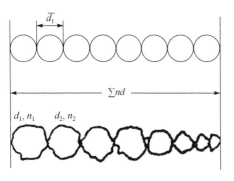

图3-2　关于粒子群的长度

设有一群实际粒子群，其中粒径为 d_1 的有 n_1 个、粒径为 d_2 的有 n_2 个、粒径为 d_3 的有 n_3 个……，则该粒子群的全长为

$$n_1d_1 + n_2d_2 + n_3d_3 + \cdots = \sum nd \tag{3-10}$$

另有一群粒径均一的球形粒子组成的全长与实际粒子群的全长相等，即

$$\bar{d}_1 \sum n = \sum nd \tag{3-11}$$

这样便可得到该实际粒子群的长度平均粒径(或算术平均粒径)，即

$$\bar{d}_1 = \frac{\sum nd}{\sum n} \tag{3-12}$$

表 3-5 列出了平均粒径的各种计算公式。

表 3-5　平均粒径的计算公式

名称	计算公式	物理意义
几何平均粒径	$\bar{d}_g = (d_1 d_2 \cdots d_n)^{1/n}$	单一粒径的几何平均值
长度平均粒径	$\bar{d}_1 = \sum(nd)/\sum n$	粒子群长度与粒子个数比值
表面积平均粒径	$\bar{d}_s = (\sum nd^2/\sum n)^{1/2}$	总表面积与总个数之比的平方根
体积平均粒径	$\bar{d}_v = (\sum nd^3/\sum n)^{1/3}$	与粒子总个数和总体积相等的均一球径
面积长度平均粒径	$\bar{d}_{sl} = \sum nd^2/\sum nd$	表面积总除以直径总和
体面积平均粒径	$\bar{d}_{vs} = \sum nd^3/\sum nd^2$	粒子的总体积除以总表面积
质量平均粒径	$\bar{d}_m = \sum nd^4/\sum nd^3$	与粒子总个数和总质量相等的均一球径
中位径	d_{c50}	筛上累计分布为 50%时的粒径
众径	d_d	粒径分布中频度最高的粒径

若将同一粉尘试样按上表所列方法计算平均粒径，则有

$$\bar{d}_g < \bar{d}_1 < \bar{d}_s < \bar{d}_v < \bar{d}_{sl} < \bar{d}_{vs} < \bar{d}_m \tag{3-13}$$

3.1.2.2　粒径分布

粒径分布是指某一粒子群中不同粒径的粒子所占比例，也称为粒子的分散度。以粒子个数所占的比例表示时称为个数分布；以粒子表面积表示时称为表面积分布；以粒子质量表示时称为质量分布。

(1) 粒径分布的表示方法

粒径分布的表示方法有表格法、图形法和函数法。粒径分布有以下几种。

1) 相对频数(或频率)分布 $\Delta D(\%)$：是指粒径在 $d_p \sim d_p + \Delta d_p$ 之间的粉尘质量 Δm 占粉尘试样总质量 m_0 的百分数，即

$$\Delta D = \frac{\Delta m}{m_0} \times 100\% \tag{3-14}$$

且有

$$\sum \Delta D = 100\% \tag{3-15}$$

2) 频度分布 $f(\%/\mu m)$：是指粒径组成距为 1μm 时的相对频数分布，即 $\Delta d_p = 1\mu m$ 时，粉尘质量占粉尘试样总质量的百分数，所以

$$f = \frac{\Delta D}{\Delta d_p} \ (\%/\mu m) \tag{3-16}$$

频度的微分定义式为

$$f = \frac{dD}{dd_p} \tag{3-17}$$

它表示粒径为 d_p 的粉尘质量占粉尘试样总质量的百分数。

3) 筛上累计分布 $R(\%)$：是指大于某一粒径 d_p 的所有粉尘质量占粉尘试样总质量的百分数，即

$$R = \sum_{d_p}^{d_{max}} \Delta D = \sum_{d_p}^{d_{max}} f \cdot \Delta d_p \tag{3-18}$$

反之，将小于粒径 d_p 的所有粉尘质量占粉尘试样总质量的百分数 $D(\%)$ 称为筛下累计分布，则

$$D = \sum_{d_{min}}^{d_p} \Delta D = \sum_{d_{min}}^{d_p} f \cdot \Delta d_p \tag{3-19}$$

D 与 R 的关系为

$$D = 1 - R \tag{3-20}$$

当 $R = D = 50\%$ 时，所对应的直径称为中位径 d_{c50}。

有 15g 粉尘试样粒径分布的测定值及计算结果见表 3-6 和图 3-3。

表 3-6 粒径分布的测定及计算表

粒径范围/μm	$\Delta d_p/\mu m$	$\Delta m/g$	$\Delta D/\%$	$f/(\%/\mu m)$	$R/\%$
0～3.5	3.5	1.5	10	2.86	100
3.5～5.5	2	1.35	9	4.5	90
5.5～7.5	2	3.0	20	10	81
7.5～10.75	3.25	4.2	28	8.62	61
10.75～19	8.25	2.85	19	2.3	33
19～27	8	1.2	8	1	14
27～43	16	0.9	6	0.38	6

注：粉尘试样质量 $m_0 = 15g$。

图 3-3 中各斜线表示的每一个小直方块的面积代表相应组距的相对频数（$\Delta D = f \cdot \Delta d_p$）。当 $\Delta d_p \to 0$ 时，可得到一条光滑的频度分布曲线（图中虚线）。根据表中数据和式(3-19)可得到筛上累计分布曲线，图中拐点处对应的粒径称为众径，即频度分布达到最大值时的粒径 d_d。

在除尘技术中，由于使用筛上累计分布 R 比使用频度分布 f 更为方便，在粉尘标准中多采用 R 表示粒径分布。

(2) 分布函数

根据某一函数来表示粒径分布是方便的。目前已经提出多种筛上累计分布 R 表达式，常用的分布函数有正态分布、对数正态分布及罗辛-拉姆勒(R-R)分布等。

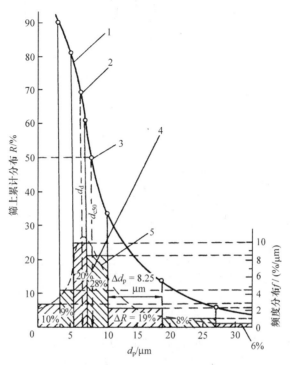

图 3-3　粒径的频度分布与筛上累计分布

1. 筛上累计频率分布曲线 $R = \int_{d_p}^{d_{max}} f \mathrm{d}d_p$ ；2. 拐点(众径)；3. 中位径；4. 各小直方块面积为频数分布 $\Delta D\%$ ，$\left(\dfrac{\Delta D}{\Delta d_p}\right) \times \Delta d_p = \Delta D$

(高 × 底 = 面积) (f) ；5. 频度曲线 $f = \dfrac{\mathrm{d}D}{\mathrm{d}d_p}$ ；10%、9%、20%、28%、19%、8%、6%分别为相应组距的相对频数

A. 正态分布(高斯分布)

正态分布的频率密度函数为

$$f(d_p) = \frac{100}{\sigma \sqrt{2\pi}} \exp\left[-\frac{\left(d_p - \bar{d}_p\right)^2}{2\sigma^2} \right] \tag{3-21}$$

式中，$\bar{d}_p$ 为粉尘的平均粒径；d_p 为粉尘的粒径；σ 为标准偏差，其定义式为

$$\sigma^2 = \frac{\sum (d_p - \bar{d}_p)^2}{N - 1} \tag{3-22}$$

式中，N 为粉尘粒子的总个数。

$\bar{d}_p$ 和 σ 为正态分布函数 $f(d_p)$ 的两个特征数，当 $\bar{d}_p$、σ 一定时，函数 $f(d_p)$ 即确定。对正态分布来说，平均粒径 $\bar{d}_p$ 可以由中位径 d_{c50}、众径 d_d 或算术平均直径 $\bar{d}_1$ 表示，且有 $\bar{d}_p = d_{c50} = d_d = \bar{d}_1$。标准偏差 σ 是衡量 d_p 的测定值与均值 $\bar{d}_p$ 偏差的尺度。故 σ 值越大，曲线就展布得越宽越平坦，$f(d_p)$ 越小。以上特征从图 3-4 所示的两种粒径的正态分布曲线可以看出。

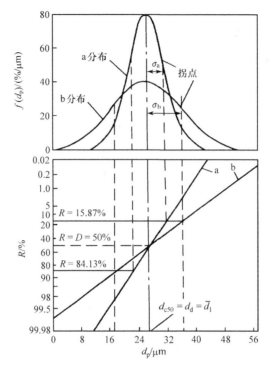

图 3-4 正态分布曲线及特征值的估计

从图 3-4 可以看出,正态分布的频度分布曲线为关于均值对称的钟形曲线,筛上(或筛下)累计分布曲线在概率坐标图中为一直线。因此,利用概率坐标纸表示的正态分布曲线和求取特征数 d_{c50}、σ 值非常简便,标准偏差为

$$\sigma = 1/2\left(d_p\left[R=15.87\%\right]-d_p\left[R=84.13\%\right]\right) \tag{3-23}$$

或

$$\sigma = d_{c50} - d_p[R=84.13\%] = d_p[R=15.87\%] - d_{c50} \tag{3-24}$$

B. 对数正态分布

粉尘粒径分布曲线像正态分布那样呈对称的钟形曲线是很少的,大部分是非对称的,并且多半像图 3-5 中的曲线那样向粗粒子方向偏移。如果横坐标用对数坐标代替,就可以将其转化为近似正态分布曲线的对称性钟形曲线,如图 3-5 所示,则称对数正态分布曲线。

对数正态分布函数为

$$f\left(\ln d_p\right)=\frac{100}{\ln \sigma_g \sqrt{2\pi}}\exp\left[-\frac{\left(\ln d_p - \ln \overline{d}_g\right)^2}{2\left(\ln \sigma_g\right)^2}\right] \tag{3-25}$$

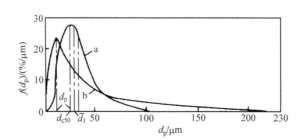

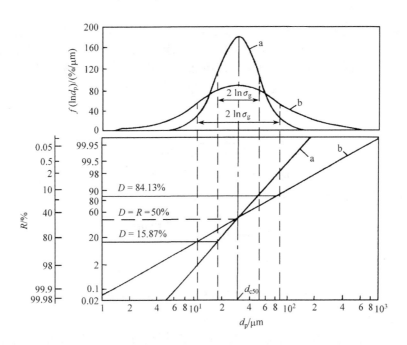

图 3-5　对数正态分布曲线及特征数的估计

式中，$\bar{d}_g$ 为几何平均粒径，等于中位径 d_{c50}；σ_g 为几何标准差，有

$$\sigma_g = \left[\frac{d_p\left(R = 15.87\% \right)}{d_p\left(R = 84.13\% \right)} \right]^{1/2} \tag{3-26}$$

对数正态分布有个特点，就是如果某种粉尘的粒径分布遵从对数正态分布，则以质量、个数和表面积表示的粒径分布，皆遵从对数正态分布。且对同一粒子群而言，这三种分布的几何标准差 σ_g 相同，在对数概率纸上代表这三种分布的直线互相平行。因此，如果在线图上有了一种分布的直线，就可以确定另外两种分布的直线，只要确定一个在直线上的点即可。三种分布中位径的换算式为

$$d_{c50} = d'_{c50} \exp(3\ln^2 \sigma_g) \tag{3-27}$$

$$d_{c50} = d''_{c50} \exp(0.5\ln^2 \sigma_g) \tag{3-28}$$

式中，d_{c50}、d'_{c50} 和 d''_{c50} 分别为以粒子的质量、个数和表面积表示的对数正态分布的中位径。

此外，利用粒子个数表示的对数正态分布的特征数 d'_{c50} 和 σ_g，还可以计算出各种平均粒径等参数。

长度平均粒径　　　　　　　　$\bar{d}_l = d'_{c50} \exp(0.5\ln^2 \sigma_g) \tag{3-29}$

表面积平均粒径　　　　　　　$\bar{d}_s = d'_{c50} \exp(\ln^2 \sigma_g) \tag{3-30}$

体积平均粒径　　　　　　　　$\bar{d}_v = d'_{c50} \exp(1.5\ln^2 \sigma_g) \tag{3-31}$

体面积平均粒径　　　　　　　$\bar{d}_{vs} = d'_{c50} \exp(2.5\ln^2 \sigma_g) \tag{3-32}$

例题 3-1 某粉煤燃烧产生的飞灰的粒径分布遵从对数正态分布，当以质量表示其粒径分布时，中位径为 21.5μm，$d_p(D = 15.87\%) = 9.8$μm。试确定以个数表示时对数正态分布函数的特征值和算术平均粒径。

解 对数正态分布函数的特征数是中位径和几何标准差。由图 3-5(图中横坐标是对数坐标)得

$$\ln \sigma_g = \ln d_{c50} - \ln d_p(D = 15.87\%)$$

所以

$$\sigma_g = \frac{d_{c50}}{d_p(D = 15.87\%)} = \frac{21.5}{9.8} = 2.19$$

由于对数正态分布以个数和质量表示的几何标准差相等，故 $\sigma_g = 2.19$ 即为以个数表示的几何标准差。

由式(3-27)可知以个数表示的中位径：

$$d'_{c50} = \frac{21.5}{\exp(3\ln^2 2.19)} = 3.40(\mu m)$$

由式(3-29)可知算术平均粒径：

$$\bar{d}_1 = 3.40\exp(0.5\ln^2 2.19) = 4.62(\mu m)$$

C. 罗辛-拉姆勒分布

尽管对数正态分布在解析上比较方便，应尽量采用，但对破碎、研磨、筛分过程中产生的细粒子及分布很广的各种粉尘，常有不吻合的情况。在这种情况下，罗辛(Rosin)和拉姆勒(Rammler)于 1933 年建议采用一种适应范围更广的函数。该分布后来称为罗辛-拉姆勒分布，简称 R-R 分布，其表达式的一种形式为

$$R(d_p) = 100\exp(-\beta d_p^n) \tag{3-33}$$

或者

$$R(d_p) = 100 \times 10^{-\beta' d_p^n} \tag{3-34}$$

式中，n 为分布指数；β、β' 为分布系数，并有 $\beta = (\ln 10)\beta' = 2.302\beta'$。

对式(3-34)两端取两次对数可得

$$\lg\left(\lg\frac{100}{R}\right) = \lg\beta' + n\lg d_p \tag{3-35}$$

若以 $\lg d_p$ 为横坐标，以 $\lg\left(\lg\frac{100}{R}\right)$ 为纵坐标作线图，则式(3-35)为一条直线。直线的斜率为指数 n，在纵坐标上的截距为 $d_p = 1$μm 时的 $\lg\beta'$ 值，即

$$\beta' = \lg\left[\frac{100}{R_{(d_p = 1)}}\right] \tag{3-36}$$

若将中位径 $d_{c50}(R = 50\%)$ 代入式(3-33)，可求得

$$\beta = \frac{\ln 2}{d_{c50}^n} = \frac{0.693}{d_{c50}^n} \tag{3-37}$$

再将 β 值代入式(3-33)中，便得到一个常用的 R-R 分布表达式：

$$R(d_p) = 100\exp\left[-0.693\left(\frac{d_p}{d_{c50}}\right)^n\right] \tag{3-38}$$

在 R-R 坐标纸上标绘的粒径累计分布曲线为直线,可方便地求出 n、β' 和 d_{50} 等特征数。

例题 3-2 已知炼钢电弧炉吹氧期产生的烟尘遵从 R-R 分布,中位径为 $0.11\mu m$,分布指数 $n=0.50$,试确定小于 $1\mu m$ 的烟尘所占的比例。

解 由式(3-38)得到小于 $1\mu m$ 的烟尘所占的百分数为

$$D = 100 - R = 100 - 100\exp\left[-0.693\left(\frac{1}{0.22}\right)^{0.50}\right] = 87.6\%$$

3.1.3 除尘装置的性质

3.1.3.1 除尘装置的效率

除尘装置的捕集效率是代表装置捕集粉尘效果的重要技术指标,有以下两种表示方法。

(1) 总捕集效率

除尘装置的总捕集效率是指在同一时间内,除尘装置除去的污染物量与进入装置的污染物量的百分比。总捕集效率实际上反映的是除尘装置净化程度的平均值,也称为平均捕集效率,通常用 η_T 表示。如图 3-6 所示。

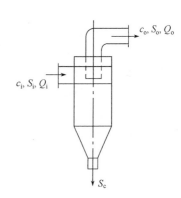

图 3-6 捕集效率的计算

假设除尘装置的入口气体流量为 Q_i (m^3/s),污染物浓度为 c_i (g/m^3),污染物流入量为 S_i (g/s);净化装置的出口对应量为 Q_o (m^3/s)、c_o (g/m^3)和 S_o (g/s)。若除尘装置捕集的污染物的量为 S_c (g/s),则有

$$S_i = S_o + S_c \tag{3-39}$$

故总捕集效率为

$$\eta_T = \frac{S_c}{S_i} \times 100\% = \left(1 - \frac{S_o}{S_i}\right) \times 100\% \tag{3-40}$$

又由于 $S = cQ$,因此总捕集效率也可表示为

$$\eta_T = \left(1 - \frac{c_o Q_o}{c_i Q_i}\right) \times 100\% \tag{3-41}$$

由于 Q_o、Q_i、c_o 和 c_i 与除尘装置工作状态的温度、压力和湿度等物理状态参数有关,因此常换算成标况下含尘气体流量及浓度 Q_{oN}、Q_{iN}、c_{oN} 和 c_{iN},此时总捕集效率为

$$\eta_T = \left(1 - \frac{c_{oN} Q_{oN}}{c_{iN} Q_{iN}}\right) \times 100\% \tag{3-42}$$

当除尘装置严密不漏风且含尘气体浓度不太高时,$Q_{oN} = Q_{iN}$,则式(3-42)可简化为

$$\eta_T = \left(1 - \frac{c_{oN}}{c_{iN}}\right) \times 100\% \tag{3-43}$$

实际除尘装置经常漏风,若以 k 表示漏风系数,则总捕集效率为

$$\eta_T = \left(1 - \frac{c_{oN}}{c_{iN}}k\right) \times 100\% \tag{3-44}$$

当使用一个除尘器达不到除尘要求时，可将多个除尘器串联起来，形成多级除尘装置，其总捕集效率为

$$\eta_{\mathrm{T}} = [1-(1-\eta_1)(1-\eta_2)\cdots(1-\eta_n)]\times 100\% \tag{3-45}$$

式中，η_1，η_2，$\cdots$，η_n 分别为第 1, 2,$\cdots$, n 个除尘器的除尘效率。

除尘器的净化性能也可以用未被捕集的污染物量占进入除尘器的污染物量的百分数来表示，并称之为通过率 P ：

$$P = \frac{S_{\mathrm{o}}}{S_{\mathrm{i}}}\times 100\% = \frac{c_{\mathrm{oN}}Q_{\mathrm{oN}}}{c_{\mathrm{iN}}Q_{\mathrm{iN}}}\times 100\% = 1-\eta_{\mathrm{T}} \tag{3-46}$$

通过率的大小可用来评价除尘装置效果的好坏，它是反映排入大气污染物量的概念，根据通过率容易计算排入大气中的总污染物的量。

(2) 分级捕集效率

为了进一步表示除尘器的分离性能，常采用分级捕集效率的概念。分级捕集效率是指除尘器对某一粒径或某一粒径范围的尘粒的去除效率。如图 3-6 所示，假设进入除尘器粒径为 Δd_{p} 范围内的粉尘流量为 $\Delta S_{\mathrm{i}}(\mathrm{g/s})$，则粒径为 Δd_{p} 范围内的颗粒的分级效率为 η_{d} (%)。其数学表达式为

$$\eta_{\mathrm{d}} = \frac{\Delta S_{\mathrm{c}}}{\Delta S_{\mathrm{i}}}\times 100\% \tag{3-47}$$

同理，若以 $\Delta S_{\mathrm{o}}(\mathrm{g/s})$ 表示在 Δd_{p} 范围内的出口粉尘流量，则粒径为 Δd_{p} 范围内的颗粒的分级通过率为

$$P_{\mathrm{d}} = \frac{\Delta S_{\mathrm{o}}}{\Delta S_{\mathrm{i}}}\times 100\% = \frac{\Delta S_{\mathrm{i}}-\Delta S_{\mathrm{c}}}{\Delta S_{\mathrm{i}}}\times 100\% = 1-\eta_{\mathrm{d}} \tag{3-48}$$

若供给除尘器中粒径 $\Delta d_{\mathrm{p}i}$ 范围内粉尘的相对频数为 $\Delta R_{\mathrm{d}i}$，则可得出除尘器总捕集效率和分级捕集效率的关系式，即

$$\eta_{\mathrm{T}} = \sum_{i=1}^{n}\eta_{\mathrm{d}i}\cdot\Delta R_{\mathrm{d}i} \tag{3-49}$$

式中，n 为粉尘粒径分组组数。

3.1.3.2　除尘装置的压力损失

除尘装置的压力损失又称压力降、阻力损失或阻力降，是表示含尘气体通过除尘装置所消耗能量大小的一个主要指标，一般用 ΔP 表示。压力损失大的除尘装置，在工作时能量消耗大，运转费用也高，此外还直接关系到所需要的烟囱高度和在烟气净化流程中是否需要安装引风机等。

除尘装置的压力降大小，不仅取决于设备的结构型式，还与流体速度有关。除尘装置的压力降可用以下公式表示：

$$\Delta P = \xi\frac{\rho_{\mathrm{g}}u^2}{2} \tag{3-50}$$

式中，ξ 为除尘装置的压力降(阻力)系数，它与除尘器的型式、尺寸和含尘气体的运动状态有关，可根据实验和经验公式来确定；u 为含尘气体进入除尘器时的流速，m/s；ρ_{g} 为含尘气体的密度，kg/m³。

在需要计算除尘装置的压力降时，可根据选用的装置型式及工况，直接查阅有关文献所给出的公式进行计算。

3.1.3.3　除尘装置的分类及其性能比较

常用的除尘装置有机械式除尘器、湿式除尘器、过滤式除尘器和电除尘器。机械式除尘器是利用重力、惯性力和离心力的作用使粉尘与气流分离沉降的装置，包括重力沉降室、惯性除尘器和旋风除尘器等。湿式除尘器是利用液滴或液膜洗涤含尘气流，使粉尘与气流分离沉降的装置，它既可用于气体除尘，又可用于气体吸收。过滤式除尘器是使含尘气流通过织物或多孔的填料层进行过滤分离的装置。而电除尘器是利用高压电场使尘粒荷电，在库仑力作用下使粉尘和气流分离沉降的装置。

以上是按除尘器的除尘机理分类的，实际中还有干式、湿式除尘器和低效、中效、高效除尘器等。电除尘器、袋式除尘器和高能文丘里除尘器是目前国内外应用较广的三种高效除尘器。重力沉降室和惯性除尘器属于低效除尘器，一般只作多级除尘的初级除尘；旋风除尘器和其他湿式除尘器一般属于中效除尘器。

各种除尘器的基本性能比较见表 3-7 和表 3-8。

表 3-7　除尘设备的分类及基本性能

类别	除尘器型式	阻力/Pa	除尘效率/%	初投资	运行费用
机械式除尘器	重力沉降室	50～150	40～60	少	少
	惯性除尘器	150～700	50～70	少	少
	旋风除尘器	400～1300	70～92	少	中
	多管旋风除尘器	800～1500	80～95	中	中
湿式除尘器	喷淋洗涤器	100～300	75～95	中	中
	文丘里除尘器	5000～20000	90～98	少	高
	自激式除尘器	800～2000	85～98	中	较高
	水膜除尘器	500～1500	85～98	中	较高
过滤式除尘器	袋式除尘器	800～2000	85～99.9	较高	较高
	颗粒层除尘器	800～2000	85～99	较高	较高
电除尘器	干式电除尘器	100～200	85～99	高	少
	湿式电除尘器	125～500	90～88	高	少

表 3-8　各种除尘器对不同粒径粉尘的除尘效率

除尘器	除尘效率/%			除尘器	除尘效率/%		
	50μm	5μm	1μm		50μm	5μm	1μm
惯性除尘器	95	26	3	干式电除尘器	>99	99	86
中效旋风除尘器	94	27	8	湿式电除尘器	>99	98	92

续表

除尘器	除尘效率/%			除尘器	除尘效率/%		
	50μm	5μm	1μm		50μm	5μm	1μm
高效旋风除尘器	96	73	27	中能文丘里除尘器	约100	>99	97
冲击式湿式除尘器	98	85	38	高能文丘里除尘器	约100	>99	98
自激式除尘器	约100	93	40	振打袋式除尘器	>99	>99	99
喷淋洗涤器	99	94	55	逆喷袋式除尘器	约100	>99	99

3.2 机械式除尘器

机械式除尘器是利用重力、惯性力、离心力等方法来去除尘粒的除尘器。它包括重力沉降室、惯性除尘器和旋风除尘器等类型。这种除尘器构造简单、投资少、动力消耗低，除尘效率一般在 40%～90%，是国内常用的一种除尘设备。机械式除尘器由于除尘效率低，一般只作预除尘器使用。

3.2.1 机械式除尘器的构造与除尘原理

3.2.1.1 重力沉降室

重力沉降室是利用重力作用使粉尘自然沉降的一种最简单的除尘装置。这种装置具有构造简单、造价低、耗能小、便于维护管理的特点，而且可以处理高温气体，处理最高烟气温度一般为 350～550℃，其阻力一般为 50～150Pa。重力沉降室体积较大，除尘效率较低，一般为 40%～60%，且只能去除大于 40～50μm 的大颗粒。

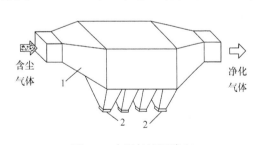

图 3-7　水平气流沉降室

1. 沉降室；2. 灰斗

重力沉降室可分为水平气流沉降室和垂直气流沉降室两种。水平气流沉降室如图 3-7 所示。当含尘气流从入口管道进入沉降室时，由于横截面积的扩大，气体的流速大大降低，在流速降低的一段时间内，较大的尘粒在沉降室内有足够的时间因受重力作用沉降下来，并进入灰斗中，净化气体从沉降室的另一端排出。

垂直气流沉降室如图 3-8 所示。当含尘气流从管道进入沉降室后，由于横截面积的扩大，气体的流速降低，其中沉降速度大于气体速度的尘粒就沉降下来。

常见的垂直气流沉降室有三种结构型式：屋顶式沉降室、扩大烟管式沉降室和带有锥型导流器的扩大烟管式沉降室。这三种沉降室都可以直接安装在烟囱顶部，多用于小型冲天炉或锅炉的除尘。图 3-8(a)为屋顶式沉降室，捕集下来的粉尘堆积在烟气进入管伞形挡板周围的底板上，待一定时间进行清扫后，粉尘返回冲天炉中，因此它需要定期停止排尘运转以清除积尘。图 3-8(b)为扩大烟管式沉降室，在烟囱顶部用大直径的可耐火材料作沉降室，沉降室的直径一般比烟囱大 2～3 倍，气体进入沉降室的流速为烟囱中气体流速的 1/4～1/9。当烟囱中气体流速为 1.5～2.0m/s 时，沉降室可去除 200～400μm 的尘粒。所捕集的粉尘随时通过侧面降尘管落到灰斗中。图 3-8(c)是带有锥型导流器的扩大烟管式沉降室。图 3-8(b)和图 3-8(c)两种沉降室分别设置了反射板和反射锥体，以提高其除尘效率。

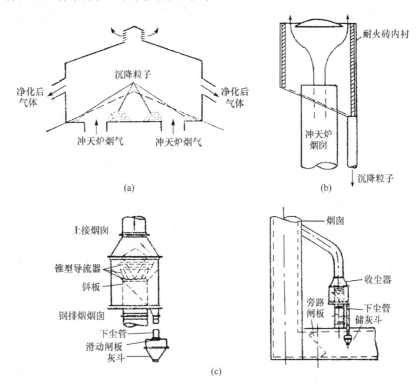

图 3-8　垂直气流沉降室

(a) 屋顶式沉降室；(b) 扩大烟管式沉降室；(c) 带有锥型导流器的扩大烟管式沉降室

3.2.1.2　惯性除尘器

惯性除尘器是使含尘气体冲击在挡板上，气流急剧地改变方向，借助粉尘粒子的惯性作用使其与气流分离并被捕集的一种装置。对惯性除尘器而言，若气体在管道内流速为 10m/s，而在其扩大部分的流速为 1m/s，则对 25μm 以上的尘粒，除尘效率一般可达 65%～85%。总的来讲，惯性除尘器的除尘效率一般为 50%～70%，阻力一般为 150～700Pa。由于惯性除尘器的除尘效率较低，一般只作为预除尘器用。

惯性除尘器的构造主要有两种型式：一种是以含尘气体中的粒子冲击挡板来收集粉尘粒子的冲击式结构；另一种是通过改变含尘气流流动方向收集较细粒子的反转式结构。

图 3-9 为冲击式惯性除尘器结构示意图。在单级型和多级型冲击式惯性除尘器中，沿气流运动方向上，设置一级或多级隔板，使气体中的尘粒冲撞隔板而被分离。冲击隔板的气流速度越大，流出装置的净化气体的气流速度越小，粉尘的携带量越小，捕集效率越高。迷宫型冲击式(带有喷嘴)惯性除尘器中装有喷嘴，以增加气体的冲撞次数，增大除尘效率。气流转换方向的曲率半径越小，越能分离细小尘粒。

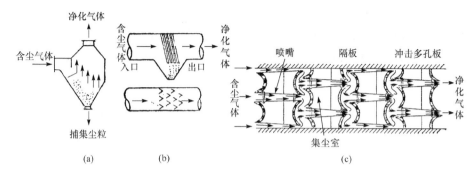

图 3-9　冲击式惯性除尘器

(a) 单级型；(b) 多级型；(c) 迷宫型

图 3-10 为常见的三种反转式惯性除尘器。图 3-10(a)为弯管型，图 3-10(b)为百叶窗型，图 3-10(c)为多层隔板塔型。弯管型、百叶窗型反转式惯性除尘器和冲击式惯性除尘器一样，都适于安装在烟道上使用。塔型除尘装置主要用于烟雾分离，能捕集几微米粒径的雾滴。为了进一步提高捕集更细小雾滴的效率，在净化气体出口端，塔的顶部装设一层填料层，由于填料层的材质、形状及高度的不同，压力损失也不同，通常压力损失为 1000Pa 左右。在没有装填料层的隔板塔中，空塔速度为 1～2m/s 时，压力损失为 200～300Pa。

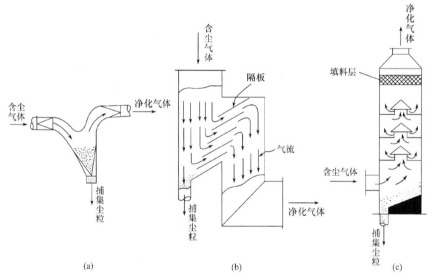

图 3-10　反转式惯性除尘器结构示意图

(a) 弯管型；(b) 百叶窗型；(c) 多层隔板塔型

3.2.1.3　旋风除尘器

旋风除尘器是使含尘气体做旋转运动，利用离心力作用将尘粒从气流中分离并捕集下来的装置。它历史悠久、应用广泛、型式繁多、结构简单、没有运动部件、造价便宜、维护管理方便，除尘效率一般达 85%左右，高效的旋风除尘器除尘效率可达 90%左右。

图 3-11 是切向入口旋风除尘器的构造图。含尘气体进入除尘器后，由于离心力的作用，尘粒沿圆筒壁旋转下降，净化的气体通过排气管排出。分离下来的尘粒则通过排尘口进入下

部的卸尘装置。

旋风除尘器的种类繁多,有 100 多种,多根据其结构特点来命名,如 XLP/A 旋风除尘器,X 代表旋风除尘器,L 代表立式布置,P 代表旁路式,A 代表 A 型除尘器。其规格以圆筒直径 D 的分米数表示。根据除尘器在除尘系统中的安装位置不同,分为两种:X 型为吸入式(即除尘器安装在通风机前),Y 为压入式(即除尘器安装在通风机后)。为了使用中联结上的方便,又在 X 型和 Y 型中各设有 S 型和 N 型两种。进口气流方向(俯视图)顺时针方向旋转的右旋为 S 型,逆时针方向旋转的左旋为 N 型。例如,XLT/A-5.0XN 代表 XLT/A 型旋风除尘器,圆筒直径 $D = 5.0$dm,吸入式的逆时针旋转。典型旋风除尘器的结构特点与适用场合见表 3-9。

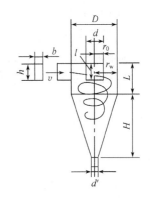

图 3-11 切向入口旋风除尘器

表 3-9 典型旋风除尘器的结构特点与适用场合

除尘器	结构及主要技术特征	适用场合
XCX 型旋风除尘器	具有长锥体结构,在排气管内设有弧形减阻器,可降低其阻力系数。对粉尘负荷变化的适应性强,除尘效率较高,一般可达 90%。主要缺点是体积大,耗钢量大。进口气速范围是 18~28m/s	适用于冶金、电力、机械制造、矿山、石油、建材等部门净化含尘气体或物料回收。但不适合处理含黏结性粉尘的空气
XLK(CLK)型扩散式旋风除尘器	具有 180°蜗壳形入口($K = 0.26$),锥体为倒置,锥体下部有圆锥反射屏。进口气速选择范围以 10~16m/s 为宜。除尘效率随着直径的增大而下降	单个处理含尘气量为 210~9200m³/h
XLP/B 型旋风除尘器	进气管上缘距定盖有一定距离,180°蜗壳形入口($K = 0.175$)。排气管插入深度距进口上缘 1/3 处,筒体上带有旁路分离室。根据出风口连接方式分为 X 型(吸出式)和 Y 型(压入式),压力损失系数分别为 5.8 和 4.8。进口气速为 12~17m/s。具有结构简单、操作方便、耐高温、设备费用低和阻力小且除尘效率高的特点	适用于清除工业废气(非潮湿的)中含有非纤维及非黏性灰尘,可以去除 5μm 以上的粉尘
XLT/A 型旋风除尘器	气流进口管与水平面呈 15°,筒体和锥体较长,除尘效率一般可达 80%~90%,但阻力也较大。进口气速为 12~18m/s	适用于干的非纤维性粉尘和烟尘的中效净化
XZT 型旋风除尘器	锥体较长,筒体较短,为 0.7D,压力损失与 XLK 型接近,除尘效率比 XLP 和 XLK 型都高约 6%。进口气速为 10~16m/s	一般处理气量为 790~5700m³/h

3.2.2 机械式除尘器的设计计算

以旋风除尘器为例,机械式除尘器的设计步骤一般为:

(1) 收集设计资料

1) 处理气体量。

2) 气体性质:种类、成分、温度、湿度、密度、黏度、压力、露点、毒性、腐蚀性及燃烧爆炸性等。

3) 粉尘性质:种类、成分、粒径分布、浓度、密度、比电阻、含水率、润湿性、吸湿性、黏附性及燃烧爆炸性。

4) 净化要求:净化效率、压力损失、废气排放标准及环境质量标准等。

5) 装置的经济性:包括装置占地面积在内的设备费和运行费,以及安装费、设备使用寿命和回收综合利用情况等。

(2) 除尘器型式的选择

选择除尘器一般有两种方法：计算法和经验法。

计算法的步骤大致如下。

1) 由初含尘浓度 c_i 和要求的出口浓度 c_0 (按排放标准或预定的值)，按式(3-51)计算要求达到的除尘效率 η'：

$$\eta' = \left(1 - \frac{c_0 Q_0}{c_i Q_i}\right) \times 100\% \qquad (3\text{-}51)$$

式中，Q_i 为除尘器入口的气体流量，m^3/s；Q_0 为除尘器出口的气体流量，m^3/s。

2) 选择确定旋风除尘器结构型式，并根据选定的除尘器的分级效率 η_i 和净化粉尘的粒径分布(m_i)，按式(3-45)计算出能达到的总除尘效率 η。若 $\eta \geqslant \eta'$，说明选定的型式能满足设计要求，否则需要重新选定高性能的除尘器或改变运行参数。

3) 确定除尘器规格(即除尘器的尺寸)。如果选定的规格大于实验除尘器(即已知 η_i)的规格，则需计算出相似放大后的除尘效率 η''。若仍能满足 $\eta'' \geqslant \eta'$，则说明选定的除尘器型式和规格皆符合净化要求。否则需重复步骤 2)、3)，进行二次计算。

4) 查得的压损系数 ξ 和确定的入口速度 u 按式(3-50)计算运行条件下的压力损失 ΔP。

实际上由于分级效率 η_i 和粉尘粒径分布数据非常缺乏，相似放大的计算方法还不成熟，因此现在大多采用经验法来选择除尘器的型式和规格。经验法的选择步骤大致如下。

1) 计算要求的除尘效率 η'(方法同前)。

2) 选定除尘器的结构型式，根据该型除尘器的 $\eta\text{-}u$ 和 $\Delta P\text{-}u$ 实验曲线，要求达到的除尘效率 η' 和压力损失 ΔP，确定入口速度 u。

3) 根据处理气体流量 Q 和入口速度 u，计算出所需除尘器的入口面积 A_i。

4) 由旋风除尘器类型系数 $K = A / D$，求出除尘器筒体直径 D。这样，便可从国家标准图、产品样本或手册中查到该型除尘器的规格。

一般的标准图、样本或手册中往往给出了某一入口速度下的处理气体量，这时则可免去步骤 3)和 4)，直接查得所需的除尘器规格。

如果选取的除尘器筒径 D 过大，为避免除尘器效率降低，可选取几个小型的除尘器并联使用。

5) 计算运行条件下的压力损失。

3.3 湿式除尘器

湿式除尘器是用水或其他液体与含尘废气相互接触，从而实现分离捕集粉尘粒子和吸收有害气体的装置。它主要是利用液网、液膜或液滴来去除废气中的尘粒，并兼备吸收有害气体的作用。湿式除尘器具有结构简单、耗用钢材少、投资低、运行安全等特点，已得到广泛应用。

与其他除尘器相比，湿式除尘器具有以下优点：①在相同能耗的情况下，湿式除尘器的除尘效率比干式除尘器的除尘效率高；②可以处理高温、高湿、高比阻、易燃和易爆的含尘气体；③在去除含尘气体中粉尘粒子的同时，还可以去除气体中的水蒸气及某些有毒有害的气态污染物，具有除尘、冷却和净化的作用。

其缺点有：①从湿式除尘器排出的沉渣需要处理，澄清的洗涤水应重复使用，否则会造成二次污染，浪费水资源；②净化含有腐蚀性的气态污染物时，洗涤水(或液体)具有一定的腐蚀性，金属设备容易被腐蚀；③不适用于净化含有憎水性和水硬性粉尘的气体；④在寒冷地区使用湿式除尘器容易冻结；⑤能耗比较大。

3.3.1 湿式除尘器基础

3.3.1.1 湿式除尘器的分类

1) 按不同能耗分类，可分为低能耗和高能耗两类。低能耗湿式除尘器的压力损失为 200～1500Pa，包括喷雾除尘器和水膜除尘器等，在一般运行条件下的耗水量(液气比)为 0.5～3.0L/m³，对 10μm 以上粉尘的净化效率可达 90%～95%，常用于焚烧炉、化肥制造和石灰窑的除尘，但主要用于废气治理。高能耗湿式除尘器的压力损失为 2500～9000Pa，净化效率可达 99.5% 以上，如文丘里除尘器等，常用于燃煤电站、冶金和造纸等行业烟气除尘。

2) 按净化机理的不同，可分为如图 3-12 所示的七种类型：①重力喷雾除尘器；②旋风水膜除尘器；③储水式冲击水浴除尘器；④板式塔除尘器；⑤填料塔除尘器；⑥文丘里除尘器；⑦机械动力洗涤除尘器。

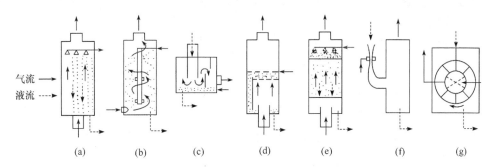

气流 ———
液流 ----

(a)　(b)　(c)　(d)　(e)　(f)　(g)

图 3-12　常见七种类型湿式除尘器工作示意图

(a) 重力喷雾除尘器；(b) 旋风水膜除尘器；(c) 储水式冲击水浴除尘器；(d) 板式塔除尘器；(e) 填料塔除尘器；
(f) 文丘里除尘器；(g) 机械动力洗涤除尘器

根据不同的除尘要求，可以选择不同类型的除尘器。目前国内应用较为广泛的除尘器有：旋风水膜除尘器、文丘里除尘器、喷淋除尘器、喷雾除尘器和板式塔除尘器等。表 3-10 为主要湿式除尘器的性能和操作范围。

表 3-10　一些主要湿式除尘器的性能和操作范围

除尘器名称	气体流速/(m/s)	液气比/(L/m³)	压力损失/Pa	分割直径/μm
旋风水膜除尘器	15～45	0.5～1.5	500～1500	1.0
文丘里除尘器	60～90	0.3～1.5	5000～20000	0.1
喷淋除尘器	0.1～2	2～3	100～300	3.0
自激喷雾除尘器	10～20	0.07～0.15	800～2000	3.0
填料塔除尘器	0.5～1	2～3	1000～2500	1.0
储水式冲击水浴除尘器	10～20	10～50	0～150	0.2

3.3.1.2 湿式除尘的原理

在湿式除尘器中，气体中的粉尘粒子是在气液两相接触过程中被捕集的。气液两相接触面的型式及大小，对除尘效率有重要影响。表 3-11 列出了常见湿式除尘器的主要接触表面及捕尘体的型式。

表 3-11　常见湿式除尘器的主要接触表面及捕尘体的型式

除尘器名称	气液两相接触表面型式	捕尘体型式
重力喷雾除尘器	液滴外表面	液滴
旋风水膜除尘器	液滴与液膜表面	液滴与液膜
储水式冲击水浴除尘器	液滴与液膜表面	液滴与液膜
板式塔除尘器	气体射流与气泡表面	气体射流及气泡
填料塔除尘器	气体射流、气泡和液膜表面	气体射流、气泡及液膜
文丘里除尘器	液滴与液膜表面	液滴与液膜
机械动力洗涤除尘器	液滴与液膜表面	液滴与液膜

从湿式除尘器的理论基础上讲，其除尘机理涉及气液两相间的接触表面，捕尘体形成的流体力学及粉尘粒子在捕尘体上的沉降等，比较复杂。简单地讲，湿式除尘器的除尘机理主要是惯性碰撞和拦截作用，扩散、热泳和静电作用一般是次要的。只有捕集粒径很小的尘粒，才受到扩散作用的影响。

惯性碰撞作用可用斯托克斯准数(又称惯性碰撞参数)描述，即

$$St = \frac{d_p^2 \rho_r u_r C_u}{9\mu_g D_L} \tag{3-52}$$

式中，d_p 为粉尘粒径，m；ρ_p 为粉尘真密度，kg/m^3；u_r 为尘粒与液滴之间的相对运动速度，m/s；C_u 为肯宁汉(Cunningham)修正系数；μ_g 为气体黏度，Pa·s；D_L 为液滴直径，m。

尘粒在液滴上的拦截作用可用拦截比来描述，即

$$K_R = \frac{d_p}{D_L} \tag{3-53}$$

可见，惯性碰撞作用主要取决于尘粒质量及其与液滴之间的相对运动速度，拦截作用主要取决于尘粒的大小。两者都与液滴的大小有重要关系，一般是液滴小时，惯性碰撞和拦截作用都增强。

3.3.1.3 湿式除尘器的除尘效率

湿式除尘器的除尘效率的影响因素比较多，而且较为复杂，一般采用实验或经验公式计算。

(1) 根据湿式除尘器的能量消耗计算其除尘效率

实验和实践表明，湿式除尘器的除尘效率主要取决于除尘过程中所消耗的能量。一般来说，湿式除尘器对特定粉尘粒子的除尘效率越高，所消耗的能量也越大。湿式除尘器的总能量消耗 E_t 等于气体能量消耗 E_g 与加入液体能量消耗 E_L 之和，即

$$E_t = E_g + E_L = \frac{1}{3600}\left(\Delta P_g + \Delta P_L \frac{Q_L}{Q_g}\right) \quad (\text{kW} \cdot \text{h}/1000\text{m}^3\text{气体}) \tag{3-54}$$

式中，ΔP_g 为含尘气体通过湿式除尘器的压力损失，Pa；ΔP_L 为在湿式除尘器中加入液体的压力损失，Pa；Q_L 为进入湿式除尘器中洗涤液体的流量，m^3/s；Q_g 为进入湿式除尘器中含尘气体的流量，m^3/s。

湿式除尘器的总除尘效率是气液两相接触的函数，可用气相总传质单元数 N_{OG} 或湿式除尘器的总能量消耗 E_t 来表示，即

$$\eta = 1 - \exp(-N_{OG}) = 1 - \exp(-\alpha E_t^{\beta}) \tag{3-55}$$

式中，α 和 β 为粉尘粒子分散度确定的常数，取决于粉尘粒子的特性和除尘器的型式。

图 3-13 中关系曲线对应的粉尘类型及 α 和 β 值见表 3-12。

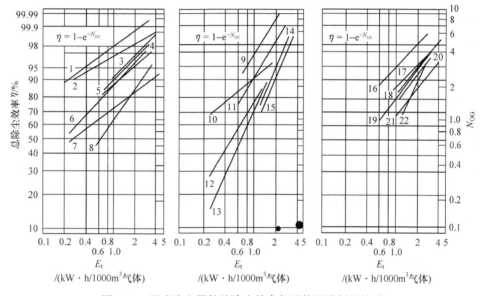

图 3-13　湿式除尘器的总除尘效率与总能量消耗的关系

表 3-12　在图 3-13 中关系曲线对应的粉尘类型及 α 和 β 值

编号	粉尘或尘源的类型	α	β	编号	黑液回收，各种洗涤液	α	β
1	L-D 转炉烟尘	4.450	0.4663	12	硫酸铜气溶胶	1.350	1.0679
2	滑石粉	3.626	0.3506	13	肥皂生产排出的雾	1.169	1.4146
3	磷酸雾	2.324	0.6312	14	吹氧平炉升华的烟尘	0.880	1.6190
4	化铁炉烟尘	2.255	0.6210	15	不吹氧平炉烟尘	0.795	1.5940
5	炼钢平炉烟尘	2.000	0.5688	16	冷水	2.880	0.6694
6	滑石粉	2.000	0.6566	17	45%和60%黑液，蒸气处理	1.900	0.6494
7	硅钢炉升华的粉尘	1.266	0.4500	18	45%黑液	1.640	0.7757
8	鼓风炉烟尘	0.955	0.8910	19	循环热水	1.519	0.8590
9	石灰窑粉尘	3.567	1.0529	20	45%和60%黑液	1.500	0.8040
10	黄铜熔炉排出氧化锌	2.180	0.5317	21	两级喷射，热黑液	1.056	0.8628
11	石灰窑排出的碱	2.200	1.2295	22	60%黑液	0.840	1.4280

(2) 应用卡尔弗特法推算湿式除尘器的除尘效率

卡尔弗特(Calvert)等运用统一的方法研究了各类湿式除尘器的除尘效率的推算公式。对于大多数净化粒径分布遵从对数正态分布的工业粉尘而言，在各种型式的湿式除尘器中的分级通过率可用下式表示:

$$P_d = 1 - \eta_d = \exp(-Ad_a^B) \tag{3-56}$$

式中，P_d 为湿式除尘器对某一粒径的分级通过率，%；η_d 为湿式除尘器对某一粒径的分级除尘效率，%；A 和 B 为常数，随湿式除尘器类型及粉尘粒子粒径分布特性的不同而不同；d_a 为粉尘粒子的空气动力直径，μm。对于填料塔和板式塔湿式除尘器及斯托克斯准数 $0.5 \leqslant St \leqslant 5$ 的文丘里除尘器，$B = 2$；而对于旋风除尘器，$B \approx 0.67$。因多数湿式除尘器是以惯性碰撞为主要捕尘机理，一般不宜用粉尘粒子的几何直径 d_g 来计算除尘效率，而应用空气动力直径 d_a 来计算:

$$d_a = d_g (\rho_p C_u)^{1/2} \tag{3-57}$$

式中，d_g 为粉尘粒子的几何直径，μm；ρ_p 为粉尘粒子的真密度，kg/m^3；C_u 为肯宁汉修正系数。

对任何一种类型的湿式除尘器的总通过率均可用下式表示，即

$$P = \int_0^{m_0} \frac{P_d}{m_0} dm \tag{3-58}$$

式中，P 为湿式除尘器对粉尘粒子的总通过率，%；m 为粉尘式样的总质量，kg。式(3-58)中右项为粉尘粒子某一粒子的质量分数与其通过率乘积的积分。

当气体中粉尘粒子的粒径分布为对数正态分布时，对式(3-56)和式(3-58)联解可得出图 3-14 和图 3-15 的结果。图 3-14 为参数 B 为各种值时，总通过率 P 与 $(d_{ac}/d_g)^B$ 的关系曲线；图 3-15 为参数 $B = 2$ 时，P 与 (d_{ac}/d_g) 的关系曲线。若已知 d_{ac}、d_g、σ_g 和 B，即可用图 3-14 和图 3-15 确定出该湿式除尘器的通过率，图中 σ_g 为粉尘粒子粒径分布的标准差，d_{c50} 为该除尘器的分割直径(即除尘效率为 50%时粉尘粒子的直径)，则空气动力分割粒径 d_{ac} 与实际分割粒径 d_{c50} 的关系为 $d_{ac} = d_{c50}(\rho_p C_u)^{1/2}$。

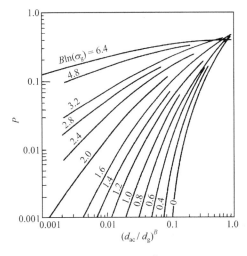

图 3-14　P 与 $(d_{ac}/d_g)^B$ 的关系曲线

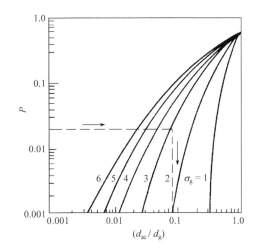

图 3-15　$B = 2$ 时 P 与 (d_{ac}/d_g) 的关系曲线

3.3.2　文丘里除尘器

文丘里除尘器是一种高效湿式除尘器，含尘气体以高速通过喉管，水在喉管处注入并被高速气流雾化，尘粒与液(水)滴相互碰撞使尘粒沉降。它结构简单，对 0.5～5μm 尘粒的除尘效率可达 99%以上，但运转费用较高。其常用于高温烟气降温和除尘，也可用于吸收气体污染物。早期设计的 PA 型文丘里除尘器如图 3-16 所示。现在经改进的文丘里除尘器的型式有很多，应用也很广泛。其缺点是动力消耗比较大，阻力一般为 1500～5000Pa，液气比一般为 0.7L/m³。

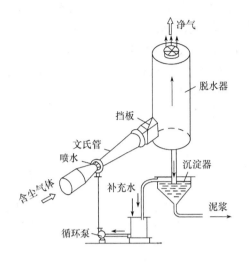

图 3-16　PA 型文丘里除尘器

3.3.2.1　文丘里除尘器的构造及工作原理

文丘里除尘器由文丘里管(简称文氏管)和脱水器两部分组成。文氏管由进气管、收缩管、喷嘴、喉管、扩散管、连接管组成。脱水器也称除雾器，上端有排气管，用于排出净化后的气体；下端有排尘管道接沉淀池，用于排出泥浆。

文丘里除尘器的除尘过程可分为雾化、凝聚和脱水三个过程，前两个过程在文氏管内进行，后一个过程在脱水器内完成。含尘气体由进气管进入收缩管后流速增大，在喉管气体流速最高，气液相对流速很大。从喷嘴喷射出来的水滴，在高速气流(一般在 50m/s 以上)冲击下雾化，气体湿度达到饱和，尘粒表面附着的气膜被冲破，使尘粒被水湿润。尘粒与水滴，或尘粒与尘粒之间发生激烈的凝聚。在扩散管中，气流速度减小，压力回升，以尘粒为凝结核的作用加快，凝聚成较大的含尘水滴，更易于被捕集。粒径较大的含尘水滴进入脱水器后，在重力、离心力等作用下，尘粒与水分离，达到除尘的目的。

文氏管的结构型式是除尘效率高低的关键。文氏管结构型式有多种，如图 3-17 所示。

从形状分，文氏管有圆形和矩形两类。按喉管构造分，有喉口部分无调节装置的定径文氏管和喉口装有调节装置的调径文氏管。调径文氏管要严格保证净化效率，需要随气体流量变化调节以保持喉管气速不变。喉径的调节方式：圆形文氏管一般采用重砣式；矩形文氏管可采用翼板式、滑块式和米粒型(R-D 型)。按水雾化方式分，有预雾化(用喷嘴喷成水滴)和不预雾化(借助高速气流使水雾化)两种方式。按供水方式分，有径向内喷、径向外喷、轴向喷雾和溢流供水四类。溢流供水是在收缩管顶部设逆流水箱，使溢流水沿收缩管壁流下形成均匀的水膜。这种溢流文氏管，可以起到清除干湿界面上黏灰的作用。各种供水方式皆以利于水的雾化并使水滴布满整个喉管断面为原则。

确定文氏管几何尺寸的基本原则是保证净化效率和减小流体阻力，包括收缩管、喉管和扩散管的直径和长度，收缩管和扩散管的扩张角等。文氏管进口管径 D_1，一般按与之相连的管道直径确定，流速一般取 15～22m/s。文氏管出口管径 D_2，一般按其后连接的脱水器要求的气速确定，一般选 18～22m/s。由于扩散管后面的直管道还具有凝聚和压力恢复作用，故最后设 1～2m 的直管段，再接脱水器。喉管直径 D_0 按喉管内气流速度 u_0 确定，其截面积与进口管截面积之比的典型值为 1：4，u_0 的选择要考虑粉尘、气体和液体(水)的物理化学性质，对除尘效率和阻力的要求等因素。在除尘中，一般取 $u_0 = 40 \sim 120\text{m/s}$；净化亚微米的尘粒可取 $80 \sim 120\text{m/s}$，甚至 150m/s；净化较粗尘粒时可取 $60 \sim 90\text{m/s}$，有些情况取 35m/s 也能满足。在气体吸收时，喉管内气速 u_0 一般取 $20 \sim 30\text{m/s}$。喉管长度 L_0 一般采用 $L_0 = (0.15 \sim 0.30)D_0$，或取 $200 \sim 350\text{mm}$。收缩管的收缩角 θ_1 越小，阻力越小，一般采用 $23° \sim 30°$。扩散管的扩散角 θ_2 一般取 $6° \sim 7°$。当直径 D_1、D_2 和 D_0 及角度 θ_1 和 θ_2 确定之后，便可算出收缩管和扩散管的长度。

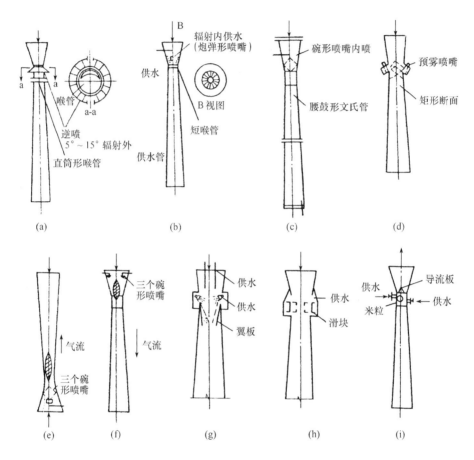

图 3-17　文氏管结构型式

(a)~(c) 圆形定径；(d) 矩形定径；(e)、(f) 重砣式调径；(g)~(i) 矩形调径

3.3.2.2　文丘里除尘器的设计与计算

文丘里除尘器的设计包括两个主要内容：确定净化气体量和文丘里管的主要尺寸。

(1) 净化气体量的确定

净化气体量 Q 可根据生产工艺物料平衡和燃烧装置的燃烧计算求得，也可采用直接测量的烟气量数据。对于 Q 的设计计算均以文丘里管前的烟气性质和状态参数为准。为了简化设计计算，计算时可以不考虑其漏风系数、烟气温度的降低及烟气中水蒸气对烟气体积的影响。

(2) 文丘里管几何尺寸的确定

需要确定的几何尺寸有收缩管、喉管和扩张管的截面积，圆形管的直径或矩形管的高度和宽度，以及收缩管和扩张管的张开角等，如图 3-18 所示。

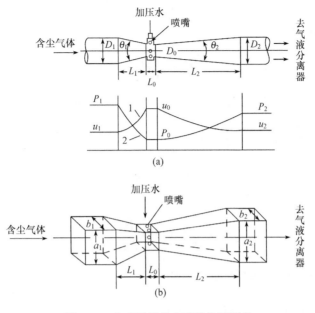

图 3-18　文丘里管的主要结构及形状

(a) 圆形截面文丘里管洗涤器；(b) 矩形截面文丘里管洗涤器
1. 气流速度沿长度方向变化曲线；2. 气流静压力沿长度方向变化曲线

A. 收缩管

1) 进气端截面积。

一般按与之相连的进气管道形状来计算，计算式为

$$F_1 = \frac{Q_t}{3600 u_1} \tag{3-59}$$

式中，F_1 为收缩管进气端的截面积，m^2；Q_t 为温度为 t 时进口气流量，m^3/h；u_1 为收缩管进气端气体的速度，m/s，此速度与进气管内的气流速度相同，一般取 $u_1 = 15 \sim 22\, m/s$。

2) 圆形收缩管进气端的管直径。

$$D_1 = 1.128 \sqrt{F_1} \tag{3-60}$$

或者

$$D_1 = 0.0188 \sqrt{\frac{Q_t}{u_1}} \tag{3-61}$$

式中，D_1 为圆形收缩管进气端的管直径，m。

3) 矩形截面收缩管进气端的高度和宽度。

$$a_1 = \sqrt{(1.5 \sim 2.0) F_1} = (0.0204 \sim 0.0235) \sqrt{\frac{Q_t}{u_1}} \tag{3-62}$$

$$b_1 = \sqrt{\frac{F_1}{(1.5 \sim 2.0)}} = (0.0136 \sim 0.0118) \sqrt{\frac{Q_t}{u_1}} \tag{3-63}$$

式中，a_1 和 b_1 分别为矩形截面收缩管进气端的高度和宽度，m。一般有 $\dfrac{a_1}{b_1} = 1.5 \sim 2.0$。

B. 扩张管

1) 出气端的截面积。

$$F_2 = \frac{Q_t}{3600u_2} \tag{3-64}$$

式中，F_2 为扩张管出气端的截面积，m^2；u_2 为扩张管出气端的气体流速，m/s，通常可取 $18\sim$ $22m/s$。

2) 圆形扩张管出气端的管直径。

$$D_2 = 1.128\sqrt{F_2} \tag{3-65}$$

或者

$$D_2 = 0.0188\sqrt{\frac{Q_t}{u_2}} \tag{3-66}$$

式中，D_2 为圆形扩张管出气端的管直径，m。

一般情况下，$D_2 \approx D_1$。

3) 矩形截面扩张管出气端的高度与宽度。

$$a_2 = \sqrt{(1.5\sim2.0)F_2} = (0.0204\sim0.0235)\sqrt{\frac{Q_t}{u_2}} \tag{3-67}$$

$$b_2 = \sqrt{\frac{F_2}{(1.5\sim2.0)}} = (0.0136\sim0.0118)\sqrt{\frac{Q_t}{u_2}} \tag{3-68}$$

式中，a_2 和 b_2 分别为矩形截面扩张管出气端的高度和宽度，m。一般有 $\frac{a_2}{b_2} = 1.5\sim2.0$。

C. 喉管

1) 喉管截面积计算式如下：

$$F_0 = \frac{Q_t}{3600u_0} \tag{3-69}$$

式中，F_0 为喉管的截面积，m^2；u_0 为通过喉管的气流速度，m/s。气流速度要根据该除尘器应用的具体条件来确定。当用于降温，且除尘效率要求不高时，u_0 可取 $40\sim60m/s$。当净化含亚微米粉尘粒子，且要求的除尘效率较高时，u_0 可取 $80\sim120m/s$，甚至 $150m/s$。

2) 圆形喉管直径的计算方法同前。一般 $D_0 \approx \frac{D_1}{2}$。

3) 对小型矩形文丘里管洗涤器的喉管高宽比仍可取 $\frac{a_0}{b_0} = 1.2\sim2.0$，但对于卧式通过大气量的喉管宽度 b_0 不应大于 $600mm$，而喉管的高度 a_0 不受限制。

D. 收缩角和扩张角

1) 收缩管的收缩角 θ_1 越小，文丘里除尘器的气流阻力越小，通常取 θ_1 为 $23°\sim30°$。文丘里除尘器用于气体降温时，θ_1 取 $23°\sim25°$；而用于除尘时，θ_1 取 $23°\sim28°$，最大可达 $30°$。

2) 扩张管的扩张角 θ_2 的取值通常与 u_2 有关，u_2 越大，θ_2 应越小，否则不仅增大阻力，而且捕尘效率也将降低，一般 θ_2 取 $6°\sim7°$。

E. 收缩管和扩张管长度

1) 圆形收缩管和扩张管的长度计算式如下：

$$L_1 = \frac{D_1 - D_0}{2} \cot \frac{\theta_1}{2} \qquad (3-70)$$

$$L_2 = \frac{D_2 - D_0}{2} \cot \frac{\theta_2}{2} \qquad (3-71)$$

式中，L_1 为圆形收缩管的长度，m；L_2 为圆形扩张管的长度，m。

2) 矩形文丘里管收缩管的长度 L_1，可按下式计算(取最大值作为收缩管的长度)：

$$L_{1a} = \frac{a_1 - a_0}{2} \cot \frac{\theta_1}{2} \qquad (3-72)$$

$$L_{1b} = \frac{b_1 - b_0}{2} \cot \frac{\theta_1}{2} \qquad (3-73)$$

式中，L_{1a} 为用收缩管进气端高度 a_1 和喉管高度 a_0 计算的收缩管长度，m；L_{1b} 为用收缩管进气端宽度 b_1 和喉管宽度 b_0 计算的收缩管长度，m 。

3) 矩形文丘里管扩张管的长度 L_2，取下列两式计算的最大值：

$$L_{2a} = \frac{a_2 - a_0}{2} \cot \frac{\theta_2}{2} \qquad (3-74)$$

$$L_{2b} = \frac{b_2 - b_0}{2} \cot \frac{\theta_2}{2} \qquad (3-75)$$

式中，L_{2a} 为用扩张管出口端高度 a_2 和喉管高度 a_0 计算的扩张管长度，m；L_{2b} 为用扩张管出口端宽度 b_2 和喉管宽度 b_0 计算的扩张管长度，m。

F. 喉管长度

在一般情况下，喉管长度取 $L_0 = (0.15 \sim 0.30) D_{0,eq}$，$D_{0,eq}$ 为喉管的当量直径。喉管截面为圆形时，$D_{0,eq}$ 为喉管的直径，$D_{0,eq} = D_0$；喉管截面为矩形时，喉管的当量直径按下式计算：

$$D_{0,eq} = \frac{4F_0}{q} \qquad (3-76)$$

式中，$D_{0,eq}$ 为喉管的当量直径，m；F_0 为喉管的截面积，m²；q 为喉管的周边长，m。一般情况下，喉管长度为 200～350mm，最长不超过 500mm。

3.3.2.3 文丘里管的压力损失

文丘里管的压力损失是一个很重要的性能参数，影响压力损失的因素有很多，如文丘里管的结构型式、尺寸，特别是喉管尺寸、各管道加工安装精度、喷雾方式和喷水压力、液气比、气速及气体流动动况等，因此在设计文丘里管时要想准确推算它的压力损失是困难的。对于低能耗文丘里除尘器，喉管气速一般为 40～60m/s，液气比为 0.15～0.60L/m³，其压力损失为 600～5000Pa；对于高能耗文丘里除尘器，喉管气速一般为 60～120m/s，液气比为 0.20～0.81L/m³，其压力损失为 5000～20000Pa。喉管气速增加，液气比加大，压力损失也会增大。对于已正常运行的文丘里管可准确地测出某一操作状态下的压力损失。研究者依据喉管内气流速度和液气比等因素进行实验，给出的压力损失经验公式有很多，都是在假定条件下得到的，具有一定局限性。目前应用比较多的公式如下：

海思开斯经验公式：

$$\Delta P = 0.863 \rho_g F_0^{0.133} u_0^2 (L/G)^{0.78} \tag{3-77}$$

式中，ΔP 为文丘里管压力损失，Pa；ρ_g 为含尘气体的密度，kg/m^3；F_0 为喉管的截面积，m^2；u_0 为通过喉管的气流速度，m/s；L/G 为液气比，L/m^3。

木村典夫给出的径向喷雾时的压力损失公式如下：

$$\Delta P = [0.42 + 0.79 L/G + 0.36 (L/G)^2] \frac{\rho_g u_0^2}{2} \tag{3-78}$$

或

$$\Delta P = \left[\frac{0.033}{\sqrt{R_{HT}}} + 3.0 R_{HT}^{0.3} (L/G) \right] \frac{\rho_g u_0^2}{2} \tag{3-79}$$

在处理高温气体(700~800℃)时，按上式计算的 ΔP 应乘以温度修正系数 k：

$$k = 3(\Delta t)^{-0.28} \tag{3-80}$$

式中，R_{HT} 为喉管的水力半径，$R_{HT} = D_0/4$，m；Δt 为文丘里管的入口和出口气体的温度差，℃。

3.3.2.4 文丘里除尘器的除尘效率

文丘里除尘器的除尘效率取决于文丘里管的凝聚效率和脱水器的脱水效率。凝聚效率是指惯性碰撞、拦截和凝聚等作用，使尘粒被水滴捕集的百分率。脱水效率是指尘粒与水分离的百分数。关于脱水效率的计算可参照有关除尘公式进行，而文丘里管的凝聚效率最接近实际的经验公式为

$$\eta_1 = 1 - \exp\left[\frac{2Q_L u_0 \rho_L D_L}{55 Q_g \mu_g} F(St, f) \right] \tag{3-81}$$

式中，η_1 为文丘里管的凝聚效率，%；Q_L 为液体流量，L/s；u_0 为通过喉管的气流速度，m/s；ρ_L 为液体(水)密度，kg/m^3；D_L 为液滴平均直径，μm；Q_g 为含尘气体流量，m^3/s；μ_g 为含尘气体黏度，Pa·s；St 为按喉管内气速 u_0 确定的斯托克斯准数。在 20℃ 和 1atm 下，对于水-空气系统：

$$D_L = 500/u_0 + 29(L/G)^{1.5} \tag{3-82}$$

式(3-81)中的 St 按下式计算：

$$St = \frac{d_p^2 \rho_p u_0 C_u}{9 \mu_g D_L} \tag{3-83}$$

式中，d_p 为粉尘粒子的粒径，m。

式(3-81)中 $F(St, f)$ 按下式计算：

$$F(St, f) = \frac{1}{St}\left[-0.7 - St \times f + 1.4\ln\left(\frac{St \times f + 0.7}{0.7} \right) + \left(\frac{0.49}{0.7 + St \times f} \right) \right] \tag{3-84}$$

式中，f 为经验系数，疏水性粉尘 $f = 0.25$，亲水性飞灰 $f = 0.4 \sim 0.5$，大型洗涤器 $f = 0.5$。

卡尔弗特等作了一系列简化后，提出的计算文丘里除尘器通过率的公式为

$$P_{t0} = \exp\left(\frac{-6.1 \times 10^{-13} \rho_p \rho_L d_p^2 f^2 \Delta P C_u}{\mu_g^2}\right) \tag{3-85}$$

式中，ρ_p 为粉尘粒子的密度，kg/m^3；C_u 为肯宁汉修正系数。

文丘里除尘器除尘效率为

$$\eta = (1 - P_{t0}) \times 100\% \tag{3-86}$$

对于 5μm 以下粉尘粒子的去除效率，可按海思开斯公式计算：

$$\eta = (1 - 4525.3 \Delta P^{-1.3}) \times 100\% \tag{3-87}$$

3.3.3 水膜除尘器

水膜除尘器是利用水膜捕集尘粒的一种除尘设备，其类型有立式、卧式、管式、中央喷水和同心圆旋风水膜及斜棒式洗涤栅水膜除尘器等。

3.3.3.1 立式旋风水膜除尘器

(1) 立式旋风水膜除尘器

立式旋风水膜除尘器如图 3-19 所示。它是在筒体的上部以环形方式安装一排喷嘴，喷雾沿切向喷向筒壁，使内壁形成一层很薄的不断下流的水膜。含尘气体由筒体下部切向导入，旋转上升，靠离心力作用甩向壁面的尘粒被水膜黏附，沿筒壁流下。粉尘粒子随沉渣水由除尘器底部排渣口排出，净化后的气体由筒体上部排出。这种除尘器净化效率一般可达 90% 以上，其入口最大允许浓度为 $2g/m^3$，处理大于此浓度的含尘气体时，应在其前设一预除尘器，以降低进气含尘浓度。此除尘器按其规格不同设有 3~6 个喷嘴，喷水压力为 30~50kPa，液气比为 0.1~0.3L/m³(气)，压力损失为 500~750Pa。该除尘器的净化效率随气流入口速度的增大而提高，入口速度一般为 15~22m/s；净化效率随筒体直径增大而减小，随筒体高度增加而提高，筒体高度一般不大于 5 倍筒体直径。

(2) 麻石水膜除尘器

麻石水膜除尘器是立式旋风水膜除尘器的一种，是用耐磨、耐腐蚀的麻石砌筑的。其特点有：抗腐蚀性好，耐磨性好，经久耐用；不仅能净化抛煤机和燃煤炉烟气中的粉尘，还能净化煤粉炉和沸腾炉含尘浓度高的烟气；除尘效率高，一般可达

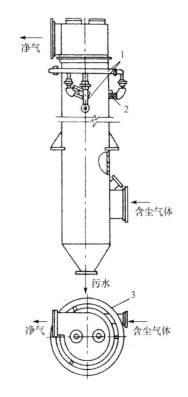

图 3-19 立式旋风水膜除尘器
1. 水管；2. 喷嘴；3. 水管

90% 左右；麻石可以就地取材，节省投资和钢材。存在的问题有：采用安装环形喷嘴形成筒壁水膜，喷嘴易被烟尘堵塞；液气比大，废水含有的酸需处理后才能排放；不适宜急冷急热的除尘过程，处理烟气温度以不超过 100℃ 为宜。

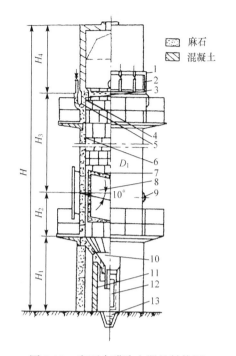

图 3-20 麻石水膜除尘器的结构图

1. 环形集水管；2. 扩散管；3. 挡水堰；4. 水越
入区；5. 溢水槽；6. 筒体内壁；7. 烟道进口；
8. 挡水槽；9. 通灰孔；10. 锥形灰斗；11. 水封
池；12. 插板门；13. 灰沟

图 3-20 为麻石水膜除尘器的结构图。它由圆筒体(麻石砌筑)、环形喷嘴(或溢水槽)、水封锁气器、沉淀池等组成。含尘气体由圆筒下部进气管 7 以 16～23m/s 的速度切向进入筒体，形成急剧上升的旋转气流，含尘气体中的尘粒在离心力的作用下被甩到筒壁，并被筒壁自上而下的水膜捕获后随水膜下流，经锥形灰斗 10、水封池 11 排入排灰水沟，冲至沉淀池。净化后烟气从除尘器的出口排出，经排气管、烟道、吸风机后再由烟囱排入大气。

图 3-20 是国内较早建造的麻石水膜除尘器结构图，后来作了如下改进：①在图 3-20 所示水膜除尘器主塔之后增加了副塔，烟气经二塔上部之间的水平烟道进入副塔，并从副塔下部经引风机和烟囱排放，副塔除了作为烟管外，还有一定的脱水作用；②主塔直接从混凝土基础上砌筑，底部设有灰水出口和溢流堰以实现水封，而不像图 3-20 那样下部设锥体、支撑和工作平台，主塔上部也改为全麻石结构；③为了提高除尘效率，在主塔前增设卧式麻石文丘里洗涤器，将文丘里-水膜除尘器的总除尘效率提高到 95%～97%。

3.3.3.2 卧式旋风水膜除尘器

卧式旋风水膜除尘器是一种阻力高且效率比较高的除尘器。其结构简单，操作维护方便，耗水量小，而且不易磨损，在机械、冶金等行业使用较多。

卧式旋风水膜除尘器由内筒、外壳、螺旋导流叶片、水槽等组成，如图 3-21 所示。内筒和外壳之间装螺旋导流叶片，螺旋导流叶片使内筒外壳的间隙呈一螺旋通道，筒体下部接灰浆斗。

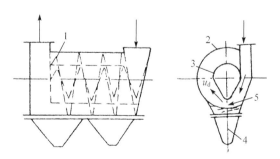

图 3-21 卧式旋风水膜除尘器示意图
1. 螺旋导流叶片；2. 外壳；3. 内筒；4. 水槽；5. 通道高度

含尘烟气由进口切向高速进入，经螺旋导流叶片的导流，在外壳与内筒之间的通道内做旋转运动前进。当烟气气流冲击到水箱内的水表面时，有部分较大粒径的粉尘粒子与水接触而沉降。与此同时，具有一定流速的烟气气流冲击水面以后，夹带部分水滴继续沿通道做旋转运动，致使外筒内壁和内筒外壁形成一层 3～5mm 的水膜，随气流做旋转运动的粉尘粒子受离心力的作用，转向外筒内壁的水膜上而被水膜黏附。被捕获的尘粒在灰浆斗中靠重力作用沉淀，并通过排灰浆阀定期排出。净化后的气体则通过堰板或经旋风脱水后排入大气。

卧式旋风水膜除尘器的除尘效率与其结构尺寸有关，特别是与螺旋导流叶片的螺距、螺旋直径有关。导流叶片的螺旋直径和螺距越小，除尘效率越高，但其阻力损失也越大。实际运行表明这种除尘器的除尘效率可达 85%～92%。

3.3.3.3　管式水膜除尘器

管式水膜除尘器是一种阻力较低、结构简单、除尘效率较高的除尘器。它一般以玻璃、竹、陶瓷、水泥或其他防腐耐磨材料作为管材，也可用金属材料，但内壁应涂防腐层。

如图 3-22 所示，管式水膜除尘器一般由水箱、管束、排水沟和沉淀池等组成。除尘器顶部的上水箱 2 中的水经控制调节，沿一根细管进入较粗的管内，并溢流而出，沿较粗的钢管 5 的外表面均匀流下，形成良好的水膜。当含尘气体通过垂直交错布置的管束时，由于烟气不断改变流向，尘粒在惯性力的作用下被甩到管外壁而黏附于水膜上。随后粉尘随水流入封式排水沟，并经排水口进入沉淀池沉淀。

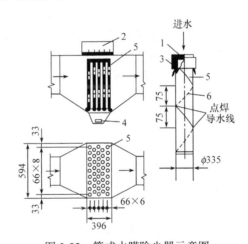

图 3-22　管式水膜除尘器示意图

1. 进水孔；2. 上水箱；3. 出水；4. 排水口；5. 钢管；6. 铅丝导水线
图中数值单位为 mm

管式水膜除尘器的性能特点有：

1) 全系统阻力一般为 300～500Pa，其中管束阻力为 100～150Pa。
2) 液气比较大，一般为 0.25L/m³。应尽量使水循环使用。
3) 除尘效率一般可达 85%～90%。
4) 管束应交错布置，其单根长度以不超过 2m 为宜。
5) 处理自然引风的锅炉烟气，流速一般取 3m/s，管束一般为 4 排；处理机械引风的锅炉烟气，流速可取 5m/s。

3.3.4　板式塔除尘器

板式塔除尘器传质效果均较好，由它们组成的洗涤塔既能除尘，又能脱硫，因此也称脱硫除尘

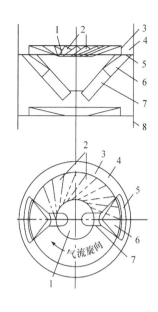

图 3-23　旋流塔板

1. 盲板；2. 旋流叶片；3. 罩筒；4. 集液槽；5. 溢流口；6. 异型接管；7. 圆形溢流管；8. 塔壁

器。由于被净化的气体中常含有 SO$_2$、NO$_x$、HCl 等腐蚀性气体，其塔体大多采用麻石制作，也有采用碳钢外壳内衬耐磨耐腐蚀材料的。目前国内所用的塔板主要有旋流板塔等。

旋流板塔是浙江大学研制成功的一种喷射型塔板洗涤器，其塔板结构如图 3-23 所示，塔板形状如固定的风车叶片。气流通过叶片时产生旋转和离心运动，液体通过中间盲板分配到各叶片，形成薄液层，与旋转向上的气流形成搅动，喷成细小液滴，甩向塔壁后，液滴受重力作用集流到集液槽，并通过降液管流到下一塔板的盲板区。主要除尘机理是尘粒与液滴的惯性碰撞、离心分离和液膜黏附等。其气液接触的传质过程适宜气相扩散控制的过程，如气液直接接触传热和快速反应吸收等。由于气液接触面积巨大，因而去除效率较高。

同时由于开孔率较大，允许高速气流通过，因此旋流板塔具有负荷较高、处理能力大、压降低、不易堵和操作弹性大等优点，应用范围广泛。对于除尘和除雾，其单板效率达 90%以上，总除尘效率可达 99%。

3.4　电除尘器

电除尘器是利用静电力实现气体中的固体或液体粒子与气流分离的一种高效除尘装置，已广泛应用于冶金、化工、水泥、火电站及轻工(如纺织)等行业。

与其他除尘机理相比，电除尘过程的分离力直接作用于粒子上，而不是作用于整个气流上。它具有除尘效率高(可达 99%以上)、能耗低(耗电 0.2～0.8kW·h/1000m^3 烟气)、气流阻力小(100～300Pa)、耐高温(可达 350℃)、处理烟气量大(可达 10^5～10^{6}m^3/h)、可捕集亚微米级(0.1μm)粒子，以及实现微机控制和远距离操作等优点。其主要缺点是一次性投资费用高，占地面积较大，除尘效率受粉尘物理性质限制，不适宜直接净化高浓度含尘气体，此外对制造和安装要求很高，需要高压变电及整流控制设备。

3.4.1　电除尘原理

电除尘器的放电极(又称电晕极)和收尘极(又称集尘极)接于高压电源，维持一个足以使气体电离的静电场。当含尘气体通过两极间非均匀电场时，在放电极周围强电场作用下发生电离，形成气体离子和电子并使粉尘粒子荷电。荷电后的粒子在电场力作用下向收尘极运动并沉积，达到粉尘和气体分离的目的。其降尘过程如图 3-24 所示。当粉尘达到一定厚度时，振打装置使其落入下部灰斗。电除尘器的工作原理涉及电晕放电、气体电离、粒子荷电、荷电粒子的迁移和捕集，以及清灰等过程。

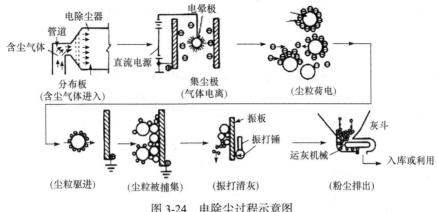

图 3-24 电除尘过程示意图

3.4.1.1 电晕放电和气体电离

在电除尘器中，电晕极和集尘极接电源两极，当两电极间的电压达到一定值时，两电极间的气体将在电场作用下发生气体电离或电击穿，如电晕放电、辉光放电、火花放电及电弧放电等。

电极在电场中的放电特性如图 3-25 所示，随着电压增加，电流变化分为三个不同的区域：区域①是随着电压的升高，空气粒子被加速的过程；区域②是空气粒子全部达到电极的饱和状态；当电压升高到 V_0，达到区域③时电晕极表面出现青紫色光点，并发出"嘶嘶"声，大量电子从电晕极周围不断逸出，这种现象称为电晕放电。

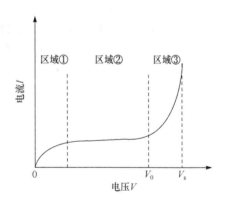

图 3-25 电极在电场中的放电特性

电晕放电是一种不完全的电击穿，只在放电极周围很薄的气层中出现电击穿，两电极间的电流很小。随着电压逐渐升高，电场中电流急剧增加，电晕放电也更强烈。当电压达到 V_s 时，空气被击穿，电晕放电转为火花放电。此时两电极间会出现电弧，损坏设备，故在操作中应避免这种现象，而保持电晕放电状态。

在电除尘器中，许多因素影响电晕的发生和电压与电晕电流间的关系。皮克(Peek)通过大量实验研究，得出空气中圆形极线上的起始电晕电场强度 E_c (V/m)的经验公式。

$$E_c = \pm 3 \times 10^6 f(\delta + 0.03\sqrt{\delta/a}) \tag{3-88}$$

式中，δ 为空气的相对密度；a 为放电极半径，m；f 为放电极表面的粗糙度系数，清洁光滑的圆形极线 $f=1$，实际可取 $0.6 \sim 0.7$。δ 按下式计算：

$$\delta = \frac{T_0}{T} \cdot \frac{P}{P_0} \tag{3-89}$$

式中，P 为运行状况下的气体压力，Pa；P_0 为标准大气压，1.013×10^5 Pa；T 为运行状况下的气体温度，K；T_0 为通常状况下的气体温度，取 298K。

式(3-88)适用于正、负电晕放电，正号表示正电晕，负号表示负电晕。

假设电晕线是无限长的均匀带电直线，两电极间没有电流通过，为静电场，则由高斯定

律可得电场强度与电压的关系。管式电除尘器内任一点的电场强度可由下式计算:

$$E_r = \frac{V}{r \cdot \ln(b/a)} \tag{3-90}$$

式中, r 为除尘器内任一点距电晕中心的距离, m; E_r 为距电晕线中心距离 r 处的电场强度, V/m; a, b 分别为电晕极和管式集尘电极半径, m; V 为电晕极和集尘极之间的电压, V。

当 $r = a$ 时, 将式(3-90)代入式(3-88)可得到管式电除尘器起始电晕电压 V_c 的计算式:

$$V_c = 3 \times 10^6 a f \left(\delta + 0.03 \sqrt{\delta/a} \right) \ln \frac{b}{a} \tag{3-91}$$

由式(3-91)可见, 电晕线越细, 起始电晕电压越低, 电晕放电越容易。

同理, 板式电除尘器的起始电晕电压可表示为

$$V_c = a E_c \ln \frac{d}{a} \tag{3-92}$$

式中, d 为由 b/c 比值确定的几何参数, 按下式计算:

$$\text{当 } b/c \leqslant 0.6 \text{ 时} \quad d = \frac{4b}{\pi} \tag{3-93}$$

$$\text{当 } b/c \geqslant 2.0 \text{ 时} \quad d = \frac{c}{\pi e^{\pi b/2c}} \tag{3-94}$$

式中, a 为电晕极半径, m; b 为电晕极到集尘极的距离, m; c 为相邻两个电晕极之间距离的一半, m。当 $0.6 < b/c < 2.0$ 时, d 值如图 3-26 所示。

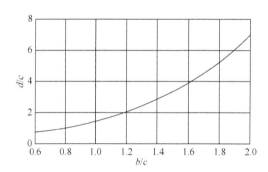

图 3-26 确定公式中几何参数 d 的曲线

式(3-91)和式(3-92)是假设电晕极和集尘极间无电流通过的情况下得到的。电除尘器实际运行过程中, 两极间有电晕电流, 因此由式(3-91)和式(3-92)计算得到的起始电晕电压要比实际的操作电压低。

例题 3-3 管式电除尘器的放电极电晕线半径 1.0mm, 管式集尘电极直径 200.0mm。除尘运行工况: 压力为 1.0×10^5Pa, 温度为 150℃。试求该管式电除尘器的起始电晕电场强度和起始电晕电压。

解
$$\delta = \frac{T_0}{T} \cdot \frac{P}{P_0} = \frac{298 \times 1.0 \times 10^5}{423 \times 1.013 \times 10^5} = 0.695$$

当取 $f = 0.7$ 时, 由式(3-88)求得起始电晕电场强度

$$E_c = 3 \times 10^6 f \left(\delta + 0.03 \sqrt{\delta/a} \right) = 3 \times 10^6 \times 0.7 \times (0.695 + 0.03 \sqrt{0.695/0.001}) = 3.12 \times 10^6 (\text{V/m})$$

由式(3-91)求得起始电晕电压为

$$V_c = 3.12 \times 10^6 \times 0.001 \times \ln(0.1/0.001) = 14.4 \times 10^3 (\text{V})$$

由于电晕极与集尘极间产生的是非匀强电场，以电晕极附近的电场最高，因此空气的电离也只限于电晕极附近。

在电晕极上加的是负电压，产生的是负电晕；反之，则产生的是正电晕。因为产生负电晕的电压比正电晕的低，且电晕电流大，所以工业上用的电除尘器均采用负电晕放电型。而用于居住建筑空气调节的小型电除尘器多采用正电晕放电，其产生的臭氧较少。另外，正电晕除尘器也被用来处理高温气体(一般大于 800℃)。

3.4.1.2　粒子荷电

粒子荷电有两种不同过程：一种是气体离子在电场力作用下做定向运动与粉尘粒子碰撞，使其荷电，称为电场荷电；另一种是气体离子做不规则热运动时与粉尘粒子碰撞，使其荷电，称为扩散荷电。粒径大于 1μm 的颗粒，电场荷电占优势；粒径小于十分之几微米的颗粒，扩散荷电占优势；对于这中间粒径范围的颗粒而言，两种荷电都必须考虑。

(1) 电场荷电

电场荷电是离子在电场力作用下做定向运动与粒子相碰的结果。随着粉尘粒子荷电量的增加，粉尘粒子自身将产生局部电场，结果使附近的电力线向外偏转。于是单位时间运动到粒子上的离子也越来越少，粒子上的电荷越来越趋于一个极限值，这个极限值称为饱和电荷。

单个球形颗粒的饱和荷电量表达式为

$$q_s = \frac{3\varepsilon\varepsilon_0 \pi d_p^2 E}{\varepsilon + 2} \tag{3-95}$$

式中，q_s 为粉尘粒子饱和荷电量，C；ε 为粉尘粒子的相对介电常数，量纲为一；ε_0 为真空介电常数，$\varepsilon_0 = 8.85 \times 10^{-12}$ F/m；E 为电场强度，V/m；d_p 为颗粒粒径，m。

由上式可见，电场强度越高，颗粒越大，饱和荷电量越大。粒子的相对介电常数 ε 的变化范围为 1～∞，如气体约为 1，硫磺约为 4.2，石膏约为 5，石英玻璃为 5～10，金属氧化物为 12～18，纯水约为 81.5，变压器油约为 2，金属为∞。

粉尘粒子荷电量随时间变化的关系式可表示为

$$q_t = q_s \frac{1}{1 + \tau / t} \tag{3-96}$$

式中，τ 按下式计算

$$\tau = \frac{4\varepsilon_0}{eNK} \tag{3-97}$$

式中，t 为粉尘粒子进入荷电区后的时间，s；τ 为荷电时间常数，其物理意义为粒子荷电量达到饱和电荷一半所需时间，s；N 为荷电区离子浓度，即每立方米空间自由离子的个数，个/m³，在实际生产条件(150～400℃)下 N 为 10^{14}～10^{15} 个/m³；e 为电子电量，$e = 1.6 \times 10^{-19}$ C；K 为离子迁移率，m²/(V·s)。

由式(3-96)可得

$$t = \tau \frac{q_t / q_s}{1 - q_t / q_s} \tag{3-98}$$

在实际运行的电除尘器中，一般 $t = 0.1$～1 s，荷电率 q_t / q_s 即可达到 99%。这说明粒子荷电在进入电除尘器很短的距离内就已完成。

例题 3-4 已知管式电除尘器的电晕电流 $i = 0.3\text{mA/m}$，距离电晕线 $r = 3.0\text{cm}$ 处的电场强度 $E = 2 \times 10^6$ V/m。试计算粒子荷电时间常数 τ 及荷电率达到 90% 时所需的荷电时间。

解 首先计算荷电时间常数。近似取离子的体电荷密度 $\rho_v = Ne$，且离子的体电荷密度可根据以下公式进行计算：

$$\rho_v = \frac{i}{2\pi r KE}$$

则

$$\tau = \frac{4\varepsilon_0}{eNK} = \frac{4\varepsilon_0}{\rho_v K} = \frac{4\varepsilon_0}{K} \times \frac{2\pi r KE}{i} = \frac{8\pi\varepsilon_0 rE}{i}$$

代入数值后得

$$\tau = 0.0445\text{s}$$

荷电率 $q_t / q_s = 90\%$ 时，所需荷电时间为

$$t = \tau \frac{q_t / q_s}{1 - q_t / q_s} = 0.0445 \frac{0.9}{1 - 0.9} = 0.40(\text{s})$$

(2) 扩散荷电

扩散荷电是离子做不规则热运动和粒子相碰的结果，理论上不存在饱和荷电量。根据分子热运动理论，怀特导出的扩散荷电量计算公式为

$$q_p = \frac{2\pi\varepsilon_0 d_p kT}{e} \ln\left(1 + \frac{d_p \bar{u} e^2 Nt}{8\varepsilon_0 kT}\right) \tag{3-99}$$

式中，k 为玻尔兹曼常量，$k = 1.38 \times 10^{-23}$ J/K；T 为气体温度，K；$\bar{u}$ 为气体离子的算术平均速度，m/s，可按下式计算：

$$\bar{u} = \left(\frac{8kT}{m\pi}\right)^{0.5} = \left(\frac{8RT}{M\pi}\right)^{0.5} \tag{3-100}$$

式中，m 为气体离子质量，kg；M 为气体的摩尔质量，kg/mol；R 为摩尔气体常量，8.314J/(mol·K)。

(3) 电场荷电和扩散荷电综合作用

对于粒径为十分之几到 1μm 的颗粒而言，两种荷电机理获得的电荷数量级大致相同，荷电量可近似按两种机理荷电量叠加计算。

$$q_t = q_s + q_p \tag{3-101}$$

3.4.1.3　荷电粒子的迁移和捕集

(1) 粒子驱进速度

电除尘器中的荷电粒子在静电力和空气阻力支配下所达到的终末电力沉降速度即粒子驱进速度，计算式为

$$\omega = \frac{qEC_u}{3\pi\mu_g d_p} \tag{3-102}$$

式中，ω 为荷电粉尘粒子在电场中的驱进速度，m/s；q 为粉尘粒子荷电量，C；E 为粉尘粒子所处位置的电场强度，V/m；μ_g 为气体黏度，Pa·s；d_p 为粉尘粒子的直径，m；C_u 为肯宁

汉修正系数，这里可近似地估算为

$$C_{\mathrm{u}} = 1 + \frac{1.7 \times 10^{-7}}{d_{\mathrm{p}}} \qquad (3\text{-}103)$$

可见，粒子的驱进速度与粒子的荷电量、粒径、电场强度及气体介质的黏度有关，其运动方向与电场力方向一致，即垂直指向集尘极表面。

由于电场中各点的场强不同，粒子的荷电量也是近似值；此外，气流、粒子特性等影响也未考虑，因此按上式计算的驱进速度比实际驱进速度要大很多。

(2) 捕集效率

电除尘器的捕集效率与粒子性质、电场强度、气流速度、气体性质及除尘器结构等因素有关。从理论上严格地推导捕集效率方程式是困难的，必须做一定的假设。

在工业电除尘器中，气流多为紊流状态，这使得粉尘被捕集更为困难。只有尘粒进入库仑力能够起作用的层流边界层内，粉尘粒子才有可能被捕集。在集尘极附近的边界层中，摩擦使紊流减弱了。荷电的粉尘粒子沿气流方向运动的速度与气流速度 v 具有相同的数量级，而垂直于集尘极方向的速度，即粉尘粒子的驱进速度为 ω，因而在时间间隔 t 内，离集尘板为 $\omega \cdot t$ 的气流层内的粉尘粒子都能够沉降到长度为 L 的集尘极表面上，如图 3-27 所示。

德意希(Deutsch)在 1922 年推导除尘效率与集尘极面积、气体流量和粉尘驱进速度之间的关系时做了如下基本假定：①电除尘器中含尘气流为紊流状态，在垂直于集尘极表面的任一横断面上粒子浓度和气流分布均匀；②粉尘粒子进入电除尘器后就认为完全荷电；③忽略电风、气流分布不均匀及被捕集粒子重新进入气流等影响。图 3-28 为推导捕集效率方程式示意图。

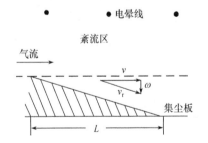

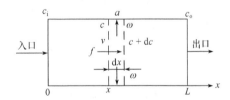

图 3-27　紊流状态下边界层中粉尘粒子的捕集过程　　　图 3-28　推导捕集效率方程式示意图

设含尘气流流向为 x 轴方向，气体和粉尘粒子以相同流速流过电场，气体流量为 $Q\,(\mathrm{m^3/s})$，进气含尘浓度为 $c_i\,(\mathrm{g/m^3})$，排气浓度 $c_o\,(\mathrm{g/m^3})$，流动方向上每单位长度集尘板面积为 $a\,(\mathrm{m^2/m})$，总集尘面积为 $A\,(\mathrm{m^2})$，电场长度为 $L\,(\mathrm{m})$，流动方向上电除尘器的截面积为 $F\,(\mathrm{m^2})$，粉尘粒子的驱进速度为 $\omega\,(\mathrm{m/s})$。

在 $\mathrm{d}t$ 时间内于 $\mathrm{d}x$ 空间捕集的粉尘量为

$$\mathrm{d}m = a(\mathrm{d}x)\omega c(\mathrm{d}t) = -F(\mathrm{d}x)(\mathrm{d}c) \qquad (3\text{-}104)$$

将 $\mathrm{d}x = v\mathrm{d}t$ 代入上式，得

$$\frac{a\omega}{Fv}\mathrm{d}x = -\frac{\mathrm{d}c}{c} \qquad (3\text{-}105)$$

对上式进行积分，得 $\dfrac{a\omega}{Fv}\displaystyle\int_0^L \mathrm{d}x = -\int_{c_i}^{c_o}\dfrac{\mathrm{d}c}{c}$，即

$$\frac{a\omega L}{Fv} = -\ln\frac{c_o}{c_i} \tag{3-106}$$

将 $Fv = Q$，$aL = A$ 代入上式，得 $\mathrm{e}^{-\frac{A}{Q}\omega} = \dfrac{c_o}{c_i}$，则

$$\eta = 1 - \frac{c_o}{c_i} = 1 - \exp\left(-\frac{A}{Q}\omega\right) \tag{3-107}$$

令 $f = \dfrac{A}{Q}$，则上式可改写为

$$\eta = 1 - \exp(-f\omega) \tag{3-108}$$

式中，f 为比集尘面积，即单位时间内净化单位体积烟气所需的集尘面积。

对于板式电除尘器，当电场长度为 L、电晕极与集尘极的距离为 b、气流速度为 v 时，捕集效率为

$$\eta = 1 - \exp\left(-\frac{L}{bv}\omega\right) \tag{3-109}$$

对于半径为 b 的圆管式电除尘器，捕集效率为

$$\eta = 1 - \exp\left(-\frac{2L}{bv}\omega\right) \tag{3-110}$$

尽管德意希在推导捕集效率方程中做了与实际运行有较大出入的假设，但该公式对电除尘器的发展仍有着极重要的价值，至今在除尘器性能分析和设计中仍被广泛采用。

德意希公式是在理想情况下推导得出的，在实际中一般多应用有效驱进速度 ω_p 来计算，即利用正在运行的电除尘器所测得的除尘效率、烟气量和已知的集尘板面积，经过式(3-107)反算出 ω 值，称为有效驱进速度，并记为 ω_p。则捕集效率的表达式为

$$\eta = 1 - \frac{c_o}{c_i} = 1 - \exp\left(-\frac{A}{Q}\omega_p\right) \tag{3-111}$$

式(3-111)称为德意希-安德森方程。

在工业电除尘器中，有效驱进速度为 $0.02 \sim 0.2\mathrm{m/s}$。表 3-13 列出了某些工业炉窑电除尘器的电场风速和有效驱进速度。

表 3-13　某些工业炉窑电除尘器的电场风速和有效驱进速度

主要工业炉窑的电除尘器		电场风速/(m/s)	有效驱进速度/(cm/s)
热电站锅炉飞灰		1.2～2.4	5.0～15
纸浆和造纸工业黑液回收锅炉		0.9～1.8	6.0～10
钢铁工业	烧结机	1.2～1.5	2.3～11.5
	高炉	2.7～3.6	9.7～11.3
	吹氧平炉	1.0～1.5	7.0～9.5
	碱性氧气顶吹转炉	1.0～1.5	7.0～9.0
	焦炭炉	0.6～1.2	6.7～16.1

主要工业炉窑的电除尘器			电场风速/(m/s)	有效驱进速度/(cm/s)
水泥工业	湿法窑		0.9~1.2	8.0~11.5
	立波尔窑		0.8~1.0	6.5~8.5
	干法窑	增湿	0.7~1.0	6.0~12.0
		不增湿	0.4~0.7	4.0~6.0
	烘干机		0.8~1.2	10~12
	熟料篦式冷却机		1.0~1.2	11~13.5
都市垃圾焚烧炉			1.1~1.4	4.0~12
接触分解过程			—	3.0~11.8
铝煅烧炉			—	8.2~12.4
铜焙烧炉			—	3.6~4.2
有色金属转炉			0.6	7.3
冲天炉(灰口铁)			15	3.0~3.6
硫酸雾			0.9~1.5	6.1~9.1

例题 3-5 在气体压力为 101.325kPa，温度为 20℃条件下运行的管式电除尘器，圆筒形集尘极直径 $D = 0.3\text{m}$，管长 $L = 2.0\text{m}$，气体流量 $Q = 0.075\text{m}^3/\text{s}$，若集尘极附近的平均场强 $E = 100\text{kV/m}$，粒径为 $1.0\mu\text{m}$ 的粉尘荷电量 $q = 0.3\times10^{-15}\text{C}$。试计算粉尘的驱进速度和捕集效率。

解 (1) 计算粉尘的驱进速度。在给定条件下空气的黏度系数 $\mu_g = 1.82\times10^{-5}\text{Pa}\cdot\text{s}$，肯宁汉系数 $C_u = 1.17$，则按式(3-102)得

$$\omega = \frac{qEC_u}{3\pi\mu_g d_p} = \frac{0.3\times10^{-15}\times100000\times1.17}{3\pi\times1.82\times10^{-5}\times1.0\times10^{-6}} = 0.205(\text{m/s})$$

(2) 按式(3-107)计算捕集效率。集尘极的表面积 $A = \pi DL = \pi\times0.3\times2.0 = 1.89\ \text{m}^2$，则除尘效率为

$$\eta = 1-\exp\left(-\frac{A}{Q}\omega\right) = 1-\exp\left(-\frac{1.89}{0.075}\times0.205\right) = 0.994 = 99.4\%$$

3.4.1.4　被捕集粉尘的清除

电晕极和集尘极上都会有粉尘沉积，粉尘层厚度为几毫米，甚至几厘米。粉尘沉积在电晕极上会影响电晕电流的大小和均匀性。集尘极板上粉尘层较厚时，会导致火花电压降低，电晕电流减小。为保持电晕极和集尘极表面清洁，应及时清除沉积的粉尘。

集尘极清灰方法有湿式和干式两种。湿式电除尘器中，集尘极板表面经常保持一层水膜，粉尘沉降在水膜上随水膜流下。湿法清灰的优点是无二次扬尘，同时可净化部分有害气体，如 SO_2、HF 等；主要缺点是腐蚀结垢问题较严重，污泥需要处理。干式电除尘器由机械撞击或电磁振打产生的振动力清灰。干式振打清灰需要合适的振打强度，振打强度太小难于清除积尘，太大可能引起二次扬尘。一般都在现场调试中选择合适的振打强度和振打频率。

3.4.2　电除尘器的分类及结构

3.4.2.1　电除尘器的分类

根据电除尘器的结构和气体流动方式等特点，电除尘器可做如下分类。

(1) 按集尘电极的型式分类

A. 管式电除尘器

结构最简单的管式电除尘器为单管电除尘器，其结构如图 3-29(a)所示。这种管式电除尘器的集尘极为 $\phi150\sim300mm$ 的圆形金属管，管长为 $3\sim5m$，放电极极线(电晕线)用重锤悬吊在集尘极圆管中心。含尘气体由除尘器下部进入，净化后的气体由顶部排出。管式电除尘器的电场强度高且变化均匀，但清灰较困难，多用于净化含尘气量较小或含雾滴的气体。在工业上，为了净化气量较大的含尘气体，常采用呈六角形蜂窝状或多圈同心圆管状排列的多管管式电除尘器。多管管式电除尘器的电晕线分别悬吊在每根单管的中心。

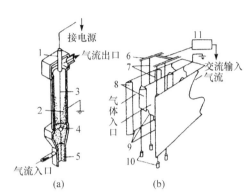

图 3-29 单区电除尘器示意图

(a) 管式；(b) 板式

1. 绝缘瓶；2. 集尘极表面上的粉尘；3,7. 放电极；
4. 吊锤；5. 捕集的粉尘；6. 高压母线；8. 挡板；
9. 集尘极板；10. 重锤；11. 高压电源

B. 板式电除尘器

板式电除尘器由多块一定形状的钢板组合成集尘极，在两平行集尘极间均布放电极，如图 3-29(b)所示。两平行集尘极板间距一般为 $200\sim350mm$，极板高度为 $2\sim15m$，极板总长可根据要求的除尘效率高低来确定。板式电除尘器的电场强度变化不均匀，但清灰方便，制作安装较容易，可以根据工艺要求和净化程度设计成大小不同规格的电除尘器。

(2) 按含尘气流流动方式分类

A. 立式电除尘器

立式电除尘器能使含尘气流在自下而上流动的过程中完成净化过程。它具有捕集效率高、占地面积小等优点。一般来讲，管式电除尘器为立式电除尘器。

B. 卧式电除尘器

卧式电除尘器含尘气流净化过程是在气流水平运动过程中完成的。卧式电除尘器可设计成若干个电场供电，容易实现对不同粒径粉尘的分离，有利于提高总除尘效率；在处理烟气量较大时，比较容易保证气流沿电场断面均匀分布。此外，安装高度比立式电除尘器低，操作和维修比较方便，但占地面积较大。一般工业上应用的电除尘器多为卧式电除尘器。

(3) 按电极在除尘器内空间布置不同分类

A. 单区电除尘器

单区电除尘器的集尘极和电晕极都安装在同一区域内，含尘粒子荷电和捕集也在同一区域内完成，是当今应用最为广泛的一种电除尘器，如图 3-29 所示。

B. 双区电除尘器

双区电除尘器的集尘极系统和电晕极系统分别装在两个不同区域内，前区安装电晕极称电晕区，粉尘粒子在前区荷电；后区安装集尘极称集尘区，荷电粉尘粒子在集尘区被捕集，如图 3-30 所示。双区电除尘器主要用于空调净化方面。

(4) 按清灰方式分类

A. 干式电除尘器

在干燥状态下，捕集干燥粉尘的称干式电除尘器。它采用机械振打、电磁振打和压缩气振打等方法清除集尘极上的粉尘，有利于回收有经济价值的粉尘，但容易产生二次扬尘。

B. 湿式电除尘器

用溢流或者喷雾等方法，使集尘极表面形成一层水膜，使被捕集的粉尘黏附在水膜上一起流下来的方式，称为湿式电除尘器。它具有效率高、无二次扬尘等特点，但清灰水需要处理，且易腐蚀设备。

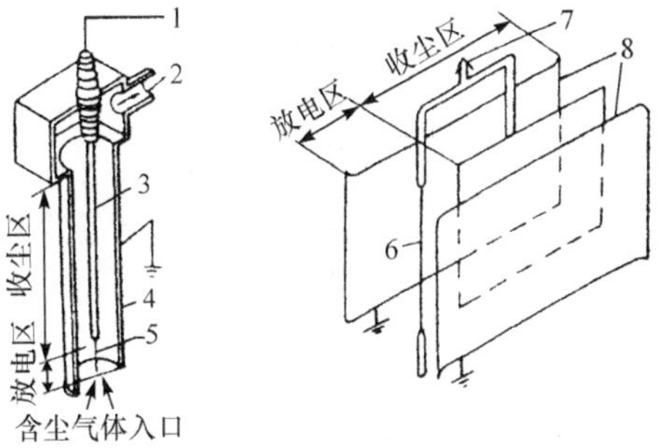

3.4.2.2 电除尘器的结构

电除尘器的型式多种多样，但都由电除尘器本体和高压电源两部分组成。

(1) 电除尘器本体结构

本体一般由电晕电极、集尘电极、清灰装置、气流分布装置、外壳、灰斗及排灰装置等所构成。

A. 电晕电极

电晕电极包括电晕线、电晕极框架吊杆及支撑套管、电晕极振打装置等。电晕线是产生电晕放电的主要部件，其性能好坏直接影响除尘器的性能。电晕线的型式有光滑圆形线、星形线、螺旋形线、芒刺角线、锯齿线、麻花形线及蒺藜丝线等，如图 3-31 所示。其中，表面曲率大的起晕电压低，在相同电场强度下能获得较大的电晕电流；表面曲率小的，电晕电流小，但能形成较强的电场。对电晕线的一般要求是：起晕电压低、电晕电流大、机械强度高、能维持准确的极距及容易清灰等。

图 3-30 双区电除尘器示意图

1,7. 连接高压电源；2. 洁净气体出口；3. 不放电的高压电极；4. 集尘极；5,6. 放电极；8. 集尘极板

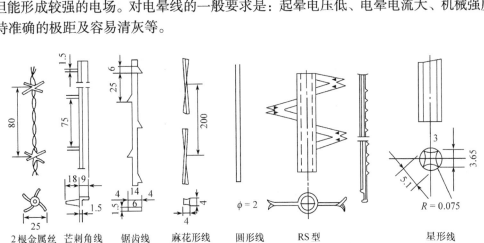

图 3-31 电晕线的型式

图中数值单位为 mm

2根金属丝 $\phi 2.5$ 蒺藜丝线　芒刺角线　锯齿线　麻花形线　圆形线　RS 型　星形线

电晕线的固定方式有重锤悬吊式和框架绷紧式两种，如图 3-32 所示。电晕线之间的距离大小对放电强度影响较大，极距太大会减弱放电强度，但极距过小会因屏蔽作用使放电强度降低。一般极距为 200～350mm，要视极线和极板型式及其尺寸等配置情况而定。

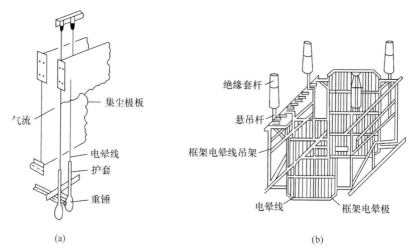

图 3-32　电晕线的两种固定方式

(a) 重锤悬吊张紧电晕极；(b) 框架绷紧电晕极

B. 集尘电极

集尘电极的结构对粉尘的二次飞扬、金属消耗量和造价有很大影响。对集尘电极的要求是：易于粉尘在板面上沉积，避免二次扬尘，便于清灰，形状简单易于制作，并有足够的刚度和强度。集尘极型式有板式、管式两大类，而板式电极又可分为平板型、箱式和型板式三类。图 3-33 为常用的几种集尘极板尺寸。

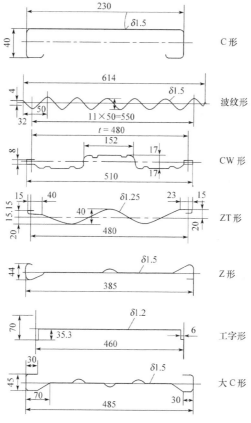

图 3-33　常用的几种集尘极板的尺寸

图中数值单位为 mm

小型管式除尘器的集尘极为直径约 15cm，长约 3m 的圆管。大型的直径可达 40cm，长6m。每台除尘器的集尘极数目少则几个，多则 100 个以上。板式电极形式很多，极板两侧通常设有沟槽和挡板，既能加强板的刚性，又能防止气流直接冲刷极板表面，产生二次扬尘。

极板间距对电除尘器的电场性能和除尘效率影响较大。间距太小(200mm 以下)电压升不高，间距太大又受供电设备允许电压的限制。采用 60~72kV 变压器时极板间距一般为 200~350mm。近年来板式电除尘器一个引人注目的变化是发展宽间距超高压电除尘器，板间距可增大到 400~1000mm。宽间距电除尘器制作、安装、维修等较方便，且设备小，能量消耗也小。

C. 清灰装置

及时清除集尘极和电晕极上的积灰，是保证电除尘器高效运行的重要环节之一。电极清灰在湿式和干式电除尘器中是不同的。

湿式电除尘器一般采用喷雾或溢流方式，使极板表面保持一层水膜，通过水膜将粉尘冲洗下来，从而达到清灰的目的。图 3-34 为喷水型湿式电除尘器清灰方式。湿式清灰二次扬尘少，易于捕集，可同时净化有害气体；缺点是易腐蚀和结垢、污泥处理难等。

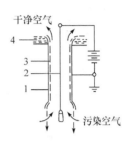

图 3-34　喷水型湿式清灰方式

1. 集尘极；2. 电晕极；3. 水膜；4. 溢流水

干式电除尘器的清灰方式有机械振打、电磁振打、刮板清灰及压缩空气振打等。图 3-35(a)是机械振打清灰方式，是目前普遍采用的清灰方式。图 3-35(b)是移动刮板清灰方式，适宜于不易靠振打清灰的黏结性粉尘。

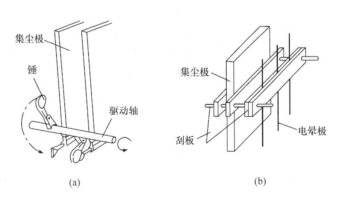

(a)　　　　　　　　　　(b)

图 3-35　干式清灰装置

(a) 机械振打清灰；(b) 移动刮板清灰

D. 气流分布装置

电除尘器内气流分布均匀性对除尘效率影响较大。对气流分布装置(图 3-36)的要求是分布均匀性好、阻力损失小。为减少涡流，保证气流分布均匀，在进出口处应设渐扩管和渐缩管。进口渐扩管应设 2~3 层气流分布板。最常见的气流分布板有百叶窗式、多孔板、分布格子、槽型钢式和栏杆型分布板等。多孔板使用最为广泛，常用厚度为 3~3.5mm 钢板制作，孔径 30~50mm，开孔率为 25%~50%，需要通过实验确定。

E. 外壳

除尘器外壳须保证严密，尽量减小漏风。漏风量大，不但造成风机负荷增大，也会因电场风速的提高使除尘效率降低。此外，在处理高温烟气时，冷空气的渗入可能使局部烟气温度

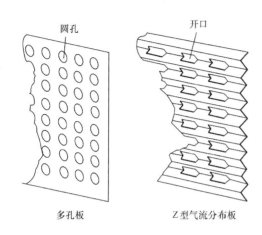

图 3-36　气流分布装置

降至露点以下，导致除尘器构件积灰和腐蚀。

除尘器外壳材料，要根据处理烟气的性质和操作温度来选择。通常使用的材料有钢板、铅板(捕集硫酸雾)、钢筋混凝土及砖等。

F. 灰斗及排灰装置

粉尘落入电除尘器灰斗后，利用排灰装置将粉尘排出来。为使粉尘顺利排出，必须在灰斗上装振打电机和卸灰阀门。用振打电机松动粉尘，用卸灰阀门排出粉尘并配套输灰装置运走。另外，灰斗口上方需有一定高度的水柱或灰柱，以形成灰封，保证排灰时灰斗口处的气密性。

(2) 电除尘器的供电

电除尘器只有在良好的供电情况下，才能获得高除尘效率。随着供电电压的升高，电晕电流和电晕功率都急剧增大，有效驱进速度和除尘效率也迅速提高。当电除尘器的供电电压升高到一定值时，电除尘器内将产生火花放电而影响除尘效率。通常电除尘器在接近火花放电的条件下运行。为了充分发挥电除尘器的作用，应配备能供给足够高压并具有足够功率的供电设备。电除尘器的供电通常是用 220V 或 380V 的工频交流电升压和整流后得到的单相高电压。

高压供电装置输出的峰值电压为 70～100kV，电流为 100～2000mA。目前可控硅高压硅整流设备已得到广泛应用，它含有多重信号反馈回路，能将电压、电流限制在一定水平上，保证设备正常运行，且可以控制火花率，从而实现自动控制。

为使电除尘器能在较高电压下运行，避免过大的火花损失，高压电源容量不能太大，必须分组供电。增加电除尘器供电机组数目，减少每个机组供电的电晕线数，能改善电除尘器的性能。但是增加供电机组数和电场分组数，必须增加投资。因此供电机组数的确定，应同时考虑保证除尘效率和减少投资两方面。一般情况下，每个电场采用一台供电机组。将一台电除尘器的电晕线顺气流方向供电称为串联分组，垂直于气流方向分组供电称为并联分组。大型电除尘器通常采用并联分组和串联分组相结合的分组方式。

传统电除尘器供电电源技术为工频整流电源，但其工作频率低，耗电量大，设备体积庞大，且很难适应高浓度、高比电阻含尘烟气运行工况，无法达到环保领域粉尘排放标准新要求。近年来，L-C 恒流高压直流电源、高频开关电源、脉冲供电电源的发展与应用，极大地提高了电除尘器的除尘性能。其中，脉冲供电方式被认为是改善电除尘器性能和降低能耗最有效的方式之一。但是这些新技术的进一步推广应用还有许多工作要做，如电源的适用工况范围、与除尘器本体的配合、电源的设计选型及实际应用中的控制调整等，都需要进一步深入研究。

3.4.3　电除尘器设计与选型

3.4.3.1　电除尘器设计计算

电除尘器的选择设计步骤为：①确定或计算有效驱进速度 ω_p；②根据给定的气体流量 Q 和要求的除尘效率 η，按式(3-112)计算所需的集尘极面积；③在手册上查出与集尘面积 A 相当的电除尘器规格；④验算气速 v 。若 v 在所选的除尘器允许范围内，则符合要求，否则应重新选择。

对于平板式电除尘器，其设计计算主要是根据需要处理的含尘气体流量和净化要求，确定集尘极面积、电场断面面积、电场长度、集尘极和放电极的间距和排数等。

(1) 集尘极面积

$$A = \frac{Q}{\omega_p} \ln \frac{1}{1-\eta} \tag{3-112}$$

式中，A 为集尘极面积，m^2；η 为集尘效率；Q 为处理气量，m^3/s；ω_p 为粉尘的有效驱进速度，m/s，其值可参见表 3-14。

表 3-14　各种工业粉尘的有效驱进速度

粉尘种类	有效驱进速度/(m/s)	粉尘种类	有效驱进速度/(m/s)
粉煤炉飞灰	0.10～0.14	水泥尘(干法)	0.06～0.07
纸浆及造纸尘	0.08	水泥尘(湿法)	0.10～0.11
平炉烟尘	0.06	多层床焙烧炉烟尘	0.08
硫酸雾	0.06～0.08	红磷尘	0.03
悬浮焙烧烟尘	0.08	石膏尘	0.16～0.20
催化剂粉尘	0.08	二级高炉烟尘	0.125
冲天炉烟尘	0.03～0.04	氧化锌尘	0.04

在选择 ω_p 时要考虑两个条件。①电除尘器捕集较大粒径的粉尘最有效，因此若采用较低的捕集效率就能满足要求，应采用较高的 ω_p 值；若捕集较细的粉尘，应采用较小的 ω_p 值。②粉尘的比电阻高时，允许的电晕电流密度值减小，电场强度减弱。尘粒的荷电量减少，荷电时间长，因此应选用较小的 ω_p 值。

(2) 电场断面面积

$$A_c = \frac{Q}{v} \tag{3-113}$$

式中，A_c 为电场断面面积，m^2；v 为气体平均流速，m/s。

对于一定结构的电除尘器，当气体流速增加时，除尘效率降低，因此气体流速不宜过大；但如其过小，又会使电除尘器体积增加，造价提高。板式电除尘器气体流速多选 0.6～1.5m/s，一般取 1.0m/s。

(3) 集尘极与放电极的间距和排数

集尘极与放电极的间距对电除尘器的性能及除尘效率均有很大影响。如间距太小，振打引起的位移、加工安装的误差和积尘等对工作电压影响大。如间距太大，要求工作电压高，往往受到变压器、整流设备、绝缘材料允许电压的限制。目前，一般集尘极的间距($2b$)采用 200～350mm，即放电极与集尘极之间的距离(b)为 100～175mm。

放电极与放电极的间距对放电强度也有很大影响。间距太大，会减弱放电强度；电晕线太密，会因屏蔽作用而使其放电强度降低。考虑与集尘极的间距相对应，放电极间距一般也采用 200～350mm。

集尘极的排数可以根据电场断面宽度和集尘极的间距确定：

$$n = (B / \Delta B) + 1 \tag{3-114}$$

式中，n 为集尘极排数；B 为电场断面宽度，m；ΔB 为集尘极板间距，m，$\Delta B = 2b$。

放电极的排数为 $n-1$，通道数(每两块集尘极之间为一个通道)为 $n-1$。

(4) 电场长度

根据净化要求、有效驱进速度和气体流量，可以算出集尘极的总面积，再根据集尘极排数和电场高度算出必要的电场长度。在计算集尘板面积时，靠近电除尘器壳体壁面的集尘极，其集尘面积按单面计算，其余集尘极按双面计算。故电场长度的计算公式为

$$L = \frac{A}{2(n-1)H} \tag{3-115}$$

式中，L 为电场长度，m；H 为电场高度，m。

当确定有效驱进速度有困难时，也可按照含尘气体在电场内的停留时间估算：

$$L = vt \tag{3-116}$$

式中，t 为气体在电场内的停留时间，可取 3～10s。

目前常用的单一电场长度是 2～4m，过长会使构造庞大。如实际要求的电场长度超过 4m，可设计成若干串联电场。

(5) 工作电压

根据实际经验，一般可按下式计算工作电压：

$$U = 250\Delta B \tag{3-117}$$

式中，U 为工作电压，kV。

(6) 工作电流

工作电流可按下式计算：

$$I = Aj \tag{3-118}$$

式中，I 为工作电流，A；j 为集尘极电流密度，可取 0.0005A/m²。

以上介绍的是电除尘器的设计计算方法，并没有包括设计的全部内容。表 3-15 列出了电除尘器常用技术数据，表 3-16 列出了需要考虑的电除尘器辅助设计因素。

表 3-15　电除尘器常用技术数据

主要参数	符号	单位	一般范围
总除尘效率	η	%	95～99.99
有效驱进速度	ω_p	cm/s	3～30
电场风速	v	m/s	0.4～4.5
单位集尘板面积	A/Q	s/m	7.2～180

续表

主要参数	符号	单位	一般范围
通道宽度	$2b$	m	0.15～0.40
单位电晕功率(按气体量)	P_c/Q	W/(1000m³/h)	30～300
单位电晕功率(按集尘板面积)	P_c/A	W/m²	3.2～32
电晕电流密度	i	mA/m	0.07～0.35
单位能量消耗(按气量)	P/A	kJ/(1000m³/h)	180～3600
粉尘在电场内停留时间	t	s	2～10
压力损失	ΔP	Pa	200～500
电场数	N	个	1～5
电场断面积	A_c	m²	3～200
气体温度	T	K	<673
电压	V	kV	50～70

表 3-16　电除尘器辅助设计因素

系统部件	考虑因素
电晕电极	支撑方式和方法
集尘电极	类型、尺寸、装配、机械性能和空气动力学性能
整流装置	额定功率、自动控制系统、总数、仪表和监测装置
电晕电极和集尘电极的振打机构	类型、尺寸、频率范围和强度调整、总数和排列
灰斗	几何形状、尺寸、容量、总数和位置
输灰系统	类型、能力、预防空气泄漏和粉尘反吹
高强度框架的支撑体绝缘器	类型、数目、可靠性
其他	壳体和灰斗的保温，电除尘器顶盖的防雨雪措施 便于电除尘器内部检查和维修的检修门 气体入口和出口管道的排列 需要的建筑和地基 获得均匀的低湍流气流分布的措施

例题 3-6　某钢铁厂 90m² 烧结机尾电除尘器的实测结果如下：电除尘器进口含尘浓度为 $c_i = 26.8\text{g/m}^3$，出口含尘浓度为 $c_o = 0.133\text{g/m}^3$，进口烟气流量为 $Q = 16 \times 10^4 \text{m}^3/\text{h}$ (44.4m³/s)。该除尘器采用 Z 形板极和星形电晕线，断面积 $A_c = 40\text{m}^2$，集尘极总面积 $A = 1982\text{m}^2$ (两个电场)。试参考以上数据设计另一新建 130m² 烧结机尾的电除尘器，要求除尘效率 $\eta = 99.8\%$，工艺设计给出的总烟气量 $Q = 25 \times 10^4 \text{m}^3/\text{h}$ (70m³/s)。

解　(1) 根据实测数据计算原电除尘器的除尘效率和有效驱进速度。

由式(3-111)得

$$\eta = 1 - \frac{c_o}{c_i} = 1 - \frac{0.133}{26.8} = 0.995$$

而 $\dfrac{A}{Q} = \dfrac{1982}{44.4} = 44.6$ (s/m)，所以

$$\omega_p = \frac{-\ln(1-\eta)}{A/Q} = \frac{-\ln(1-0.995)}{44.6} = 0.119\text{(m/s)}$$

除尘器断面风速为

$$v = Q / A_c = 44.4 / 40 = 1.11(\text{m/s})$$

(2) 设计新的电除尘器。

按要求的效率 $\eta = 99.8\%$ 和有效驱进速度 $\omega_p = 0.119\text{m/s}$ ，求得

$$\frac{A}{Q} = \frac{-\ln(1-\eta)}{\omega_p} = \frac{-\ln(1-0.998)}{0.119} = 52.2(\text{s/m})$$

则所需的集尘极的总面积为

$$A = 52.2Q = 52.2 \times 70 = 3654(\text{m}^2)$$

若选取系列产品 SHWB60 时，则集尘极总面积为 3743m²，其有效断面面积为 63.3m²，此时电场风速为

$$v = Q / A_c = 70 / 63.3 = 1.1(\text{m/s})$$

3.4.3.2 电除尘器的选型

电除尘器的型式和工艺配置要根据处理气体的性质及处理要求决定，其中粉尘比电阻是

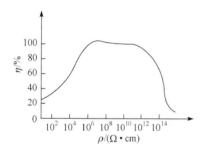

图 3-37 粉尘比电阻与除尘效率的
关系

最重要的因素。实验表明，最适合电除尘器工作的比电阻值为 $10^4 \sim 10^{11}\Omega \cdot \text{cm}$，在这个数值范围以外，电除尘器性能将下降。图 3-37 为粉尘比电阻与除尘效率的关系。

当粉尘比电阻小于 $10^4\Omega \cdot \text{cm}$ 时，称为低比电阻粉尘。低比电阻粉尘一到达阳极板表面立即释放电荷，使已沉积的粉尘在阳极板上形成跳跃现象，最后被气流带出。通过敲打或刷落集尘极板上的粉尘，可以很好抑制其在阳极板上的跳跃现象。同时，采用高电阻率集尘极，或在集尘极板上涂敷导电涂料，也有利于收集低比电阻粉尘，扩展了电除尘器的应用范围。

当粉尘比电阻大于 $10^{11}\Omega \cdot \text{cm}$ 时，称为高比电阻粉尘。高比电阻粉尘是产生反电晕的直接原因，进而降低除尘效率。若仍采用普通干式电除尘器，须定期测试粉尘的比电阻，并在含尘气体中加入适量的调理剂，如 NH_3、SO_2 或水分等，来降低粉尘的比电阻。改变供电方式，采用间歇供电以减少反电晕的影响。另外，采用高温电除尘器、湿式电除尘器、宽间距电除尘器，或采用脉冲供电和选用板电流密度分布均匀的极配形式，也可以防止和减弱高比电阻粉尘产生的反电晕。

▌ 3.5 过滤式除尘器

过滤式除尘器也称过滤器，利用多孔过滤介质分离捕集气体中固体或液体粒子，属于高效干式除尘装置。这种过滤器多用于工业原料气的精制、固体粉料的回收、特定空间内的通风和空调系统的空气净化及去除工业排放尾气或烟尘中的粉尘粒子。

3.5.1 过滤式除尘器的分类、原理及性能

3.5.1.1 过滤式除尘器的分类

现已应用的过滤式除尘器有多种，可按不同方法进行分类。

1) 按滤料种类、结构和用途分类：应用较广的主要为袋式除尘器、颗粒层除尘器和空气过滤器。采用织物等较薄材料做成滤袋，在表面过滤的称为袋式除尘器；采用松散滤料，如玻璃纤维、金属绒、硅纱、焦炭等，在一定容器内组成过滤层，进行内部过滤的称为颗粒层除尘器；用滤纸、玻璃纤维膜或其他填充料作滤料，过滤空气，采集空气样，或净化空调工程等，称为空气除尘器。

2) 根据粉尘粒子在除尘器中被捕获位置不同分类，可分为内部过滤和外部过滤两种。内部过滤是将松散多孔的滤料填充在框架或床层中作滤料层，粉尘粒子在滤层内部被捕集，如图 3-38(a)和图 3-38(b)所示。其中，图 3-38(a)为框架过滤器，用于捕集低含尘浓度气体，多用于小型空气净化器；图 3-38(b)为颗粒层过滤器，粉尘粒子被阻留在滤料中，滤料经清灰、再生后可重复使用，当采用高温滤料时，可用于净化气量大、含尘浓度高的高温气体。外部过滤是纤维布料、非纺织毛毡或滤纸等作为滤料，滤去含尘气体中的粉尘粒子，这些粉尘粒子被阻挡在滤料的表面，如图 3-38(c)和图 3-38(d)所示。其中，图 3-38(c)为含尘气体从滤袋内向滤袋外流动，粉尘粒子被阻留在滤袋内表面的装置；图 3-38(d)为含尘气体从滤袋外向滤袋内流动，粉尘粒子被阻留在滤袋外表面的装置。外部过滤的典型型式是袋式除尘器，目前在冶金、水泥、陶瓷、化工、食品、机械制造等工业和燃煤锅炉烟气净化中得到广泛应用。

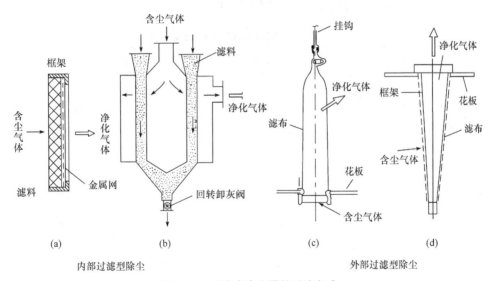

图 3-38　过滤式除尘器的过滤方式

3.5.1.2　过滤式除尘器的原理

筛滤、惯性碰撞、拦截、扩散、静电力和重力等粉尘粒子的沉降机理是分析过滤式除尘器滤尘机理的理论基础。过滤式除尘器的滤尘过程比较复杂，一般来讲，粉尘粒子在捕集体上的沉降并非只有一种沉降机理在起作用，而是多种沉降机理联合作用的结果。

根据不同粒径粉尘在流体中运动的不同力学特性，过滤除尘机理涉及以下几个方面。

1) 筛滤作用。过滤器的滤料网眼一般为 5~50μm，当粉尘粒径大于网眼直径或粉尘沉积在滤料尘粒之间的空隙时，粉尘即被阻留下来。对于新的织物滤料，由于纤维间的空隙远大于粉尘粒径，因此筛滤作用很小，但当滤料表面沉积大量粉尘形成粉尘层后，筛滤作用显著增强。

2) 惯性碰撞作用。一般粒径较大的粉尘主要依靠惯性碰撞作用捕集。当含尘气流接近滤料纤维时，气流将绕过纤维。由于惯性作用，其中较大的粒子(大于 1μm)偏离气流流线，继续沿着原来的运动方向前进，撞击到纤维上而被捕集。所有处于粉尘轨迹临界线内的大尘粒均可到达纤维表面而被捕集。这种惯性碰撞作用，随着粉尘粒径及气流流速的增大而增强。因此，提高通过滤料的气流流速，可提高惯性碰撞作用。

3) 拦截作用。当含尘气流接近滤料纤维时，较细尘粒随气流一起绕流；当尘粒半径大于尘粒中心到纤维边缘的距离时，尘粒即因与纤维接触而被拦截。

4) 扩散作用。对于小于 1μm 的尘粒，特别是小于 0.2μm 的亚微米粒子，在气体分子的撞击下脱离流线，像气体分子一样做布朗运动，如果在运动过程中和纤维接触，即可从气流中分离出来。这种作用称为扩散作用，它随流速的降低、纤维和粉尘直径的减小而增强。

5) 静电作用。许多纤维编织的滤料，当气流穿过时，由于摩擦会产生静电现象，同时粉尘在输送过程中也会由于摩擦和其他原因带电，这样会在滤料和尘粒间形成一个电位差，当粉尘随气流趋向滤料时，库仑力作用促使粉尘和滤料纤维碰撞并增强滤料对粉尘的吸附力而被捕集，提高捕集效率。

6) 重力作用。当缓慢运动的含尘气流进入除尘器后，粒径和密度大的尘粒可能因重力作用而自然沉降。表 3-17 为各种捕集机理作用的粒度范围。

表 3-17　各种捕集机理作用的粒度范围

序号	机理	粒度范围	风速增高对机理效率的影响
1	拦截	>1μm	降低
2	惯性碰撞	>1μm	增高
3	扩散	<0.01～0.5μm	降低
4	静电	<0.01～5μm	降低
5	筛滤	>过滤层微孔尺寸	降低

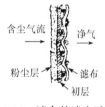

图 3-39　滤布的滤尘过程

一般来说，各种除尘机理并非同时有效，而是一种或几种联合起作用。随着滤料空隙、气流流速、粉尘粒径及其他原因的变化，各种机理对不同滤料过滤性能的影响也不同。实际上，新滤料在开始滤尘时，除尘效率很低。使用一段时间后，粗尘会在滤布表面形成一层粉尘初层。滤布的滤尘过程见图 3-39。由于粉尘初层及在其上逐渐堆积的粉尘层的滤尘作用，滤料的过滤效率不断提高，但阻力也相应增强。在清灰时，不能破坏初层，否则效率会下降。粉尘初层的结构对袋式除尘器的效率、阻力和清灰的效果起着非常重要的作用。

3.5.1.3　过滤式除尘器的性能

过滤式除尘器的性能主要涉及过滤速度、除尘效率、过滤阻力和清灰方式等方面。

(1) 过滤速度

过滤速度是影响过滤式除尘器性能的主要因素之一。过滤速度用下式计算：

$$v = \frac{Q}{A} \tag{3-119}$$

式中，v 为过滤速度(表观过滤气速)，m/s；Q 为过滤式除尘器的处理气量，m^3/s；A 为过滤式除尘器滤料的过滤面积，m^2。

一般认为，气体通过过滤层的真实速度 v_p 为

$$v_p = \frac{v}{\varepsilon_p} \tag{3-120}$$

式中，v_p 为气体通过过滤层的真实速度，m/s；ε_p 为粉尘层的平均空隙率，一般为 0.8～0.95。

在实际运行过程中，过滤速度是由滤料种类、粉尘粒径的大小、物理化学性质和其清灰方式等因素确定的。过滤速度大，会使滤料两侧的压差增大，把已附在滤料上的细小粉尘挤压过去；过滤速度小，则会增大除尘器的体积，从而增加投资。表 3-18 列出了袋式除尘器的过滤速度设计参考值。

表 3-18　袋式除尘器的过滤速度设计参考值　　　　　(单位：m/min)

粉尘种类	清灰方式		
	振打与逆气流联合	脉冲喷吹	反向吹风
滑石粉、煤、喷砂清理尘、飞灰、陶瓷烧制粉尘、炭黑、颜料、高岭土、石灰石、砂尘、锡土矿、水泥(来自冷却器)、搪瓷烧制	0.7～0.8	2.0～3.0	0.6～0.9
铁及铁合金的升华物、铸造尘、氧化铝、球磨机排出的水泥、炭化炉的升华物、石灰、刚玉、安福粉及其他肥料生产、塑料、淀粉	0.5～0.75	1.5～2.5	0.45～0.55
炭黑、氧化硅、锡锌的升华物及其他在气体中由于冷凝和化学反应而形成的气溶胶、化妆粉、去污粉、奶粉、活性炭、水泥等	0.45～0.5	0.8～2.0	0.33～0.45
烟草、皮革粉、混合饲料、木材加工的粉尘、粗植物纤维(木麻、黄麻等)	0.9～2.0	2.5～6.6	—
石棉、纤维尘、石膏、珠光石、橡胶生产粉尘、盐、面粉、研磨工艺中的粉尘	0.3～1.1	2.5～4.5	—

(2) 除尘效率

对于正在运行的过滤式除尘器而言，过滤效率为

$$\eta = 1 - \frac{c_o}{c_i} \tag{3-121}$$

式中，c_o 为通过过滤器后的洁净气体含尘浓度，kg/m^3；c_i 为含尘气体的进口浓度，kg/m^3。

过滤式除尘器的除尘效率关系式有两种：一种是经理论推导的除尘效率与孤立粉尘捕集体综合捕集效率的计算式；另一种是根据实验数据而建立的半理论半经验的关系式。

A. 理论公式

1) 当过滤器内所填充的为圆柱形纤维捕尘体时，纤维层过滤式除尘器的除尘效率与单一纤维捕尘体的综合捕尘效率关系式为

$$\eta = 1 - \exp\left[\frac{4(\varepsilon-1)\delta}{\pi d_D \varepsilon}\eta_\Sigma\right] \tag{3-122}$$

式中，η 为纤维层过滤式除尘器的除尘效率；ε 为过滤层空隙率；δ 为过滤层厚度，m；d_D

为纤维直径，m；η_Σ 为单根纤维的综合捕尘效率。

2) 当过滤式除尘器内所填充的为圆球形捕尘体(颗粒滤料)时，过滤式除尘器的除尘效率与单个球形捕尘体的综合捕集效率关系式为

$$\eta = 1 - \exp\left[\frac{1.5(\varepsilon-1)\delta}{d_D \varepsilon}\eta_\Sigma\right] \tag{3-123}$$

式中，η 为颗粒层过滤式除尘器的除尘效率；d_D 为圆球形捕尘体(颗粒滤料)的直径，m；η_Σ 为单一圆球捕尘体的综合捕尘效率。

B. 经验与半经验公式

1) 基尔什、斯捷奇金和富克思等提出的纤维过滤器的除尘效率经验式为

$$\eta = 1 - \exp\left(\frac{-d_D \eta_\Sigma \Delta P}{v_g \mu_g F}\right) \tag{3-124}$$

式中，ΔP 为过滤式除尘器的阻力，Pa；v_g 为粉尘粒子相对于捕尘体的速度，m/s；μ_g 为含尘气体黏度，Pa·s；F 为过滤式除尘器结构不完善参数，可按下式计算：

$$F = \frac{4\pi}{K_r} = 4\pi\left[-0.5\ln(1-\varepsilon) - 0.52 + 0.64(1-\varepsilon) + 1.43K_n\varepsilon\right]^{-1} \tag{3-125}$$

式中，K_r 为气动因素；K_n 为克努森(Knudsen)数。

2) 朗缪尔(Langmuir)提出的颗粒层过滤器半经验效率计算式为

$$\eta = 1 - \exp\left[\frac{K(\varepsilon-1)\delta\eta_\Sigma}{d_D}\right] \tag{3-126}$$

式中，K 为斯密特常数，通常取 3.75。

通常，过滤式除尘器的除尘效率超过 99.5%，因此在选择除尘器时，一般不需要计算除尘效率。影响除尘效率的因素主要有：灰尘的性质，包括被过滤粉尘的粒径、惯性力、形状、静电荷、含湿量等，对于有外静电场的过滤式除尘器，还要考虑粉尘的比电阻；织物性质，包括织物原料、纤维和纱线的粗细、织造和毡合方式、织物厚度、空隙率等；运行参数，包括过滤速度、阻力、气体温度、湿度、清灰频率和强度等；清灰方式，包括机械振打、反向气流、压缩空气脉冲和气环等。

(3) 过滤器的阻力计算

过滤器的设备阻力包括过滤器的结构阻力(即气流经过进口、出口和花板等)和过滤阻力两部分。对于袋式过滤器而言，滤袋的过滤阻力 Δp_f 是由清洁滤袋的阻力损失 Δp_0 和黏附粉尘层的阻力损失 Δp_d 两部分组成的，即

$$\Delta p_f = \Delta p_0 + \Delta p_d = \xi_0\mu_g v + am_d\mu_g v = (\xi_0 + am_d)\mu_g v \tag{3-127}$$

式中，ξ_0 为清洁滤料的阻力系数，m^{-1}；a 为粉尘层的平均比阻力，m/kg；m_d 为堆积粉尘负荷(单位面积的尘量)，kg/m^2，普通运行的堆积粉尘负荷范围一般为 0.1～2.0kg/m^2；μ_g 为含尘气体黏度，Pa·s；v 为过滤速度，m/s。

其中，粉尘层的平均比阻力 a 可用柯日尼(Kozeny)公式计算：

$$a = \frac{180(1-\varepsilon)}{\rho_p d_p^2 \varepsilon^3} \qquad (3\text{-}128)$$

式中，ε 为粉尘层的平均空隙率，对于一般表面过滤方式，取 $0.8\sim0.95$；ρ_p 为粉尘的真密度，kg/m^3；d_p 为粉尘的平均粒径，μm。

堆积粉尘负荷(单位面积的尘量) m_d，可按下式计算：

$$m_d = \frac{G_a}{A} = c \cdot v \cdot t \qquad (3\text{-}129)$$

式中，G_a 为滤料上黏附粉尘量，kg；A 为过滤式除尘器滤料的过滤面积，m^2；c 为烟气中粉尘浓度，kg/m^3；v 为表观过滤速度，m/s；t 为过滤时间，s。

因此，过滤式除尘器的设备阻力为

$$\Delta p = \Delta p_c + \Delta p_f = \Delta p_c + \Delta p_0 + \Delta p_d \qquad (3\text{-}130)$$

式中，Δp_c 为结构阻力损失，Pa，对于袋式过滤器而言，一般为 $300\sim500Pa$。

除尘器的过滤阻力直接反映了除尘器运行的经济性，这部分动力消耗(kW) 为

$$N = KQ\Delta p \qquad (3\text{-}131)$$

式中，K 为系数。

一般袋式除尘器的压力损失多控制在 $800\sim1500Pa$，当除尘器的阻力达到预定值时，就要加以清灰。入口浓度大时，清灰周期短，清灰次数增多，导致滤料寿命短。袋式除尘器正常工作时，压力损失与气体流量随时间的变化关系如图 3-40 所示。从图中可以看出，滤袋清灰后，并不能恢复到初始阻力值[图 3-40(b) 1 处]，而只能恢复到图 3-40(b) 2 处，其差值称为粉尘层的残留阻力，也就是应该保护的粉尘初层的阻力。一般情况下残留阻力为 $700\sim1000Pa$。

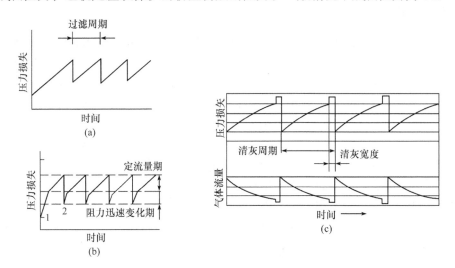

图 3-40　袋式除尘器的压力损失与气体流量随时间的变化关系

(4) 清灰方式

过滤式除尘器处理粉尘的浓度一般为 $0.5\sim30g/m^3$，滤料的堆积粉尘负荷一般为 $0.1\sim2.0kg/m^2$，除尘器的阻力损失控制在 $1000\sim2000Pa$。若除尘器的结构阻力损失约 300Pa，则粉尘层的阻力损失控制为 $700\sim1700Pa$。当新滤料经一段时间的运行后，在滤料表面就形成了

粉尘层，过滤阻力也随着粉尘层的加厚而增大。当除尘器的阻力损失达到预定值时，就必须停止过滤进行清灰，以保证除尘器的正常运行。常见的清灰方式有机械振打、反向射流、低压反吹、大气反吹和脉冲反吹等。由于粉尘与滤料的黏附方式不同，清灰的难易程度也不同。一般是织物比毛毡滤料的清灰容易，粗尘比细尘容易清除。表 3-19 列出了各种清灰方式的比较。

表 3-19　各种清灰方式比较

清灰方式	清灰的均匀性	滤袋的磨耗	设备的耐用性	织物类型	过滤速度	装置费用	动力费	灰尘负荷	最高温度
机械振打	一般	一般	一般	织造	一般	一般	低	一般	中
反向气流(分室)	好	低	好	织造	一般	一般	中~低	一般	高
反向气流	一般	一般	好	织造	一般	一般	中~低	一般	高
分隔室脉冲	好	低	好	毡合，织造	高	高	中	高	中
滤袋脉冲	一般	一般	好	毡合，织造	高	高	高	很高	中
反向射流	很好	一般	低	毡合，织造	很高	高	高	高	中
高频振动	好	一般	低	织造	一般	一般	中~低	一般	中
声波	一般	低	低	织造	一般	一般	中	—	高
手工	好	高	—	毡合，织造	一般	低	—	低	中

衡量清灰方式良好的标准是能够迅速均匀地除去数量恰当的沉积物，不会因除去过多灰尘而影响下一个过滤周期开始时的捕集效率，不会损伤滤袋或需要过大的动力而造成运行费用增加，不会使清除下来的灰尘过于分散而重返滤料中。

3.5.2　袋式除尘器

袋式除尘器是含尘气体通过滤袋(又称布袋)滤去其中粉尘粒子的分离捕集装置，是一种干式高效过滤式除尘器。袋式除尘器主要优点有：①对含微米或亚微米数量级的粉尘粒子的去除效率较高，一般可达 99%，甚至可达 99.9%以上；②可以捕集多种干式粉尘，特别对高比电阻粉尘，比电除尘器的净化效率高很多；③含尘气体浓度在相当大的范围内变化对除尘效率和阻力影响不大；④可设计制造出适应不同气量的含尘气体要求的袋式除尘器，处理烟气量可从每小时几立方米到几百万立方米；⑤可做成小型的，安装在散尘设备上或散尘设备附近，也可安装在车上做成移动式袋式过滤器，适用于分散尘源的除尘；⑥运行性能稳定可靠，没有污泥处理和腐蚀等问题，操作维护简单。

袋式除尘器的应用主要受滤料的耐温和耐腐蚀等性能影响。目前，通常应用的滤料可耐 250℃左右。如采用特别滤料处理高温含尘烟气，将会增大投资费用。它不适于净化黏结和吸湿性强的含尘气体。净化烟尘时的温度不能低于露点温度，否则将会产生结露，堵塞布袋滤料的空隙。据初步统计，用袋式除尘器净化大于 17000m³/h 含尘烟气量所需的投资费用要比电除尘器高。而用其净化小于 17000m³/h 含尘烟气量时，投资费用比电除尘器低。

3.5.2.1　袋式除尘器的滤布

(1) 滤布的选择

对于袋式除尘器而言，含尘气体是通过由滤布制成的滤袋来去除的，滤布的特性和质量直接影响袋式除尘器的性能,如除尘效率、压力损失、清灰周期等都与滤布性能有关。滤布应具备耐温、耐腐蚀、耐磨、捕尘效率高、阻力低、使用寿命长、成本低等特点。

因此,选择滤布必须考虑:①滤布的容尘量要大,清灰后滤布上要保留一定量的容尘,以保证较高的滤尘效率;②滤布网孔直径适中,透气性好,过滤阻力小;③滤布强度好、耐磨、耐温和耐腐蚀、使用寿命长;④吸湿性小,容易清除黏附在滤布上的尘粒;⑤制作工序简单、成本低。上述要求很难同时满足,可根据除尘要求的重点选择滤布。

(2) 滤布材质种类及特性

制作滤布的材质种类很多,可分为天然纤维、合成纤维和无机纤维。各种纤维滤布的性能见表 3-20。

表 3-20　各种纤维滤布的性能

品名	纤维种类	密度 /(kg/m³)	直径 /μm	受拉强度 /(N/mm²)	拉伸率 /%	耐酸碱性		耐温性		吸水率 /%	湿干状态强度比较 /%
						酸	碱	经常	最高		
棉	植物短纤维	1.47~1.6	10~20	343~751	5~10	差	良	60~85	100	16~22	110
麻	植物长纤维	—	16~50	343	—			80			
蚕丝	动物长纤维	—	18	432	—			80~90	100		
羊毛	动物短纤维	1.33	5~15	138~245	19~25	良	差	80~90	100	16~18	85
玻璃	矿物纤维(有机硅处理)	2.4~2.7	5~8	981~2943	35	良	良	260	300	0	
维纶	聚氟乙烯	1.39~1.44	—	—	12~25	良	良	40~50	65	0	100
尼龙	聚胺	1.13~1.15	—	503~842	10~42	冷良热差	良	75~85	95	4	90
腈纶	聚丙烯	1.14~1.17	—	294~638	15~30	良	可	125~135	150	2	90~95
涤纶	聚酯	1.38	—	—	40~55	良	良	140~160	170	0.4	93~97
泰弗纶	聚四氟乙烯	1.8	—	324	13	优	优	200~250		0	100
维纶	聚酸乙烯基 Vinyl 类	1.39~1.44	—	—	12~25	良	良	40~50	65	0	—

A. 天然纤维滤布

这类滤布是由棉、毛、棉毛混纺和柞蚕丝做的。棉纤维滤布价格低,适用于 60~85℃以下含尘气体,耐酯性差,对细尘过滤效率低,很少采用;毛纤维滤布(呢料)是由细羊毛织成的绒布,透气性好,阻力小,容尘量较大,滤尘效率高,易于清灰,耐酸性比棉布好,而耐碱性不如棉布,宜用于低于 90℃气体除尘,造价高于棉布和合成纤维滤布;棉毛混纺滤布,经线用棉纯纱,纬线用毛线,织成单面绒布,使用条件近于棉布;柞蚕丝布(平绸),用柞蚕丝织成,布面平滑,透气性好,阻力小,容尘量小,过滤速度大时滤尘效率低,使用温度为 90℃以下,应用较少。

B. 合成纤维滤布

这类滤布是随着石油工业的发展,用合成纤维做成的,目前使用最多的有:聚酰胺纤维(尼龙、锦纶)、聚丙烯酯纤维(腈纶、锦纶)、聚酯纤维(涤纶)等。这类滤布的使用性能各异,例如,尼龙宜在 80℃以下使用,耐磨性好,耐碱不耐酸;腈纶耐温性好、耐磨性差、耐酸不耐碱；"208"工业涤纶布是国内性能较好的一种滤布，滤尘性能高、阻力较小，且易于清灰。合成纤维与棉毛可混纺，国产"尼毛特2号"和"尼棉特4A"就属此类。

C. 无机纤维滤布

这类滤布是由玻璃纤维做成的。它经硅酮树脂等处理后可在250℃长期使用，具有阻力小，化学稳定性好，不吸湿，易清灰，价格便宜等优点，但强度差，不耐磨，不宜净化含碘化氢气体，有一定的局限性。

3.5.2.2 袋式除尘器的结构型式

袋式除尘器的结构型式多种多样，按滤袋截面形状分为圆筒形和扁平形；按除尘器的进气口布置分为上进气和下进气，按含尘气流通过滤袋的方向分为内滤式和外滤式；按除尘器壳体是否密闭分为密闭式和敞开式；按清灰方式分为简易清灰式、机械振动清灰式、逆气流清灰式、喷嘴反吹清灰式、脉冲喷吹清灰式及联合清灰式等。

圆筒形滤袋结构简单，便于清灰，应用广泛，如图3-41所示。其直径(ϕ)一般为120～300mm，最大不超过600mm；袋长一般为2～3.5m，最长可达10m以上；袋长与直径之比一般取10～25，最大可达30～40，其取值与清灰方式有关。对于大中型袋式除尘器而言，一般都分成若干室，每室袋数少则8～15只，多则200只。每台除尘器的室数，少则3～4室，多则16室以上。扁袋除尘器如图3-42所示，其断面形状有楔形、梯形和矩形等。扁袋与筒袋相比，最大优点是单位体积内可多布置20%～40%的过滤面积，占地面积小，结构紧凑，但清灰维修困难，应用较少。据有关资料报道，经研究改进后的扁袋，克服了上述不足，已有应用。

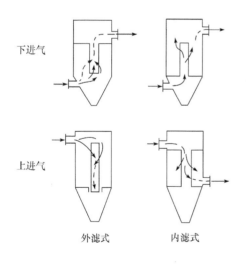

图3-41 圆筒形袋式除尘器

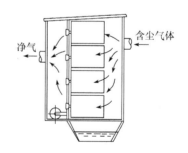

图3-42 扁袋除尘器

袋式除尘器分上进气和下进气，如图3-41所示。含尘气体从除尘器上部进气时，粉尘的沉降方向与气流方向一致，能在滤袋上形成较均匀的粉尘层，过滤性能好。但为使配气均匀，需要上部进气配气室增设一块上花板，使除尘器高度增加，且提高了造价。上进气还会使灰斗滞积空气，增加结露的可能性。同时，上花板易积灰，滤袋安装调节也较复杂。采用下进气时，粗尘粒直接沉降于灰斗中，只有小于3μm的细尘接触滤袋，滤袋磨损小。但由于气流方向与尘粒沉降方向相反，清灰后会使细粉尘重新附积在滤袋表面，从而降低了清灰效率，增加了阻力。与上进气相比，下进气设计合理，结构简单，造价便宜，因而使用较多。

在袋式除尘器中含尘气体进入滤袋内部，尘粒被阻留于滤袋内表面，净化气体通过滤袋逸出袋外，称内滤式。其优点是滤袋无需设支撑骨架，不停车便可进行内部检修。含尘气体从滤袋外部进入，尘粒被阻留在滤袋外表面，净化气体由袋内排出，称外滤式。外滤式需在滤袋内装支撑骨架，滤袋易磨损，维修较困难。下进气除尘器多为内滤式，外滤式要根据清灰方式来确定。

密闭式和敞开式滤袋除尘器根据与风机连接的部位不同而划分。除尘器设在风机的吸入段，为避免漏风，壳体必须严格密闭、保温。除尘器设在风机的压出段，处理的气体和粉尘对人体与物体无影响，除尘器可不密封，甚至可敞开，这样可节省投资。

袋式除尘器的效率、压力损失、过滤速度和滤袋寿命都与清灰方式有关，几种典型的清灰方式如图 3-43 所示。在实际操作中清灰可分为间歇清灰和连续清灰两种方式。间歇清灰把除尘器分成若干个过滤室，逐室切断气路依次清灰，如机械振动式和逆气流反吹式，它们在清灰过程中无粉尘外逸，可以获得较高的除尘效率。连续清灰可不切断气路，连续不断地对滤袋的一部分进行清尘，如气环反吹和脉冲喷吹式，在清灰过程中压力损失稳定，适于处理高浓度含尘气体。

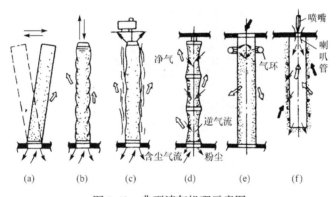

图 3-43　典型清灰机理示意图

(a) 水平摆动；(b) 垂直抖动；(c) 扭曲振动；(d) 逆气流反吹式；(e) 喷嘴反吹(气环反吹)清灰式；(f) 脉冲喷吹式

3.5.2.3　常用的袋式除尘器

(1) 机械振动清灰袋式除尘器

这类除尘器采用机械运动装置使滤袋做周期性振动，使黏附在滤袋上的尘粒落入灰斗中。图 3-44 为利用偏心轮垂直振动清灰的袋式除尘器，其振动机构设计主要参数为频率(即每分钟振动次数)、振幅(滤袋顶部移动距离)和振动连续时间。对于某一种振动装置来讲，经过各主要参数的平衡，可以得到一个最佳的工作状态。

根据振动方式不同，可分为水平振动、垂直振动、扭曲振动三种形式，如图 3-43 所示。图 3-43(a)为水平摆动，有顶部和中部振动两种；图 3-43(b)为垂直抖动，它利用偏心轮装置振打滤袋框架或定期提升滤袋框架进行清灰；图 3-43(c)为扭曲振动，它利用机械传动装置定期将滤袋

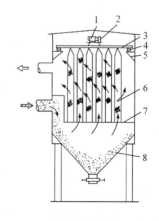

图 3-44　机械振动清灰袋式除尘器

1. 电机；2. 偏心轮；3. 振动架；4. 橡胶垫；5. 支架；6. 滤袋；7. 花板；8. 灰斗

扭转一定角度，使尘粒脱落。

　　机械振动清灰能及时清除附着在滤袋上的尘粒，因此过滤负荷量比简易清灰要高，滤尘效果好，工作性能稳定。过滤速度一般采用 1.0～2.0m/min，压力损失为 800～1000Pa，但由于机械作用，滤袋损坏较快，检修和更换工作量大，近年来使用渐少。

　　(2) 脉冲喷吹袋式除尘器

　　这是一种周期地向滤袋内喷吹压缩空气来清除滤袋积灰的袋式除尘器，如图 3-45 所示。其净化效率可达 99%以上，压力损失为 1200～1500Pa，过滤负荷较高，滤布磨损较轻，使用寿命较长，运行安全可靠，但需高压气源作清灰动力，电力消耗较大，对高浓度、含湿量较大的含尘气体的净化效率较低。

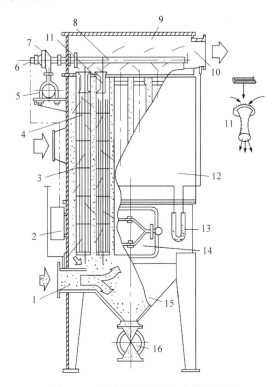

图 3-45　脉冲喷吹袋式除尘器的结构

1. 进气口；2. 控制仪；3. 滤袋；4. 滤袋框架；5. 气包；6. 排气阀；7. 脉冲阀；8. 喷吹管；9. 净气箱；10. 净气出口；11. 文氏管；12. 除尘箱；13. U 形压力计；14. 检修门；15. 灰斗；16. 卸灰阀

　　这种除尘器按其脉冲喷吹方向与过滤气流的方向可分为逆喷式、顺喷式及对喷式三种；按其喷吹管的形式及位置不同，有环隙式、中心式；按其喷吹压力的不同，有高压脉冲和低压脉冲。尽管脉冲喷吹袋式除尘器有不同型式，但其喷吹原理和清灰系统却大致相同。

　　其喷吹原理为：当滤袋表面的粉尘负荷增加，并达到一定阻力时，由脉冲控制仪发出指令，按顺序触发各控制阀，开启脉冲阀，使气包内的压缩空气从喷吹管各喷孔中以接近声速的速度喷出一次空气流，通过引射器诱导二次气流一起喷入滤袋，造成滤袋瞬间急剧膨胀和收缩，从而使附着在滤袋上的粉尘脱落。清灰过程中每清灰一次，称一个脉冲。脉冲宽度是喷吹一次所需的时间，为 0.1～0.2s。脉冲周期是全部滤袋完成一个清灰循环的时间，一般为 60s 左右。压缩空气的喷吹压力为 500～700kPa。

　　脉冲喷吹系统由控制仪、控制阀、脉冲阀、喷吹管及压缩空气包等组成，如图 3-46 所示。目前常用的脉冲控制仪有电动控制仪、气动控制仪和机械控制仪等。与其配套使用的排气阀相应的有电磁阀、气动阀、机械阀。脉冲阀与排气阀(图 3-47)是脉冲控制仪的关键部件,在滤袋清灰过程中起着控制作用,实现全自动清灰,其控制参数有脉冲压力、频率、脉冲持续时间和清灰次序。

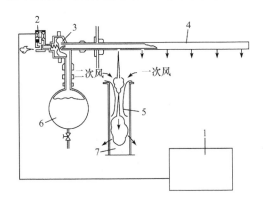

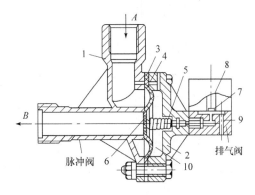

图 3-46　脉冲喷吹系统

1. 脉冲控制仪; 2. 控制阀; 3. 脉冲阀; 4. 喷吹管;
5. 文氏管; 6. 气包; 7. 滤袋

图 3-47　脉冲阀与排气阀的结构

1. 阀体; 2. 阀盖; 3. 波纹膜片; 4. 节流孔; 5. 复位弹簧; 6. 喷吹口; 7. 活动挡; 8. 活动芯; 9. 通气孔; 10. 背压室

(3) 喷嘴反吹除尘器

喷嘴反吹除尘器是以气体压缩机或高压风机提供反吹气流,通过移动喷嘴进行反吹,使滤袋形状发生变化抖动而清灰的袋式除尘器。其代表性装置有回转反吹扁袋除尘器和气环反吹袋式除尘器。

回转反吹扁袋除尘器结构如图 3-48 所示。除尘器采用圆筒外壳,梯形扁袋沿圆筒呈辐射状布置,反吹风管由轴心向上与悬臂管连接,悬臂管下面正对滤袋导口设有反吹风口,悬臂管由专用马达及减速机带动旋转(设计转速为 1~2r/min)。含尘气体切向进入过滤室上部,粒径大的尘粒和凝聚粉尘在离心力的作用下沿圆筒壁落入灰斗;粒径小的尘粒则弥散在袋间空隙,含尘气穿过滤袋,尘粒被阻留附着在滤袋外表面。净化气经花板上滤袋导口进入净气室,由排气口排出。附着在滤袋外表面的尘粒,由反吹风机运行实现去除。回转反吹扁袋除尘器在相同过滤面积下滤袋占用的空间体积小,即提高了单位体积的过滤面积。扁形滤袋性能好,寿命长,清灰自动化且效果好,运行安全可靠,维修方便。该除尘器运行主要参数:风压约为 5kPa,反吹风量为过滤风量的 5%~10%,每只滤袋的反吹时间约为 0.5s。对于黏性较大的细尘粒,过滤风速一般取 1~1.5m/min;而黏性小的粗尘粒,过滤风速可取 2~2.5m/min,净化效率一般可达到 99%以上。

气环反吹袋式除尘器以高速气体通过气环反吹滤袋的方法达到清灰的目的。它适用于高浓度和较潮湿的粉尘,也能适应空气中含有水汽的场合,但滤袋极易磨损。气环反吹袋式除尘器的规格有 QH-24、QH-36、QH-48、QH-72 共 4 种,其中 QH-24 和 QH-36 为单气环箱,QH-48 和 QH-72 为双气环箱。气环反吹袋式除尘器的结构及其清灰过程如图 3-49 所示。气环箱紧套在滤袋外部,可做上下往复运动。气环箱内紧贴滤袋处开有一条环缝(即气环喷嘴),袋内表面沉积的粉尘被气环喷管喷射出的高压气流吹掉。清灰耗用的反吹空气量为处理气量的 8%~10%,分压 3000~10000Pa。当处理潮湿的粉尘时,反吹气需要加热到 40~60℃。这种除尘器的过滤风速较高,一般为 4~6m/min,压力损失为 1000~1200Pa。

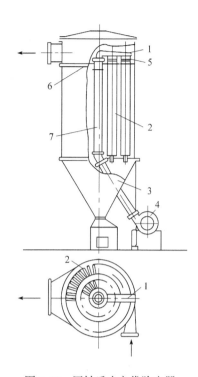

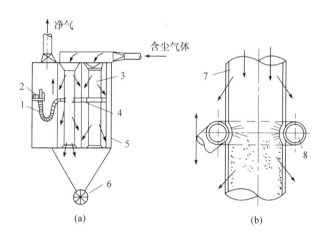

图 3-48　回转反吹扁袋除尘器

1. 悬臂风管；2. 滤袋；3. 灰斗；4. 反吹风机；
5. 反吹风口；6. 花板；7. 反吹风管

图 3-49　气环反吹袋式除尘器

(a) 除尘器结构图；(b) 反吹清灰过程
1. 软管；2. 反吹风机；3. 滤袋；4. 气环箱；5. 外壳体；
6. 卸灰阀；7. 滤袋；8. 气环

(4) 组合式清灰袋式除尘器

组合式清灰袋式除尘器是将两个或三个不同类型的除尘器有机地连接起来，以达到最佳净化效率。组合式除尘器的清灰时间为 30～60s，时间间隔为 3～8min，过滤风速一般取 2～3m/min，压力损失为 800～1000Pa，清灰效果好，净化效率为 98% 左右。

3.5.2.4　袋式除尘器的选择和设计

选择袋式除尘器应综合考虑除尘原理、结构形式、滤布性能、清灰方式等。选型步骤大致与旋风除尘器相同：首先收集有关设计资料，依据袋式除尘器特点和选用注意事项，计算有关参数，最后确定型式。

(1) 资料收集

资料包括净化气体特性、粉尘特性、净化指标、各种袋式除尘器的性能，特别是清灰方式等内容。

(2) 袋式除尘器选用注意事项

1) 主要用于控制粒径在 1μm 左右的微粒，当粒径超过 5μm 时，采用二级除尘。

2) 不适用于净化油雾、水雾、黏结性强和湿度高的粉尘。

3) 根据滤布性能，选择相应的耐温、耐腐蚀、耐磨、抗爆等材质的滤布。

4) 清灰方式作为选型的重要条件，受粉尘黏性、过滤速度、空气阻力、压力损失、净化效率等因素制约。因此，要依据主要制约因素，确定清灰方式，再依据清灰方式和清灰制度选定袋式除尘器。

5) 当入口含尘浓度过大时，宜设预除尘装置。

(3) 袋式除尘器选型的有关计算及设计内容

1)总过滤面积计算式。

$$A = \frac{Q}{60u_f} \tag{3-132}$$

式中，u_f 为过滤风速，m/min；Q 为过滤式除尘器的处理气量，m³/h；A 为过滤式除尘器滤料的过滤面积，m²。

过滤风速取决于清灰方式。振动清灰，$u_f = 1.0 \sim 2.0$m/min；逆气流反吹清灰，$u_f = 0.5 \sim 2.0$m/min；回转反吹清灰，$u_f = 1.0 \sim 2.5$m/min；气环反吹清灰，$u_f = 4.0 \sim 6.0$m/min；脉冲喷吹清灰，$u_f = 2.0 \sim 4.0$m/min。

2) 依据处理风量 Q 和总过滤面积 A、压力损失及除尘效率等确定或计算如下项目：滤袋尺寸，包括直径 d 和长度 L；每只滤袋面积 $a(a = \pi dL)$；滤袋数 $n(n = A/a)$。

3) 袋式除尘器的设计内容。除过滤面积、滤袋面积及袋数外，其他辅助设计内容有：壳体设计，包括除尘器箱体，进、排气风管型式，灰斗结构，检修孔及操作平台等；粉尘清灰机构的设计和清灰制度的确定；粉尘输送、回收及综合系统的设计等。

3.5.3　电袋复合除尘器

3.5.3.1　电袋复合除尘原理

电袋复合除尘器是结合电除尘器与袋式除尘器优势于一体的新型除尘器，利用电场使粉尘荷电，粉尘粒子在电场中发生静电凝并而形成较大颗粒；未被电场捕集的粉尘在流向滤袋区的过程中，再次发生静电凝并，以及带电粉尘在滤袋表面沉积过程中发生库仑力、极化力和电场力的作用，使得粉尘粒子吸附、凝并，从而实现高效捕集。表 3-21 为电除尘器、袋式除尘器和电袋复合除尘器的性能比较。

表 3-21　电除尘器、袋式除尘器和电袋复合除尘器的性能比较

种类	优点	缺点
电除尘器	除尘效率高，可达 99.99%； 设备阻力小、能耗低； 处理烟气量大； 耐高温； 自动化程度高、运行可靠； 运行费用低，维护工作量小	对粉尘的特性较敏感，尤其对高比电阻粉尘、细微粉尘及高铝、高硅等特殊粉尘的处理难度较大； 一次性投资费用高； 场地占用面积和空间大； 对制造、安装、运行要求严格
袋式除尘器	除尘效率高，一般可达 99%以上； 处理微细粉尘的排尘浓度可远低于国家标准； 对各种性质的粉尘都有很好的除尘效果，对高比电阻尘粒也很有效； 规格多样、应用灵活，便于回收干物料； 可处理烟气温度范围较广，陶瓷滤料可用于 800～1000℃ 的烟气处理	压力损失大、设备庞大； 滤袋易损坏，换袋困难且劳动条件差； 化学纤维滤袋难以承受高温烟气； 对烟气中的水分含量、油性物质、腐蚀气体有较严格的要求； 不能在"结露"状态工作
电袋复合除尘器	提高了微细粒子的除尘效率； 降低了滤袋的阻力，延长滤袋使用寿命； 滤袋对荷电粉尘更易捕获； 除尘效率高，几乎不受粉尘比电阻的影响； 运行成本低，占地面积小	运行和管理更为复杂； 一些应用技术难点尚待解决

综上，电袋复合除尘器具有如下优势：①静电滤料过滤能够强化亚微米粒径范围内颗粒的捕集效率，弥补了静电除尘器 $PM_{2.5}$ 捕集效率低的不足；②通过调整电除尘区和袋除尘区负荷，减少了颗粒特性对除尘效率的影响，煤种适应性强；③电除尘区捕集大部分颗粒，减少大颗粒粉尘对滤袋的磨损，降低滤料过滤灰负荷和喷吹频率，减少激振造成的滤袋损伤，延长了滤袋使用寿命；④荷电颗粒在滤料表面形成疏松结构，降低了过滤风速和运行阻力，减少了过滤压降和喷吹能耗，进而降低系统能耗。

电袋复合除尘器出口烟尘排放浓度一般能小于 $30mg/m^3$，部分应用甚至可低于 $10mg/m^3$ 或 $5mg/m^3$，满足新标准的要求。同时，在除尘装置内加入脱汞剂，还可进行烟气协同脱汞工作。因此，电袋复合除尘器是一种综合性能优良的新型除尘装置。

3.5.3.2　电袋复合除尘器分类

目前，电袋复合除尘器的结构可分为三种：前电后袋式、电袋一体式及静电增强型。

1) 前电后袋式电袋复合除尘器，其结构一般是静电除尘单元设置在布袋除尘单元之前，将两种除尘方式有机结合在一起，结构如图 3-50 所示。含尘气体先经过前级电除尘，利用其阻力低且颗粒较大粉尘捕集效率高的特点使含尘气体进入后级袋除尘时粉尘浓度能有效降低，并且前级的荷电效应能提高粉尘在滤袋上的过滤特性，使得滤袋的透气性能和清灰性能得到改善，使用寿命也相应提高。

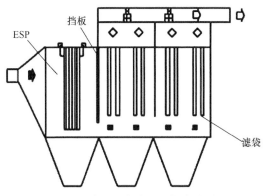

图 3-50　前电后袋式电袋复合除尘器

2) 电袋一体式电袋复合除尘器，又称嵌入式电袋复合除尘器或者交叉式电袋复合除尘器。这种除尘器是将整个除尘器划分为若干个除尘单元，各除尘单元均包含静电除尘单元和布袋除尘单元，电除尘区的放电板和收集板与布袋除尘区的滤袋交替排列，具体如图 3-51 所示。进入除尘器的含尘气体首先被导向电除尘区域，去除大部分粉尘后，剩余部分含尘气体通过多孔极板的小孔流向滤袋，经滤袋去除剩余粉尘。在滤袋脉冲清灰时，脱离滤袋的尘块经多孔极板回流，在电除尘区域被捕集，这样就大大减少了粉尘重返滤袋的机会。同样，集尘极板振打清灰时未落入灰斗的粉尘也会被滤袋捕集。

3) 静电增强型电袋复合除尘器，其除尘的一般流程是：含尘气体通过一段预荷电区，使含尘气体中的粉尘颗粒带电，带电尘粒随含尘气流进入后级过滤段被滤袋过滤层收集，具体如图 3-52 所示。实验表明，荷电后的粒子在各种滤料上均体现出过滤性能的改善，主要表现为系统压力降低，滤袋的透气性能和清灰性能得到明显改善，滤袋清灰次数的减少提高了使用寿命。

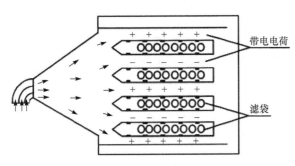

图 3-51　电袋一体式电袋复合除尘器　　　　图 3-52　静电增强型电袋复合除尘器

例题 3-7　某厂有一台 240t/h 循环流化床锅炉，工况烟气量为 $46×10^4m^3/h$，温度 130℃，入口烟尘浓度 38.4g/m³(标干态，6%烟气含氧)，出口烟尘浓度要求 30mg/m³。试参考以上数据设计一电袋复合除尘器(前电后袋式电袋复合除尘器)。

解　(1) 电区的主要技术参数

1) 设定电区除尘效率80%，选取粉尘有效驱进速度为 11cm/s，得集尘极面积。

$$A = \frac{Q}{\omega_p}\ln\frac{1}{1-\eta} = \frac{460000/3600}{11/100}\ln\frac{1}{1-0.8} = 1869.5(m^2)$$

2) 选取气体平均流速 1.26m/s，得断面面积。

$$A_c = \frac{Q}{v} = \frac{460000/3600}{1.26} = 101.4(m^2)$$

3) 选取集尘极距离 400mm，放电极与集尘极之间距离 200mm，极板高度 H 为 11m，

集尘极的排数　　　　$$n = \frac{A_c}{H\times\Delta B} + 1 = \frac{101.4}{11\times0.4} + 1 = 24$$

电场通道数　　　　$$n-1 = \frac{A_c}{H\times\Delta B} = \frac{101.4}{11\times0.4} = 23$$

4) 电场长度。

$$L = \frac{A}{2\times H\times(n-1)} = \frac{1869.5}{2\times11\times23} = 3.7(m)$$

设计时选取电场长度为 3.75m。

5) 数据修正。

实际集尘极面积 $A = 2(n-1)HL = 2\times23\times11\times3.75 = 1897.5(m^2)$

实际除尘效率 $\eta = 1-\exp[-(A\omega_p/Q)] = 1-\exp[-1897.5\times0.11/(460000/3600)] = 80.5\%$

静电除尘后粉尘浓度 $c_i = 38400\times(1-80.5\%) = 7488(mg/Nm^3)$

6) 集尘极电流密度取 0.4mA/m²，则工作电流为

$$I = A_i = 1897.5\times(0.4/1000) = 0.759(A)$$

(2) 袋区的主要技术参数

1) 除尘效率为

$$\eta = 1-\frac{c_o}{c_i} = 1-\frac{30}{7488} = 99.6\%$$

2) 选取过滤风速为 1.23m/min，则总过滤面积为

$$A = \frac{Q}{60u_f} = \frac{460000}{60 \times 1.23} = 6233(\text{m}^2)$$

3) 滤袋尺寸选择如下。

选择滤袋尺寸为 ϕ160mm×7000mm，则单只滤袋面积为

$$a = \pi dL = 3.14 \times 0.16 \times 7 = 3.5168(\text{m}^2)$$

滤袋数 $\qquad n = A/a = 6233/3.5168 = 1772.4(\text{条})$

4) 参数修正。

设计单室单行滤袋数量为 15 条，单列滤袋数量为 20 条，单室数量为 300 条；除尘室共计 6 个，合计滤袋总数为 1800 条。

实际过滤面积 $\qquad A = na = 1800 \times 3.5168 = 6330.2(\text{m}^2)$

3.6 超细颗粒物控制技术

超细颗粒物(如 PM_{10}、$PM_{2.5}$)由于粒径小，含大量有毒、有害物质且在大气中停留时间长、输送距离远，因而对人体健康和大气环境质量的影响极大，超细颗粒物的治理迫在眉睫。在这种情况下，对除尘器提出了很高的要求。目前，常规的静电除尘器和袋式除尘器对超细颗粒物的去除效果不佳，必须大力发展超细颗粒物控制技术与装备。

3.6.1 湿式电除尘器

湿式电除尘器(WESP)一般设置在湿法烟气脱硫系统后，不仅具有比较高效的终端精处理除尘设备，而且拥有控制复合污染物的强大功能。它对超细的、黏性的或高比电阻粉尘及烟气中酸雾、汞等的收集都是比较理想的。

3.6.1.1 湿式电除尘器的原理

湿式电除尘器的主要工作原理与干式除尘器基本相同，都是靠高压电晕放电使粉尘荷电，荷电后的粉尘在电场力的作用下到达集尘极上。与干式电除尘器通过振打将极板上的灰振落至灰斗不同的是，湿式电除尘器将水喷至极板上，把粉尘冲刷到灰斗中随水排出，其过程如图 3-53 所示。

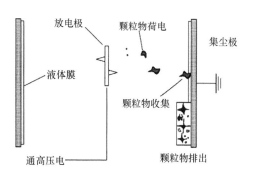

图 3-53 湿式电除尘原理示意图

湿式电除尘器中的水主要以雾化的水滴形式存在，其对湿式电除尘器的作用机理如下。

1) 水雾可以保持放电极清洁，使电晕一直旺盛。

2) 水雾击打在集尘极上形成薄而均匀的水膜，阻止低比电阻粉尘的"二次飞扬"；对高比电阻粉尘起到调质作用，从而防止"反电晕"现象的发生；对黏滞性强的粉尘又可防止黏挂电极；还适合于收集易燃、易爆的粉尘。

3) 水雾直接喷向放电极，荷电量高，这种高荷质比水雾在电场中具有碰撞拦截、吸附凝并作用，可大大提高除尘效率。

4) 水雾击打到集尘极上形成水流流下，使集尘极始终保持清洁，省去振打装置，同时避

免了干式除尘由振打清灰带来的一系列问题。

清灰方式是影响湿式电除尘器运行性能最重要的因素，常用的冲刷清灰方式如下。

1) 自冲刷：利用捕集的液滴来润湿集尘极(此方法适用于捕集液体颗粒)。

2) 喷雾冲刷：采用雾化喷嘴将水或空气或水和空气连续冲刷集尘极，使雾化液滴和颗粒在集尘极表面形成一层冲刷膜。

3) 液膜冲刷：采用连续的液膜冲洗集尘极。由于液膜能充当集尘极，管状式、板式的集尘板只不过是它的支承物。因此，首先冲刷液需要具有良好的导电性能，其次液膜的物理特性和分布情况也很重要。由于液体的表面张力作用及集尘极板表面不会绝对平滑(存在凹凸)，液膜不能均匀分布在极板上，集尘极上容易形成局部干燥区，产生局部电阻，导致反电晕的产生，破坏电场稳定。如何使液膜更均匀地分布在极板上是当今研究的热点。

3.6.1.2　湿式电除尘器的分类

(1) 按湿式电除尘器的结构形式分类

1) 板式：板式湿式电除尘器的集尘极呈平板状，可获得良好的水膜形成特性，极板间均匀布置电极线，板状电极后期延伸出许多变形，如 Z 形、C 形等。板式湿式电除尘器可用于处理水平流或垂直流烟气。

2) 管式：管式湿式电除尘器的集尘极为多根并列的圆形或多边形金属管等，放电极分布于管极之中。管式湿式电除尘器只能用于处理垂直流烟气。当集尘板面积相同时，管式湿式电除尘器内的烟气流速可设计为板式湿式电除尘器的两倍。因此，在达到相同除尘效率时，管式湿式电除尘器的占地面积要远小于板式湿式电除尘器，可装在湿式脱硫塔上部，适用于50MW 以下小机组，组成一体化的脱硫、除尘装置。

(2) 按湿式电除尘器的布置方式分类

湿式电除尘器常用两种设计形式：水平烟气流设计和垂直烟气流设计。但近年来湿式电除尘器常与湿法烟气脱硫(WFGD)进行整体式设计，将立式管状湿式电除尘器布置在脱硫塔上，不单独占用厂区用地面积。该布置方式已广泛应用在工业领域中。

1) 水平烟气流独立布置。这种设计形式时常被应用在电厂或者工业领域中，能够根据除尘效率的要求布置多个电场。此方式以板式居多，需要的空间大。水平烟气流的湿式电除尘器的工程实例较少。

2) 垂直烟气流独立布置。这种设计方式烟气从下至上或自上而下流经湿式电除尘器，便于实际的安装和检修。通常情况下，该形式的系统可以以模件形式供货，然后在现场以多种方式连接起来。目前，这种形式在工业领域中被广泛应用于钢铁企业。

3) 垂直烟气流与 WFGD 的整体式设计相同。该设计的形式借鉴了经典垂直的布置方式，将湿式电除尘器集成布置于吸收塔顶部(也称顶置湿式电除尘器，如图 3-54 所示)。相比于其他两类独立布置式湿式电除尘器，这类除尘器减少了内部连接管道、支撑结构、土建等，简化了冲洗水收集、存储、工艺系统，因此实际运行的费用与成本被控制到最低，占地面积也很小。

(3) 按湿式电除尘器的集尘极材质分类

根据集尘极材质的不同主要分为导电玻璃钢阳极、柔性纤维织物阳极和不锈钢板式阳极。目前国内应用较成熟的湿式电除尘器主要有以下三种。

A. 采用导电玻璃钢阳极湿式电除尘器

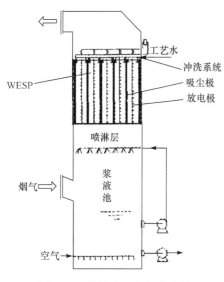

图 3-54　整体式湿式电除尘器

采用导电玻璃钢为集尘阳极，可以采用管式或蜂窝状形式(立式布置)，也可采用板式形式(卧式布置)。目前，以蜂窝状结构居多。

B. 采用柔性纤维织物阳极立式湿式电除尘器

采用柔性纤维织物为集尘阳极，柔性纤维织物通过张紧装置固定，形成蜂窝状。装置为立式布置，烟气可实现上进下出或下进上出。

C. 采用不锈钢板式阳极湿式电除尘器

采用不锈钢板为集尘阳极，布置形式为卧式，烟气流为水平进水平出，结构形式类似于干式静电除尘器，须连续喷淋冲洗保护阳极板。

导电玻璃钢阳极与柔性纤维织物阳极湿式电除尘器技术特点较为接近，不锈钢板式阳极湿式电除尘器冲洗系统较为复杂，平时运行维护难度大；导电玻璃钢阳极相对柔性纤维织物阳极可靠性较高，运行较稳定。因此，在实现达标排放的基础上，综合考虑运行维护、技术可靠性、排放稳定性等因素，可优先采用导电玻璃钢阳极材质。

3.6.1.3　湿式电除尘器的技术特点

湿式电除尘器有如下优点：①放电极被水浸湿后，电子较易溢出，同时水雾被放电极尖端的强大电火花击碎细化，使电场中存在大量带电雾滴，大大增加了超细颗粒物与离子碰撞带电的概率，使带电粒子在电场中的运动速度增长数倍，能够捕捉极小的粉尘，使颗粒物的排放达到环保要求；②由于电除尘器的电场力直接作用于粉尘粒子，设备运行阻力低，效率高；③液滴的存在降低了颗粒物的表面比电阻，对黏性大或高比电阻粉尘有很好的收集效果，适用于高湿烟气；④与干式相比，湿式电除尘器取消了振打装置，避免了二次扬尘，没有运动部件，提高了除尘效率和系统运行可靠性；⑤当将湿式电除尘器用在湿法脱硫后时，能实现颗粒污染物的超低排放，有效控制超细颗粒物($PM_{2.5}$粉尘、SO_3酸雾、气溶胶)的排放、解决"石膏雨"等问题；⑥适用范围广，不仅可用于钢铁企业湿烟气治理，还可用于燃煤电厂、化工、工业炉窑等领域的超细颗粒物、酸性雾滴等治理。

同时，湿式电除尘器也有其自身的局限性：①由于采用喷水冲洗方式进行极板清灰会产生大量清洗污水，即便是采用水循环处理系统，随着运行时间的增长，污染物也越积越多，必须进行排水与补充水，增加了设备的投资与运行费用；②湿式电除尘器的放电受喷淋系统的限制，若喷淋系统喷嘴选型或排布不合适，会在电场局部形成高浓度的液滴或者射流，很容易产生火花放电，影响除尘装置的长期稳定运行；③喷淋水膜需均匀分布于集尘板，若分布不均，除尘器电场条件将发生变化，降低除尘效率；④湿式电除尘器在高湿环境中运行，导致集尘极腐蚀较为严重，故防腐是湿式电除尘器应用中的一大难题。

3.6.2　低低温电除尘器

我国燃煤电厂中，90%以上采用电除尘器作为烟气粉尘处理设备，但其对超细颗粒物的脱除效率较低，难以满足现阶段排放标准。面对越来越沉重的环境污染压力和越来越严格的环保标准，燃煤电厂通常会对现有电除尘器进行改造以提升对超细颗粒物的脱除性能，进而降低排放浓度。低低温电除尘器通过在电除尘器前布置换热器来降低烟气温度，从而提升电除尘器除尘性能，并能够协同脱除 SO_3。这种改造方式在国外有较为广泛的应用基础，近年来在我国备受关注，在国内燃煤电厂中已具有一定的投运数量。低低温电除尘技术是实现燃煤电厂节能减排的有效技术之一，可进一步扩大电除尘器的适用范围，满足新环保标准要求。

3.6.2.1　低低温电除尘原理

低低温电除尘技术通过低温省煤器或热媒体气气换热装置(MGGH)将电除尘器入口烟气温度降至酸露点温度（90℃左右）以下，使烟气中大部分 SO_3 在低温省煤器或 MGGH 中冷凝形成硫酸雾，黏附在粉尘上并被碱性物质中和，大幅降低粉尘比电阻，避免反电晕现象，从而提高除尘效率，同时去除大部分的 SO_3。

燃煤电厂烟气治理岛低低温电除尘系统典型布置方式主要有两种，如图 3-55 和图 3-56 所示。图 3-55 是在电除尘器前布置低温省煤器，具有节能的效果，是目前国内采用的主要工艺路线。图 3-56 是在电除尘器前布置 MGGH，将烟气温度降低，同时将烟气中回收的热量传送至湿法脱硫系统后的再加热器，提高烟囱烟气温度，该工艺路线在日本应用非常广泛。

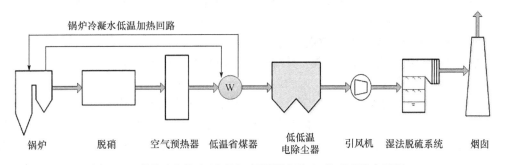

图 3-55　燃烧电厂烟气治理岛(低低温电除尘)典型系统布置图一

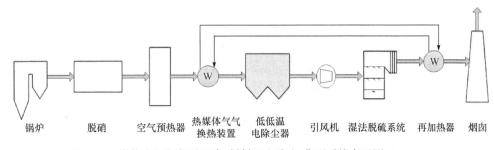

图 3-56　燃烧电厂烟气治理岛(低低温电除尘)典型系统布置图二

3.6.2.2　低低温电除尘的技术特点

与传统电除尘器相比，低低温电除尘技术具有以下特点。

1) 比电阻下降。烟气温度对飞灰比电阻影响较大，图 3-57 为燃煤锅炉飞灰比电阻随温度变化的典型曲线。通过降温实现粉尘比电阻的降低是低低温电除尘器出现的主要原因。此外，降温至酸露点以下引起 SO_3 酸雾在颗粒表面凝结也会降低比电阻。比电阻的降低不仅可加强颗粒的荷电能力，增加荷电量，还会抑制反电晕，提高粉尘的脱除率。

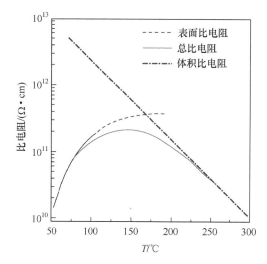

图 3-57　粉尘比电阻与烟气温度的关系

2) 击穿电压上升。烟气温度降低，使电场击穿电压上升，除尘效率提高。

3) 烟气量降低。由于烟气温度降低，烟气量相应下降，电除尘器电场风速降低，比集尘面积增加，利于粉尘的捕集。

4) 可大幅减少 SO_3 和 $PM_{2.5}$ 排放。

烟气中 SO_3 产生的硫酸盐气溶胶，其粒径一般在 $0.01 \sim 1\mu m$，属于二次生成的 $PM_{2.5}$，影响大气能见度，是造成雾霾天气的"元凶"之一。

电除尘器烟气温度降至酸露点以下，气态的 SO_3 将转化为液态的硫酸雾。因烟气含尘浓度很高，粉尘总表面积很大，这为硫酸雾的凝结附着提供了良好条件。当灰硫比(D/S)，即粉尘浓度(mg/Nm^3)与硫酸雾浓度(mg/Nm^3)之比大于 100 时，烟气中的 SO_3 去除率可达到 95%以上，SO_3 质量浓度将低于 1ppm(约 $3.57mg/Nm^3$)。

5) 当低低温电除尘系统采用低温省煤器降低烟气温度时，可节省煤耗及用电消耗。

3.6.2.3　注意事项

由于低低温电除尘器运行温度处于酸露点温度以下，粉尘性质也发生了很大改变，由此产生了一些与常规电除尘器不同的问题，需要引起特别注意。

(1) 低温腐蚀问题

烟气温度在换热器中被降至 90℃左右，低于酸露点，使烟气中大部分 SO_3 发生冷凝，形成腐蚀性硫酸雾。燃煤含硫量越高，相对来说烟气中的 SO_3 浓度越高，其对应的酸露点温度就越高，发生腐蚀的风险增加。因此，低低温电除尘器目前多应用于低硫煤。当锅炉燃煤的收到基硫的质量分数高于 2%时，要注意其对低低温电除尘器的影响。

(2) 二次扬尘问题须引起高度重视

由于烟尘性质的改变，粉尘附着力降低，振打二次扬尘加剧。因此，低低温电除尘器末电场宜采用移动电极电除尘技术或离线振打技术。前者采用转刷清灰来避免二次扬尘，后者在末电场振打清灰时，阻断清灰通道气流通过，达到控制二次扬尘的目的。

(3) 电控方式需相应调整

由于粉尘性质发生了变化，特别是粉尘比电阻发生了较大变化，因此电除尘器电控设备的控制方式和运行参数均需调整。电控设备应具有先进的控制策略，运行方式和运行参数应能随工况的改变而自动变化，达到既高效除尘又节能的目的。

(4) 防止灰斗堵灰

由于 SO_3 黏附在粉尘上并被碱性物质吸收中和，收集下来的粉尘流动性变差，因此灰斗卸灰角度需大于常规设计。为防止结露引起堵塞，不仅需要较好的保温，还需要大面积的蒸汽加热或电加热。

3.6.3 凝并技术

目前对于超细颗粒物的控制，除了上述的改进原有除尘设备，大力发展超细颗粒物控制技术装备外，在传统除尘器前增设预处理装置，使超细颗粒物通过化学或物理方法凝并成较大颗粒，从而在后续传统除尘器内顺利脱除也是现在除尘技术发展的趋势之一。

根据凝并机理的不同，凝并技术可分为热凝并和动力学凝并。如果是布朗运动造成的碰撞，则该过程称为热凝并；如果是外力引起的运动碰撞，则称为动力学凝并。动力学凝并主要包括电凝并、声凝并、化学凝并、蒸气相变凝并、流体动力凝并等。

电凝并技术是提高超细颗粒物凝并的有效方法之一。具体原理如图 3-58 所示。微细粒子在预荷电区中荷以异极性的电荷，即一部分粒子荷以正电荷，而另一部分荷以负电荷，然后进入凝并区中，在凝并区中，带异极性电荷的粉尘在库仑力作用下相互吸引聚集成较大的颗粒，然后进入捕集区中被收集下来。

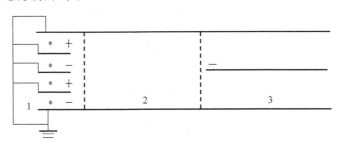

图 3-58 电凝并原理示意图

1. 预荷电区；2. 凝并区；3. 捕集区

当用强声波引起粒子间的相对运动时就可产生声凝并。粒径不同的粒子对高强声波的反应不同，大粒子可能不受影响，而小粒子会与声波一起振荡。相对运动引起振荡，此过程称为声凝并。一般声压水平超过 120dB 才能产生明显的凝并。

化学凝并技术，是指采用各种吸附剂通过化学或物理吸附作用促使颗粒凝并变大。化学凝并需选用在煤燃烧高温条件下能够稳定存在的吸附剂，其不仅要能和超细颗粒物发生物理或化学反应生成较大粒径的颗粒，还要能为气化态物质提供凝结面。

蒸气相变凝并，是指在过饱和蒸气环境中，蒸气以超细颗粒为凝结核发生相变，使颗粒质量增加、粒度增大，从而提高惯性捕集效果。如图 3-59 所示，一般先通过添加蒸气、混合不同温度的两股饱和气体、冷却中高温湿气体等措施使水汽达到过饱和，从而使细颗粒发生相变凝结长大，然后用静电除尘器、旋风分离器、除雾器、洗涤塔等常规除尘技术脱除凝结长大的含尘液滴。

图 3-59　蒸气相变促进微细粉尘脱除的技术路线

除上述凝并技术外，还有光凝并、磁凝并等，以及多种凝并的耦合技术。目前，超细颗粒物凝并研究多集中于除尘效率、能耗等宏观表现。而凝并机理的探讨主要源于理论公式推导和实验猜想，主观性、局限性强。因此，应深入研究超细颗粒物凝并机理及其影响因素，为超细颗粒物预除尘技术研发提供更丰富的理论支撑。

3.7　除尘器应用工程实例

除尘器种类繁多、型式多样，各具不同的性能和优缺点。正确选择除尘器并进行科学维护，是保证除尘器正常运行并保证应有的除尘效率的关键。

3.7.1　静电除尘工程实例

(1) 工程概况

甘肃某热电公司 6 台 75t/h 中温中压煤粉锅炉，将其原有的双室静电除尘器改造为四电场静电除尘器，实现粉尘颗粒物全负荷、全时段、多煤种稳定达标排放。

(2) 工艺条件和设计要求

烟气相关参数见表 3-22，灰成分分析见表 3-23，静电除尘器设计参数见表 3-24。

表 3-22　烟气参数

项目名称	单位	参数
燃煤量	t/h	11～12.5
烟气量(BMCR 工况)	m³/h	220000
入口烟气温度	℃	140
入口粉尘浓度	g/Nm³	14～17.4
出口粉尘浓度	mg/Nm³	45

表 3-23　灰成分分析

名称	单位	设计煤种	校核煤种
二氧化硅(SiO_2)	%	53.24	42.24
三氧化二铝(Al_2O_3)	%	18.66	18.71
三氧化二铁(Fe_2O_3)	%	7.76	12.34
氧化钙 (CaO)	%	10.73	14.18
氧化镁 (MgO)	%	1.74	1.73
氧化钠(Na_2O)	%	0.38	0.47

表 3-24　静电除尘器设计参数

项目名称	设计参数	项目名称	设计参数
烟气量	220000m³/h	总集尘面积	5292m²
最大入口含尘浓度	17.4g/Nm³	比集尘面积	86.6m²/(m³/s)
烟气温度	140℃	同极距	400mm、450mm
除尘效率	99.7%	集尘板型式	C480
本体阻力	300Pa	放电机型式	针刺线
本体漏风率	2%	高压整流电源型号和数量	高频电源/0.6A/80kV/4 台
烟气流通面积	76m²	除尘器级数	四电场
电场内烟气流速	0.8m/s	通道数	18、16
烟气流经电场时间	17.32s	极板高度	10.5m

(3) 工艺流程

含尘烟气通过高压电源施压产生的强电场时，电晕电极(阴极线)发生电晕放电，气体被电离，进而使悬浮的尘粒荷电；荷电后的尘粒在电场力作用下向集尘电极(阳极板)运动，释放电子后被捕集在集尘极板上，通过振打装置清灰落入灰斗；净化后的烟气通过风道排出，如图 3-60 所示。

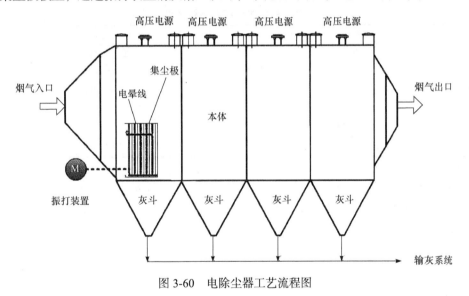

图 3-60　电除尘器工艺流程图

(4) 系统介绍

静电除尘器由本体、高压电源、电晕/集尘电极、振打装置和灰斗等组成。

A. 静电除尘器本体

静电除尘器本体和支撑架采用钢结构形式。除尘器支座除 1 个固定外，其余可定向滑动，以适应热膨胀的要求。进口配备均流装置，以便烟气均匀地流过电场。出口设集尘均流板，以收集从最后电场"溜"出来的残余灰尘，从而减少振打损失，提高除尘效率，并起气流均布作用。

B. 高压电源

根据电场数量共配备 4 台 0.6A/80kV 高频高压电源。根据烟气性质和所处理的粉尘特性，及时调整供给静电除尘器的输出电压，使静电除尘器能在接近电场火花放电(或微火花放电)的电压下运行，静电除尘器获得尽可能高的电晕功率，达到良好的除尘效果。

C. 电晕/集尘电极

电晕电极和集尘电极采用刚性框架结构和上吊下垂悬挂方式，上端刚性悬吊，下部可自由伸缩，不易变形，安装精度高。集尘电极采用 C480 型极板，最大程度克服反电晕，避免二次扬尘，保证除尘器长期高效稳定运行。电晕电极采用针刺线，在振打和气流冲击下不变形、不晃动，不产生过大的热应力，在长期运行中牢固可靠。

D. 振打装置

集尘电极采用侧部振打技术，电晕电极采用顶部振打技术。振打程序、间隔均可调节；振打加速度分布合理，沿电极方向上大下小、电极上薄下厚粉尘层脱落对振打加速度的要求相一致。振打装置能使电极整体产生足够强的加速度，清灰效果好，保证静电除尘器长期高效运行。

E. 灰斗

灰斗内部装有阻流板，能够有效地避免烟气短路。灰斗处设置有电加热，能使灰斗内温度稳定高于露点，且在灰斗中配置高低料位计及气化板。灰斗底部设气力输灰装置，利用仓泵将除尘灰输送至灰仓储存，定期外运。

(5) 工程经济及技术分析

烟气除尘改造前后污染物排放的情况见表 3-25。

表 3-25　除尘改造前后运行数据比较

项目名称	参数
本次改造前使用工艺	双室静电除尘器
本次改造前烟尘排放浓度	180mg/Nm³
本次改造工艺	四电场静电除尘器
改造后效率	99.7%
改造后烟尘排放浓度	45mg/Nm³
年削减粉尘排放量	470t(按年运行时间 4900h 计)

实施除尘改造项目后，该公司每年可削减烟尘量 470t，减免排污费 13 万元，环境和经济效益明显。自系统投运以来，除尘器与锅炉机组始终保持同步稳定运行，所有设备运行良好，整套装置除尘效果理想。

3.7.2　布袋除尘工程实例

(1) 工程概况

浙江某热电公司新建 2 台 75t/h 循环流化床锅炉，须配套建设脱硫、脱硝和除尘装置。基于工程实际情况及客户需求，项目采用低压脉冲布袋除尘技术对烟气进行净化处理，实现粉尘达标排放。

(2) 工艺条件及设计参数

锅炉及烟气主要参数见表 3-26，布袋除尘器设计参数见表 3-27。

表 3-26　锅炉及烟气主要参数

项目	锅炉数量	单炉额定出力	单炉烟气量	烟气温度	初始烟尘浓度
设计值	2	75t/h	150000m³/h	150℃	30g/Nm³

表 3-27 布袋除尘器设计参数

项目名称	设计参数	项目名称	设计参数
每台炉配置的除尘器数目	1 套	过滤面积	3552m²
除尘器型式	固定行喷吹式	过滤风速	0.9m/min
除尘器型号	LLJP-3552	袋室数	4 个
处理烟风量	98000Nm³/h	滤袋数量	1088 条
入口烟气温度	150℃	滤袋规格	ϕ160mm × 6500mm
入口烟尘浓度	30g/Nm³	滤袋材质	PPS 覆膜
出口烟尘保证排放浓度	≤20mg/Nm³	清灰方式	在线清灰
本体阻力	≤1200Pa	脉冲阀规格	3″淹没式
本体漏风率	≤2%	脉冲阀数量	64 个

(3) 工艺流程

含尘烟气从进风口进入布袋除尘器，在挡风板的作用下，部分大颗粒粉尘由于惯性力的作用被分离出来落入灰斗，较细的粉尘向上进入过滤室，被吸附拦截在滤袋外表面，干净气体透过滤袋进入净气室后进入出风通道排出。为防止除尘器阻力上升，设置清灰系统对布袋进行定期清灰，清灰后的粉尘落入灰斗，由气力输灰装置排出，如图 3-61 所示。

(4) 系统介绍

布袋除尘器由本体、滤袋组件、导流装置、清灰系统和控制系统等组成。

A. 本体

本体包含壁板、支架、灰斗等，均采用钢结构形式。支架采用符合标准型号的 H 型钢，在安装过程中，一端固定，一端浮动，有效解决热膨胀的问题；壁板采用中薄板滚压成型加工；灰斗斜壁与水平面的夹角不小于 60°，相邻壁交角的内侧作成圆弧形，以保证灰尘自由流动排出灰斗；灰斗设电加热器，并设有破拱器以防止卸灰不畅。

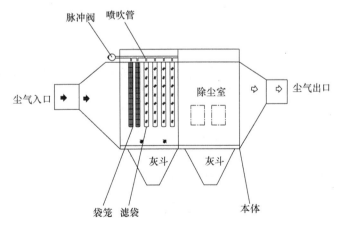

图 3-61 布袋除尘器工艺流程图

B. 滤袋组件

滤料是布袋除尘器的核心部件，合适的纤维、加工良好的滤袋是保证布袋除尘器正常运转的必要条件。针对项目特点，滤料选用具有良好的化学稳定性和耐化学腐蚀能力的 PPS 覆膜材料；并采取热熔合技术，不设缝边，避免缝线损坏、缝线漏气等问题；在滤袋底部采用

100mm 高度的翻边，以增强滤袋的耐磨损性。

袋笼采用纵筋，为多根 20#碳钢，经袋笼专机加工而成。袋笼表面的锐角、毛刺等缺陷均需要仔细打磨处理，确保表面的光洁度。加工完毕后先进行酸洗，烘干后进行高温有机硅喷涂处理，保证袋笼具有良好的耐高温和耐腐蚀性。

C. 导流装置

设计独特的烟气导流装置，可分配含尘气体，并对大直径颗粒进行分离，避免含尘气体冲刷滤袋，以提高整个除尘装置的效率及滤袋使用寿命。

D. 清灰系统

采用低压脉冲喷吹清灰方式。脉冲喷吹清灰系统由反冲联箱、脉冲阀、喷吹管、支架等组成。在每个滤袋上部均有 1 根压缩空气喷嘴管，运行时一般设定每一排滤袋每隔一定时间脉冲反吹清灰 1 次，定时启动 1 次脉冲阀，将脉冲反吹空气喷入滤袋内清灰。脉冲阀选用 3″低压快速淹没式脉冲阀，其阻力小，启闭迅速，脉冲宽度大，喷吹压力适应范围大，脉冲阀膜片使用寿命长。

E. 控制系统

清灰控制有手动和自动两种方式，可相互转换。自动控制采用压差(定阻)和定时两种控制方式，可相互转换。

(5) 工程技术和经济分析

布袋除尘器投运后，装置性能稳定，对煤种和锅炉负荷变化的适应性好；系统自动化程度高，运行操作方便，可实现不停机检修；除尘效果好，稳定控制在 20mg/Nm³ 以下。在运行过程中，布袋除尘器偶会出现压差过大问题，经分析是锅炉超负荷、布袋堵灰等原因，通过及时调节锅炉负荷、提高清灰频率等措施即可解决。

综上，布袋除尘器技术成熟、除尘效率高、性能稳定，适用于燃煤锅炉烟气的烟尘减排控制。

3.7.3 电袋除尘工程实例

(1) 工程概况

江西某热电公司新建 1 台 65t/h 循环流化床锅炉，采用电袋复合除尘技术，配套 1 电场静电除尘器+2 室布袋除尘器，烟尘排放浓度≤20mg/Nm³。

(2) 工艺条件及设计要求

锅炉及烟气主要参数见表 3-28，电袋除尘器设计参数见表 3-29。

表 3-28 锅炉及烟气主要参数

项目名称	参数	项目名称	参数
锅炉数量	1 台	粉尘浓度	< 65g/Nm³
处理烟气量(标湿，6%)	155000m³/h	除尘器出口烟尘浓度	≤ 20mg/Nm³
锅炉排烟温度	150℃	HCl 浓度	70mg/Nm³
含氧量	6%～8%	运行负荷	30%～110%
SO₂ 浓度	2000mg/Nm³		

表 3-29　电袋除尘器设计参数

项目名称	设计参数	项目名称	设计参数
本体总阻力	≤1200Pa	整流变压器型号	0.5A/72kV
本体漏风率	<3%	每台除尘器配整流变压器台数	1 台
静电除尘器效率	>80%	比集尘面积	≥28.24m²/(m³/s)
电袋除尘器总效率	>99.97%	滤袋过滤面积	≥2747m²/台
电除尘器室数/电场数	1/1	过滤速度	≤0.94m/min
有效断面积	60.8m²	滤袋材质	PPS+PTFE 覆膜
同极间距	400mm	滤袋规格	ϕ168mm×8000mm
集尘极型式	C480	滤袋数量	651 条
电晕线型式	芒刺线/线体 SPCC	袋笼规格	ϕ160mm×7965mm
烟气流速	0.71m/s	清灰方式	脉冲行喷
通道数量	16 个	电磁脉冲阀型式及规格	3.5″淹没式

(3) 工艺流程

含尘烟气进入除尘器的进口喇叭，经气流分布板分配后进入电场通道，通过高压电源对电晕线和集尘极施压形成高压电场，使得气体被电离、粉尘被荷电，荷电的粉尘被捕集到集尘极上；初级净化后的烟气通过区间气流分布装置继续进入滤袋仓室，通过滤袋完成进一步过滤，粉尘被阻挡在滤袋外表面，过滤后的气体经上箱体进入排风管排放，如图 3-62 所示。

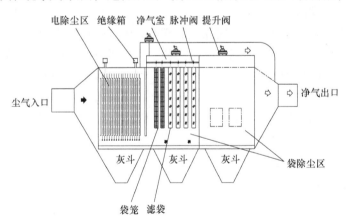

图 3-62　电袋除尘器工艺流程图

(4) 系统介绍

电袋除尘器包括除尘器本体、灰斗、电晕/集尘电极、滤袋和袋笼、清灰系统及旁路烟道等系统。

A. 除尘器本体

除尘器本体采用钢结构形式；进口、电袋之间配备多孔板均流装置，以便烟气均匀地流过电场和袋区；袋除尘区净气通道分为多个滤室，每室设有提升阀，使除尘器具有离线检修功能。

B. 灰斗

每只灰斗设一个 400mm×400mm 的排灰口，设有高低料位指示器；灰斗内装有阻流板，避免烟气短路；阻流板与水平面垂直，阻流板加固，防止塌脱；灰斗设有防止灰流黏结或结拱的设施；灰斗设有电加热设施，并有良好的保温措施。

C. 电晕/集尘电极

所有电晕电极和集尘电极框架均铅垂安装，并设置有摆动结构及措施；电晕电极框架上部采用砧梁吊挂；同一电场的框架之间采用防扭挡块连接，下部采用防摆杆，相邻框架之间的防摆杆采用防摆架加强杆来固定。每一绝缘件均采用电加热方式，内外隔层中间保温、恒温控制，防止绝缘子结露和积灰。

D. 滤袋和袋笼

滤袋采用 PPS 材质纤维，使用 PTFE 浸渍处理；滤袋规格为 $\phi168mm \times 8000mm$，袋口为弹性结构，方便拆装且密封性好；滤袋合理剪裁，尽量减少拼缝；拼接处，重叠搭接宽度不小于 10mm。

袋笼采用低碳钢材质，有机硅喷涂，上端口为法兰及防护套结构；所有焊接点熔透牢固，表面防腐采用有机硅喷涂烘烤工艺，且表面光滑无毛刺。

E. 清灰系统

清灰程序、间隔、强度均可在控制柜上方便地调节；电磁阀采用 24V DC 供电，气源压力 0.5~0.7MPa，保证使用寿命 6 年(100 万次)。

F. 旁路烟道

旁路烟道设置在除尘器顶部，引取点在第一电场顶部，终点与出风烟箱连接；旁路烟道设置 1 个采用双层阀板的气动提升阀，防止正常运行时烟气通过旁路烟道泄漏而影响排放浓度。

(5) 工程技术和经济分析

电袋除尘器结合了电除尘和袋式除尘器两者的优点，有效避免了粉尘比电阻对除尘效率的影响和大颗粒粉尘对滤袋的冲刷等问题，具有设备阻力低、可在线检修、锅炉负荷适应性好等优点。但电袋除尘器一次性投资费用较高，与静电除尘器或袋式除尘器相比增加了 30%~40%。

项目运行期间电袋除尘器阻力不超过 1100Pa，出口粉尘浓度稳定控制在 15mg/Nm³ 以下。据第三方检测，锅炉负荷为 50t/h 时，进口粉尘浓度为 2633mg/Nm³，出口粉尘浓度控制在 2mg/Nm³，除尘效果优异，运行状况良好。

3.7.4 湿式电除尘工程实例

(1) 工程概况

浙江某公司现有 3×75t/h 循环流化床锅炉，采用石灰石-石膏法脱硫，吸收塔采用烟塔合一形式。现需要在吸收塔上进行湿电除尘改造，以满足超低排放要求。

(2) 工艺条件及设计要求

锅炉及烟气主要参数见表 3-30，主要设计参数见表 3-31。

表 3-30 锅炉及烟气主要参数

项目	参数	项目	参数
运行锅炉	3 台	脱硫塔烟气出口温度	50℃
锅炉额定出力	75t/h	脱硫塔出口粉尘浓度	<50mg/Nm³
最大蒸发量	90t/h	脱硫塔出口 NO_x 浓度	<50mg/Nm³
锅炉额定出口烟气量	112000Nm³/h	脱硫塔出口 SO_2 浓度	<35mg/Nm³

表 3-31　主要设计参数

项目名称	设计参数	项目名称	设计参数
湿式电除尘器台数	3 台	入口处理烟气量	174000m³/h
每台除尘器室数	1 室	入口烟气温度	≤55℃
电场数/电场长度	1 个/6m	入口粉尘浓度	<50mg/Nm³
集尘极型式	蜂窝式	出口粉尘浓度	≤5mg/Nm³
电晕线型式	芒刺线	年运行时间	7000h
同极间距	350mm	集尘面积	1310m²
烟气流速	<3.0m/s	压损	<300Pa
用水量	<1.0t/h	用电量	≤250kW·h/h

(3) 工艺流程

湿式电除尘器工艺流程如图 3-63 所示。

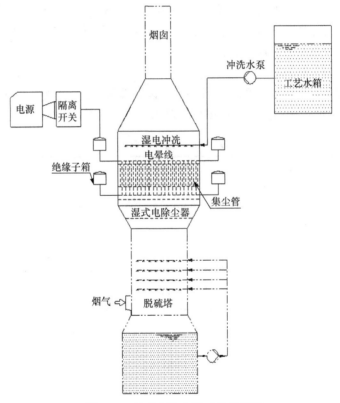

图 3-63　湿式电除尘器工艺流程图

(4) 系统介绍

A. 壳体

湿式电除尘器壳体设在吸收塔上，在原有塔体上进行改造，梁、桁架及其内部支撑采用碳钢+玻璃鳞片。

B. 集尘电极

集尘电极管尺寸为 ϕ350mm，材质为非金属 CFRP(碳纤维+玻璃纤维增强塑料)，具有耐腐蚀性优异、比强度高、质量轻等优点，使用寿命为 316L 极板的 3 倍。集尘电极管有顶部支吊装置和底部校正装置。

C. 电晕电极

采用针刺形电晕线，悬挂在湿式电除尘器顶部，从其上部组合框架下垂到底部。电晕线材质为 2205+钛合金，电晕电极框架主梁材质为碳钢衬玻璃鳞片，次梁材质为 2205。

D. 冲洗水系统

湿式电除尘器配置冲洗水系统。在湿式电除尘器内部上方布置有一层冲洗水装置，对电晕线进行周期性冲洗，正常运行状态下无冲洗水量消耗。湿式电除尘器冲洗水由脱硫系统的除雾器冲洗水泵供水，系统不单独设置工艺水箱和冲洗水泵。

E. 烟气均流装置

烟气均流装置布置在湿式电除尘器本体入口，与入口烟道扩口导流板联合设计，确保进入湿式电除尘器的烟气流场均匀，保证良好的除尘效果，避免形成局部低速区堵灰结垢的情况。

合理选择多孔板孔径和开孔率，避免产生小孔堵塞或大孔局部烟气回流等原因造成的结垢。在均流板处布置间隙运行的冲洗水系统，通过冲洗水降低均布板表面腐蚀性元素的浓度；同时，对造成堵塞和结垢的介质进行冲洗。

(5) 工程技术及经济分析

项目投产后除尘效果优异，系统运行稳定，设备性能良好。据第三方检测结果(表 3-32)，粉尘排放浓度≤1mg/Nm³，远低于超低排放标准。

表 3-32　运行情况表

检测位置	二次电压/kV	二次电流/mA	含氧量/%	实测值/(mg/Nm³)
5#	45	710	6	0.4
5#	45	710	6	0.2
4#	45	780	9	0.3
4#	40	610	9	0.3

本章符号说明

符号	意义	单位
A, A_c	面积	m²
A	粉尘的平均阻力	m/kg
B, b	高度	m
c_i, c_o	进/出口粉尘浓度	kg/m³
C_u	肯宁汉修正系数	
D	筛下累计分布	%
D	直径	m
ΔD	相对频数(或频率)分布	%
d_D	纤维直径	m
d_a	粉尘空气动力直径	m

续表

符号	意义	单位
d_{c50}	中位径	m
d_d	众径	m
d_p	粉尘的直径	m
d_{st}	粉尘沉降直径(斯托克斯直径)	m
$\bar{d}_p$	粉尘的平均粒径	m
$\bar{d}_g$	几何平均粒径	m
$\bar{d}_l$	长度平均粒径	m
$\bar{d}_{sl}$	面积长度平均粒径	m
$\bar{d}_{sv}$	体面积平均粒径	m
$\bar{d}_m$	质量平均粒径	m
$\bar{d}_s$	表面积平均粒径	m
E	电场强度	kV/m
E_t	能耗	kW/m^3
e	电子电量	1×10^{-19}C
F	截面积	m^2
f	频度分布	%/μm
G_a	滤料上黏附粉尘量	kg
H, h	高度	m
I	工作电流	A
i	集尘极电流密度	A/m^2
j	通过粉尘层的电流密度	A/cm^2
K_R	拦截比	
k	漏风系数	
k	玻尔兹曼常量	1.38×10^{-23}J/K
k	离子迁移率	m^2/(V·s)
L, l	长度	m
L/G	液气比	L/m^3
M, m	质量	kg
m_d	堆积粉尘负荷(单位面积的尘量)	kg/m^2
m_w	粉尘的含水量	kg
m_d	干粉尘质量	kg
m_0	粉尘总质量	kg
N	荷电区离子浓度	m^{-3}
N_{OG}	气相总传质单元数	
n	分布指数	

符号	意义	单位
P	通过率	%
$P, \Delta P, P_0$	压力、压力损失、标准大气压	Pa
Q_i, Q_o	进/出口气体流量	m³/s
q	电荷	C
R	筛上累计分布	%
R, r	半径	m
S_i, S_o	进/出口粉尘流入量	kg/s
S_v, S_w	粉尘的比表面积	m²/m³ 或 m²/kg
T	热力学温度	K
t, t_0	时间	s
u_p	终端沉降速度	m/s
u	气体流速	m/s
V	电压	kV
v	速度	m/s
w	粉尘的含水率	%
α, β	粉尘粒子分散度确定的常数	
β	分布系数	
δ	厚度	m
ε	粉尘粒子的相对介电常数	
ε_0	真空介电常数	8.85×10^{-12}F/m
η	效率	%
μ	黏度	Pa·s
ζ	除尘装置的阻力系数	
ρ	粉尘的比电阻	Ω·cm
ρ	密度	kg/m³
ρ_p	粉尘真密度	kg/m³
ρ_b	粉尘堆积密度	kg/m³
ρ_g	含尘气体的密度	kg/m³
σ	标准偏差	
τ	时间	
ω	驱进速度	m/s
ω_p	有效驱进速度	m/s

习　题

1. 经测定某城市大气中飘尘的质量粒径分布遵从对数正态分布，其中中位径 $d_{c50} = 5.7\mu m$，筛上累计分布 $R = 15.87\%$，粒径 $d_p(R = 15.87\%) = 9.0\mu m$。试确定以个数表示时对数正态分布函数的特征数和算术平均粒径。

2. 已知平炉炼钢(精炼)产生烟尘的中位径为 $0.24\mu m$，粒径分布指数 $n = 1.7$，试确定小于 $0.5\mu m$ 和小于 $0.1\mu m$ 两种粒径烟尘量占总烟尘量的百分数。

3. 已知某种粉尘的粒径分布如下所示。

粒径间隔/μm	0~5	5~10	10~15	15~20	20~25	25~30	30~35	35~40	40~45	45~50	>50
质量 Δm/g	2.5	5.0	11	22	36	46	46	36	32	11	7.5

(1) 判断该种粉尘粒径分布属于哪一种形态分布。

(2) 计算出粉尘的频数分布、频度分布、筛上/筛下累计分布，并给出粒径分布图。

(3) 将计算出的累计分布值绘制在概率坐标纸上，并确定该种粉尘粒径分布的特征数(平均粒径和标准差)。

4. 在某工厂对运行中的除尘器进行测定，测得除尘器进口和出口气流中粉尘的浓度分别是 $3200mg/m^3$ 和 $480mg/m^3$，进、出口粉尘的粒径分布如下所示。

粒径间隔/μm		0~5	5~10	10~20	20~40	>40
质量频数/(g/%)	进口	20	10	15	20	35
	出口	78	14	7.4	0.6	0

计算该除尘器的分级除尘效率及总除尘效率。

5. 某石棉厂拟建一台重力沉降室净化含石棉尘的气体。原始设计条件为：待净化的石棉尘气量 $Q = 8000m^3/h$，气体温度 $t = 30℃$，黏度 $\mu_g = 1.864 \times 10^{-5}Pa \cdot s$，粉尘的真密度 $\rho_p = 2200kg/m^3$，在车间附近可建造的重力沉降室用地为 $5m \times 2m$，空间不受限制。要求对 $d_p \geqslant 50\mu m$ 的石棉尘的净化效率达到 100%。(设计时沉降室内气体水平流速取 3m/s)

6. 某锅炉烟气排放量 $Q = 3000m^3/h$，烟气温度 $t_s = 150℃$，烟尘真密度 $\rho_p = 2150kg/m^3$。

(1) 设计一个重力沉降室，要求能全部去除 $d_p = 35\mu m$ 以上的粉尘。已知：烟气黏度 $\mu_g = 2.4 \times 10^{-5}Pa \cdot s$；重力沉降室内流体速度 $v = 0.28m/s$；沉降室高度 $H = 1.5m$，气体密度忽略不计。

(2) 如果烟气粉尘试样测定结果如下，计算出所设计的重力沉降室的总除尘效率。粉尘试样总颗粒数为 3210 个。粒径单位为 μm。

粒径范围 d_p	6~10	10~14	14~20	20~30	30~40	40~50	50~60	60~70	70~80
粒径组距 Δd_p	4	4	6	10	1	10	10	10	10
平均粒径 $\overline{d_p}$	8	12	17	25	35	45	55	65	75
粒子个数	9	74	270	48	645	667	600	345	120

7. 已知某旋风除尘器为直入型标准旋风除尘器，其进口宽度 $b = 0.21m$，入口气速为 16m/s，$\rho_p = 2100kg/m^3$，$T = 360K$，载气为空气。试计算旋风除尘器的分割粒径 d_{c50}。

8. 某工厂拟选用一台 XLP/B 型旋风除尘器净化该厂含尘气体，气体温度 20℃，黏度 $\mu_g = 1.81 \times 10^{-5}Pa \cdot s$，含尘气体流量 $Q = 3600m^3/h$，允许压力损失 900Pa，粉尘真密度 $\rho_p = 1150kg/m^3$，试设计这台除尘器的尺寸(参考图 3-20)。在该尺寸下，若处理气量加大到 4500m³/h，此时压力损失为多少？

9. 设粉尘的几何平均粒径 $d_g = d_{a50} = 16\mu m (d_{a50}$ 为空气动力中位径$)，\rho_p = 2000kg/m^3$，几何标准偏差 $\sigma_p = 4$，要求总通过率为 3%。如果使用 $B = 2$ 的填料塔、筛板塔或者文丘里洗涤器之类的湿式除尘器，在 293K 和 1.013×10^5Pa 状态下，求其分割粒径。

10. 根据惯性碰撞捕集粉尘原理，分析文丘里洗涤器捕集效率高的原因。

11. 已知气量 $Q = 30000m^3/h$，设计一文丘里管洗涤器，试确定其几何尺寸(收缩管、喉管和扩张管的截面积，圆形管的直径或矩形管的高度、宽度及收缩管和扩张管的张开角等)，并计算其压力损失。

12. 水以液气比 L/G 为 $1.0L/m^3$ 的速率通过文丘里管的喉部，气体速度 $u_0 = 120m/s$，气体黏度 $\mu_g = 2.0 \times 10^{-4}Pa \cdot s$，经验系数 $f = 0.25$，粉尘真密度 $\rho_p = 1500kg/m^3$，粉尘粒径 $d_p = 10\mu m$。试求文丘里除尘器的压力损失、通过率和除尘效率。

13. 用文丘里洗涤器净化含尘烟气，若喉管的截面积为 $6.2 \times 10^{-4}m^2$，喉管气速为 80m/s，液气比为 $1.21L/m^3$，烟气的密度为 1800kg/m³，烟气黏度为 $1.845 \times 10^{-5}Pa \cdot s$，烟尘密度为 1800kg/m³。烟尘平均粒径为 1.2μm，经验系数 f 为 0.25。计算该文丘里管的压力损失和通过率。

14. 某锅炉排烟气量为 250000m³/h，压力为 1.0×10^5Pa，温度为 510K，若用文丘里管洗涤器来净化该烟气，要求达到处理要求时压降为 1500Pa，试设计该文丘里管的尺寸。

15. 已知某厂正在运行的负电晕管式电除尘器的放电极电晕线半径 $a = 1.5mm$，集尘极管式半径 $b = 200mm$。除尘运行工况：压力为 1.0×10^5Pa，温度为 300℃。试求该管式电除尘器的起始电晕电场强度和起始电晕电压。

16. 近似计算电除尘器中粒径为 0.5μm 和 1.0μm 的尘粒在 0.1s、1.0s 和 10s 时的荷电。已知 $\varepsilon = 5$，$E = 3 \times 10^5V/m$，$T = 300K$，$N = 2 \times 10^{15}个/m^3$，$m = 5.3 \times 10^{-26}kg$，$K = 2.1 \times 10^{-4}m^2/(V \cdot s)$。

17. 在 1×10^5Pa 和 20℃下运行的管式电除尘器，集尘圆管直径 $D = 0.25m$，长 $L = 2.5m$，含尘气体流量 $Q = 0.085m^3/s$，集尘极附近平均电场强度 $E = 100kV/m$，粉尘平均粒径 $d_p = 1.0\mu m$，粉尘荷电量 $q = 3 \times 10^{-16}C$，含尘气体黏度 $\mu_g = 1.82 \times 10^{-5}Pa \cdot s$。试计算该除尘器对粉尘的去除效率。

18. 已知一电除尘器对 10μm 粒子的理论捕集效率为 99%，试按德意希公式计算在相同工况条件下运行时，该电除尘器对 5μm 粒子的理论捕集效率。

19. 单通道板式电除尘器的通道高 5m，长 6m，集尘极板间距 300mm，实测气量为 6000m³/h，入口含尘浓度为 9.3g/m³，出口含尘浓度为 0.5208g/m³。试计算气量增加到 9000m³/h 时的除尘效率。

20. 用板式电除尘器处理含尘气体，集尘极板间距为 300mm，若处理气量为 6000m³/h 时的除尘效率为 95.4%，入口含尘浓度为 9.0g/m³，试计算：

(1) 出口含尘气体浓度。

(2) 处理的气体量增加到 8600m³/h 时的除尘效率。

21. 某冶炼厂回炉排气量为 1000m³/h，该厂拟用电除尘器回收尾气中的氧化锌粉尘，试设计一台板式电除尘器，使其捕集粉尘效率为 92%。氧化锌粉尘的有效驱进速度取 4.0cm/s。(设计题，答案不唯一)

22. 设计一个板式电除尘器处理石膏粉尘气体。已知处理气量 130000m³/h，入口含尘浓度 38.5g/m³，出口含尘浓度要求降到 100mg/m³。(设计题，答案不唯一)

23. 某锅炉安装两台电除尘器，每台处理量为 150000m³/h，集尘极面积为 1300m²，除尘效率为 98%。

(1) 计算有效驱进速度。

(2) 若关闭一台，只用一台处理全部烟气，该除尘器的除尘效率为多少？

24. 用某过滤器处理常温常压下的含尘气体，已知过滤速度为 1.0m/min，清洁滤料的阻力系数为 $2 \times 10^7m^{-1}$，粉尘层平均比阻力 $5 \times 10^{10}m/kg$，堆积粉尘负荷 0.2kg/m²，黏度为 $1.8 \times 10^{-5}Pa \cdot s$。试求该过滤器的过滤阻力。

25. 用脉冲喷吹袋式除尘器净化常温气体，采用的涤纶滤布阻力系数为 $4.5 \times 10^7m^{-1}$，过滤风速为

2.5m/min，已知 $m_d = 0.1\text{kg/m}^2$，$a = 1.5 \times 10^{10}\text{m/kg}$，$\mu_g = 3.6 \times 10^{-5}\text{Pa·s}$。试计算除尘器的过滤阻力。

26. 某工厂拟用袋式除尘器净化含尘气体，若气量为 6.0m³/s。粉尘浓度为 4.5g/m³，袋长为 5m，直径为 200mm，分两个室，每室 3 排，每排 12 只滤袋。试计算该除尘器的过滤速度和堆积粉尘负荷。

27. 某工厂用涤纶滤布作滤袋的逆气流清灰袋式除尘器处理含尘气体，若含尘气体流量为 10000m³/h(标态)，粉尘浓度为 5.6g/m³，烟气性质近似空气，温度为 393K，粉尘层平均比阻力为 $1.5 \times 10^{10}\text{m/kg}$。试确定：

(1) 过滤速度。

(2) 堆积粉尘负荷。

(3) 除尘器压力损失。

(4) 滤袋面积。

(5) 滤袋尺寸及其个数。(设计题，答案不唯一)

参 考 文 献

冯博，荆华. 2014. 电袋复合除尘技术的研究进展. 中国高新技术企业, (14): 19-20.

海因兹. 1989. 气溶胶技术. 孙聿峰，译. 哈尔滨: 黑龙江科学技术出版社.

胡佩英. 2015. 电袋复合除尘器设计若干问题的探讨. 电力科技与环保, 31(1): 28-31.

黎在时. 1993. 静电除尘器. 北京: 冶金工业出版社.

郦建国，郦祝海，何毓忠，等. 2014. 低低温电除尘技术的研究及应用. 中国环保产业, (3): 28-34.

刘昊. 2016. 湿式电除尘器在细颗粒物控制中的应用. 工业安全与环保, 42(4): 20-22.

刘鹤忠，陶秋根. 2012. 湿式电除尘器在工程中的应用. 电力勘测设计, (3): 43-47.

马广大. 2010. 大气污染控制技术手册. 北京: 化学工业出版社.

齐涛. 2018. 龙电超低排放改造应用研究. 北京: 华北电力大学.

石零，陈红梅，杨成武. 2013. 微细粉尘治理技术的研究进展. 江汉大学学报(自然科学版), 41(2): 40-46.

舒英钢，赵锡勇，姚宇平. 2007. 电袋复合型除尘器的应用与思考. 中国电除尘学术会议.

唐敏康，马艳玲，郭海萍. 2011. 电袋除尘技术的研究进展. 有色金属科学与工程, 2(5): 53-56.

童志权. 2006. 大气污染控制工程. 北京: 机械工业出版社.

王纯，张殿印. 2013. 废气处理工程技术手册. 北京: 化学工业出版社.

吴伟玲. 2017. 关于电袋复合除尘器总体设计的若干问题. 中小企业管理与科技, (18): 162-166.

向晓东. 2013. 除尘理论与技术. 北京: 冶金工业出版社.

小奥格尔斯比 S, 尼科尔斯 G B. 1983. 电除尘器. 谭天祐，译. 北京: 水利电力出版社.

杨林军. 2011. 燃烧源细颗粒物污染控制技术. 北京: 化学工业出版社.

张绪辉. 2015. 低低温电除尘器对细颗粒物及三氧化硫的协同脱除研究. 北京: 清华大学.

赵毅，王佳男. 2017. 电袋除尘器的发展与机理研究. 中国环保产业, (6): 58-62.

朱志飞，饶苏波，陈奎续，等. 2016. 超净电袋复合除尘器提效改造的要点分析. 节能与环保, (7): 64-66.

第 4 章

气态污染物处理技术基础

4.1 气体吸收

吸收是指气体混合物中的一种或多种组分溶解于选定的液体吸收剂(通常为水溶液)中，或者与吸收剂中的组分发生选择性化学反应，从而将其从气流中分离出来的操作过程。

能够用吸收法净化的气态污染物主要包括 SO_2、H_2S、HF、NH_3 和 NO_x 等无机类污染物，对于有机类污染物，也可用吸收法净化，但应用较少，且多用于水溶性有机物的吸收净化。

用吸收法净化气态污染物，与化工生产中的吸收过程相比具有处理气体量大、吸收组分浓度低及要求吸收效率和吸收速率较高等特点。因此，采用一般简单的物理吸收难以满足实际要求，多需要采用化学吸收过程，如用碱性溶液或浆液吸收燃烧烟气中低浓度 SO_2 过程等。

另外，需要净化的气体成分往往比较复杂。例如，燃烧烟气中除含有 SO_2 外，还含有 NO_x、CO_2、CO 和烟尘等，会给吸收过程带来困难。多数情况下，吸收过程仅是将污染物由气相转为液相，之后还需对吸收液进行进一步处理，以避免造成二次污染。

4.1.1 吸收过程的气液平衡

在溶质 A 与溶剂接触、溶解的过程中，随着溶液中溶质浓度 C_A 逐渐增大，传质速率将逐渐减小，最后降低到零。这时 C_A 达到了该条件下的最大浓度 C_A^*，气液达到了相平衡，称为平衡溶解度，简称溶解度。

溶解度是系统的温度、总压和气相组成的函数。在总压为几个大气压时，它对溶解度的影响可以忽略。温度对气体溶解度有较大影响，一般是温度升高，溶解度下降。当温度一定时，溶解度只是气相组成的函数，可写成

$$C_A^* = f(P_A) \tag{4-1}$$

式中，P_A 为组分 A 在气相中的分压。

若以组分 A 在液相中的浓度为自变量，则

$$P_A^* = F(C_A) \tag{4-2}$$

也可用曲线表示气液两相平衡时的组成，图 4-1 表示出几种常见气体在水中的溶解度。由图可知：①在相同温度和分压下，不同气体的溶解度有很大差别；②对于稀溶液，平衡关系式可用通过原点的直线表示，即气液两相的浓度成正比，这一关系即为著名的亨利定律[式(4-3)]。平衡时溶液在气相的平衡分压 P^* 可表示为

$$P^* = Ex \tag{4-3}$$

式中，x 为被吸收组分在液相中的摩尔分数；E 为亨利系数，单位与 P^* 相同。某些气体在水中不同温度下的亨利系数值请查阅其他有关手册。

道尔顿(Dalton)分压定律如下：

$$P^* = P_T y^* \tag{4-4}$$

式中，P_T 为气相总压；y^* 为溶质在气相中的摩尔分数。

由式(4-3)和式(4-4)得

$$y^* = \frac{E}{P_T} x = mx \tag{4-5}$$

式中，m 为相平衡常数，量纲为一。式(4-5)是亨利定律最常用的形式之一，称为气液平衡关系式。

当溶质在溶液中的含量以浓度 $C(\mathrm{kmol/m^3})$ 表示时，亨利定律可以表示为另一种常用形式：

$$P^* = C / H \tag{4-6}$$

或

$$C^* = HP \tag{4-6a}$$

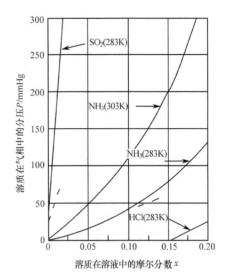

图 4-1　几种气体在水中的溶解度曲线
1mmHg = 133Pa

比例系数 H 越大，表明同样分压下的溶解度越大，因而称 H 为溶解度系数[单位为 $\mathrm{kmol/(m^3 \cdot MPa)}$ 或 $\mathrm{kmol/(m^3 \cdot Pa)}$]。在亨利定律可以适用的范围内，$H$ 是温度的函数，随温度升高而减小。H 的大小反映了气体溶解的难易程度，易溶气体 H 值大，难溶气体 H 值小。亨利定律只适用于难溶、较难溶的气体，对于易溶和较易溶的气体而言，只适用于液相浓度甚低的情况。

对于稀溶液，近似有

$$E = \frac{1}{H} \cdot \frac{\rho_0}{M_0} \tag{4-7}$$

式中，M_0 为溶剂的摩尔质量，kg/kmol；ρ_0 为溶剂密度，$\mathrm{kg/m^3}$。

4.1.2　吸收塔的物料衡算和操作线方程

为了确定填料吸收塔的操作特性，必须对传质过程作出物料衡算。图 4-2 表示逆流操作的填料吸收塔的物料进出流程图。图中 G_m 是总的气相流量(载气加污染物)，$\mathrm{kmol/(m^2 \cdot s)}$；$G_{c,m}$ 是载气的流量，$\mathrm{kmol/(m^2 \cdot s)}$；$L_m$ 是总的液相流量(溶剂加被吸收的污染物)，$\mathrm{kmol/(m^2 \cdot s)}$；$L_{s,m}$ 是溶剂的流量，$\mathrm{kmol/(m^2 \cdot s)}$；$x$ 是污染物在液相中的摩尔分数；y 是污染物在气相中的摩尔分数；X 是污染物在液相中的摩尔比(其定义将在下文叙述)；Y 是污染物在气相中的摩尔比。其中，基于摩尔数的气体流量 G 和液体流量 L 用下标 m 以示区别。

在吸收计算中通常认为气相中的惰性组分(载气)B 不进入液相，液相中的溶剂 S 也没有

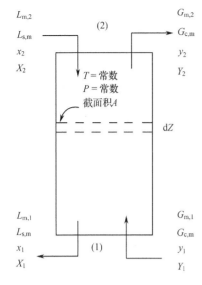

图 4-2 逆流操作的填料吸收塔的物料

进出流程图

显著的挥发现象，因而在吸收塔内的任何横截面上，B 和 S 的摩尔流量保持不变。为简化计算过程，通常以 B 和 S 的摩尔浓度作为基准，分别表示溶质在气液两相中的浓度，同时以摩尔比 Y 和 X 分别表示气液两相中的组成。摩尔比的定义如下：

$$X = \frac{液相中溶质的摩尔分数}{液相中溶剂的摩尔分数} = \frac{x}{1-x} \tag{4-8}$$

$$Y = \frac{气相中溶质的摩尔分数}{气相中惰性组分的摩尔分数} = \frac{y}{1-y} \tag{4-9}$$

由式(4-8)和式(4-9)可知：

$$x = \frac{X}{1+X} \tag{4-10}$$

$$y = \frac{Y}{1+Y} \tag{4-11}$$

对于逆流流动，根据物质守恒原理，可得污染物组分在塔顶和塔底的总质量流量为

$$G_{m,1} y_1 + L_{m,2} x_2 = G_{m,2} y_2 + L_{m,1} x_1 \tag{4-12}$$

或 $$G_{m,1} y_1 - G_{m,2} y_2 = L_{m,1} x_1 - L_{m,2} x_2 \tag{4-13}$$

因为总的气体流量(或液体流量)在塔顶和塔底是不同的，上面的方程式一般不能进一步简化。这个方程式在 x-y 图[图 4-3(a)]上作图时，显示出的是曲线。因此，载气和溶剂在写物料衡算式时比较方便，因为这两个量在整个塔内是常数。

用 $G_{c,m} Y_i$ 代替 $G_{m,i} y_i$，用 $L_{s,m} X_i$ 代替 $L_{m,i} x_i$(这里 i 代表 1 或 2)，就可以写出用摩尔比表示的物料平衡方程式：

$$G_{c,m}(Y_2 - Y_1) = L_{s,m}(X_2 - X_1) \tag{4-14}$$

式(4-14)在 X-Y 坐标上[图 4-3(b)]是直线方程，直线的斜率是 $L_{s,m} / G_{c,m}$。式(4-13)、式(4-14)在 x-y 图和 X-Y 图上分别称为操作线。图 4-3(a)和图 4-3(b)分别都有平衡线和操作线。每个图

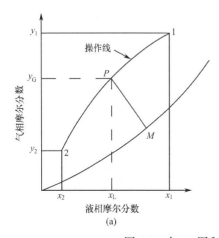

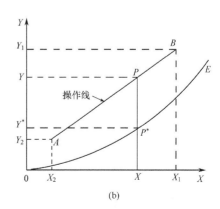

图 4-3 在 x-y 图和 X-Y 图中的操作线和平衡线

(a) x-y 图；(b) X-Y 图

上的操作线上的 P 点代表组分 A 在塔的任意位置上的气相和液相浓度。在图 4-3(a)上操作线和平衡线之间的垂直距离是吸收塔内任意点上的传质推动力，图中 M 点指明界面的组成。

如图 4-3 所示，对于吸收过程而言，操作线总是在平衡线之上。对于逆流的解吸过程而言，操作线总是在平衡线的下面，推动力是从液相到气相。

4.1.3　吸收过程的传质

气液两相间的传质过程理论是近数十年来一直在研究的问题，主要有三种气液传质模型，分别为双膜模型、溶质渗透模型和表面更新模型，其中双膜模型应用最广泛且较成熟，也称滞流膜模型。它不仅适用于物理吸收，也适用于气液相反应。图 4-4 为双膜模型的示意图，其基本论点如下。

1) 气液两相接触时存在一个相界面，在相界面两侧各存在一层稳定的层流薄膜，分别称为气膜和液膜。即使气液两相的主体呈湍流时，这两层膜内仍呈层流状态。

2) 被吸收组分从气相转入液相的过程依次分为五步：靠湍流扩散从气相主体到气膜表面；靠分子扩散通过气膜到达两相界面；在界面上被吸收组分从气相溶入液相；靠分子扩散从两相界面通过液膜；靠湍流扩散从液膜表面到液相主体。

3) 在气液两相主体中，由于流体的充分湍流而不存在浓度梯度，即被吸收组分在两相主体中的扩散阻力忽略不计。

4) 无论气液两相主体是否达到平衡，在相界面处，只要被吸收组分在两相间达到平衡，即认为相界面处没有任何传质阻力。

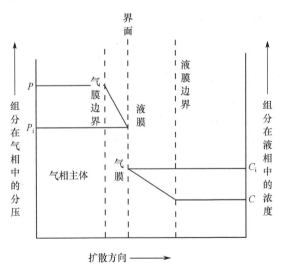

图 4-4　用双膜模型表示的气液相界面附近的浓度分布

5) 通常认为两层膜的厚度均极薄，在膜中并没有吸收组分的积累，因此吸收过程可以看作是通过气液膜的稳定扩散。

基于以上假设，整个吸收过程的传质阻力就可视为仅有两层薄膜组成的扩散阻力。因此，气液两相的传质速率取决于通过气膜和液膜的分子扩散速率。其中气膜传质速率为

$$N_A = \frac{D_G}{Z_G RT}\left(\frac{P}{P_{BM}}\right)(P_A - P_{Ai}) = k_G(P_A - P_{Ai}) \tag{4-15}$$

式中，N_A 为被吸收组分 A 的传质速率，$\text{kmol/(m}^2 \cdot \text{s)}$；$P_{BM}$ 为惰性组分 B 在气膜层中的对数平均分压，Pa；P_{Ai} 和 P_A 分别为被吸收组分 A 在气液两相界面和气相主体的分压，Pa；P 为系统的总压，Pa；D_G 为被吸收组分 A 在气相内的分子扩散系数，$\text{m}^2\text{/s}$；Z_G 为气膜层厚度，m；k_G 为气膜传质分系数，$\text{kmol/(m}^2 \cdot \text{s} \cdot \text{Pa)}$。其中

$$P_{BM} = \frac{P_{Bi} - P_B}{\ln \dfrac{P_{Bi}}{P_B}} \tag{4-16}$$

式中，P_{Bi} 和 P_B 分别为惰性组分 B 在气液两相界面和气相主体的分压，Pa。

液膜传质速率：

$$N_A = \frac{D_L}{Z_L}(C_{Ai} - C_A) = k_L(C_{Ai} - C_A) \tag{4-17}$$

式中，D_L 为被吸收组分 A 在液相内的分子扩散系数，$\text{m}^2\text{/s}$；Z_L 为液膜层厚度，m；C_{Ai} 和 C_A 分别为被吸收组分在气液两相界面和液相主体的浓度，kmol/m^3；k_L 为液膜传质分系数，m/s。

在气液相界面上：

$$C_{Ai} = H \cdot P_{Ai} \tag{4-18}$$

因吸收组分 A 通过气膜的传质速率必等于通过液膜的传质速率，利用式(4-18)，消去式(4-15)和式(4-17)中的界面条件 C_{Ai} 和 P_{Ai}，得到稳定吸收过程的总传质速率方程式：

$$N_A = K_G(P_A - P_A^*) = K_L(C_A^* - C_A) \tag{4-19}$$

若用 Δy 和 Δx 表示，式(4-19)可写成

$$N_A = K_y(y_A - y_A^*) = K_y(y - y^*) = K_x(x_A^* - x_A) = K_x(x^* - x) \tag{4-20}$$

式中，P_A^* 为与液相主体中被吸收组分浓度 C_A 相平衡的分压，Pa；C_A^* 为呈平衡的液相浓度，kmol/m^3；K_y 为组分 A 以气相摩尔差为推动力的总传质系数，$\text{kmol/(m}^2 \cdot \text{s} \cdot \Delta y)$；$K_x$ 为以液相摩尔差为推动力的总传质系数，$\text{kmol/(m}^2 \cdot \text{s} \cdot \Delta x)$；$K_G$ 为组分 A 以气相分压差为推动力的总传质系数，$\text{kmol/(m}^2 \cdot \text{s} \cdot \text{Pa)}$；$K_L$ 为以液相浓度差为推动力的总传质系数，m/s；它们与分传质系数的关系分别为

$$\frac{1}{K_G} = \frac{1}{k_G} + \frac{1}{Hk_L} \tag{4-21}$$

$$\frac{1}{K_L} = \frac{H}{k_G} + \frac{1}{k_L} \tag{4-21a}$$

由式(4-21)和式(4-21a)可知，气膜阻力和液膜阻力的大小取决于组分 A 的溶解度系数 H。对于易溶气体而言，H 很大，$K_G \approx k_G$，即总阻力近似等于气膜阻力，这种情况称为气膜控制。对于难溶气体而言，H 很小，$K_L \approx k_L$，即总阻力近似等于液膜阻力，这种情况称为液膜控制。对于中等溶解度的气体而言，气膜阻力与液膜阻力处于同一数量级，两者皆不能忽略。

4.1.4　吸收塔的计算

4.1.4.1　填料高度的计算

填料吸收塔所需要的高度是由下列因素决定的：气相和液相之间总的传质阻力；平均推动力；对传质有效的界面面积。其中，前两项是随着吸收塔的高度而改变的，因而常用一些数学处理方法来找出总传质效率的表达式。

考虑在图 4-2 上所表示的吸收塔的一微分高度 dZ。用 a 来表示每单位体积填料的有效传质面积，a 是所用填料的函数。在 dZ 高度，对传质的总有效截面积是 $a(AdZ)$，这里 A 是塔的截面积。溶质组分在 dZ 高度的传质速率是 $N_A A(adZ)$，等于溶质通过 dZ 段从气相的损失量 $d(AG_m y)$：

$$N_A A(adZ) = d(AG_m Y) = d\left(\frac{AG_m y}{1-y}\right) \tag{4-22}$$

这里下标 A 代表溶质组分 A。再利用式(4-20)，则式(4-22)变为

$$K_y a(y - y^*)dZ = \frac{G_{c,m}dy}{1-y}$$

或

$$dZ = \frac{G_{c,m}dy}{K_y a(1-y)(y-y^*)} = \frac{G_{c,m}dy}{K_G aP(1-y)(y-y^*)} \tag{4-23}$$

积分式(4-23)，可得到所需的填料层高度 Z。同样，如果利用液相总传质系数来计算，也存在类似的公式。

求解式(4-23)的一种方法是根据中间工厂的小规模设备的实验数据，基于气相流量和液相流量求得总的 $K_y a$(或 $K_G a$)。式(4-23)右侧剩下的部分从操作线和平衡线的特性可以积分出来。

采用传质单元高度和传质单元数的概念可以对上面的方法进一步修改，但需要先对式(4-23)做些改变，根据前文的定义，$(1-y)$为惰性组分(载气)在塔的任意位置的气流中的摩尔分数；$(1-y^*)$为惰性组分在塔的任意位置与液相平衡的摩尔分数；$(y-y^*)$为总的推动力。因此，可在塔的任意位置上写出下式：

$$y - y^* = (1-y^*) - (1-y) \tag{4-24}$$

$(1-y^*)$和$(1-y)$的对数平均值的定义为

$$(1-y)_{LM} \equiv \frac{(1-y^*)-(1-y)}{\ln[(1-y^*)/(1-y)]} \tag{4-25}$$

对式(4-23)的分子、分母同乘$(1-y)_{LM}$，结果得

$$dZ = \frac{G_{c,m}}{K_y a(1-y)_{LM}} \cdot \frac{(1-y)_{LM}dy}{(1-y)(y-y^*)} \tag{4-26}$$

虽然 $G_{c,m}$、$K_y a$ 和$(1-y)_{LM}$是沿吸收塔高度的变化而改变的，但大量的实验数据表明式(4-26)右边第一项，相对来说是常数，对吸收法净化低浓度废气过程来说尤其如此。这个常数称为气相总传质单元高度 H_{OG}，即

$$H_{OG} \equiv \frac{G_{c,m}}{K_y a(1-y)_{LM}} \tag{4-27}$$

则塔高为

$$Z = H_{OG} \int_{y_2}^{y_1} \frac{(1-y)_{LM} \, \mathrm{d}y}{(1-y)(y-y^*)} \tag{4-28}$$

上式的积分项称为气相传质单元数 N_{OG}，即

$$Z = H_{OG} N_{OG} \tag{4-29}$$

此时，填料层塔高可由传质单元高度和传质单元数的乘积算出。由于传质单元数量纲为一，当传质单元高度在计算时带有单位，则最后的塔高单位为长度单位。

同理，对于液相传质单元数有

$$Z = \frac{L_{s,m}}{K_x a(1-x)_{LM}} \int_{x_2}^{x_1} \frac{(1-x)_{LM} \, \mathrm{d}x}{(1-x)(x^*-x)} \tag{4-30}$$

用液相传质单元高度 H_{OL} 和传质单元数 N_{OL} 来表示，则有

$$Z = H_{OL} N_{OL} \tag{4-31}$$

当溶质气体组分在气相或液相中的浓度很低时，传质单元高度可以表示为

$$H_{OG} = G_{c,m} / K_y a \tag{4-32}$$

$$H_{OL} = L_{s,m} / K_x a \tag{4-32a}$$

4.1.4.2 传质单元数的计算

在填料吸收塔中，传质单元数的物理意义可用下面的方法来说明。当 y 值小时(对低浓度废气是可行的)，$(1-y) \approx (1-y)_{LM}$，这样，传质单元数的定义变为

$$N_{OG} = \int_{y_2}^{y_1} \frac{(1-y)_{LM} \, \mathrm{d}y}{(1-y)(y-y^*)} \approx \int_{y_2}^{y_1} \frac{\mathrm{d}y}{y-y^*} \tag{4-33}$$

当上式分母项沿着塔的长度方向相对稳定时，上式最后项的积分是

$$N_{OG} = \frac{总的浓度变化}{平均推动力}$$

作为近似值，总传质单元数是平均推动力 $(y-y^*)$ 除气相总的浓度变化 $(y_1 - y_2)$。传质单元数是吸收困难程度的量度。必须指出，N_{OG} 是指气相总传质单元数。对于液相总传质单元数 N_{OL}，可用相应的方法来计算。

计算传质单元数的方法主要有以下三种。

(1) 解吸法

对于平衡线为直线的情况，基于亨利定律 $Y^* = mX$，可采用解吸法来求传质单元数，仍以求气相总传质单元数为例，即

$$N_{OG} = \int_{Y_2}^{Y_1} \frac{\mathrm{d}Y}{Y-Y^*} = \int_{Y_2}^{Y_1} \frac{\mathrm{d}Y}{Y-mX} \tag{4-34}$$

再由逆流操作吸收塔的物料衡算式(4-14)可知：

$$X = X_2 + \frac{G_{c,m}}{L_{s,m}}(Y - Y_2) \tag{4-35}$$

将式(4-35)代入式(4-34)得

$$N_{OG} = \int_{Y_2}^{Y_1} \frac{dY}{Y - m\left[X_2 + \dfrac{G_{c,m}}{L_{s,m}}(Y - Y_2)\right]} \tag{4-36}$$

令 $S = mG_{c,m} / L_{s,m}$，称为解吸因数，为平衡线斜率 m 与操作线斜率 $L_{s,m} / G_{c,m}$ 的比值，量纲为一，代入式(4-36)得

$$
\begin{aligned}
N_{OG} &= \int_{Y_2}^{Y_1} \frac{dY}{(1-S)Y + (SY_2 - mX_2)} \\
&= \frac{1}{1-S} \ln \frac{(1-S)Y_1 + (SY_2 - mX_2)}{(1-S)Y_2 + (SY_2 - mX_2)} \\
&= \frac{1}{1-S} \ln \frac{(1-S)(Y_1 - mX_2) + S(Y_2 - mX_2)}{Y_2 - mX_2} \\
&= \frac{1}{1-S} \ln \left[(1-S)\frac{Y_1 - mX_2}{Y_2 - mX_2} + S\right]
\end{aligned}
\tag{4-37}
$$

由式(4-37)可以看出，N_{OG} 的数值取决于 S 与 $(Y_1 - mX_2) / (Y_2 - mX_2)$ 这两个因素。当 S 值一定时，N_{OG} 与 $(Y_1 - mX_2) / (Y_2 - mX_2)$ 值之间有一一对应的关系。为了计算方便，在半对数坐标纸上以 S 为参数，按式(4-37)绘 N_{OG}-$(Y_1 - mX_2) / (Y_2 - mX_2)$ 的函数关系，得到如图 4-5 所示的一组曲线。利用此图可由已知的 $G_{c,m}$、Y_1、Y_2、$L_{s,m}$、X_2 及 m 值方便地查得 N_{OG} 的数值。

在图 4-5 中，横坐标值 $(Y_1 - mX_2) / (Y_2 - mX_2)$ 的大小反映溶质吸收率的高低。在气液相进口浓度一定的情况下，要求吸收率越高，则 Y_2 值越小，$(Y_1 - mX_2) / (Y_2 - mX_2)$ 的数值便越大，对应于同一值的 N_{OG} 值也越大。

参数反映吸收推动力的大小，在气液进口浓度及溶液吸收率已知的情况下，横坐标 $(Y_1 - mX_2) / (Y_2 - mX_2)$ 之值便已确定。此时增大 S 值就意味着减小液气比。其结果是溶液出口浓度提高，而塔内吸收推动力变小，因此 N_{OG} 值增大。反之，若参数 S 值减小，则 N_{OG} 值变小。

对于从混合气体中分离出溶质组分而进行的吸收过程而言，为了获得最高的吸收率，必须使出塔气体与进塔液体趋于平衡，这就意味着要采用较大的液体量，使操作线斜率大于平衡线斜率(即 $S < 1$)才有可能。反之，若要获得最浓的吸收液，则必须力求使

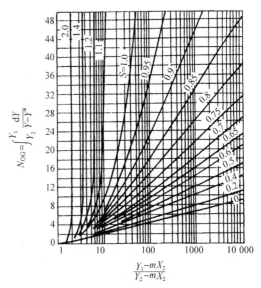

图 4-5　式(4-37)的图解

出塔液体与进塔气体趋于平衡, 这就意味着要采用小的液体量, 使操作线斜率小于平衡线斜率(即 $S > 1$)才有可能。在空气污染的控制中多着眼于提高污染物的吸收率, 因此 S 值常小于 1。有时还采用液体循环的操作方式, 以增大液气比, 从而有效降低 S 值, 但同时会失去逆流操作的优越性。通常情况下, 比较经济的解吸因数数值是 $S = 0.7 \sim 0.8$。

利用图 4-5 可较为方便地估算总的传质单元数, 但须指出, 只有在$(Y_1 - mX_2) / (Y_2 - mX_2) > 20$ 及 $S \leqslant 0.75$ 的范围内使用该图时, 读数才较准确。用同样的方法求解液相总传质单元数也可导出如下结果:

$$N_{\text{OL}} = \frac{1}{1 - A} = \ln\left[(1 - A)\frac{Y_1 - mX_2}{Y_1 - mX_1} + A\right] \tag{4-38}$$

此式多用于解吸操作计算, 式中 $A = L_{\text{s,m}} / mG_{\text{c,m}}$ 是解吸因数 S 的倒数, 称为吸收因数。

对于低浓度气体而言, 操作线和平衡线都为直线, 也可用另一种方法求得。由于符合亨利定律, 推动力 $\Delta y = y - y^*$、$\Delta y_i = y - y_i$ 或 $\Delta x = x^* - x$ 等, 也为 y 或 x 的一次函数。对于 $\Delta y = y - y^*$, 由于其为一次函数, 故任一截面上 Δy 随 y 的变化率 $\text{d}(\Delta y) / \text{d}y$ 皆等于塔顶、塔底间的比值 $(\Delta y_{\text{b}} - \Delta y_{\text{a}}) / (y_{\text{b}} - y_{\text{a}})$。

$$\frac{\text{d}(\Delta y)}{\text{d}y} = \frac{\Delta y_{\text{b}} - \Delta y_{\text{a}}}{y_{\text{b}} - y_{\text{a}}} \qquad \text{d}y = \frac{y_{\text{b}} - y_{\text{a}}}{\Delta y_{\text{b}} - \Delta y_{\text{a}}}\text{d}(\Delta y) \tag{4-39}$$

式中, $\Delta y_{\text{a}} = y_{\text{a}} - y_{\text{a}}^*$ 为塔顶气相总推动力; $\Delta y_{\text{b}} = y_{\text{b}} - y_{\text{b}}^*$ 为塔底气相总推动力。于是

$$\int_{y_{\text{a}}}^{y_{\text{b}}} \frac{\text{d}y}{y - y^*} = \frac{y_{\text{b}} - y_{\text{a}}}{\Delta y_{\text{b}} - \Delta y_{\text{a}}} \int_{\Delta y_{\text{a}}}^{\Delta y_{\text{b}}} \frac{\text{d}(\Delta y)}{\Delta y} = \frac{y_{\text{b}} - y_{\text{a}}}{\Delta y_{\text{b}} - \Delta y_{\text{a}}} \ln \frac{\Delta y_{\text{b}}}{\Delta y_{\text{a}}}$$

令

$$\Delta y_{\text{m}} = \frac{\Delta y_{\text{b}} - \Delta y_{\text{a}}}{\ln(\Delta y_{\text{b}} / \Delta y_{\text{a}})}$$

代表塔顶、塔底推动力的对数平均值, 则有

$$\int_{y_{\text{a}}}^{y_{\text{b}}} \frac{\text{d}y}{y - y^*} = \frac{y_{\text{b}} - y_{\text{a}}}{\Delta y_{\text{m}}}$$

(2) 梯级图解法

梯级图解法是利用图像求解传质数的简单方法。这个方法基于下列近似关系。

$$N_{\text{OG}} \approx \int_{y_2}^{y_1} \frac{\text{d}y}{y - y^*} = \int_{Y_2}^{Y_1} \frac{\text{d}Y}{Y - Y^*} \tag{4-40}$$

图 4-6 代表前面介绍过的 X-Y 图。平衡线 AB 很典型, 不是直线。而操作线 CD 正如前面讨论过的是直线。操作线和平衡线之间的垂直距离代表浓度差, 是吸收过程的推动力。当气膜阻力起控制作用时, 连接操作线与平衡线垂直距离的中点便是 EF 线。然后从 C 点开始, 画水平线使 $CG = GH$。点 H 的位置可能在平衡线的左边或右边, 从 H 点作垂直线向上与 CD 线交于 J 点。再画 $JK = KL$, 从 L 点再画另一条垂直线向上交 CD 线于 M 点, 梯级 CHJ 和 JLM 每一个都代表一个传质单元。用同样的几何方法作这些梯级直到 D 点或作一垂线在交点的右边通过为止。总的梯级和最后一个部分之和是总的传质单元数 N_{OG}。

当液相阻力起控制作用时, 开始也是画出 EF 线。然后从操作线上的 D 点开始画垂直

线 DQ，这样 $DN = NQ$，然后从 Q 点向 CD 线画水平
线。这样继续画，一直到操作线上的 C 点为止。同样
总的梯级数代表所需的传质单元数 N_{OL}。

(3) 图解积分法

图解积分法是根据定积分的几何意义引出的一
种计算传质单元数的方法。该法常用于平衡线不为直
线的情况。

从气相总传质单元数的表达式(4-34)看出，被积
分函数 $1/(Y - Y^*)$ 中有 Y 和 Y^* 两个变量，但 Y^* 与 X 之
间存在平衡关系 $Y^* = f(X)$，任一截面上又存在操作关
系。因此，只要 X-Y 图上有平衡线和操作线，便可由
任何一个 Y 值求出相应的 $(Y - Y^*)$ 值(推动力)，并可计
算 $1/(Y - Y^*)$ 的数值。再在直角坐标系中将
$1/(Y - Y^*)$ 与 Y 的对应关系进行标绘，所得的曲线与
$Y = Y_1$、$Y = Y_2$ 及 $1/(Y - Y^*) = 0$ 三条直线之间所包围

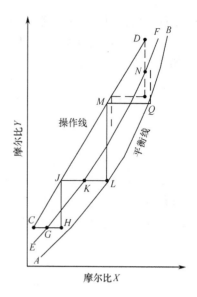

图 4-6　梯级图解法示意图

的面积，便是积分 $\int_{Y_2}^{Y_1} \dfrac{\mathrm{d}Y}{Y - Y^*} = N_{OG}$ 的值。

若用图解积分法求液相总传质单元数 N_{OL}，其方法和步骤与此相同。

4.1.4.3　传质单元高度的计算

传质单元高度可以从工厂的研究中得到，这需要小规模的中试设备尽可能与真实设备
的条件相接近。在无法直接测量数据的情况下，用量纲为一的关系式来揭示传质操作之间的
相似性，从而可以估算传质单元高度 N_{OG}。首先，存在以下关系式：

$$\frac{1}{K_y} = \frac{1}{k_y} + \frac{m}{k_x} \tag{4-41}$$

用一个相同的量来乘上式各项，式(4-41)可写成

$$\frac{G_m}{K_y a (1-y)_{Lm}} = \frac{G_m}{k_y a (1-y)_{Lm}} + \frac{m G_m}{L'_m} \frac{L_m}{k_x a (1-x)_{Lm}} \frac{(1-x)_{Lm}}{(1-y)_{Lm}}$$

将上面公式右边两项与式(4-27)对照，发现与 H_{OG} 相似，因此可以得

$$H_G = \frac{G_m}{k_y a (1-y)_{Lm}} \quad \text{和} \quad H_L = \frac{L_m}{k_x a (1-x)_{Lm}} \tag{4-42}$$

这里 $(1-x)_{Lm}$ 与式(4-23)中引入的 $(1-y)_{Lm}$ 有相同的数学意义。因此

$$H_{OG} = H_G + \left(\frac{m G_m}{L_m}\right) H_L \frac{(1-x)_{Lm}}{(1-y)_{Lm}} \tag{4-43}$$

对于稀溶液，将式(4-43)简化：

$$H_{OG} = H_G + \left(\frac{m G_m}{L_m}\right) H_L \tag{4-44}$$

这个方程式可以基于气相和液相的传质单元高度 H_G 和 H_L 来计算总的传质单元高度。

气相和液相传质单元高度已经在很广的范围内通过实验数据校正过，H_G 和 H_L 的一般公式如下：

$$H_G = \alpha (G')^m (L')^n \left(\frac{\mu_G}{\rho_G D_G} \right)^{0.5} \tag{4-45}$$

$$H_L = \beta (L'/\mu_L)^q \left(\frac{\mu_L}{\rho_L D_L} \right)^{0.5} \tag{4-46}$$

式中，H_G、H_L 分别为气、液相的分传质单元高度，m；α、β、m、n、q、G'、L' 为由填料规格和操作范围所决定的常数，其值列在表 4-1 及表 4-2 中；μ_G、μ_L 分别为气、液相的黏度，$N \cdot s/m^2$ 或 $Pa \cdot s$；ρ_G、ρ_L 分别为气、液相的密度，kg/m^3；D_G、D_L 分别为溶质在气、液相中的扩散系数，m^2/s。

表 4-1　式(4-45)中的常数值

填料规格		适用范围		常数值		
		G'	L'	α	m	n
拉西环	25mm(1 英寸)	0.27~0.81	0.68~6.1	0.557	0.32	−0.51
	38mm(1.5 英寸)	0.27~0.95	2.03~6.1	0.689	0.38	−0.40
	50mm(2 英寸)	0.27~1.09	0.68~6.1	0.894	0.41	−0.45
弧鞍	13mm(0.5 英寸)	0.27~0.95	2.03~6.1	0.367	0.30	−0.24
	25mm(1 英寸)	0.27~1.09	0.54~6.1	0.461	0.36	−0.40
	38mm(1.5 英寸)	0.27~1.36	0.54~6.1	0.652	0.32	−0.45

注：1 英寸 = 2.54cm。

表 4-2　式(4-46)中的常数值

填料规格		L' 的范围	β	q
拉西环	25mm	0.54~20.3	2.35×10^{-3}	0.22
	38mm	0.54~20.3	2.61×10^{-3}	0.22
	50mm	0.54~20.3	2.93×10^{-3}	0.22
弧鞍	13mm	0.54~20.3	1.456×10^{-3}	0.28
	25mm	0.54~20.3	1.285×10^{-3}	0.28
	38mm	0.54~20.3	1.366×10^{-3}	0.28

4.1.4.4　最小设计液气比

参考图 4-7，在控制空气污染的吸收操作中，在吸收塔底和塔顶的量值是 G_{m1}、y_1(或 Y_1) 和 x_1(或 X_1)、G_{m2}、y_2(或 Y_2) 和 x_2(或 X_2)。关于气相，进口流量和浓度是已知的，出口气体浓度必须符合某一种规定的污染物排放标准，也是已知的。关于液相，在污染物组分 A 的进口处，液相浓度是已知的，它可能是新鲜的不含污染物的溶剂，或者是在解吸塔内溶质(污染物)的浓度被减小到规定值以后循环使用的溶液。由式(4-14)可知，L_s 和 X_1(或 x_1)值是未确定的，因此需要进行相应的设计。

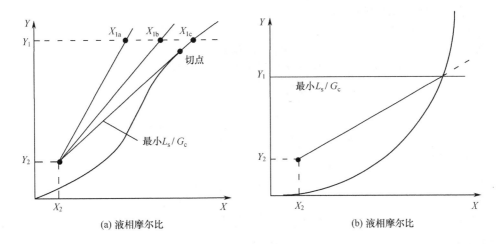

图 4-7　最小液气比的操作线图

设计 L_s 和 X_1 值,可以选择其中一个固定值,然后通过式(4-14)求其他值。参看图 4-7(b),注意到 Y_2、X_2 和 Y_1 是已知的输入值。这样操作线的一端(在吸收塔的顶部 Y_2、X_2)是固定的,另一端必须在水平线 Y_1 的某处,即确定一个 X_1 值。在水平线上有无限多个 X_1 值,即有无限多条操作线。在无限多的值中现假设有三点:X_{1a}、X_{1b}、X_{1c}[图 4-7(a)]。注意从 X_{1a} 到 X_{1b} 再到 X_{1c},X_1 值逐渐增加。为了符合式(4-14),液态值 L_s 在同样的方向上必须逐渐减小。很明显,通过 X_{1c} 的线代表最小的溶剂流量,在这里操作线与平衡线正切。如果线的斜率稍微小一点,则在塔部分的操作线将在平衡曲线下面,在这种情况下将出现解吸,而不是吸收。因而通过 (Y_1, X_{1c}) 点的操作线在给定的气体流量条件下 L_s 是最小的吸收液(溶剂)流量。将此时得到的 L_s / G_c 称为"最小液气比",用 $(L_s / G_c)_{min}$ 来表示。

在最小液气比 $(L_s / G_c)_{min}$ 时,即在操作线与平衡线的接触点,传质推动力为零。这样,设计流量必须大于最小流量。如果流量刚好比最小流量大一点,平均推动力仍然相当小,吸收塔将很高。另外,大的平均推动力是在消耗很大的液体流量下得到的,这意味着大的溶剂循环量和大的能源消耗。但这样,塔的高度可以相对小一些。在这两种情况下,合理的选择是要从经济和其他条件来考虑。一般的操作原则是选择吸收塔的液气比为 $1.2 \sim 1.6(L_s / G_c)_{min}$。

例题 4-1　在填料塔中用水吸收空气中所含的丙酮蒸气,丙酮初含量为 3%(V/V)。现需在塔中吸收其 98%。混合气入塔流速为 $G_m = 0.02 \text{kmol}/(\text{m}^2 \cdot \text{s})$,操作温度 $T = 293\text{K}$,总压 $P = 1.013 \times 10^{-5}\text{Pa}$。此时的平衡关系为 $y = 1.75x$,填料塔的体积总传质系数 $K_y a = 0.016 \text{kmol}/(\text{m}^2 \cdot \text{s} \cdot \Delta y)$。若出塔水中丙酮浓度为饱和浓度的 70%,求所需的水量及填料层高度。

解　塔底、塔顶的气、液组成为

$$y_b = 0.03, \quad Y_b = 0.03/0.97 = 0.0309$$
$$Y_a = (1 - 0.98)Y_b = 6.18 \times 10^{-4}, \quad y_a = 6.18 \times 10^{-4}$$
$$x_a = 0$$
$$x_b = 0.7x_b^* = 0.7(y_b / 1.75) = 0.012$$

将以上组成数据代入物料衡算式(4-13),由于丙酮含量很低,可认为塔顶、塔底的液体流量相等。于是,可得

$$0.02(0.03 - 6.18 \times 10^{-4}) = L(0.012 - 0)$$

故

$$L = 0.049 \text{kmol}/(\text{m}^2 \cdot \text{s})$$

现分别应用两种方法计算填料层高度。

(1) 对数平均推动力计算

塔顶
$$\Delta y_a = y_a - mx_a = y_a = 6.18 \times 10^{-4}$$

塔底
$$\Delta y_b = y_b - mx_b = (300 - 210) \times 10^{-4} = 90 \times 10^{-4}$$

平均
$$\Delta y_m = \frac{(90 - 6.18) \times 10^{-4}}{\ln(90 / 6.18)} = 31.3 \times 10^{-4}$$

故有
$$h_0 = \frac{G}{K_y a} \frac{y_b - y_a}{\Delta y_m} = \frac{0.02}{0.016} \times \frac{(300 - 6.2) \times 10^{-4}}{31.3 \times 10^{-4}} = 11.7(\text{m})$$

(2) 吸收因数法计算

液气比
$$\frac{L}{G} = \frac{y_b - y_a}{x_b - x_a} = \frac{294 \times 10^{-4}}{0.012} = 2.45$$

吸收因数
$$A = \frac{L}{mG} = \frac{2.45}{1.75} = 1.40$$

脱吸因数
$$S = 0.275$$

吸收要求
$$\frac{y_b - mx_a}{y_a - mx_a} = \frac{y_b}{y_a} = \frac{0.03}{6.18 \times 10^{-4}} = 48.5$$

代入式(4-37)，计算可得 $N_{OG} = 9.39$，也可查图 4-5，得 $N_{OG} \approx 9.5$。

两者相差不大，故

$$h_0 = 1.25 \times 9.39 = 11.7(\text{m}) \quad \text{或} \quad h_0 \approx 1.25 \times 9.5 = 11.9(\text{m})$$

与前法计算完全相同，而查图得到的结果差别也不大。

例题 4-2 在填料塔中用水吸收空气中的低浓度 NH_3，操作温度可认为不变 $T = 293\text{K}$，总压 $P = 100\text{kPa}$，亨利系数 $E = 76.6\text{kPa}$。填料为 50mm 瓷拉西环；气体、液体的空塔质量流速分别为 $G' = 0.5\text{kg/(m}^2 \cdot \text{s)}$、$L' = 2\text{kg/(m}^2 \cdot \text{s)}$，计算传质单元高度 H_G、H_L、H_{OG}。

解 (1) 首先找出算式中需要的物性数据

A. 液体性质(293K)

$$\rho_L = 1000\text{kg/m}^3, \quad \mu_L = 1.01 \times 10^{-3}\text{Pa} \cdot \text{s}$$

查得在 285K 时氨在水中的扩散系数为 $1.64 \times 10^{-9}\text{m}^2/\text{s}$，再应用关系 $D_L \propto T/\mu_L$，换算到 293K，又查得 285K 时水的黏度为 $1.24 \times 10^{-3}\text{Pa} \cdot \text{s}$，故

$$D_L = 1.64 \times 10^{-5} \left(\frac{293}{285}\right)\left(\frac{1.24}{1.01}\right) = 2.07 \times 10^{-5}(\text{cm}^2/\text{s}) = 2.07 \times 10^{-9}(\text{m}^2/\text{s})$$

于是
$$\mu_L / \rho_L D_L = 1.01 \times 10^{-3} / (10^3 \times 2.07 \times 10^{-9}) = 488$$

B. 气体性质(293K)

$$\rho_G = 1.2\text{kg/m}^3, \quad \mu_G = 1.8 \times 10^{-5}\text{Pa} \cdot \text{s}$$

查得氨在空气中的扩散系数为 $1.98 \times 10^{-5}\text{m}^2/\text{s}$，应用关系式 $D_2 = D_1 \left(\frac{P_1}{P_2}\right)\left(\frac{T_2}{T_1}\right)^{1.75}$，换算到 293K：

$$D_G = 1.98 \times 10^{-5} \times (293 / 273)^{1.75} = 2.24 \times 10^{-5}(\text{m}^2/\text{s})$$

故

$$\mu_G / \rho_G D_G = 1.8 \times 10^{-3} / (1.2 \times 2.24 \times 10^{-5}) = 0.67$$

(2) 计算传质单元高度

现气体和液体的流速都在式(4-45)、式(4-46)适用的范围内。为计算气相传质单元高度 H_G，由表 4-1 查得对于 50mm 瓷拉西环：$\alpha = 0.894$，$m = 0.41$，$n = -0.45$，代入式(4-45)中：

$$H_G = 0.894(0.5)^{0.41}(2)^{-0.45}(0.67)^{0.5} = 0.894(0.753)(0.732)(0.819) = 0.403(\text{m})$$

同理可算出液相传质单元高度：

$$H_L = (2.93 \times 10^{-3})(2/1.01 \times 10^{-3})^{0.22}(488)^{0.5} = (2.93 \times 10^{-3})(5.31)(22.1) = 0.344 (m)$$

相平衡常数　　　　　　　　　　$m = E/p = 76.6/100 = 0.766$

吸收因数　　　　　　　　$A = \dfrac{L'/18}{m(G'/29)} = \dfrac{2/18}{0.766(0.5/29)} = 8.41$

故　　　　　　　　　　$H_{OG} = 0.403 + 0.344/8.41 = 0.444 (m)$

4.1.5　伴有化学反应的吸收

4.1.5.1　化学吸收过程的传质速率表达式

从双膜模型出发比较物理吸收和化学吸收过程,对于气相一侧,两种情况相同,均可用物理吸收的传质速率方程即式(4-15)表示。对于气相界面的平衡关系,多数情况下仍采用亨利定律表示。但在液相一侧,物理吸收时的传质仅为扩散过程,化学吸收时则兼有扩散与化学反应两种过程,从而加大了液相传质分系数,进而使气相及液相传质总系数也相应改变。显然液相反应速率不同对传质系数的影响也不同。

液相中发生化学反应时,传质速率的表示有两种方法。如果选取与物理吸收相同的推动力($\Delta C_A = C_{Ai} - C_A$),则采用加大的液相传质分系数 k_L';如果选取与物理吸收相同的传质分系数 k_L,则采用增大的推动力($\Delta C_A + \delta$),即

$$N_A = k_L(\Delta C_A + \delta) \tag{4-47}$$

$$N_A = k_L' \Delta C_A \tag{4-48}$$

通常取 k_L' 与 k_L 之比为增强系数,以 α 表示,其意义为吸收过程中因在液相发生化学反应而使液相传质分系数增加的倍数,δ 表示在液相中进行化学反应时推动力的增大值。

一般情况下,伴有化学反应吸收过程的吸收速率表达式采用式(4-48),利用式(4-20)或式(4-21)就可求得化学吸收过程的总传质系数。

定义 $\alpha = k_L'/k_L$ 为伴有化学反应吸收过程的增强因子。于是式(4-17)变为

$$N_A = \alpha k_L(C_{Ai} - C_A) \tag{4-49}$$

式中,α 随反应动力学不同而变化。因此,要求解 α 并不容易。首先,必须知道伴有化学反应吸收过程的反应动力学类型,如瞬时反应、快速反应、中速反应或慢速反应等。在这些反应中,又分一级反应、拟一级反应、二级反应、拟二级反应或其他类型的反应等。如何确定反应类型和求算反应速率常数不是本书的内容。本书仅就常见的反应类型设计计算吸收塔进行介绍。

4.1.5.2　不同反应类型的增强因子表达式

对于给定的化学反应,根据双膜模型、表面更新模型或溶质渗透模型,其增强因子表达式也不相同。但由于应用不同的理论分别计算得到的化学反应增强因子在绝大多数情况下相差都不大,误差一般在8%以内,只在个别情况下达到20%。基于这种情况,利用最常见且最简单的一种形式——双膜模型的表达式进行介绍。

(1) 瞬时反应

对于不可逆瞬时反应:

$$A(溶质) + bB(反应物) \longrightarrow C(反应产物) \tag{4-50}$$

其增强因子的表达式为

$$\alpha = 1 + rS \tag{4-51}$$

式中，$r = D_B / D$，称为扩散系数比，D、D_B 分别为溶质 A 和反应物 B 在溶液中的扩散系数；$S = C_{BL} / (bC_{Ai})$，称为计量浓度比，C_{Ai} 为溶质 A 在相界面处的浓度，$kmol/m^3$，C_{BL} 为反应物 B 在液相主体中的浓度，$kmol/m^3$。

$$C_{BL}^c = \frac{bk_G}{rk_L} P_G \tag{4-52}$$

定义 C_{BL}^c 为临界浓度。当反应物在液相主体中的浓度 C_{BL} 大于 C_{BL}^c 时，式(4-51)便不再合适，而应用 C_{BL}^c 来代替 C_{BL}。

临界浓度表示了相界面积和液膜内的反应界面重叠，即液相完全无阻力的情况。当 C_{BL} 大于 C_{BL}^c 时，应使用 C_{BL}^c 来计算 S。

(2) 快速一级或拟一级反应

在快速化学反应中，液相主体溶质 A 的浓度可以忽略，即 $C_A = 0$。对于双膜模型，一级反应的增强系数为

$$\alpha = \frac{\gamma}{\tanh \gamma} \tag{4-53}$$

式中，$\tanh \gamma$ 为双曲正切函数；参数 $\gamma = \sqrt{k_1 D / k_L^2}$，其中 k_1 为一级反应速率常数。当 $\gamma > 3$ 时，$\alpha \approx \gamma$。

对于渗透模型，有

$$\alpha = \sqrt{1 + \gamma^2} \tag{4-54}$$

当 $\gamma > 5$ 时，也有 $\alpha \approx \gamma$。双膜模型和渗透模型的结果相同。

对于其他化学反应，增强因子的计算公式比较复杂，本书不再介绍，可参考有关气液传质反应的教材或书籍。

4.1.5.3 伴有化学反应吸收设备的计算

当吸收过程伴有化学反应时，则在许多情况下设备的设计计算显得更为简单。下面以常见的酸性气体吸收中遇到的瞬时反应为例来计算吸收塔。

(1) 填料吸收塔的计算

当化学反应速率很快时，液相溶质浓度为零。于是，式(4-26)可以简化为

$$dZ = \frac{G_m dy}{K_y a y} \tag{4-55}$$

积分得

$$Z = \frac{G_m}{K_y a} \int_{y_2}^{y_1} \frac{dy}{y} = H_{OG} \ln \frac{y_2}{y_1} \tag{4-56}$$

或者

$$Z = \frac{G_m}{K_G a P} \int_{P_2}^{P_1} \frac{dP}{P} = H_{OG} \ln \frac{P_2}{P_1} \tag{4-56a}$$

尤其是当 k_L 非常大，以至于 $Hk_L \gg k_G$，则属于完全气膜控制。此时，$K_G \approx k_G$，故有

$$Z = \frac{G_m}{k_G aP} \int_{P_2}^{P_1} \frac{\mathrm{d}P}{P} = H_G \ln \frac{P_2}{P_1} \tag{4-57}$$

当 k_L 不是很大，或者液膜阻力不能完全忽略时，则必须分别计算 k_G、k_L 和 a，然后计算 Z。

(2) 板式吸收塔的计算

图 4-8 表示了一层塔板上的有关参数(设参数按顺序从下往上数)。图中 y_n、y_{n+1} 分别为进出第 $n+1$ 块塔板的气相组成，与其成相对平衡的气相组成分别为 y_n^*、y_{n+1}^*；E_{mv} 为气相单板效率(也称为气相默弗里单板效率)，由下式给出：

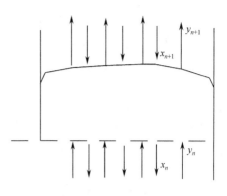

图 4-8　塔板上传质分析示意

$$E_{mv} = \frac{y_n - y_{n+1}}{y_n - y_{n+1}^*} \tag{4-58}$$

当已知塔板的气相单板效率，且伴有快速化学反应的吸收($x = 0$)，而使 $y_{n+1}^* = mx_{n+1} = 0$，于是有

$$E_{mv} = \frac{y_n - y_{n+1}}{y_n} = 1 - \frac{y_{n+1}}{y_n} \tag{4-59}$$

对于各层塔板 E_{mv} 均相等，则有

$$\frac{y_{n+1}}{y_n} = 1 - E_{mv} \tag{4-60}$$

整理，可得

$$\frac{y_N}{y_{N+1}} \times \frac{y_{N+1}}{y_{N+2}} \times \cdots \times \frac{y_1}{y_b} = (1 - E_{mv})^N$$

若给定吸收率 η，$\eta = 1 - y_N / y_b$，故

$$\eta = 1 - \frac{y_N}{y_b} = 1 - (1 - E_{mv})^N \tag{4-61}$$

只要知道 η、E_{mv}，就可以求算塔板数 N，反之亦然。

例题 4-3　若使用 1.2kmol/m^3 硫酸溶液吸收例题 4-2 中的含氨废气，氨气的进口浓度为 12.5g/m^3，要求对废气的净化效率为 98% 以上。已知气相和液相传质系数分别为 $k_G = 3 \times 10^{-3}\text{kmol/(m}^2 \cdot \text{s} \cdot \text{MPa)}$ 和 $k_L = 1 \times 10^{-4}\text{m/s}$，氨在水中的溶解度系数 $H = 7.3 \times 10^{-4}\text{kmol/(m}^3 \cdot \text{Pa)}$，求所需的填料高度 h。

解　由反应式 $\text{H}_2\text{SO}_4 + 2\text{NH}_3 \longrightarrow (\text{NH}_4)_2\text{SO}_4$ 可知，$b = 2$；

由物料衡算 $G'C_{A,b}98\% / (17 \times 1.2) = bL'(C_{B,a} - C_{B,b})$，可知 $C_{B,b} = 1.12$。

硫酸与氨反应为瞬时反应(对于无机酸碱反应，通常均为瞬时反应)。假定 $r = D_B/D \approx 1$(一般为 0.6~1.0，取 1.0 是保守的)，而 C_{Ai} 用 $C_{A,b}$ 代替(计算结果是保守的)，则根据式(4-52)，有

$$C_{BL}^{c} = \frac{2 \times 3 \times 10^{-3}}{1 \times 1 \times 10^{-4}} \times \frac{12.5 \times 22.4}{17 \times 1000} = 0.988(\text{kmol/m}^3) \, < C_{B,b}$$

反应在界面上进行，液相阻力为零，故 $H_{OG} = H_G = 0.403\text{m}$。

因为 $y^* = 0$，$P = 0.1013\text{MPa}$，所以 $h = H_G \int dy / y = 0.403\ln(y_b / y_a)$；

又因为 $y_a / y_b = 1 - \eta = 0.02$，所以 $y_b / y_a = 50$。

故 $$h = 0.403 \times \ln 50 = 1.58(\text{m})$$

若使用板式吸收塔，假定该板式塔的气相单板效率 $E_{mv} = (y_{n-1} - y_n) / y_{n-1} = 0.50$，则所需的塔板数为

$$0.98 = 1 - (1 - E_{mv})^N = 1 - (1 - 0.50)^N = 1 - 0.50^N$$

得 $$N = \ln(1 - 0.98) / \ln 50 = -1$$

从此题可以看出，对于化学吸收，计算方法可以大为简化。

4.1.6 解吸(脱吸)

作为气体混合物分离手段之一的气体吸收过程，一般由吸收和解吸两部分组成，对物理吸收尤其如此。以煤气净化过程为例，为了分离回收煤气中所含的苯类化合物，首先将含苯的煤气在常温下送入吸收塔底部，洗油(吸收剂)由塔顶喷淋入吸收塔。在煤气与洗油接触过程中，煤气中的苯类蒸气溶于洗油，形成富油。从吸收塔顶出来的脱苯煤气可供使用，而吸收塔底出来的富油必须再生，即取出富油中的苯，使洗油能够循环使用。因此，需要在解吸塔内进行与吸收相反的操作——解吸。

含苯的富油的解吸一般是用热解吸法，先将富油预热到一定温度后由解吸塔顶喷入，在塔底通入过热水蒸气。洗油中的苯在高温下逸出而被水蒸气带走，经冷凝分层将水除去可得到苯类液体。脱除苯类溶质后的洗油称为贫油，经冷却后可作为吸收剂再次送入吸收塔循环使用。由此可见，一个完整的物理吸收分离过程一般包括吸收和解吸两部分。

解吸是吸收的逆过程。解吸的方法有以下四种。

1) 热解吸。这是最普通的解吸方法，解吸过程是用直接蒸气作为解吸剂或者间接蒸气加热。由于高温时一般气体物质在溶质中的溶解度小，因此在解吸塔内在高于原来吸收塔的温度下，被吸收的溶质便从吸收液中释放出来。上面叙述的从煤气净化的吸收液中分离出苯系物质，就是利用的热解吸。

2) 惰性气流解吸。利用惰性气体(通常是空气)在解吸塔中与吸收液逆流接触，一般使用的气量大，使吸收液中的溶质得以吹脱出来，溶剂得以再生。用惰性气体解吸一般是为了循环利用吸收剂。

3) 减压解吸。这种解吸是最简单的方法之一。当吸收在正压下进行时，则吸收液在常压下便可得到解吸；当吸收在常压下进行时，则解吸塔应在负压条件下进行操作。

4) 化学解吸。在废气治理中，采用化学吸收可使溶质发生化学变化，产生新的物质存在于溶液中。为了恢复吸收剂的吸收能力和回收化工产品，常采用化学处理法。例如，氨水液相催化法处理 H_2S 废气时，用含有苯二酚的氨水吸收 H_2S，生成 $NH_4 \cdot HS$，然后将溶液送入再生塔(解吸塔)，通入压缩空气，在对苯二酚的催化作用下，$NH_4 \cdot HS$ 被氧化成元素硫，同时使氨水得到再生重新用于吸收塔。又如，氨-酸法处理低浓度 SO_2 时，氨与 SO_2 作用生成 NH_4HSO_3 和 $(NH_4)_2SO_3$，然后用硫酸处理吸收液，NH_4HSO_3 和 $(NH_4)_2SO_3$ 被硫酸分解出 SO_2，用于制造硫酸，同时得到副产品——硫酸铵。

不同解吸方法可以配合应用，如热解吸和惰性气流解吸的联合使用，适用于吸收操作的

设备也同样适用于解吸操作，前面关于吸收的理论与计算方法也适用于解吸。但在解吸过程中，溶质组分在液相中的实际浓度总是大于与气相平衡的浓度，因而解吸过程的操作线总是位于平衡曲线的下方。也就是说，解吸过程的推动力应是吸收推动力的相反值。因此，只需将吸收速率式中的推动力(浓度差)的前后项调换，所得计算公式便可用于解吸。

例如，当平衡关系可用 $Y^* = mX$ 表达时，对于吸收过程，曾由 $N_{OL} = \int_{X_2}^{X_1} \dfrac{\mathrm{d}X}{X - X^*}$ 推得总传质单元数式(4-34)，对于解吸过程同样可以推得相同形式的计算式，即

$$N_{OL} = \frac{1}{1-A} \ln\left[(1-A) \frac{Y_1 - mX_2}{Y_2 - mX_2} + A \right] \tag{4-62}$$

式中，下标 1、2 分别为塔底及塔顶两截面。但要注意，对于解吸过程塔底为稀端，而塔顶为浓端。实际计算中由于解吸的溶质量以 $L_{s,m} \cdot \mathrm{d}X$ 表示较为方便，故式(4-62)较多用于解吸过程。在吸收计算中用来求 N_{OG} 的图 4-5，只需将纵坐标改为 N_{OL}、横坐标改为 $(Y_1 - mX_2)/(Y_2 - mX_2)$，参数改为 $L_{s,m}/mG_{c,m}$(即 A)，便可用于求解收过程的液相总传质单元数 N_{OL}。

计算吸收过程理论板数(或总传质单元数)的梯级图解法，对于解吸过程也同样适用。

4.1.7　吸收设备选择的基本原则

前面介绍了气液两相间的传质理论，本节将从气液两相吸收过程的简单方程式出发，探讨影响气体吸收的几个主要因素，从而进一步分析改进吸收效果的方法及切入点。

气液间的传质速率可写成如下形式：

$$M_A = K_G A (P_A - P_A^*) \tag{4-63}$$

式中，M_A 为气体吸收速率，$M_A = N_A A$，kmol/s；A 为两相间的有效传质面积，m^2。显然，要加大吸收速率 M_A，可有以下几种途径。

(1) 加大传质推动力 $\Delta P = P_A - P_A^*$

对于净化一定浓度的废气，其 P_A 是确定的，通常也是很小的，为了加大传质推动力，唯一的方法是降低 P_A^*。对于物理吸收，由于 $P_A^* = C_A / H$，故 P_A^* 受到 C_A 的限制，同时，因为再生时所需要的 C_A 尽可能大，则 P_A^* 也不可能太低。对于化学吸收，由于反应的 P_A 可以趋近于零，故传质推动力最大可以达到 $\Delta P = P_A$。

(2) 增加气相传质系数 K_G

由式(4-21)，气相总传质系数 K_G 可以表示成气、液两相组分传质系数的函数：

$$\frac{1}{K_G} = \frac{1}{k_G} + \frac{1}{k_L H} \tag{4-64}$$

通过改进气相传质设备的结构特性、流动状态等，可以增大 k_L 和 k_G，增大的数量级最大为 10 倍左右。k_L 除改进装置特性及流动状态外，若伴有化学反应，则 $k_L' = \alpha k_L$。其中 α 为化学反应的增强因子，其范围为 $1.0 \sim 10^6$，主要与反应的特征有关。

由于增强因子 α 可以达到很高，故对有化学反应的吸收过程而言，其阻力往往存在于气相(除非 H 很小且 α 也不是特别大)。因此，通常选择气相连续型的气液传质设备(k_G 大)。

(3) 增加气液两相的有效传质面积 A

对于传质设备，气液两相的有效传质面积均用单位体积的有效传质面积来表示：

$$\alpha = A / V \tag{4-65}$$

对于 α 值，由于传质设备和操作工况的不同，其变化范围可以从数百平方米每立方米到数万平方米每立方米，变化范围可达数千乃至数万倍。所以，从目前来看，如何增大气液相接触界面是影响吸收设备选择的关键因素。

有关吸收设备的特性，请参考气液传质设备方面的专著。

4.2 气体吸附

气体吸附是用多孔固体吸附剂将气体(或液体)混合物中的一种或数种组分浓缩于固体表面，而与其他组分分离的过程。选择合适的吸附剂及废气与吸附剂间的接触时间，可以达到很高的净化效率。此外，吸附过程也有可能实现被吸附物质(吸附质)的经济回收。气体吸附的工业应用有：臭气治理；苯、乙醛、三氯乙烯、氟利昂等挥发性有机蒸气的回收；工艺过程气流的干燥。本章将着重介绍挥发性有机化合物在固定床吸附系统中的净化，并对流化床吸附器进行简单的叙述。

在对基本理论和吸附系统设计进行论述前，首先对典型的固定床活性炭吸附系统的构成和操作进行介绍，见图 4-9。在图 4-9 的系统中，使用了两台水平安放的圆柱形吸附槽。槽内用筛网支撑着圆柱形的颗粒(活性)炭(吸附剂)床层。阀门将每个床层隔开。来自工艺生产过程的空气和蒸气的混合物(废气)进入主风机并通过冷却器。废气需要冷却的理由在于单位质量活性炭所吸附的有机物的量随温度的降低而增加。冷却后的气流向上通过吸附床层，在吸附层中有机蒸气被除去，净化后的空气被排出或重新回到工艺过程中。通过出口烟道中的有机蒸气检测器检测废气中的气体浓度来检测床层的饱和度。当检测器表明最大允许的废气排放浓度已经超过(或穿透)时，废气流自动地被切换到已被再生和冷却后的空床层。

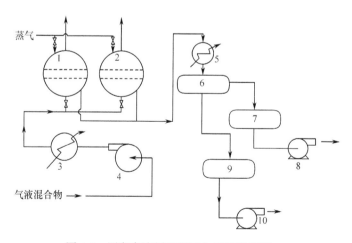

图 4-9　固定床溶剂吸附回收系统流程图

1, 2. 吸附槽；3. 冷却器；4. 主风机；5. 冷凝器；6. 静止分层器；7. 有机物储槽；8. 泵；9. 废液储槽；10. 废液泵

饱和床层直接用通至床层顶部的低压水蒸气再生。被吸附的有机蒸气从活性炭上逸出，水蒸气和有机蒸气混合物被冷凝，并在分离器中收集及初分离。若冷凝有机物在水中不溶解，

则简单的静止分层即可。否则，需要用附加的分离方法(如精馏)。

4.2.1　吸附理论

4.2.1.1　物理和化学吸附

根据吸附剂表面与吸附质之间作用力的不同，吸附可分为物理吸附和化学吸附。物理吸附也称为范德华吸附，是由分子间范德华力引起的，吸附剂与吸附质间的吸附力不强，并且不会发生化学反应，键能与液体分子间的引力相近。吸附过程是放热反应，吸附热常常稍高于吸附质的蒸发热。当气体中吸附质分压降低或温度升高时，吸附剂与吸附质之间的作用力极易被破坏，使得被吸附的气体易从固体吸附剂表面逸出，因此工业上常采用加热和减压的方法对吸附剂进行再生。

化学吸附是由吸附质与吸附剂之间的化学键作用而产生的。化学吸附热与反应热近似有相同的数量级，化学吸附极难可逆。SO_2 在活性炭上被氧化成 SO_3 即为化学吸附的一个例子。活性炭作为催化剂可与许多气体反应，在设计控制和回收系统时，这一个因素必须被考虑。除了一些极特殊的情况之外，化学吸附后被吸附物料的再生是相当困难的。

4.2.1.2　吸附等温线

当吸附质与吸附剂长时间接触后，终将达到吸附平衡。一定温度下，吸附平衡时，吸附质分子在气固两相中的浓度关系一般用吸附等温线表示，如图 4-10 所示。一般吸附剂吸附特定的吸附质的能力正比于吸附质的分子量，反比于吸附质的蒸气压。等温线上的一点表示在一定温度和浓度下吸附达到平衡时，单位质量的吸附剂对吸附质的吸附量。图 4-11 所示的等温线为典型的多组分溶剂在活性炭上被吸附的曲线。

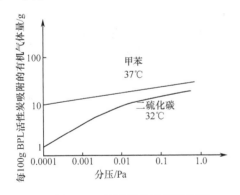

图 4-10　活性炭吸附等温线图

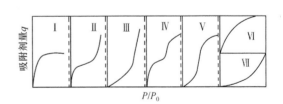

图 4-11　各种不同类型的吸附等温线

Langmuir 基于如下的假定导出了吸附等温线方程：①吸附剂表面性质均一，每一个具有剩余价力的表面分子或原子能且只能吸附一个气体分子；②气体分子在固体表面为单层吸附；③吸附是动态平衡的，被吸附分子受热运动影响可重新回到气相；④达到吸附平衡时，吸附速率等于脱附速率；⑤气体分子(吸附质)被吸附剂吸附的速率正比于吸附质的气体分压；⑥吸附在固体表面的气体分子之间无作用力。假定 f 为吸附剂表面上已被气体分子覆盖的表面积的分数，则吸附速率可写为

$$r_a = C_a P(1-f) \tag{4-66}$$

式中，r_a 为吸附速率；C_a 为吸附常数；P 为气相中吸附质的分压。

同样，吸附质分子在吸附剂表面的逃逸速率正比于吸附剂表面被吸附质覆盖的表面分率。于是

$$r_d = C_d f \tag{4-67}$$

式中，r_d 为吸附质从吸附剂表面的脱附速率；C_d 为脱附常数。

达到平衡时，吸附速率与脱附速率相等，$r_a = r_d$，则可得表面覆盖率 f 为

$$f = \frac{C_a P}{C_a P + C_d} \tag{4-68}$$

由于假定了吸附是单分子层的，故单位质量吸附剂对吸附质的吸附量正比于表面覆盖率。于是有

$$a = C_a' f \tag{4-69}$$

式中，C_a' 为常数；a 为单位质量的吸附剂对吸附质的吸附量，kg 吸附质/kg 吸附剂。

联立式(4-68)和式(4-69)，可得

$$a = \frac{(C_a C_a' / C_d) P}{(C_a / C_d) P + 1} = \frac{k_1 P}{k_2 P + 1} \tag{4-70}$$

式中，$k_1 = (C_a C_a' / C_d)$、$k_2 = C_a / C_d$ 为常数。

式(4-70)可转换成描述吸附平衡最常见的数学方程——Langmuir 吸附等温线方程：

$$\frac{P}{a} = \frac{1}{k} + \frac{k_2}{k_1} P \tag{4-71}$$

式(4-71)在直角坐标系中，以 P/a 为纵坐标、P 为横坐标作图，可得到一条直线。

在吸附质分压很低时，$k_2 P \ll 1$，式(4-71)近似为

$$a = k_1 P \tag{4-72}$$

当吸附质分压很高时，$k_2 P \gg 1$，式(4-71)近似为

$$a = \frac{k_1 P}{k_2 P} = \frac{k_1}{k_2} \tag{4-73}$$

而 P 的分压在狭窄的中间范围内时：

$$a = k P^n \tag{4-74}$$

式(4-74)称为 Freudlich 方程，式中，k、n 为常数，其中 n 为 0～1。

4.2.1.3 吸附势

吸附剂不同于吸收剂那样对于特定的溶质有着确定的溶解度(吸附平衡值)，而是不同的吸附剂有着不同的吸附平衡常数。即使都是活性炭，由于生产厂家不同，其对同一溶质的吸附平衡值不同。有时甚至同一生产厂家的产品，因为其生产日期不同，都有可能产生差距，因此不能将已经测定得到的吸附平衡数据推广到其他任意的活性炭吸附平衡中。Goldman 和

Polanyi 使用吸附势的概念导出了温度对吸附剂吸附容量影响的单一曲线。吸附势的定义为：1mol(有机)蒸气在吸附温度 T 下从平衡分压 P 压缩到饱和蒸气压 P_v 时的自由能变化值。

$$\Delta G_{ads} = RT \ln\left(\frac{P_v}{P}\right) \tag{4-75}$$

式中，ΔG_{ads} 为吸附自由能变化值，kcal[①]/kmol；T 为吸附温度，K；P_v 为温度 T 下溶质的饱和蒸气压(与 P 的单位相同)。

杜比宁(Dubinin)发现了相同的吸附剂在吸附性质相似的物质时，当吸附剂吸附量相同时，吸附势与比摩尔体积的比值近似为常数。

$$\left[\frac{RT}{V'} \ln\left(\frac{P_v}{P}\right)\right]_i = \left[\frac{RT}{V'} \ln\left(\frac{P_v}{P}\right)\right]_j \tag{4-76}$$

式中，V' 为比摩尔体积；i、j 为不同物质的下标符号。

将吸附势对碳氢化合物和还原态硫的气体化合物的吸附量作图可得到图 4-12 的结果，图中用逸度来代替压力，可用于任何非理想的情况。但在废气治理过程中，绝大多数遇到的情况都是常压，故用压力 P 和 P_v 来分别代替逸度 f 和 f_v 是可以适用于图 4-12 的曲线的。

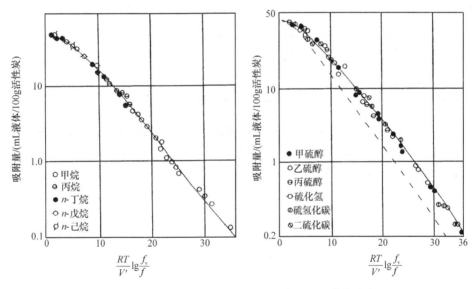

图 4-12　碳氢化合物和还原态硫化合物的吸附势曲线

以不同物质的比摩尔体积之比来表示吸附质与吸附剂的亲和力，用 β 表示：

$$\beta = V' / V'_{ref} \tag{4-77}$$

式中，β 为吸附质与吸附剂之间的亲和力系数；V'_{ref} 为参考物质的比摩尔体积，一般为苯。

对于极性物质而言，其 β 不能用比摩尔体积之比来表示，而是与物质的偶极矩有关。通过亲和力系数，可以将吸附势推广到性质不同的物质之间去。对于一些特殊的物质，也可以通过实验测定 β 值。活性炭吸附一些常见物质时的亲和力系数值见表 4-3。

---

① 1kcal = 4.18kJ。

表 4-3　一些常见物质的亲和力系数值

序号	物质	β	序号	物质	β
1	苯	1.00	15	二氯甲烷	0.65
2	环己烷	1.04	16	氯乙烷	0.76
3	甲苯	1.25	17	四氟乙烯	0.59
4	丙烷	0.78	18	六氟丙烯	0.76
5	正丁烷	0.90	19	三氯硝基甲烷	1.28
6	正戊烷	1.12	20	乙醚	1.09
7	正己烷	1.35	21	丙酮	0.88
8	正庚烷	1.59	22	甲酸	0.61
9	甲醇	0.40	23	乙酸	0.97
10	乙醇	0.61	24	二硫化碳	0.70
11	氯甲烷	0.56	25	氨	0.28
12	溴甲烷	0.57	26	氮	0.33
13	氯仿	0.86	27	氧	0.37
14	四氯化碳	1.05	28	氩	0.50

采用亲和力系数，可以将吸附剂吸附一种吸附质的平衡数据推广到吸附其他吸附质。具体应用见例题 4-4。

而由式(4-75)及式(4-76)可得

$$\frac{\Delta G_2}{\Delta G_1} = \frac{[RT\ln(P_v/P)]_2}{[RT\ln(P_v/P)]_1} = \frac{V_2'}{V_1'} = \beta_{21} = \frac{\beta_2}{\beta_1} \tag{4-78}$$

整理得

$$\ln P_2 = \ln P_{v_2} - \frac{\beta_2 T_1}{\beta_1 T_2}\ln\frac{P_{v_1}}{P_1} \tag{4-79}$$

如果情况类似，$W_1 = W_2$(图 4-12)，且因为 $W = aV'$，故有

$$a_2 = a_1 V_1'/V_2'$$

4.2.1.4　吸附等温线的测定

吸附等温线的实验测定方法包括静态和动态两种。一种常用的方法是将一只装有少量(约数毫克)吸附剂的小吊篮放进常温和恒定吸附质分压的密闭玻璃柱中，吊篮用精密的弹簧挂起。用惰性气体(如氦气，有时用氮气)来稀释吸附质气体。随着吸附的进行，吊篮中吸附质的质量不断增加，弹簧被拉长。根据胡克定律，弹簧伸长的长度与吊篮中物质的质量呈线性关系。连续地记录下吸附质的浓度和吊篮的质量，直到吊篮的质量不再增加时，吸附剂的吸附容量达到饱和。此法所提供的数据非常可靠，但所消耗的时间太长。

吸附和脱附的速率(动力学)可以用气相色谱法测定。将吸附剂放入色谱柱中，然后将吸附质脉冲打入载气中。当流动相移动时，吸附质在吸附剂表面反复多次吸附脱附，使原本微小的差异累积产生了很大的差别，形成差速迁移，从而使得各吸附质逐渐分离。等温线可以从色谱的结果计算得到。

4.2.2　常用吸附剂

用于净化空气污染物的吸附剂主要包括活性炭、活性氧化铝、活性铁矾土、硅胶和硅酸铝分子筛等。其中活性炭是最常用的吸附剂。几种常见吸附剂的物理性质见表 4-4，不同活性炭的性质见表 4-5。

表 4-4　几种吸附剂的物理性质

组分	内部空隙率/%	表面空隙率/%	堆积密度/(kg/m³)	比表面积/(m²/g)
酸处理黏土	30	40	560～880	100～300
活性氧化铝/活性铁矾土	30～40	40～50	720～880	200～300
硅酸铝分子筛	45～55	35	660～700	600～700
骨炭	50～55	18～20	640	100
碳	55～75	35～40	160～480	600～1400
漂白土	50～55	40	480～640	130～250
氧化铁	22	37	1440	20
氧化镁	75	45	400	200
硅胶	70	40	400	320

表 4-5　不同原料活性炭的性质

原料	碘值(g I₂/100g C)	分子数	CCl₄ 值/(g CCl₄/100g C)	丁烷体积/(mL/g)	应用
褐煤	550	490	34	0.23	液相
生煤	900/1000	200/250	60	0.45	气/液相
石油酸性泥煤	1150	180	59	0.46	气相
椰壳	1350	185	63	0.49	气相
压烟煤	1050	230	67	0.48	气相
木材	1230	470	76	0.57	气/液相

4.2.2.1　活性炭

普通的吸附剂材料经过特殊处理后，其内、外表面积有所增加，该过程即为吸附剂的活化。任何含碳材料，如果壳、果核、骨头、木材、煤炭、石油焦炭及木质素等，都可以制成活性炭。但大部分的工业用活性炭均采用烟煤制造。

活性炭生产过程中，首先将碳质原材料进行脱水、干馏炭化，然后进行炭化和活化。活化是在一个受到控制的氧化步骤下完成的。在这个步骤中，在氧化气体存在下加热碳质物料，除去全部挥发性物质，经药品(如 $ZnCl_2$ 等)或水蒸气活化，制成多孔性碳素结构的吸附剂。其孔径分布为：碳分子筛在 10Å 以下，活性焦炭在 20Å 以下，活性炭在 50Å 以下。依照不同的原料，一般经过加压成型、炭化、破碎和活化等几个工序制成。

测定活性炭气相特征的方法有很多。CCl_4 值用来描述被 CCl_4 气流饱和吸附后，活性炭上吸附的 CCl_4 量(g CCl_4/100g C)；与此类似，碘值又是另一种吸附能力的表示方法(g I_2/100g C)。通过等温数据和被单分子吸附质层所占据的平均面积来计算表面积。也有用正丁烷来快速测定活性炭多孔体积的方法。

为了减少吸附床层中的压降，可以采用粒状或柱状的活性炭。典型的粒状活性炭的粒径为 3～5mm，相当于泰勒标准筛目的 3～5 目。为了减少活性炭在床层中的磨损，避免小微粒的生成而导致床层阻力加大，应使用硬度大的活性炭。将活性炭放在 14 目的筛网上和钢球一起振动 30min，筛网上保留下来活性炭的质量分数即为硬度。在固定床活性炭吸附中，硬度至少要达到 50%才行。

4.2.2.2 其他吸附剂

活性氧化铝是通过在气流中加热铝的三水化合物到 400℃制得的。活性氧化铝的平均堆积密度为 720～880kg/m³，比表面积为 300m²/g。活性氧化铝主要用于气流的干燥，有时也可以用来回收溶剂。

硅胶是一种工业上常用的亲水性吸附剂，多用于气体的干燥和从废气中回收有价值的烃类气体。硅胶的制备方法是用强酸洗涤处理水玻璃硅酸钠，然后水洗去除过量的电解质，在 368～403K 的温度下干燥并加热活化。硅胶最终产品的平均微孔直径和表面积主要受最终干燥步骤的影响。三种主要类型的硅胶的堆积密度为 150～700kg/m³，平均微孔直径为 25～200Å，产品的密度越大，微孔直径越小。

4.2.3 固定床吸附系统

4.2.3.1 穿透曲线及其与系统设计的关系

吸附器内的变化与穿透曲线如图 4-13 所示。图中上半部分表示了固定床从最初的吸附到最终被吸附质穿透三个不同时间的状况。根据气流中污染物浓度的差别，可分为渗透区、吸附区及未吸附区。而下半部分的曲线则表述了吸附床层中流出气体浓度与吸附时间的函数关系，这条曲线被称为穿透曲线。穿透曲线表示了活性炭吸附床层的动力学特性。

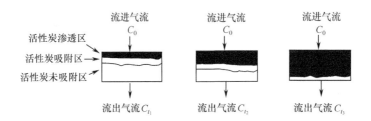

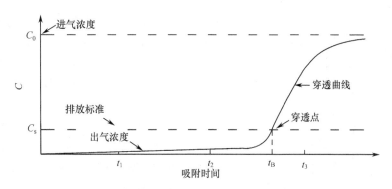

图 4-13　吸附器内的变化与穿透曲线

活性炭吸附区(AZ)在吸附床中自上而下地移动，在 AZ 后的吸附剂已经被吸附质所饱和，而在 AZ 之前，床层中并没有吸附质(至少在理论上是如此)。这一区域(AZ)的长度(或高度)是吸附质从气相向吸附剂传递速率的函数。AZ 短(或浅)说明传递速率快，吸附剂的利用率高，这种现象可用穿透曲线变化急剧来表示。相反，则说明吸附剂的利用率低，且穿透曲线的变化缓慢。AZ 的长度(或高度)决定了吸附器床层的最小长度(或高度)。

在实际应用中，吸附床层的处理能力几乎很少超过由等温平衡线所计算的 30%～40%。这说明吸附床层的处理容量有损失，导致这些损失的因素包括以下几点。①传质速率的影响。因为 AZ 前缘出吸附器时床层已经穿透，而实际上 AZ 内的吸附剂还有吸附能力，这个损失的影响较大。②吸附放热导致的吸附剂吸附容量的降低。③气流中的水分占据了一部分吸附剂表面导致的吸附剂吸附容量的降低。④再生后的剩余湿气占据一部分表面而使吸附容量降低。要准确地估计这些损失是很困难的，在与工厂操作条件相近的情况下测定穿透曲线可以提高设计的准确性。现在已经有许多计算穿透曲线的方法，但所有方法均需要参照等温线和传质速率的数据，而这些数据往往又不满足一些特定的条件。因此，基于中试数据或以往工业经验数据来进行设计还是主要的方法，故本书不再进行动力学方法计算的介绍。

4.2.3.2　床层压降

几种不同颗粒直径的柱状活性炭，在不同床层表观气速下床层压降关系见图 4-14。固定床系统操作费用中的很大一部分是由于克服压降所需的风机能量消耗。最佳的床层气速随着床层深度的增加而增加。一般在正常的操作范围内，床层气速在 0.25～0.5m/s。

固定床床层的压力损失应实测，在缺乏实测数据的情况下，气流穿过固定床床层的压降可由式(4-80)估算。

$$\frac{\Delta P \varepsilon^3 d_{\mathrm{p}} \rho_{\mathrm{g}}}{D(1-\varepsilon)G^2} = \frac{150(1-\varepsilon)\mu}{d_{\mathrm{p}}G} + 1.75 \tag{4-80}$$

式中，ΔP 为压降，Pa；ε 为空隙率，m^3 空隙/m^3 吸附剂；d_{p} 为吸附剂颗粒直径，m；ρ_{g} 为气体密度，$\mathrm{kg/m}^3$；G 为气体表观质量通量，$\mathrm{kg/(m^2 \cdot s)}$；$D$ 为床层深度，m；μ 为气体黏度，$\mathrm{Pa \cdot s}$。

4.2.3.3　吸附剂再生

吸附剂的再生可用下述三种方法进行。

1) 用低压蒸气再生。

2) 用高温惰性气体再生(若吸附剂不可燃，可用空气作为热惰性气体)。

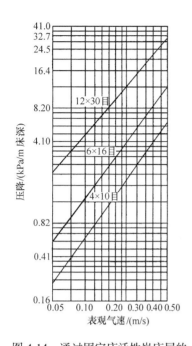

图 4-14 通过固定床活性炭床层的
压降曲线

12, 6, 4 代表常见颗粒活性炭尺寸

3) 将整个吸附器减压(通常也称为变压吸附)。

方法 1)和 2)原理基本上相同。然而，多数情况下，蒸气再生要比惰性气体再生更有效。只有当再生溶剂与水发生化学反应，或者生成的有机物与水混合物分离困难而导致水污染，且溶剂的价格也不高时，才会采用惰性气体再生法。变压吸附通常用在工艺废气具有一定压力的情况下采用。而常规的常压处理废气往往是不经济的。

采用蒸气再生的固定床吸附系统，再生所需的蒸气量与活性炭的用量、吸附质的总量和脱除的难易程度及吸附器的结构等有关。再生蒸气的总消耗量 D 包括以下三个部分。

1) 加热蒸气消耗量 D_1：用于加热整个系统(即活性炭、吸附器、保温材料、吸附质及水分等)到解吸温度，补偿散失到周围环境中的热量，以及解吸吸附质所需的蒸气统称为加热蒸气。一般加热蒸气全部冷凝在吸附器中。

2) 动力蒸气消耗量 D_2：用于将解吸的有机物质自活性炭表面上吹脱。动力蒸气不应在吸附器内冷凝。此蒸气消耗量一般用实验方法得到，与被吹脱的溶剂性质有关。在缺乏实验数据时，可取 2.5kg/kg 溶剂。

3) 用以补偿活性炭被水润湿时的润湿热的蒸气消耗量 D_3：一般取饱和水蒸气在吸附器内压力下的冷凝热与该温度下活性炭吸附水蒸气的吸附热之差。

为了计算方便，往往采用经验数据。一般再生 1kg 溶剂需要 4～10kg 的蒸气(与溶剂特性和活性炭上的吸附量有关)。

4.2.3.4　安全性考虑

绝大多数的工业溶剂都是可燃的，其爆炸下限(LEL)的范围为体积分数的 1%～2%。有关安全规范要求废气处理设备的进口废气浓度不能超过 LEL 的 25%。这一规范对大多数溶剂废气处理和回收的系统来说是不成问题的。一般设计师为了降低处理系统的总投资和运行费用，会尽可能提高废气中溶剂的浓度，以接近 LEL 的 25%下操作。但是，对一些沸点低、挥发性好的物质而言，还是需要在安全方面引起足够的重视。

尽管可能性极微，但也会碰见床层自燃的例子。床层自燃的可能起因主要是污染物的积累，放热反应使局部达到自燃温度。为了防止局部自燃产生爆炸的危险性，可以在气流出口处安装热电偶以检测温度的变化。若温度超过了预先指定的最大温度，则床层中应马上注水或充满惰性气体。充水是一种常见和简单的办法，但也必须注意，在最恶劣的情况下，水与炙热的床层接触后可能会反应产生大量的氢气，从而导致爆炸。

除此之外，静电积累也会使爆炸产生。产生静电的形式有摩擦、撞击、过滤等产生的接触起电，有物体粉碎、断裂等产生的破断起电，还有感应起电和电荷迁移起电等。影响静电产生的因素有物质的种类、杂质、表面状态、接触特征、分离速度、带电历程等，其中表面粗糙和氧化使静电增加，接触面积和压力增大也使静电增加，分离速度越高所产生的静电越强。防止静电危害的首要措施是设法不使静电产生。对已产生的静电，首先应尽量限制，使其达不到爆炸危险的程度；其次是要使产生的电荷尽快泄漏或中和，从而消除大量积累的电荷。

4.2.4　固定床碳吸附系统的设计

活性炭吸附系统的设计和操作涉及流体力学、传热、传质、工艺过程控制和化学分析的相关理论和基础知识。这些基础知识在设计中都必须仔细研究，并与系统可操作性和经济性一起进行考虑。在设计中，尽管通常根据基本原理进行设计，但传质数据却往往来自一些中试结果或经验数据。

选择污染控制设备最初应考虑的是从厂商购买成套设备，还是自行设计一套处理装置。一般有一个原则可供参考，若处理系统处理的废气风量小于 $5000m^3/h$，则从信誉好的公司购买成套设备可能更经济；若处理风量大于 $5000m^3/h$，则自行设计制作往往更经济。但无论怎样，工艺设计总是应该由环境工程的工程师来完成。在进行设计前，设计者应该掌握如下信息。

1) 处理系统的目的。
2) 溶剂的类型、溶剂的价格、溶剂是否要回用。
3) 操作系统的类型、操作方法(连续、间歇或其他)。
4) 气流的组成、温度、压力和湿度。
5) 处理气量。
6) 可供的冷却水水量、压力和温度。
7) 可供的电力容量。
8) 可供的再生蒸气量、压力。

设计者应向购买者提供的内容包括以下方面。

1) 系统详细的操作内容。
2) 设备的材料。
3) 循环周期(吸附、再生等)。
4) 设备的操作条件(适宜的气体流量范围、废气浓度范围、允许操作压力和温度等)。
5) 吸附器的尺寸。
6) 活性炭的特性(由生产厂商提供)。
7) 溶剂的回收率。
8) 所需的安装位置尺寸(平面布置图)。
9) 系统设备的总质量(操作质量)。
10) 电力配备要求。
11) 蒸气需求。
12) 冷却水需求。
13) 自控仪表所需的压缩空气量。
14) 仪器、仪表的成套性说明。
15) 所需的费用及交货期。
16) 污染控制的保证说明。

例题 4-4　设计一套固定床活性炭吸附系统。已知废气的气量为 $10000m^3/h$，温度为 40℃，废气中含 $4000mg/m^3$ 的苯，要求净化率达到 95%。选用某种活性炭的参数如下：堆积密度 $450kg/m^3$，$d_p=5mm$，空隙

率 $\varepsilon = 0.40$。

从实验室测得的有关二硫化碳在该活性炭上的吸附等温线方程为 $a = 0.08C_{mv}^{0.237}$ ，式中，a 为气相浓度为 C_{mv} 时的平衡吸附量，kg/kg AC；C_{mv} 为气相中溶质气体的浓度，g/m³。

解 (1) 先用吸附势方程将活性炭吸附二硫化碳的吸附等温线换算成吸附苯的吸附平衡线

由式(4-79)得
$$\ln P_2 = \ln P_{v_2} - \frac{\beta_2 T_1}{\beta_1 T_2} \ln \frac{P_{v_1}}{P_1}$$

查表 4-3 可知，$\beta_1(CS_2) = 0.70$，$\beta_2(苯) = 1.00$，且 $T_1 = T_2$，故 $\beta_{21} = 1.43$；而 40℃下二硫化碳和苯的饱和蒸气压分别为：$P_{v_1} = 62380Pa$，$P_{v_2} = 24360Pa$。

故有
$$\ln P_2 = \ln 24360 - 1.43\ln 62380 + 1.43\ln P_1 = 1.43\ln P_1 - 5.688 \tag{a}$$

(2) 由图 4-12 可知纵坐标为：W = 被吸附物质的液体体积/100g 吸附剂，因此有 $W_1 = W_2$，即
$$(a/\rho)_1 = (a/\rho)_2$$

因为 40℃下苯的密度 $\rho_1 = 860kg/m^3$，二硫化碳的密度 $\rho_2 = 1240kg/m^3$，所以
$$a_2 = (860/1240)a_1 = 0.055C_{mv1}^{0.237} \tag{b}$$

(3) 由 $P = C_{mv}RT/M$ 可得
$$P_1 = 34.26C_{mv1} \qquad P_2 = 33.38C_{mv2}$$

代入式(a)，有
$$\ln 33.38C_{mv2} = 1.43\ln 34.26C_{mv1} - 5.688$$

整理得
$$C_{mv1} = (62.77C_{mv2})^{1/1.43} = 18.08C_{mv2}^{1/1.43}$$

代回式(b)，得
$$a_2 = 0.055C_{mv1}^{0.237} = 0.055(18.08C_{mv2}^{1/1.43})^{0.237} = 0.109C_{mv2}^{0.166} \tag{c}$$

式(c)即为苯在该种活性炭上的吸附平衡曲线。

在此条件下，活性炭吸附苯的静态饱和吸附容量 $a_2 = 0.137kg/kg \times 4.0^{0.166} = 0.137kg/kg$。

(4) 选定吸附器中的气速为 0.4m/s，此时吸附带长度为 0.3m，吸附带中活性炭的动态吸附容量按静态饱和吸附容量的 35% 计，则吸附带中活性炭所吸附的苯为 0.048kg/kg。吸附带外已经动态饱和的活性炭吸附容量按静态饱和吸附容量的 90% 计，吸附饱和后活性炭所吸附的苯为 0.124kg/kg。

(5) 固定床吸附器的直径为
$$D = \sqrt{\frac{(10000/3600)}{(\pi/4) \times 0.4}} = 2.97 \approx 3(m)$$

吸附带内的活性炭量
$$M_c = (\pi/4) \times 3^2 \times 0.3 \times 450 = 954(kg)$$

吸附带内的活性炭可吸附的苯量
$$M_b = 0.048 \times 954 = 45.8(kg)$$

吸附工作周期按照 8h 计，则每一周期的吸附量
$$M_a = 10000 \times 4000 \times 10^{-6} \times 8 \times 0.95 = 304(kg)$$

吸附带外所需的活性炭用量
$$(304 - 45.8)/(0.124 \times 450) = 4.627(m^3)$$

吸附器总高
$$H = 4.627/[(\pi/4) \times 3^2] + 0.3 = 0.955(m)$$

(6) 40℃下气体密度 $\rho_g = 1.128kg/m^3$，黏度 $\mu = 1.913 \times 10^{-5}Pa \cdot s$，而
$$G = [10000/(3600 \times \pi \times 9/4)] \times 1.128 = 0.443[kg/(m^2 \cdot s)]$$

利用式(4-80)计算压降：

$$\Delta P = \left[\frac{150 \times (1-0.4) \times 1.913 \times 10^{-5}}{5 \times 10^{-3} \times 0.443} + 1.75 \right] \times \left[\frac{0.572 \times (1-0.4) \times 0.443^2}{1.128 \times 5 \times 10^{-3} \times 0.4^3} \right] = 472 (\text{Pa})$$

计算理论功率消耗　　　　　　　　$\dot{w} = Q\Delta P = (10000/3600) \times 472 = 1311 (\text{W})$

　　风机效率以 0.70 计，则实际功率消耗

$$\dot{w}_f = 1311/0.70 = 1873 (\text{W}) = 1.873 (\text{kW})$$

4.2.5　流化床吸附器

　　在固定床吸附器中，需要循环加热、冷却吸附剂，从而导致了大量蒸气的消耗。另外，固定床系统中蒸气和气体分布很不均匀，且操作控制复杂。

　　为了缓解这些问题，一系列的流化床和移动床吸附器开始出现。流化系统最显著的优点是有很好的气固接触及无需循环加热。现在已有使用活性氧化铝和活性炭的流化系统出现，其中有一部分是针对吸附 SO_2 而设计的。

　　碱性氧化铝法是流化床吸附 SO_2 的例子。这一工序不仅吸收了 SO_2，同时把吸收的 SO_2 气体转化成 SO_3，这种工序主要用于烧煤的电厂。这些早期的流化床吸附器具有的主要操作缺点是吸附剂的磨损快和随之而来的微尘污染。

　　一种典型的流化床吸附器(名为 Purasiv HR)结构如图 4-15 所示。在该设备中，吸附和再生在吸附器内的各自区域内连续进行。气体通常从设备底部进入，向上通过流化区，最后从设备顶部出去；而活性炭不断下降到达解吸区，并在那里被氮气间接加热和脱附。脱附气和被脱附的溶质被分离器从冷凝器中分离出来的不能冷凝的气体重新送到位于吸附和解吸区之间的二级吸附区再次处理。再生后的活性炭经热交换后冷却，然后被回流空气提升到流化床的顶部。此间有补充氮气进入氮气循环风机。

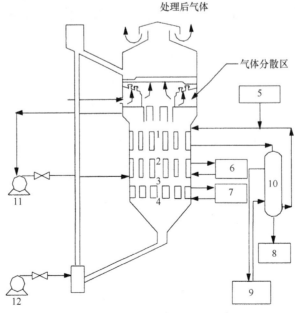

图 4-15　Purasiv HR 流化床吸附器

1. 二级吸附器；2. 吸附区；3. 解吸换热器；4. 冷却器；5. 补充氮；6. 换热系统；7. 冷却水；
8. 回收溶剂；9. 冷却水；10. 冷凝器；11. 氮气循环风机；12. 风机

流化床吸附器要求活性炭有很高的硬度且耐摩擦。在日本，从熔化的沥青中发展而来的珠状活性炭已应用于流化床吸附器中。

4.3 催化法

当气体与固体或液体催化剂接触时，气体可以在催化剂表面发生吸附进而实现催化反应，转化为无害或易于处理与回收利用的物质，这就是气态污染物的催化净化方法。现今人类面临的工业污染源烟气排放、机动车尾气排放及室内环境挥发性有机废气治理等问题的解决在很大程度上都依赖于催化剂及催化工艺，催化剂及催化工艺已经在解决目前大气污染过程中发挥着十分重要的作用。例如，在机动车尾气的排放口安装三效或四效催化转化器后，汽车尾气中对环境产生污染作用的 HC(烃类化合物)、CO、NO_x 及炭黑的排放量大大降低，甚至达到零排放；对工业污染排放的有机挥发性气体实行催化燃烧处理工艺，大大降低了有机挥发性气体的燃烧温度，减缓了高温下易生成 NO_x 的趋势，避免了二次污染。实践表明，催化工艺是解决环境污染问题尤其是大气污染问题行之有效的方法。

4.3.1 催化反应原理

4.3.1.1 催化基本原理

国际纯粹与应用化学联合会(IUPAC)在 1981 年提出了催化剂的定义，催化剂是一种物质，能够改变反应的速率，但不会改变该反应的吉布斯(Gibbs)自由焓变化。涉及的反应称为催化反应，这种作用称为催化作用。

催化剂之所以能改变反应速率，是因为其改变了反应的活化能，并改变了反应历程。如图 4-16 所示，在有催化剂存在的情况下，反应沿着活化能较低的新途径进行。图中的最高点相当于反应过程的中间状态。

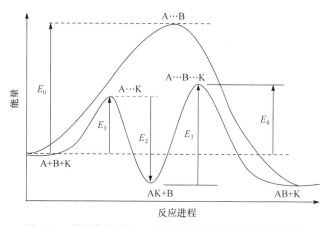

图 4-16　催化与非催化反应的活化能及反应途径示意图

设催化剂 K 能加速反应 $A + B \xrightarrow{\quad K \quad} AB$，设其机理为

$$A + K \underset{k_2}{\overset{k_1}{\rightleftharpoons}} AK \tag{4-81}$$

$$AK + B \xrightarrow{\quad k_3 \quad} AB + K \tag{4-82}$$

若第一个反应能很快达到平衡，则用平衡假设近似法，从反应式(4-81)得

$$k_1 c_K c_A = k_2 c_{AK} \tag{4-83}$$

或

$$c_{AK} = \frac{k_1}{k_2} c_K \cdot c_A \tag{4-84}$$

但总反应速率由反应式(4-82)决定，为

$$r = k_3 c_{AK} \cdot c_B = k_3 \frac{k_1}{k_2} c_B c_K c_A = k c_A c_B \tag{4-85}$$

式中，k 为表观速率常数，$k = k_3 \dfrac{k_1}{k_2} c_K$。上述各基元反应的速率常数可以用阿伦尼乌斯公式表示

$$k = \frac{A_1 A_3}{A_2} c_K \exp\left(-\frac{E_1 + E_3 - E_2}{RT}\right) \tag{4-86}$$

故催化反应的表观活化能 $E_a = E_1 + E_3 - E_2$，能峰的示意图如图 4-16 所示。非催化反应(图 4-16 中上面的一条曲线)要克服一个活化能为 E_0 的较高能峰，而在催化反应中，反应的途径发生变化，只需要克服两个较小的能峰(E_1 和 E_3)。E_a 为总反应的各基元反应活化能的特定组合，表征了反应分子能发生有效碰撞的能量要求，对于非基元反应没有明确的物理含义。通常来说，一个反应在某催化剂上进行时活化能低，代表着该催化剂的活性高；反之，活化能高时，则代表该催化剂的活性差。但同时也需要考虑指前因子 A 对催化反应的影响。

由上可见，催化反应及催化剂具有如下 4 个特征。

1) 催化剂只能加速或减缓热力学上可以进行的反应，而不能加速或减缓热力学上无法进行的反应。

2) 催化剂只能加速或减缓反应趋于平衡，而不能改变平衡的位置(平衡常数)。对于给定的反应，其催化和非催化过程的 $-\Delta G_r^c$ 值是相同的。

3) 催化剂对反应有选择性，当反应可能有一个以上的不同方向时，有可能生成热力学上可行的不同产物，而催化剂仅加速或减缓其中一个方向的反应。

4) 催化剂都具有寿命。根据催化反应原理，催化剂并不进入反应的产物，在理想情况下应不为反应所改变。但在实际过程中，催化剂并不能无限期地使用，在长期受热和化学作用下，其会发生一些不可逆的物理的和化学的变化，最终导致失活。

4.3.1.2 催化基本概念

(1) 反应速率

催化活性是催化剂对反应加速的程度，或者说是判断催化剂加速某反应能高低的量度。催化活性实际上等于催化反应的速率。一般用以下几种方法表示：

$$r_m = \frac{dn_a}{M dt} = \frac{dn_p}{M dt} [\text{mol}/(\text{g} \cdot \text{h})] \tag{4-87}$$

$$r_v = \frac{dn_a}{V dt} = \frac{dn_p}{V dt} [\text{mol}/(\text{L} \cdot \text{h})] \tag{4-88}$$

$$r_s = \frac{\mathrm{d}n_a}{Sdt} = \frac{\mathrm{d}n_p}{Sdt}[\mathrm{mol}/(\mathrm{m}^2 \cdot \mathrm{h})] \tag{4-89}$$

式中，反应速率 r_m、r_v、r_s 分别为单位时间内质量、体积、表面积催化剂上反应物转化成产物的生成量；M、V 和 S 分别为固体催化剂的质量、体积和表面积；t 为反应时间或接触时间；n_a 和 n_p 分别为反应物和产物的摩尔数。上述三种反应速率可以相互转换。

$$r_v = \rho r_m = \rho S_g r_s \tag{4-90}$$

式中，ρ 和 S_g 分别为催化剂堆积密度和比表面积。

(2) 转化率

对于催化剂活性的表达方式，还有一种更为直接的指标，就是转化率，其定义为

$$x_A = \frac{\text{反应物A转化的物质的量}}{\text{反应物A起始的物质的量}} \times 100\% \tag{4-91}$$

采用转化率这个定义时，必须注明反应物料和催化剂的接触时间，否则就没有速率的概念，因此需要引入空速的概念。在流动体系中，物料的流速(体积/时间)除以催化剂的体积就是体积空速，单位为 s^{-1} 或 h^{-1}。空速的倒数为反应物料与催化剂的接触时间，也称为停留时间。

(3) 选择性

催化剂的选择性在工业上具有特别重要的意义，它使得人们可能合成各种产品。催化剂的选择性(S)通常以通过催化剂床层后转化成产物的原料与已反应了的原料所占的分子比来表示：

$$S = \frac{\text{转化成产物的原料的摩尔数}}{\text{通过催化剂床层后反应了的原料的摩尔数}} \tag{4-92}$$

环境催化过程中的主反应常伴有副反应，因此选择性总是小于 100%。影响选择性的因素很多，有化学的和物理的。但是就催化剂的构造来说，活性组分在表面结构上的定位和分布、微晶的粒度大小、载体的孔结构和孔容都十分重要。对于连串型的催化反应，降低内扩散阻力是很重要的，中间产物生成时的传递和扩散是导致选择性变化的重要因素。

总的来说，工业上的催化剂对选择性的要求往往超过对活性的要求，这是因为选择性不仅影响原料的消耗，还影响反应产物的后处理。当原料比较昂贵且副产物分离困难时，适宜选用高选择性的催化剂；如果原料便宜而且产物与副产物分离并不困难，则可以降低对选择性的要求，把注意力更多地转移到活性的提高上。

(4) 稳定性

对于工业催化剂，稳定性和寿命是至关重要的。催化剂的稳定性是指它的活性和选择性随时间变化的情况，包括热稳定性、化学稳定性和机械强度稳定性三个方面。温度的升高会使催化剂活性组分挥发、流失，并使负载金属烧结或者微晶粒长大，从而导致催化剂活性和选择性的改变。而通常工业废气或烟气中的组分都比较复杂，即使经过除尘等处理也可能有一定的毒物存在，催化剂可能因为吸附这些杂质导致失活。工业催化剂的机械强度稳定性也是重要的性能指标。无论是在固定床反应器还是流化床反应器中，都要求催化剂有一定的抗压、抗磨强度。在催化剂使用过程中，还要求有抗化变或者相变引起的内聚应力强度等。

(5) 催化剂的组成

A. 活性组分

活性组分是催化剂的主要成分，有时由一种物质组成，而更多的时候由多种物质组成。在催化剂中，活性组分是起催化作用的根本性物质，没有它就不存在催化作用。例如，在合成氨催化剂中，无论有没有 K_2O 和 Al_2O_3，金属铁总是有催化活性的，只是活性稍低，寿命稍短而已。相反，如果催化剂中没有铁，催化剂就一点活性也没有，因此铁在合成氨催化剂中是活性组分，或者称为主催化剂。反应中，活性中心往往通过吸附活化反应物参与催化反应，反应结束后活性中心的数量和结构不发生变化。活性组分的组成、在催化剂表面的浓度、氧化还原性质及其周围环境都会影响其催化活性。

B. 共催化剂和助催化剂

共催化剂是能和主催化剂同时起作用的组分。例如，脱氢催化剂 Cr_2O_3-Al_2O_3 中，单独的 Cr_2O_3 就有较好的活性，而单独的 Al_2O_3 活性很低，因此 Cr_2O_3 是主催化剂，Al_2O_3 是共催化剂；但是在 MoO_3-Al_2O_3 型脱氢催化剂中，单独的 MoO_3 和 Al_2O_3 都只有很低的活性，但是把两者组合起来却可以制成活性很高的催化剂，因此 MoO_3 和 Al_2O_3 互为共催化剂。

助催化剂是在催化剂中加入的少量物质，是催化剂的辅助组分，其本身没有活性或者活性很低，但可以改变催化剂的化学组成、化学结构、离子价态、酸碱性、晶格结构、表面构造、孔结构、分散状态、机械强度等，从而提高催化剂的活性、选择性、稳定性和寿命。通常，助催化剂在催化剂中都存在着最合适的含量。

根据助催化剂作用的特征，可以把它分为两大类：结构性助催化剂和调变性助催化剂。总的来说，前者的"助催"本质近于物理方面，而后者的"助催"本质近于化学方面。

C. 载体

载体是催化活性物质的分散剂、黏合物或支持物，是固体催化剂所特有的组分，为了使用方便，可将载体分为低比表面积和高比表面积两类。低比表面积载体实际上是由单独的小颗粒组成，或者是具有平均孔径大于 200Å 的粗孔物质。高比表面积载体的比表面积通常大于 50m^2，平均孔径小于 200Å。对于工业催化剂的制备而言，并不总是选择高比表面积载体。当物质的催化活性很高，进一步加快反应会使选择性下降时，常常会选择低比表面积载体。

载体的作用不单单是提高催化活性物质的比表面积，实际上它的作用是相当复杂的。它常常与催化活性物质发生某种化学作用，改变活性物质的化学组成和结构，因而改变催化剂的活性和选择性。

4.3.2　催化反应类型及反应器设计

4.3.2.1　催化反应类型

对于气态污染物的催化反应，根据其物相所处的状态，大多可归类为气固相的非均相催化反应，还有一部分为气液相的非均相催化反应、均相催化反应及气液固三相的生物催化反应。

(1) 非均相催化反应

非均相催化反应是指反应物和催化剂处于不同相态的反应。由气体反应物与固体催化剂组成的反应体系称为气固催化反应，例如，NH_3 和 NO 在负载钒、钨(钼)的固体催化剂上催化还原生成 N_2 的反应。由气体反应物与液体催化剂组成的反应体系称为气液催化反应，例如，

在 Fe^{3+} 组成的溶液中进行的 NO 催化氧化反应。

(2) 均相催化反应

均相催化反应是催化剂与反应物同处于一均匀物相中的催化作用。液态酸碱催化剂、可溶性过渡金属化合物催化剂和碘、一氧化氮等气态分子催化剂的催化属于这一类。很少有用于气态污染物去除的均相催化反应。

(3) 生物催化反应

还有一类比较特殊的催化反应，即生物催化反应。从严格意义来讲，在生物法处理气态污染物的过程中，起到关键作用的是生物体内的酶。通常来说，生物催化反应是由气体反应物、生物生长所需的培养液和发挥转化作用的生物体三者所组成，为气液固三相催化反应。例如，采用生物滴滤床处理低浓度的挥发性气体或恶臭气体。

4.3.2.2 气固催化反应动力学基础

考察在流体和多孔固体催化剂之间发生的某种反应，为使反应发生，流体中的反应物必须首先传递到固体的外表面，然后通过固体的孔扩散到达催化活性部位(图 4-17)，反应在化学吸附物种之间发生，或者在一个化学吸附物种与另一个物理吸附物种之间，也可以在由流体相中扩散来的物质直接与化学吸附物种相碰撞的物种之间发生。反应后产物脱附并通过催化剂的孔扩散到体相流体中。由于这些不同步骤的速率，以不同方式与压力、温度、流速、催化剂化学和物理结构等发生响应，可对其如下描述：

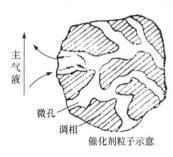

主气液

微孔
调相

催化剂粒子示意

图 4-17 气固反应历程示意图

1) 反应物从气流主体扩散到催化剂的外表面(外扩散过程)。
2) 反应物进一步向催化剂的微孔内扩散进去(内扩散过程)。
3) 反应物在催化剂的表面上被吸附(吸附过程)。
4) 吸附的反应物转化成反应的生成物(表面反应过程)。
5) 生成物从催化剂表面脱附下来(脱附过程)。
6) 脱附下来的生成物分子从微孔内向外扩散到催化剂外表面(内扩散过程)。
7) 生成物分子从催化剂外表面扩散到主流气流中被带走(外扩散过程)。

当其中某一步骤的阻力与其他各步的阻力相比要大得多，以致整个反应的速率取决于这个步骤时，该步骤就称为控制步骤。

在吸附过程中，吸附表面有理想与非理想之分，这种不同的假定导致吸附等温线的形式差异，因此得到的动力学方程也就不相同。在多相催化动力学中，除少数情况外普遍采用理想表面模型，下面仅介绍理想表面的催化动力学。

多相催化反应过程系统由物理过程与化学过程两部分组成，化学过程是指在固体催化剂表面上进行的过程，即反应物的吸附、表面反应及反应产物的解吸等，故又可以称为表面反应过程。在物理过程不发生影响的情况下，研究化学过程的机理和速率，是一个经典的化学动力学任务，也是本征动力学的研究内容。理想表面上催化动力学模型的研究是其中的一个重要方面。

4.3.2.3 催化反应器设计

一切催化反应都必须在一定的反应器中实施。对于多相催化过程，由于固体催化剂的存在，传质和传热等因素使得反应器的结构大大复杂化。在大多数的情况下，反应器的结构应当保证对工艺所要求的最基本参数维持稳定的数值，主要的参数有：①反应物与催化剂的接触时间；②在反应器的反应区内不同点的温度；③反应器中的压力；④反应物向催化剂表面的传递速度；⑤催化剂的活性。

4.4 燃烧法

燃烧法主要用于治理 VOCs，本节将集中讨论 VOCs 气体的燃烧问题(与重油和固体燃料的燃烧不同)。燃烧可用于控制臭味、破坏有毒有害物质，或用于减少光化学反应物 VOCs 的量，一些含有易燃固体和液滴微粒的废气有时也可用气体燃烧炉来处理。VOCs 可以是高浓度的气流(如炼油厂排出的尾气)，或是低浓度与空气的混合气流(如来自油漆干燥或印刷行业的尾气)。对于大体积流量、间歇性、高浓度的 VOCs 气流，通常采用冷凝法或高架火炬来处置。对低浓度的情况，则有两种燃烧处置方法可供选择：热焚烧和催化焚烧。图 4-18 即为直接燃烧室的结构图。

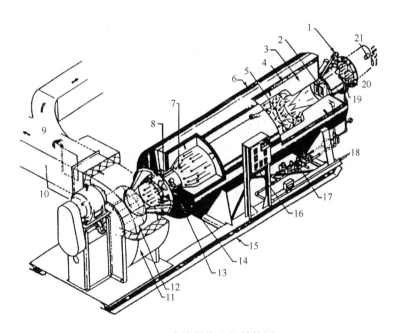

图 4-18 直接燃烧室的结构图

1. 火焰传感器；2. 燃烧室；3. 耐火材料；4. 绝缘体；5. 湍流扩散区；6. 钢壳；7. 浓缩区；8. 冷却空气感应系统；9. 回收热；10. 其他输送管；11. 绝缘体；12. 风机；13. 温度传感器；14. 进样口；15. 衬托纸；16. 控制面板；17. 气体控制系统；18. 进气口；19. 直叶片；20. 压力指示器；21. 进样口

燃烧法的主要优点是效率高。如果能在足够高的温度下保持足够长的时间，有机物就可被氧化到任何程度。例如，对于要求将排放气中的有机物浓度从 10000ppm 降到 5ppm，只有燃烧法才能达到这样严格的要求(去除率达到 99.95%)。

燃烧法的主要缺点是燃料费用高，而且某些污染物的燃烧产物自身又是污染物。例如，当含氯碳氢化合物燃烧时，会产生 HCl 或 Cl_2，或者两者的混合物。由于副产污染物的不同，还需要对燃烧尾气进行处置。

4.4.1 燃烧理论

4.4.1.1 氧化化学

以物理化学中的基础化学反应理论为基础，将其应用于 VOCs 气体在空气中被氧化的过程。为简化起见，仅就低浓度的纯碳氢化合物(HC)在空气中预先混合的情况进行分析。完全燃烧的化学计量式为

$$C_xH_y + bO_2 + 3.76bN_2 \longrightarrow xCO_2 + (y/2)H_2O + 3.76bN_2 \tag{4-93}$$

式中，C_xH_y 为碳氢化合物的通用分子式；$b = x + (y/4)$，为氧化每摩尔 C_xH_y 所需氧气的化学计量数；3.76 为相对于每摩尔氧气，空气中存在的氮气的摩尔数。

式(4-93)中的氮气是空气燃烧发生时的残余气，作为附加气体(氮气)总是存在的。为简化起见，在以后的反应式中将不再写进氮气。式(4-93)中并未计入氧化氮(NO_x)的生成。不过，若 VOCs 中存在硫，硫氧化物的生成将是肯定的。

氧化反应动力学和化学计量式一样重要。实际的燃烧机理是复杂的，不仅仅是式 (4-93)所涉及的一个简单步骤。连最简单的碳氢化合物甲烷的燃烧反应都涉及支链反应，支链反应参见有关化学动力学方面的文献。

对于大气污染控制工程设计，对简化动力学模型很有必要。许多研究者得出综合模型来描述复杂的动力学模型。该模型将复杂机理中所需的许多详细步骤忽略，并把动力学与主要的稳定反应物和产物联系在一起。由于一氧化碳是很稳定的中间介质，因此最简单的综合模型对于 HC 的氧化，为如下两步：

$$C_xH_y + (x/2 + y/4)O_2 \longrightarrow xCO + (y/2)H_2O \tag{4-94}$$

$$xCO + (x/2)O_2 \longrightarrow xCO_2 \tag{4-95}$$

而实际反应并非像式(4-94)和式(4-95)那样简单地完成。

许多研究者已对 O、H、OH、CH_3、CH_2 和 HO_2 等原子或基团在燃烧中的重要性作了阐述，如水蒸气的存在将会增强氧化反应。式(4-94)和式(4-95)已成功地用于有机蒸气焚烧炉中 VOCs 的氧化过程动力学模型中。对每一反应均为一阶的动力学综合模型，导出的速率方程为

$$r_{HC} = -k_1[HC][O_2] \tag{4-96}$$

和

$$r_{CO} = xk_1[HC][O_2] - k_2[CO][O_2] \tag{4-97}$$

式中，r_{HC} 和 r_{CO} 分别为化合物 HC 和 CO 的反应速率，$kmol/(m^3 \cdot s)$；k_1 和 k_2 为速率常数，s^{-1} 或 $m^3/(kmol \cdot s)$。

在氧气过量的情况下，速率方程还原为

$$r_{HC} = -k_1[HC] \tag{4-98}$$

和

$$r_{CO} = xk_1[HC] - k_2[CO] \tag{4-99}$$

在典型的燃烧室中，氧的摩尔分数是 0.1～0.15，而 HC 的摩尔分数是 0.001。因此，式(4-98)和式(4-99)是可用的。CO_2 的生成可从碳的物料平衡计算，其生成速率方程为

$$r_{\mathrm{CO}_2} = k_2[\mathrm{CO}] \tag{4-100}$$

式(4-98)、式(4-99)和式(4-100)表示了一系列连续不可逆反应的特殊情况。Levenspiel 分析了下述反应：

$$A \xrightarrow{\ k_1\ } R \xrightarrow{\ k_2\ } S \tag{4-101}$$

其所有组分浓度均作为无因次反应时间($k_1 t$)和不同 k_2 / k_1 的函数，并得出了这些函数的解。图 4-19 便是 Levenspiel 根据式(4-101)按化学计量比 1：1：1 进行连串反应的图解说明。应注意到中间产物 R 浓度的变化取决于 k_2 / k_1 的数值，它们可用来描述 VOCs → CO → CO_2 体系。燃烧室中 CO 浓度的高低取决于操作温度和停留时间。甲苯在焚烧炉中生成 CO 的情况见图 4-20，它是选择燃烧炉设计温度的重要因素。

4.4.1.2　3 T

许多年前，人们就已经意识到燃烧中 3 T：温度(temperature)、时间(time)和扰动(turbulence)的重要性。曾有研究者建议对易燃物，燃烧室的设计温度为 540～820℃，停留时间为 0.3～0.5s，流速(促进湍动混合)为 6～12m/s。但应注意，这些建议参数仅作为一般参考。

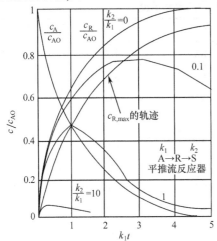
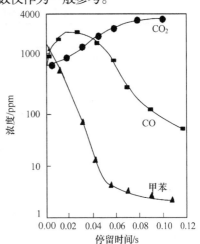

图 4-19　对于反应物：中间产物：产物为 1：1：1　　图 4-20　830℃下甲苯、CO、CO_2 在平推流反应器
　　的平推流反应器中浓度与停留时间的关系　　　　　　中浓度与停留时间的关系

由于式(4-98)和式(4-99)随温度呈指数增加，故 VOCs 的燃烧速度对温度很敏感；此外，由于燃烧室中反应是以一定的速率开始并进行的，因此必须提供足够的时间以允许反应能在设计温度下达到所期望的完全程度；而扰动确保了过程进行中氧和 VOCs 的充分混合。

从数学意义上讲，3 T 与三个特征时间有关：化学时间、停留时间和混合时间。它们分别由下述方程得到：

$$\tau_c = 1/k \tag{4-102}$$

$$\tau_r = V/Q = L/u \tag{4-103}$$

$$\tau_m = L^2/D_e \tag{4-104}$$

式中，τ_c、τ_r、τ_m 分别为化学时间、停留时间和混合时间，s；V 为反应区体积，m^3；L 为反应区长度，m；Q 为气体体积流量(以燃烧室温度计)，m^3/s；u 为燃烧室中的气体流速，m/s；D_e

为有效(扰动)扩散系数，m^2/s。

混合时间与停留时间之比称为佩克莱(Peclet)数($Pe = Lu / D_e$)，而化学时间与停留时间之比为达姆科勒(Damkohler)数($Da = u / Lk$)的倒数。如果佩克莱数大而达姆科勒数小，燃烧室中混合是速率控制因素。若佩克莱数小而达姆科勒数大，则化学动力学为速率控制因素。在大多数燃烧室温度下，只要保持合理的气速，混合将不会成为限制因素。然而，随着温度的升高，化学时间迅速减少，在一些地方，总速率受到设备中混合过程的限制。

4.4.1.3　VOCs 动力学的预测

尽管动力学对燃烧室的正确设计相当重要，但数据缺乏，并且通过中试研究获取数据也很困难且费用高昂，故以往决定燃烧器设计或操作温度的方法也是很粗糙的。最简单的方法是令设计温度高于 VOCs 自燃温度的 150℃以上。自燃温度是指空气和 VOCs 的可燃混合物在无需外加能量(即无火花和火焰)时，便可以自燃的温度。表 4-6 中列出了部分物质的自燃温度。但应注意，过高的设计温度会导致 VOCs 燃烧器的购置费用和操作费用都过高，此外，设计温度高于实际需求可能会限制燃烧器在其他应用中的适用性。

表 4-6　各种有机物质在空气中的自燃温度

物质名称	自燃温度/℃	自燃温度/℉	物质名称	自燃温度/℃	自燃温度/℉
丙酮	538	1000	二氯乙烷	413	775
丙烯醛	234	453	氢	580	1076
丙烯腈	481	898	氢氰酸	538	1000
氨	649	1200	硫化氢	260	500
苯	579	1075	异丁烷	510	950
异丁烷	480	896	甲烷	537	999
1-丁烯	384	723	甲醇	470	878
异丁醇	367	693	氯甲烷	632	1170
一氧化碳	652	1205	丁酮	515	960
氯苯	674	1245	苯酚	715	1319
环己胺	268	514	丙烷	466	871
乙烷	530	986	丙烯	455	851
乙醇	426	799	苯乙烯	491	915
乙酸乙酯	486	907	甲苯	552	1026
乙苯	466	870	氯乙烯	472	882
氯乙烷	518	965	二甲苯	496	924
乙烯	450	842	己烷	438	820

注：℉为华氏温度。

下面介绍定量预测动力学数据和设计温度的方法。一种是 Lee 及其合作者(Lee，Hansen，Macauley；Lee，Morgan，Hansen，Whipple)在对数种 VOCs 进行了实验的基础上，用纯粹的统计学模型来预测在低温平推流燃烧室中为满足不同程度净化率所需的燃烧温度。这些模型取决于 VOCs 的许多性质，其中最重要的有：自燃温度、停留时间和分子中的氢碳原子之比等。这些模型都有着极好的相关系数，其预测温度的标准偏差大约为 10℃。以下列举这些方程中的两个(由于原公式为华氏温度，故仍使用华氏温度表示，转换关系式，1 ℉ = 1.8K − 459.67)：

$$T_{99.9} = 594 - 12.2W_1 + 117.0W_2 + 71.6W_3 + 80.2W_4 + 0.592W_5$$
$$- 20.2W_6 - 420.3W_7 + 87.1W_8 - 66.8W_9 - 62.8W_{10} - 75.3W_{11} \tag{4-105}$$

$$T_{99} = 577 - 10.0W_1 + 110.2W_2 + 67.1W_3 + 72.6W_4 + 0.586W_5$$
$$- 23.4W_6 - 430.9W_7 + 85.2W_8 - 82.9W_9 - 65.5W_{10} - 76.1W_{11} \tag{4-106}$$

式中，$T_{99.9}$ 为净化率达 99.9%时所需的温度，℉；T_{99} 为净化率达 99%时所需的温度，℉；W_1 为碳原子数；W_2 为芳香族化合物的标志(0 = 无、1 = 有)；W_3 为碳碳双键的标志(0 = 无、1 = 有)；W_4 为氮原子数；W_5 为自燃温度，℉；W_6 为氧原子数；W_7 为硫原子数；W_8 为氢/碳比；W_9 为丙烯化合物的标志(0 = 无、1 = 有)；W_{10} 为碳碳双键和氯间的相互作用标志(0 = 无、1 = 有)；W_{11} 为停留时间(s)的自然对数。

另一种定量预测的方法由 Copper、Alley 和 Overcamp 等使用经验数据结合碰撞理论提出。该方法预测了 940～1140K 内碳氢化合物(HC)焚烧时的"有效"一级速率常数 k。该方法的准确度取决于 HC 的分子量和种类。一旦 k 确定，便可得到设计温度。从化学动力学可知，速率常数 k 可写成

$$k = A\exp(-E / RT) \tag{4-107}$$

式中，E 为活化能，kJ/kmol；A 为指前因子，s⁻¹；R 为摩尔气体常量，8.314J/(mol · K)；T 为热力学温度，K。

指前因子可写成

$$A = Z'Sy_{O_2}P/R' \tag{4-108}$$

式中，Z' 为碰撞速率因子；S 为位阻因子；y_{O_2} 为燃烧室内氧的摩尔分数；P 为绝对压力，atm；R' 为气体常数，0.08205lL · atm/(mol · K)。

式(4-108)中的位阻因子 S 用来说明因分子几何形状的影响，在反应过程中一些碰撞是无效的。它可由下式计算：

$$S = 16/M \tag{4-109}$$

式中，M 为 HC 的分子量。

图 4-21 可用来估算三种类型的碰撞速率因子 Z'。

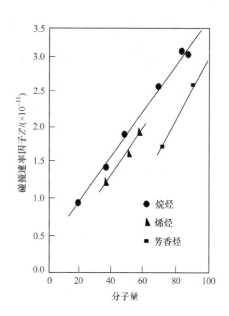

图 4-21　各种碳氢化合物的碰撞速率因子

指前因子 A 可通过燃烧室中氧的摩尔分数(W)来估算。活化能 E(kcal/mol)可用分子量来关联，如图 4-22 所示。关联式为

$$E = -0.00966MW + 46.1 \tag{4-110}$$

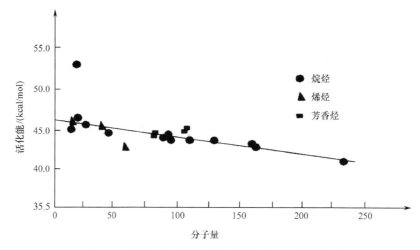

图 4-22　作为分子量函数的碳氢化合物燃烧活化能

一旦通过估算得到 A 和 E，k 便可以在任何设计温度下计算得到。在等温平推流反应器中，HC 的净化率、速率常数及停留时间这些独立的参数可被关联成

$$\eta = 1 - C_{out} / C_{in} = 1 - \exp(- k\tau_r) \tag{4-111}$$

式中，η 为 HC 的净化率。

尽管这一方法比 Lee 等的方法更复杂，但却得出了动力学常数。于是，除了等温平推流反应器的理想情况外，这一方法还可用于非等温燃烧室的设计，因此也就更具有真实条件下的代表性。

通常，VOCs 的燃烧相对于 CO 的燃烧发生得更快，因此在许多情况下，以 CO 的燃烧为"控制"步骤。基于此，许多研究者提出了各自的 CO 燃烧动力学。

下面的 CO 氧化反应表达式是由 Howard 等在综合了大量的实验研究后发表的，它可以在很广的温度范围内(840~2360K)应用：

$$\text{CO 的燃烧速度} = 1.3 \times 10^{14} e^{-30000/RT} \{O_2\}^{1/2} \{H_2O\}^{1/2} \{CO\} \tag{4-112}$$

式中，$\{\ \}$ 为以 mol/cm^3 表示的浓度。

将用于 CO 燃烧的动力学模型[式(4-99)]和 VOCs 燃烧的动力学模型(生成 CO)相结合，可构成一个发生在燃烧室中完整的综合模型。若 CO 的燃烧速度比 VOCs 的燃烧速度慢得多，则需要比 VOCs 燃烧更高的温度以防止过量 CO 的排放。在这种情况下，VOCs 燃烧动力学的准确计算便不那么重要了。

例题 4-5　在一等温平推流焚烧炉中，气体停留时间为 0.5s，估算甲苯去除率为 99.5%时所需的温度。用介绍过的三种方法分别进行计算。

解　(1)按所需温度高于自燃温度 150℃计，查表 4-6，可知甲苯的自燃温度为 552℃(1026℉)，于是：

$$\text{所需的燃烧温度} = 552 + 150 = 702(℃) \approx 700(℃)$$

(2) 从式(4-105)和式(4-106)计算：

$$T_{99.9} = 594 - 12.2 \times (7) + 117.0 \times (1) + 71.6 \times (0) + 80.2 \times (0) + 0.592 \times (1026) - 20.2 \times (0)$$
$$- 420.3 \times (0) + 87.1 \times (1.14) - 66.8 \times (0) - 62.8 \times (0) - 75.3 \times (\ln 0.5) = 1384(℉) = 751(℃)$$

$$T_{99} = 577 - 10.0 \times (7) + 110.2 \times (1) + 67.1 \times (0) + 72.6 \times (0) + 0.586 \times (1026) + 23.4 \times (0)$$
$$- 430.9 \times (0) + 85.2 \times (1.14) - 82.9 \times (0) + 65.5 \times (0) - 76.1 \times (\ln 0.5) = 1368(℉) = 742(℃)$$

$T_{99.5}$ 的值位于 $T_{99.9}$ 和 T_{99} 之间。由于这种方法本身是近似的，因而可用插值法求得

$$T_{99.5} = 1376℉ = 747℃$$

(3) 重写式(4-111)并计算 k 值如下:

$$k = \frac{-\ln(1-0.995)}{0.5} = 10.6(s^{-1})$$

根据式(4-110)可算得

$$E = -0.00966(92) + 46.1 = 45.2(kcal/mol)$$

根据式(4-109)计算 S, 从图 4-21 估算得 Z', 有

$$S = \frac{16}{92} = 0.174 , \quad Z' = 2.85 \times 10^{11}$$

假定废气中氧摩尔分数为 0.15, 总压为一个大气压, 根据式(4-108)计算 A:

$$A = \frac{2.85 \times 10^{11} \times 0.174 \times 0.15 \times 1.0}{0.08205} = 9.07(10)^{10}(s^{-1})$$

知道了 k、A 和 E 后, 改写式(4-107)可得

$$T = \frac{-E}{R} \frac{1}{\ln(k/A)} = \frac{-45200}{1.987} \frac{1}{\ln[10.6/9.07(10)^{10}]} = 995(K) = 722(℃)$$

从以上计算结果可以看出, 第一种计算方法是很粗略的, 而后两种方法的计算结果仅有约 30℃误差。

4.4.1.4　VOCs 氧化的非等温线

在完全燃烧时, 尽管空气中 VOCs 的浓度很低, 也会引起气流温度的显著增加。同时, 燃烧室中的热损失也可能很大, 并导致气体温度的显著降低。从理论上来说, 这两种情况在设计中均应考虑。4.4.2 小节中将作详细的描述。

4.4.2　燃烧法设计

4.4.2.1　热焚烧炉

VOCs 气体的焚烧炉或燃烧室设计涉及确定与停留时间有关的操作温度、设备所需的尺寸, 以便能实现在合适的气流速度条件下, 得到所希望的停留时间及温度。如何选择合适的设备取决于以下因素: 操作方式(连续或间歇)、含氧量及 VOCs 的浓度。正确地选择设备和确定设备的尺寸在减少总燃烧费用上是很重要的。正因为如此, 希望保持被处理气体的体积尽可能小。但是, 大多数的安全规则都限制 VOCs 在气流中的最大浓度不能超过 VOCs 的爆炸下限的 25%。考虑到工业上所遇见的大多数情况, 其气流中 VOCs 的浓度在 LEL 的 5%甚至更低, 上述的限制条件并不重要。如果能将气流中 VOCs 的浓度从 5%增加到 25%(例如, 减少稀释空气的流量), 那么, 被燃烧气体的总体积将减少 80%。表 4-7 列出了一些物质的爆炸下限值。

表 4-7　不同有机物在空气中的爆炸下限值

有机物名称	LEL, 空气中的体积/%	有机物名称	LEL, 空气中的体积/%
丙酮	2.15	异丁烷	1.8
苯	1.4	异丙基乙醇	2.5
正丁烷	1.9	甲烷	5.0
正丁醇	1.7	甲醇	6.0

有机物名称	LEL，空气中的体积/%	有机物名称	LEL，空气中的体积/%
环己胺	1.3	乙酸甲酯	4.1
乙烷	3.2	丁酮	1.8
乙醇	3.3	丙烷	2.4
乙酸乙酯	2.2	甲苯	1.3
庚烷	1.0	二甲苯	1.0
乙烷	1.3		

设计时，为了计算在给定流量下的空气加热到指定温度时所需的燃料用量，必须对装置进行物料和能量衡算，同时考虑污染物通过化学反应产生的能量效应和通过反应器壁面的热损失，当这些效应很小时则可以忽略。非理想的流动和混合所导致的浓度和温度的径向分布在理论上可以计算得到。设计计算过程中最后部分涉及的数学处理比较麻烦，且花费很大的精力又收效不大，因此除非需要极高的效率(如去除毒性大的废气时)，一般过程中的设计计算都可以简化。

4.4.2.2 物料和能量平衡

图 4-23 为气体焚烧炉的流程图。用常规的设计方法，得不到气体焚烧所需的有关时间、温度和燃烧效率之间的关系信息。中试研究、文献中的实验数据及预测技术(如本章前面已经讨论过的那样)使得能够指定设计温度和停留时间。现在讨论如何计算所需的燃料量和如何确定燃烧室尺寸，以满足设计所需的停留时间和温度。

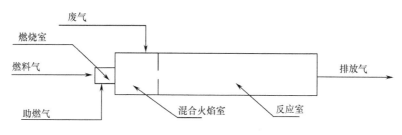

图 4-23 有机废气焚烧炉流程图

稳态条件下的总物料平衡方程为

$$0 = M_G + M_{PA} + M_{BA} - M_E \tag{4-113}$$

式中，M 为质量流量，kg/s；M_G 为助燃气；M_{PA} 为废气；M_{BA} 为燃料气；M_E 为排放气。稳态情况下的焓平衡(其他形式的能量意义不大)如下：

$$0 = M_{PA}h_{PA} + M_G h_G + M_{BA}h_{BA} - M_E h_E + M_G(-\Delta H_C)_G + \sum M_{VOC_i}(-\Delta H_C)_{VOC_i} X_i - q_L \tag{4-114}$$

式中，h 为比焓，kJ/kg；$-\Delta H_C$ 为净燃烧值(低热值)，kJ/kg；q_L 为焚烧炉的热损失速率，kJ/min。

在作简单分析时，可以忽略 q_L 或者将所有的热损失均按照进口热量的百分比来简单表示。假定所有的热损失均发生在燃烧室的前段，反应是在出口温度的恒温条件下进行的。VOCs反应的热效应也可以计算，但有时常常被忽略。在 VOCs 的浓度为 1000ppm 时，VOCs 氧化所产生的热量约占燃料提供热量的 10%。简单的处理方法假定 VOCs 氧化在反应器前段结束前已经完成，通过减少燃料气的额定热值来估算热损失。

事实上，设备中的温度分布与等温情况有很大的不同。温度在开始时由于 VOCs 的氧化反应放热，可能沿反应器的方向增加，然后又由于壁上的热损失而减少。具体的变化取决于进口 VOCs 的浓度、进口温度、传热系数，以及设备的表面/体积比等。真实状况与绝热模型的温度分布比较见图 4-24。

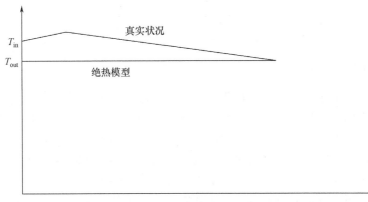

图 4-24　燃烧室中绝热模型和真实状况的温度分布曲线比较

如果假定所有气流的焓函数均与空气相似，则可以减少所需要的数据。对于许多燃烧室燃烧系统，这一假定是可行的。于是，式(4-113)变成为

$$0 = M_{PA}h_{T_{PA}} + M_G h_{T_G} + M_{BA}h_{T_{BA}} - M_E h_{T_E} + M_G(-\Delta H_C)_G(1-f_L) \\ + \sum M_{VOC_i}(-\Delta H_C)_{VOC_i} X_i(1-f_L) \tag{4-115}$$

式中，f_L 为热损失分率；h_{T_i} 为空气在温度为 T_i 下的焓值，kJ/kg。

将式(4-113)代入式(4-115)，并解出所需燃料气的质量流量，可得

$$\dot{M}_G = \frac{\dot{M}_{PA}(h_{T_E} - h_{T_{PA}}) + \dot{M}_{BA}(h_{T_E} - h_{T_{BA}}) - \sum \dot{M}_{VOC_i}(-\Delta H_C)_{VOC_i} X_i(1-f_L)}{(-\Delta H_C)_G(1-f_L) - (h_{T_E} - h_{T_G})} \tag{4-116}$$

燃料气进燃烧室时按照预先给定的比例 R 与外界空气混合，该比例由厂家决定。于是，令 $M_{BA} = R M_G$，并代入式(4-116)；又假定 $T_{BA} = T_G$，可得到与式(4-115)等效的方程：

$$\dot{M}_G = \frac{\dot{M}_{PA}(h_{T_E} - h_{T_{PA}}) - \sum \dot{M}_{VOC_i}(-\Delta H_C)_{VOC_i} X_i(1-f_L)}{(-\Delta H_C)_G(1-f_L) - (R+1)(h_{T_E} - h_{T_G})} \tag{4-117}$$

在式(4-116)和式(4-117)中，所有的焓值都是用焓差表示的。焓的数值都是基于一个参考温度(在不同数据表中参考温度也不同)。当两个焓值相减时，参考温度便消掉了。因为出口温度在开始时便已给定，故式(4-116)和式(4-117)右边的各项均为已知，或者从数据表或图中查出(见 *Air Pollution Control A Design Approach* 的附录 B)。例题 4-6 便是用来叙述这一解题过程的。

例题 4-6　计算用燃烧室处理 3400m³/h 废气所需的甲烷用量。已知设计燃烧温度为 732℃，估计有 340m³/h 的助燃空气进入燃烧室。燃料气进入燃烧室的温度为 27℃，进入燃烧室的空气温度为 28℃，废气的进入温度为 93℃。甲烷的低位燃烧热为 50150kJ/kg。假设 10% 的热损失。

解 标准状况下空气密度为 $1.29kg/m^3$，所以有

$$\dot{M}_{PA} = 3400 \times 1.29 = 4386(kg/h)$$

$$\dot{M}_{BA} = 340 \times 1.29 = 438.6(kg/h)$$

查有关数据手册可知各物质比焓如下：

$$h_{T_E} = 767.6kJ/kg \; ; \quad h_{T_{BA}} = 11.6kJ/kg \; ; \quad h_{T_{PA}} = 81.4kJ/kg \; ; \quad h_{T_G} = 11.6kJ/kg$$

代入式(4-116)，可得

$$\dot{M}_G = \frac{438.6(767.6 - 81.4) + 438.6(767.6 - 11.6)}{50150(1 - 0.1) - (767.6 - 11.6)} = 75.29(kg/h)$$

4.4.2.3 设备尺寸的确定

在进行物料及热量平衡计算后，初步设计过程中的其余部分都很简单。燃烧室中的气体流动需要扰动，以确保充分混合并接近平推流条件。一般来说，气速可在 $6\sim12m/s$。除此之外，还必须保证有足够长的停留时间以使反应进行完全。尽管时间和温度不是独立的，但初步设计阶段的停留时间常常参考早期的经验数据。通常，$0.4\sim0.9s$ 就足够了。若不考虑热回收所需换热器阻力，对于燃烧室而言，其压降总是低于 500Pa。

利用设计温度下排气的质量流量、气速和停留时间等的关系，可得到确定燃烧室尺寸的实用方程。反应室的长度为

$$L = u\tau_r \tag{4-118}$$

式中的所有参数均在前面已经定义。

排气的体积流量由下式给出：

$$Q_E = M_E R T_E / P(M_w)_E \tag{4-119}$$

反应室的直径：

$$D = \sqrt{4Q_E / \pi u} \tag{4-120}$$

催化氧化的总反应速率取决于传质速率(VOCs 从气相主体扩散到催化剂表面)和催化剂上的化学氧化反应速率。在低温(低于 250℃)下，通常由活性反应速率控制着过程的速率；而在高温下，传质则成为限制条件。催化剂也可能具有选择性，它们对一些化合物有着更高的活性，而对另一些活性则较低。活性和选择性表现在为达到同样净化百分率时所需的操作温度，操作温度越低，则说明活性和选择性越好。表 4-8 列出了一些采用不同商业催化剂使一些 VOCs 净化率达到 90% 时所需的进口温度。图 4-25 表示了铂-铝催化剂的一些典型物质的温度-操作性能曲线。

表 4-8　不同商业催化剂使一些 VOCs 净化率达到 90%时所需进口温度

物质	进口温度/℃	物质	进口温度/℃
H_2	250～400	苯	225，250，260，302
CO	150，260，316	甲苯	238，250，302
正戊烷	310	丁酮	300～500
正庚烷	250，300，305	甲基异丁基酮	350～550
正癸烷	260		

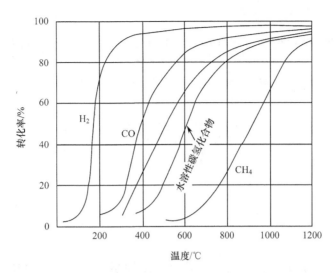

图 4-25 铂-铝催化剂的一些典型物质的温度-操作性能曲线

总催化氧化速度最多的是受到传质而不是反应动力学的限制。于是，催化设备的设计便归纳为如何确定合适的床层长度，以保证有足够的(基于传质速率所需的)停留时间来达到要求的 VOCs 的净化率。Retallick 用于设计的基本方程为

$$(C_{VOC})_L / (C_{VOC})_0 = \exp(-L / L_m) \tag{4-121}$$

式中，$(C_{VOC})_L$ 为 VOCs(反应物)在长度 L(出口)处的浓度；$(C_{VOC})_0$ 为 VOCs 的进口浓度；L 为催化剂床层的长度；L_m 为一个传质单元的长度。

由 Retallick 给出的在湍流和层流条件下计算 L_m 的方程分别见式(4-122)和式(4-123)。因为催化剂内孔的通道直径很小，所以尽管在气速达 12m/s 时，以通道直径为基准的雷诺数通常还是低于 1000，故流动多数可认为是层流的。于是：

$$L_m = ud^2/17.6D \tag{4-122}$$

式中，u 为内孔通道中气流的线速度，m/s；d 为内孔通道的有效直径，m；D 为 VOCs 在气相中的扩散系数。

对扩散影响显著的湍流方程为

$$L_m = 2(Sc)^{2/3} / fa \tag{4-123}$$

式中，f 为范宁摩擦因子，量纲为一；Sc 为施密特数($\mu / \rho D$)，量纲为一；a 为单位体积床层的表面积，m^2/m^3。

作为安全考虑以防止催化剂中毒或堵塞引起的效率降低，应该将计算长度(对于净化率为 99%的催化焚烧炉，其长度通常在 50~250mm)加长。一般将计算长度加倍便可以了。

可提供的催化剂总表面积是设计中的决定性因素。典型情况下给出的数值是每单位气体体积流量下的催化剂表面积，或是每单位催化剂体积下的气体体积流量，后者又称为空间速度，因为它的单位是时间的倒数。使用前者，建议在每小时立方米废气流量下催化剂的表面积为 0.02~0.05m²。而对于空间速度，推荐蜂窝骨架型催化剂为 50000~100000h⁻¹，球形骨架的催化剂为 30000h⁻¹。Hawthorn 报道了当 VOCs 的净化率达到 85%~95%时，其空间速度的典型数值为 500~2000min⁻¹。注意，空间速度的倒数为空间时间，与停留时间相似。将常见的催化氧化器中的空间时间(0.03~0.1s)与常见的热氧化器中的停留时间(0.3~1.0s)进行比较，可知气体在热氧化器中

的停留时间要比催化氧化器大一个数量级。

例题 4-7 计算例题 4-6 中燃烧室的长度和直径。已知设计气速为 9m/s，设计停留时间为 0.75s。

解 燃烧室长度

$$L = 9 \times 0.75 = 6.75(\text{m})$$

因为

$$\dot{M}_E = 4386 + 438.6 + 75.0 = 4899.9(\text{kg/h})$$

假设废气的分子量为 28，则利用理想气体状态方程，可得

$$Q = \frac{4899.9 \times 8.314 \times (732 + 273)}{3600 \times 28 \times 1.013 \times 10^2} = 4.01(\text{m}^3/\text{s})$$

所以

$$D = \sqrt{\frac{4 \times 4.01}{9\pi}} = 0.75(\text{m})$$

4.5 冷凝法

冷凝法是治理废气的重要方法之一，多用于有机物蒸气的回收。利用冷凝的方法，能使高浓度的有机物得以回收，但是对于高的净化要求，却往往是室温下的冷却水所不能达到的。净化要求越高，所需冷却的温度越低，必要时还得增大压力，这样就会增加处理的难度和费用。因而，冷凝法往往与吸附、燃烧和其他净化手段联合使用，以提高回收、净化的效果。冷凝法常被用来回收有价值的污染物。例如，水银法氯碱厂副产氢气中的汞蒸气需要先冷凝回收后，再利用其他方法进一步净化；沥青氧化尾气就是先冷凝回收有机油，而后送去燃烧净化的。因此，只有当废气中的有害蒸气浓度较高时，使用冷凝法才比较有效，但往往并非单独使用。在某些情况下，可以采用低温冷冻水或制冷剂的冷凝法，并把它作为一种有效的净化方法单独使用。

4.5.1 冷凝设备

根据气态污染物与制冷剂的接触方式，冷凝设备可分为直接接触式冷凝器与间接式冷凝器两种。

在直接接触式冷凝器里，冷却剂(冷水或其他冷却液)与废气直接接触，借对流和热传导，将气态污染物的热量(显热与潜热)传递给冷却剂，达到冷却、冷凝的目的。气体吸收操作本身伴有冷却过程，故几乎所有的吸收设备都能作为接触冷凝器。常用的直接接触式冷凝器有喷射器、喷雾塔、填料塔及板式塔等。

冷凝用的填料塔与吸收采用的填料塔结构类似，只是冷凝用的填料宜采用比表面积及空隙率都较大的填料，可显著提高填料塔单位体积处理量。

间接式冷凝器则通过间壁来传递热量，达到冷凝分离的目的。各种形式的冷凝器，如列管式冷凝器、螺旋板式冷凝器是间接式冷凝的典型设备，其他还有喷淋式换热器等。

在卧式冷凝器中，凝液聚集在底层壳程里，冷却水一般从底层管子进入，对凝液进一步冷却，使冷凝下来的污染物不至于重新挥发造成二次污染。

4.5.2 冷凝原理及污染物热力学性质

冷凝法是利用气态污染物在不同温度及压力下具有不同的饱和蒸气压，当降低温度或加大压力，某些污染物凝结出来，达到净化或回收的目的。可以借助控制不同的冷凝温度分离

出不同的污染物。

由于废气中污染物含量往往很低，大量的是空气或其他不凝性气体，故可认为当气体混合物中污染物的蒸气分压等于它在该温度下的饱和蒸气压时，废气中的污染物就开始凝结。这时，污染物在气相达到了饱和，该温度下的饱和蒸气压就代表了气相中未冷凝下来并残留在其中的污染物的量。

各种物质在不同温度下的饱和蒸气压 P_v 可以按安托万(Antoine)方程计算：

$$\ln P_v = A - \frac{B}{T - C} \tag{4-124}$$

式中，T 为液体物质的温度，K；A、B、C 为安托万常数，量纲为一，见表 4-9；P_v 为物质在 T 时的饱和蒸气压，mmHg。

表 4-9 部分有机溶剂的参数值

物质名称	安托万常数			安托万方程适用温度范围/K		沸点 T_b/K	临界温度 T_c/K	潜热 ΔH_b/(kJ/kg)
	A	B	C	最大	最小			
苯	15.9008	2788.51	52.36	377	280	353.3	562.1	30783
二硫化碳	15.9844	2690.85	31.62	342	228	319.4	552	26784
甲醇	18.5875	3626.55	34.29	364	257	337.8	512.6	35280
乙酸乙酯	16.1516	2790.50	57.15	385	260	350.3	523.2	32240
四氯化碳	15.8742	2808.19	45.99	374	253	349.7	556.4	30021
甲苯	16.0137	3096.52	53.67	410	280	383.8	591.7	33203
乙醚	16.0828	2511.29	41.95	340	225	307.7	466.7	26713
乙醇	18.9119	3808.98	41068	369	270	351.5	516.2	38772
乙苯	16.0195	3279.47	59.95	450	300	409.3	617.1	35590
甲烷	15.2243	597.84	7.16	120	93	111.7	190.6	8186
丙酮	16.5986	3150.42	36.65	376	257	352.8	508.1	31235
正辛烷	15.9426	3120.29	63.63	425	292	398.8	568.8	34438

由于冷凝过程放出热量，该热量相当于该物质在冷凝温度下的冷凝(或蒸发)潜热，部分物质在沸点下的冷凝潜热见表 4-9，潜热随温度的变化可以用沃森方程式(4-125)计算：

$$\Delta H_v = \Delta H_b \left(\frac{T_c - T}{T_c - T_b} \right)^{0.38} \tag{4-125}$$

式中，ΔH_v 为温度 T(K)下的冷凝潜热，kJ/kg；ΔH_b 为正常沸点下的冷凝潜热，kJ/kg；T_c 为临界温度，K。

4.5.3 冷凝计算

含有气态污染物的废气，其污染物浓度表示方法有以下几种：摩尔体积浓度 C_v，kmol/m³；质量体积浓度 C，kg/m³；体积分数浓度 y；百万分之一体积浓度，ppm，$y \times 10^6$。

设一含有污染物的废气由状态 $1(T_1, P_1)$ 经过冷凝过程，变成状态 $2(T_2, P_2)$。污染物气体气相浓度从 C_1 变成 C_2(质量体积浓度)，由理想气体定律可得

$$C_1 = \frac{MP_1}{RT_1} \quad 及 \quad C_2 = \frac{MP_2}{RT_2}$$

可推得

$$C_2 = C_1 \frac{P_2 T_1}{P_1 T_2} \tag{4-126}$$

式中，M 为污染物分子量；R 为摩尔气体常量，8.314J/(mol·K)；P_1 和 P_2 分别为污染物在状态 1(初始态)和状态 2(终态)时的分压，Pa。

而用摩尔体积浓度 C_v 表示时，则

$$C_{v_2} = C_{v_1} \frac{P_2}{P_1} \tag{4-127}$$

某一冷凝过程的捕集效率 η 定义为

$$\eta = 1 - \frac{m_2}{m_1} \tag{4-128}$$

式中，m_1 和 m_2 分别为污染物在冷凝器入口和出口(状态 1 和状态 2)的质量流率，kg/h。

用不同浓度单位 C_1、C_v、y_1 表示时：

$$\eta = \frac{P}{P - P_2} \left(1 - \frac{MP_2}{RT_1 C_1} \right) \tag{4-129}$$

$$\eta = \frac{P - P_2 / C_{v_1}}{P - P_2} \tag{4-130}$$

$$\eta = 1 - \frac{1 - y_1}{y_1} \frac{MP_2}{M_a(P - P_2)} \tag{4-131}$$

式中，P 为总压；M 为污染物分子量；M_a 为废气中除被捕集的污染物以外的其他气体的平均分子量。

当污染物蒸气压 P_1 与 P_2 均很小时，η 的计算可简化为

$$\eta = 1 - \frac{MP_2}{RT_1 C_1} \tag{4-129a}$$

$$\eta = 1 - \frac{P_2}{PC_{v_1}} \tag{4-130a}$$

$$\eta = 1 - \frac{MP_2}{M_a P y_1}(1 - y_1) \tag{4-131a}$$

例题 4-8 某一空气、正辛烷蒸气混合气体最初的浓度 $C_1 = 0.5$kg/m³，由 75℃冷凝到 20℃，并以 2.5kg/s 的速率进入冷凝器。假设正辛烷在终态不是过饱和的，并且所有冷凝的正辛烷均被捕集，求捕集效率 η，以及需要冷冻水带走的热量。

解 (1) 先求 20℃时正辛烷的饱和蒸气压 P_2。由表 4-9 可查得正辛烷，$A = 15.9426$，$B = 3120.29$，$C = 63.63$，于是，由安托万方程式(4-124)可得

$$\ln P_2 = 15.9426 - \frac{3120.29}{293.15 - 63.63} = 2.348$$

$$P_2 = 10.46 \text{mmHg} = 0.0137 \text{atm} = 1394 \text{Pa}$$

由于浓度较高，不能用简化式。利用式(4-129)可得

$$\eta = \frac{1.013 \times 10^5}{1.013 \times 10^5 - 1394} \left(1 - \frac{114.2 \times 1394}{8314 \times 348 \times 0.5}\right) \times 100\% = 89.0\%$$

显然，如果 $C_1 \leqslant (114.2 \times 1394) / (8341 \times 348) = 0.055 (\text{kg/m}^3)$，则 $\eta \leqslant 0$，即没有正辛烷能在 20℃下被冷凝下来。

对于大多数有机废气而言，有机物的浓度多在 1000～10000mg/m³，高于 10000mg/m³ 的废气极少。更何况正辛烷的沸点也较高，高于苯、甲苯等多数有机物，故对多数有机废气来说，选择冷凝法并不适宜。

(2) 单位时间内被冷凝下来的正辛烷有 $2.5 \times 0.89 = 2.225 (\text{kg/s})$。由表 4-9 可得 $T_c = 568.8 \text{K}$，$T_b = 398.8 \text{K}$，$\Delta H_b = 34438 \text{kJ/kg}$。根据式(4-125)得

$$\Delta H_v = 34438[(568.8 - 293.2) / (568.8 - 398.8)]^{0.38} = 41378 (\text{kJ/kg})$$

故所需移走的热量为 $\qquad Q = 41378 \times 2.225 = 92066 (\text{kJ/s})$

本章符号说明

符号	意义	单位
A	吸收因数	
a	单位质量的吸附剂所吸附的吸附质的量	kg 吸附质/kg 吸附剂
C_A	被吸收组分(溶质)在液相主体中的浓度	kmol/m³
C_{Ai}	被吸收组分(溶质)在气液两相界面的浓度	kmol/m³
$C_A^{\bullet}$	与气相溶质分压 P 成平衡的溶解度	kmol/m³
d_p	吸附剂颗粒直径	m
D	固定床吸附器床层深度，吸收塔直径	m
D_G	被吸收组分(溶质)在气相中的扩散系数	m²/s
D_L	被吸收组分(溶质)在液相中的扩散系数	m²/s
E	亨利系数	kPa，Pa
E_{mv}	气相(默弗里)单板效率	
f	吸附剂表面被气体分子覆盖的分数	
G	气体表观质量通量	kg/(m² · s)
$G_{c,m}$	载气的流量	kmol/(m² · s)
G_m	总的气相流量(载气加污染物)	kmol/(m² · s)
ΔG_{ads}	吸附自由能的变化值	kJ/kmol，kcal/kmol
H	溶解度系数	kmol/(m³ · Pa)
H_O	气相分传质单元高度	m
H_{OG}	气相总传质单元高度	m
H_L	液相分传质单元高度	m
H_{OL}	液相总传质单元高度	m

符号	意义	单位
K_G	以气相分压差为推动力的总传质系数	$kmol/(m^2 \cdot s \cdot Pa)$
K_L	以液相浓度差为推动力的总传质系数	m/s
K_y	以气相摩尔差为推动力的总传质系数	$kmol/(m^2 \cdot s \cdot \Delta y)$
K_x	以液相摩尔差为推动力的总传质系数	$kmol/(m^2 \cdot s \cdot \Delta x)$
k_G	气膜传质分系数	$kmol/(m^2 \cdot s \cdot Pa)$
k_L	液膜传质分系数	m/s
k_L'	有化学反应的液膜传质分系数	$kmol/(m^2 \cdot s \cdot atm)$
L_m	吸收液流量通量	$kmol/(m^2 \cdot s)$
$L_{s,m}$	纯溶剂流量通量	$kmol/(m^2 \cdot s)$
M_A	气体吸收速率	$kmol/s$
M_0	溶剂摩尔质量	$kg/kmol$
m	不可逆反应的级数	
N_A	传质速率，吸收速率	$kmol/(m^2 \cdot s)$
N_A'	伴有化学反应时的吸收速率	$kmol/(m^3 \cdot s)$
N_{OG}	气相总传质单元数	
P	气相中吸附质的分压，气相总压	Pa
P_{Ai}	被吸收组分 A(溶质)在气液两相界面的分压	Pa
P_A	被吸收组分 A(溶质)在气相主体中的分压	Pa
P_B	惰性组分 B 在气相主体中的分压	Pa
P_{Bi}	惰性组分 B 在气液两相界面的分压	Pa
P_{BM}	惰性组分 B 在气膜层中的对数平均分压	Pa
P_T	气相总压	Pa
P_v	物质的饱和蒸气压	Pa
P_A^*, P^*	与液相主体中污染物(溶质)浓度 C_A 相平衡的分压	Pa
ΔP	压降	Pa
r	扩散系数比	
r_a	吸附速率	
r_d	吸附质从吸附剂表面的脱附速率	
S	解吸因数	
T	温度	K
V'	比摩尔体积	$m^3/kmol$，cm^3/mol
V_{ref}'	参考物质的比摩尔体积	$m^3/kmol$，cm^3/mol
X	溶质与溶剂在液相中的摩尔比	
x	溶质在液相中的摩尔分数	
Y	污染物(溶质)与惰性气体在气相中的摩尔比	

续表

符号	意义	单位
Y^*	污染物(溶质)在气相与液相浓度呈平衡的摩尔比	
y	污染物(溶质)在气相中的摩尔分数	
y^*	与液相浓度呈平衡的污染物(溶质)气相摩尔分数	
Z_G	气膜层厚度	m
Z_L	液膜层厚度	m
α	化学吸收的增强因子	
β	吸附质与吸附剂之间的亲和力系数	
ε	空隙率	m^3 空隙/m^3 吸附床
η	吸收率，效率，净化率	
ρ_g、ρ_G	气体密度	kg/m^3
ρ_0	溶剂密度	kg/m^3
μ	气体黏度	Pa·s
μ_L	液体黏度	Pa·s

✎ 习　题

1. 计算在 300K 下，每千克活性炭能吸附环己烷的量。已知液态环己烷的密度为 780kg/m^3，空气中环己烷的浓度为 1000ppm，空气压力为 101.3kPa。从实验室测得 300K 下二硫化碳在该活性炭上的吸附等温线方程为：$a = 0.08C_{mv}^{0.237}$，式中，a 为气相浓度为 C_{mv} 时的平衡吸附量，kg/kg AC；C_{mv} 为气相中溶质气体的浓度，g/m^3。

2. 在图 4-10 中二硫化碳吸附等温线中取几个点，并判断它们是适合于 Langmuir 方程还是更适合于 Freundlich 方程。

3. 在温度 300K、二硫化碳分压为 70Pa 的情况下，用图 4-10 和式(4-70)来计算吸附容量(用 kg CS$_2$/kg 活性炭表示)。

4. 设计一个双台吸附器，处理风量 13600m^3/h 含 700ppm 环己烷的空气。实验表明在 300K、101.3Pa 操作条件下，每 100kg 活性炭能吸附 8kg 环己烷，活性炭的堆积密度为 450kg/m^3。如果该系统在 313K、101.3kPa 条件下操作，要求达到 90%的去除率，计算每个炭床的近似尺寸。气体在活性炭床层中的气速为 0.4 m/s，炭床再生和冷却约需 1h，炭床的操作周期为 8h。

5. 某固定床吸附系统，两个装有深 1m、16×16 目活性炭的吸附器，在 0.3m/s 气速下操作。对于风量为 25000m^3/h，气体温度为 40℃空隙率 $\varepsilon = 0.40$，且系统总压降(不包括炭床压降)为 1.25kPa 的情况，确定风机电机的功率。

6. 用一吸收塔从气体中回收 99.5%的 NH$_3$，温度为 22℃，NH$_3$ 的分压为 1.3kPa，操作气量为 1000m^3/h，压力为 0.1013MPa，吸收液为 22℃的纯水，流率为最小水流率的 1.5 倍，气相传质总单元高度为 0.58m。求：

(1) 最小水流量；

(2) 所需的填料层高度。

7. 气体混合物中溶质摩尔分数为 0.02，要求在填料塔中吸收其 99%。平衡关系为 $y^* = 1.0x$。求下列各情况下所需的气相总传质单元数。

(1) 入塔液体 $x_a = 0$，液气比 $L/G = 2.0$；

(2) 入塔液体 $x_a = 0$，液气比 $L/G = 1.25$；

(3) 入塔液体 $x_a = 0.0001$，液气比 $L/G = 1.25$；

(4) 入塔液体 $x_a = 0$，液气比 $L/G = 0.8$，最大吸收率为多少？

8. 含氨 1.5%(体积分数)的气体通过填料塔用清水吸收其中的氨(其余为惰性气体)，平衡关系可用 $y=0.8x$ 表示。用水量为最小值的 1.2 倍，气体流率 $G=0.024$kmol/(m² · s)，液相传质系数 $k_L=1.5×10^{-4}$m/s，$k_G=5×10^{-4}$kmol/(m · s · MPa)，填料层高度 6m(提示：需重试算时，可先取 $y_b - y_a = y_b$)。求：

(1) 出塔气体中的含氨量；

(2) 可以采用哪些措施使吸收率 η 达到 99.5%？

(3) 如果改用 0.5kmol/m³ 浓度的硫酸水溶液吸收，达到 99.5%效率时其填料高度需多少？

9. 矿石焙烧炉气中含 5%(体积分数)SO₂，其余为惰性气体，经冷却后在填料塔内以清水吸收 SO₂的 95%。塔径 0.8m，操作温度 303K，压力 100kPa；入塔炉气流量 1000m³/h(操作状态)，水量为最小值的 1.2 倍。平衡关系如下所示，传质系数：$k_Ga=5×10^{-4}$kmol/(m³ · s · kPa)，$k_La=5×10^{-2}$L/s。求：

α/(kg SO₂/100kg H₂O)	0.1	0.2	0.3	0.5	0.7	1	1.5
P/mmHg	4.7	11.8	19.7	36	52	79	125

(1) 用水量和出塔溶液浓度；

(2) 填料高度；

(3) 若改用 2.0kmol/m³ 的氢氧化钠水溶液吸收(反应为瞬时)，计算所需的填料高度。

10. 温度为 295K、流量为 0.035kg/s 的甲烷和温度为 365K、流量为 1.75kg/s 的空气绝热燃烧。计算生成废气的温度。如果有 10%的热损失，再计算最终温度。

11. 气体出混合燃烧室和进入高温燃烧炉的反应室需达到的温度为 750℃，废气在 77℃下流量为 30000m³/h。燃料气(甲烷)的温度为 20℃，燃烧室以 14kg 空气/kg 燃料气的流量吸入补充空气。计算甲烷的流量。忽略热损失和由污染物燃烧所产生的热量。用 kg/min 和 m³/min 两种单位来表示结果。

12. 对于上题的燃烧室，如果从出口出来的废气温度为 750℃，热损失是 12%，且污染物(1000ppm 的甲苯)的 96%在装置中被燃烧，试计算甲烷的流量。

13. 用式(4-105)和式(4-106)方法，估算将废气中二甲苯浓度从 1000ppm 降到 10ppm 时等温平推流燃烧器内的燃烧温度，假设停留时间为 0.7s。再用碰撞理论的方法计算一遍。

14. 设计一个用甲烷处理来自油漆烘干炉、风量为 13600m³/h 空气的燃烧室尺寸，确定甲烷的流量。废气温度200℃，需要升温到 700℃，设计停留时间为 0.8s。燃烧室需要的质量比(空气/燃料气)为 14∶1。

15. 某一含甲苯有机废气中甲苯的初始浓度 $C_1=0.5$kg/m³，废气流量为 5000m³/h，温度为 93℃。将此废气由 93℃冷凝到 28℃后烧掉。要求焚烧炉的净化率为 99%，停留时间为 0.5s，燃烧采用甲烷作燃料，估计有 500m³/h 的助燃空气进入燃烧室。假设甲苯在终态不是过饱和的，并且所有冷凝的甲苯均被捕集，求捕集效率 η，以及需要冷冻水带走的热量；假设燃烧室热损失 10%，计算燃烧所需的甲烷用量。废气可认为以空气为主。

16. 要除去空气中 99.5%的苯，计算合适的催化剂体积和催化床长度。空气流量为 17000m³/h，气速为 8m/s，所使用的蜂窝状催化剂的通道孔径为 1.25mm，通道中的气体流速为 30m/s。

第 5 章

二氧化硫控制技术

含硫化合物在大气中存在的主要形式是 SO_2、H_2S、H_2SO_4 和硫酸盐(SO_4^{2-})，主要来自矿物燃料燃烧、有机物分解和燃烧、海洋的浪沫及火山，其中硫化物在大气中最终也被氧化为 SO_3，然后随雨、雪或雾沉降到陆地或海洋。大气中 SO_2 的含量占含硫化合物总量的 80%以上，因此 SO_2 是公认的影响面很广的重要气态污染物。

SO_2 是一种极具危害性的气体，当大气中 SO_2 浓度达到 0.5ppm 时，就对人体有潜在危害；浓度为 0.1ppm 时，即可损害农作物。人为源排放约占大气中 SO_2 总量的 2/3，且集中在占地球表面不到 1%的城市和工业区上空，是造成大气污染和产生酸雨的主要原因。

SO_2 控制技术可分为燃烧前脱硫、燃烧中脱硫和燃烧后脱硫(也称为烟气脱硫)。其中烟气脱硫(flue gas desulfurization，FGD)技术是目前应用最广泛、效率最高的脱硫技术，也是控制 SO_2 排放的主要手段。在今后相当长的时期内，FGD 技术仍将是控制 SO_2 排放的主要方法。

5.1 脱硫技术基础

5.1.1 SO_2 的性质

纯 SO_2 是具有刺鼻的窒息气味和强烈涩味的无色气体，能溶于水，易液化，常压下的液化温度为 $-10.02℃$。SO_2 是酸性氧化物，与水化合生成不很稳定的亚硫酸(H_2SO_3)，与碱反应则生成相当稳定的盐。SO_2 能被氧化成六价的化合物，同时在一定程度上起氧化作用而被还原。

(1) 与水和碱的反应

SO_2 溶解于水的同时生成 H_2SO_3，硫的原子价不变：

$$SO_2 + H_2O \rightleftharpoons H_2SO_3 \tag{5-1}$$

以上反应是可逆的，H_2SO_3 只能存在于稀释的水溶液中，不能以游离状态分离出来。温度上升时反应平衡向左移动。

SO_2 在水溶液中不仅易与可溶性碱及弱酸盐反应，也易与难溶性碱和弱酸盐[如 $Ca(OH)_2$、$CaCO_3$、$Mg(OH)_2$]反应。SO_2 先溶于水生成亚硫酸，随后亚硫酸被碱中和，在不同条件下生成不同的盐：碱过剩时生成正盐(亚硫酸盐)，SO_2 过剩时生成酸式盐。以与 NaOH 的反应为例：

$$2NaOH + SO_2 \longrightarrow Na_2SO_3 + H_2O \tag{5-2}$$

$$Na_2SO_3 + SO_2 + H_2O \longrightarrow 2NaHSO_3 \tag{5-3}$$

亚硫酸和亚硫酸盐不稳定，在空气中氧的作用下逐渐被氧化：

$$2H_2SO_3 + O_2 \longrightarrow 2H_2SO_4 \tag{5-4}$$

$$2Na_2SO_3 + O_2 \longrightarrow 2Na_2SO_4 \tag{5-5}$$

(2) 与氧化剂反应

SO_2 与氧化剂反应生成六价硫化合物，但气态 SO_2 直接与 O_2 反应生成 SO_3 的速度很慢：

$$SO_2 + 1/2\,O_2 \longrightarrow SO_3 \tag{5-6}$$

利用催化剂可加速反应过程，在水介质中 SO_2 经催化剂的作用很快被氧化生成 H_2SO_4：

$$SO_2 + 1/2\,O_2 + H_2O \longrightarrow H_2SO_4 \tag{5-7}$$

臭氧、过氧化氢、硝酸、氧化氮等均能与 SO_2 迅速反应，最终生成硫酸。

(3) 与还原剂反应

还原过程随反应条件不同而不同，SO_2 在各种还原剂的作用下可以还原成元素硫或硫化氢(在某些条件下，还原只进行到硫代硫酸盐)。

5.1.2 硫氧化合物的生成机理

硫主要以六种形态存在，见表 5-1。

表 5-1　硫元素的氧化和还原形态

还原态	元素形式	第一种氧化态	第二种氧化态	与水反应	与 NH_4^+ 或其他阳离子反应
H_2S	S	SO_2	SO_3	H_2SO_3	硫酸盐

煤中的硫可以分为四种形式：黄铁矿硫(FeS_2)、硫酸盐硫($CaSO_4 \cdot 2H_2O$、$FeSO_4 \cdot 2H_2O$)、有机硫($C_xH_yS_z$)及元素硫。其中黄铁矿硫、有机硫和元素硫是可燃性硫，占煤中硫分的 90% 以上。一般认为，煤中有机硫的形态是杂环硫，如缩合的噻吩、硫茚、硫芴和硫杂蒽，具有不同的结合形态，如—SH、—SR 和—S—S—基。煤在燃烧过程中，所有可燃性硫都会在受热过程中从煤中释放出来，如果存在氧化性气氛，所释放出来的硫均被氧化生成 SO_2，尤其是在炉膛的高温条件下存在氧原子或在受热面上有催化剂时，一部分 SO_2 会转化成 SO_3。

(1) 黄铁矿硫的氧化

在氧化性气氛中，黄铁矿硫直接氧化生成 SO_2：

$$4FeS_2 + 11O_2 \longrightarrow 2Fe_2O_3 + 8SO_2 \tag{5-8}$$

在还原性气氛中 FeS_2 分解为 FeS：

$$FeS_2 \longrightarrow FeS + S \tag{5-9}$$

$$FeS_2 + H_2 \longrightarrow FeS + H_2S \tag{5-10}$$

$$FeS_2 + CO \longrightarrow FeS + COS \tag{5-11}$$

FeS 的进一步分解需要更高的温度：

$$FeS \longrightarrow Fe + 1/2\,S_2 \tag{5-12}$$

$$FeS + H_2 \longrightarrow Fe + H_2S \tag{5-13}$$

$$FeS + CO \longrightarrow Fe + COS \tag{5-14}$$

此外，在富燃料燃烧时，除 SO_2 外，还会产生一些其他硫氧化合物，如一氧化硫(SO)及二聚物$[(SO)_2]$，还有少量的一氧化二硫(S_2O)。由于它们的反应能力极强，因此在各种氧化反应中以中间体的形式出现。

(2) 有机硫的氧化

高硫煤中主要是无机硫，低硫煤中主要是有机硫。有机硫在煤中均匀分布，主要存在形式是硫茂(噻吩)，约占有机硫的 60%，是煤中最普通的含硫有机物，其他有机硫是硫醇(R—SH)、二硫化物(R—SS—R)和硫醚(R—S—R)。煤加热热解释放挥发分时，硫侧链(—SH)和环硫链(—S—)结合较弱，因此硫醇、硫化物等在低温(< 450℃)下首先分解，产生最早的挥发硫，而硫茂的结构比较稳定，到 930℃时才开始分解析出。但在氧化性气氛下，它们全部氧化成 SO_2。硫醇氧化反应最终生成 SO_2 和烃基 R：

$$4RSH + O_2 \longrightarrow 4RS + 2H_2O \tag{5-15}$$

$$RS + O_2 \longrightarrow R + SO_2 \tag{5-16}$$

(3) SO 的氧化

在还原性气氛中所生成的 SO 遇到 O_2 时，会发生下列反应：

$$SO + O_2 \longrightarrow SO_2 + O \tag{5-17}$$

$$SO + O \longrightarrow SO_2 \tag{5-18}$$

在各种硫化物的燃烧过程中，式(5-18)是一个重要的反应中间过程。式(5-18)的反应使燃烧产生一种浅蓝色的火焰，这是燃料含硫的一种特征。

(4) 元素硫的氧化

元素硫是以聚合形态存在的，其分子式为 S_8，氧化反应具有链锁反应的特点：

$$S_8 \longrightarrow S_7 + S \tag{5-19}$$

$$S + O_2 \longrightarrow SO + O \tag{5-20}$$

$$S_8 + O \longrightarrow SO + S + S_6 \tag{5-21}$$

烟气有类似快速氧化和有预期氧化剂存在时的氧化作用，在空气过剩系数 $\alpha > 1$，完全燃烧的条件下，有 0.5%～2.0%的 SO_2 会氧化成 SO_3。

5.1.3　烟气脱硫技术原理

与其他气态污染物一样，从废气中脱除 SO_2 的过程是化工单元操作过程，包括流体输送、热量传递和质量传递。其中质量传递过程主要采用气体吸收、吸附和催化操作。气体扩散、气体吸收和吸附过程的基本原理在第 4 章已经作了详细阐述，在此只对脱硫过程中的一些问题进行简单介绍。

5.1.3.1　SO_2 的吸收净化

吸收法脱除 SO_2 是目前烟气脱硫的主要方法，因此 SO_2 在气液界面上的平衡和在液相的溶解度是十分重要的，原因如下：

1) 当气液反应为可逆反应时，气液平衡代表反应进行的可能程度，可在一定浓度下确定气体的平衡分压或在一定分压下确定平衡的溶解度，这些数据在进行气液反应和反应器计算时十分重要。

2) 当气液反应为不可逆反应时，反应的可能程度不是问题，但气体的溶解度通常对反应速率起着重要影响。

表 5-2 列出了 SO_2 气体在水中的平衡溶解度，可见 SO_2 在水中具有中等溶解度。

表 5-2　SO_2 气体在不同温度和压力下的水中平衡溶解度

溶解度/(kg/100kg 水)	摩尔分数 $x/10^{-3}$	P/kPa							
		273K	280K	283K	288K	293K	303K	313K	323K
20	53.3	86.105	87.624	—	—	—	—	—	—
15	40.5	63.211	84.889	96.742	—	—	—	—	—
10	27.4	41.027	55.614	63.211	75.570	92.993	—	—	—
7.5	20.7	30.390	40.925	46.497	55.816	68.884	91.667	—	—
5.0	13.9	19.754	26.439	30.086	35.962	44.775	60.274	88.638	—
2.5	6.98	9.198	12.257	13.979	16.917	21.476	28.769	42.951	61.084
1.5	4.20	5.065	6.797	7.861	9.461	12.257	16.715	24.819	35.455
1.0	2.80	3.110	4.133	4.933	5.865	7.861	10.535	16.107	22.894
0.7	1.96	2.026	2.745	3.150	3.728	5.197	6.929	11.650	15.499
0.5	1.40	1.317	1.803	2.077	2.573	3.464	4.802	7.598	10.940
0.3	0.843	0.680	0.920	1.054	1.337	1.884	2.624	—	—
0.2	0.562	0.373	0.493	0.613	0.760	1.135	1.570	—	4.133
0.15	0.422	0.253	0.346	0.413	0.507	0.773	1.084	1.722	2.654
0.10	0.281	0.160	0.200	0.233	0.294	0.426	0.626	1.000	1.601
0.05	0.141	0.080	0.093	0.100	0.106	0.160	0.227	0.373	0.626
0.02	0.0562	0.0333	0.0400	0.0400	0.0400	0.0667	0.0799	0.1064	0.1732

吸收过程首先借助气体扩散过程得以实现，这由气体的物理化学性质所决定。假设在 SO_2 与吸收液的气液界面上，存在气体和吸收液之间的局部平衡，以亨利定律表示：

$$C_{SO_2,i} = H_{SO_2} \cdot P_{SO_2,i} \tag{5-22}$$

式中，H_{SO_2} 为亨利系数，$kmol/(m^3 \cdot kPa)$，可从表 5-3 查得；$P_{SO_2,i}$ 为气液界面上 SO_2 的分压，kPa；$C_{SO_2,i}$ 为液相 SO_2 在界面处的浓度，$kmol/m^3$。

表 5-3　不同温度下 SO_2 气体在水中的亨利系数 $H[kmol/(m^3 \cdot kPa)]$

气体	温度/℃							
	0	5	10	15	20	25	30	35
SO_2	0.0333	0.0274	0.0227	0.0189	0.0156	0.0135	0.0115	0.00981

气体	温度/℃							
	40	45	50	60	70	80	90	100
SO_2	0.00841	0.00755	0.00638	0.00501	0.00400	0.00277	—	—

在 SO_2 的物理吸收过程中，气膜阻力和液膜阻力在总阻力中都占有相当的比例，因此都要考虑。

气相中 SO_2 的传质速率表示为

$$N = k_G (P_{SO_2} - P_{SO_2,i}) \tag{5-23}$$

液相中 SO_2 的传质速率表示为

$$N = k_L (C_{SO_2,i} - C_{SO_2}) \tag{5-24}$$

式中，N 为传质速率，$kmol/(m^2 \cdot s)$；k_G 为物理吸收气相传质分系数，$kmol/(m^2 \cdot s \cdot kPa)$；$k_L$ 为物理吸收液相传质分系数，m/s；P 为 SO_2 在气相中的分压，kPa；C 为液相中 SO_2 的浓度，$kmol/m^3$。将式(5-23)和式(5-24)联立消去 SO_2 在相界面上的浓度，得到以气相总传质系数的表达式为

$$N = K_G \left(P_{SO_2} - \frac{C_{SO_2}}{H_{SO_2}} \right) \tag{5-25}$$

式中，K_G 为物理吸收气相总传质系数，$kmol/(m^2 \cdot s \cdot kPa)$，其表达式为

$$\frac{1}{K_G} = \frac{1}{k_G} + \frac{1}{H_{SO_2} k_L} \tag{5-26}$$

以液相总传质系数表达，则

$$N = K_L (H_{SO_2} P_{SO_2} - C_{SO_2}) \tag{5-27}$$

式中，K_L 为物理吸收液相总传质系数，m/s，其表达式为

$$\frac{1}{K_L} = \frac{H_{SO_2}}{k_G} + \frac{1}{k_L} \tag{5-28}$$

有人提出了计算 SO_2 体积吸收系数的经验公式：

$$k_{Ga} = 9.81 \times 10^{-4} G^{0.7} W^{0.25} \quad [kmol/(m^3 \cdot h \cdot kPa)] \tag{5-29}$$

$$k_{La} = \alpha \times W^{0.82} \quad (h^{-1}) \tag{5-30}$$

式(5-29)和式(5-30)适用于以下条件：气体的空塔质量速度为 $320 \sim 4150 kg/(m^2 \cdot h)$，液体的空塔质量速度为 $4400 \sim 5.850 \times 10^4 kg/(m^2 \cdot h)$；直径为 25mm 的环形填料。式(5-30)中的 α 为常数，见表 5-4。

表 5-4　α 值

温度/℃	10	15	20	25	30
α	0.0093	0.0102	0.0116	0.0128	0.0143

对吸收装置的计算主要取决于操作容量，计算所需的相际接触面积，进而决定塔的尺寸。计算基础是质量传递、物料衡算和相平衡原理。在确定塔的操作条件或进行塔设计时，必须对塔的各种工艺参数有所了解，确定泛点时的空塔气速。将实验结果的空塔气速 v_f 与流体物性、液气流量比、填料塔的充填方式和填料特性等因素用通用关联图的形式关联起来，得到通用关联图，见图 5-1。

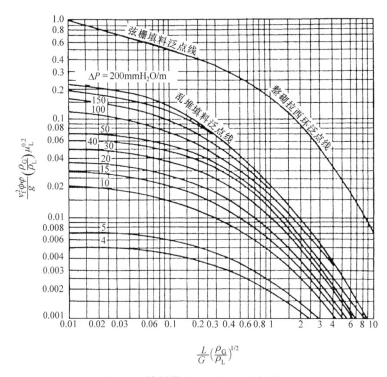

图 5-1　填料塔液泛速度通用关联图

L 和 G 分别为液体和气体的质量速率，kg/h；ρ_L 和 ρ_G 分别为液体和气体的密度，kg/m³；v_f 为气体的空塔泛点速率，m/s；φ 为水的密度和液体的密度之比；ϕ 为填料特性值(填料因子可查手册)，m²/m³；μ_L 为液体的黏度，mPa·s；g 为重力加速度，m/s²

　　填料吸收塔的填料高度是一个重要的参数，不同填料和操作参数所设计的填料高度是不同的，可以采用传质单元高度和传质单元数来计算填料高度。一般有四种方法可以计算传质单元数：①图解积分法；②图解法；③数值积分法；④数学解析法。工业设计中常采用数值积分和图解法来求取传质单元数，下面以两个例题进行说明。

　　例题 5-1　某矿石焙烧排出炉气冷却至 20℃后，送入填料吸收塔中用水洗涤，去除其中的 SO_2。已知操作压力为 101.325kPa，炉气的体积流量为 2000m³/h，炉气的混合分子量为 32.16，洗涤水量 $L = 45200$kg/h，吸收塔选用填料为：①25mm × 25mm × 2.5mm 乱堆瓷拉西环；②50mm 瓷矩鞍填料。若取空塔流速为液泛速度的 70%，试分别求所需的塔径和每米填料的压降。

　　解　(1)分别确定两种填料的液泛速度及塔径

①　求炉气的密度 ρ_G：

$$\rho_G = \frac{P \cdot M}{R \cdot T} = \frac{101.325 \times 32.16}{8.314 \times 293} = 1.337 (\text{kg/m}^3)$$

②　炉的质量速率 G：

$$G = Q_v \cdot \rho_G = 2000 \times 1.337 = 2674 (\text{kg/h})$$

③　液体的密度　　　　　　　　　　$\rho_L = 1000$kg/m³

④

$$\frac{L}{G}\sqrt{\frac{\rho_G}{\rho_L}} = \frac{45200}{2674} \times \sqrt{\frac{1.337}{1000}} = 0.62$$

⑤　从图 5-1 中查得横坐标为 0.62 对应的纵坐标为 0.04(乱堆填料泛点线)，即

$$\frac{v_f^2 \cdot \phi \cdot \varphi}{g} \cdot \frac{\rho_G}{\rho_L} \cdot \mu_L^{0.2} = 0.04$$

则
$$v_f = \sqrt{0.04 \frac{g}{\phi \varphi} \cdot \frac{\rho_L}{\rho_G} \cdot \frac{1}{\mu_L^{0.2}}}$$

吸收剂为水，故 $\varphi = 1$；20℃时水的黏度 $\mu_L = 1$。

⑥ 求泛点气速、操作气速及塔截面

a. 选用 25mm 乱堆瓷拉西环，$\phi = 450 \text{m}^2/\text{m}^3$

液泛速度：
$$v_f = \sqrt{0.04 \times \frac{9.81}{450 \times 1} \times \frac{1000}{1.337} \cdot \frac{1}{1^{0.2}}} = 0.81 (\text{m/s})$$

操作气速：
$$v = v_f \times 70\% = 0.81 \times 70\% = 0.567 (\text{m/s})$$

塔径：
$$D_T = \sqrt{\frac{4}{\pi} \times \frac{Q_V}{3600 \times v}} = \sqrt{\frac{4}{\pi} \times \frac{2000}{3600 \times 0.567}} = 1.12 (\text{m})$$

塔截面积：
$$A = \frac{\pi}{4} D_T^2 = \frac{\pi}{4} \times (1.12)^2 = 0.99 (\text{m}^2)$$

b. 选用 50mm 瓷矩鞍，$\phi = 130 \text{m}^2/\text{m}^3$

液泛速度：
$$v_f = \sqrt{0.04 \times \frac{9.81}{130 \times 1} \times \frac{1000}{1.337} \cdot \frac{1}{1^{0.2}}} = 1.503 (\text{m/s})$$

操作气速：
$$v = v_f \times 70\% = 1.503 \times 70\% = 1.052 (\text{m/s})$$

塔径：
$$D_T = \sqrt{\frac{4}{\pi} \times \frac{Q_V}{3600 \times v}} = \sqrt{\frac{4}{\pi} \times \frac{2000}{3600 \times 1.052}} = 0.82 (\text{m})$$

塔径与填料尺寸之比：$820 / 50 = 16.4 > 10$，故选用 50mm 瓷矩鞍是允许的。

塔截面积：
$$A = \frac{\pi}{4} D_T^2 = \frac{\pi}{4} \times (0.82)^2 = 0.53 (\text{m}^2)$$

(2) 求每米填料的压降ΔP

① 25mm 瓷拉西环的ΔP

纵坐标：
$$\frac{v_f^2 \cdot \phi \cdot \varphi}{g} \cdot \frac{\rho_G}{\rho_L} \cdot \mu_L^{0.2} = \frac{(0.567)^2 \times 1 \times 450 \times 1.337}{9.81 \times 1000} \times 1^{0.2} = 0.02$$

横坐标：
$$\frac{L'}{G'} \cdot \sqrt{\frac{\rho_G}{\rho_L}} = 0.62$$

在图 5-1 中根据计算的纵坐标和横坐标定出塔的工作点，其位置在 30mmH₂O/m 和 50mmH₂O/m 两条等压线之间，利用插值法求得压降为 40mmH₂O/m。

② 50mm 瓷矩鞍的ΔP

纵坐标：
$$\frac{v_f^2 \cdot \varphi \cdot \phi}{g} \cdot \frac{\rho_G}{\rho_L} \cdot \mu_L^{0.2} = \frac{(1.052)^2 \times 1 \times 130 \times 1.337}{9.81 \times 1000} \times 1^{0.2} = 0.196$$

横坐标：
$$\frac{L'}{G'} \sqrt{\frac{\rho_G}{\rho_L}} = 0.62$$

在图 5-1 中，根据纵、横坐标定出塔的工作点，位置在$\Delta P = 35 \text{mmH}_2\text{O/m}$ 处（1mmH₂O = 9.8Pa）。

例题 5-2　在填料塔中用清水吸收空气中的 SO_2，进塔 SO_2 摩尔分数为 10%，要求出塔气体中 SO_2 摩尔分数不大于 0.5%。水的流率为最小流率的 1.5 倍，入塔气体（不含 SO_2）流率为 500kg/(m² · h)，操作条件为 1atm、303K。求所需的填料塔高度。

在 303K 时水吸收 SO_2 的吸收系数方程式为

$$k_{xa} = 0.6634 L^{0.82}$$
$$k_{ya} = 0.09944 L^{0.25} G^{0.7}$$

式中，L 和 G 分别为水和气体的质量流率，kg/(m² · h)；k_{xa} 和 k_{ya} 的单位为 kg/(m³ · h)。

解　303K 时 SO_2 在水中的溶解度数据见表 5-2，利用这些数据可计算平衡曲线，y 为气相中 SO_2 的摩尔分

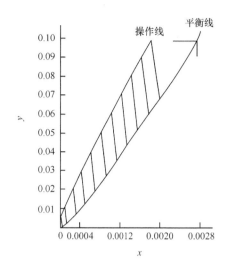

图 5-2　水吸收 SO_2 的平衡线和操作线

数，x 则为在水中的摩尔分数，如图 5-2 所示。

首先计算水的最小流率。

根据逆流吸收塔的操作线方程可以得到下式：

$$L\left(\frac{x}{1-x}-\frac{x_1}{1-x_1}\right)=G\left(\frac{y}{1-y}-\frac{y_1}{1-y_1}\right)$$

将 $y_1 = 10\%$，$y_2 = 0.5\%$，$x_2 = 0$，$x_1^* = 2.7\times10^{-3}$ 代入方程，得

$$L_{min} = 667\text{kmol/(m}^2 \cdot \text{h)}$$

根据题目所给出的条件，得水的流率为

$$667 \times 1.5 = 1000\text{kmol/(m}^2 \cdot \text{h)}$$

操作线(图 5-2)方程为

$$\frac{x}{1-x}=1.72\times10^{-3}\frac{y}{1-y}=8.6\times10^{-5}$$

SO_2 的进塔流率为 $122\text{kg/(m}^2 \cdot \text{h)}$，出塔流率为 $5.5\text{kg/(m}^2 \cdot \text{h)}$，出塔的总气体流率为 $505.5\text{kg/(m}^2 \cdot \text{h)}$，塔顶清水流率为 $1.800\times10^4\text{kg/(m}^2 \cdot \text{h)}$，离开塔底的富液流率为 $1.812\times10^4\text{kg/(m}^2 \cdot \text{h)}$。由于 L 接近常数，液相传质系数从塔顶到塔底可以近似认为不变，根据平均质量流率 $1.806\times10^4\text{kg/(m}^2 \cdot \text{h)}$计算 k_{xa}。

$$k_{xa} = 2.05\times10^3$$

但由于总气体流率在塔顶到塔底之间发生变化，k_{ya} 随之在塔高范围内发生变化，其在塔顶和塔底的值分别为

$$(k_{ya})_1 = 104.2，\quad (k_{ya})_2 = 89.48$$

因此，在操作线上任意一点(x, y)可以通过斜率为$- 2.05 \times 10^3 / 96.82 = -21.2$ 的直线确定 x_2，y_2，根据平衡线和操作线的关系可以得到计算填料塔高度的积分式：

$$\int_0^{Z_T} \mathrm{d}z = \int_{y_2}^{y_1}\frac{G}{k_{ya}}\frac{\mathrm{d}y}{(1-y)(y-y^*)}$$

由于吸收前后的气相和液相流率变化不大，因此可以在整个积分范围内进行简化：

$$\int_0^{Z_T} \mathrm{d}z = \left(\frac{\bar{G}}{k_{ya}}\right)\int_{y_2}^{y_1}\frac{\mathrm{d}y}{(1-y)(y-y^*)}$$

$\left(\dfrac{\bar{G}}{k_{ya}}\right)$为积分范围内的平均值，通过上式对操作线方程进行图解积分。表 5-5 给出了图解积分值。

表 5-5　$1/(1-y)(y-y_1)$值及图解积分值

Y	$1-y$	y_1	$y-y^*$	$(1-y)(y-y^*)$	$1/(1-y)(y-y^*)$	ΔI	$\Delta I\cdot\Delta Y$
0.005	0.995	0.005	0.0045	0.0045	223	164	0.82
0.01	0.99	0.002	0.0080	0.00792	126.5	102	1.02
0.02	0.98	0.0075	0.0125	0.01225	81.7	72	0.72
0.03	0.97	0.014	0.0160	0.01552	64.5	60	0.60
0.04	0.96	0.0215	0.0185	0.01775	56.4	52.5	0.525
0.05	0.95	0.0285	0.0215	0.0204	49	46.5	0.465
0.06	0.94	0.036	0.0240	0.0226	44.2	42.8	0.428
0.07	0.93	0.044	0.0260	0.0242	41.4	40	0.400
0.08	0.92	0.0520	0.0280	0.0258	38.8	38	0.380
0.09	0.91	0.0605	0.0295	0.0268	37.3	36	0.360
0.10	0.90	0.0685	0.0315	0.0283	35.3	164	5.718

最后，在塔两端计算 (k_{ya}/G)：

$$(k_{ya}/G)_1 = 5.448 \qquad (k_{ya}/G)_2 = 5.202$$

取平均值 5.325 估算填料层高度 Z_T：

$$Z_T = 5.718/5.325 = 1.074(\text{m})$$

例题 5-3　已绘制的用水吸收空气中 SO_2 的操作线和平衡线如图 5-2 所示，操作线近似于直线，平衡线为曲线。现将吸收设备进出口 SO_2 浓度 $(y_1 - y_2)$ 线段划分成如下四个区间：

$$x_2 = 0.000073; \quad y_2 = 0.0056; \quad y_2^* = 0.0030; \quad \Delta_2 = 0.0056 - 0.0030 = 0.0026$$
$$x''' = 0.000319; \quad y''' = 0.0320; \quad y'''^* = 0.0217; \quad \Delta''' = 0.0320 - 0.0217 = 0.0103$$
$$x'' = 0.000564; \quad y'' = 0.0584; \quad y''^* = 0.0433; \quad \Delta'' = 0.0584 - 0.0433 = 0.0151$$
$$x' = 0.000810; \quad y' = 0.0847; \quad y'^* = 0.0659; \quad \Delta' = 0.0847 - 0.0659 = 0.0188$$
$$x_1 = 0.001056; \quad y_1 = 0.1111; \quad y_1^* = 0.0890; \quad \Delta_1 = 0.1111 - 0.0890 = 0.0221$$

试用数值积分和图解积分法求取传质单元数和平均推动力。

解　(1)用数值积分求 N_{OG} 和 Δ_m

比较 $\Delta_{max}/\Delta_{min} = 0.0221/0.0026 = 8.5 > 6$，所以将 $y_1 - y_2$ 区段划分为四段进行计算，这时可以利用下式进行计算：

$$N_{OG} = \frac{y_1 - y_2}{12}\left[\frac{1}{\Delta_1} + 4\left(\frac{1}{\Delta'} + \frac{1}{\Delta'''}\right) + \frac{2}{\Delta''} + \frac{1}{\Delta_2}\right]$$
$$= \frac{0.1111 - 0.0056}{12}\left[\frac{1}{0.0221} + 4\left(\frac{1}{0.0188} + \frac{1}{0.0103}\right) + \frac{2}{0.0151} + \frac{1}{0.0026}\right]$$
$$= 10.3$$

计算平均推动力为

$$\Delta_m = \frac{y_1 - y_2}{N_{OG}} = \frac{0.1111 - 0.0056}{10.3} = 0.0103$$

(2) 用图解积分法求解 N_{OG} 和 Δ_m

根据题意作出图 5-3。

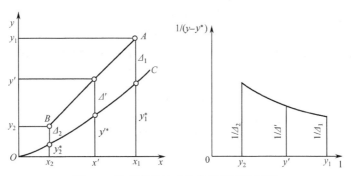

图 5-3　数值积分法求取传质单元数图示

AB. 操作线；*OC*. 平衡线

由图 5-3 得到 $N_{OG} = 9$，计算平均传质推动力为

$$\Delta_m = \frac{(y_1 - y_1^*) - (y_2 - y_2^*)}{\ln\dfrac{(y_1 - y_1^*)}{(y_2 - y_2^*)}} = \frac{0.0221 - 0.0026}{2.3\lg\dfrac{0.0221}{0.0026}} = 0.0091$$

从计算的结果来看，图解积分法求取的传质单元数和平均推动力均比数值积分法要小。

注：在计算过程中对区间进行分割时，当 $\Delta_{max}/\Delta_{min} < 6$ 时，按 3 个 Δ 进行计算可以得到满意的计算结果；但是当 $\Delta_{max}/\Delta_{min}$ 较大时，将区间分割成 4 个更加准确。

一般工业烟气脱硫都采用化学吸收。化学吸收过程不仅存在着气/液相之间的传递过程，在液相还存在着化学反应，液相中扩散和反应交织在一起，使化学吸收过程变得复杂。总之，化学反应的结果是液膜和液流主体 SO_2 的浓度减小，增加了 SO_2 吸收的推动力，单位体积中容纳溶质的数量增多。这种吸收加强的效应以增强因子 E 表示，引入增强因子以后，液相传质速率就可以按照物理吸收为基准进行计算。

气相中 SO_2 的传质速率表示为

$$N = k_G(P_{SO_2} - P_{SO_2,i}) \tag{5-31}$$

液相中 SO_2 的传质速率表示为

$$N = Ek_L(C_{SO_2,i} - C_{SO_2}) \tag{5-32}$$

式中，E 为化学吸收增强因子；其他符号与前面相同。

以气相总传质系数表达化学吸收过程，则

$$N = K_G\left(P_{SO_2} - \frac{C_{SO_2}}{H_{SO_2}}\right) \tag{5-33}$$

式中，K_G 为化学吸收气相总传质系数，$kmol/(m^2 \cdot s \cdot kPa)$，其表达式为

$$\frac{1}{K_G} = \frac{1}{k_G} + \frac{1}{EH_{SO_2}k_L} \tag{5-34}$$

以液相总传质系数表达化学吸收过程：

$$N = K_L(H_{SO_2}P_{SO_2} - C_{SO_2}) \tag{5-35}$$

式中，K_L 为化学吸收液相总传质系数，m/s，其表达式为

$$\frac{1}{K_L} = \frac{H_{SO_2}}{k_G} + \frac{1}{Ek_L} \tag{5-36}$$

在化学吸收过程中计算液相中溶质的总浓度时，必须同时考虑物理吸收和化学吸收，被吸收组分的气液平衡关系既应服从相平衡关系，又应服从化学平衡关系。溶质溶解的质量为气相浓度物理平衡时的溶质量和化学反应消耗量之和，即

$$C_{SO_2} = [SO_2]_{物理平衡} + [SO_2]_{化学消耗}$$

设被吸收组分 A 与溶液中所含的组分 B 发生相互反应生成 M：

$$SO_{2,G} \longrightarrow SO_{2,L} \tag{5-37}$$

$$SO_{2,L} + B \longrightarrow M \tag{5-38}$$

SO_2 的化学吸收是与氢氧化钙、碳酸钠和亚硫酸钠等活性组分相互反应的吸收过程，在吸收液中存在未反应的组分 SO_2、活性组分 B 和惰性溶剂。设溶剂中活性组分 B 的初始浓度为 C_B^0，根据式(5-37)和式(5-38)所示的化学计量关系，反应达到平衡后 B 组分的转化率为 $R[R=(B$ 组分反应了的摩尔数/B 组分的最初摩尔数$)\times100\%]$，反应后溶液中活性组分 B 的浓度$[B]= C_B^0(1-R)$，生成物 M 的平衡浓度$[M]=RC_B^0$。化学平衡常数为

$$K = \frac{[M]}{[A][B]} = \frac{C_B^0 R}{[A]C_B^0(1-R)} = \frac{R}{[A](1-R)} \tag{5-39}$$

与亨利定律联立求解得

$$P_{SO_2} = \frac{R}{K(1-R)H_{SO_2}} \tag{5-40}$$

如果物理溶解量忽略不计，可以得到溶液中 SO_2 的总浓度为

$$C_{SO_2} = RC_B^0 = C_B^0 \frac{k_L P_{SO_2}}{1 + k_L P_{SO_2}} \tag{5-41}$$

式中，$k_L = KH_A$。

由以上的推导可以知道，溶液的吸收能力 C_{SO_2} 随分压 P_{SO_2} 增大而增大，也随着 K 的增大而增加；溶液的吸收能力还受到活性组分起始浓度 C_B^0 的限制。C_{SO_2} 只能趋近于 C_B^0 而不能超过 C_B^0；另外在化学吸收中提高温度和降低压力可以改善化学吸收过程。

5.1.3.2　SO_2 吸附净化

SO_2 吸附净化工艺有百余种，其中典型的方法是活性炭吸附净化法，且已有工业规模应用。活性炭吸附 SO_2，物理吸附和化学反应同时存在，其过程可以表示如下：

$$SO_2 \longrightarrow SO_2^* \qquad (物理吸附) \tag{5-42}$$

$$O_2 \longrightarrow O_2^* \qquad (物理吸附) \tag{5-43}$$

$$H_2O \longrightarrow H_2O^* \qquad (物理吸附) \tag{5-44}$$

$$2SO_2^* + O_2^* \longrightarrow 2SO_3^* \qquad (化学反应) \tag{5-45}$$

$$SO_3^* + H_2O^* \longrightarrow H_2SO_4^* \qquad (化学反应) \tag{5-46}$$

$$H_2SO_4^* + nH_2O \longrightarrow H_2SO_4 \cdot nH_2O^* \qquad (稀释作用) \tag{5-47}$$

式中，* 号表示吸附状态。图 5-4 是活性炭吸附 SO_2 的工艺流程，活性炭经酸洗再生。

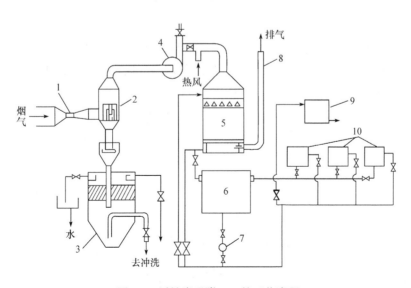

图 5-4　活性炭吸附 SO_2 的工艺流程

1. 喷管；2. 复挡脱水器；3. 澄清池；4. 风机；5. 吸附塔；6. 中间酸箱；7. 酸洗泵；8. 放空管；9. 半成品箱；10. 酸槽

5.1.3.3 SO₂ 的催化净化

SO₂ 的催化转化有两类：催化还原和催化氧化。从理论上讲，采用适当的还原剂(如 H₂S 和 CO)，可以将 SO₂ 催化还原成单质硫。由于催化剂中毒和二次污染问题较难解决，催化还原法没有达到实用阶段，因此 SO₂ 催化氧化法应用较为普遍，且根据反应组分的相态又分为液相催化氧化法和气相催化氧化法两种。烟气催化氧化脱硫系统复杂庞大，造价昂贵，产品相对较少，水分和杂质含量大，因此多用于高浓度低流量的烟气脱硫制酸。

(1) 液相催化氧化法

日本千代田法烟气脱硫采用液相催化氧化法，其工艺流程如图 5-5 所示。以 Fe^{3+} 或 Mn^{2+} 为催化剂，用水或稀硫酸为吸收剂，SO₂ 吸收后直接氧化生成硫酸，其原理如式(5-48)所示：

$$2SO_2 + O_2 + 2H_2O \xrightarrow{Fe^{3+}} 2H_2SO_4 \tag{5-48}$$

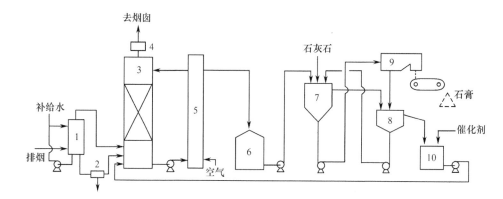

图 5-5　千代田法烟气脱硫工艺流程

1. 除尘器；2. 压滤器；3. 吸收塔；4. 除雾器；5. 氧化塔；6. 吸收液槽；
7. 结晶槽；8. 增稠器；9. 离心分离器；10. 母液槽

(2) 气相催化氧化法

气相催化氧化法是在工业接触法制酸工艺上发展起来的，一般以五氧化二矾作为催化剂，将 SO₂ 氧化成 SO₃ 而制成硫酸。该方法用于处理硫酸尾气比较成熟，也成功地应用于有色冶炼烟气制酸。气相催化氧化反应见式(5-49)～式(5-52)：

$$V_2O_5 + SO_2 \longrightarrow V_2O_4 + SO_3 \tag{5-49}$$

$$2SO_2 + O_2 + V_2O_4 \longrightarrow 2VOSO_4 \tag{5-50}$$

$$2VOSO_4 \longrightarrow V_2O_5 + SO_3 + SO_2 \tag{5-51}$$

$$2SO_2 + 2H_2O + O_2 \xrightarrow{催化剂} 2H_2SO_4 \tag{5-52}$$

总反应是一个放热反应，其平衡常数随温度的升高而降低，平衡常数和温度的关系见式 (5-53)：

$$\lg K_p = 5134/T - 4.951 \tag{5-53}$$

反应达到平衡时反应物和反应产物的浓度及平衡常数之间存在如下关系：

$$K_p = \frac{P_{SO_3}}{P_{SO_2} \cdot P_{O_2}^{1/2}}$$ (5-54)

这一平衡关系决定了 SO_2 的平衡转化率，对于一般的常压操作，有

$$x = \frac{K_p}{K_p + \sqrt{\dfrac{100 - 0.5 C_{SO_2,0} x}{C_{O_2,0} - 0.5 C_{SO_2,0} x}}}$$ (5-55)

式中，$C_{SO_2,0}$ 为 SO_2 的起始浓度，%；$C_{O_2,0}$ 为 O_2 的起始浓度，%；x 为 SO_2 的平衡转化率。

　　上述反应体系的特征是，反应温度越低，平衡常数越大，SO_2 的转化率也越高，但反应速率慢。为保证催化剂活性，反应温度范围以催化剂活性温度范围确定。为了获得较高转化率且保证反应速率，工业上采用变温操作：在反应初期远离反应平衡阶段，采用较高温度使反应快速进行；在反应后期，降低反应温度使反应趋于达到热力学平衡，以获得高的转化率。

　　烟气脱硫的催化氧化工艺有别于传统的工艺流程，见图 5-6。

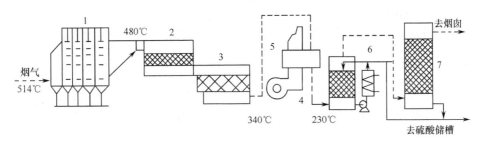

图 5-6　烟气脱硫催化氧化工艺流程
1. 除尘器；2. 反应器；3. 节能器；4. 风机；5. 空气预热器；6. 吸收塔；7. 除雾器

5.2　燃烧前脱硫技术

　　燃烧前脱硫又称燃料脱硫，包括燃煤脱硫、燃油脱硫和燃气脱硫，我国以燃煤脱硫为主，主要有物理法、化学法、微生物法及转化法，通过去除或减少煤中硫分和灰分等杂质，获得洁净燃料，从而显著改善燃烧引起的 SO_2 污染。

5.2.1　燃煤脱硫的物理方法

　　物理法是利用煤中硫化矿物与煤粒之间的物理性质差异达到脱硫目的，常用的物理性质有介电常数、电阻率、密度、磁学性能、表面亲水性等。物理法的缺点是不能分离以化学状态存在的含硫组分，因此煤炭的物理脱硫工艺及效率取决于煤中硫及其他杂质的赋存特点。物理法对黄铁矿和灰分的平均脱除率为 28%～55%，进一步提高可达 43%～80%。

　　燃煤脱硫物理方法主要用于工业选煤。按矿物密度分选，可分为重介质、跳汰、摇床、螺旋分选、水介质旋流器等；按矿物表面特性分选，主要有浮选、选择性絮凝、油聚团电选等；按矿物磁性差别分选，主要有高梯度磁选(HGMS)技术、脉冲高梯度磁选技术等；按过程使用介质的状态，可分为湿法和干法。最常用的选煤方法是跳汰选煤、重介质选煤和

浮选。

5.2.1.1　湿式物理脱硫法

(1) 跳汰选煤

跳汰选煤是各种密度、粒度及形状的煤粒在垂直脉动的介质中，颗粒床层交替膨胀和收缩，煤粒按密度由顶至底实现轻重物料的分层和分离，达到分选目的。与重介质法相比，跳汰法工序短，设备少，故建设投资少，成本低，工作可靠，经济效益显著，因此在煤炭分选中占据着十分重要的地位。

(2) 重介质选煤

重介质选煤是重力选煤方法中效率最高的选煤方法。该方法基于阿基米德原理，严格按照密度实现煤炭分选，分选介质密度介于煤与矸石之间，因此颗粒在分选介质中运动时，受重力、浮力和介质阻力作用，最初相对分选介质做加速运动的颗粒，最终以一恒定相对速度相对于介质运动，并最终在介质中呈现三种状态：下沉、上浮和悬浮，实现不同组分分离。

(3) 浮选法

煤是具有天然疏水性的物质，煤泥水中固体悬浮物颗粒直径一般在 0.5mm 以下，属于细筛分的煤，具有极大的表面积，此时表面性质对分离过程的影响迅速增大并起到决定性作用。润湿性差(疏水)的煤粒在浮选剂中被气泡黏附并浮起而实现煤与矸石颗粒分离。

5.2.1.2　干式物理脱硫法

干选方法有风选法、拣选法、摩擦选法、磁选法、电选法、γ射线选法、微波选法、复合式干选法、空气重介质法等，在我国煤炭工业战略西移的背景下，高效干法选煤技术具有重要意义。

(1) 风选法

风选法以空气为分选介质，在上升气流场中对煤炭按密度进行分选，有风力摇床和风力跳汰两种方式。该方法的优点是原煤适应性强，无需煤泥水处理和煤泥回收，操作费用低、投资少等，尤其适用于高寒、缺水地区；缺点是入料煤粒度窄，分选密度下限高，其煤和矸石的视密度差不能低于 0.8，效率低，工作量大，粉尘污染严重等，因此风选法应用受到限制。

(2) 空气重介质法

空气重介质法主要采用空气重介质流化床，是将气固流态化技术应用于选煤领域的一种新的高效分选技术。其原理是采用微细颗粒作为固相加重质，形成具有一定密度的流化床层，在流态化过程中不同密度组成的被分离矿物按床层密度分层，实现轻重组分分离。该方法的优点是投资少、建设周期短、占地面积小、处理量大、分选精度高、无煤泥水等，是选煤家族的重要成员。

(3) 磁选法

磁选法是指利用煤与含硫矿物磁性差异脱除煤中硫的方法，主要用于分离黄铁矿硫，主要有容积磁性强化技术和表面磁性强化技术两种。其中高梯度磁选对砂层状、砂晶细分散状、集合状等其他脱硫法不易脱除的黄铁矿硫尤其有效，同时还可脱除含铁量较高的煤系黏土、菱铁矿等矿物，降低煤的灰分。

(4) 电选法

电选法是利用煤与黄铁矿介电常数不同而进行分选的方法，分离基础是煤中黄铁矿等大部分矿物具有较高的介电常数和电导率，而煤中有机质的电学性能相对较低，在高压电场作用下，煤粒和矿粒受到不同电场力以达到分选目的。静电分选细粒煤尚未实现工业化应用，但有较高的研究价值和发展潜力。

5.2.2　燃煤脱硫的化学方法

煤的化学脱硫方法一般采用强酸、强碱和强氧化剂，在一定温度和压力下通过化学氧化、还原提取、热解等步骤脱除煤中的黄铁矿硫和有机硫，其中有机硫脱除率可高达 70%，通常用于物理分选后的最后一道工序。化学分选需要高活性的化学试剂，在高温高压下进行，对煤质有较大影响，而且大多数化学分选工艺在成本方面缺乏足够的吸引力，因而在一定程度上限制了该方法的使用。

(1) 碱法脱硫

将烟煤用熔融碱(KOH/NaOH)在 200～400℃处理，然后水洗，可脱除全部黄铁矿硫和一半有机硫。FeS_2 在较低温度下脱除，而有机硫的脱除程度则随着温度的升高而增加，或用熔融 Na_2CO_3 或 20% Na_2CO_3 水溶液分步处理，可脱除 75%左右的总硫。例如，美国矿务局和 Battelle Memorial 采用 $Ca(OH)_2$(约 2%)和 NaOH(4%～10%)的混合溶液作为浸出液，在温度 225～275℃，压力 2.41～17.2MPa 下，可脱除几乎全部无机硫和 24%～70%的有机硫，总脱硫效率达 50%～84%，适合气化燃料煤脱硫。

(2) 气体脱硫

煤中的黄铁矿和有机硫与某些气体反应，生成挥发性含硫产物而实现脱硫。350～550℃时，水蒸气和空气可脱除 30%的黄铁矿硫；600℃时，H_2 可使 FeS_2 全部转化为 H_2S 和 Fe；900℃时，N_2 或 H_2 处理可脱除 80%的硫。脱硫效率均受到气体扩散和气固平衡关系限制。

(3) 氧化脱硫

氧化脱硫采用氧化剂如稀 HNO_3、氯，在水悬浮液和 3% H_2O_2 溶液中处理煤，另外用空气和水在加压条件下可以脱除煤中几乎所有的黄铁矿硫和 40%的有机硫。例如，Yurovsku 采用 $Fe_2(SO_4)_3$ 水溶液氧化 FeS_2，最终得到 $FeSO_4$ 和硫。$FeSO_4$ 经空气氧化再生为 $Fe_2(SO_4)_3$，循环使用。该方法已经实现工业化，可脱除黄铁矿硫(90%～95%)，燃烧值损失不大。该方法称为 TRW Meyers 法，其化学总反应为

$$FeS_2 + 2.4O_2 \longrightarrow 0.6FeSO_4 + 0.8S + 0.2Fe_2(SO_4)_3 \qquad (5-56)$$

5.2.3　煤的其他脱硫方法

(1) 煤的生物脱硫

煤的生物脱硫原理是：利用某些嗜酸耐热菌在生长过程中消化吸收 $Fe^{3+}S^0$，从而促进黄铁矿硫的氧化分解与脱除，硫的脱除率可达 90%以上。总反应可以用下式描述：

$$2FeS_2 + 7.5O_2 + H_2O \xrightarrow{\text{细菌}} 2Fe^{3+} + 4SO_4^{2-} + 2H^+ \qquad (5-57)$$

式(5-57)表示细菌脱硫过程的两种作用形式：直接作用和间接作用，两个过程协同促进了黄铁矿硫的氧化溶解。细菌直接侵袭黄铁矿表面是直接作用，生成高价铁离子和硫酸根，加速 FeS_2 氧化还原反应的溶解过程。直接作用生成的 Fe^{3+}作为强氧化剂参与黄铁矿硫间接氧化，

然后在细菌作用下实现 Fe^{2+} 氧化为 Fe^{3+} 的循环，单质硫由细菌作用氧化为硫酸根，这一系列循环式氧化还原反应为间接作用。煤的微生物脱硫具有反应条件温和，煤质损害小，能脱除煤中大部分硫，处理量大，不受场地限制等优点，其成本与某些分选技术相当，应用前景广阔，但周期长、工艺复杂，不适于工业脱硫。

(2) 煤的微波脱硫

煤的微波脱硫是基于能量同煤样(煤和浸取剂的混合物)之间的相互作用,激发煤中硫化物与浸提剂反应的一种物理化学脱硫过程，其分解反应为

$$FeS_2 \longrightarrow Fe_{1-x}S \longrightarrow FeS \tag{5-58}$$

研究表明，微波脱硫可以脱除煤中 50%以上的总硫，其中无机硫 90%，有机硫 20%～30%。微波法操作简单，可在室温下进行，其缺点是难以脱除有机硫，尚未实现大规模工业化。

(3) 煤的超临界醇萃取脱硫

煤的超临界醇萃取脱硫是化学和物理过程同时存在的工艺过程，同时利用了具有氢键与偶极吸引力的超临界醇对极性有机化合物较大的溶解力，以及煤在萃取过程中的热分解，可以同时脱除煤中的有机硫与无机硫，而且在不破坏原固体燃料燃烧性质的前提下，生产出洁净的固体燃料，是一种有研究价值的煤脱硫工艺。

5.2.4 其他燃料脱硫

燃油的全部硫分会在燃烧中以氧化物的形式转移到排烟中，因此使用之前必须脱硫。燃油脱硫有较高难度。石油中所含硫分主要以复杂有机物形式存在，要实现脱硫须对燃油进行彻底加工，如受到高温(950℃)或高温与氧化剂同时作用，在燃油加工中彻底破坏原来的结构，产生新固态、液态和气态产物。一般重油脱硫可以采取催化碱洗脱硫和加氢催化精制脱硫法；另外可以将重油催化裂化转化为气体，通过燃气脱硫来实现燃油的脱硫目标。

燃气脱硫过程包括天然气脱硫和人工燃气脱硫。一般煤气中含硫组分包括硫化氢(H_2S)、氧硫化碳(COS)、二硫化碳(CS_2)、噻吩(C_2H_4S)、硫醚(CH_3—S—CH_3)、硫醇(CH_3HS)等，但以硫化氢、氧硫化碳和二硫化碳为主，其中硫化氢占煤气总硫的 90%以上，因此燃气脱硫过程主要指硫化氢的脱除。关于硫化氢的脱除有专著详细论述，这里不再赘述。

▍ 5.3 燃烧中脱硫

5.3.1 燃烧中脱硫原理

燃烧中脱硫方法主要有型煤固硫、流化床燃烧脱硫和炉内喷钙技术，其脱硫原理如下：

$$CaCO_3 \longrightarrow CaO + CO_2 \tag{5-59}$$

$$CaO + SO_2 \longrightarrow CaSO_3 \tag{5-60}$$

$$CaSO_3 + \frac{1}{2}O_2 \longrightarrow CaSO_4 \tag{5-61}$$

$$CaO + \frac{1}{2}O_2 + SO_2 \longrightarrow CaSO_4 \tag{5-62}$$

反应式(5-59)为吸热反应，最佳分解温度为 880℃；反应式(5-62)是燃烧中脱硫的主反应，

达到最高脱硫效率的最佳反应温度是 800～850℃。另外，煤中硫分还可能存在以下反应路径：

$$CaCO_3 + H_2S \longrightarrow CaS + H_2O + CO_2 \tag{5-63}$$

$$CaO + H_2S \longrightarrow CaS + H_2O \tag{5-64}$$

$$CaS + \frac{3}{2}O_2 \longrightarrow CaO + SO_2 \tag{5-65}$$

$$CaS + 2O_2 \longrightarrow CaSO_4 \tag{5-66}$$

若炉内温度高于 1300℃，$CaSO_4$ 会分解重新逸出 SO_2，故采用石灰石作脱硫剂时，燃烧温度如超过 1300℃，其脱硫效果很差。由此可见，向炉内加入石灰石脱硫，对于不同燃烧方式的燃煤设备，其使用方法、使用条件及脱硫效果都不同。

通常采用钙硫比($r_{Ca/S}$)表示 $CaCO_3$ 脱硫时钙的有效利用率，其含义为达到一定脱硫效率所需消耗的脱硫剂量，钙硫比越高，则钙利用率越低。如煤中的含硫量为 w_S(%)，为达到一定脱硫效率所需的钙硫比为 $r_{Ca/S}$，需加入的脱硫剂量 G(kg/h)为

$$G = \frac{100}{32} r_{Ca/S} \frac{w_S}{w_{CaCO_3}} B \tag{5-67}$$

式中，G 为需加入的脱硫剂量，kg/h；$\dfrac{100}{32}$ 中 100 为 $CaCO_3$ 的分子量，32 为 S 的分子量；$r_{Ca/S}$ 为钙硫摩尔比；w_S 为燃料中的含硫量(质量分数)，%；w_{CaCO_3} 为脱硫剂中的 $CaCO_3$ 含量(质量分数)，%；B 为燃料消耗量，kg/h。

5.3.2　型煤固硫

型煤固硫技术采用沥青、石灰、电石渣、无硫纸浆黑液等为黏结剂，并加入催化剂，将粉煤经机械加工成一定形状和体积的煤，有民用型煤和工业型煤两类。型煤固硫可减少 40%～60%的 SO_2 排放，燃烧热效率提高 20%～30%，节煤率达 15%。

型煤固硫原理是钙基脱硫，型煤燃烧时产生的 SO_2 气体与脱硫剂中的 CaO 反应。脱硫剂的热分解反应除了式(5-59)～式(5-62)以外，还发生以下反应。

① 热分解反应　　　　$Ca(OH)_2 \longrightarrow CaO + H_2O \tag{5-68}$

② 固硫反应　　　$Ca(OH)_2 + SO_2 \longrightarrow CaSO_3 + H_2O \tag{5-69}$

$$CaO + SO_2 \longrightarrow CaSO_3 \tag{5-70}$$

③ 中间产物歧化反应　　$4CaSO_3 \longrightarrow CaS + 3CaSO_4 \tag{5-71}$

④ 固硫产物高温热解　　$CaSO_3 \longrightarrow CaO + SO_2 \tag{5-72}$

$$CaSO_4 \longrightarrow CaO + SO_2 + 1/2\,O_2 \tag{5-73}$$

CaO 是该方法的有效脱硫剂，钙硫比决定了型煤脱硫效率，受到原煤含硫量、固硫剂粒径、添加剂等多因素的综合影响。型煤燃烧过程中 SO_2 释放规律如图 5-7 所示。

型煤脱硫过程中低温燃烧阶段固定下来的硫会在高温区重新释放，初期固硫量越大，则高温条件下分解产生的 SO_2 就越多，因此该方法的控制关键是高的低温反应活性和低的高温分解速率。

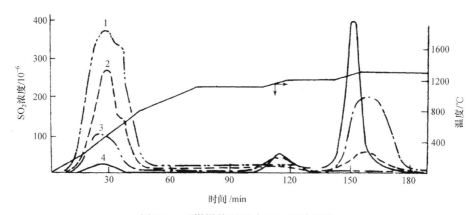

图 5-7　型煤燃烧过程中 SO_2 释放规律

1. 原煤；2. 煤+$CaCO_3$；3. 煤+CaO+MgO+V_2O_5；4. 煤+$CaCO_3$+$MgCO_3$

5.3.3　流化床燃烧脱硫技术

煤的流化床燃烧技术是 20 世纪 60 年代发展起来的新型煤燃烧技术，作为更清洁、更高效的煤炭利用技术受到世界各国的关注。该方法采用石灰石($CaCO_3$)或白云石($CaCO_3 \cdot MgCO_3$)作为脱硫剂，在燃烧过程中分解成为石灰(CaO)，在氧化性气氛下 CaO 与烟气中的 SO_2 及氧反应生成硫酸钙($CaSO_4$)，基本反应如式(5-59)～式(5-62)及图 5-8 所示。

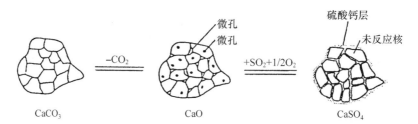

图 5-8　石灰石在燃烧过程中的脱硫原理

煤在流化床燃烧中脱硫，其脱硫效率取决于脱硫剂中钙能否被有效利用，这与石灰石的反应活性及燃煤设备的运行条件，如燃烧温度、石灰石的粒度、反应物浓度及停留时间等有关。反应中 $CaCO_3$ 热解生成 CaO 时其摩尔体积缩小 45%，颗粒内自然孔隙扩大，有利于式(5-62)的反应，故脱硫初期 SO_2 在脱硫剂的表面和大孔中反应，化学反应速率是控速步骤。随着表面和大孔中钙的消耗，生成的 $CaSO_4$ 的摩尔体积增大 180%左右，在 CaO 表面形成厚约 32μm、致密的覆盖层，阻碍 SO_2 进入内部孔隙，表面容积扩散阻力和内部扩散阻力逐渐成为主要的影响因素，如图 5-8 所示。对于高硫煤，由于烟气中 SO_2 浓度较高，表面容积扩散和内部扩散最终控制第二阶段的反应。对于低硫煤，由于 SO_2 的表面容积扩散阻力近乎等于脱硫剂颗粒内部扩散阻力，表面容积扩散控制第二阶段的反应。对低硫煤而言脱硫效率更低，因此在燃烧过程中采用石灰石脱硫，其钙利用率通常很低。由此可见，流化床燃烧中提高脱硫效率的关键是提高第二阶段反应速率。

由上述脱硫原理可知，CaO 不会全部参与反应，在最佳脱硫反应温度 850℃、Ca/S=1 时，理论脱硫效率 η_{SO_2}=60%，而实际鼓泡床的脱硫效率≤50%。要达到 90%的脱硫效率，Ca/S 需达到3～5，这不仅增加运行费用，而且$CaCO_3$的热分解会增加物理热损失，降低锅炉的出力，以及受热面磨损，灰渣量增大，进而增加灰渣处理系统的投资。

5.3.4 炉内喷钙脱硫技术

炉内喷钙脱硫技术在20世纪60年代末70年代初兴起，80年代以后对该工艺的开发研究再次受到重视，并取得了一些工业应用的技术经验。该方法工艺简单，投资费用低，主要应用于电站锅炉。在欧洲，炉内喷钙技术已经成功地应用于15～700MWe的电站煤粉炉，美国和中国也在加紧开展这方面的工作。

5.3.4.1 喷钙脱硫的反应机理

喷钙脱硫仍基于钙基脱硫原理，基本化学反应过程见式(5-59)～式(5-62)。在采用白云石($CaCO_3 \cdot MgCO_3$)作吸收剂或石灰石中含有$MgCO_3$时，还会发生下列反应：

$$MgCO_3 \longrightarrow MgO + CO_2 \uparrow \tag{5-74}$$

$$MgO + SO_2 + 1/2O_2 \longrightarrow MgSO_4 \tag{5-75}$$

根据以上反应原理，气固间多相反应也经历了两个阶段和多个环节，表面容积扩散和内部扩散阻力的变化与流化床相似，但炉内喷钙脱硫过程中脱硫剂加入方式不同于流化床。

5.3.4.2 影响炉内喷钙脱硫的因素

(1) 固体吸收剂的分解温度

$CaCO_3$分解温度与CO_2平衡浓度的关系如图5-9所示。当烟气中CO_2浓度高时，$CaCO_3$的分解温度相应提高。一般锅炉烟气CO_2浓度在14%左右，此时$CaCO_3$的分解温度约为765℃，低于此温度，CaO会吸收CO_2生成$CaCO_3$。

煅烧生成的CaO与烟气中SO_2和O_2按反应式(5-60)和式(5-61)进行反应，生成$CaSO_3$或变为$CaSO_4$。但是反应式(5-62)在大约1038℃时向逆方向进行，且只有正反应温度低于650℃左右时，气相中SO_2的平衡浓度才能低到

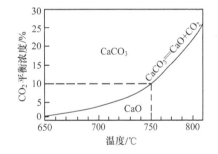

图5-9 $CaCO_3$分解温度与CO_2平衡浓度的关系

满足烟气脱硫的要求。因此，在炉膛温度下烟气脱硫主要按式(5-62)进行，平衡常数K可按下式计算：

$$K = \frac{[CaSO_4]}{[CaO]} \cdot \frac{1}{C_{SO_2} \cdot C_{O_2}^{1/2} \cdot P^{3/2}} \tag{5-76}$$

式中，$[CaSO_4]$、$[CaO]$分别为$CaSO_4$、CaO的固体浓度；C_{SO_2}、C_{O_2}分别为SO_2、O_2的摩尔分数。

在1个大气压下，$[CaSO_4] = [CaO] = 1$，式(5-76)简化为

$$C_{SO_2} = \frac{1}{K \cdot C_{O_2}^{1/2}} \tag{5-77}$$

利用式(5-77)可求出此状态下的SO_2平衡浓度。表5-6列出了CaO、MgO、$Ca(OH)_2$与SO_2反应时SO_2的平衡浓度。

表 5-6　CaO、MgO、Ca(OH)₂ 与 SO₂ 反应时 SO₂ 的平衡浓度

反应式	O₂ 浓度/%	温度/℃	平衡常数 $K/atm^{-3/2}$	SO₂ 平衡浓度/ppm
$CaO + SO_2 + 1/2O_2$ $\longrightarrow CaSO_4$	2.7	870	2.61×10^8	0.02
		925	2.54×10^7	0.24
		980	3.12×10^6	2.0
		1040	4.62×10^5	13
		1090	8.15×10^4	75
		1370	97.05	63000
	1.0	870		0.04
		980		3.2
		1090		120
		1370		100000
	5.0	870		0.02
		980		1.4
		1090		55
		1370		46000
$MgO + SO_2 + 1/2O_2$ $\longrightarrow MgSO_4$	2.7	590	1.33×10^8	0.05
		650	5.96×10^6	1.0
		700	3.81×10^5	16
		760	3.34×10^4	180
		815	3.78×10^3	1600
		870	5.40×10^2	11000
$Ca(OH)_2 + SO_2$ $\longrightarrow CaSO_4 + H_2O$	2.7	150	7.7×10^{-18}	2.4×10^{-10}
		260	1.1×10^{-8}	2.0×10^{-8}
		370	1.0×10^{-4}	1.0×10^{-4}
		425	3.3×10^{-3}	6.9×10^{-4}

(2) 反应温度

烟气温度越高，CaO 与 SO₂ 反应时 SO₂ 平衡浓度也越高，越不利于脱硫反应。例如，在烟气中含氧量 2.7%，温度 1160℃左右条件下，CaO 与 SO₂ 反应时 SO₂ 的平衡浓度达到了 1000ppm，对脱硫不利。但烟气温度低时反应速率慢，一般 CaO 的有效反应温度为 950～1100℃，日本对固定层的 CaO 粒子与 SO₂ 反应的实验结果如图 5-10 所示。图中空心点是由气相计算得到的数据，实心点是脱硫剂实测数据。

Ca(OH)₂ 与 SO₂ 反应的温度范围更低。在烟气中含有 7.1% H₂O 的情况下，Ca(OH)₂ 在 360℃时即分解，超过此温度即转变为 CaO，故高温下 Ca(OH)₂ 脱硫机理与 CaO 相同。

(3) "烧僵"与脱硫剂的最佳喷射位置

"烧僵"现象表现为脱硫剂在高温下产生 CaO 结晶，导致其孔隙闭塞，微孔结构被破坏，孔内部扩散阻力增大，不利于吸收，因此石灰石在炉内喷射位置的选择至关重要。喷射点温度过高，会造成 CaO "烧死"，反应活性下降；喷射点温度过低，石灰石得不到充分煅烧而无法获得大的比表面积。图 5-11 为不同脱硫剂喷射点温度与脱硫效率的关系，由图可见最佳的温度在 800～1200℃。

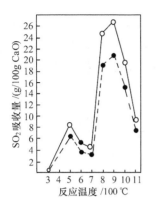

图 5-10　反应温度与 SO_2 吸收量的关系

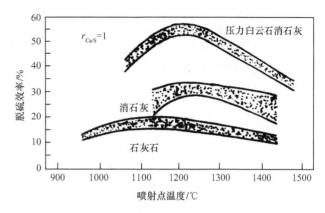

图 5-11　脱硫剂喷射点温度与脱硫效率的关系

(4) 脱硫剂

研究表明，不同产地的石灰石对于"烧僵"的抵抗能力差异很大。中等温度下生成多孔反应性好的石灰，较高温度下则生成密实的反应性差的石灰。白云石通常比石灰石易得到多孔的煅烧物，但 $MgCO_3$ 的煅烧温度比 $CaCO_3$ 低，容易发生"烧僵"现象。

5.3.4.3　炉内喷钙尾部烟道增湿脱硫

简单的炉内喷钙脱硫不能满足 SO_2 达标排放，因此炉内喷钙尾部烟道增湿脱硫技术应运而生。该技术的特点是：炉膛喷钙作为一级脱硫，在烟气流过反应器时向反应器内喷水增湿烟气作为二级脱硫。增湿使烟气中 CaO 和 H_2O 反应生成 $Ca(OH)_2$，与 SO_2 快速反应，提高钙利用率和脱硫效率。炉内喷钙尾部烟道增湿脱硫工艺主要有以下三种。

(1) LIFAC 工艺

LIFAC(limestone injection into the furnace and activation of unreacted calcium，炉内喷射石灰石及氧化钙的活化)工艺流程如图 5-12 所示。LIFAC 工艺可以分三步实施，以满足用户对不同阶段的脱硫要求：石灰石炉内喷钙→烟气增湿及干灰再循环[图 5-12(a)]→加湿及灰浆再循环[图 5-12(b)]。第一步可以得到 25%～35%脱硫率，投资量一般为整个脱硫系统费用的 10%。后两步是提高 LIFAC 系统脱硫效率的措施，同时也增加了该工艺的灵活性。采用干灰再循环和灰浆再循环以后，总脱硫效率可以达到 70%～85%。

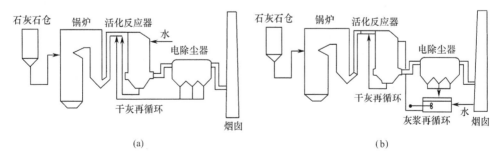

图 5-12　LIFAC 工艺的干灰再循环和灰浆再循环系统

(a) 干灰再循环；(b) 加湿灰浆再循环

(2) LIMB 方法

LIMB(limestone injection multistage burner，炉内喷射石灰石和多级燃烧器)方法和 LIFAC 工艺原理是一样的，其特点是在工艺中增加多级燃烧器来控制氮氧化物的排放，同时还避免了钙基脱硫剂在炉内受高温烟气的影响，减少了脱硫剂表面的"烧死"现象，提高了脱硫率。图 5-13 为 LIMB 方法的工艺流程图。

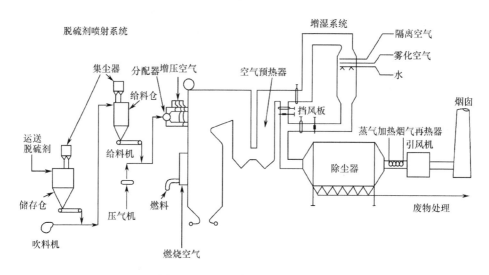

图 5-13　LIMB 方法的工艺流程图

(3) LIDS 方法

LIDS(limestone injection with dry scrubbing，炉内喷射石灰石和干法洗涤脱硫)方法与 LIFAC 工艺的灰浆再循环系统很相似。在 Ca/S = 2，Δt =15℃时，LIDS 方法的系统总脱硫效率可以达到 90%。LIDS 方法适于锅炉容量为 50～100MWe 的中小型电厂脱硫。其工艺流程见图 5-14。

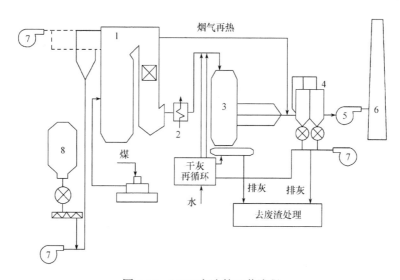

图 5-14　LIDS 方法的工艺流程

1. 锅炉；2. 空气预热器；3. 干法洗涤脱硫反应器；4. 除尘器；5. 引风机；6. 烟囱；7. 压气机；8. 石灰石仓

5.4　烟气脱硫技术及装置

烟气脱硫是世界上唯一大规模商业应用的、最有效的脱硫方法，目前研发的烟气脱硫技术达 200 多种，工业化的有十几种。按脱硫剂形态分，有干法、半干法和湿法脱硫；按反应产物的处理方法分，有抛弃法和回收法；按脱硫剂是否可再生分，有再生法和不可再生法；按气体净化原理分，有吸收法、吸附法和催化转化法等。

湿法烟气脱硫是在离子状态下的气液反应，系统运行稳定可靠，脱硫速度快，脱硫效率高，吸收剂利用率高，尽管需解决废渣和废水的后处理及烟气再热等问题，该方法依然在脱硫市场占据主导地位。半干法和干法烟气脱硫虽然具有烟气温降小，易于烟囱排放扩散及不产生废水等优点，在脱硫市场占有一定份额，但缺点是脱硫效率和脱硫剂利用率不高，且需增加除尘负荷等，故推广应用受到限制。

5.4.1　石灰石/石灰湿法

石灰石/石灰湿法脱硫技术最早由英国皇家化学工业公司开发，基本过程是石灰石/石灰浆液在吸收塔内吸收反应后,其中的固体物质(包括煤的飞灰)连续从浆液中分离出来排放到沉淀池,并不断向清液中加入新鲜石灰石/石灰循环至吸收塔。石灰石/石灰湿法脱硫技术由于脱硫剂来源广泛、价廉易得，在湿法烟气脱硫领域占据主导地位。

5.4.1.1　石灰石/石灰湿法概述

(1) 石灰石/石灰湿法脱硫原理

以石灰石或石灰浆液作脱硫剂，在吸收塔(或称脱硫塔)内与含有 SO_2 的烟气进行充分接触，浆液中碱性物质与 SO_2 发生化学反应生成亚硫酸钙和硫酸钙，从而去除烟气中的 SO_2。石灰石或石灰浆液脱硫的反应体系平衡关系如图 5-15 所示。根据反应体系的平衡关系，吸收过程中发生的主要反应见表 5-7。

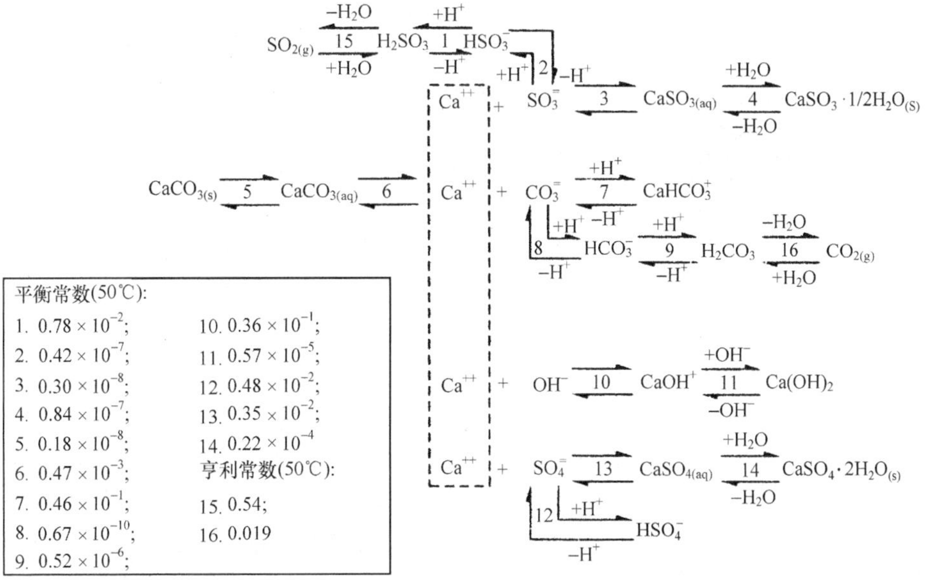

图 5-15　$CaO-SO_2-SO_3-CO_2-H_2O$ 体系的平衡关系

表 5-7　石灰石/石灰湿法烟气脱硫吸收阶段主要反应

脱硫剂	CaCO₃	CaO
反应机理	$SO_2(气) + H_2O \longrightarrow H_2SO_3$ $H_2SO_3 \longrightarrow H^+ + HSO_3^-$ $H^+ + CaCO_3 \longrightarrow Ca^{2+} + HCO_3^-$ $Ca^{2+} + HSO_3^- + 1/2H_2O \longrightarrow CaSO_3 \cdot 1/2H_2O + H^+$ $H^+ + HCO_3^- \longrightarrow H_2CO_3$ $H_2CO_3 \longrightarrow H_2O + CO_2$	$SO_2(气) + H_2O \longrightarrow H_2SO_3$ $H_2SO_3 \longrightarrow H^+ + HSO_3^-$ $CaO + H_2O \longrightarrow Ca(OH)_2$ $Ca(OH)_2 \longrightarrow Ca^{2+} + 2OH^-$ $Ca^{2+} + HSO_3^- + 1/2H_2O \longrightarrow CaSO_3 \cdot 1/2H_2O + H^+$ $H^+ + OH^- \longrightarrow H_2O$

如果烟道中有氧或进行强制氧化，还会发生下列反应：

$$2CaSO_3 \cdot H_2O + O_2 + 3H_2O \longrightarrow 2CaSO_4 \cdot 2H_2O \tag{5-78}$$

石灰石/石灰湿法烟气脱硫过程的研究结果表明：①对于典型溶液组成而言，SO_2 的平衡压力是低的，即使 pH 低到 4.0，仍足以保证 SO_2 的良好吸收；②离子强度(所溶解的盐类电离部分的浓度)对于 Ca、Mg 进入溶液的浓度是一个重要的因素，最佳离子强度约为 0.7mol/1000g 水；③亚硫酸盐的氧化程度影响 SO_2 的平衡蒸气压力，对于 SO_2 而言有一个最佳范围；④在某些情况下，洗涤系统中形成的固态含 Mg 物质，大部分是 $Mg(OH)_2$。

(2) 系统设备

整个石灰石或石灰湿法脱硫系统主要由三部分组成：脱硫剂制备系统、吸收塔和脱硫废物处理系统。

A. 脱硫剂制备系统

石灰石或石灰以干料的形式运送到工厂。石灰石多以块状运到储仓，石灰则多用空气输送到储仓中，防止氧化和潮解。石灰呈粉状，可直接送到灰浆液配制罐内与来自工艺过程的循环水一起配制成脱硫浆液。石灰石则须先在球磨机加水研磨，分离去除大块固体以后配制成脱硫浆液，送供料槽。

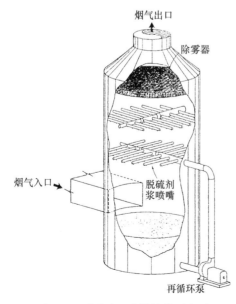

图 5-16　喷淋式吸收塔结构示意图

B. 吸收塔

吸收塔是整个工艺系统中最关键的设备，其选择依据有：①气液相对速度高；②持液量适当；③液相表面积大；④内部构件少；⑤压降低；⑥操作弹性好；⑦液气分布好。常用的吸收塔类型有填料塔、文丘里、湍球塔、喷淋塔、泡罩塔等，新型的吸收塔有 CT121 鼓泡塔和旋流板塔等。图 5-16 为喷淋式吸收塔的结构示意图。

结垢和堵塞是影响吸收塔操作的最大问题，主要有三种形式：①"湿/干"结垢，这是由浆液中水分蒸发而引起的固体沉积现象；②$Ca(OH)_2$ 或 $CaCO_3$ 附着在脱硫塔内壁及塔栅上，并在此生长结晶；③反应产物 $CaSO_3$ 或 $CaSO_4$ 从溶液中结晶析出。为了解决结垢和堵塞问题，控制 $CaSO_3$ 的氧化率和洗涤过程中体系的 pH 是两个关键因素，亚硫酸盐的氧化率必须控制在 20% 以下，而 pH 在 5 左右为最佳。

C. 脱硫废物处理系统

脱硫废物处理系统包含废液回收利用和固体废物处理两部分，前者工艺相近，后者可分为抛弃法和石膏法。抛弃法对脱硫浆液不做处理，将其直接作为脱硫废渣抛弃掉；石膏法则对脱硫渣强制氧化生成脱硫石膏后进行二次利用。

5.4.1.2　石灰石/石灰-石膏法

石灰石/石灰-石膏法是采用石灰石或石灰的浆液脱除烟道气中的 SO_2 并副产石膏的一种技术，工艺成熟，脱硫率可达 95%以上，是我国引进烟气脱硫装置中的主要方法。该法的主要缺点是投资大、占地面积大、运行费用高、设备易发生堵塞和磨损。

(1) 石灰石-石膏法典型工艺流程

石灰石-石膏法的工艺流程有很多，如三菱重工法、三井-开米柯法、日立法等。图 5-17 为日本三菱重工石灰-石膏法的流程示意图。

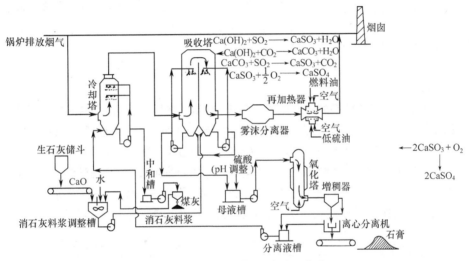

图 5-17　三菱重工石灰-石膏法工艺流程

烟气进入冷却塔，用水洗涤、降温(至 60℃左右)、增湿并除去 89%～90%的烟尘，液气比为 14L/m³(标态)。冷却塔一般采用空塔，包括雾沫分离器在内的压力降约为 5065.4Pa。经冷却后的烟气进入二级串联吸收塔，并用石灰浆液洗涤脱硫和除沫，再经加热器升温至 140℃左右，由烟囱排入大气。为了防止石膏在吸收塔内沉积，采用低密度的栅条填料塔和高液气比，同时在浆液内加入石膏"晶种"。

吸收 SO_2 后的浆液，用硫酸调整 pH 至 4～4.5，在氧化塔内 60～80℃下，用 $4.9×10^5$Pa 的压缩空气进行氧化。但是采用在吸收塔后增设氧化塔的工艺流程容易发生结垢和堵塞问题，因此在吸收塔后设置氧化槽，接收和储存脱硫浆液，进行鼓风氧化，结晶生成石膏，还可以利用吸收塔底的大容积浆池完成脱硫浆液强制氧化和石膏结晶过程。循环的吸收剂在氧化槽内的设计停留时间由石灰的反应活性所决定，一般为 4～8min，石灰的反应活性越差，完全溶解的时间就越长。氧化后的浆液首先在水力旋流分离器中稠化到浆液固体含量达 40%～60%，同时按粒度分级。稠化后的石膏浆用真空皮带过滤脱水到所需要的残留湿度 10%，如果采用离心机脱水则可使石膏含水量降到 5%，但运行费用高。同时为了减少氯离子对石膏应用的影响，需在过滤皮带上对其洗涤。通过稠化、过滤和洗涤，得到石膏结晶。

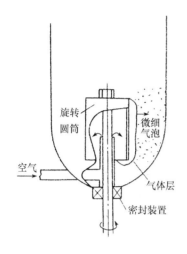

图 5-18　回转筒式雾化器

石灰石-石膏法脱硫率在 95%以上，可副产含自由水分 5%～10%的优质石膏。由于用石灰石料浆吸收 SO₂ 的原理与石灰基本相同，而石灰石价廉且易处理，因而此法用得更多。

(2) 主要设备

A. 吸收塔

常用的吸收塔类型有文丘里、喷淋塔、填料塔、湍球塔、板式塔等。美国多应用喷淋塔、组合塔、填料塔，日本多应用填料塔。

B. 氧化塔

为加快氧化速度，氧化气体须以微细气泡吹入，一般采用回转筒式雾化器，见图 5-18。该设备回转筒的转速为 500～1000r/min，空气被导入圆筒内侧形成薄膜，并与液体摩擦被撕裂成微细气泡，其氧化效率约为 40%，比多孔板式高出 2 倍以上，且无料浆堵塞的缺点。

(3) 影响脱硫效率的主要因素

A. 浆液的 pH

浆液的 pH 是影响脱硫效率的重要因素。浆液 pH 高，传质系数增加，SO₂ 吸收速率快，但是系统设备结垢严重；pH 低，SO₂ 吸收速率下降，pH 低于 4 时，几乎不能吸收 SO₂。pH 还影响石灰石/石灰的溶解度，如表 5-8 所示。当 pH 较高时，CaSO₃ 溶解度很小，而 CaSO₄ 溶解度变化不大。随着 SO₂ 的吸收，溶液 pH 降低，溶液中溶有较多的 CaSO₃，在石灰石粒子表面形成一层液膜，液膜内部石灰石溶解使 pH 进一步上升，致使脱硫剂颗粒表面钝化，因此浆液 pH 应控制适当。一般石灰石系统操作时最佳 pH 为 5.8～6.2，石灰系统操作时最佳 pH 约为 8。

表 5-8　50℃时 pH 对 CaSO₃ · 1/2H₂O 和 CaSO₃ · 2H₂O 溶解度的影响

pH	溶解度/(mg/L)			pH	溶解度/(mg/L)		
	Ca	CaSO₃ · 1/2H₂O	CaSO₄ · 2H₂O		Ca	CaSO₃ · 1/2H₂O	CaSO₄ · 2H₂O
7.0	675	23	1320	4.0	1120	1873	1072
6.0	680	51	1340	3.5	1763	4198	980
5.0	731	302	1260	3.0	3135	9375	918
4.5	841	785	1179	2.5	5873	21995	873

B. 吸收温度

吸收温度降低时，吸收液面上 SO₂ 的平衡分压也降低，有助于气液传质；但温度较低时，H₂SO₃ 和 CaCO₃ 或 Ca(OH)₂ 之间的反应速率慢。因此吸收温度不是一个独立可变的因素，它取决于进气的湿球温度。温度的影响如图 5-19 所示。

C. 液气比

液气比主要影响吸收推动力和吸收设备的持液量，对脱硫效率的影响效果见图 5-20。国外广泛使用的喷淋塔内持液量很小，要保证较高的脱硫率，就必须有足够大的液气比。据美国电力研究院的 FGDPRISM 程序的优化计算，液气比以 16.57L/m³ 为宜，但在实际操作中应根据设备的运行情况决定吸收塔的液气比。大液气比条件下维持操作的运行费用是很大的，因此应寻找降低液气比的合理途径。

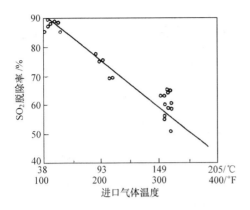

图 5-19　温度对 SO_2 净化效率的影响

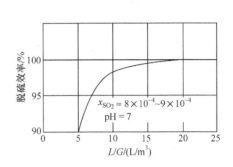

图 5-20　液气比对脱硫效率的影响

D. 烟气流速和添加剂

气速对脱硫效率的影响较为复杂，一方面随气速增大，气液相对运动速度增大，传质系数提高，脱硫效率可能增加，而且还有利于降低设备投资；但气速增加，气液接触时间缩短，脱硫效率可能下降，并受除雾要求的制约。经实测：气速在 2.44～3.66m/s 逐渐增大时，随气速的增大，脱硫效率下降；但当气速在 3.66～24.57m/s 逐渐增大时，脱硫效率几乎与气速的变化无关。逆流喷淋塔内气速一般为 2.44～3.66m/s，典型值为 3m/s。

添加剂可以改善吸收过程，减少设备产生结垢的可能，以及提高脱硫效率。例如，添加 $MgSO_4$ 改善溶液的化学性质，使 SO_2 以可溶性盐形式被吸收，并减少了系统的能源消耗量。表 5-9 是三菱重工法脱硫装置的工艺操作条件。

表 5-9　三菱重工石灰-石膏法操作数据

项目		烟气种类		
		燃油锅炉烟气	烧结厂烟气(钢厂)	铜冶炼烟气
进口 SO_2 浓度/ppm		500～1500	600～1200	20000～29000
脱硫率/%		90～99	90～97	90 以上
洗涤塔内吸收剂利用率/%		90～99	95～99	约 99
洗涤塔内 pH 控制		6.5～7.0(石灰) 4.0～5.8(石灰石)	6.5～7.5	3～3.5(石灰) 9～10.5(石灰石)
洗涤塔内氧化率/%		30～100	70～100	
浆液浓度(质量分数)/%		10～14	10～14	
进口烟气组成(体积分数)/%	O_2	3～6	12～17	6
	CO	9～12	4～8	10
	H_2O	9～12	6～12	23
	烟尘/(mg/Nm³)	20～40	40～90	140
备注		采用 1 台洗涤塔的系统有 12 套；采用 2 台洗涤塔的系统有 1 套	进口烟气含有：Cl，20～50ppm；油状物，约 58mg/Nm³；以及 Fe、Mn、Si、Pb、K、Na、Ca、Mg、Al、Zn、Cu 等	2 台洗涤塔系统

例题 5-4　某燃煤电厂的烟气中 SO_2 浓度为 2500mg/m³，烟气流量为 358000m³/h。电厂计划采用石灰-石

膏法进行脱硫，反应吸收主设备采用喷淋塔，要求脱硫效率满足超低排放指标，湿式烟气脱硫系统烟气设计数据见表 5-10。

表 5-10　脱硫系统主要技术指标及工程设计值

项目	设计值	项目	设计值
吸收塔处理烟气量	358000Nm³/h	吸收塔液气比	≤20L/Nm³
烟气质量流率	322200kg/h	石灰石纯度	>90%
入口 SO_2 浓度	≤2500mg/Nm³	Ca/S	≤1.05
出口 SO_2 浓度	≤35mg/Nm³	浆液浓度	15%
含尘量	≤30mg/Nm³	石膏含水率	≤10%
入口烟气温度	≤140℃	入口压力	1 atm
出口烟气温度	≤55℃	系统阻力	≤2000Pa
烟气组成	体积分数%	烟气组成	体积分数%
固体颗粒	—	O_2	6.0
CO_2	11.5	SO_2	0.09
HCl	0.01	湿含量	8.95
N_2	73.45		

求：(1) SO_2 的脱除率和石灰石的进料速率。(2) 含水率 10% 的石膏产率。

解　假设脱硫塔内只生成 $CaSO_3$，故有如下脱硫反应：

$$SO_2 + CaCO_3 \longrightarrow CaSO_3 + CO_2$$

(1) SO_2 脱除率和石灰石进料速率

① SO_2 脱除率

烟气中 SO_2 的总质量流量：

$$F_{SO_2, T} = 358000 \times 2500 = 895(kg/h)$$

根据超低排放标准，脱硫后烟气中的 SO_2 浓度≤35mg/Nm³，故烟气中需要被脱除的 SO_2 的质量流量：

$$F_{SO_2, d} = 358000 \times (2500–35) = 882.5(kg/h)$$

SO_2 脱除率：

$$\eta = 882.5/895 = 98.6\%$$

② 石灰石的进料速率

脱硫效率为 98.6%，根据石灰石脱硫方程计算，所需碳酸钙的理论质量为

$$F_{CaCO_3, d} = 882.5 \times \frac{100}{64} \times 1.05 \div 0.9 = 1608.7(kg/h)$$

(2) 含水率 10% 的石膏产率

由亚硫酸钙的氧化反应方程式得

$$CaSO_3 + 1/2O_2 + 2H_2O \longrightarrow CaSO_4 \cdot 2H_2O$$

$$F_{\text{CaSO}_4 \cdot 2\text{H}_2\text{O}} = 1378.9 \times \frac{172}{120} \times \frac{1}{0.9} = 2196 \ (\text{kg/h})$$

例题 5-5　根据例题 5-4，估算石灰石浆液中水分蒸发量及脱硫烟气的湿度。

解　根据实际电厂烟气脱硫工艺，脱硫塔出口烟气温度 ≤55℃，取 55℃，则对应的饱和蒸气压查表可知为 $15.752 \times 10^3 \text{Pa}$。

由例题 5-4 可知，烟气进气压力为 1atm，湿含量为 8.95%，吸收塔压力降为 2000Pa，则吸收塔出口压力为 0.98atm，因进口压力和出口压力的相对误差 <5%，故视脱硫塔在 1atm 下操作。

进气中水蒸气压力为

$$101325 \times 8.95\% = 9068.6 (\text{Pa})$$

$$15752 - 9068.6 = 6683.4 (\text{Pa})$$

假设吸收塔遵循恒摩尔流假设，则烟气中含水率增加的摩尔分数为

$$6683.4 \div 101325 \times 100\% = 6.60\%$$

所以，脱硫烟气的湿含量为

$$15752 \div 101325 \times 100\% = 15.5\%$$

例题 5-6　根据例题 5-4 和例题 5-5，计算脱硫烟气组成。(HCl 100%脱除)

解　遵循反应方程式，脱除 1mol SO_2，生成 1mol CO_2，已知 SO_2 脱除量为 882.5kg/h，故

$$CO_2 生成量 = 882.5 \times \frac{100}{64} = 606.7 \ (\text{kg/h})$$

基于简化的计算，脱硫后烟气流量增加主要由水蒸气贡献，遵循线性增长规律，HCl 脱除体积变化不计，故脱硫后烟气流量为

$$358000 \times (1 + 6.60\%) = 381628 (\text{Nm}^3/\text{h})$$

SO_2 的体积分数为

$$35 \times \frac{22.4}{64} \times 10^{-6} \times 100 = 0.001\%$$

增加的 CO_2 的体积分数为

$$\frac{606.7 \times 10^6}{381628} \times \frac{22.4}{44} \times 10^{-6} \times 100 = 0.08\%$$

CO_2 的体积分数为

$$11.5\% \times \frac{358000}{381628} + 0.081\% = 10.8\%$$

N_2 的体积分数为

$$73.45\% \times \frac{358000}{381628} = 68.9\%$$

O_2 的体积分数为

$$6\% \times \frac{358000}{381628} = 5.6\%$$

湿含量：15.5%。

核算：组成为 100.8%，合计大于 100%，相对误差为 0.8%，分析由假设简化计算导致，能满足工程设计要求。

例题 5-7　根据例题 5-4～例题 5-6，计算以上脱硫系统所需动力。系统数据如下：在脱硫过程中系统的压降为 2000Pa，烟气利用效率为 90%的换热器回收的热量进行再热，脱硫浆液的相对密度为 1.09，浆液循环

泵的扬程为28m,烟气由鼓风机排出。设其他泵和风机所消耗的动力是风机和浆液循环泵所消耗动力总量的20%,风机和泵的效率为70%。

解 系统选离心风机,计算过程如下。

(1) 风机所需功率

$$N = (Q/3600) \times \Delta P/(1000K\eta)$$

式中,N 为功率,kW;Q 为风量,m³/h;P 为全压,Pa;η 为风机全压效率,为0.7;K 为电机容量系数,电厂烟气含尘,取1.2。

因利用效率90%的换热器进行再热,故烟气入口温度为:140×0.9 = 126(℃)

实际烟气体积流率为:$300000 \times \dfrac{273.15+126}{273.15} = 438386(\text{m}^3/\text{h})$

因脱硫过程中系统的压降为2000Pa,计算得风机功率:

$$N = (Q/3600) \times \Delta P/(1000K\eta) = (438386/3600) \times 2000/(1000 \times 1.2 \times 0.7) = 289.94(\text{kW})$$

(2) 循环浆液泵

取吸收塔出口净烟气温度:50℃

核算烟气量为:$381628 \times \dfrac{273.15+50}{273.15} = 451485(\text{m}^3/\text{h})$

取液气比 $L/G=20\text{L/Nm}^3$,则循环浆液量为

$$Q_r = Q \times \frac{L/G}{1000} = 9029.7(\text{m}^3/\text{h}) = 2.5(\text{m}^3/\text{s})$$

已知浆液循环泵扬程为28m,脱硫浆液比重为1.09,则循环泵功率计算如下:

$$N_e = \frac{\rho_{\text{slurry}} g Q_r H_{\text{pump}}}{1000\eta}$$

式中,ρ_{slurry} 为浆液密度,kg/m³;Q_r 为循环浆液,m³/s;H_{pump} 为循环泵扬程,m。

$$N_e = \frac{\rho_{\text{slurry}} g Q_r H_{\text{pump}}}{1000\eta} = \frac{1.09 \times 1000 \times 9.8 \times 2.5 \times 28}{1000 \times 0.7} = 1068.2(\text{kW})$$

(3) 脱硫系统所需动力为

$$(289.94 + 1068.2) \times (1+20\%) = 1630(\text{kW})$$

5.4.1.3 石灰石/石灰抛弃法

石灰石/石灰抛弃法与石灰石/石灰-石膏法的区别在于:吸收过程产生的固体废渣(亚硫酸钙和一部分硫酸钙的混合物)不再回收利用。

(1) 石灰石/石灰抛弃法工艺流程

典型的石灰石/石灰抛弃法脱硫工艺分别如图5-21所示。

(2) 脱硫固体废物的处理

该方法对脱硫浆液不做处理,直接作为废料堆放,这种处理和处置方法严重阻碍了这一方法的推广应用。脱硫后的固体废物虽然经过了脱水,但其含水量仍在60%左右。表5-11给出了典型的石灰石/石灰抛弃法烟气脱硫系统干基固体废物的组成,这些废物的处理方法有两种:①回填法;②不渗透的池存储法。

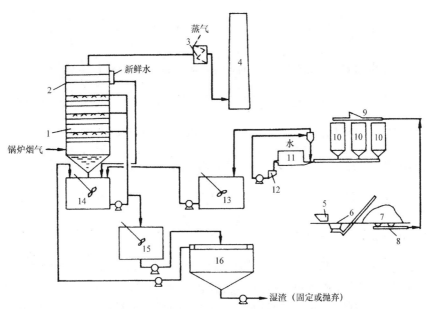

图 5-21 典型的石灰石抛弃法脱硫系统

1. 吸收塔；2. 除雾器；3. 换热器；4. 烟囱；5. 给料器；6. 运输机；7. 石灰石料箱；8. 进料器；9. 自动倾卸运送器；
10. 储灰仓；11. 水箱；12. 钢球磨；13. 新调制浆供槽；14. 循环槽；15. 均衡槽；16. 沉淀槽

表 5-11 典型石灰石/石灰抛弃法烟气脱硫系统固体废料干基组成

石灰石系统成分	质量分数/%	石灰系统成分	质量分数/%
$CaCO_3$	33	$CaCO_3$	5
$CaSO_3 \cdot 1/2H_2O$	58	$CaSO_3 \cdot 1/2H_2O$	73
$CaSO_4 \cdot 2H_2O$	9	$CaSO_4 \cdot 2H_2O$	11
		$Ca(OH)_2$	11

5.4.2 双碱法

双碱法是为了克服湿式石灰石/石灰-石膏法结垢的缺点而发展起来的。烟气在塔中与碱溶液(亚硫酸钠或氢氧化钠)接触，烟气中 SO_2 被吸收，从而避免塔内结垢；然后脱硫富液与第二碱(通常为石灰或石灰石)反应，使碱性溶液得到再生，循环使用，同时产生亚硫酸钙(或硫酸钙)得不溶性沉淀。根据脱硫过程中使用不同的第一碱(吸收用)和第二碱(再生用)，双碱法有多种组合，最常用的组合是钠钙双碱法。

5.4.2.1 双碱法脱硫原理

双碱法与石灰石/石灰法的总效果相同，但二者中间步骤有差异。双碱法中 SO_2 吸收和泥浆沉淀反应完全分开，避免了吸收塔的堵塞和结垢问题。以钠钙双碱法为例，在吸收塔内发生以下 SO_2 吸收反应：

$$2NaOH + SO_2 \longrightarrow Na_2SO_3 + H_2O \tag{5-79}$$

$$Na_2CO_3 + SO_2 \longrightarrow Na_2SO_3 + CO_2 \uparrow \tag{5-80}$$

$$Na_2SO_3 + SO_2 + H_2O \longrightarrow 2NaHSO_3 \tag{5-81}$$

然后吸收液送至石灰反应器进行再生和沉淀固体副产物：

$$2NaHSO_3 + Ca(OH)_2 \longrightarrow Na_2SO_3 + CaSO_3 \cdot \frac{1}{2}H_2O \downarrow + \frac{3}{2}H_2O \tag{5-82}$$

$$Na_2SO_3 + Ca(OH)_2 + \frac{1}{2}H_2O \longrightarrow 2NaOH + CaSO_3 \cdot \frac{1}{2}H_2O \downarrow \tag{5-83}$$

理论上，用石灰再生反应完全，而用石灰石再生反应不完全。采用石灰石作再生剂时：

$$CaCO_3 + 2NaHSO_3 \longrightarrow Na_2SO_3 + CaSO_3 \cdot \frac{1}{2}H_2O \downarrow + \frac{1}{2}H_2O + CO_2 \uparrow \tag{5-84}$$

将再生过程生成的亚硫酸钙($CaSO_3 \cdot 1/2H_2O$)氧化，可制得脱硫石膏($CaSO_4 \cdot 2H_2O$)：

$$2CaSO_3 \cdot \frac{1}{2}H_2O + O_2 + 3H_2O \longrightarrow 2CaSO_4 \cdot 2H_2O \tag{5-85}$$

5.4.2.2 双碱法典型工艺流程

钠钙双碱法典型工艺流程如图 5-22 所示，脱硫过程得到的亚硫酸钙滤饼(约含 60% H_2O)可直接抛弃，或重新浆化为含 10%固体的料浆，经硫酸酸化后在氧化器内用空气氧化制得石膏。实际运行中氧化副反应生成的 Na_2SO_4 较难再生，会产生碱耗，且对石膏质量有影响。

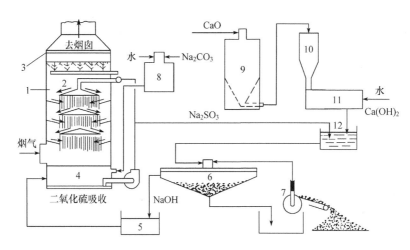

图 5-22　钠钙双碱法工艺流程

1. 吸收塔；2. 喷淋装置；3. 除雾装置；4. 瀑布幕；5. 缓冲箱；6. 浓缩器；7. 过滤器；
8. Na_2CO_3吸收液；9. 石灰仓；10. 中间仓；11. 熟化器；12. 石灰反应器

5.4.2.3 双碱法主要技术问题

(1) 稀碱法和浓碱法的选用问题

钠碱双碱法依据吸收液中活性钠的浓度，分为浓碱法与稀碱法。通常浓碱法适用于要求氧化率低的场合，稀碱法则相反。当使用高硫煤、完全燃烧并且控制过量空气在最低值时，如粉煤或油作为锅炉燃料时，宜采用浓碱法；当采用低硫煤或过剩空气量大时，如针对自动加煤机的锅炉烟气，宜采用稀碱法。

(2) 结垢问题

双碱法系统中存在两种可能的结垢情况：一是硫酸根离子与溶解的钙离子反应产生石膏结晶，二是固体碳酸盐析出。根据经验，溶液中的硫酸钙浓度低于其临界饱和度的 1.3 倍，即可防止其沉淀出来。因此在稀碱法中采用"碳酸盐软化法"保持低的钙离子浓度，而浓碱法中高的亚硫酸盐浓度可使钙离子保持在较低的浓度范围。固体碳酸盐析出是由于吸收了烟气中的 CO_2，通常发生在洗涤液 pH 高于 9 的条件下，故洗涤器内需要控制合适的 pH。

(3) 生成不易沉淀的固体问题

当溶液中的可溶性硫酸盐浓度过高(> 0.5mol/L)和镁离子浓度过高(> 120mg/L)时，固体沉淀的性质显著恶化。

(4) 钠耗问题

钠耗是双碱法的一个重要指标，主要由氧化副反应和石膏滤饼夹带产生。从经济角度来看，钠耗只占年操作费用的 2%，但钠可能从废渣中浸出，会对环境产生影响。

5.4.3 氧化镁法

金属氧化物等可作为 SO_2 的吸收剂，方法有湿法和干法。湿法多采用浆液吸收，脱硫后含亚硫酸盐-亚硫酸氢盐的浆液在高温下分解，得到浓 SO_2 气体，可加工成硫的各种产品。干法脱硫率较低，其研发重点是如何增加活性，提高效率。

氧化镁脱硫技术是一种成熟度较高的脱硫工艺，在世界各地有较多的应用业绩，如在日本应用了 100 多个项目，在美国、德国和我国部分地区也有应用。本节重点介绍开米柯-氧化镁(Chemico-MgO)法，该法由美国化学基础公司开发，脱硫率达 95%以上。

5.4.3.1 氧化镁法脱硫原理

该方法采用氧化镁浆液作吸收剂，吸收剂再生循环，同时副产高浓度二氧化硫气体，用于制硫酸或固体硫磺。氢氧化镁在吸收塔内与烟气中的二氧化硫接触反应生成含结晶水的亚硫酸镁和硫酸镁，随后将其脱水、干燥、煅烧，使之分解。分解中需向煅烧炉内添加少量焦炭，促进亚硫酸镁和硫酸镁分解，生成高浓度二氧化硫气体和氧化镁。随后氧化镁水合制成氢氧化镁循环使用，高浓度气态二氧化硫回收利用，主要反应如下。

A. 吸收

$$Mg(OH)_2 + SO_2 + 5H_2O \longrightarrow MgSO_3 \cdot 6H_2O \tag{5-86}$$

$$MgSO_3 + SO_2 + H_2O \longrightarrow Mg(HSO_3)_2 \tag{5-87}$$

$$Mg(HSO_3)_2 + Mg(OH)_2 + 10H_2O \longrightarrow 2MgSO_3 \cdot 6H_2O \tag{5-88}$$

B. 干燥

$$MgSO_3 \cdot 6H_2O \longrightarrow MgSO_3 + 6H_2O \uparrow \tag{5-89}$$

$$MgSO_4 \cdot 7H_2O \longrightarrow MgSO_4 + 7H_2O \uparrow \tag{5-90}$$

C. 分解

$$MgSO_3 \longrightarrow MgO + SO_2 \uparrow \tag{5-91}$$

$$MgSO_4 + 1/2C \longrightarrow MgO + SO_2 \uparrow + 1/2CO_2 \uparrow \tag{5-92}$$

D. 吸收剂水合反应

$$MgO + H_2O \longrightarrow Mg(OH)_2 \tag{5-93}$$

5.4.3.2 氧化镁法典型工艺流程

图 5-23 为氧化镁法脱硫典型工艺流程示意图。图中的洗涤设备采用开米柯式文丘里洗涤器，脱硫后的浆液先离心脱水、干燥后经回转窑加热煅烧(800~1100℃)，得到 MgO 和 SO_2 气体，煅烧生成的气体组分 SO_2 为 10%~13%；O_2 为 3%~5%；CO<0.2%；CO_2<13%；其余为 N_2。MgO 进入 MgO 浆液槽，制浆后循环使用，系统中需补充新鲜 MgO 为 5%~20%。

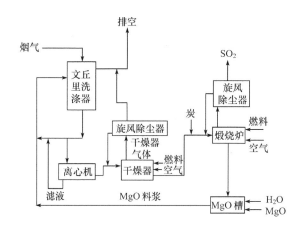

图 5-23   MgO 浆洗-再生法工艺流程图

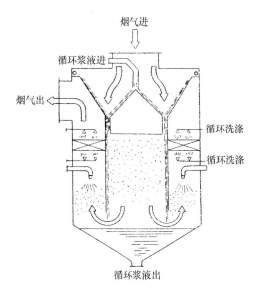

图 5-24   开米柯式文丘里洗涤器

该工艺的核心设备是开米柯式文丘里洗涤器，其构造见图 5-24。烟气由洗涤器顶部引入，在文氏管喉部与发生强烈雾化的循环液作用，达到高效率的气液接触，获得较好的脱硫、除尘效果。排出烟气再与从喷嘴喷出的循环液进一步接触脱硫后，由百叶窗除雾器除去雾沫后经烟囱排空。除雾器能完全捕集烟气夹带的雾滴，因定期清洗，不会堵塞；而洗涤器内壁经常用循环液冲洗，也不会结垢和堵塞，可长期连续运转。开米柯式文丘里洗涤器的特点：①处理气体量大；②无结垢故障，可长期连续运转；③气液接触效率高，可获得高的脱硫率。

5.4.4 氨法

湿式氨法烟气脱硫采用氨为吸收剂，主要优点是脱硫剂利用率和脱硫效率高，且可以生产副产品。但氨易挥发，使吸收剂消耗量增加，产生"氨逃逸"等二次污染，此外还存在成本高、易腐蚀、净化后尾气中的气溶胶等问题。根据吸收液再生方法不同，可分为氨-酸法、氨-亚硫酸铵法和氨-硫铵法等。

5.4.4.1 湿式氨法烟气脱硫概述

(1) 氨法脱硫原理

通常氨法烟气脱硫过程分为 SO_2 的吸收和吸收液处理两部分。首先将氨水通入吸收塔中，

使其与含 SO_2 的废气接触，发生吸收反应，其主要反应为

$$NH_3 + H_2O + SO_2 \longrightarrow NH_4HSO_3 \tag{5-94}$$

$$2NH_3 + H_2O + SO_2 \longrightarrow (NH_4)_2SO_3 \tag{5-95}$$

$$(NH_4)_2SO_3 + H_2O + SO_2 \longrightarrow 2NH_4HSO_3 \tag{5-96}$$

随着吸收过程的进行，循环液中 NH_4HSO_3 增多，吸收能力下降，需补充氨使部分 NH_4HSO_3 转变为 $(NH_4)_2SO_3$：

$$NH_4HSO_3 + NH_3 \longrightarrow (NH_4)_2SO_3 \tag{5-97}$$

$$(NH_4)_2SO_3 + H_2O \longrightarrow (NH_4)_2SO_3 \cdot H_2O(结晶) \tag{5-98}$$

若烟气中存在 O_2 和 SO_3，可能发生如下副反应：

$$(NH_4)_2SO_3 + \frac{1}{2}O_2 \longrightarrow (NH_4)_2SO_4 \tag{5-99}$$

$$2(NH_4)_2SO_3 + SO_3 + H_2O \longrightarrow (NH_4)_2SO_4 + 2NH_4HSO_3 \tag{5-100}$$

(2) 影响吸收液组成的因素

A. 蒸气压

$(NH_4)_2SO_3$-NH_4HSO_3 水溶液上的平衡分压 P_{SO_2} 及 P_{NH_3} 分别与 SO_2 吸收效率及 NH_3 的消耗有关。当 pH 为 4.71～5.96 时，实验得到的蒸气压值按下列关系式计算：

$$P_{SO_2} = M \frac{(2C_{SO_2} - C_{NH_3})^2}{C_{NH_3} - C_{SO_2}} \tag{5-101}$$

$$P_{NH_3} = N \frac{C_{NH_3}(C_{NH_3} - C_{SO_2})}{2C_{SO_2} - C_{NH_3}} \tag{5-102}$$

式中，C_{SO_2} 为 SO_2 的浓度，mol SO_2/100mol 水；C_{NH_3} 为 NH_3 的浓度，mol NH_3/100mol 水。M、N 与吸收液组成有关，工业应用范围内可认为仅与温度有关：

$$\lg M = 5.865 - \frac{2369}{T} \tag{5-103}$$

$$\lg N = 13.680 - \frac{4987}{T} \tag{5-104}$$

而在实际吸收系统中，由于氧的作用，吸收液内存在硫酸盐，分压方程式变成：

$$P_{SO_2} = M \frac{\left[2C_{SO_2} - C_{NH_3} + 2C_{(NH_4)_2SO_4}\right]^2}{C_{NH_3} - C_{SO_2} - 2C_{(NH_4)_2SO_4}} \tag{5-105}$$

$$P_{NH_3} = N \frac{C_{NH_3}\left[C_{NH_3} - C_{SO_2} - 2C_{(NH_4)_2SO_4}\right]}{2C_{SO_2} - C_{NH_3} + 2C_{(NH_4)_2SO_4}} \tag{5-106}$$

式中，$C_{(NH_4)_2SO_4}$ 为硫酸铵浓度，mol SO_4^{2-}/100mol 水。

由图 5-25 可见，对于 100mol 水含 22mol NH_3 的溶液($C_{NH_3} = 22$mol NH_3/100mol 水)，P_{SO_2} 和 P_{NH_3} 都随温度升高而增大；但 P_{SO_2} 随 C_{SO_2}/C_{NH_3} 增大而增大，P_{NH_3} 则相反。

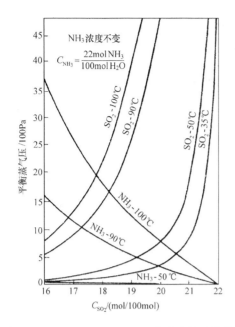

图 5-25　$(NH_4)_2SO_3$-NH_4HSO_3 水溶液的平衡蒸气压

B. pH

约翰斯顿 (Johnston) 提出 $(NH_4)_2SO_3$-NH_4HSO_3 水溶液 pH 的计算式为

$$pH = -4.62(C_{SO_2}/C_{NH_3}) + 9.2 \quad (5\text{-}107)$$

pH 是 NH_4HSO_3 水溶液组成的单值函数，适用范围是 C_{SO_2}/C_{NH_3} 为 0.7～0.9。当亚硫酸氢铵-亚硫酸铵(摩尔比)为 2 : 1(即 C_{SO_2}/C_{NH_3} = 0.75)时，pH 约为 5.7，因此工业上通过控制吸收液的 pH 以获得稳定的吸收组分。

5.4.4.2　氨-酸法

氨-酸法是将脱硫富液用酸分解的方法，多采用硫酸，也可采用硝酸和磷酸。以处理硫酸尾气为例，一段氨-酸法工艺流程如图 5-26 所示。含有 SO_2 的硫酸尾气进入吸收塔下部，与循环吸收液逆流传热和传质。吸收液在循环槽中补充氨和水维持碱度，以保证$(NH_4)_2SO_3/NH_4HSO_3$

稳定，尾气经除雾器后放空。循环吸收液中 NH_4HSO_3 含量达到一定值(C_{SO_2}/C_{NH_3} =0.9)时，从系统中引出一部分用硫酸再生。再生后母液呈酸性，连续地通入氨以中和过量的硫酸制得硫铵溶液。

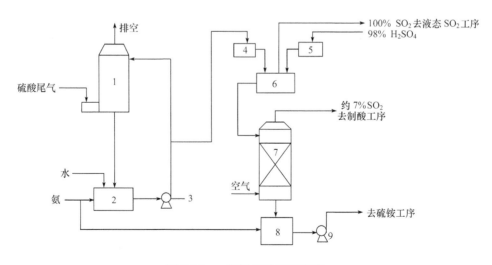

图 5-26　一段氨-酸法工艺流程

1. 吸收塔；2. 循环槽；3. 循环泵；4. 母液高位槽；5. 硫酸高位槽；6. 混合槽；7. 分解塔；8. 中和槽；9. 硫铵母液泵

该流程采用单塔吸收，高酸度(分解液酸度为 40～45 滴度)、空气解吸分解率达 98%。特点是操作简单，不消耗蒸气，但氨、酸消耗量大。从分解塔产生含 SO_2 约 7%的酸气，只能返回制酸系统用于制酸，SO_2 的吸收率也只达到 90%。

为克服一段氨吸法的缺点，发展了两段或多段吸收法。两段氨吸收法流程如图 5-27 所示，其特点是：第一吸收段的循环吸收液浓度高一些、碱度低一些(C_{SO_2}/C_{NH_3} 高)，以进气中较高的 SO_2 分压作为推动力，使引出的吸收液含有较多 NH_4HSO_3，可降低分解时的酸耗；第二吸收段的循环吸收液浓度低一些、碱度高一些(C_{SO_2}/C_{NH_3} 低)，以保证较高的 SO_2 吸收率。因此第一吸收段称为浓缩段，第二吸收段称为吸

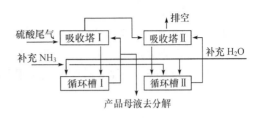

图 5-27　两段氨吸收法流程

收段。两段氨吸收法 SO_2 吸收率达 95%~98%；并可引出总亚盐[溶液中 NH_4HSO_3 与 $(NH_4)_2SO_3$ 之和]大于 550g/L 的高浓吸收液。

5.4.4.3　氨-亚硫酸铵法

氨-亚硫酸铵法的特点是吸收富液不用酸分解，直接加工成亚硫酸铵(简称亚铵)作为产品。流程简单，可节约硫酸和减少氨耗，原料来源广泛，氨气、氨水及固体碳酸氢铵均可作为氨源，既可以生产液体亚铵，又可以制取固体亚铵，适用于国内中小硫酸厂的尾气处理。

(1) 基本反应原理

固体亚铵法脱硫过程主要发生以下化学反应：

$$2NH_4HCO_3 + SO_2 \longrightarrow (NH_4)_2SO_3 + H_2O + 2CO_2 \uparrow \tag{5-108}$$

$$(NH_4)_2SO_3 + SO_2 + H_2O \longrightarrow 2NH_4HSO_3 \tag{5-109}$$

吸收过程实际上以式(5-108)为主，而 NH_4HCO_3 在生成过程中只是补入吸收系统使部分 NH_4HSO_3 再生为 $(NH_4)_2SO_3$，以保持循环吸收液碱度基本稳定(即 C_{SO_2}/C_{NH_3} 不变)。

若烟气中含有氧，还会发生如下副反应，生成硫酸铵：

$$(NH_4)_2SO_3 + \frac{1}{2}O_2 \longrightarrow (NH_4)_2SO_4 \tag{5-110}$$

一般的硫酸尾气中含有少量 SO_3，也会发生副反应生成硫酸铵：

$$2(NH_4)_2SO_3 + SO_3 + H_2O \longrightarrow (NH_4)_2SO_4 + 2NH_4HSO_3 \tag{5-111}$$

脱硫后吸收液呈酸性，主要含 NH_4HSO_3，加固体碳酸氢铵将 NH_4HSO_3 转化为 $(NH_4)_2SO_3$：

$$NH_4HSO_3 + NH_4HCO_3 \longrightarrow (NH_4)_2SO_3 + H_2O + CO_2 \uparrow \tag{5-112}$$

反应式(5-112)为吸热反应，溶液温度无需冷却即可降至 0℃左右。由于 $(NH_4)_2SO_3$ 比 NH_4HSO_3 在水中的溶解度小(表 5-12)，因此 $(NH_4)_2SO_3 \cdot H_2O$ 过饱和结晶析出，经离心分离制得固体亚铵。

表 5-12　$(NH_4)_2SO_3$-NH_4HSO_3-H_2O 系统内的溶解度

温度/℃	饱和溶液/%		
	$(NH_4)_2SO_3$	NH_4HSO_3	H_2O
0	10	60	30
20	12	65	23
30	13	67	20

(2) 工艺流程

固体亚铵法脱硫工艺过程主要由三部分组成：吸收、中和和分离。为了提高固体亚铵结晶的产率，吸收 SO_2 后引出中和的吸收液半成品必须是高浓 NH_4HSO_3 溶液，同时维持系统较高的碱度，保证 SO_2 吸收完全。故吸收系统采用两段吸收，图 5-28 是固体亚铵法典型的工艺流程。

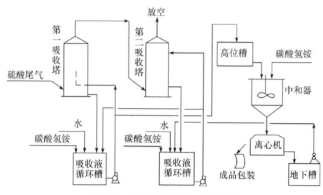

图 5-28　固体亚铵法工艺流程

该工艺的影响因素主要与吸收液的喷淋密度和温度等有关，SO_2 吸收率的高低主要由第二吸收塔吸收液的组成决定，亚铵产率的关键在于第一吸收塔吸收液的组成。

5.4.4.4　氨-硫铵法

氨-硫铵法是将氨吸收 SO_2 后的母液直接用空气氧化，制得副产品 $(NH_4)_2SO_4$。该法和氨-酸法及氨-亚硫酸铵法相比是一种简便的方法，它不消耗酸，且所需设备少。

(1) 工艺原理

氨-硫铵法的不同之处在于：氨-酸法和氨-亚硫酸铵法抑制氧化反应，保证吸收塔的脱硫效率；氨-硫铵法促进循环吸收液的氧化，并将氧化产物作为产品，因此工艺上存在显著差别。氨-硫铵法为保证吸收塔对 SO_2 的吸收能力，在吸收塔后设置氧化塔对吸收液进行氧化。为防止 SO_2 从溶液内逸出，工艺上在吸收液送入氧化塔之前，采用 NH_3 中和吸收液，将 NH_4HSO_3 全部转化为 $(NH_4)_2SO_3$，若不采用此步骤，在氧化过程中会产生 SO_2 气体。

$$NH_4HSO_3 + NH_3 \longrightarrow (NH_4)_2SO_3 \tag{5-113}$$

氧化塔内，用压缩空气将溶液氧化生成 $(NH_4)_2SO_4$ 溶液。

$$(NH_4)_2SO_3 + \frac{1}{2}O_2 \longrightarrow (NH_4)_2SO_4 \tag{5-114}$$

(2) 工艺流程

氨-硫铵法的工艺过程主要分为吸收、氧化及后处理等几部分，工艺流程见图 5-29。燃烧烟气经二级吸收后排空。部分循环吸收液从吸收系统中引出至中和槽，用 NH_3 进行中和。中和液用泵送入氧化塔通入压缩空气进行氧化，氧化后的溶液在 pH 调整槽中加 NH_3 成为碱性，使烟气中含有的钒、镍、铁等重金属变为氢氧化物沉淀而除去，硫铵母液则经过浓缩结晶、分离、干燥后，得到硫酸铵产品。

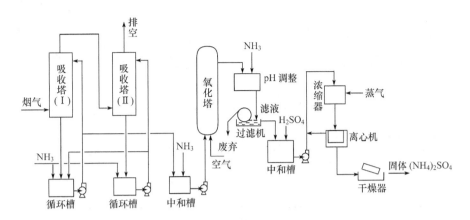

图 5-29　氨-硫铵法工艺流程

5.4.5　以废治污烟气脱硫

全世界每年产生大量的碱性工业废弃物,主要有电石渣、造纸碱回收白泥、氯碱工业白泥、碱性工业废水、钢渣、赤泥、流化床灰渣、磷石膏等,这些碱性工业废弃物利用率普遍偏低、处理难度大,因此利用这些碱性工业废弃物治理 SO_2,达到“以废治污”的目的,是燃煤锅炉烟气脱硫技术的经济途径。

5.4.5.1　电石渣-石膏法

电石渣-石膏法是采用电石渣为脱硫剂脱除烟气 SO_2 并副产石膏的一种技术,成熟可靠,与石灰-石膏法系统具有很好的兼容性。电石渣是电石水解制乙炔气体后产生的一种廉价的工业废料,属于 Ⅱ 类一般工业固体废物,堆存会造成土地盐碱化,并污染地下水。电石渣的主要化学成分为 $Ca(OH)_2$,含量高,呈强碱性,具有比表面积大、活性好、粒径小等特点,对烟气脱硫的适应性好,烟气脱硫过程无 CO_2 排放,可实现以废治污,具有明显的环境效益。

(1) 电石渣-石膏法典型工艺流程

通常,电石渣中 $Ca(OH)_2$ 含量占 80%～96%,与石灰石相比,活性好。$Ca(OH)_2$ 的溶解度和离解度远大于石灰石中的 $CaCO_3$,迅速离解的 Ca^{2+} 可与 SO_2 快速反应。就一定的脱硫率而言,液气比 L/G 可控制在相对较低水平,降低了对吸收塔浆液循环泵的要求,即可以降低浆液循环泵的功率消耗,达到节能的目的。电石渣-石膏法脱硫效率在 95% 以上。全国不同地方的电石渣样品分析见表 5-13 和表 5-14。分析结果表明,不同地方的电石渣成分有较大差异,但 $Ca(OH)_2$ 成分均含量高且较稳定。

表 5-13　电石渣成分(湿法)

序号	样品来源	含水率/%	氢氧化钙含量/%	酸不溶物含量/%	S/(mg/g)	Cl^-/(mg/g)
1	湖北某地	33.30	89.48	2.72	0.15	4.54
2	福建某地	37.46	87.06	3.75	0.15	0.70
3	广西某地	38.82	85.70	6.00	10.14	3.40

序号	样品来源	含水率/%	氢氧化钙含量/%	酸不溶物含量/%	S/(mg/g)	Cl⁻/(mg/g)
4	新疆某地	32.70	89.60	6.78	0.62	0.50
5	陕西某地	23.20	88.10	4.90	3.70	2.20

表 5-14　电石渣成分(干法)

序号	样品来源	含水率/%	氢氧化钙含量/%	酸不溶物含量/%	S/(mg/g)	Cl⁻/(mg/g)
1	贵阳某地	7	89.05	2.72	0.17	3.5
2	内蒙古某地	5.5	90.2	2	0.11	0.16

电石渣-石膏法的脱硫原理和工艺流程与石灰-石膏法类似，见图 5-30。

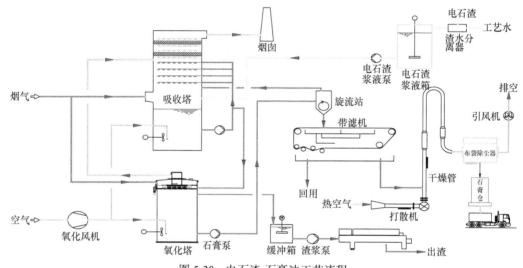

图 5-30　电石渣-石膏法工艺流程

烟气进入吸收塔，在吸收塔内用电石渣浆液洗涤脱硫、降温(至 55℃左右)、增湿并除去烟气中的 SO_2。吸收塔一般采用空塔喷淋，包括除雾器在内的压力降约为 2000Pa。经脱硫净化后的烟气由烟囱排入大气。采用搅拌器或脉冲悬浮方式防止石膏在吸收塔内沉积。吸收 SO_2 后的浆液，控制 pH 在 4.5～5.0，进入氧化塔进行鼓风氧化，结晶生成石膏。该工艺的整体操作与石灰石-石膏法相似。

(2) 影响脱硫率的主要因素

A. 电石渣组成

电石渣的主要成分是 $Ca(OH)_2$，还含有较多杂质，如未反应的焦炭和 CaC_2 颗粒，硅、铁、铝、镁、硫、磷等的氧化物或氢氧化物等。电石渣含有不同粒径的固体，如炭粒、砂石、SiO_2 等硬度较高的颗粒，会影响脱硫效率，造成系统中管路堵塞、设备磨损和淤积化浆池从而减小有效容积，影响运行的稳定性，以及影响石膏品质，导致石膏呈暗灰色，质地松散，粒径大，手感粗糙，石膏晶体包裹炭粒或砂石，石膏浆液较难脱水等。但通过改进石膏处理工艺，增加分离除杂装置，可稳定石膏品质。

B. pH

吸收塔浆液 pH 是影响脱硫率最重要的运行和控制参数之一。低 pH 时有利于 $CaSO_3$ 氧化，这是因为 SO_3^{2-} 以 $CaSO_3$ 的分子形式存在难以氧化，而 HSO_3^- 以离子的形式存在，氧化较为容易，故氧化反应机理实际为

$$2HSO_3^- + O_2 \longrightarrow 2SO_4^{2-} + 2H^+ \tag{5-115}$$

因此，采用设置塔外氧化工艺，实施 pH 分区控制的优化方案。吸收塔内控制浆液 pH 为 5.8～6.0，有利于在较低液气比下实现超高脱硫效率(超过 95%)；氧化塔内控制富脱硫浆液 pH 为 4.0～4.5，保证高的氧化率，进而保证石膏品质。

C. COD 与 Cl⁻浓度

电石渣制得的浆液具有较高浓度的杂质、硫、氯及化学需氧量(COD)，对氧化过程有很强的抑制作用，且需要外排更多的废水以控制系统中的氯离子浓度。

5.4.5.2　白泥-石膏法

白泥是制浆造纸行业产生的固体废渣，每生产 1t 纸或浆，平均产生 0.8～1t 的白泥。白泥的主要成分是苛化的 $CaCO_3$，含量达 80%～90%，还含有 $CaSO_4$、$Mg(OH)_2$、NaCl，以及 Mn、Ti、Sr、Ba、Cu、Rb 等微量元素，其中碱性的镁基成分会参与脱硫反应，因此白泥可作为脱硫剂，能与石灰石-石膏法系统良好兼容。白泥烟气脱硫实现以废治污，符合循环经济的理念，具有良好的经济效益、环境效益和社会效益。该法主要缺点是受到周边白泥供应的制约。

(1) 白泥-石膏法典型工艺流程

白泥颗粒 ≥95%过 325 目，而天然石灰石磨细后 90%过 325 目和 90%过 250 目居多，因此白泥的平均粒度小于石灰粉的平均粒度，且颗粒较为疏松，孔隙率较高，有利于制浆形成高活性脱硫剂。山东某两个企业所产白泥成分分析见表 5-15 和表 5-16。

表 5-15　山东某企业白泥成分分析(Ⅰ)

分析项目	Cl⁻/(mg/g)	F⁻/(mg/g)	NO_2^-/(mg/g)	NO_3^-/(mg/g)	SO_4^{2-}/(mg/g)	总 Ca/(mmol/g)	酸不溶物/%
白泥	1.22	0.04	0.01	0.01	1.60	9.45	0.54

表 5-16　山东某企业白泥成分分析(Ⅱ)

分析项目	总钙(碳酸钙)/%	游离钙(氯化钙)/%	酸不溶物/%	氯离子/%	二氧化硅/%	氧化铝/%	三氧化二铁/%	COD/(mg/g)
白泥	94.47	0	1.96	0.19	0.99	0.86	0.83	846

典型的白泥-石膏法脱硫工艺见图 5-31。烟气进入吸收塔，被白泥浆液洗涤脱硫、降温(至 55℃左右)、增湿并除去烟气中的 SO_2。一般采用空塔喷淋，包括除雾器在内的压力降约为 2000Pa。经脱硫净化后的烟气由烟囱排入大气。该工艺的整体操作与石灰石-石膏法相似。

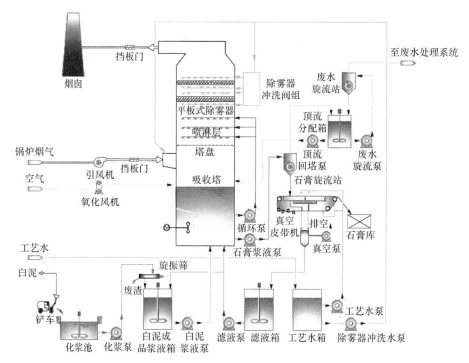

图 5-31　白泥-石膏法脱硫工艺流程图

(2) 影响脱硫率的主要因素

影响脱硫率主要因素有溶解性总固体(TDS)、白泥乳液 pH、胶体干扰、含硅组分、氯离子等。

5.4.5.3　碱性工业废水

产生碱性工业废水主要有印染、制革、医药、石油、化工等行业，采用碱性工业废水脱硫，可实现碱性工业废水与燃煤锅炉烟气联合治理，实现以废治污，具有良好的环境和经济效益。目前已用于烟气脱硫的碱性工业废水有造纸黑液、印染废水、制革废水、皂化废水、石油化工废水、苎麻废水等。

碱性工业废水 pH 一般为 9～14，以造纸黑液废水为例，其中含有大量 NaOH 和 Na$_2$CO$_3$，与 SO$_2$ 发生以下反应：

$$2NaOH + SO_2 \longrightarrow Na_2SO_3 + H_2O \tag{5-116}$$

$$Na_2SO_3 + SO_2 + H_2O \longrightarrow 2NaHSO_3 \tag{5-117}$$

$$NaOH + SO_2 \longrightarrow NaHSO_3 \tag{5-118}$$

$$2Na_2SO_3 + O_2 \longrightarrow 2Na_2SO_4 \tag{5-119}$$

$$2NaOH + SO_3 \longrightarrow Na_2SO_4 + H_2O \tag{5-120}$$

碱性工业废水的碱性物质浓度均匀，对燃煤烟气中 SO$_2$ 浓度的波动适应性强，脱硫效果好，可以实现燃煤锅炉的快速改造，工艺简单，投资小，运行费用低，脱硫率 70%～96%。该技术适用于中小型燃煤锅炉。

5.4.6　其他脱硫方法

5.4.6.1　喷雾干燥法

喷雾干燥法(spray drying absorber，SDA)烟气脱硫技术是 20 世纪 80 年代发展起来的一种新兴脱硫工艺，由美国 Joy 公司和丹麦的 Niro Atomizer 公司共同开发，称为 Joy/Niro 法。世界上配置这种脱硫工艺的发电机组总容量超过 15000MW，投入正常运行的超过 6000MW。该方法主要用于燃用低硫煤的电厂烟气脱硫，近年来也进行了高硫煤的旋转喷雾脱硫研究工作。

(1) 喷雾干燥法脱硫原理

该方法利用喷雾干燥的原理，将脱硫剂雾化喷入烟气中，脱硫剂为分散相，烟气为分散介质，吸收剂和热烟气在吸收塔内发生热质传递，实现脱硫并分离脱硫废渣。具体过程如下。

A. 质量传递过程

质量传递过程即为脱硫化学反应过程，主要包括以下几个步骤。

生石灰制浆：

$$CaO + H_2O \longrightarrow Ca(OH)_2 \tag{5-121}$$

SO_2 被灰浆液滴吸收：

$$SO_2 + H_2O \longrightarrow H_2SO_3 \tag{5-122}$$

脱硫剂与 SO_2 反应：

$$Ca(OH)_2 + H_2SO_3 \longrightarrow CaSO_3 + 2H_2O \tag{5-123}$$

液滴中 $CaSO_3$ 过饱和沉淀析出：

$$CaSO_3(液) \longrightarrow CaSO_3(固) \tag{5-124}$$

部分 $CaSO_3$(液)被溶于液滴中的氧气所氧化：

$$CaSO_3(液) + \frac{1}{2}O_2 \longrightarrow CaSO_4(液) \tag{5-125}$$

$CaSO_4$ 难溶于水，迅速沉淀析出固态 $CaSO_4$。

B. 热量传递过程

热量传递过程是液态脱硫渣在吸收塔内的干燥过程，主要由以下两个阶段组成。

第一阶段为恒速干燥阶段。特点是灰浆液滴表面水分处于饱和状态，蒸发速度仅受热量传递到液滴表面的速度控制，单位面积的液滴蒸发速度较大且恒定。这一阶段的传质反应过程呈液相反应的特点，约 50%的吸收反应发生在这一阶段，所需时间仅 1～2s。根据反应式(5-122)和式(5-123)，SO_2 从气相扩散到液相进行化学吸收，同时生成的 $CaSO_3$ 必须从反应区扩散出来，才能使反应继续进行。由于分子在液体内的扩散系数比气体中的小得多，因此在热量传递中的控制因素是液相传质。此阶段的持续时间称为临界干燥时间，与雾粒直径、固含量等因素有关，雾粒直径越小或固含量越高，临界干燥时间就越短。

第二阶段称为降速干燥阶段。特点是蒸发速度降低，液滴温度升高，雾滴表面的自由水分减少，内部粒子距离减小，液滴表面出现固体。当接近烟气温度时，水分扩散距离增加，干燥速度继续降低，由于雾滴表面含水量下降，SO_2 的吸收反应逐渐减弱。干法烟气脱硫装置的烟气相对湿度较高，减速干燥阶段可维持较长的时间。

在第一干燥阶段，液滴表面温度迅速达到烟气绝热饱和温度，此温度与塔内瞬时烟气平均温度之差决定着雾粒的蒸发推动力，较高的烟气平均温度驱使液滴快速蒸发。吸收塔出口烟气平均温度控制得越接近绝热饱和温度，完成液滴干燥以达到允许的残余水分含量的时间越长，越有望达到更高的脱硫效率。一般采用"近绝热饱和温度"表示吸收塔出口接近绝热饱和的程度，有利于分析塔内工况及其与脱硫率的关系。

(2) 工艺流程

喷雾干燥脱硫工艺主要分为五个步骤：①脱硫浆液的制备；②脱硫浆液的雾化；③雾滴与烟气接触；④SO_2吸收和水分的蒸发；⑤灰渣再循环与排出。其中②、③、④三步均在喷雾吸收塔内完成。其中吸收剂为分散相，烟气为分散介质。典型的旋转喷雾干法烟气脱硫工艺流程见图 5-32。

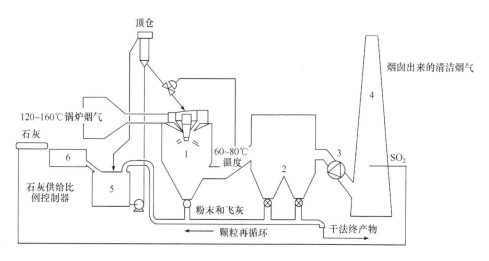

图 5-32　旋转喷雾干法烟气脱硫流程

1. 喷雾吸收塔；2. 除尘器；3. 引风机；4. 烟囱；5. 供给槽；6. 熟化器

喷雾干燥法脱硫率的大小与吸收剂的利用率有关，将二者综合考虑，一般控制吸收剂的用量为理论用量的 1.5～2.0，脱硫效率可达 70%～85%。脱硫生成物为固体灰渣，全游离水分一般在 2%以下，一部分在吸收塔内分离，另一部分随脱硫烟气进入除尘器进行分离。

喷雾干燥法的吸收剂除采用石灰乳外，还可采用碱液或氨水，由于碱液和氨水对 SO_2 的吸收能力较石灰乳高，因此其脱硫率也高，吸收剂的用量也少。喷雾干燥脱硫与湿式石灰石/石灰法相比具有很多优点：①流程简单，省掉了一套浆液处理设备，故投资省；②运行可靠，生产过程中不产生结垢和堵塞；③干式运行，只要排气温度适宜，不产生腐蚀；④能量消耗低，运转费用低；⑤对烟气量和烟气中 SO_2 的浓度波动适应性强。主要缺点有：①脱硫率不高；②吸收剂利用率不高，消耗量较大；③增加了系统除尘负荷；④关键部件雾化器易磨损；⑤对高硫煤不经济。

5.4.6.2　循环流化床半干法烟气脱硫技术

循环流化床烟气脱硫(CFB-FGD)技术由德国鲁奇公司于 20 世纪 80 年代后期开发，目前烟气脱硫综合效益最优的一种半干法烟气脱硫技术。实现工业化应用的 4 种主要 CFB-FGD 流程为：①德国 LLB 公司开发的烟气循环流化床(CFB)脱硫工艺；②德国 Wulff 公司的回流式烟气循环流化床(RCFB)脱硫工艺；③丹麦 F. L. Smith 公司研究开发的气体悬浮吸收烟气脱硫

(GSA)工艺；④挪威 ABB 公司的新型一体化干法脱硫(NID)工艺。

(1) 循环流化床半干法烟气脱硫原理

CFB-FGD 技术采用干式消化石灰粉末为脱硫剂，循环流化床为脱硫吸收反应器，充分利用了循环流化床的特点，喷水增湿活化脱硫剂并使之多次循环使用，生成以 $CaSO_3$ 为主，少量 $CaSO_4$、未反应的脱硫剂和飞灰混合的固体产物。循环流化床中的主要化学反应如下：

$$Ca(OH)_2 + SO_2 \longrightarrow CaSO_3 \cdot 1/2H_2O + 1/2H_2O \tag{5-126}$$

$$Ca(OH)_2 + SO_3 \longrightarrow CaSO_4 \cdot 1/2H_2O + 1/2H_2O \tag{5-127}$$

$$Ca(OH)_2 + SO_2 + 1/2O_2 \longrightarrow CaSO_4 + H_2O \tag{5-128}$$

$$Ca(OH)_2 + 2HCl \longrightarrow CaCl_2 + 2H_2O \tag{5-129}$$

$$Ca(OH)_2 + 2HF \longrightarrow CaF_2 + 2H_2O \tag{5-130}$$

CFB-FGD 技术的主要特点如下：① 主要应用于低硫煤(硫含量<1%)；② 水耗低，腐蚀性较小，可不采用烟气再热器，直接使用干烟囱排放脱硫烟气；③ 无脱硫废水排放，脱硫渣呈干态。

CFB-FGD 技术的主要缺点如下：① 脱硫效率与湿法相比有差距，对中高硫煤很难达到超低排放的要求；② 脱硫渣综合利用困难；③ 钙硫比高，脱硫剂利用率低；④ 循环量大，除尘负荷增加；⑤ 需要采用高纯度和活性的石灰作为脱硫剂。

(2) 循环流化床半干法烟气脱硫典型工艺流程

循环流化床半干法烟气脱硫典型工艺流程见图 5-33。

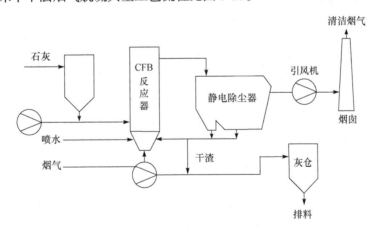

图 5-33　循环流化床半干法烟气脱硫工艺流程图

在脱硫过程中，锅炉尾气自流化床底部进入流化床，与脱硫剂反应，生成 $CaSO_3$ 和 $CaSO_4$。脱硫后烟气夹带大量固体颗粒，大颗粒固体在流化床顶部下落，细小颗粒随烟气进入除尘器。分离出来的颗粒经过中间仓返回流化床循环利用，净烟气则通过引风机经烟囱排放。

(3) 主要设备

A. 石灰制粉或石灰浆制浆系统

该方法对脱硫剂的活性和纯度要求较高，脱硫剂一般为 $Ca(OH)_2$，通常由生石灰现场干式消化制备而成。生石灰品质指标如下：粒径≤1mm，纯度>80%，活性 T_{60}≤4min，可制备得到

比表面积为 $15m^2/g$ 以上的 $Ca(OH)_2$，满足经济钙硫比下的脱硫要求。

B. 循环流化床

脱硫系统的主体设备，底部装有布风装置(布风板或文丘里管)，在反应器下部密相区布置有石灰浆(或石灰粉)喷嘴、加湿水喷嘴、返料口等，反应器上部为过渡段和稀相区。

C. 旋风分离器

旋风分离器位于循环流化床反应器的出口，分离器下部为返料管和返料装置，用来分离反应器循环物料，并送回循环流化床反应器。

D. 灰循环系统

灰循环系统由除尘器的流化底仓、循环灰给料机、混合器等组成。混合器呈开放式结构，直接固定在反应器上。物料得以在短距离大通道的条件下输入反应器，确保不会造成循环灰在设备内的拥堵。灰循环系统运行对脱硫的钙硫比有较大影响。

E. 除尘器

脱硫烟气除尘器可以采用静电除尘器或布袋除尘器，其中布袋除尘器除尘效率高、对粉尘特性不敏感，对 CFB-FGD 系统的适应性强。

(4) 影响脱硫效率的主要因素

A. 石灰消化

石灰消化的主要影响因素有消化时间、水灰比、搅拌速度和消化水初始温度，其中消化时间和水灰比是石灰消化的主要影响因素。

B. 钙硫比

钙硫比是反应脱硫经济性的一个重要指标，能直接反映进入流化床反应器中脱硫剂的量。通常 CFB-FGD 系统钙硫比为 1.5 及以上时，能保证 90%～95%的脱硫效率；当负荷变化时，可将钙硫比调整至 2.0 及以上以保证脱硫效率。

C. 停留时间

反应器内停留时间由烟气流速及反应器高度决定。烟气流速是反应器设计的关键，决定了脱硫剂流态化状态。在循环流化床中，SO_2 与 $Ca(OH)_2$ 颗粒的反应过程，属于外扩散控制的化学反应过程，反应过程的阻力主要取决于脱硫剂颗粒表面的气膜阻力。通常，循环流化床反应器内的气速为 5～6m/s，物料上升速度约 1m/s，此时气固间的平均滑落速度为 4～5m/s。

D. 脱硫操作温度

循环流化床脱硫过程中反应器温度变化对脱硫效率影响大，反应器内烟气温度越低，脱硫效率越高。可通过向反应器内喷水控制反应温度，喷水量由反应器出口烟气温度与烟气饱和露点温度差(ASAT)决定。降低反应器操作温度会带来脱硫剂团聚黏壁的风险，结块后的物料会破坏流化床的稳定性，导致压降增大和堵塞等问题。因此脱硫反应器实际运行温度需综合考虑脱硫率和消石灰的性质进行确定。

E. 床料循环倍率

CFB-FGD 技术之所以能达到很高的脱硫效率，一个重要的原因是系统中脱硫剂具有很高的循环倍率。虽然脱硫剂的给入量一定，但反应器中实际的脱硫剂含量是其几十或上百倍，因此局部钙硫比非常高。但循环倍率越大，动力消耗也越大。

F. 流化床床料浓度

在一定 ASAT 和钙硫比条件下，循环流化床的脱硫率随床料浓度增加而增加。床料浓度越大，脱硫剂浓度就越大，增加了气固接触的表面积，有利于脱硫效率的提高；另外，床料浓度增加，烟气经过床层的压力降也越大，故需消耗更多的动力。因此循环流化床床料浓度通常维持在 5～10kg/m³，可兼顾脱硫率和动力消耗的平衡。

5.4.7 脱硫副产物的资源化利用和废水处理技术

实现脱硫副产物资源化利用并对脱硫废水进行必要的处理是减少二次污染的必要举措。

5.4.7.1 脱硫副产物的资源化利用

根据脱硫工艺，脱硫副产物主要分为湿法脱硫副产物和半干法/干法脱硫副产物。钙基湿法脱硫工艺是烟气脱硫的主流技术，副产大量脱硫石膏，因此本节重点阐述钙基湿法烟气脱硫副产物的资源化利用。

根据生态环境部数据显示，2019 年我国重点发表调查工业企业的脱硫石膏产生量为 1.3 亿 t，其中电力、热力和供应业产量为 1.1 亿 t，综合利用率为 71.3%。脱硫石膏平均粒径 40～60μm，外表呈灰黄色。脱硫石膏与天然石膏品位相当，其主要成分为二水硫酸钙($CaSO_4 \cdot 2H_2O$，DH)，占 90%～95%，其他组分包括 Fe、Al、Na、K、Mg、Si 等。以浙江某电厂脱硫石膏为例，其具体组分如表 5-17 所示。

表 5-17　脱硫石膏组分分析(%)

组分	Fe_2O_3	Al_2O_3	K_2O	CaO	MgO	SiO_2	Na_2O	SO_3	CO_2	结晶水	其他
含量	0.079	0.10	0.050	32.67	0.029	1.25	0.077	44.14	0.92	19.78	0.90

注：四舍五入导致含量之和不为 100%。

目前，脱硫石膏综合利用主要分为两类：一是直接利用，二是间接利用，如图 5-34 所示。

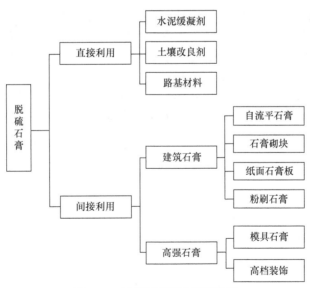

图 5-34　脱硫石膏综合利用途径

(1) 水泥缓凝剂

水泥缓凝剂是脱硫石膏大规模消纳的一个重要方向，在纯度、粒度和微量成分等方面完全符合要求，可以替代天然石膏。脱硫石膏可以调节和控制水泥的初凝时间，促进水泥中硅酸三钙和硅酸二钙矿物的水化，提高水泥的早期强度及平衡各龄期强度。

(2) 自流平石膏

自流平石膏是自流平地面找平石膏的简称，又称石膏基自流平砂浆，以 20～40cm 厚度用作房屋地面底层作为防潮层、楼板地面底层的隔音层和屋面底层的隔热层。首先将脱硫石膏高温煅烧成Ⅱ型无水石膏，加入碱性激活剂、减水剂、保水剂，同时掺入适量的半水脱硫石膏、增强剂、增塑剂等，含水量控制在 35%～40%。成品脱硫石膏浆体流动度为 200mm，初凝时间 8h，终凝时间 16h。自流平石膏施工的地面质量高，成本低于水泥砂浆。

(3) 土壤改良剂

脱硫石膏可用于改良碱化土壤，代换土壤胶体中的 Na^+。在碱化土壤中施入脱硫石膏后，其中的硫酸钙会释放出钙离子，通过钙离子形成的海绵状胶体品质好，且胶体微粒能靠近而团聚，降低土壤板结程度。研究发现，石膏能够直接与土壤溶液中的 HCO_3^- 和 CO_3^{2-} 反应，使钠质的亲水胶体转化为钙质的疏水胶体。石膏改良碱化土壤过程主要基于以下反应：

$$Na_2CO_3 + CaSO_4 \longrightarrow CaCO_3 + Na_2SO_4 \tag{5-131}$$

$$2NaHCO_3 + CaSO_4 \longrightarrow CaCO_3 + Na_2SO_4 + H_2O + CO_2 \tag{5-132}$$

$$2Na^+ + CaSO_4 \longrightarrow Ca^{2+} + Na_2SO_4 \tag{5-133}$$

(4) 石膏建材

脱硫石膏本身没有胶凝性能，通过焙烧可以转化为熟石膏(即 β-半水石膏)用于生产石膏建材，如粉刷石膏、纸面石膏板、石膏砌块等，大大拓宽其应用范围。石膏建材生产能耗低，制品具有质轻、防火、隔声等优点，易于施工，是典型的"绿色建材"。

(5) α-半水石膏

利用脱硫石膏制备 α-半水石膏(α-HH)是脱硫石膏的高附加值方向。α-HH 具有需水量小、水化热低、可操作性好、密度大、强度高等特点，可制成高强石膏，广泛应用于高档建材、陶瓷模具、机械铸造、骨科材料等领域。α-HH 制备方法分为蒸压法和常压水热法，前者是在高温加压一定水分压条件下，将二水石膏(DH)转化为 α-HH；后者是在无机电解质溶液和有机体系中通过溶解-结晶原理将 DH 转化为 α-HH。常压水热法反应条件温和，适合粉状的脱硫石膏转晶，是一种很有前景的脱硫石膏高附加值利用技术，但目前尚未商业化。

此外，利用脱硫石膏制备晶须和回收硫元素也是脱硫石膏高附加值利用的方向。

5.4.7.2 脱硫废水的处理

在钙基湿法脱硫系统运行中，吸收塔内浆液循环导致盐分和悬浮杂质累积，为了控制浆液中的盐分和杂质浓度不超过设计上限，需定时从系统中排出部分废水，称为脱硫废水，具体来说，主要包括水力旋流器溢流水和皮带过滤机的滤液。

(1) 脱硫废水性质

脱硫废水水质复杂，主要具有如下特点：① 废水呈现弱酸性(pH 一般为 4～6)；② 悬浮物含量高，主要包括 $CaSO_4$ 和 $CaSO_3$ 颗粒及烟气中的飞灰(SiO_2 及 Fe、Al 的氢氧化物)，质量浓度可以达到每升上万毫克；③ 金属离子浓度高，主要包括 Ca^{2+}、Mg^{2+}、Fe^{3+} 和 Al^{3+} 等，并含有一定 Hg、As、Pb、Cd、Cr、Ni 等重金属离子；④ 盐分浓度高，含有大量的 Cl^-、F^-、SO_4^{2-} 和 SO_3^{2-} 等；⑤ 含有一定的 COD，主要来自还原态的无机物，与氧化状况密切相关。

具体说来，脱硫废水中的杂质与燃煤种类、脱硫剂品质、电除尘效率、脱硫氧化风量、吸收塔内 Cl⁻浓度及脱硫工艺水有关。根据《燃煤电厂石灰石-石膏湿法脱硫废水水质控制指标》(DL/T 997—2020)，火电厂外排废水应满足如下要求，见表 5-18。

表 5-18　脱硫废水处理系统出口监测项目及最高允许浓度

序号	污染物	单位	控制值或最高允许排放浓度值
1	总汞	mg/L	0.05
2	总镉	mg/L	0.1
3	总铬	mg/L	1.5
4	总砷	mg/L	0.5
5	总铅	mg/L	1.0
6	总镍	mg/L	1.0
7	总锌	mg/L	2.0
8	pH	—	6～9
9	悬浮物	mg/L	70
10	化学需氧量	mg/L	150
11	氨氮	mg/L	25
12	氟化物	mg/L	30
13	硫化物	mg/L	1.0

(2) 传统的脱硫废水处理方式

传统的脱硫废水处理方式主要有以下三种。

A. 排入水力除灰系统

脱硫废水不经处理直接进入水力除灰系统，其中的重金属和酸性物质与灰中的 CaO 反应生成固体而被去除，达到以废治废的目的。脱硫废水量比较小时，掺入水力除灰系统对系统的影响较小，无需对原除灰系统进行改造，工程投资少，运行管理方便。但脱硫废水进入除灰系统后会造成 Cl⁻富集，加速设备和管道的腐蚀。另外，废水中含有大量的 Ca^{2+} 和 Mg^{2+} 等离子，会加速管道结垢，导致运行出现问题。因此该方法一般只作为脱硫废水应急处理措施。

B. 烟道喷雾蒸发

烟道喷雾蒸发技术是将脱硫废水雾化后喷入空气预热器(APH)和静电除尘器间的烟道，利用热烟气使废水完全蒸发，废水中的污染物转化为结晶物或盐类等固体，随烟气中的飞灰一起被电除尘器收集下来，从而除去污染物，实现废水的"近零"排放。该方法的优势是投资成本和运行成本低，但由于空气预热器后的烟气温度低，需较长的蒸发时间，而实际工程受布置条件限制，会造成水蒸发不完全，影响下游静电除尘器的正常运行，危害机组正常运行，同时还会对除尘前的烟道和除尘器本体造成一定的腐蚀。脱硫废水中存在较多 Cl⁻ 和 Mg^{2+}，在喷雾过程中会形成氯化镁盐类，110℃下会分解使得 Cl⁻再次进入脱硫系统，造成系统 Cl⁻富集，无法控制脱硫系统 Cl⁻水平。目前该方法还存在较多问题，需进一步解决。

C. 废水处理系统

废水处理工艺主要分为化学沉淀工艺、流化床工艺和微滤膜工艺，其中化学沉淀工艺应用最为广泛。化学沉淀工艺包括曝气、中和、沉淀、絮凝、澄清等环节，具体工艺流程见图 5-35。

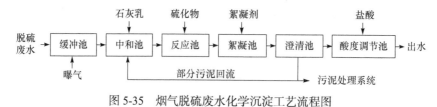

图 5-35　烟气脱硫废水化学沉淀工艺流程图

5.5　高浓度 SO_2 烟气治理

5.5.1　高浓度 SO_2 烟气的定义与来源

高浓度 SO_2 烟气一般指能满足接触法自热生产硫酸的 SO_2 烟气(SO_2 浓度 > 2%以上)，通常来源于冶炼行业。

金属矿多与硫伴生形成硫化矿，如闪锌矿、方铅矿、辉铜矿、针镍矿等，是冶金工业的重要原料。矿物冶炼主要有火法和湿法两种方式，火法被大多数冶炼过程所采用。火法过程采用高温焙烧方式分离硫和金属，硫转化为 SO_2 随焙烧烟气排出，形成高浓度 SO_2 烟气。不同金属冶炼过程的烟气 SO_2 浓度具有较大差异，见表 5-19。

表 5-19　部分重金属冶炼烟气 SO_2 浓度

冶炼金属种类	烟气种类	SO_2 浓度/%
	常规闪速炉熔炼与转炉吹炼混合烟气	6~8
	富氧闪速炉熔炼(富氧浓度 36%~55%)与转炉混合烟气	10~22
铜	密闭鼓风炉富氧熔炼(富氧浓度 23%~28%)与连续吹炼混合烟气	4~6
	白银炉富氧熔炼(富氧浓度 40%~47%)与转炉吹炼混合烟气	6~7
	诺兰达(Noranda)法熔炼(富氧浓度 40%)与转炉吹炼混合烟气	8~10
	电炉熔炼与转炉吹炼混合烟气	3~5
镍	闪速炉富氧熔炼(富氧浓度 42%~65%)与转炉吹炼混合烟气	11.5
锌	硫酸化流态化焙烧烟气	5~7.5
铅、锌	鼓风烧结烟气	3~5
铅	富氧底吹炉	~9
锡	顶吹炉、烟化炉、沸腾炉	0.2~4.9

为防止冶炼烟气造成环境污染，通常将烟气中的 SO_2 转化为有价(或至少是有用)产品硫酸或元素硫，分别采用化工典型的接触工艺和还原工艺进行处理。

5.5.2　接触法制酸工艺

接触法制酸始于 1831 年，20 世纪初开始应用于冶炼烟气制酸。

5.5.2.1　接触法制酸原理

接触法制酸分为两步，第一步为转化反应，在催化剂作用下发生 SO_2 的氧化反应，属放热反应，反应过程见式(5-49)～式(5-51)，总反应式如下：

$$2SO_2 + O_2 \longrightarrow 2SO_3 \tag{5-134}$$

第二步为吸收反应，根据不同工艺，采用水、稀硫酸或浓硫酸吸收 SO_3 生成硫酸，属放热反应：

$$SO_3 + H_2O \longrightarrow H_2SO_4 \tag{5-135}$$

因此，接触法 SO_2 制酸的总反应为

$$2SO_2 + O_2 + 2H_2O \xrightarrow{\text{催化剂}} 2H_2SO_4 \tag{5-136}$$

接触法制酸工艺过程包括烟气净化、干燥、吸收、转化和成品生产等，按烟气净化工艺，可分为干法制酸和湿法制酸两种。

5.5.2.2　干法制酸

干法制酸是将经收尘净化后的烟气在热交换器中加热后，经转化进入两段成酸工序。来自密闭鼓风机和转炉的混合烟气经高温旋风集尘器、高温电集尘器、滤袋集尘器净化除尘后，温度在 200℃以上，进入转化系统，在有水蒸气的情况下进行转化，转化后的烟气进入空塔、填料塔中采用浓度为 93%的硫酸喷淋冷凝成酸。该法具有流程短、占地小、投资省、无污水污酸等优点。但由于此工艺难以适应高砷、含氟烟气，催化剂中毒严重，转化率低，能耗大等原因，现已极少采用。

5.5.2.3　湿法制酸

湿法制酸过程根据转化和吸收工艺分为"一转一吸"、"两转两吸"、"三转三吸"和非稳态转化等，工艺流程的选择主要依据烟气中 SO_2 浓度。通常非稳态转化主要处理 SO_2 浓度为 1%～4%的烟气；"一转一吸"工艺处理 SO_2 浓度为 3.5%～7.0%的烟气；"两转两吸"工艺处理 SO_2 浓度为 7%～12%的烟气；SO_2 浓度为 20%左右的烟气需采用"三转三吸"的工艺流程。此外，湿法制酸尾气中仍含有少量 SO_2，须采用烟气脱硫方法处理后达标排放。

(1) 接触法"两转两吸"制酸工艺流程

冶炼烟气"两转两吸"制酸工艺流程见图 5-36。

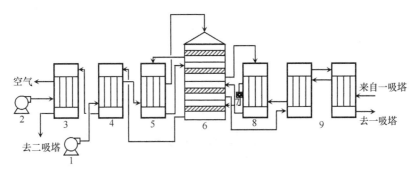

图 5-36　国内某铜厂转炉烟气制酸"两转两吸"工艺

1. SO_2 鼓风机；2. SO_2 冷却风机；3. SO_2 冷却器；4. 换热器Ⅳ；5. 换热器Ⅰ；
6. 转化器；7. 电加热炉；8. 换热器Ⅱ；9. 换热器Ⅲ

转化指将烟气中的 SO_2 在催化剂层转化成 SO_3；吸收指采用吸收剂(如稀硫酸、浓硫酸)吸收转化后的 SO_3 气体，生成硫酸，主要有(2+2)和(3+1)型两类流程。(2+2)型是经 2 段转化后一次吸收，再经 2 段转化后二次吸收；(3+1)型是先经 3 段转化中间吸收，再经 1 段转化后二次吸收。(3+1)的流程特点：①反应速率快，总转化率高；②可用 SO_2 浓度较高的炉气；③减轻尾气污染和尾气处理负荷；④一次吸收后需要再加热到 420℃ 左右才能进行转化反应；⑤动力消耗增加。

SO_2 催化氧化成 SO_3 后，在吸收工序用发烟硫酸或浓硫酸吸收。两次吸收流程见图 5-37，吸收塔采用填料塔，一次吸收用发烟硫酸，二次吸收用 98.3%的浓硫酸，以保证吸收率。

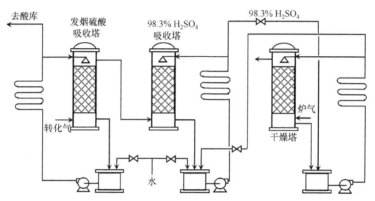

图 5-37　制造发烟硫酸和浓硫酸的两次吸收流程

(2) 非稳态转化工艺

当烟气中 SO_2 浓度为 1%～4%时，为了维持转化器的自热操作，20 世纪 80 年代初苏联西伯利亚分院催化剂研究所开发了 SO_2 的非稳态转化技术。该技术核心是非稳态转化器及兼具催化和蓄热双功能的催化剂，实现了在低 SO_2 浓度条件下接触转化过程的自热平衡，生产硫酸，工艺特点是进气方向周期性变化。该方法的优点是工艺简单、投资省，缺点是催化剂易粉化，转化率难以长期维持在 90%以上。

如图 5-38 所示，非稳态 SO_2 转化器是一种进气方向周期性变换的固定床反应器，也称流向变换反应器。流向变换通过两个气动三通换向阀实现，正常情况下两个方向的通气时间相等，通过换向阀，使阀 1～阀 4 进行定时的启闭，以实现反应气体流向的自动变换。阀 1、阀 4 开启时，阀 2、阀 3 关闭。反应原料气通过阀 1，然后由上而下通过转化器，再通过阀 4 流出。反之，阀 2、阀 3 开启，阀 1、阀 4 关闭，反应原料通过阀 2，然后由上而下通过转化器，

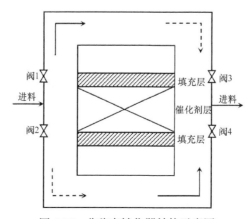

图 5-38　非稳态转化器结构示意图

再通过阀 3 流出。如此周期性变换，进行非稳态 SO_2 转换反应。

在反应过程中，烟气中 SO_2 发生氧化反应放出热量，催化剂床层温度升高。由于原料气与催化剂床层之间的气固传热作用，反应区沿气流方向向下游移动，从而使得整个催化剂床层的进口端温度下降，而出口端温度升高。经过阀门切换，改变进气方向后，温度梯度方向发生反向改变。通过若干次流向的自动切换，床层会形成一个周期性变化的温度分布，转化器处于稳定的非稳态操作状态。

5.5.3　还原制硫磺

硫磺比硫酸容易储存和运输，且具有更广泛的应用领域，因此冶炼烟气还原制硫磺是一种好的选择，其中较为成熟的是天然气还原技术，该方法可以生产高等级硫磺产品。天然气还原技术是 20 世纪 70 年代由美国联合化学公司开发研究，在加拿大福尔肯布里奇冶炼厂进行了工业示范运行，俄罗斯的 GINTSVETMET 国家有色金属研究院也开发了基于天然气和其他还原剂的多种硫回收改进工艺。还原法制硫磺要求烟气中 SO_2 浓度达到 10%及以上，否则不具有经济性，因此采用还原法制硫磺工艺时，通常采用工业氧或富氧空气焙烧，将烟气中 SO_2 浓度提高到 15%以上。

图 5-39 是一种采用 Outokumpu Oy 公司开发的芬兰工艺还原 SO_2 生产元素硫的工业实验流程图。该工艺在 1200～1300℃下用天然气还原 SO_2，再用克劳斯法处理还原后的气体，冶炼炉用预热后的含氧量 $\varphi(O_2)$ 为 35%的富氧空气，工艺气体的 SO_2 含量 $\varphi(SO_2)$ 为 12.6%。还原过程可直接在冶炼炉烟道内进行，也可将气体预除尘后在一个单独的反应器内进行。

该系统由催化还原反应器、克劳斯装置和硫磺冷凝及收集装置组成。常规克劳斯反应采用活性铝为催化剂，且尽量保证进入克劳斯工艺的气体组成接近以下比值：$(H_2S+COS)/SO_2=2$，这样可以获得 95%以上的硫回收率。当采用工业氧调整烟气组成时，可将硫回收装置的生产率提高 30%～40%，而每生产 1t 硫磺消耗的天然气量较普通空气稀释冶炼烟气时低 12%。SO_2 还原工艺特点是设备稳定性好，可用于处理自热熔炼过程烟气。硫回收率与用于处理 H_2S 的典型克劳斯装置的正常值相当，硫回收率达 99.0%～99.5%。缺点是采用天然气还原时会产生大量的水，对催化剂和硫磺得率产生影响。

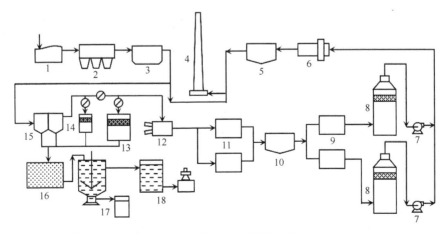

图 5-39　闪速炉烟气还原制硫磺工艺

1. 闪速炉；2. 废热锅炉；3. 电除尘器；4. 烟囱；5. 废热锅炉；6. 后燃烧炉；7. 引风机；8. 硫磺冷却塔；
9. 冷催化装置；10. 低压锅炉；11. 热催化装置；12. 气体加热器；13. 除雾器；14. 离心分离器；
15. 冷凝锅炉；16. 硫磺收集器；17. 硫磺沉降槽；18. 硫磺收集器

5.6 烟气脱硫工程实例

5.6.1 石灰石-石膏法脱硫工艺实例

浙江某热电厂新建 2×130t/h 高温高压循环流化床锅炉，同步建设了烟气脱硫装置。脱硫工艺采用成熟可靠的石灰石-石膏法脱硫工艺，脱硫塔采用逆流喷淋塔，按 2 台锅炉 100%锅炉最大连续蒸发量(BMCR)工况烟气量进行设计。锅炉燃煤煤质元素分析见表 5-20。

表 5-20 煤质元素分析

序号	名称	单位	设计煤种
1	收到基碳(Car)	%	55.98
2	收到基氢(Har)	%	3.58
3	收到基氧(Oar)	%	4.22
4	收到基氮(Nar)	%	0.72
5	收到基全硫(Sar)	%	0.70
6	收到基灰分(Aar)	%	14.51
7	收到基全水分(Mar)	%	16.07
8	空气干燥基水分(Mad)	%	11.17
9	干燥无灰基挥发分(Var)	%	19.00
10	收到基低位热值(Qnet.ar)	MJ/kg	21.86

(1) 工艺流程

石灰石-石膏法脱硫工艺流程见图 5-40。石灰石-石膏法脱硫装置包括烟气系统、石灰石浆液制备系统、吸收塔系统、石膏脱水系统和公共系统等。脱硫系统主要技术指标和工程设计值见表 5-21。

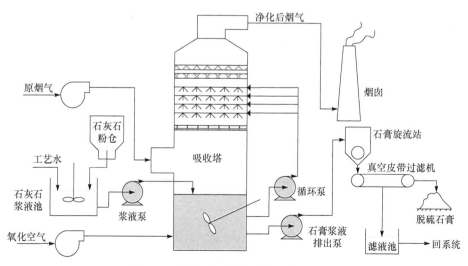

图 5-40 石灰石-石膏法脱硫工艺流程图

表 5-21　脱硫系统主要技术指标及工程设计值

项目	设计值	项目	设计值
单台锅炉烟气量	179000Nm³/h	含尘量	<30mg/Nm³
吸收塔处理烟气量	358000Nm³/h	入口烟气温度	≤140℃
系统脱硫率	≥98.6%	入口 SO_2 浓度	≤2500mg/Nm³
吸收塔液气比	≤20L/Nm³	出口 SO_2 浓度	≤35mg/Nm³
出口烟气温度	≤55℃	装置可用率	>95%
使用年限	30 年	系统阻力	<2000Pa
年运行时间	8000h	Ca/S	≤1.05
石膏纯度	≥90%	石灰石纯度	>90%
石膏含水率	≤10%	石灰石细度	250~325 目
石膏产量	≤3t/h	石灰石消耗量	≤1.5t/h
工艺水用量	≤25t/h	外排废水量	<3t/h

(2) 烟气系统

烟气系统包括引风机、烟道、挡板门及其执行机构和相关附件、热工仪表等。除尘后的烟气经引风机送入吸收塔，在塔内经脱硫除雾后，净烟气经烟囱排放至大气。

(3) 石灰石浆液制备系统

石灰石浆液制备系统由石灰石粉仓、粉料输送装置、石灰石浆液池和石灰石浆液输送系统等几部分组成。

外购的石灰石粉由罐装运输汽车运输至现场，自卸至粉仓储存，通过粉料输送装置均匀地将石灰石粉送入浆液池，与滤液或工艺水混合搅拌制成浓度 20%~25% 的浆液，最终由浆液泵输送至吸收塔。

石灰石粉仓为钢结构，粉仓容积不小于 2 台锅炉烟气脱硫设计工况下 3 天的石灰石粉耗量。粉料输送装置包括星型给料机、计量螺旋输送机及插板阀等。浆液池用于制备、缓冲、储存合格的石灰石浆液，容量按 2 台锅炉设计工况下 2h 的浆液量考虑。

(4) 吸收塔系统

吸收塔系统包括吸收塔、除雾器、氧化风机、石膏排出泵和测量装置等。

浆液通过循环泵从吸收塔浆池送至塔内喷嘴系统，与烟气接触化学吸收烟气中的 SO_2，在吸收塔循环浆池中利用氧化空气将亚硫酸钙氧化成硫酸钙。石膏浆液排出泵将石膏浆液从吸收塔送到石膏脱水系统。脱硫后烟气夹带的液滴在吸收塔出口的除雾器中收集，使净烟气的液滴含量不超过设计值。

吸收塔是核心设备，塔径按 7m 设计，塔本体高 32.5m，设 4 层喷淋+1 层塔盘，每层喷淋对应 1 台浆液循环泵。吸收塔上部设两层折流板除雾器，用于除去烟气中的雾滴。塔釜兼具搅拌和强制氧化功能，通过氧化风机鼓入大量空气，将亚硫酸钙强制氧化成硫酸钙。

所有必需的就地和远程测量装置至少提供足够的吸收塔液位、pH、温度、密度、压力、压差等测点，以及石灰石浆液的流量测量装置。

(5) 石膏脱水系统

石膏脱水系统由旋流站、真空皮带过滤机及冲洗设备、滤液池及滤液泵等设备组成。

塔釜的石膏浆液通过石膏浆液排出泵送入水力旋流站浓缩,浓缩后的石膏浆液进入真空皮带过滤机,在此石膏浆液被脱水处理后表面含水率≤10%,送入石膏库存放待运。为控制脱硫石膏中 Cl⁻等成分的含量,确保石膏品质,在石膏脱水过程中用水对石膏及滤布进行冲洗,过滤水收集在滤液池中,然后用泵送到石灰石制浆系统或返回吸收塔。

每个吸收塔配套一个水力旋流站,每套旋流器组均至少配一个备用旋流子。石膏旋流器组浓缩后的石膏浆液从旋流器下部可自流到真空皮带过滤机(或经石膏浆液箱缓冲后用泵送入真空皮带过滤机),离开旋流器的浆液中固体含量为 40%~60%。

真空皮带过滤机中浆液由重力自流经喂料机进入滤布,配备类似的喂料槽用来淋洗分配浆料。主框架结构为带防腐层的钢结构,用标准的滚动轴承和耐压的型钢组成。同时还包括真空泵、气液分离罐等设备。

(6) 公共系统

公共系统包括压缩空气系统、工艺水/冷却水系统等。压缩空气主要用于粉仓集尘器反吹、气动阀供气等。工艺水主要用于补给系统蒸发、石膏带水和废水外排所需水,通过除雾器冲洗、石灰石制浆、管道冲洗等进入系统。冷却水用于各类风机、泵等设备冷却。

5.6.2 电石渣-石膏法脱硫工艺实例

新疆某项目供热及电力供应中心新建 4×340t/h 高温高压流化床锅炉,同步建设了烟气脱硫装置。脱硫工艺采用成熟可靠的电石渣-石膏法脱硫工艺,脱硫塔采用逆流喷淋塔,按 1 台锅炉 100% BMCR 工况烟气量进行设计。锅炉燃煤煤质元素分析见表 5-22。

表 5-22 煤质元素分析

序号	名称	单位	设计煤种
1	收到基碳(Car)	%	42.31
2	收到基氢(Har)	%	1.806
3	收到基氧(Oar)	%	9.531
4	收到基氮(Nar)	%	0.476
5	收到基全硫(Sar)	%	0.474
6	收到基灰分(Aar)	%	27.353
7	收到基全水分(Mar)	%	18.05
8	干燥无灰基挥发分(Var)	%	18.894
9	收到基低位热值(Qnet.ar)	MJ/kg	15.185

(1) 工艺流程

电石渣-石膏法脱硫工艺流程如图 5-41 所示。

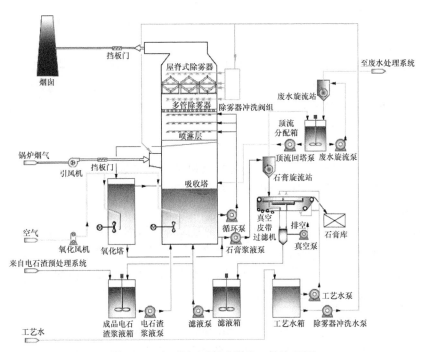

图 5-41 电石渣-石膏法脱硫工艺流程图

电石渣-石膏法脱硫装置包括烟气系统、电石渣浆液制备系统、吸收塔系统、石膏脱水系统和公共系统等。脱硫系统主要技术指标和工程设计值见表 5-23。

表 5-23 脱硫系统主要技术指标及工程设计值

项目	设计值	项目	设计值
单台锅炉烟气量	400000Nm³/h	含尘量	≤8mg/Nm³
吸收塔处理烟气量	400000Nm³/h	入口烟气温度	≤140℃
系统脱硫率	≥98%	入口 SO_2 浓度	≤1500mg/Nm³
吸收塔液气比	≤12L/Nm³	出口 SO_2 浓度	≤30mg/Nm³
出口烟气温度	≤55℃	装置可用率	>98%
使用年限	30 年	系统阻力	≤2500Pa
年运行时间	>7900h	Ca/S	≤1.03
石膏纯度	≥90%	电石渣纯度	>90%
石膏含水率	≤15%	电石渣细度	250~325 目
石膏产量	≤7.5t/h	电石渣消耗量	≤4.2t/h
工艺水用量	≤90t/h	外排废水量	≤10t/h

(2) 烟气系统

烟气系统由引风机、烟道、挡板门及执行机构和相关附件、热工仪表等组成。除尘后的烟气由引风机送入吸收塔，净化后的烟气通过烟囱排放至大气。

(3) 电石渣浆液制备系统

外购的电石渣进入电石渣堆场储存，利用装卸车将电石渣铲入配料斗，经称量后送至电石渣化浆池，与滤液或工艺水混合配制成 15%～20%浓度的电石渣浆液后输送至电石渣浆液箱储存，由浆液泵送往吸收塔。称量输送装置包括称量皮带、皮带输送机、打散机等。

(4) 吸收塔系统

吸收塔直径按 7.5m 设计，吸收塔本体高 32.3m；设置 3 层喷淋+1 层塔盘，每层喷淋对应一台浆液循环泵。吸收塔上部设有三层屋脊式除雾器，用于除去烟气中的雾滴。塔釜设有搅拌和强制氧化装置，通过鼓入大量空气，将电石渣吸收二氧化硫后形成的亚硫酸钙强制氧化成硫酸钙。

(5) 石膏脱水系统

石膏脱水系统由石膏旋流站、真空皮带过滤机和真空泵等组成。固含量 15%～20%的石膏浆液通过脱水系统脱水后，制得含水率≤15%的石膏。

(6) 公共系统

公共系统包括压缩空气系统、工艺水/冷却水系统等。压缩空气主要用于烟气自动监控系统(CEMS)反吹、气动阀供气等，工艺水主要用于平衡系统蒸发、石膏带水和废水外排，通过除雾器冲洗、制浆、管道冲洗等进入系统。冷却水用于各类风机、泵等设备的冷却。

5.6.3 循环流化床半干法脱硫工艺实例

江苏某化工有限公司热电厂现有 1 台 90t/h 高温高压循环流化床锅炉，配套循环流化床半干法脱硫装置。项目所用的燃煤特性见表 5-24。脱硫剂采用消石灰，其性质见表 5-25。

表 5-24　燃煤特性

序号	名称	单位	设计煤种
1	收到基碳(Car)	%	47.14
2	收到基氢(Har)	%	3.22
3	收到基氧(Oar)	%	7.15
4	收到基氮(Nar)	%	0.71
5	收到基全硫(Sar)	%	0.4
6	收到基灰分(Aar)	%	36.69
7	全水分(Mar)	%	4.7
8	干燥无灰基挥发分(Var)	%	40.91
9	收到基低位热值(Qnet.ar)	MJ/kg	18.23
10	灰变形温度(DT)	℃	>1500
11	灰软化温度(ST)	℃	>1500
12	灰熔化温度(FT)	℃	>1500
13	粒度	mm	0～10, $D_{50}=2$

表 5-25　脱硫剂性质

名称	脱硫剂主要成分	纯度	细度
参数	$Ca(OH)_2+CaO$	>80%	200 目

循环流化床半干法脱硫工艺流程如图 5-42 所示。

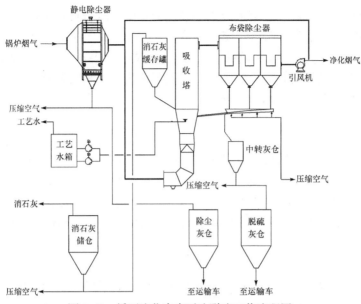

图 5-42　循环流化床半干法脱硫工艺流程图

循环流化床半干法脱硫系统分为 11 个子系统：烟气系统、反应器及循环灰系统、脱硫剂储存及输送系统、工艺水及辅助系统、压缩空气及风系统、布袋除尘器、静电除尘器、气力输送系统、灰斗下设备及仓泵、灰库、电气及控制系统。脱硫工艺的主要设计指标和工程设计值见表 5-26。

表 5-26　脱硫系统主要技术指标及工程设计值

项目	设计值	项目	设计值
系统脱硫率	≥93%	Ca/S	≤1.3
使用年限	30 年	年运行时间	7500h
可用率	≥95%	消石灰纯度	80%
烟气量	116800Nm³/h	消耗消石灰量	≤0.4t/h
入口 SO₂ 浓度	≤1900mg/Nm³	消耗降温水量	≤4.3t/h
出口 SO₂ 浓度	≤150mg/Nm³	耗电量	≤145kWh/h
入口烟气温度	142℃	外排脱硫灰量	≤1.5t/h
出口烟气温度	70～75℃	流化风量	1100Nm³/h
入口含尘量	≤40g/Nm³	出口含尘量	≤30mg/Nm³

(1) 烟气系统

烟气系统不设置增压风机，脱硫的烟气压降由锅炉引风机提供。烟道系统主要指从静电除尘器到脱硫塔，脱硫塔到布袋除尘器，净烟气回流烟道，旁路烟道及各烟道上的膨胀节、测试孔等附属部件。

(2) 反应器及循环灰系统

设置一个直径 3.5m，高 31m 的吸收塔作为脱硫反应器，吸收塔配备必要的检测孔和检修人孔，并在底部设置排灰口。脱硫灰再循环系统的主要功能是将布袋除尘器收集的含有未反应脱硫剂的脱硫灰重新输送回吸收塔参与反应，同时排出一定量的脱硫灰，使得脱硫系统总体灰量达到平衡。布袋除尘器底部设置了灰斗—插板阀—船型灰斗—空气斜槽的再循环设备。空气斜槽上安装有流量控制阀，根据吸收塔压差调整流量控制阀的开度；船型灰斗下装有给料机，根据灰斗料位控制给料机启停进行排灰，排灰进入中转灰仓。

(3) 脱硫剂储存及输送系统

脱硫系统设置一座消石灰储仓和一个消石灰缓冲罐，消石灰储仓内的消石灰粉通过气力输送至消石灰缓冲罐，缓冲罐底部配备插板阀—变频给料机—称量给料机—输送溜管，把消石灰输送入吸收塔。消石灰储存仓有效储存量能满足锅炉 3 天的用量。分布式自动控制系统(DCS)实行脱硫系统的自动运行控制，控制数据来自烟气连续在线检测装置，能根据脱硫反应塔入口和出口烟气中 SO_2 和 O_2 浓度控制消石灰粉的给料量，以确保烟囱排烟中 SO_2 的排放值达到标准要求。

(4) 工艺水及辅助系统

工艺水及辅助系统设置工艺水箱和工艺水泵，向吸收塔供应脱硫增湿水。采用高压回流喷嘴将增湿水雾化，通过调节管道的调节阀开度来调节进吸收塔的增湿水量。经吸收塔内喷水降温后烟气温度高于烟气露点温度 15℃以上，且不低于 70℃。

(5) 压缩空气及风系统

系统设置 3 个不同容积的压缩空气储罐，分别用于灰库区域供气、布袋除尘器脉冲供气、浓相气力输送系统及消石灰储仓设备供气。

空气斜槽所需流化空气由流化风机提供，配有电加热器；船型灰斗所需流化空气由罗茨风机提供。

(6) 布袋除尘器

布袋除尘器用于吸收塔尾端粉尘的收集，采用长袋低压脉冲袋式除尘，过滤风速小于1.0m/min。布袋除尘器设计 6 个室、12 个提升阀和 1 个旁路阀，采用离线清灰方式，保证清灰时不影响除尘器的正常使用。

(7) 静电除尘器

静电除尘器设置在吸收塔前端，用于烟气中粉尘的预处理。选用单室一电场除尘器，除尘效率>80%。静电除尘器设置完全独立的钢结构支架，除尘器顶部采用屋顶式大保温箱结构，便于检修且漏风率低。

(8) 气力输送系统

消石灰至消石灰缓冲罐、脱硫灰至脱硫灰仓、除尘灰至除尘灰仓均采用正压浓相气力输送。气力输送系统由灰斗下设备及仓泵、输灰管电气及控制系统组成。

(9) 灰斗下设备及仓泵

该系统共设 3 台仓泵，分别用于静电除尘器灰斗、脱硫中转灰仓及消石灰储仓灰斗下灰。每个灰斗下设置一个手动插板阀和一台仓泵，每台仓泵配一个输灰管。

(10) 灰库

系统新建两座灰库，一座为粉煤灰灰库，一座为脱硫灰灰库。灰库底部各配有一套干式卸料设备和一套湿式卸料设备。

(11) 电气及控制系统

电气及控制系统包括高低压供配电系统、UPS 系统、直流系统、照明及检修系统、防雷接地系统、监测仪表、工业电视系统、火灾报警系统、通信系统、电缆和电缆构筑物等。系统采用 DCS 控制，实现自动化运行。

5.6.4　活性炭烟气脱硫工艺实例

某烧结厂针对 435m² 烧结机增设一套活性炭烟气净化装置，该烟气净化装置设计烟气量 160 万 Nm³/h，可实现同步脱硫脱硝。烧结机机头烟气参数见表 5-27，工艺副产物见表 5-28，活性炭烟气脱硫脱硝工艺流程如图 5-43 所示。

表 5-27　烧结机机头烟气参数

序号	项目	单位	数值	设计值	备注
1	折算标态风量	Nm³/h	1500000	1600000	
2	装置入口温度	℃	115～165	130	
3	装置入口压力	Pa	0～500	0	
4	SO₂ 浓度	mg/Nm³	500～1200	800	
5	NOₓ 浓度	mg/Nm³	280～450	450	
6	粉尘浓度	mg/Nm³	80～180	80	最大 180
7	二噁英当量浓度	ng-TEQ/m³	≤5	5	
8	含氧量	%	16～18	16～18	
9	烧结机年运行时间	h	8400		

表 5-28　副产物表

序号	能源介质	单位	数量	要求	去向
1	活性炭粉	t/h	0.46		至高炉喷煤使用
2	硫酸	t/h	1.05	98%浓硫酸，一等品	厂内部消化或者外售
3	酸水	t/h	2		氨法脱硫再利用

烟气净化后，污染物排放浓度如下(折到 16%含氧量)：①烟气中 SO₂ 排放浓度≤50mg/Nm³；②烟气中 NOₓ 排放浓度≤100mg/Nm³；③粉尘排放浓度≤20mg/Nm³；④二噁英当量排放浓度≤0.5ng-TEQ/Nm³。

来自烧结机主抽风机的烟气经增压风机增压后送入两级吸附塔，吸附塔入口前喷入氨气，烟气依次经过吸附塔，烟气中的污染物被活性炭层吸附或催化反应生成无害物质，净化后的烟气进入主烟囱排放。活性炭由塔顶加入到吸附塔中，并在重力和塔底出料装置的作用下向下移动。吸收了 SO₂、NOₓ、二噁英、重金属及粉尘等的活性炭经输送装置送往解吸塔进行降解、解吸，解吸后的 SO₂ 送往制酸系统制成硫酸，小颗粒活性炭粉送入粉仓，用吸引式罐车运输至高炉系统作为燃料使用。该烧结烟气净化系统主要由烟气系统、吸附系统、解吸系统、活性炭输送系统、活性炭卸料存储系统、热风炉系统、制酸系统、供氨系统组成。

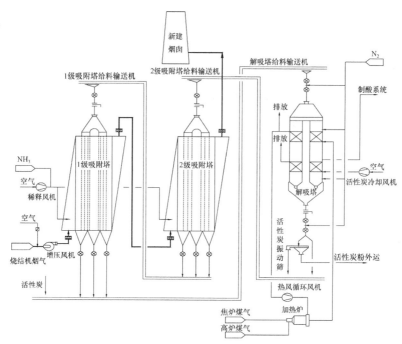

图 5-43　活性炭烟气脱硫脱硝工艺流程图

本章符号说明

符号	意义	单位
B	燃料消耗量	kg/h
C	浓度	kmol/m³
E	化学吸收增强因子	
g	重力加速度	m/s²
G	脱硫剂量	kg/h
H	亨利系数	kmol/(m³·kPa)
K	平衡常数	
K_L	物理吸收液相总传质系数	m/s
K_G	物理吸收气相总传质系数	kmol/(m²·s·kPa)
L	液体的质量速率	kg/h
N	传质速率	kmol/(m²·s)
P	压力	kPa
S	燃料中含硫量的质量分数	%
v_f	气体的空塔泛点速度	m/s
φ	水的密度和液体的密度之比	
μ_e	液体的黏度	mPa·s

续表

符号	意义	单位
ρ_G	气体的密度	kg/m³
ρ_L	液体的密度	kg/m³
ϕ	填料特性值	m²/m³

✎ 习 题

1. 在氧化性气氛中，煤在燃烧过程中的可燃硫全部被氧化生成 SO_2。由于可燃性硫占煤中含硫量的绝大部分，因此可以根据含硫量估算煤燃烧过程中 SO_2 的生成量。请根据图 2-19 及煤中可燃性硫在燃烧过程中的反应过程，计算煤中含硫量为 1.5%，SO_2 排放浓度为 400mg/m³ 时所要达到的脱硫效率。如果脱硫效率要达到 99.9%，则 SO_2 的排放浓度为多少？SO_2 排放计算公式：$G=BS \times D \times 2 \times (1-\eta)$（$B$ 为燃煤量；S 为含硫量；D 为可燃煤比例；η 为脱硫效率。）

2. 用水吸收空气混合物中的 SO_2。已知吸收条件如下：$k_p=2.5 \times 10^{-9}$kmol/(m² · s · Pa)，$k_L=1.5 \times 10^{-4}$m/s，总压 $P=1.2 \times 10^5$Pa，温度 $T=300$K，计算 k_G、k_y、k_x 各分传质系数的数值是多少？

3. 在 30℃和 101325Pa 下，用水吸收 SO_2，废气量为 5100m³/h，废气中 SO_2 浓度为 1.4%，要求脱除 98% 的 SO_2。计算最小吸收剂用量。

4. 某矿石焙烧排出的气体中含 9%(体积分数)SO_2，其余为空气，气体流量为 0.28m³/s，用水吸收其中所含 SO_2 的 95%。已知在操作压力为 1atm，温度为 20℃时，SO_2 在水中的溶解度数据如下。

SO_2溶液浓度/(g SO_2/100g H_2O)	0.2	0.5	1	1.5	2	3	5	7	10	15
SO_2 的平衡分压/mmHg	0.5	1.2	3.2	5.8	8.5	14.1	26	39	59	92

20℃时用水吸收 SO_2，计算所需吸收塔径。已知：操作压力 100kPa；入口气体组成：空气 2700kg/h，SO_2 448kg/h，总量为 3148kg/h；净化气体出口组成：空气 2700kg/h，SO_2 8.96kg/h，H_2O 34kg/h，总量为 2743kg/h；水量 73000kg/h；塔底吸收液相组成为：H_2O 72996kg/h，SO_2 439kg/h，总量为 73435kg/h；气相总传质系数为 $K_Ga=1.996$kmol/(m³ · h · kPa)。

5. 求在 20℃下，SO_2 在水中的溶解度。已知混合气体中 SO_2 平衡分压为 5kPa，$E'_A = 62$kPa·m³/kmol，离解平衡常数 $K' = C_{HSO_3^-} C_{H^+} / C_{SO_2} = 1.7 \times 10^{-2}$kmol/m³。

6. 用化学吸收法进行废气脱硫，吸收设备为填料塔。已知气相传质分系数 $k_{AG}=5.483 \times 10^{-7}$kmol/(s·kN)，液相传质分系数 $k_{AL}=2 \times 10^{-4}$m/s，填料有效比表面积 $a=98$m²/m³，惰性气体流量 $G=0.899 \times 10^{-2}$kmol/(m² · s)，进塔气体二氧化硫浓度为 2.2g/m³，出塔二氧化硫浓度为 0.04g/m³，操作压强 $P=101.3$kPa，全塔平均化学增强系数 $\beta=48$，二氧化硫溶解度系数 $H_A=8.22 \times 10^{-4}$kmol/(kN · m)。另外，吸收过程发生的是快速化学反应，且因反应物浓度高，$P_{AG}^* \approx 0$。求填料层高度。

注：快速化学吸收的传质速率用下式求解：

$$N_A = \frac{P_A - P_A^*}{\dfrac{1}{k_{AG}} + \dfrac{1}{\beta H_A k_{AL}}}$$

7. $y_1=0.2$，$y_2=0.01$，$pH_1=11$，气体摩尔流率在 0.006～0.015kmol/(m²·s)变化，水的体积流率为 20～30m³/(m²·s)。利用例题 5-2 的吸收系数方程式计算填料层高度 Z_T。图 5-44 和图 5-45 分别表示不同填料层高度随水流速度的变化和不同气体摩尔流率下填料层高度随浆液初始 pH 的变化。

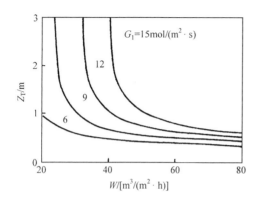 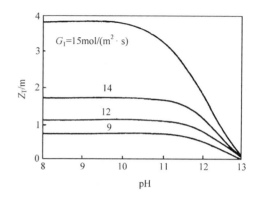

图 5-44　不同气体摩尔流率下填料层高度随水　　　图 5-45　不同气体摩尔流率下填料层高度随浆
　　　　　流速度的变化　　　　　　　　　　　　　　　　　液初始 pH 的变化

8. 设计石灰石烟气脱硫系统。系统的设计数据如下。

参数	数值
气体体积流率/(Nm³/min)	45754
气体质量流率/(kg/min)	40352.6
SO_2 进口负荷/(kg/kJ)	2.84×10^{-6}
烟气中固体颗粒负荷/(kg/kJ)	1.29×10^{-8}
温度/℃	143
进气压力/atm	0.98

烟气组成	质量流量/(kg/min)	摩尔分数/%
固体颗粒	1.04	—
CO_2	7125	11.76
HCl	3.27	0.01
N_2	28320	73.45
O_2	2449	5.57
SO_2	235	0.27
湿含量	2219	8.94

计算石灰石的进料速率(其中石灰石中脱硫活性组分为:$CaCO_3$ 94%，$MgCO_3$ 1.5%，惰性组分 4.5%)。

假设：(1) 烟气流率和组分为常数；

　　　(2) 烟气中不含有 SO_3，烟气湿式洗涤以后水分达到饱和但是无水滴被携带出洗涤塔；

　　　(3) 石灰石浆液的实际用量是计算用量的 1.1 倍；

　　　(4) 经湿式洗涤以后的烟气再热升温约 5℃ 以防止在烟囱内发生结露；

　　　(5) SO_2 脱除率为 97%，HCl 脱除率为 100%。

9. 根据习题 8，估算石灰石浆液中水分蒸发量及脱硫烟气的湿度。

10. 根据习题 8 及习题 9，计算脱硫烟气组成。

11. 根据习题 9 及习题 10，计算脱硫石膏浆液的产率及组成。(假设脱硫石膏浆液中含自由水 60%)

12. 根据习题 8～习题 11，计算以上脱硫系统所需动力。系统数据如下：在脱硫过程中系统的压降为 279mmH₂O，烟气利用效率为 90% 的换热器回收的热量进行再热，脱硫浆液的相对密度为 1.09，浆液循环泵的扬程为 28m，烟气由鼓风机排出。设其他泵和风机所消耗的动力是风机和浆液循环泵所消耗动力总量的 20%，风机和泵的效率为 70%。

13. 有一个规模为 600MW 的发电厂，使用的燃煤中含硫量为 3.5%，煤炭发热值为 27910kJ/kg。采用石灰石烟气脱硫系统，脱硫效率为 97%，工厂总的热效率为 35%，硫的排放系数为 0.85。所使用的石灰石组成为：$CaCO_3$ 95%，惰性组分 5%。石灰石的实际需要量是理论需要量的 1.05 倍。脱硫过程中仅产生 $CaSO_3$，含水量为 45%。计算每吨煤所需要的石灰石数量。

14. 根据习题 13，将脱硫剂换成石灰(CaO)，石灰组成为：CaO 98%，惰性组分 2%，脱硫剂实际用量是理论用量的 1.03 倍。求脱硫浆液的日产率。

15. 根据图 5-15 所示石灰石/石灰湿式脱硫系统，硫酸钙可能在哪些步骤产生？硫酸钙的生成对脱硫系统会产生哪些影响？

参 考 文 献

埃利奥特 M A. 1991. 煤利用化学(上、中、下册). 北京: 化学工业出版社.

郭天赐. 2014. 铅富氧熔炼污染防治措施及循环经济分析. 环境保护, 7: 3-5.

郝吉明, 王书肖, 陆永琪. 2001. 燃煤二氧化硫污染控制技术手册. 北京: 化学工业出版社.

姜信真, 等. 1989. 气液反应理论与应用基础. 北京: 烃加工出版社.

郎晓珍, 杨毅宏. 2002. 冶金环境保护及三废治理技术. 沈阳: 东北大学出版社.

李若萍. 2009. 循环流化床干法烟气脱硫技术的应用. 江西电力, 33(1): 32-34.

李兴华, 牛拥军, 张利清. 2016. 湿法烟气脱硫系统采用电石渣为脱硫剂的试验研究. 中国电力, 49(8): 140-143.

里赫捷尔 Л A. 1980. 发电厂和工业企业排烟与大气保护. 戴兆祥, 欧阳铮译. 北京: 电力工业出版社.

里森费尔德 F C, 科耳 A L. 1982. 气体净化. 沈余生, 等译. 北京: 中国建筑工业出版社.

刘天齐. 1999. 三废处理工程技术手册: 废气卷. 北京: 化学工业出版社.

马双忱, 陈凡, 文小春, 等. 2017. 白泥脱硫性能和副产品石膏脱水特性分析. 环境工程学报, 11(3): 1737-1745.

毛健雄, 毛健全, 赵树民. 1998. 煤的清洁燃烧. 北京: 科学出版社.

南京化学工业公司研究院《硫酸工业》编辑部. 1981. 低浓度二氧化硫烟气脱硫. 上海: 上海科学技术出版社.

石哲浩, 王小飞, 王伟, 等. 2014. 可再生胺法脱硫技术处理锡冶炼低浓度 SO₂ 烟气的应用实践. 硫酸工业, 444: 25-27.

童志权. 2001. 工业废气净化与利用. 北京: 化学工业出版社.

王伟, 禹建伦, 韩果, 等. 2017. 造纸碱回收白泥的特性分析与脱硫应用. 环境工程学报, 11(10): 5529-5534.

王晓芳, 佟会玲, 李定凯, 等. 2004. 循环流化床常温半干法烟气脱硫技术的工程示范研究. 动力工程, 24(3): 421-425.

王雪峰. 2015. 浅析循环流化床半干法烟气脱硫工艺与技术. 矿业工程, 13(3): 30-32.

魏仁零, 吴晓琴, 陈云, 等. 2011. 石灰干式消化工艺参数优化选择. 武汉科技大学学报, 34(6): 473-477.

吴忠标. 2002. 大气污染控制技术. 北京: 化学工业出版社.

肖文德, 吴志泉. 2001. 二氧化硫脱除与回收. 北京: 化学工业出版社.

阎维平. 2008. 洁净煤发电技术. 2 版. 北京: 中国电力出版社.

张成芳. 1985. 气液反应和反应器. 北京: 化学工业出版社.

张国旺. 2019. 电石渣-湿法脱硫存在的问题及优化运行. 中国氯碱, (5): 17-19.

郑楚光. 1996. 洁净煤技术. 武汉: 华中理工大学出版社.

朱国宇. 2015. 脱硫运行技术问答 1100 题. 北京: 中国电力出版社.

Noel de Nevers. 2000. Air Pollution Control Engineering. 2 版. 北京: 清华大学出版社.

第 6 章

氮氧化物控制技术

6.1 氮氧化物控制技术基础

NO$_x$ 是造成大气污染的主要污染源之一。通常所说的 NO$_x$ 主要包括 NO、NO$_2$、N$_2$O、N$_2$O$_2$、N$_2$O$_3$、N$_2$O$_4$、N$_2$O$_5$ 等几种化合物，其中污染大气的主要是 NO 和 NO$_2$。人类通过呼吸将 NO$_x$ 吸入体内，会刺激呼吸道和肺部，并对心、肝、肾等造成腐蚀损害，还会引起急性或慢性中毒，并有致癌作用。此外，NO$_x$ 还会引起二次污染。NO$_x$ 对 H$_x$O$_y$ 的光化学过程起着决定性作用，是光化学烟雾形成的前驱物；NO$_x$ 还在对流层中对臭氧有重要影响，它与碳氢化合物的化学反应是造成大气臭氧浓度较高的主要原因，同时 NO$_2$ 还是对流层中臭氧的一个前驱物。除 NO 和 NO$_2$ 外，NO$_x$ 中的 N$_2$O 也是污染大气、造成温室效应的污染物之一。大气中 NO$_x$ 的含量已逐渐引起了各国的关注，许多国家已制定了非常严格的 NO$_x$ 排放法规。

人类活动、燃料燃烧、工业生产等都会产生 NO$_x$，其中最主要的是燃料燃烧。根据有关统计，大约 50% 的 NO$_x$ 来自汽车和其他移动源的排放，而固定源排放的 NO$_x$ 中 40% 是电厂锅炉燃烧产生的。若能从工业和机动车这两大主排放源控制 NO$_x$ 排放，也就基本控制了大气中 NO$_x$ 的污染。

煤燃烧过程中产生的 NO$_x$ 主要是 NO 和 NO$_2$，在燃烧过程中 NO$_x$ 的生成量和排放量与燃料的燃烧方式，特别是燃烧温度和过量空气系数等燃烧条件有关。现阶段有三种机理来解释 NO$_x$ 在燃烧中的生成过程。

1) 热力型(thermal)：该类型的 NO$_x$ 是空气中的 N$_2$ 和 O$_2$ 在高温下反应生成的。

$$N_2 + O_2 \longrightarrow NO,\ NO_2 \tag{6-1}$$

NO$_x$ 产量随温度升高呈指数增长。温度高于 1373K 时是 NO$_x$ 的主要生成窗口。当燃烧区域的温度低于 1273K 时，NO 的生成量很小；而温度在 1573～1773K 时，NO 的浓度为 500～1000ppm。因此，温度对热机理型 NO$_x$ 的生成具有决定作用。根据热机理型 NO$_x$ 的生成过程，要控制其生成，就需要降低锅炉炉膛中的燃烧温度，并避免产生局部高温区，以降低热机理型 NO$_x$ 的生成。

2) 瞬时型(prompt)：该类型的 NO$_x$ 是 N$_2$、O$_2$ 和碳氢化合物的自由基之间快速反应生成的。

$$CH_4 + N_2 + O_2 \longrightarrow NO,\ NO_2,\ CO_2 + H_2O \tag{6-2}$$

该机理是较低温度下常见且重要的机理。瞬时机理型 NO$_x$ 主要是指燃料中的碳氢化合物在燃料浓度较高区域燃烧时所产生的烃与燃烧空气中的 N$_2$ 分子发生反应，形成的 CN、HCN 继续氧化而生成 NO$_x$。因此，瞬时机理型 NO$_x$ 主要产生于碳氢化合物含量较高、氧浓度较低的富燃料区，多发生在内燃机的燃烧过程，而在燃煤锅炉中，其生成量很小。

3) 燃料型(fuel)：该类型的 NO_x 是由燃料中的含氮有机物直接氧化而成的。

$$R_3N + O_2 \longrightarrow NO, \ NO_2, \ CO_2 + H_2O \tag{6-3}$$

与具有三键的 N_2 相比，燃料中的氮更容易与 O_2 和其他中间物发生反应而生成 NO_x，因此该机理也是较低温度下常见的 NO_x 生成机理。

图 6-1 示出了煤燃烧时上述三种机理对 NO_x 排放的各自贡献。可以看出在 1300℃以下，与其他两种机理相比，热机理型的 NO_x 可以忽略不计；而在高温时其却是最主要的。

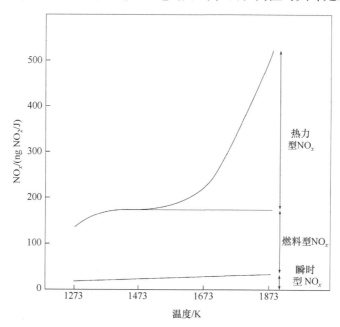

图 6-1　煤燃烧过程中三种机理对 NO_x 形成贡献示意图

6.2　燃烧时 NO_x 减排

上面的讨论说明，影响燃烧过程中 NO_x 生成的主要因素是燃烧温度、烟气在高温区的停留时间、烟气中各种组分的浓度及混合度。

6.2.1　影响 NO_x 排放的主要因素

从实践的观点看，控制燃烧过程中 NO_x 形成的因素包括以下几个。

1) 空气/燃料比：过剩空气量增加时，NO_x 产生量会显著降低，但同时也会导致燃烧效率下降。

2) 燃烧空气的预热温度：工业操作中的余热利用，如空气预热装置的安装，虽然对节能有利，但这一增加的能量也使得火焰温度升高，进而导致 NO_x 排放量增加。

3) 燃烧区的冷却程度：燃烧室的单位有效面积热释放速率越高，火焰区的温度越高，NO_x 排放量越多。

4) 燃烧器的形状设计：燃烧炉的构型对 NO_x 控制起着重要的作用，如强旋风型的燃煤炉通常会导致高 NO_x 生成量，而切向燃烧的设备据说可以比传统燃烧技术减少 50%~60% 的 NO_x 生成量。

6.2.2　燃烧时 NO_x 减排技术

6.2.2.1　燃烧优化技术

燃烧优化是通过调整锅炉燃烧配风，控制 NO_x 排放的一种实用方法。它采取的措施是通过控制燃烧空气量、保持每个燃烧器的风粉(煤粉)比相对平衡及进行燃烧调整，使燃料型 NO_x 的生成量降到最低，从而达到控制 NO_x 排放的目的。煤种不同，燃烧所需的理论空气量也不同。因此，在运行调整中，必须根据煤种的变化，随时进行燃烧配风调整，控制一次风粉比不超过 1.8：1。调整各燃烧器的配风，保证各燃烧器下粉的均匀性，其偏差不大于 5%～10%。二次风的配给须与各燃烧器的燃料量相匹配，对停运的燃烧器，在不烧火嘴的情况下，尽量关小该燃烧器的各次配风，使燃料处于低氧燃烧，以降低 NO_x 的生成量。

6.2.2.2　空气分级燃烧技术

空气分级燃烧技术是目前应用较为广泛的低 NO_x 燃烧技术，其主要原理是将燃料的燃烧过程分段进行。该技术将燃烧用风分为一次风、二次风，减少煤粉燃烧区域的空气量(一次风)，提高燃烧区域的煤粉浓度，推迟一次风、二次风混合时间，这样煤粉进入炉膛时就形成了一个富燃料区，使燃料在富燃料区进行缺氧燃烧，以降低燃料型 NO_x 的生成。缺氧燃烧产生的烟气与二次风混合，使燃料完全燃烧。该技术主要是减少燃烧高温区域的空气量，以降低 NO_x 的生成技术。它的关键是风的分配，一般情况下，一次风占总风量的 25%～35%。对于部分锅炉，风量分配不当，会增加锅炉的燃烧损失，同时造成受热面的结渣腐蚀。因此，该技术较多应用于新锅炉的设计及燃烧器的改造中。

6.2.2.3　两级燃烧技术

在两级燃烧装置中，燃料在接近理论空气量下燃烧。通常空气总需要量(一般为理论空气量的 1.1～1.3 倍)的 85%～95%与燃料一起供到燃烧器中，富燃料条件下的不完全燃烧使第一级燃烧区的温度降低，同时氧气量不足，NO_x 生成量很小。第二次供入空气使得不完全燃烧的产物(CO 和碳氢类化合物)燃尽。这时虽然氧已过剩，但由于温度低，动力学上限制了 NO_x 的形成。图 6-2 给出了基于这种原理设计的炉膛设备。图 6-3(a)和图 6-3(b)对比了普通燃烧系统和两级燃烧系

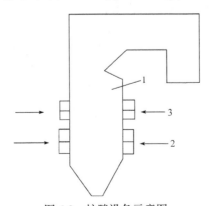

图 6-2　炉膛设备示意图

1. 炉膛；2. 一次空气和燃料入口；3. 二次空气入口

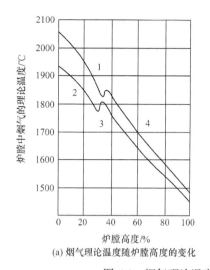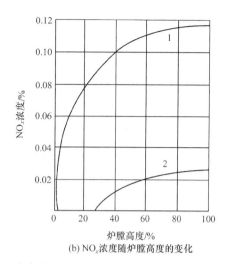

(a) 烟气理论温度随炉膛高度的变化 (b) NO_x浓度随炉膛高度的变化

图 6-3 烟气理论温度和 NO_x 浓度随炉膛高度的变化

(a)：1. 普通燃烧系统，2. 两级燃烧系统的燃料气化段，3. 二次空气入口，4. 燃料燃尽段；
(b)：1. 普通燃烧系统，2. 两级燃烧系统

统的温度状况及 NO_x 的生成量。由图可见，两级燃烧使炉膛的最高理论温度由 2070℃ 降低到 1920℃，NO_x 浓度由 0.1% 降到 0.025%，即降低了 75%。应当指出，在低空气过剩系数下，不利的燃料-空气分布可能出现，这将导致 CO 和粉尘排放量增加，故还需做进一步深入研究。

6.2.2.4 烟气再循环技术

烟气再循环是减少 NO_x 生成量的有效方法。该技术将部分冷却了的烟气再送回燃烧区，起热量吸收体的作用，从而降低燃烧温度，同时氧浓度的降低也会减少 NO_x 的生成。实践证明：烟气循环率在 25% 以下时，循环烟气对火焰发展的影响可以忽略。烟气再循环主要作用为减少热机理型 NO_x 的生成，对减少燃料型 NO_x 的作用甚微。当燃料为天然气和燃料油时，烟气循环以相同趋势减少 NO_x 的生成；而在燃用煤粉炉中烟气再循环对减少 NO_x 生成的效果并不显著。

6.3 燃烧后 NO_x 控制主要技术

随着排放标准的日趋严格，燃烧过程中仅用燃烧控制技术并不能达到 NO_x 排放要求，因此还需通过处理烟气来控制 NO_x 的排放。这是一项艰难的任务，其主要原因是需处理的烟气流量大、浓度低。例如，一个 1000MW 的热电厂排放出来的烟气量大约为 10^8 scf/h(标准立方英尺每小时)，而 NO_x 浓度一般为 200～1000ppm。目前广泛应用的成熟技术主要有 SCR 法和 SNCR 法，目前火电厂、热电厂、垃圾焚烧电厂应用较多；其他方法如氧化-吸收法，在工业锅炉、炉窑等领域也有一定的应用。

6.3.1 选择性催化还原

SCR 过程是将还原剂注入含 NO_x 的烟道气中，通常是气体热交换器的上游，NO_x 在以贵金属、碱金属氧化物或沸石为催化剂的作用下被还原为分子 N_2 和水。烟气脱硝中还原剂一般选择 NH_3，反应适宜的温度为 285～400℃。以 NH_3 为还原剂的 NO_x 的 SCR 反应可表示为

$$4NO + 4NH_3 + O_2 \longrightarrow 4N_2 + 6H_2O \tag{6-4}$$

$$6NO_2 + 8NH_3 \longrightarrow 7N_2 + 12H_2O \tag{6-5}$$

同时也有可能发生氨的氧化反应：

$$4NH_3 + 5O_2 \longrightarrow 4NO + 6H_2O \tag{6-6}$$

$$4NH_3 + 3O_2 \longrightarrow 2N_2 + 6H_2O \tag{6-7}$$

在较低温度时，SCR 反应占主导地位，且随温度升高有利于 NO_x 的还原。但进一步提高反应温度，氧化反应变得更为重要，结果使得 NO_x 的产生量增加。

例题 6-1　烟气中 NO_x 的浓度为 112.5mg/m³，含氧量为 7.2%，含水量为 7%，温度为 350℃，如需在 SCR 工艺中将烟气处理至达标排放，则脱硝效率为多少？

解　超低排放的 NO_x 排放标准为 50mg/Nm³，且是基准氧浓度为 6% 时的标准状态下干烟气浓度，因此首先需要对 NO_x 浓度进行换算。

温度校正：　　　　　　　$112.5\text{mg/m}^3 \times \dfrac{273.15 + 350}{273.15} = 256.7\,(\text{mg/Nm}^3)$

含水量校正：　　　　$256.7\text{mg/Nm}^3 \div (1 - 7\%) = 276.0\,(\text{mg/Nm}^3)$

基准含氧量校正：　　$276.0\text{mg/Nm}^3 \times \dfrac{21-6}{21-7.2} = 300.0\,(\text{mg/Nm}^3)$

脱硝效率为　　　　　　　$1 - \dfrac{50}{300} = 83.3\%$

SCR 催化剂体系是 SCR 技术的核心，根据 SCR 法反应室布置在锅炉除尘器前后。SCR 法布置方式分为高尘布置和低尘布置两种，图 6-4(a) 所示的 SCR 法反应室布置在除尘器之前为高尘布置，图 6-4(b) 所示的 SCR 法反应室布置在除尘器之后为低尘布置。

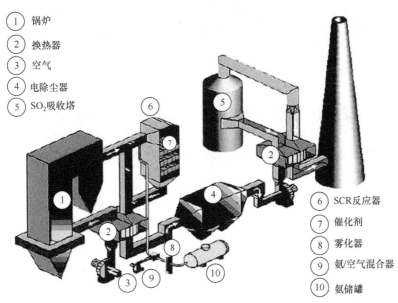

① 锅炉
② 换热器
③ 空气
④ 电除尘器
⑤ SO₂吸收塔
⑥ SCR反应器
⑦ 催化剂
⑧ 雾化器
⑨ 氨/空气混合器
⑩ 氨储罐

(a) 高温高尘 SCR 脱硝工艺流程图

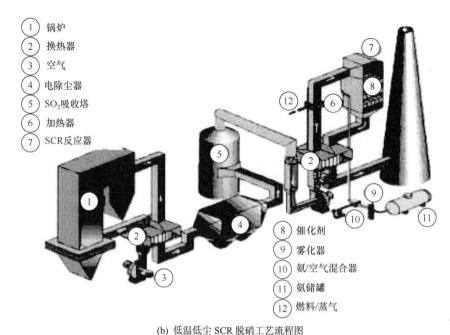

① 锅炉
② 换热器
③ 空气
④ 电除尘器
⑤ SO₂吸收塔
⑥ 加热器
⑦ SCR反应器

⑧ 催化剂
⑨ 雾化器
⑩ 氨/空气混合器
⑪ 氨储罐
⑫ 燃料/蒸气

(b) 低温低尘 SCR 脱硝工艺流程图

图 6-4　高温高尘 SCR 和低温低尘 SCR 脱硝工艺流程图

6.3.1.1　高温 SCR 脱硝工艺

目前，工业化应用的 NH₃-SCR 催化剂主要是 WO₃ 或者 MoO₃ 掺杂的 V₂O₅/TiO₂ 催化剂，该催化剂用于高温高尘 SCR 工艺。将钒类催化剂负载在锐钛矿 TiO₂ 载体上，载体主要是为催化剂提供比反应物更大的接触面积。V₂O₅ 是催化剂中最主要的活性成分和必备组分，为主催化剂，其价态、晶粒度及分布情况对催化剂的活性均有一定影响。WO₃ 和 MoO₃ 为催化剂中加入的少量物质，称为助催化剂，这种物质本身没有活性或活性很小，但却能显著地改善催化剂的活性、选择性和热稳定性。高温高尘的 SCR 工艺是目前火电厂应用最为广泛的脱硝工艺，其脱硝性能受到以下几个参数的影响。

(1) 反应温度

SCR 反应过程有其特殊性，温度过高会使催化剂选择性下降，使得还原剂 NH₃ 不与 NO$_x$ 进行反应，反而发生氧化反应生成 NO$_x$，因此 SCR 催化剂有其固有的反应温度范围，如图 6-5 所示。V₂O₅/TiO₂ 体系催化剂的反应活性温度一般在 593～723K，因此该类型催化剂一般布置在除尘工艺的上游。

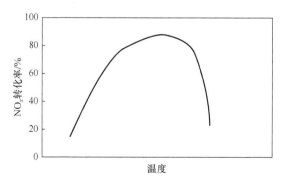

图 6-5　典型 SCR 系统温度对 NO$_x$ 催化还原的影响

(2) 烟气空速及流型

空速是工艺设计的一个关键参数。如烟气空速大，则烟气在反应器内的停留时间短，反应不完全，同时 NH_3 的逃逸量就增加，且烟气对催化剂骨架的冲刷也大。对于固态排渣炉高灰段布置的反应器，空速一般为 $2500\sim3500h^{-1}$。

烟气流型的优劣也决定着催化效果。合理的烟气流型不仅能有效利用催化剂，而且能减少烟气的沿程阻力。同时在流场下合理的喷氨点布置应具有湍流条件，以达到还原剂与烟气的最佳混合。

(3) 催化剂的类型、结构和表面积

催化剂是 SCR 反应系统中最关键的部分，其类型、结构和表面积都对 NO_x 脱除效果有很大影响。催化剂经成型化后，一般以波纹板和蜂窝式为主，如图 6-6 所示。

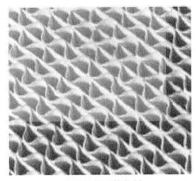
(a) 波纹板型催化剂

(b) 蜂窝型催化剂

图 6-6　催化剂类型

(4) 催化剂的钝化

造成催化剂钝化的因素较多，主要可分为以下几种。

1) 催化剂烧结。当催化剂长时间暴露于 723K 以上的高温环境中时，可引起催化剂活性位烧结，从而导致催化剂颗粒增大、表面积急剧减小，进而使其活性降低。在 V_2O_5/TiO_2 体系中加入钨(W)退火处理，可最大限度地减少催化剂的烧结。

2) 碱金属中毒。Na、K 等腐蚀性混合物如果直接和催化剂表面接触，会使催化剂活性降低。对于大多数体系而言，避免水蒸气的凝结可减缓这类钝化的发生。

3) 砷中毒。砷(As)中毒主要是由烟气中的气态 As_2O_3 引起的。As_2O_3 扩散进入催化剂表面及堆积在催化剂小孔中，然后在催化剂的活性位置与其他物质发生反应，进而引起催化剂活性降低。

4) 催化剂的堵塞和磨蚀。催化剂的堵塞主要是由于铵盐及飞灰的小颗粒沉积在催化剂小孔中，引起催化剂钝化，阻碍 NO_x、NH_3 和 O_2 到达催化剂活性表面。采用耐腐蚀催化剂材料、提高边缘硬度、利用计算流体动力学流动模型优化气流分布，以及在垂直催化剂床层安装气流调节装置等可减少磨蚀的影响。

例题 6-2　如例题 6-1 中的烟气条件，烟气量为 200000Nm³/h。以氨作为还原剂，采用高温 SCR 进行脱硝。要求逸氨小于 3ppm。当不考虑氨损耗时，每小时的氨消耗量为多少？

解　锅炉 NO_x 排放测试中，须先将烟气中的 NO 浓度转换为 NO_2 浓度，最终所测得的 NO_2 浓度即为通常所指的锅炉排放的 NO_x 浓度。

一般电厂排放烟气中的 NO_x 中 NO 含量占 90%～95%。本题取 $n(NO):n(NO_2)=95:5$。根据锅炉排放的

NO_x浓度，可推算出锅炉出口烟气中 NO 和 NO_2 浓度。因此，烟气中 NO 和 NO_2 的浓度分别为

$$C_{NO} = 95\% \times \frac{M_{NO}}{M_{NO_2}} \times C_{NO_x} = 0.95 \times \frac{30}{46} \times 276 = 171 (mg/Nm^3)$$

$$C_{NO_2} = 5\% \times C_{NO_x} = 0.05 \times 276 = 13.8 (mg/Nm^3)$$

式中，C_{NO} 为烟气中 NO 浓度(标准状态，实际含氧量下的干烟气)，mg/Nm^3；C_{NO_x} 为烟气中 NO_x 浓度(标准状态，实际含氧量下的干烟气)，mg/Nm^3；C_{NO_2} 为烟气中 NO_2 浓度(标准状态，实际含氧量下的干烟气)，mg/Nm^3；M_{NO} 为 NO 摩尔质量，g/mol；M_{NO_2} 为 NO_2 摩尔质量，g/mol。

SCR 脱硝工艺主化学反应方程式：

$$4NO + 4NH_3 + O_2 \longrightarrow 4N_2 + 6H_2O$$

$$2NO_2 + 4NH_3 + O_2 \longrightarrow 3N_2 + 6H_2O$$

氨和 SCR 进口 NO_x 摩尔比(m)按下式计算：

$$m = \frac{\eta_{NO_x}}{100} + \frac{\frac{r_a}{22.4}}{\frac{C_{NO}}{30} + \frac{C_{NO_2}}{23}} = \frac{83.3}{100} + \frac{\frac{2.76}{22.4}}{\frac{171}{30} + \frac{13.8}{23}} = 0.85$$

式中，η_{NO_x} 为脱硝效率，%；C_{NO} 为反应器进口烟气中 NO 浓度(标准状态，实际含氧量下的干烟气)，mg/m^3；C_{NO_2} 为反应器进口烟气中 NO_2 浓度(标准状态，实际含氧量下的干烟气)，mg/m^3；r_a 为氨逃逸率(标准状态，实际含氧量下的干烟气)，mL/m^3。

$$r_a = C \times \frac{21 - \varphi'(O_2)}{21 - \varphi(O_2)} = 3 \times \frac{21 - 7.2}{21 - 6} = 2.76 (mL/m^3)$$

式中，C 为《火力发电厂烟气脱硝设计技术规程》中规定的标准状态下 6%基准氧下的干烟气，NH_3 的逃逸浓度不宜大于 $3mL/m^3$。

$$W_a = \left(\frac{V_q \times C_{NO} \times 17}{30 \times 10^6} \times \frac{V_q \times C_{NO_2} \times 34}{46 \times 10^6} \right) \times m = \left(\frac{18600 \times 171 \times 17}{30 \times 10^6} + \frac{18600 \times 13.8 \times 34}{46 \times 10^6} \right)$$
$$\times 0.85 = 1.69 (kg/h)$$

式中，W_a 为纯氨的每小时消耗量，kg/h；V_q 为单个锅炉的烟气流量（标准状态，实际含氧量下的干烟气），m^3/h，计算式为 $V_q = 20000 \times (1 - 7\%) = 18600 (Nm^3/h)$；$C_{NO}$ 为进口烟气中 NO 浓度（标准状态，实际含氧量下的干烟气），mg/m^3；C_{NO_2} 为进口烟气中 NO_2 浓度（标准状态，实际含氧量下的干烟气），mg/m^3；m 为氨与 SCR 进口 NO_x 的摩尔比。

6.3.1.2 低温 SCR 脱硝工艺

虽然 V_2O_5/TiO_2 系列催化剂具有高活性和高抗硫性能，是目前最好和应用最广的工业 SCR 催化剂，但此类催化剂仍存在一些问题：一是催化剂成本较高；二是操作温度必须高于 623K。催化剂的高操作温度使 SCR 床在整个烟气净化系统配置中存在如下问题。

1) 为防止或减缓 SO_2 和粉尘对 SCR 催化剂的影响，将 SCR 床置于空气预热器(即省煤器)、除尘器和脱硫装置之后应当较为合理。虽然这对处理含有高浓度 SO_2 和粉尘的烟气较为合适，但是脱硫除尘后烟气的温度一般低于 433 K，必须对烟气进行重复加热，这将大大增加脱硝成本，增加系统能耗和操作费用，因而目前工业上基本不采用这种配置。

2) 为避免烟气的预热耗能，目前工业上一般将 SCR 床置于空气预热器、除尘器和脱硫装置之前，可免去烟气的预热步骤。但在这种配置下，高浓度 SO_2 和粉尘对 SCR 催化剂极易产

生严重的毒化作用。尽管这种毒化作用通过采用特殊的催化剂物理结构(如蜂窝状结构)和调整催化剂组成(如掺杂较为昂贵的 WO_3)在一定程度上得到缓解,但仍未完全解决。

3) 由于我国目前使用的燃料煤品质不高、灰分含量较大,如将 SCR 催化剂床层置于除尘装置之前,则飞灰对催化剂磨蚀严重,并且催化剂容易产生碱金属、砷中毒;此外由于煤中含钙量较高,SO_2 易与钙基形成 $CaSO_4$ 沉积在催化剂表面,造成催化剂失活。

基于上述原因,研究和开发在低温范围内具有活性的 SCR 催化剂,使烟气脱硝过程能够在脱硫除尘后进行,具有重要的经济意义和实际意义,受到国际上许多研究者的重视。

低温 NH_3-SCR 烟气脱硝技术能够在较低温度(<300℃),催化剂作用下利用 NH_3 有选择地与 NO_x 发生氧化还原反应,从而去除燃煤烟气中的 NO_x。由于具备良好的低温催化脱硝活性,低温 NH_3-SCR 烟气脱硝技术使得 SCR 装置能够采用低粉尘甚至尾部布置的方式,而无需对燃煤烟气进行再加热,相对于高温 NH_3-SCR 烟气脱硝技术更加经济。低温 SCR 工艺可以布置在电除尘器之后的低灰分高硫烟气段和烟气脱硫装置尾部的低灰分低硫烟气段两种,如图 6-7 所示。

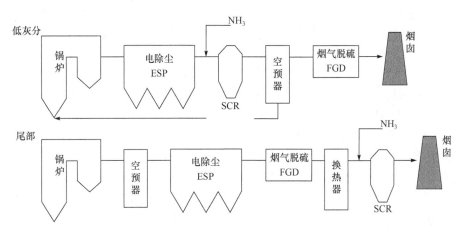

图 6-7 低温 SCR 脱硝工艺的两种布置

国内外很多研究单位开展了对低温 SCR 催化剂的研究,主要研究内容包括低温催化剂和催化剂载体。目前低温 SCR 催化剂的研究和开发基本上集中于过渡金属氧化物的催化作用,根据载体不同可分为以下几种。

(1) 以 TiO_2 为载体的催化剂

由于锐钛矿型的 TiO_2 具有很大的比表面积,硫酸根等物质在 TiO_2 表面的稳定度大大低于其他金属氧化物,可保护负载的活性组分,因此 TiO_2 被选作 SCR 催化剂的载体。在低温 SCR 中,Mn、Cr、Cu、V、Fe、Ni 等过渡金属,以及 Ce 等稀土元素被作为活性物质负载在 TiO_2 上进行研究。

Mn 的氧化物(MnO_x)由于含有大量游离 O,在催化过程中能够完成良好的催化循环,因此在低温催化中表现出较好的活性。当 Mn 负载量高且焙烧温度较低时,催化剂表现出更优越的催化活性。国内外文献报道的锰的复合型催化剂 Mn/TiO_2、Fe-Mn/TiO_2 等均表现出非常高的催化活性,在低温(<120℃)和高空速下保持近乎 100%的脱硝效率。除此之外,Mn 作为一种活性过渡金属,与 Fe、Ce 等金属元素进行复合,在负载在 TiO_2 上后显示了非常高的低温脱硝活性。

此外,Cu、V、Fe、Ni 也可作为活性物质负载于 TiO_2 上。催化剂表面金属元素的浓度、金属氧化物在氧化还原过程中的性能及 Lewis 酸性位是决定催化剂活性的主要因素。不同的

活性物质负载在 TiO_2 上后，催化剂表面特性互不相同，对反应能够产生较大的影响。在低温范围内，各金属氧化物表现不同：在 373K 左右时，MnO_x 可以达到较高的催化活性，而其他金属氧化物此时对 NO 的脱除率只有 20%左右，只有当温度升高到 373～473K 时效率才逐步升高。由于脱硫后烟气温度在 373～423K，因此这个温度区间内催化剂的活性才是最重要的。除此之外，低温催化剂对烟气中 SO_2、H_2O、Ca 等碱金属的抗性也影响了该催化剂实际应用的稳定性，目前已有较多的研究针对上述问题展开工作，取得了较好的效果。

(2) 以 Al_2O_3 为载体的催化剂

除 TiO_2 外，Al_2O_3 也经常被用作载体，如 CuO/Al_2O_3、$NiSO_4/Al_2O_3$、CrO_x/Al_2O_3、Ag/Al_2O_3 等。将 Mn 负载在 Al_2O_3 上制备的催化剂在低温条件(473 K 以下)下具有一定的活性；Cu/Al_2O_3 为催化剂进行 SCR 反应，在 473K 左右对 NO 可以达到 80%左右的脱除率。但以 Al_2O_3 作为催化剂载体时，催化剂的抗硫性能并不十分理想。

(3) 以活性炭为载体的催化剂

以活性炭为载体的催化剂，其优点在于克服了金属催化剂用后难于处理的缺点，但对 NO_x 的脱除率比金属氧化物催化剂要稍低一些。V_2O_5/活性炭在低温下对 NO 的脱除具有良好的效果，并随着温度升高对 NO 脱除率不断提高，在 493K 时达到 95%以上。碳基材料由于具有大的比表面积和良好的化学稳定性被广泛研究，但碳基催化剂的抗硫中毒能力较差。其 SO_2 中毒可能由两个原因造成：形成硫酸铵盐，黏附在催化剂表面；作为活性成分的金属氧化物被 SO_2 硫化形成金属硫酸盐。

(4) 以沸石为载体的催化剂

分子筛类催化剂也被广泛研究。分子筛具有特殊的微孔结构，其类型、热处理条件、硅铝比、交换离子的种类、交换度等都会影响催化活性。常用的分子筛有 Y 型分子筛、ZSM-5、MOR 等。例如，Fe-ZSM-5 在 523K 下可得到 60%以上的 NO 脱除率。此外，以 MnO_x/NaY 作为催化剂组分时，也可得到较好的催化活性。分子筛催化剂的催化活性虽然较高，但与贵金属催化剂一样抗水抗硫性差，阻碍了其实际应用。

表 6-1 中列出了各催化剂的反应温度、脱硝效率和各自的特点。

表 6-1　各 SCR 催化剂及其特性

催化剂		反应温度/K	脱硝效率/%	特点
V_2O_5/碳基材料	V_2O_5/ACF	603	90	
	V_2O_5/AC			
V_2O_5-WO_3/TiO_2		623	>98%	WO_3 为助剂可提高 TiO_2 稳定性，并抑制 SO_2 氧化
CuO/γ-Al_2O_3		523～673	>90%	可吸附 SO_2 将其氧化为硫酸盐，适用于同时脱硫脱硝以减少能耗
CuO-CeO_2-MnO_x/γ-Al_2O_3				
其他金属氧化物	MnO_2/TiO_2	363～523	>90%	
	Fe-Mn/TiO_2			
	Mn-Ce/TiO_2			
	Mn-CeO_2/ACF			
	CeO_2/ACF			
	铁氧化物			

续表

催化剂		反应温度/K	脱硝效率/%	特点
分子筛为载体	Cu-ZSM-5	493～657	>90%	适合低温和中温，具有较好的抗热冲击性
	Fe-ZSM-5	573～873	>90%	中高温效果好，低温效果不理想
	MnO_x/NaY	323～417	100	结构是低温良好活性的主要原因
	Ga-A 型分子筛	377～386	92	低温，减少能耗
	钛基-沸石	低温	>90%	较 V_2O_5-WO_3/TiO_2 的 NH_3 储存能力高、NO 氧化活性高、低温活性高

6.3.2　选择性非催化还原

氮氧化物 SNCR 法以尿基或氨基类化合物为还原剂，在高温(930～1090℃)、无催化剂存在条件下，NO_x 的还原反应具有很高的活化能，直接被还原剂还原为 N_2。以氨为还原剂的主要反应见式(6-8)。还原剂注入位置通常位于炉内或紧接在炉子后面(图 6-8)。

$$4NH_3 + 6NO \longrightarrow 5N_2 + 6H_2O \tag{6-8}$$

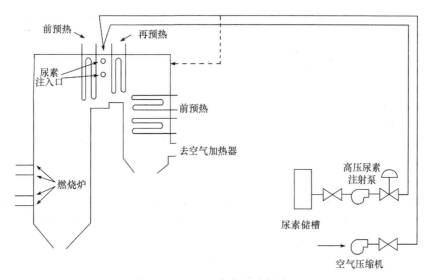

图 6-8　SNCR 工艺流程示意图

式(6-6)和式(6-7)的反应也会发生并消耗部分氨，故氨必须注入最适宜的温度区内，保证式(6-8)为主反应。若温度超过 930～1090℃，则式(6-6)和式(6-7)将成为主反应，并导致被还原的 NO_x 减少；但若温度降到期望范围以下，过量的氨会流出，如上节所述形成硫酸铵。在以尿基为还原剂的 SNCR 系统中，尿素水溶液被注入炉顶的一个或多个部位，总反应可用下面的方程式来表示：

$$CO(NH_2)_2 + 2NO + 1/2O_2 \longrightarrow 2N_2 + CO_2 + 2H_2O \tag{6-9}$$

式(6-9)显示 1mol 的尿素可以与 2mol NO 反应，但实际经验表明其化学计量比必须大于 1.0，过量的尿素则被假定分解为氮气、氨和二氧化碳。图 6-9 摘录了 12 种不同锅炉(燃煤、燃油和燃气)的 SNCR 测试结果，x_N/x_{NO} 相当于前面所指的化学计量比。当化学计量比为 1.0(x_N/x_{NO}=1.0)时，从理论上讲 NO 应 100%被还原，但实际计量比从 0.5 增加到 1.8 时，其 NO 的还原率从 30%增加到 60%，因此化学计量比是影响 SNCR 法还原率的一个重要因素。

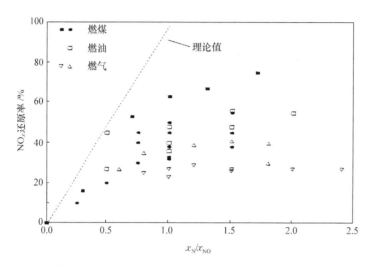

图 6-9　不同锅炉(燃煤、燃油和燃气)SNCR 系统 NO$_x$ 的 SNCR 测试结果

6.4　燃烧后 NO$_x$ 控制其他技术

6.4.1　氧化吸收法

氧化吸收法是利用强氧化剂将烟气 NO$_x$ 中溶解度较小的 NO 氧化成 NO$_2$、N$_2$O$_3$、N$_2$O$_4$、N$_2$O$_5$ 等，然后再用碱性、氧化性或者还原性的吸收液将其吸收。根据反应发生的介质可以分为气相氧化法和液相氧化法。气相氧化法是直接向烟气中注入强氧化剂将 NO 氧化，常见的气相氧化剂有 O$_3$、Cl$_2$、ClO$_2$ 和 H$_2$O$_2$。液相氧化法通常采用氧化性的溶液氧化并吸收 NO$_x$，常见的液相氧化剂有 NaClO$_2$、P$_4$、HClO$_3$、KMnO$_4$ 等。氧化脱硝技术的投资运行成本较低，吸收液可以回收资源化利用，脱硝效率较高且易控制，适合各种规模的锅炉和炉窑烟气处理。

6.4.1.1　臭氧氧化湿法脱硝技术

臭氧氧化湿法脱硝技术是利用臭氧将烟气的 NO 氧化成 NO$_2$，再结合吸收脱除臭氧氧化产物，工艺流程如图 6-10 所示。近年来，臭氧因具有如下优点而受到广泛关注：①适应的温度范围广；②对 NO 的选择性好，利用率高；③来源方便，易于原位生成；④容易分解，不易引起二次污染。

臭氧注入后，NO 氧化成 NO$_2$ 的主反应如下：

$$NO + O_3 \longrightarrow NO_2 + O_2 \tag{6-10}$$

除上述反应之外，在 O$_3$ 氧化 NO 的过程中还存在许多反应，见表 6-2。

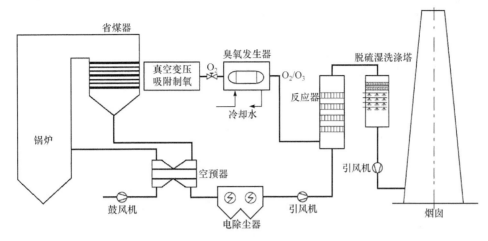

图 6-10 臭氧氧化湿法脱硝工艺流程图

表 6-2 O_3-NO_x 体系的主要反应

反应式	反应速率常数 $k/[L/(mol \cdot s)]$	公式号
$NO + O_3 \longrightarrow NO_2 + O_2$	$k_1 = 2.59 \times 10^9 e^{(-3.176/RT)}$	(6-11)
$NO_2 + O_3 \longrightarrow NO_3 + O_2$	$k_2 = 8.43 \times 10^7 e^{(-4.908/RT)}$	(6-12)
$NO_2 + NO_3 \longrightarrow N_2O_5$	$k_3 = 3.86 \times 10^8 T^{0.2}$	(6-13)
$NO_2 + NO_3 \longrightarrow NO + NO_2 + O_2$	$k_4 = 3.25 \times 10^7 e^{(-2.957/RT)}$	(6-14)
$N_2O_5 \longrightarrow NO_2 + NO_3$	$k_5 = 1.21 \times 10^{17} e^{(-25.41/RT)}$	(6-15)
$NO + NO_3 \longrightarrow 2NO_2$	$k_6 = 1.08 \times 10^{10} e^{(0.219/RT)}$	(6-16)
$NO + O \longrightarrow NO_2$	$k_7 = 3.27 \times 10^9 T^{0.3}$	(6-17)
$NO_2 + O \longrightarrow NO + O_2$	$k_8 = 3.92 \times 10^9 e^{(0.238/RT)}$	(6-18)
$O_3 \longrightarrow O_2 + O$	$k_9 = 4.31 \times 10^{11} e^{(-22.201/RT)}$	(6-19)
$O + O_3 \longrightarrow 2O_2$	$k_{10} = 4.82 \times 10^9 e^{(-4.094/RT)}$	(6-20)
$O + 2O_2 \longrightarrow O_3 + O_2$	$k_{11} = 1.15 \times 10^{11} T^{1.2}$	(6-21)
$O + O \longrightarrow O_2$	$k_{12} = 1.89 \times 10^7 e^{(1.788/RT)}$	(6-22)

图 6-11 显示了 O_3 的注入量与出口 NO、NO_2 浓度之间的关系，图中直线是根据理论计算得出的浓度。随着 O_3 注入量的增加，出口 NO 浓度呈线性下降，迅速转变成 NO_2。当注入 O_3 浓度大于进口 NO 的浓度时，反应器出口无 NO，且此时 NO_2 的生成量减少，主要原因是 NO_2 转化成更高价的 NO_x。在实际应用中，应该控制 O_3 的注入量，避免生成更高价态的 NO_x。O_3 氧化后的 NO_x 能被 NaOH、$Ca(OH)_2$、Na_2CO_3、$NH_3 \cdot H_2O$ 等碱性溶液吸收生成相应的硝酸盐，也可以被尿素溶液或者纯水吸收。

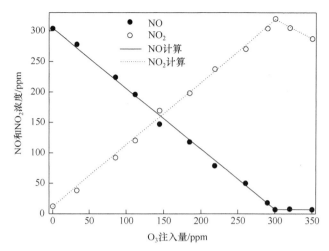

图6-11　臭氧氧化反应器出口NO、NO_2浓度与O_3注入量之间的关系

NO浓度300ppm，无SO_2，氧气浓度5%，反应温度30℃

燃煤烟气在脱硫之后的烟气中也会含有少量SO_2，当烟气中存在SO_2和NO时，O_3优先与NO反应，而不会将SO_2氧化。

6.4.1.2　液相氧化脱硝技术

与气相氧化脱硝工艺相比，液相氧化脱硝工艺有以下特点：①液相氧化剂来源广泛，具有氧化能力的HNO_3、$KMnO_4$、$NaClO$、$NaClO_2$、$Na_2S_2O_8$、P_4、$HClO_3$、H_2O_2、$KBrO_3$、$K_2Br_2O_7$、Na_3CrO_4、$(NH_4)_2CrO_7$等均可以作为氧化剂；②液相氧化通常在吸收塔内进行，通过气液之间的传质反应来实现，传统的喷淋塔、填料塔、筛板塔、鼓泡塔等均可以作为反应器，无需像气相氧化那样采用定制的反应设备，设备简单；③在脱硝效率要求不高的情况下，则可以在一个吸收设备内同时完成脱硫脱硝，脱硝成本较低。$NaClO_2$氧化工艺、氯酸氧化工艺、黄磷乳浊液工艺是三种常见的液相氧化脱硝技术。

6.4.1.3　$NaClO_2$氧化工艺

$NaClO_2$溶液湿法脱除NO_x的反应比较复杂，NO_x主要通过N_2O_3和N_2O_4的水解而被吸收，NO可以在水溶液中被$NaClO_2$氧化，在这一反应过程中，NO被氧化成NO_3^-，而ClO_2^-转化为Cl_2^-和ClO^-。

与其他脱硝技术相比，它的优越性体现在：①能与湿法脱硫工艺结合，简单易行，减少设备投资和占地面积；②脱硝效率较高。但也存在一些问题：①在同时脱硫脱硝时，烟气中SO_2和NO_x的含量变化对脱除效率影响很大，尤其是脱硝效率；②该工艺容易产生二次污染，会生成有毒气体，对设备有很强的腐蚀性，反应的生成物复杂不易再进行二次利用。

6.4.1.4　氯酸氧化工艺

氯酸氧化工艺又称Tri-SO_2-NO_xSorb工艺，采用氧化吸收塔和碱式吸收塔两段工艺。氧化吸收是该工艺的核心，采用氧化剂$HClO_3$氧化NO、SO_2及有毒金属；碱式吸收塔则作为后续工艺，采用Na_2S及NaOH为吸收剂，吸收残余的酸性气体。工艺的核心是氯酸氧化过程，氯酸是一种强氧化剂，氧化还原电位受液相pH控制。

该技术主要特点：①对入口烟气浓度的限制不严格，与 SCR 和 SNCR 工艺相比，可在更大浓度范围内脱除 NO_x；②操作温度低，可在常温下进行；③对 NO_x、SO_2 及 As、Cr、Pb、Cd 等有毒微量金属元素都有较高的脱除率；④适用性强，对现有采用湿式脱硫工艺的电厂，可在烟气脱硫系统前增加氧化塔；⑤可回收反应产物 HCl、HNO_3 和 H_2SO_4 等酸性物质。由于氯酸是一种强酸，对设备的防腐能力要求较高，导致较高的设备投资，因此存在的主要问题是酸液的储存、运输和设备的防腐。

6.4.1.5　黄磷乳浊液工艺

该方法首先是由美国劳伦斯伯克利国家实验室(Lawrence Berkeley National Laboratory)开发提出的，并命名为 PhoSNOX 法。PhoSNOX 法的反应机理是：含碱的黄磷乳浊液与含有 SO_2 和 NO_x 的烟气逆流接触，黄磷与烟气中的 O_2 反应生成 O_3 和 O，O_3 和 O 快速将 NO 氧化成 NO_2，NO_2 溶解在溶液中转化为 NO_2^- 和 NO_3^-，SO_2 被转化为 HSO_3^-/SO_3^{2-}，与 NO_2 反应生成 $HSO_3\cdot/SO_3\cdot$ 自由基，这类自由基与烟气中 O_2 反应生成 SO_4^{2-}。

黄磷乳浊液氧化法脱硝使用 P_4 与烟道气中 O_2 发生化学反应，在洗气系统中产生 O_3，这与采用加速器产生电子束或脉冲高压电源放电产生高能电子离解气体分子相比，不需要消耗电能，并且反应产物是有价值的商业产品——磷酸。该法不需要添加昂贵设备，就可以在现行湿法烟气脱硫设备实施，副产物为化肥，无需二次废物的再处理，是同时从烟道气中去除 NO_x 和 SO_2 的具有潜在性经济效益的方法。但是黄磷是剧毒物质，在实际操作中比较危险，因此要采取适当的预防措施加以避免。此外，我国缺乏高品位的磷矿，这也是限制该技术推广应用的主要原因之一。

6.4.2　碱吸收法

吸收法可净化废气中的 NO_x，按吸收剂的种类可分为碱吸收法、水吸收法、酸吸收法和络合吸收法等，其中以碱吸收法效率较高、应用较为广泛。

碱吸收法是通过碱性溶液吸收废气中的 NO_x，常用的吸收剂有 NaOH、$Ca(OH)_2$、NH_4OH、$Mg(OH)_2$ 等。为了获得较好的净化效果，可采用氨-碱两级吸收法，首先用氨在气相中与 NO_x 和水蒸气反应，生成白色的 NH_4NO_3 和 NH_4NO_2 雾，然后用碱溶液进一步吸收 NO_x，其反应式为

$$2NH_3 + 2NO_2 + H_2O \longrightarrow NH_4NO_3 + NH_4NO_2 \tag{6-23}$$

$$2NaOH + NO + NO_2 \longrightarrow 2NaNO_2 + H_2O \tag{6-24}$$

氨-碱溶液两级吸收法工艺流程见图 6-12。含 NO_x 尾气与氨气在管道中混合(氨气由钢瓶提供，经减压后气化进入管道)，进行第一级还原反应。反应后的混合气体经缓冲器进入碱液吸收塔，进行第二级吸收反应，吸收后的尾气排空，吸收液循环使用。氨-碱溶液两级吸收法工艺操作指标见表 6-3。

表 6-3　氨-碱溶液两级吸收法工艺操作指标

处理气量 /(m³/h)	空速 /(m/s)	喷淋密度 /[m³/(m²·h)]	氨气加入量 /(L/h)	碱液回收量 /(t/h)	溢流强度 /[t/(m·h)]	进口 /(mg/m³)	出口 /(mg/m³)	平均效率/%
						NO_x 浓度		
3059	2.2	8～10	50～200	9～9.5	18	1000	62～108	90

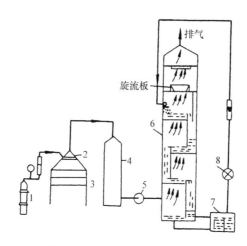

图 6-12　氨-碱溶液两级吸收法工艺流程

1. 液氨钢瓶；2. 氨分布器；3. 通风柜；4. 缓冲瓶；5. 风机；6. 吸收塔；7. 碱液循环槽；8. 泵

碱液吸收 NO_x 的速率可用下式表示：

$$\ln(1-\eta) = \ln\frac{C_2}{C_1} = -Ka\frac{V}{Q} = -Ka\tau \tag{6-25}$$

式中，C_1、C_2 分别为尾气中 NO_x 进、出塔浓度，$kmol/m^3$；η 为吸收效率；K 为传质系数，$kmol/(m^2 \cdot s)$；Q 为处理气量，m^3/s；V 为自由空间容积，m^3；a 为填料比表面积，m^2/m^3；τ 为接触时间，s。当吸收设备固定时，吸收效率与下列因素有关。

1) NO_x 浓度：进口 NO_x 浓度高，吸收效率也高。

2) 喷淋密度：增大喷淋密度，有利于吸收反应，取 $8\sim10m^3/(m^2 \cdot h)$。

3) 空塔气速：空塔气速取值要适宜，斜孔板塔一般取 2.2m/s。

4) 氧化度：氧化度即 NO_2 和 NO_x 体积之比，氧化度为 50% 时，吸收效率最高。

5) 氨气量：通入的氨气量以 $50\sim200L/h$ 为宜。

此外，吸附法、生物法、络合吸收法等方法也有所研究，但工业应用较少。

6.5　NO_x 控制技术应用

6.5.1　SCR 控制技术工程实例

新疆某化工厂热电站配套 $4\times600t/h$ 高温高压煤粉锅炉。为满足当地环保要求，该热电站建设了 4 套烟气 SCR 脱硝设施。锅炉省煤器出口处烟气状况见表 6-4，液氨和气氨品质分别见表 6-5 和表 6-6。

表 6-4　省煤器出口处烟气状况

烟气条件	省煤器出口烟气量	省煤器出口烟气温度	省煤器出口烟气压力	含尘量
设计值	$600000Nm^3/h$	$280\sim330℃$	6500Pa	$\leqslant21g/Nm^3$

省煤器出口烟气成分（干基）	NO_x	SO_2	HCl	HF
设计值	$400mg/Nm^3$	$1100mg/Nm^3$	$15mg/Nm^3$	$18mg/Nm^3$

表 6-5　液氨品质参数

液氨品质参数	氨含量	残留物含量	沸点	压力
设计值	≥99.6%	0.4%	−33.3℃	1.5MPa

表 6-6　气氨品质参数

气氨品质参数	氨含量	水分	含油量	总酚	压力
设计值	95%	4.9%	<500ppm	1(mg/m³)	≥50kPa

(1) 工艺流程

新疆某热电厂 SCR 脱硝工程工艺流程图如图 6-13 所示。

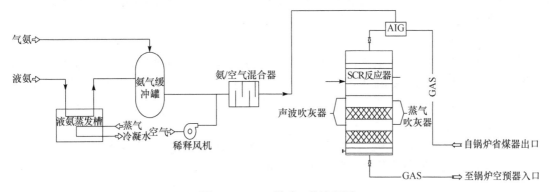

图 6-13　SCR 脱硝工艺流程图

SCR 脱硝工艺系统可分为氨区(脱硝剂制备、供应系统)和 SCR 区(反应区系统)。其中气氨通过滤油装置由氨气缓冲罐进入锅炉 SCR 系统,与稀释风机鼓入的稀释空气在氨/空气混合器中混合后,送至氨喷射系统。在 SCR 入口烟道处,喷射出的氨气和来自机组出口的烟气混合后进入 SCR 反应器,通过两层催化剂进行脱硝反应,最终通过出口烟道回至锅炉后续烟道,达到脱硝的目的。该脱硝工艺的主要技术指标和工程设计值见表 6-7。

表 6-7　脱硝系统主要技术指标及工程设计值

项目	设计值	项目	设计值
反应器入口烟气量	600000Nm³/h	入口 NO$_x$ 浓度	≤400mg/Nm³
反应器配置方式	每台锅炉配 1 台反应器	系统脱硝率	≥80%
反应器烟气流速	4～6m/s	入口烟气温度	280～330℃
氨氮比	<0.9	单反应器催化剂用量	130m³
单层催化剂阻力	<200Pa	SCR 系统总阻力	≤1200Pa
催化剂层数	2 层+1 层备用	催化剂型式	蜂窝式
4 台锅炉系统电耗	100kW/h	4 台锅炉液氨消耗量	<0.35t/h
稀释风机流量	2200Nm³/h, 每炉一套		

(2) 脱硝剂制备、供应系统

本工程以气氨/液氨作为还原剂。还原剂制备、供应系统包括液氨蒸发罐、氨气缓冲罐、稀释风机、氨/空混合器、氨气稀释槽、废水泵、废水池等。

气氨通过滤油装置由氨气缓冲罐进入锅炉 SCR 系统。当气氨不足时，将业主提供的液氨通过管道输送到液氨蒸发槽内蒸发为氨气，后进入氨气缓冲罐。在氨区装置中氨气系统紧急排放的氨气则排入氨气稀释槽中，经水的吸收后排入废水池，再经由废水泵送至废水处理厂处理。

(3) 反应区系统

从锅炉烟道引高温烟气进入 SCR 系统。烟气进入 SCR 系统后，在烟道内与喷氨格栅喷入的氨气进行充分混合后均匀进入 SCR 反应器。在反应器内，烟气中的氮氧化物与氨在催化剂的作用下发生还原反应，生成氮气和水，脱硝后的净烟气引回锅炉省煤器完成后续流程，并最终排放。反应器设计成烟气竖直向下流动，入口设有气流均布装置，入口及出口段设导流板。对于反应器内部易于磨损的部位设计必要的防磨措施。反应器内部各类加强板、支架设计成不易积灰的型式，同时考虑热膨胀的补偿措施。

(4) 氨喷射系统

提供一套完整的氨喷射系统，保证氨气和烟气混合均匀，喷射系统设置手动调节阀，能在性能调试时对喷入的气氨流量进行调节，使之与 NO_x 浓度匹配。喷射系统具有良好的热膨胀性、抗热变形性和抗震性。

(5) 吹灰系统

根据本工程灰的特性，需要设置吹灰系统，为每层催化剂设计声波吹灰器和蒸气吹灰器。本工程为初装催化剂安装吹灰器，为备用层预留接口。

6.5.2 SNCR 技术工程实例

山西某焦化公司有三台 75t/h 循环流化床锅炉，为使烟气达到国家排放标准，同时满足地方环保总量控制要求，需配套建设成熟高效的 SNCR 脱硝装置。锅炉基本参数如表 6-8 所示。

表 6-8 锅炉基本数据

序号	项目	单位	数量
1	锅炉类型	—	循环流化床锅炉
2	锅炉蒸发量	t/h	75
3	锅炉数量	台	3
4	烟气量(最大)	Nm^3/h	170000(1 台)
5	分离器进口温度	℃	850~950
6	耗煤量	t/h	14~17
7	NO_x初始排放浓度 (干基，6% O_2)	mg/Nm^3	500

本项目采用氨水作为还原剂，氨水浓度为 20%~25%(质量分数)。稀释水要求：pH 为 6~9，没有明显的混浊和悬浮固态物。压缩空气要求：压力为 0.55MPa，喷射柜前需大于 0.5MPa。

(1) 工艺流程

SNCR 工艺流程如图 6-14 所示。还原剂储存及供应系统实现氨水储存，然后由稀释水系统根据锅炉运行情况和 NO$_x$ 排放情况在线稀释成所需的浓度，送入分配系统。分配系统实现各喷射层的氨水溶液分配、雾化喷射和计量。还原剂的供应量能满足锅炉不同负荷的要求，调节方便、灵活、可靠；氨水分配系统应配有良好的控制系统。

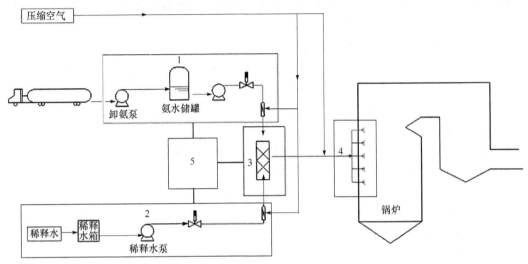

图 6-14　SNCR 工艺流程示意图

1. 还原剂储存及供应系统；2. 稀释水系统；3. 计量混合系统；4. 喷射系统；5. 控制系统

(2) 系统设备

该系统主要包括还原剂储存及供应系统、稀释水系统、计量混合系统、喷射系统及控制系统五部分。工艺的主要设计参数见表 6-9。

表 6-9　系统设计参数表

序号	项目名称	单位	1×75t/h 设计参数
	性能指标		
1	NO$_x$ 脱除率	%	≥67
	脱硝装置出口 NO$_x$ 浓度(6% O$_2$，标态，干基)	mg/Nm³	≤150
	脱硝装置氨逃逸率	mg/Nm³	≤8
	脱硝装置可用率	%	≥95
	脱硝装置对锅炉效率的影响	%	≤0.5
	SNCR 投运时锅炉负荷适应范围	%	60～110
	总消耗品		
2	还原剂	t/h	0.1963
	工艺水	m³/h	0.2837
	仪用压缩空气	Nm³/min	1.0
	雾化压缩空气	Nm³/min	4.6
	电耗	kW·h/h	32.8
	噪声等级(最大值)		
3	所有设备(距声源 1m 远处测量)	dB(A)	≤85
4	氨水罐储存时间	天	5

注：以上数据基于设计工况，氨水储存及供应系统、稀释水系统为 3 台锅炉的公用系统。

A. 还原剂储存及供应系统

该系统包括还原剂卸载系统、还原剂储存系统及还原剂输送系统。

a. 还原剂卸载系统

整个脱硝系统共用一套氨水加注系统。该系统主要由 1 台氨水加注泵与相应仪表、阀门、管道等组成。储罐加注由罐车直接加注，将储罐加注管线和排气管通过挠性软管与罐车连接，氨罐内的压力通过气相平衡管返回罐车内释放。加注进程启动是从就地操作面板进行的，排气管线和加注管线阀门打开，氨水加注泵自动启动，罐车中氨水卸入氨水储罐中。氨水加注泵还配有紧急按钮，在远程保护一旦失效的情况下，紧急停泵。该模块通过就地控制启动，高液位信号报警时会自动停止加注过程。

b. 还原剂储存系统

整套 SNCR 系统共用一套氨水储罐系统。该系统由氨水储罐，相应的压力、液位、温度等仪表及管道阀门等组成。氨水储罐储存 20% 的氨水。储罐使用的所有仪器都采用防爆设计，罐体配液位计、温度变送器、呼吸阀等，同时罐区配有氨气泄漏监测仪等气体报警装置。罐体顶部配有呼吸阀，用于释放高压和低压，防止储罐内产生过高压力或过低压力。系统运行过程中，采用压力传感器发送实际压力信号以对罐内压力进行监测。

c. 还原剂输送系统

氨水输送模块主要用于把储存在罐内的氨水输送到计量混合系统。整套系统共用一套氨水输送系统。该系统主要由氨水输送泵、压力表和管道阀门等组成。输送泵在一定压力下向 SNCR 系统提供氨水。为保证输送管道压力恒定，在氨水返回管上设置背压阀。该区域也配有氨气泄漏监测仪，当高检测报警时，整个 SNCR 系统将自动停止。

B. 稀释水系统

当锅炉负荷或炉膛出口的 NO_x 浓度变化时，送入炉膛的氨水量也随之变化，这将导致送入喷射器的流量发生变化。若喷射器的流量变化太大，会影响雾化喷射效果，从而影响脱硝率和氨残余。因此，设计稀释水系统，以保证在运行工况变化时喷嘴中流体流量基本不变。水储存在不锈钢罐内，用于稀释氨水溶液。水通过离心泵输送至计量混合模块。氮氧化物浓度变化时，稀释水将氨水稀释到适当的浓度进行喷射。

C. 计量混合系统

计量混合系统主要是进行氨水和稀释水的混合，并将混合液输送到喷射系统。用于计量和混合的仪器仪表可整合在一个钢柜内。NO_x 控制系统所要求的必要数量的氨水溶液由氨水管线供应，所需氨水数量由流量计测量，气动调节阀调节；所需数量的稀释水在与氨水混合前由流量计测量，气动调节阀调节。每路喷射管道均配备玻璃转子流量计，确保还原剂混合液的适当分配。还原剂混合液的压力由安装的压力计控制。

D. 喷射系统

喷射系统主要包括喷射柜及喷枪，混合液通过喷枪雾化后与烟气发生反应，实现 NO_x 还原。锅炉在不同负荷下，应选择烟气温度处在最佳反应温度区间喷射还原剂。将在线稀释好的氨水溶液送到喷射层，喷射层采用固定喷枪方式，系统设总阀门控制喷射层是否投运。氨水喷射所需的雾化介质采用压缩空气。喷射柜内主管路上设置有过滤及压力测量装置，压缩空气通过减压调节后分配至单路喷枪。

喷枪是 SNCR 脱硝系统的关键设备。本喷枪专为 SNCR 脱硝设计，采用双流体喷枪技术。喷枪参数可根据具体锅炉的工况，通过计算机数学模型进行计算流体动力学(CFD)模拟后，再进行选型特制。喷嘴为脱硝喷枪系统的核心，属于高压雾化喷嘴，工作原理为高速流动的压缩空气与流体经过高速撞击，雾化产生非常小的颗粒。对于循环流化床锅炉，喷枪布置在燃烧室出口与分离器入口之间的烟道截面处。喷枪开孔的孔径尺寸根据实际选择喷枪尺寸确定。进行详细施工设计时，通过 CFD 了解炉膛 NO_x 浓度分布、炉膛温度分布、炉膛气流分布及烟气组分分布情况，再最终确定喷枪(喷嘴)的布置方式和安装位置。各阀组及附属设备就近布置在喷射层的附近。

E. 控制系统

脱硝装置采用 DCS 控制系统，配置一台操作员站，通过脱硝 DCS 操作员站实现对脱硝设备和参数的监视和控制，包括脱硝装置的还原剂输送系统、流量控制、水系统和雾化空气系统等。脱硝控制系统自动生成脱硝装置运行控制所有参数的历史及实时曲线，记录机组负荷(或烟气流量)、炉膛温度、脱硝设施运行时间、出口 NO_x 浓度、还原剂喷入量、还原剂逃逸浓度。整套 SNCR 处理系统自动控制，可以随时将任一单位切换为手动操作，而不影响整个系统的运行。

山西某焦化公司在设计 SNCR 系统时兼顾锅炉本身运行的特点，针对氨水、尿素的特性，选择氨水作为还原剂，以达到更好的效率、更低的还原剂耗量，减少对锅炉效率和运行的影响。经 SNCR 脱硝后，NO_x 排放浓度≤150mg/Nm³，氨逃逸率≤8mg/Nm³。低的氨逃逸率保证了低腐蚀，减少了可见烟雾在风机和过滤袋上的沉积，同时减少了副反应产物 N_2O 的生成。

6.5.3　臭氧氧化湿法脱硝工艺工程实例

山东某公司 1×288t/h 循环流化床锅炉配置钠碱法脱硫装置，脱硝改造采用臭氧湿法脱硝工艺，改造后烟气中 NO_x 排放浓度≤50mg/Nm³，满足超低排放要求。锅炉及烟气主要参数见表 6-10。

表 6-10　锅炉及烟气主要参数

项目	运行锅炉	锅炉额定出力	烟气量	最高烟气 NO_x 浓度
设计值	1	1×288t/h	408300Nm³/h	<100mg/Nm³

(1) 工艺流程

山东某公司臭氧氧化湿法脱硝工艺流程如图 6-15 所示。

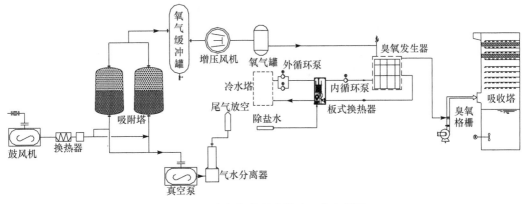

图 6-15　臭氧氧化湿法脱硝工艺流程图

该臭氧氧化湿法脱硝系统主要技术指标及工程设计值见表 6-11。

表 6-11　臭氧氧化湿法脱硝系统主要技术指标及工程设计值

项目	设计值
处理烟气量	408300Nm³/h
烟气温度	110～130℃
入口初始 NO_x 浓度	<100mg/Nm³
出口保证值(NO_x)	≤50mg/Nm³
氧氮比	≤1.3
外循环水流量	≤140m³/h

(2) 制氧系统

制氧系统主要由吸附塔、缓冲罐、储气罐、鼓风机、真空泵、氧压机组成。

采用分子筛的吸附性能，通过物理原理，以大排量无油压缩机为动力，把空气中的氮气与氧气进行分离，最终得到高浓度的氧气。原料空气由压缩机加压后，经过空气预处理装置除去油、尘埃等固体杂质及水，并冷却至常温。经过处理后的压缩空气由进气阀进入装有分子筛的吸附塔，空气中的氮气、二氧化碳等被吸附，流出的气体即为高纯度的氧气。当吸附塔达到一定的饱和度后，进气阀关闭，冲洗阀打开，吸附塔进入冲洗阶段，过后冲洗阀关闭，解吸阀打开，进入解吸再生阶段，这样即完成了一个循环周期。

(3) 臭氧发生器

臭氧发生器采用高频放电技术制备高浓度的臭氧。通过调整产品的频率、功率、臭氧的浓度等技术参数调节臭氧产量，满足现场不同工况的臭氧需求。

(4) 反应装置

反应装置包括臭氧格栅和烟道反应器，将高浓度的臭氧稀释均匀并喷入烟道反应器中与 NO_x 反应。烟气在烟道反应器中的停留时间很短，需要用臭氧格栅和烟道反应器的特殊结构将臭氧与烟气在极短时间内混合均匀。臭氧格栅根据现场烟道结构等条件进行 CFD 模拟计算优化。

(5) 冷却系统

冷却系统设备主要由板式换热器、循环泵等组成，保证臭氧发生器成套系统的冷却要求。臭氧发生器内循环采用的闭路循环冷却水系统，包括板式换热器、循环水泵、膨胀罐、配套工艺阀门及底座等。板式换热器、膨胀罐一体化设计固定在底座上，内侧循环水采用除盐水，外侧循环水采用现场提供的冷却水，内循环水系统需定期补水。

本章符号说明

符号	意义	单位
a	填料比表面积	m²/m³
C_1、C_2	尾气中 NO_x 进、出塔浓度	kmol/m³
K	传质系数	kmol/(m²·s)
K_p	平衡常数	

续表

符号	意义	单位
k	反应速率常数	
Q	处理气量	m^3/s
R	气体常数	$kJ/(kmol \cdot K)$
T	热力学温度	K
U	总传热系数	$W/(m^2 \cdot K)$
η	吸收效率	%
τ	接触时间；反应时间	s
V	自由空间容积	m^3
A	填料比表面积	m^2/m^3

习　题

1. 为什么减少 NO_x 是减少空气污染的重要因素之一？

2. 请列出 NO_x 的主要来源。

3. 要控制燃烧过程中 NO 的排放量，应控制哪几个主要因素？

4. 当烟气温度为 300℃，烟气流量为 $2 \times 10^6 \, m^3/h$，实测 NO_x 的浓度为 $200 mg/m^3$，烟气中含氧量为 7.5%，含水量为 7.2%，如需达到超低排放标准，则使用 SCR 进行脱硝时，脱硝效率为多少？

5. 第 4 题中，若不考虑氨损耗，则每小时氨消耗量为多少？

6. 请列出控制 NO_x 排放的主要技术。

7. 请比较各控制 NO_x 排放技术的优缺点。

8. 请列出超低排放要求下电厂和工业锅炉应采取的控制 NO_x 排放的技术，并说明原因。

参 考 文 献

郝吉明, 马广大, 等. 1989. 大气污染控制工程. 北京: 高等教育出版社.

还博文. 1999. 锅炉燃烧理论与应用. 上海: 上海交通大学出版社.

黄艺. 2006. 尿素湿法联合脱硫脱硝技术研究. 杭州: 浙江大学.

李君, 盛重义, 杨柳, 等. 2014. 臭氧氧化结合碱液吸收法烟气脱硝的工艺研究. 电力科技与环保, 30(6): 19-22.

毛健雄, 毛健权, 赵树民. 1998. 煤的清洁燃烧. 北京: 科学出版社.

孙茂远. 1999. 煤层气在我国能源发展中的战略地位及其发展要素. 中国能源, (4): 4-6.

童志权. 2001. 工业废气净化与利用. 北京: 化学工业出版社.

曾汉才. 1992. 燃烧与污染. 武汉: 华中理工大学出版社.

Chang S G, Lee G C. 1992. LBL PhoSNOX process for combined removal of SO₂ and NOₓ from flue gas. Environmental Progress, 11: 66-73.

Chen X B, Cao S, Weng X L, et al. 2012. Effects of morphology and structure of titanate supports on the performance of ceria in selective catalytic reduction of NO. Catalysis Communications, 26: 178-182.

Chu H, Chien T W, Twu B W. 2001. The absorption kinetics of NO in NaClO₂/NaOH solutions. Journal of Hazardous Materials, 84: 241-252.

Gu T T, Liu Y, Weng X L, et al. 2010. The enhanced performance of ceria with surface sulfation for selective catalytic reduction of NO by NH₃. Catalysis Communications, 12: 310-313.

Haywood J M, Cooper C D. 1998. The economic feasibility of using hydrogen peroxide for the enhanced oxidation and removal of nitrogen oxides from coal-fired power plant flue gases. Journal of the Air and Waste Management Association, 48: 238-246.

Izquierdo M T, Rubio B. 1998. Influence of char physicochemical features on the flue gas nitric oxide reduction with chars. Environmental Science and Technology, 32: 4017-4022.

Jiang B Q, Liu Y, Wu Z R. 2009. Low-temperature selective catalytic reduction of NO on MnO$_x$/TiO$_2$ prepared by different methods. Journal of Hazardous Materials, 162: 1249-1254.

Jiang B Q, Wu Z, Liu Y Q, et al. 2010. DRIFT study of the SO$_2$ effect on low-temperature SCR reaction over Fe-Mn/TiO$_2$. The Journal of Physical Chemistry C, 114: 4961-4965.

Jin R B, Liu Y, Wu Z B, et al. 2010. Low-temperature selective catalytic reduction of NO with NH$_3$ over Mn-Ce oxides supported on TiO$_2$ and Al$_2$O$_3$: a comparative study. Chemosphere, 78: 1160-1166.

Jin R B, Liu Y, Wu Z B, et al. 2010. Relationship between SO$_2$ poisoning effects and reaction temperature for selective catalytic reduction of NO over Mn-Ce/TiO$_2$ catalyst. Catalysis Today, 153: 84-89.

Jirát J, Štěpánek F, Marek M, et al. 2001. Comparison of design and operation strategies for temperature control during selective catalytic reduction of NO$_x$. Chemical Engineering and Techology, 24: 35-40.

John S. 1997. Reburn technology comes of age. Power, 141: 57, 60, 62.

Kasper J M, Clausen C A, Cooper C D. 1996. Control of nitrogen oxide emissions by hydrogen peroxide-enhanced gas-phase oxidation of nitric oxide. Journal of the Air and Waste Management Association, 46: 127-133.

Kuehn N D. 1994. Retrofit control technology reducing NO$_x$ emissions. Power Engineering, 98: 23-27.

Lide D R. 1990. CRC Handbook of Chemistry and Physics. 71st ed. Boca Raton: CRC Press.

Liu Y, Gu T T, Wang Y, et al. 2012. Influence of Ca doping on MnO$_x$/TiO$_2$ catalysts for low-temperature selective catalytic reduction of NO$_x$ by NH$_3$. Catalysis Communications, 18: 106-109.

Liu Y, Yao W Y, Cao X L, et al. 2014. Supercritical water syntheses of Ce$_x$TiO$_2$ nano-catalysts with a strong metal-support interaction for selective catalytic reduction of NO with NH$_3$. Applied Catalysis B, 160: 684-691.

McCahey S, McMullan J T, Williams B C. 1999. Techno-economic analysis of NO$_x$ reduction technologies in p. f. boilers. Fuel, 78: 1771-1778.

Mok Y S. 2006. Absorption-reduction technique assisted by ozone injection and sodium sulfide for NO$_x$ removal from exhaust gas. Chemical Engineering Journal, 118: 63-67.

Noel de Nevers. 2000. Air Pollution Control Engineering. 2 版. 北京: 清华大学出版社.

Patterson P. 1999. Obtaining reduced NO$_x$ and improved efficiency using advanced empirical optimization on a boiler operated in load-following mode. Epri-Doe-EPA Combined Utility Air Pollution Control Symposium: the MEGA Symposium, Atlanta.

Wang H Q, Chen X B, Gao S, et al. 2013. Deactivation mechanism of Ce/TiO$_2$ selective catalytic reduction catalysts by the loading of sodium and calcium salts. Catalysis Science & Technology, 3: 715-722.

Warriner G, Sorge J, Slatsky M, et al. 1999. GNOCIS-1999 update on the generic NO$_x$ control intelligent system. Epri-Doe-EPA Combined Utility Air Pollution Control Symposium: the MEGA Symposium, Atlanta.

Wile J, Berkman M, Falk J. 2000. Complying with new rules for controlling nitrogen oxides emissions. The Electricity Journal, 13: 40-50.

Wood S. 1994. Select the right NO$_x$ control technology. Chemical Engineering Progress, 90: 32-38.

Wu Z B, Jin R B, Wang H Q, et al. 2009. Effect of ceria doping on SO$_2$ resistance of Mn/TiO$_2$ for selective catalytic reduction of NO with NH$_3$ at low temperature. Catalysis Communications, 10: 935-939.

第 7 章

有机废气处理技术

7.1 有机废气控制技术基础

7.1.1 有机废气的性质

(1) VOCs 的定义

VOCs 可依据物理化学特性、监测方法、健康和环境效应等多个标准进行定义,在环境领域主要依据健康和环境效应,如光化学反应性、健康毒性等。

依据物质的物理化学性质,世界卫生组织(1989)将 VOCs 定义为熔点低于室温而沸点在 $50\sim260℃$ 的挥发性有机化合物的总称。

依据监测方法,将按照规定测量方法确定的有机物质称为 VOCs。例如,2008 年美国国家环境保护局(USEPA)发布的《新建污染源实施标准》(NSPS)联邦法典规定任何参与大气光化学反应的有机化合物,或者依据法定方法、等效方法、替代方法测得的有机化合物,或者依据条款规定的特定程序确定的有机化合物定义为 VOCs。中国在《室内空气质量标准》(GB/T 18883—2022)中关于 VOCs 的定义则是利用 TenaxTA 或等效填料吸附管采样,非极性或弱极性毛细管色谱柱(极性指数小于 10)进行分析,保留时间在正己烷和正十六烷之间的挥发性有机化合物为 VOCs。

依据健康和环境效应,如欧盟的《国家排放总量指令》(2001/81/EC)将 VOCs 定义为除甲烷外人类活动排放的、能在日照作用下与 NO_x 反应生成光化学氧化剂的全部有机化合物;日本的《大气污染防治法》(2004)将其定义为排放或扩散到大气中的任何气态有机化合物(政令规定的不会导致悬浮颗粒物和氧化剂生成的物质除外)。

我国 VOCs 控制起步较晚,VOCs 的定义起初沿用世界卫生组织(1989)的定义,近年来随着对 VOCs 环境危害认识的不断加深,对 VOCs 的定义开始强调其光化学反应性,加以非甲烷总烃(NMHC)监测分析方法、行业排放源项识别/核算的方法来判断。如在《挥发性有机物无组织排放控制标准》(GB 37822—2019)、《合成树脂工业污染物排放标准》(GB 31572—2015)和《石油化工工业污染物排放标准》(GB 3157—2015)等国家标准中定义 VOCs 为参与大气光化学反应的有机化合物,或者根据规定的方法测量或核算确定的有机化合物。

(2) VOCs 的危害

VOCs 的危害性主要表现为以下方面。

1) VOCs 具有光化学氧化性,作为前驱体与 NO_x 反应生成臭氧,进而形成大气光化学烟雾;还可与大气中的 O_3、·OH 等氧化剂进行光氧化反应,生成饱和蒸气压较低的产物,经进一步氧化、成核、凝结等过程形成二次有机气溶胶(SOA),是大气 $PM_{2.5}$ 的重要来源;部分 VOCs

还可光解产生原子氧和含氧自由基，能促进 O_3 的生成，是 O_3 的前体物。

2) 卤代烃类 VOCs 能破坏臭氧层，导致形成臭氧空洞，使地面紫外线作用增强；VOCs 具有强温室效应，如甲烷，其温室效应是 CO_2 的 23 倍。

3) 大多 VOCs 属易燃、易爆类化合物，给企业生产带来安全隐患。

4) VOCs 具有恶臭、毒性和致癌性等性质，如硫醇类、氨、硫化氢、二甲基硫、三甲胺、甲醛、苯乙烯和酚类等具有恶臭气味；甲苯、苯、乙醛和甲醇等对人体的多种器官均有毒害作用，如甲苯对人体中枢神经系统、肾脏和肝脏等均有致毒作用；多环芳烃、芳香胺、树脂化合物、醛和亚硝胺等对有机体也具有致癌作用。

(3) VOCs 分类

根据物理结构，VOCs 可分为开链化合物(或脂肪族化合物，分子链是张开的)、脂环化合物(分子链呈环状)、芳香族化合物(单、双键交替连接的六碳原子环状结构)及杂环化合物(环上原子除碳外还有其他原子参加构成)等四大类。依据挥发性大小可分为低挥发性有机化合物、半挥发性有机化合物和与颗粒物相关的非挥发性有机化合物。

7.1.2 有机废气的来源

VOCs 有自然形成和人为排放两种来源。

自然源包括植物生长过程中的释放、土壤微生物的产生、火山活动相关过程、有机物和生物质燃烧及森林大火等。

人为排放源按存在形式分为固定源、流动源和无组织排放源三类。固定源包括化石燃料燃烧、溶剂(涂料、油漆)的使用、废弃物燃烧、石油存储和转运及石油化工、钢铁工业、金属冶炼的排放；流动源包括机动车、飞机和轮船等交通工具的排放，以及非道路排放源的排放；无组织排放源包括生物质燃烧、餐馆油烟污染及汽油、油漆等溶剂挥发。

人为排放源按行业分可分为工业源、农业源等，其中工业源是人为 VOCs 排放的主要来源，大多来自以煤、石油、天然气为燃料或原料的工业，或者与之有关的化工企业，按其排放特性分为溶剂产品使用源、化工产品生产源、废物处理源和存储输送源 4 类，其典型的排放过程如表 7-1 所示。工业常见的含 VOCs 的废气在化工生产过程中的排放流程如图 7-1 所示。

表 7-1 工业 VOCs 源类型与典型排放过程

工业 VOCs 源类型	涉及的典型排放过程
溶剂产品使用源	汽车、船舶、摩托车、塑料制品、金属制品、电子器件、家具、木制品喷涂；皮革制品上胶；纸张印刷、包装材料印刷；电子器件清洗等
化工产品生产源	合成塑料、合成橡胶、合成纤维生产；涂料、香料香精、化学农药等有机产品生产；天然橡胶炼胶、轮胎制造；医药合成、蒸酚、水解、醚化、羰化、成盐脱水等工艺
废物处理源	处理石油、化工和医药行业污水的调节池、隔油池、浮选池、曝气池、泵站等设施
存储输送源	石油、化工、医药行业原料或产品存放过程中的泄漏；物料输送或转移过程中的挥发

工业 VOCs 由于占比大，随着经济社会的发展，其排放控制越来越受到重视，需要重点关注的 VOCs 重污染行业如下。

(1) 合成革行业

合成革即合成聚氨酯成分的表皮，能够替代资源缺乏的天然皮革，为箱包、服装、家具等行业提供原材料。我国的合成革行业发展迅速，拥有巨大潜力。合成革干法生产工艺包括三组分溶剂(甲苯、二甲基甲酰胺、丁酮)工艺和二组分溶剂(二甲基甲酰胺、丁酮)工艺，主要的 VOCs 污染物有二甲基甲酰胺、甲苯、丁酮甲乙酮、乙酸乙酯、乙酸丁酯等。

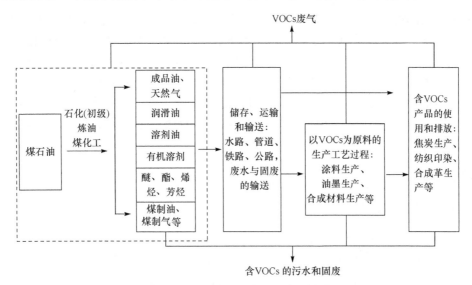

图 7-1　VOCs 在化工生产过程中的排放流程

(2) 包装印刷行业

包装印刷是印刷行业的重要组成部分。目前我国包装印刷工艺根据印版类型，可分为平版印刷、凸版印刷、凹版印刷、孔板印刷和其他印刷五种。印刷过程中由于油墨和有机溶剂的使用会产生大量 VOCs 废气，废气的具体组分、特征主要与生产产品种类及具体要求有关。

(3) 橡胶制品行业

橡胶制品是指以橡胶为原材料加工制得的成品，橡胶制品行业是国民经济最重要的基础产业之一。橡胶制造过程中产生的废气除去粉尘外，主要是硫化物和 VOCs。

橡胶制品生产所用原料主要有生胶、配合剂及作为骨架材料的纤维和金属材料等。生胶包括天然橡胶和合成橡胶(硅橡胶、丁苯橡胶、顺丁橡胶、异戊橡胶等)。配合剂是为了改善橡胶的某些性能而加入的辅助材料，按照功能可分为硫化剂、硫化促进剂、防老化剂、防焦剂、增塑剂等。配合剂有数千种，成分复杂。这些材料经过塑炼、混炼、压延压出、硫化、成型等工序后最终得到橡胶成品，在此过程中，由于高温高压，原料中的有机成分挥发或裂解，产生大量恶臭废气。

(4) 工业涂装行业

工业涂装行业的 VOCs 排放主要是涂装工艺过程的排放。涂装工艺广泛应用于机械、电子设备、家电、汽车、船舶、家具等行业，涂料的组成包括成膜物质、颜料、填料、溶剂和其他助剂，在喷漆作业时还要配上稀释剂，喷涂产生的 VOCs 主要来源于溶剂和稀释剂。以汽车喷涂行业和漆包线行业为例，在汽车的生产过程中，主要在涂装工序会因为各类油漆喷漆、晾置、烘干等产生大量废气。漆包线行业随着我国电机电器、电子仪表、电子信息、通信等行业发展，其需求量迅速增加，该产品由导体和绝缘层两部分组成，裸线经退火软化后，再经过多次涂漆、烘焙而成。漆包线制造过程要使用大量有毒有害溶剂和稀释剂。

7.2 有机废气污染治理技术

VOCs 污染的控制可分为源头控制和末端治理。源头控制主要包括高性能环保产品的替代、工艺改革和蒸发逸散控制三方面措施。受技术和经济等条件制约，源头控制措施并不能完全控制 VOCs 的排放，因此必须采用末端治理措施来控制 VOCs 的排放。末端治理技术又分为两类：一类是销毁法，即通过氧化、分解的手段破坏 VOCs 的结构，生成低毒、无毒产物的方法，包括热氧化法、催化燃烧法、光催化法和生物法等；另一类是不破坏 VOCs 的分子和物化特性，单纯地采取物理吸收、吸附和分离的回收法，主要包括吸附法、吸收法、冷凝法和膜分离法等。

7.2.1 热氧化法

7.2.1.1 VOCs 燃烧的基础理论

(1) VOCs 燃烧的速率方程和去除效率

碳氢化合物(HC)的预混燃烧，其燃烧方程式如下：

$$C_xH_y + (b)O_2 + 3.76(b)N_2 \longrightarrow xCO_2 + (y/2)H_2O + 3.76(b)N_2 \tag{7-1}$$

式中，C_xH_y 为任何碳氢化合物的通式；$b = x + y/4$，每摩尔 CH 所需氧的化学计量数；3.76 为每摩尔氧对应空气中氮的摩尔数。

然而，VOCs 燃烧的反应历程通常不是如式(7-1)显示的总反应过程，通常需要经历一系列复杂基元反应。对于如下基元反应：

$$A + B \longrightarrow C \tag{7-2}$$

$$r_A = r_B = -r_C = kC_AC_B \tag{7-3}$$

式中，r_A、r_B 和 r_C 分别为 A、B 和 C 的反应速率；k 为反应速率常数。式(7-3)所示的表达式也称为质量作用定律。

以 CH_4 燃烧为例，CH_4 燃烧需要经过多个基元反应历程，通常将 CH_4 的燃烧反应写成如下表达式：

$$C_xH_y + \left(\frac{x}{2} + \frac{y}{4}\right)O_2 \longrightarrow xCO + \left(\frac{y}{2}\right)H_2O \tag{7-4}$$

$$xCO + \left(\frac{x}{2}\right)O_2 \longrightarrow xCO_2 \tag{7-5}$$

则

$$r_{HC} = -k_1C_{HC}C_{O_2} \tag{7-6}$$

$$r_{CO} = xk_1C_{HC}C_{O_2} - k_2C_{CO}C_{O_2} \tag{7-7}$$

式中，k_1 和 k_2 为化学反应的表观速率常数。

对于过量氧气存在情况下的燃烧反应，则有

$$r_{HC} = -k_1C_{HC} \tag{7-8}$$

$$r_{CO} = x k_1 C_{HC} - k_2 C_{CO} \tag{7-9}$$

$$r_{CO_2} = k_2 C_{CO} \tag{7-10}$$

对于燃烧反应，燃烧的温度、停留时间和混合程度(3T)均十分重要。其表达式如下：

$$\tau_c = \frac{1}{k} \tag{7-11}$$

$$\tau_r = \frac{V}{Q} = \frac{L}{u} \tag{7-12}$$

$$\tau_m = L^2 / D_e \tag{7-13}$$

式中，τ_c 为化学反应时间；τ_r 为停留时间；τ_m 为混合时间；V 为反应区体积，m^3；Q 为体积流速(加力温度下)，m^3/s；L 为反应区长度，m；u 为加力气速，m/s；D_e 为有效(湍流)扩散系数，m^2/s。

1889 年，阿伦尼乌斯建立了速率常数与温度之间的定量关系式：

$$k = A e^{-E/RT} \tag{7-14}$$

式中，E 为活化能，cal/mol；A 为指前因子，s^{-1}；R 为理想气体定律常量，$1.987 cal/(mol \cdot K)$；T 为热力学温度，K。

其中，指前因子 A 可通过如下方式计算：

$$A = \frac{Z' S y_{O_2} P}{R'} \tag{7-15}$$

式中，Z' 为碰撞率因子；S 为空间因子；y_{O_2} 为燃烧室中的摩尔氧分数；P 为绝对压力，atm；R' 为摩尔气体常量，$0.08205 L \cdot atm/(mol \cdot K)$。

对于烷烃、烯烃和芳烃，空间因子 $S=16/M_W$，其中 M_W 为 HC 的分子量；活化能 $E= -0.00966 M_W + 46.1$。已知 A 和 E，可通过式(7-14)计算出反应的表观速率常数。

在等温塞流反应器(isothermal plug flow reactor，PFR)中，去除效率(η)、速率常数(k)和停留时间(τ_r)的关系如下式所示：

$$\eta = 1 - \frac{C_{HC_{out}}}{C_{HC_{in}}} = 1 - e^{-k\tau_r} \tag{7-16}$$

(2) 混合气体的爆炸极限

燃烧是伴有光和热产生的剧烈的氧化反应，为了使这种氧化反应能够在燃烧室的每一处进行彻底，混合气体中可燃组分的浓度必须在一定的浓度范围之内，以形成火焰，维持燃烧，该浓度范围就是可燃浓度范围，也称为爆炸浓度范围。爆炸浓度范围的最低和最高的两个浓度界限值分别称为爆炸下限(LEL)和爆炸上限(UEL)。当空气中可燃物的量低于爆炸下限时，可燃物不会燃烧，也就不会发生爆炸；而当空气中可燃物的量高于爆炸上限时，则由于缺乏足够的氧气也同样不会燃烧爆炸。常见有机蒸气的爆炸极限如表 7-2 所示。

表 7-2　有机蒸气爆炸极限

有机蒸气	爆炸极限		有机蒸气	爆炸极限	
	LEL/%	UEL/%		LEL/%	UEL/%
甲烷	5.0	15	甲醛	7.0	73.0
丙酮	2.0	13	正丁醇	3.7	10.2
苯	1.2	8.0	三氯乙烯	9.7	12.8
甲苯	1.3	7.8	一氯甲烷	8.2	18.7
二甲苯	1.1	6.4	乙酸甲酯	2.2	11.4
汽油	1.2	7	甲醇	6.7	36.5

在有机物废气热力氧化系统中，用得较多的是 LEL 数据，这是因为所处理的 VOCs 浓度大多很低。爆炸极限本身并不是一个定值，它与混合气体的温度、压力及湿度有关。此外，还与混合气体的流速、设备的形状有关。对于几种有机蒸气与空气混合的爆炸极限，可按下式进行计算：

$$A_m\% = \frac{100}{\sum \dfrac{a_i}{A_i}}\% \qquad\qquad (7\text{-}17)$$

式中，a_i 为气体组分 i 的体积分数；A_i 为混合气体中组分 i 的爆炸极限；A_m 为混合气体的爆炸极限。

7.2.1.2　直接燃烧法

直接燃烧也称直接火焰燃烧，该法基于有机物可以燃烧氧化的特性，使 VOCs 气体在足够高温度、过量空气、湍流的条件下，在燃烧室内进行完全燃烧，并最终分解为 CO_2 和 H_2O，其目的是将废气中的可氧化组分转化为无害物质。直接燃烧要求用于净化可燃有害组分浓度较高的废气，或者是用于净化有害组分燃烧时热值较高的废气，因为只有燃烧时放出的热量能够补偿散向环境的热量时，才能保持燃烧区的温度，维持燃烧。多种可燃气体或多种溶剂蒸气混合存在于废气中时，也可直接燃烧。如果可燃组分的浓度低于爆炸下限，可以加入一定数量的辅助燃料如天然气等来维持燃烧；如果可燃组分的浓度高于爆炸上限，则可以混入空气后燃烧；但是，如果可燃组分的浓度处于爆炸上下限的中间，即爆炸极限范围之内，则采用直接燃烧是不合适的，因为会导致火焰沿着废气管道向后燃烧，从而导致气体在管道内的爆炸。一般安全的直接燃烧法，废气中有机物的浓度应在爆炸下限的 25% 以内。图 7-2 为直接燃烧法净化烘喷漆废气的流程图。

炼油厂和石油化工厂由于原料车间和后加工车间之间缓冲罐容量有限，原料气供求不平衡，迫使其短期排放；裂解装置开车期间，由于产品不合格而排放；由于事故、泄漏、管理不善等原因造成的排放，成为炼油厂和石油化工厂的高浓度低碳排放气。由于这些可燃气体常汇集到火炬烟囱燃烧处理，因而又称为"火炬气"。火炬燃烧虽是炼油和石油化工生产中的一个安全措施，但同时也造成了能源和资源的巨大浪费；而且，火炬产生的黑烟、噪声，以及燃烧不完全时产生的异常气味对周围环境造成了二次污染。

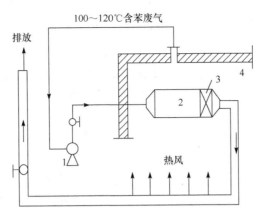

图 7-2　直接燃烧法净化烘喷漆废气流程
1. 风机；2. 燃烧炉；3. 瓷环；4. 烘箱壁

近年来，国内外大力开展火炬气的综合利用工作。国内许多工厂建立了瓦斯管网，把火炬引入锅炉、加热炉燃烧，节省了大量燃料，消灭了火炬。

7.2.1.3　热力燃烧法

热力燃烧的机理大致可以分为以下三个步骤。首先，辅助燃料的燃烧以提高热量；其次，废气与高温燃气混合；最后，废气中可燃组分发生氧化反应，在此过程中需要保证废气于反应温度时所需的驻留时间。流程图如图 7-3 所示。

在整个热力燃烧过程中，是否用废气作为助燃气体，要视废气中含氧量的多少而定，当废气中的含氧量足够燃烧过程中的需氧量时，可以使部分废气作为助燃气体；当不够时，则应以空气作为助燃气体，废气全部旁通。此外，辅助燃料用量的多少与废气的初始温度有很大关系。如废气的初温低，消耗的辅助燃料就多；初温较高，消耗的辅助燃料就少。因此，在工程设计中，利用燃烧过程中产生的预热废气可以节约大量的辅助燃料。

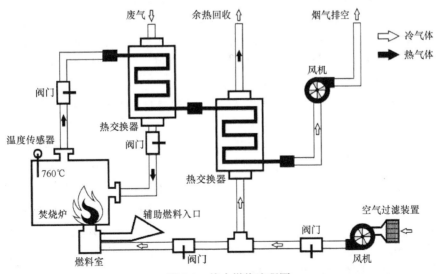

图 7-3　热力燃烧流程图

7.2.1.4 蓄热燃烧技术

(1) 蓄热原理

蓄热燃烧技术(regenerative combustion technology，RCT)是一种重要的热力燃烧技术，该技术采用高热容量的陶瓷蓄热体，以直接换热方式将燃烧产生的热量蓄积在蓄热体中，然后由高温蓄热体直接加热待处理废气，维持燃烧器内较高的温度水平。

RCT 通过一个蓄热燃烧器来实现。蓄热器是一种内部装有蓄热填充材料的换热器，冷热气体交替地通过这种填充材料，并将热量暂存其中。在蓄热器中通常填充具有良好耐高温的陶瓷材料作为蓄热体，蓄热体的结构和形状与化工过程中常用的陶瓷材料一样分为散堆填料和规整填料。在燃烧室内设有辅助燃烧器，可以用油和天然气作为燃料。辅助燃烧器的作用是在装置启动时将蓄热体加热到一定的温度，或在废气中可燃有机质浓度较低时补充燃料来达到燃烧反应温度。以两室蓄热反应器为例，其示意图如图7-4所示。目前两室蓄热反应器应用十分普遍，例如，当燃料废气中的有机物浓度很低($0.1 \sim 1g/m^3$)时，可以达到排放标准。此外，采用新型和快速的切换阀可降低对排放气体净化程度的影响。通常两室蓄热热力燃烧器的净化效率可达 96%～97%。

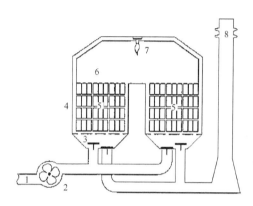

图 7-4 两室蓄热反应器示意图

1. 引风管；2. 主风机；3. 提升阀；4.RTO 炉体；5. 陶瓷蓄热体；6. 燃烧室；7. 炉头；8. 烟囱

RCT 技术广泛应用于有机废气净化领域，已有 40 多年的应用历史，其优点有：①装置的使用寿命较长；②几乎可以处理所有的有机废气，适用于废气中的 VOCs 组成复杂和浓度较低的情况；③适用于风量大、低浓度有机废气的处理，处理废气流量的弹性大；④对废气中的颗粒物和含尘量不敏感；⑤净化效率较高，在所有热力燃烧净化法中效率最高(>95%)；⑥在合适的浓度条件下无需添加辅助燃料而实现自供热操作；⑦维护工作量少，操作安全可靠，装置的压力损失小。RCT 反应器的缺点是：装置质量大，容积大，需要尽可能地连续操作，一次性投资费用相对较高，不能彻底净化处理含硫、含氮、含卤素的有机物等。

(2) 蓄热燃烧装置的分类

除上述的两室蓄热反应器，蓄热燃烧装置按蓄热体床层数量还可分为单室和多室反应器。

单室反应器指的是将蓄热体装在一个设备内，只用一台设备来完成有机废气的净化操作。将蓄热体床层分为上下或左右两部分通过切换气流来加热或冷却蓄热体。相对于多床层而言，单室反应器结构紧凑，占地面积小，一般用于小到中等废气量的处理。单室反应器按静止和运动分为固定式和旋转式，按燃烧室位置可分为中央燃烧室和顶部燃烧室，常用的形式为顶部燃烧室。无论哪种结构的蓄热反应器，必定都会使冷热流体交替通过蓄热体床层。

目前大型蓄热燃烧反应器大多由三个蓄热室组成，三室反应器能将有机废气净化到很低的排放限值。在蓄热燃烧反应器中提高有机废气净化效率的方法有两种：一种是延长循环时间，但会使效率降低；另一种是增加一台冲洗用的蓄热室，即采用三室 RTO 装置。三室反应器的操作原理是：当第一台蓄热室被冷却而废气被预热时，第二台蓄热室正处于被净化气加热的阶段，而第三台蓄热室则在冲洗周期。当一个循环后，废气总是进入到上一个循环排除净化气的蓄热室，而原来进入废气的蓄热室则用净化气冲洗，并将残留的未反应废气送入反应室进行氧化，然后与净化气一起从冲洗过的蓄热室排出，如图 7-5 所示。从经济角度而言，在符合环保法规的前提下，尽量利用蓄热室少的反应器，这样不仅可减少燃烧室部分的投资，还可降低控制系统的复杂性。

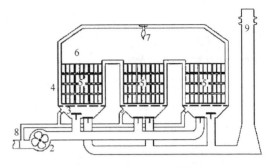

图 7-5　三室反应器示意图

1. 引风管；2. 主风机；3. 提升阀；4.RTO 炉膛；5. 陶瓷蓄热体；6. 燃烧室；7. 炉头；8. 吹扫回风管；9. 烟囱

按是否在蓄热体后安装催化床层还可分为 RCT 技术蓄热热力燃烧(regenerative thermal oxidizers，RTO)技术和蓄热式催化燃烧(regenerative catalytic oxidation，RCO)技术。RTO 技术通过蓄热体将有机物加热到 760℃以上，使废气中的 VOCs 氧化分解成 CO_2 和 H_2O；而 RCO 技术是有机废气通过蓄热体换热进入催化剂床层，在催化剂表面发生氧化反应，可以在较低温度(约 300℃)下将废气中的 VOCs 氧化分解。RCO 具有适合低体积分数的 VOCs 气体、净化效率高、无二噁英等二次污染、工艺能耗成本相对较低等特点。虽然 RCO 实现了在较低温度下 VOCs 的去除，但需要增加催化剂的使用成本，增加了工艺的复杂性。

RCT 通常的冲洗方法有三种。①空气冲洗。采用专用风机将新鲜空气通入蓄热室进行冲洗，适用于反应区温度很高且无热量回收要求的情况。②净化气冲洗。将排出的部分净化气引入蓄热室，将死区内未反应的废气压入反应区，适用于装置处于负压且风机位于烟囱之前的情况。③吸入进入原料废气。风机将死区内未经反应的废气吸入与原料废气一起进入装置，适用于风机正压操作，风机位于装置之间的情况。

7.2.2　催化燃烧法

催化燃烧法自 20 世纪 40 年代问世以来，由于操作温度低、易燃烧完全和 VOCs 去除率高，成为目前最有应用前景、环境友好的较低浓度有机废气处理方法之一。催化燃烧法即利用催化剂的深度催化氧化能力，将有机组分在燃点以下的温度(250～400℃)与氧化合，发生完全氧化反应，生成无毒的 CO_2 和 H_2O 的方法。

(1)催化燃烧机理

在催化剂存在下，当 VOCs 发生氧化时主要发生如下反应：

$$C_mH_n(VOCs) + O_2 \longrightarrow CO_2 + H_2O + Q \tag{7-18}$$

式中，m、n 为整数；Q 为反应放出的热量。反应温度为 200～400℃。

在上述反应中，由于废气中的有机物与氧反应，生成了无害的 CO_2 和 H_2O，从而达到了治理有机废气的目的。相比于非催化直接燃烧反应中较高的反应温度(600～800℃)，催化燃烧反应温度只需 300℃左右，因而生成的 NO_x 和硫氧化物很少，二次污染低，启动能耗低，预热所需功率低于直接燃烧所需的 60%，并能回收部分能量。由于催化燃烧过程需补充大量热量以预热气体，以达到催化剂的起燃温度，故该方法不适用于低浓度有机废气治理，此时需先吸附浓缩废气，其解吸气再用催化燃烧加以净化。

VOCs 的催化燃烧过程通常用 Mars-van Krevelen 模型描述，主要步骤为：①金属在活性氧作用下反应生成金属氧化物；②金属氧化物在 VOCs 或其中间产物的作用下被还原而重新具有了"携氧"的能力，同时 VOCs 或其中间产物被氧化分解。此模型假设当有机分子与催化剂上富氧部分相互作用时，反应才会发生。

(2) 催化燃烧用催化剂活性相

催化剂的活性相是指在催化剂中能够活化反应物分子，促进反应进行的特定部位，该部位可以是原子、原子团、离子或某种晶体缺陷。催化剂的活性相也称活性中心。催化燃烧的研究发展以催化剂为中心，为避免高温燃烧时催化剂易于烧结失活和高温易产生 NO_x 而引发二次污染，催化剂的主要发展方向是高性能低成本的过渡金属氧化物催化剂和复合氧化物催化剂。催化燃烧的主要催化剂包括贵金属催化剂、过渡金属/稀土金属氧化物催化剂和金属复合氧化物催化剂。

A. 贵金属催化剂

目前工业催化剂中应用较多的贵金属有 Pt、Pd、Au、Ru、Rh 等，其中以贵金属 Pd、Pt 为活性组分制成的催化剂具有最高催化活性，并具有耐高温、不易中毒、寿命长、适用范围广、再生工艺简单等优点。贵金属常负载于 $\gamma\text{-}Al_2O_3$ 等载体上，使贵金属活性相呈高分散状态，载体 $\gamma\text{-}Al_2O_3$ 不仅起结构支撑作用，还具有载体效应。贵金属催化剂的活性相可以是单一贵金属，也可以是两种及以上的贵金属。

贵金属催化剂的优点是具有较高的比活性、低温活性和良好的抗硫性，缺点是活性组分容易挥发和烧结，价格昂贵和资源短缺等。例如，贵金属催化剂对甲烷的起燃温度为 600℃，当反应温度达 900℃时，其转化率达 98%，可实现甲烷的催化燃烧。由于 Pd、Pt 等呈高分散态，在该反应高温(800℃)下易于烧结而失活。目前贵金属催化燃烧催化剂的相关研究，部分工作着重研制非常规催化剂载体，以提高贵金属在载体上的分散状态；而对于负载型贵金属催化剂，如何避免载体本身的烧结，获得高温热稳定催化剂，也是一个重要的问题。

B. 过渡金属/稀土金属氧化物催化剂

由于我国贵金属资源稀少，过渡金属/稀土金属氧化物催化剂的研究已成为 VOCs 催化剂开发的重要组成部分。贵金属催化剂虽性质优良，但在处理含卤素有机物或含 N、S、P 等杂原子的有机物时易失活。为降低成本并提高催化剂对毒物的耐性，人们转而研究氧化性较强的非贵金属氧化物，常用的金属有铜、铈、镉、锌、铁、镍、钒、锰、钼、钴等过渡金属或稀土金属，如 $La_{1-x}Sr_xBO_3$ (B=Mn，Fe，Co，Ni；$x=0\sim1$)催化剂，$Cu_{0.15}[CeLa]_{0.85}O_x$ 催化剂，CuO_x、FeO_x、MnO_x、CoO_x 作为活性组分负载到 TiO_2 上制成的催化剂，负载 Cu 离子的分子筛催化剂等。

C. 金属复合氧化物催化剂

为克服单一金属氧化物催化的缺点，金属复合氧化物催化剂兴起。金属复合氧化物指两种以上金属(包括两种以上氧化态的同种金属)共存的氧化物，由于复合氧化物之间存在结构或电子调变等相互作用，更利于氧化物之间的电子转移而使活性增加。与单一金属氧化物相比，金属复合氧化物通常具有更大的比表面积、更好的热稳定性和机械强度及更强的表面酸碱性，具有更高的活性组分分散度。CeO_2、ZrO_2 就具有极好的催化协助作用，它们作为助催化剂成分与活性较高的主催化剂共同构成的复合催化剂，表现出协同效应，能提高催化效率。复合氧化物催化剂主要有以下两类。

a. 钙钛矿型复合氧化物

此类复合型氧化物典型结构以 ABO_3 表示，属立方晶型，其活性明显优于相应的单一氧化物，且高温热稳定性较好。其结构中一般 A 为四面体形结构，多为稀土离子和碱土金属，B 为八面体形结构，多为过渡元素离子，A 和 B 形成交替立体结构，易于被取代而产生晶格缺陷，即催化活性中心位，表面晶格氧提供高活性的氧化中心，从而实现深度氧化反应。常见的化合物有 $BaCuO_3$、$LaMnO_3$、$LaFeO_3$ 等。例如，某钙钛矿型复合氧化物催化剂对甲烷进行催化，完全燃烧反应温度为 700℃，甚至相当于贵金属。

结构掺杂是提高钙钛矿型复合氧化物催化燃烧活性的一种有效方法。为改善纯 ABO_3 型的催化活性，通常辅以稀土金属形成多种替代结构缺陷，从而显著提高催化活性。已有报道该型催化剂用于汽车尾气的处理。另外，钙钛矿的比表面积小、强度低、高温容易烧结，因此引入具有热稳定作用的结构助剂或将其负载在大比表面积的活性载体上以提高活性是一种重要的改进方法。

b. 尖晶石型复合氧化物

此类氧化物典型结构以 AB_2O_4 表示，属面心立方结构。一般 A 位氧化物为正四面体，B 位氧化物结构常是 B 处于正八面体的中心与氧原子配位，弱 A、B 离子被半径相近的其他金属离子所取代可形成混合尖晶石，主要的尖晶石型催化剂以 Cu、Cr、Mn、Co、Fe 为主要活性组分。尖晶石也具有优良的深度催化氧化活性，低温活性优良，具有重要的实际意义，如对 CO 的催化燃烧起燃点落在低温区(约 80℃)，对烃类也可在低温区实现完全氧化。

以甲苯为例，其在贵金属催化剂上的燃烧温度为 650℃，而在 Cu-Mn 复合氧化物催化剂上的燃烧温度为 260℃，低温燃烧既可避免高温下催化剂的烧结问题，又能避免高温引发 NO_x 生成而导致的二次污染，因而具有重大意义。

(3) 催化燃烧用催化剂载体

催化燃烧是典型的气固相反应，大多为表面反应，因此需将活性组分负载在大比表面积的载体上，同时载体还可以增加催化剂的稳定性、选择性和活性等。选择合适的催化剂载体还可降低活性组分使用量，从而降低催化剂的成本。通常认为载体对于反应是惰性的，但有些载体也会表现出一定的催化活性。

催化燃烧所用催化剂有非金属载体(Al_2O_3、TiO_2、SiO_2、ZrO_2 或其复合物)和金属载体(如镍铬合金、镍铝合金、不锈钢等)两大类，催化剂载体多为具有大比表面的多孔材料，一般制成不定形颗粒状、网状、球状、柱状、蜂窝状、丝网状。在非金属载体中，近年来，分子筛负载型催化剂受到广泛的关注。分子筛载体包括 ZSM-5、β 分子筛、SBA-15、MCM-41 等，一些分子筛可以更好地吸附 VOCs 分子，有利于催化燃烧反应进行。此外，还有一些使用新方法制备非常规载体，如锈钢丝网、纳米气溶胶等。

(4) 催化燃烧底物

最初催化燃烧相关研究多以甲烷、一氧化碳等简单底物为主，更偏重理论研究。随着环境保护和发展的要求，链烃、芳烃以及机动车辆高温排放的 NO_x、含氯废气及各种烃的衍生物和杂环类化合物等均成为催化燃烧的研究对象。烃类中最难燃烧的化合物之一是芳烃，因此芳烃催化燃烧的研究成为目前研究的重点。烃类燃烧活性一般具有以下规律：①炔烃>烯烃>烷烃；②烷烃>芳烃；③同类烃分子中，碳原子数增多活性增加，$C_1 < C_2 < C_3$；④支链烃>直链烃。

芳烃中甲苯、乙苯和二甲苯等的相关研究最为活跃，也最具实用性，目前报道的甲苯燃烧温度可达 200℃以下。芳烃系列的活性规律如下：①单侧链型甲苯<乙苯<异丙苯；②不同数量侧链甲苯<二甲苯；③二甲苯系列中，间二甲苯<对二甲苯~邻二甲苯。可以看出，芳烃系列

中以甲苯最难燃烧,因而对其研究也具有特别重要的意义。

(5) 催化剂失活、老化、中毒和再生

催化剂失活是指在恒定反应条件下进行的催化反应的转化率随时间增长而下降的现象。催化剂老化指使用一定时间后催化剂会出现中毒或传质能力下降的现象。而催化剂中毒则是指反应原料中含有的微量杂质使催化剂的活性、选择性明显下降或丧失的现象。

VOCs 催化燃烧过程中可能产生含碳、硫、氯的副产物,会在催化剂表面产生堆积,或与催化剂活性成分发生化学反应,导致催化剂中毒失活。催化剂老化和失活的原因一般可分为以下几类:由于毒物、分解产物或固体杂质的沉积,覆盖在催化剂表面造成的失活;由于烧结或结构改变,催化剂活性表面下降造成的失活。此外,活性组分流失和价态变化也会导致催化剂失活,催化剂的再生效果取决于中毒的程度。

催化剂沉积失活再生的一般方法是使用化学物质如络合剂及中等强度的酸或碱,通过化学清洗和保养可维持催化剂的寿命 5~10 年。少量永久性的失活,可能是烧结或被选择性毒化造成的,如氯代烃类在燃烧过程中易于和贵金属、氧化物中金属组分结合形成氯化物。氯化物沸点较低、易于挥发而导致催化剂活性组分流失。一般可用 H_2 化学吸附、比表面积分析(BET)、化学分析等方法确定永久性失活的原因。

除了活性组分和载体会影响催化剂行为外,活性组分颗粒的大小,有效活性组分在载体上的分布等对催化燃烧反应有很大影响;污染物浓度,处理气量,污染物共存与否,反应条件中的水蒸气浓度等也会影响催化燃烧反应的最终结果,实际应用中应综合考虑这些影响。

(6) 催化燃烧工艺流程

根据废气预热方式及富集方式,催化燃烧工艺流程分为 3 种。

A. 预热式(通用型)

预热式是催化燃烧的最基本流程形式(图 7-6)。有机废气温度在 100℃以下,浓度较低,热量不能自给,因此在进入反应器前需要在预热混合室加热升温。然后流经催化剂床层,在床层中有机物发生氧化反应生成无害的二氧化碳和水,并放出大量热量。燃烧净化后气体在热交换器内与未处理废气进行热交换,以回收部分热量(热回收率最高可达 80%)。该工艺多用于较高浓度的 VOCs 废气处理,通常采用煤气或电加热升温至催化反应所需的起燃温度。

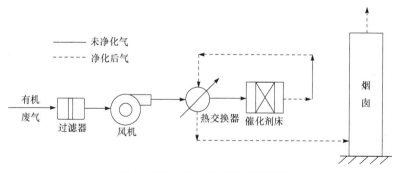

图 7-6 预热式催化燃烧工艺流程图

B. 自身热平衡式

当有机废气排出时温度高于起燃温度(330℃左右),且有机物含量较高,热交换器回收部分净化气体所产生的热量,在正常操作下能够维持热平衡,无需补充热量,通常只需要在催化燃烧反应器中设置电加热器供起燃时使用。

C. 吸附-催化燃烧综合法

该方法将吸附和催化燃烧两种净化工艺有机地结合起来，充分发挥了两种工艺突出的优点，避免并弥补了各自的缺点和不足。其特点是将吸附和催化燃烧设备组合在一起形成净化系统，工艺流程见图 7-7。VOCs 废气先通过吸附床，有机物被吸附排出净化了的气体。吸附床一般配置两台以上，轮换使用，当一台吸附床吸附的有机物达到规定的吸附量时，交换至第二台吸附床进行吸附净化操作，同时第一台吸附床进行脱附再生操作。脱附是在脱附风机的驱动下，使吸附床与催化燃烧设备成为一个循环系统。先由催化燃烧设备送出热气流引入待脱附的吸附床，使吸附的有机物脱附下来，再引入催化燃烧设备，在催化燃烧室进行催化氧化，以消除气流中的有机物。有机物催化燃烧后释放出的热量足以维持催化剂床层所要求的温度，保证有机物高效净化。由尾气放出的热气流大部分用于吸附床吸附剂的脱附再生，实现余热的利用。通过控制，可使脱附后气流中的有机物浓度较吸附操作前提高 10 倍以上，气体流量仅为总排风量的 1.10～1.20 倍。

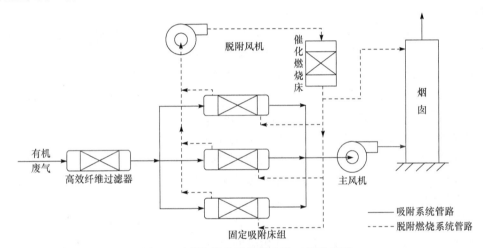

图 7-7　吸附-催化燃烧综合法工艺流程图

两种净化工艺设备的组合，使大风量、低浓度的 VOCs 废气排放变为小风量、中高浓度的有机废气净化处理，同时又可利用有机物在催化燃烧时产生的热能，因此运行费用较低。该方法所用的吸附剂有颗粒活性炭、活性炭纤维和蜂窝活性炭。在大风量条件下，为了减小设备规模，以采用床层气流阻力小的蜂窝活性炭更为适宜。对大风量、低浓度的 VOCs 废气治理，经综合核算，吸附-催化燃烧综合法的运转费用与其他方法相比是最低的。

在催化燃烧技术的研发中，筛选寻找活性强、稳定性好、新型高效的催化剂是未来的一个重要方向。由于 VOCs 废气的污染气体种类多、组成复杂、浓度差异大，对各种处理技术进行工艺优化，采用新的组合或耦合技术也是研发的重点。另外，目前大部分研究集中于单一 VOCs 的催化燃烧，而实际工业生产过程中，排放的有机废气成分复杂，存在多组分并存的现象，多种 VOCs 污染物又会相互影响其处理效果，因此研究多组分 VOCs 的催化燃烧，在环境保护领域具有重要的意义。

7.2.3　吸附法

(1) 吸附法的主要特点

吸附剂对某些组分有很大的选择性并有极强的脱除痕量物质的能力，这对于气体或液体混合物中组分的分离提纯、深度加工精制和废气废液的污染防治有重要意义。与其他方法相比，吸附法具有以下特点。

1) 可深度净化废气，有效回收有价值的有机物组分。

2) 节能，无需使用深冷、高压的手段。

3) 设备简单，易实现自动化控制。

对于低浓度有机废气的净化，采用吸附分离技术比用其他方法显现出更大的优势，得到了广泛应用，主要应用有：①溶剂回收；②气体分离；③气体储存；④空气净化；⑤脱色脱臭；⑥脱硫脱硝；⑦防毒面具(过滤嘴)；⑧痕量物质的吸附分离精制。

吸附剂的缺点是：吸附剂吸附容量低，一般只有 40%左右，因此必须频繁进行吸附、解吸和再生操作，此外回收溶剂需要一套后续装置，并根据不同溶剂采用不同的处理方法。由于吸附剂对被吸附组分(常称为吸附质)吸附容量的限制，吸附法最适于处理中低浓度废气，对污染浓度太高的废气一般不采用吸附法治理。

(2) 常用 VOCs 吸附剂

吸附剂的吸附能力与其物理性质有关。吸附剂的比表面积越大吸附能力就越强，而吸附剂的孔隙率、孔径大小及分散度等，会直接影响比表面积的大小。

一般来说，只有具备下列条件的吸附剂才有实际工业应用的价值。

1) 具有大的比表面积。工业应用的吸附剂如活性炭、分子筛、硅胶等，都是具有许多细孔巨大内表面积的固体，其比表面积为 600～700m²/g。

2) 吸附剂对被吸附的吸附质要具有良好的选择性。

3) 吸附剂要具有良好的再生性能。可再生的吸附剂不仅可以重复使用，而且减少了对废吸附剂的处理问题。在工业上用吸附法分离和净化气体的经济性和技术可行性，在很大程度上取决于吸附剂能否再生。

4) 吸附剂要有良好的机械强度、热稳定性及化学稳定性，具有良好的吸附动力学性质。

目前 VOCs 净化中常用的吸附剂有无机吸附剂和有机吸附剂两类。应用较多的是无机吸附剂，主要有活性炭(如颗粒活性炭、蜂窝活性炭和活性炭纤维)、分子筛(如颗粒分子筛、分子筛成型体蜂窝和分子筛涂覆材料)、多孔黏土矿石、活性氧化铝、颗粒硅胶、沸石等。有机吸附剂主要是高聚物吸附树脂和金属有机骨架材料。常见吸附剂的特性数据如表 7-3 所示。

表 7-3　常见吸附剂的特性数据

吸附剂	比表面积/(m²/g)	空隙体积/(cm³/g)	堆积质量/(kg/m³)	吸附剂	比表面积/(m²/g)	空隙体积/(cm³/g)	堆积质量/(kg/m³)
活性炭	1000～1500	0.5～0.8	300～400	活性焦	>100	0.3～0.4	300～400
硅胶	600～800	0.3～0.45	700～800	分子筛	500～1000	0.25～0.4	600～900

A. 活性炭

活性炭是应用最早、用途较广的一种优良吸附剂，由煤、木材、木屑、水果核、椰子壳等炭化制成。将以上各种含碳物质干馏炭化，再用热空气或水蒸气处理使其活化，制成丸状或粒状而得到。炭化温度一般低于 873K，活化温度为 1123～1173K。活化剂一般是水蒸气或热空气。近年来，也有用氯化锌、氯化镁、氯化钙及硫酸等化学药品作为活化剂的工艺。活性炭是孔穴十分丰富的吸附剂，比表面积为 600～1400m²/g。活性炭比表面积大，具有优异的吸附能力，其用途几乎遍及各个工业领域，可用于溶剂蒸气的回收、烃类气体提浓分离、动植物油的精制、空气或者其他气体的脱臭、水和其他溶剂的脱色等。活性炭对回收溶剂蒸气尤其有效。

B. 硅胶

硅胶是工业上常用的一种吸附剂，是一种坚硬多孔的固体颗粒，一般为 0.2~7mm 的粒状或球状体，分子式为 $SiO_2 \cdot nH_2O$。硅胶的制备方法是将水玻璃(硅酸钠)溶液用酸处理，然后将得到的硅凝胶老化、水洗，在 368~403K 下经干燥脱水制得。实验室用硅胶是经干燥脱水并加入钴盐作指示剂，无水时呈蓝色，吸水后变为淡红色。硅胶吸水容量很大，从气体中吸附的水分量最高可达硅胶自身质量的 50%。吸水后的饱和硅胶可通过加热方法(573K)将其吸附的水分脱附，得到再生。在工业上硅胶多用于气体的干燥和从废气中回收价值较高的烃类气体。

C. 活性氧化铝

活性氧化铝是将含水氧化铝在严格控制升温条件下加热到 737K，使之脱水而制得，具有多孔结构和良好的机械强度。活性氧化铝比表面积为 200~250m²/g，对水分有很强的吸附能力，主要用于气体和液体的干燥、石油气的浓缩和脱硫，近年来还用于含氟废气的治理。

D. 沸石分子筛

此类物质具有一定的孔穴直径，比孔穴直径小的气体分子可进入孔穴内被吸附，比孔穴直径大的气体分子则不能被吸附，从而起到筛分分子的作用，故称分子筛。具有分子筛作用的物质有很多，如沸石、碳分子筛、微孔玻璃、有机高分子或某些无机物膜等。其中沸石分子筛应用最广。沸石分子筛主要是指人工合成的泡沸石，它属于多孔性的硅酸铝骨架结构。每一种分子筛都具有均匀一致的孔穴尺寸。其孔径的大小相当于分子(或离子)的大小。不同型号的沸石分子筛有不同的有效孔径。

我国于 1959 年首次合成 A 型、X 型、Y 型沸石分子筛并迅速投入生产。目前使用较多的吸附剂包括 NaY、Hβ、ZSM-5、SBA-15、MCM-41 等。总的来说，分子筛材料已被广泛用于对 VOCs 的吸附。不同类型的分子筛对 VOCs 的吸附效果不同，这就要求对分子筛进行化学修饰和改性，提高对 VOCs 的去除效果。

E. 黏土

黏土因比表面积较大、孔结构和成本低廉而得到广泛应用。海泡石、坡缕石等比表面积相对较大的黏土矿物可直接应用于气体吸附。膨润土是一种以蒙脱石为主要成分的黏土矿物，具有较大的比表面积和阳离子交换容量。表面活性改性后的有机膨润土吸附有机污染物的性能显著提高，经不同表面活性剂改性制备的有机膨润土对吸附质具有选择性。

F. 金属有机骨架材料

金属有机骨架(MOFs)材料是近十几年发展起来的一类新型材料。由于具有比表面积高及化学性质稳定等特点，在环境有害有机气体吸附方面的应用得到科研人员的广泛研究。研究较多的吸附 VOCs 的 MOFs 材料包括 MOF-5、MIL-101 和 MOF-177 等。MOFs 材料对特定 VOCs 有独特的吸附效果，如 ZIF-8/PDVB 型 MOFs 吸附剂对甲苯、乙酸乙酯均具有优良的吸附性能，这类吸附剂可用在特定的 VOCs 处理场合。

G. 有机吸附剂

有机吸附剂主要是指高聚物吸附树脂。高聚物吸附树脂是指一类多孔性的、高度交联的、并以吸附为特点，对有机物有浓缩、分离作用的高分子聚合物。吸附树脂主要分为凝胶型和大孔型，目前使用广泛的是大孔型吸附树脂。随着大孔离子交换树脂的出现，大孔吸附树脂得到了发展。在吸附性能上吸附树脂与活性炭很相似，大多可以定量吸附，重复使用。而活性炭虽然吸附性能很好，可是再生往往很困难。目前已有的商品吸附树脂品牌有 200 多种，并且还在不断增加。按照树脂的表面性质，吸附树脂一般分为非极性、中极性、极性和强极性四类。

(3) 影响吸附的因素

吸附时气体分子自由度减少，从而降低吸附系统的熵。按热力学第二定律，系统熵的降低是由向环境给热得到补偿，因此原则上吸附是放热过程。一般平衡吸附量随温度的降低和分离气体组分分压的增加而增加，且与吸附剂的表面积大小成正比。影响吸附的主要因素有：比表面积、颗粒和孔径大小分布、晶格和晶格结构缺陷、湿润性、表面张力及气相和吸附层中分子之间的相互作用力。

(4) VOCs 吸附净化技术

VOCs 吸附净化技术即将 VOCs 通过吸附剂吸附下来，再通过一定的方法解吸并收集处理高浓度 VOCs，达到 VOCs 净化脱除的目的。VOCs 吸附净化技术随着新吸附剂的开发而不断发展。20 世纪 50 年代以前，因为吸附剂的种类少，仅有藻土、活性炭等少数几种，吸附性能差，选择吸附能力低，只限于脱色、除臭、除硫和防潮。由于吸附容量小，吸附剂的用量很大，而吸附剂的机械强度低，物料输送困难，难以实现大规模工业化和连续操作。吸附分离仅用于小型防毒用具，或在一些辅助设备中间歇操作使用。60 年代以后，由于能源危机的迫切需要和环境污染治理要求越来越高，化工分离技术日益得到重视。在这一时期，合成材料研究取得新的进展，性能优良的吸附剂开发成功，并得到持续改进。继 A 型和 X 型沸石后，合成了 Y 型吸附分子筛和丝光沸石，开发了具有特殊性能的 ZSM 系列合成沸石和其他非铝硅沸石。活性炭吸附剂得到不断改善，活性炭纤维、碳分子筛和大孔吸附树脂相继研究成功。由于生产的需要和优良吸附剂研究方面的成功，连续操作的大型吸附分离工艺在 60 年代取得突破。

典型的 VOCs 废气吸附净化流程如图 7-8 所示。有机废气首先通过左侧的固定床，废气中的有机物被吸附，净化后的气体从固定床上部排放。当床层吸附达到饱和时，将废气通入右侧的固定床，而左侧固定床通入蒸气使吸附剂再生，脱附下来的 VOCs 气体从下部排出，进行后续处理。经过再生的左侧固定床待用，当右侧床层吸附饱和时，将废气通入左侧床层，右侧再生。两台吸附床轮流吸附再生，使得气体吸附操作连续进行。

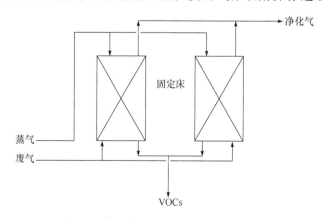

图 7-8　典型的 VOCs 废气吸附净化流程

(5) 吸附剂的再生方法

脱附是创造与低负荷相对应的条件，引入物质或能量使吸附质分子与吸附剂之间的作用力减弱或消失，除去可逆吸附质。传统的脱附方法有水蒸气、热气体脱附法，变压脱附法，溶剂置换法，近年来又出现了电热解吸法、微波辐照法、超声波再生法、活性炭吸附法等新兴脱附方法。

A. 水蒸气、热气体脱附法

该方法适于脱附沸点较低的低分子碳氢化合物和芳香族有机物。水蒸气或热气体通入使得吸附床层温度升高，吸附量下降，达到脱附目的。水蒸气脱附法的优点是：水蒸气热焓高且易得，经济性、安全性好。缺点是对于高沸点物质的脱附能力较弱，脱附周期长，易造成系统腐蚀，对材料性能要求高；回收物质的含水量较高时，解吸易于水解的污染物时会影响回收物的品质；水蒸气脱附后，吸附系统需要较长时间的冷却干燥才能再次投入使用，还存在冷凝水二次污染的问题。相较于水蒸气脱附，热气体脱附的冷凝水二次污染很少，回收到的有机物含水量低，其缺点是气体热容量较小，气体热交换所需面积相对较大，如果直接采用热空气解吸，可能存在一定的危险性，而且氧的存在会影响回收物质的品质。

B. 溶剂置换法

该方法以药剂洗脱和超临界流体再生法为代表。通过改变吸附组分的浓度，使吸附剂解吸，然后加热排除溶剂，使吸附剂再生。药剂洗脱法适用于脱附高浓度、低沸点的有机物，使吸附质与适宜的化学药品反应，让活性炭再生，针对性较强，往往一种溶剂只能脱附某些污染物，应用范围较窄。所用有机溶剂价格高，有些具有毒性，会带来二次污染，吸附剂再生不彻底。超临界流体再生法以超临界流体作为溶剂，将吸附在吸附剂上的有机污染物溶解于超临界流体中，再利用流体性质与温度和压力的关系，将有机物与超临界流体分离，达到再生目的，一般使用 CO_2 作为萃取剂。该方法操作温度低，不改变吸附物的物理、化学性质和活性炭的原有结构，活性炭基本无损耗，便于收集污染物，有利于吸附质的重新利用，切断二次污染，可实现连续操作，再生设备占地小，能耗少，但该技术仍需要进一步验证。

C. 电热解吸法

利用吸附材料的导电性，向吸附饱和后的吸附剂施加电流，利用焦耳效应生热，为解吸提供能量。目前，有两种方式产生电流：电极直接产生电流和电磁感应间接产生电流。与传统变温解吸法相比，电热解吸法再生气体流量可以减少 10%～20%，效率高，能耗低，处理对象所受局限较少。但是直接加热时会出现过热点，影响吸附床层温度的控制，难以放大。

D. 微波辐照法

吸附剂吸收微波获得能量用于脱附。微波加热速度快，只需常规方法 1/100～1/10 的时间就可以完成，且加热均匀，只对吸收微波的物料有加热效应，能耗低，设备、操作简单，再生效率高，便于自动化控制。但是由于微波加热过程是封闭的，脱附物质不能及时排除，对再生效果会产生一定影响。

E. 超声波再生法

不同学者对超声波解吸的机理有不同的解释。有学者认为声空穴产生的高速微型射流和高压冲击波导致吸附质解吸；有的认为超声波的热效应加速吸附质的解吸；而还有学者认为超声波与不同相界面或其他超声波波峰相遇时，会产生巨大的压缩力，随着波的反弹形成一个个微小的 "空化泡"，"空化泡" 爆裂时爆炸点的温度和压力陡然上升，可以将能量传递给被吸附物质，加剧其热运动，从吸附剂表面脱离。由于超声波只是在局部施加能量，因而能耗较小，炭损失小，工艺设备简单。

　　F. 活性炭吸附法及再生流程

　　常用的活性炭吸附剂类型有蜂窝活性炭、颗粒活性炭和活性炭纤维。活性炭通常不适用于吸附大分子化合物，如石脑油、DMF(二甲基甲酰胺)、吲哚啉及一些大分子染料中间体、制药中间体、农药中间体等。而对于小分子化合物如 4 个 C 以下的脂肪烃，活性炭的吸附能力差，通常也不适用于活性炭吸附净化法。蜂窝活性炭是将活性炭掺杂一定的黏合剂(如黏土、高岭土、海泡石等)挤压成型。目前市场上的蜂窝活性炭的比表面积一般为 400～600m²/g；吸附速率和脱附再生速度都较慢，只适用于低浓度的 VOCs 废气净化。

　　用活性炭吸附法净化有机废气时，流程中通常包括以下几点。①预处理部分。预先除去进气中的固体颗粒物及液滴，并降低进气温度(如有必要的话)。②吸附部分。通常采用 2～3 个固定床吸附器并联或串联操作。③吸附剂再生部分。最常用的是水蒸气脱附法使活性炭再生。④溶剂回收部分。不溶于水的溶剂可与水分层，易于回收。水溶性溶剂需采用精馏法回收。对处理量小的水溶性溶剂也可与水一起掺入煤炭中送锅炉烧掉。表 7-4 列出了部分适用再生式吸附回收的溶剂及行业。

表 7-4　适用再生式的部分溶剂及行业

丙酮	燃料油	干洗溶剂	氯苯
黏着剂溶剂	汽油	干燥箱	粗汽油
乙酸戊酯	碳卤化合物	乙酸乙酯	油漆制造
苯	庚烷	乙醇	油漆储藏(通风)
粗苯	己烷	二氯乙烯	果胶提取
溴氯甲烷	脂肪烃	织物涂料机	全氯乙烯
乙酸丁酯	芳烃	薄膜净化	药物包囊
丁醇	异丙醇	塑料生产	甲苯
二硫化碳	酮类	人造纤维生产	粗甲苯
二氧化碳(受控气氛)	甲醇	冷冻剂(碳卤化合物)	三氯乙烯
四氯化碳	甲基氯仿	转轮凹版印刷	三氯乙烷
油漆作业	丁酮	无烟火药提取	浸漆槽(排气孔)
脱酯溶剂	二氯甲烷	大豆榨油	二甲苯
二乙醚	矿油精	干洗溶剂汽油	混合二甲苯
蒸馏室	混合溶剂	氟代烃	四氢呋喃

　　有机废气经冷却过滤降温及除去固体颗粒后，经风机进入吸附器，吸附后气体排空。两个并联操作的吸附器，当其中一个吸附饱和时则将废气通入另一个吸附器进行吸附，饱和的吸附器中则通入水蒸气进行再生。脱附气体进入冷凝器冷凝，冷凝液流入静止分离器，分离出溶剂层和水层后再分别进行回收或处理。

　　通常吸附条件如下：吸附温度为常温，吸附层床层空速 0.2～0.5m/s，脱附蒸气采用低压蒸气，约为 110℃。脱附周期(含脱附及干燥、冷却)应小于吸附周期，若脱附周期等于或大于吸附周期，则应采用三个吸附器并联操作。

7.2.4　吸收法

吸收法采用低挥发或不挥发液体为吸收剂，基于废气中各组分在吸收剂中的溶解度或化学反应特性的差异，使废气中有害组分被吸收，达到净化废气的目的。在 VOCs 的处理中，吸收法因对大气量、高浓度的 VOCs 废气处理有着诸多优点而被广泛应用。常用高沸点、低蒸气压的油类等有机溶剂作为吸收剂，利用其与大部分油类物质互溶的特性，分离高浓度有机物。例如，在天然气的 VOCs 净化、焦油副产物回收等领域，吸收法都有较广泛的应用，同时还可实现有机物的回收利用。典型的吸收工艺如图 7-9 所示。

含 VOCs 的废气从吸收塔的塔底进入，与塔顶喷淋下来的吸收剂充分接触，废气中的 VOCs 吸收进入吸收剂，净化气体从塔顶排出。含有 VOCs 的吸收剂经热交换后进入气提塔，将 VOCs 和吸收剂分离，分离后的吸收剂循环利用。

吸收过程按其机理可分为物理吸收和化学吸收。VOCs 的吸收通常为物理吸收，根据有机物相似相溶原理，常采用沸点较高、蒸气压较低的柴油、煤油作为溶剂，使 VOCs 从气相转移到液相中，然后对吸收液进行解吸处理，回收 VOCs 同时溶剂再生。当吸收剂为水时，采用精馏处理就可以回收有机溶剂；当吸收剂为非水溶剂时，从降低运行成本考虑，常需进行吸收剂再生。

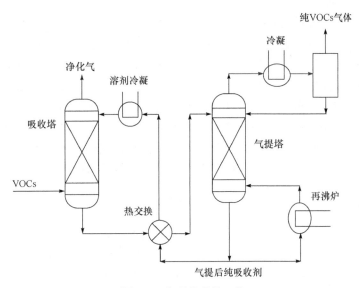

图 7-9　典型的吸收工艺

吸收剂是吸收操作中能够选择性溶解混合气体中某些特定组分的液体，一般分为物理吸收剂和化学吸收剂两类。物理吸收剂与溶质之间无化学反应，气体的溶解度只与气液平衡有关；化学吸收剂与溶质之间有化学反应，气体的溶解度不仅与气液平衡有关，还与化学平衡有关。吸收剂通常有高沸点碳氢化合物、水、酸(碱)溶液、胺溶液等。吸收后的吸收液需要处理后排放或解吸后循环使用。

吸收剂性能是决定吸收操作效果好坏的关键因素之一。用吸收法处理 VOCs 时，选择吸收剂要考虑以下因素：①溶解度大，吸收操作所需吸收剂量少，吸收周期长；②挥发性小，吸收液损失小，不易造成二次污染；③对设备无腐蚀，使用腐蚀性吸收剂会使材料成本费提高；④价格便宜，来源广泛；⑤黏度低，黏度高易产生液泛，且气液接触面小，吸收效率下降；

⑥熔点低，且无毒、无害、不易燃。

常见的吸收剂包括高沸点油类物质(如矿物油)、有机溶剂和复合吸收剂等。

(1) 矿物油

目前常见的有机气体吸收剂主要是油类物质，如柴油、洗油等非极性矿物油。国内以柴油为主的吸收剂对三苯(苯、甲苯、二甲苯)废气净化吸收的实验早在 20 世纪 70 年代末就有相关报道，80 年代初就有工程应用，对含苯废气的去除率可达到 90%。但此类矿物油本身易燃，价格也在日益上涨，而且存在后处理过程复杂及二次污染问题。常见的油类物质吸收剂有白油、废机油和洗油等。白油又称液体石蜡，密度约为 0.871g/cm^3，主要成分是饱和的环烷烃与链烷烃混合物，具有闪点高、蒸气压小、黏度低等优点。白油对苯类 VOCs 有很好的吸收效果；机油作为发动机润滑油，大量应用于发电厂的发电机组及汽车的发动机。目前我国的机油产量约占石油化工产品总产量的 20%，每年的机油消耗量在 600 万 t 以上。废机油作为吸收剂进行回用，既免去了废机油处理成本，又能以废治废，实现资源的综合利用。洗油是煤焦油精馏过程中的馏分之一，为褐色油状液体，可燃，主要组分为甲酚、二甲酚、高沸点酚、甲基萘、二甲基萘、喹啉和重质吡啶碱等。洗油价格十分低廉，等量的洗油价格约为柴油的三分之一。

(2) 水复合吸收剂

水是最廉价、易获得且最安全的液体，是最理想的吸收剂，但是 VOCs 在水中的溶解度很小(如室温下，苯在 100g 水中的溶解度仅为 0.07g)，因此需加入有增强表面活性作用的无机助剂。无机助剂能防止表面活性剂水解，提高洗涤液碱性，具有碱性缓冲作用，可增强污染物的分散、乳化和溶解性，并改善泡沫性能。常用的无机助剂为强碱弱酸盐，如硅酸钠、磷酸钠、碳酸钠等。硅酸盐因水解而产生具有胶束结构的硅酸，此溶剂化的胶束对污染物粒子具有分散和乳化能力，并具有缓冲和稳定泡沫的作用，与表面活性物质配合使用时，有良好的助洗作用；磷酸盐能够促进污染物粒子的分散，使污染物溶解、胶化，有利于去除污染物。另外，表面活性剂也可起到增溶作用，提高吸收效率。实践证明：选用多种表面活性剂要比单一表面活性剂有更好的净化效果。

表面活性剂增强 VOCs 吸收的机理是：表面活性剂分子的疏水作用在水溶液内部发生自聚，当浓度达到临界胶束浓度(CMC)，开始大量形成胶束。胶束的形成是表面活性剂水溶液表现出对难溶或不溶于水的有机物增溶现象的原因，被增溶物可增溶在胶束内核、胶束栅栏层外壳和胶束表面，增溶量以增溶在胶束栅栏层的位置为最大。含聚氧乙烯链的非离子表面活性剂的亲水性聚氧乙烯基及其所缔合的水分子使得形成的胶束外壳-栅栏层占据胶束相当大部分的体积，并且聚氧乙烯链以螺旋状伸向水相中，使得栅栏层中有足够的空隙来增溶难溶或不溶于水的有机物。

此外，为强化对非水溶性 VOCs 组分的吸收效果，常用矿物油等液体物质与水及表面活性剂组成混合吸收液。以水油表面复合吸收剂为例，水油复合吸收剂不仅具有良好的吸收效果，还能有效降低矿物油的用量，节约成本。在制备水油复合吸收剂的过程中首先需要将矿物油乳化，将矿物油打散成为微小的颗粒。失水山梨醇脂肪酸酯类乳化剂(Span)、聚氧乙烯失水山梨醇脂肪酸酯类乳化剂(Tween)、烷基酚聚氧乙烯醚(TX-100)和十二烷基苯磺酸钠(SDBS)等是常用的乳化剂。其中 Span 和 Tween 是在食品、医药、化工及轻工等行业广泛使用的两类极其重要的非离子型乳化剂，其安全、无毒、优良乳化性能及其他方面的特殊性能很好地满足不同行业的生产和需求。Span 和 Tween 的结构式如图 7-10 所示。

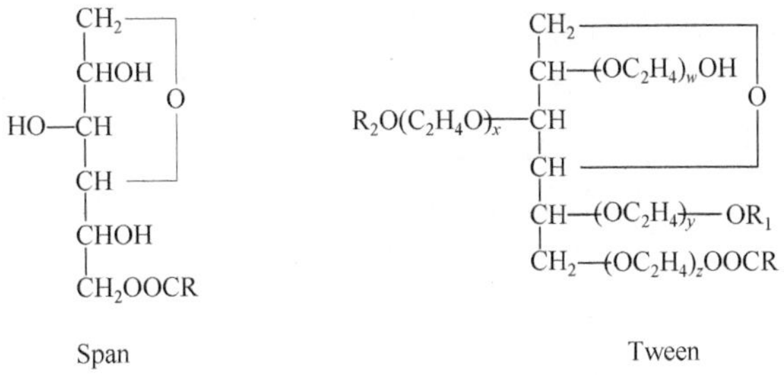

图 7-10　Span 和 Tween 分子结构式

$x+y+z+w=20$；R 为 H 或脂肪酸基团

柠檬酸钠和乙酸钠也是常见的表面活性剂。此外，近年来，有研究将离子液体、低温转变混合物等也用作 VOCs 的吸收剂，展现出良好的吸收效果。

VOCs 工艺的关键是吸收剂的选择，针对不同的 VOCs 气体，应选择合适的吸收剂从而达到更有效的分离效果。吸收技术在处理高浓度、大流量 VOCs 气体时具有明显优势，其设备简单，投资及运行成本低，维修方便。但若要控制很低的 VOCs 排放浓度，对吸收剂和吸收塔的要求将大大提高，导致设备投资及运行成本剧增。

7.2.5　冷凝法

冷凝法是利用物质在不同温度下具有不同饱和蒸气压性质，采用降低系统温度和提高系统压力，使污染物凝结而从废气中分离出来的方法，属物理变化过程。在有机废气治理中，通常需要将有害物质控制在 ppm 级，仅使用冷凝处理达到污染物控制标准的操作费用太高，因此冷凝法通常用于高浓度有机废气的预处理，以降低后续工艺的处理负荷，还可回收有价值物质。

(1) 冷凝的方式和冷凝设备

冷凝方式按废气和冷凝介质是否直接接触分为接触冷凝和表面冷凝。

A. 接触冷凝

接触冷凝指介质和废气直接接触进行热交换，其优点是冷却效果好，设备简单，但要求废气中的组分不会与冷却介质发生化学反应，也不能互溶，否则难以回收。为防止二次污染，冷却液要进一步处理。

接触冷凝可在喷射器、喷淋塔或气液接触塔里进行，接触塔可以是填料塔和筛板塔等。

B. 表面冷凝

在冷凝时，用间壁把废气和冷却介质分开，使其不相互接触，通过间壁将废气中的热量移除，使其冷却。冷凝下来的液体很纯，可以直接回收利用。该法设备复杂，冷却介质用量大。要求被冷却污染物中不含有微粒物或黏性物，以避免在器壁上沉积而影响换热。常用的冷凝装置有：列管冷凝器、翅管空冷冷凝器、淋洒式蛇管冷凝器及螺旋板冷凝器。

(2) VOCs 废气冷凝法应用

冷凝法应用于 VOCs 废气治理时，具有如下特点。

1) 冷凝净化法适用情形：实际溶剂的蒸气压低于冷凝温度下的溶剂饱和蒸气压时，此法不适用；适用于处理高浓度且有害组分单纯的废气；作为燃烧与吸附净化的预处理，特别是有害物含量较高时，可通过冷凝回收的方法减轻后续净化装置的操作负担；处理含有大量水蒸气的高温废气。

2) 冷凝净化法所需设备和操作条件比较简单，回收物质纯度高。

3) 冷凝净化法对废气的净化程度受冷凝温度的限制，要求净化程度高或处理低浓度废气时，需要将废气冷却到很低的温度，经济上不合算。

4) 在某些特殊情况下，可以采用直接接触冷凝法，采用与被冷凝有机物相同的物质作为冷凝液，以回收有机物。但此法需要循环回收冷量，故投资较大。此外，采用此法需要废气比较干净，以免污染冷凝液。

因此，冷凝法回收 VOCs 技术的主要优点是：技术简单，受外界温度、压力影响小，也不受气液比的影响，回收效果稳定，可在常压下直接冷凝，工作温度皆低于 VOCs 各成分的闪点，安全性好；可以直接回收有机液体，无二次污染；适用于常温、高湿、高浓度的场合，尤其适合于处理高浓度、中流量的 VOCs。目前，冷凝法主要用于高浓度油气的回收，特别适用于回收气量小、浓度高(≥1000ppm)、沸点高于 38℃ 的有机蒸气。

冷凝法常与吸附、吸收等过程联合应用，采用吸附或吸收法浓缩污染物，以冷凝法回收有机物，可达到既经济、回收率又比较高的目的。

冷凝法回收 VOCs 是利用冷凝装置产生低温来降低 VOCs-空气混合气的温度。当混合气进入冷凝装置时，VOCs 中具有不同露点温度的组分会依次被冷凝成液态而分离出来。

VOCs 冷凝过程通常有预冷、机械制冷、液氮制冷等步骤。预冷器运行温度在混合气各组分的凝固点以上，进入装置的混合气温度降到 4℃ 左右，主要去除大部分水汽。机械制冷可使大部分 VOCs 冷凝为液体回收。若需要更低的冷凝温度，可以在机械制冷后联接液氮制冷，最终 VOCs 回收率达 99% 左右。该技术的主要缺点是：增加液氮制冷导致系统更加复杂，低浓度 VOCs 的回收不经济；混合气和制冷剂之间是间接传热，为了保证较高的回收率，需要很低的操作温度，故对于深冷回收工艺，能耗较大。同时设备材质及保温要求严格，因此对设备性能要求严格，设备投资及运行费用也急剧上升。

近年来出现了热电制冷冷凝 VOCs 的新方法，其原理是依靠半导体器件中电子和空穴在运动中直接传播能量而制冷。热电制冷器是利用电能直接实现能量传递的一种特殊半导体器件，具有无机械运动、体积小、制冷迅速、冷量调节范围宽及冷热转换快等优点，应用前景广阔。

冷凝法在油气回收方面有广泛的应用，通常采用机械制冷，多次连续冷却降低油气的温度，如图 7-11 所示。

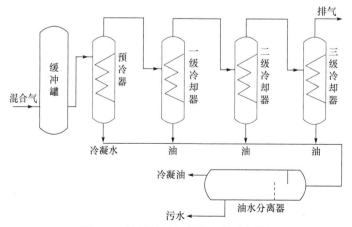

图 7-11　冷凝法油气回收工艺流程图

　　预冷是一单级冷却过程，使进入油气回收装置的气体温度从环境温度降至 4℃左右，除去气体中大部分水蒸气，并使进入一级冷却器的气体状态一致，以减少装置的运行能耗。这个过程主要是利用尾气排放中低温能量，对油气进行预冷。气体离开预冷器后进入浅冷过程，温度降至-30～-60℃。浅冷过程去除气体中残余水分，并冷凝下气体中大部分的 C_6 及以上组分和一部分的 C_5 组分。由于一级冷却器中不断有水分凝结成霜，将影响换热效果，因此需要定期除霜。在实际应用中，在制冷系统中配置一台小容量的压缩机并对一级冷却器进行分路，小部分一级冷却器作为小容量压缩机的冷凝器。当装置需要除霜时，小容量压缩机进入制热工况，对装置进行定期除霜。气体离开一级冷却后进入二级冷却过程，采用二级复叠制冷系统，把油气温度降至-80～-95℃。将气体中残留的 C_5 和 C_6 组分冷凝，并冷凝下大部分的 C_4 组分。此时，可回收油气中 95%左右的组分，尾气中非甲烷总烃浓度小于 $35g/m^3$。为了达到国家标准，需要继续采用深冷技术进行三级低温冷却过程，主要采用三级复叠制冷系统，将油气的温度降到-100～-110℃，将气体中的 C_4 组分全部冷凝下来。尾气中仅存在少量 C_3 以下组分。此时，可回收油气中 98%左右的组分，尾气中非甲烷总烃浓度小于 $25g/m^3$。采用三级复叠制冷系统制取-100℃以下的低温，装置能耗过大，加油站提供相应的配电功率比较困难。在实际应用中，采用活性炭吸附代替三级低温冷却环节，也能达到排放标准。

7.2.6　生物法

　　生物法是利用微生物的代谢等过程，对 VOCs 中的有机物进行分解、降解，使其最终转化为二氧化碳和水等的方法。生物净化技术因投资运行费用低、无二次污染、操作条件温和等优点，在大气量低浓度的工业 VOCs 治理领域具有巨大的应用前景。20 世纪 70 年代，生物处理技术首先在德国、日本等国家得到了应用。我国对于废气生物净化技术的研发始于 20 世纪 90 年代，经过 20 余年的发展，该技术正日趋成熟，并已在不同行业(化工、制药、污水处理等)中得到应用。

　　(1) 生物法净化 VOCs 的过程

　　基于经典的双膜理论，荷兰学者 Ottengraf 提出了"吸收-生物膜"理论用于描述 VOCs 废气生物净化过程。依据该理论，废气生物净化过程包括以下三个步骤：①废气中的 VOCs 由气相向液相扩散；②溶解于水相中的 VOCs 在浓度差的推动下，扩散至生物相，进而被微生物捕捉并吸收(即由液相进入生物相)；③进入微生物体内的 VOCs 被完全矿化成 CO_2、H_2O 等无毒无害的小分子物质，并提供自身生长所需的能量。

　　(2) 生物法的主要工艺

　　现有生物法的工艺主要包括生物过滤工艺、生物滴滤工艺、生物洗涤工艺、膜生物反应器及转鼓式生物反应器等。其中，应用比较成熟的为生物过滤工艺和生物滴滤工艺。生物过滤工艺是利用天然滤料(如泥炭、土壤、堆肥等)作为生物填料，适用于大气量、低浓度的易生物降解 VOCs 的处理。该工艺具有气液接触面大、操作简单、运行费用低等优点，但存在反应条件不易控制，易堵塞，占地面积大，且对进气负荷波动适应慢等缺点。生物滴滤工艺是在传统生物过滤的基础上发展而来的，所用填料多为孔隙率高、比表面积大、不易压实的惰性填料(陶瓷、塑料等)，具备易于操作、无二次污染及投资运行费用低等特点，同样适用于处理大气量、低浓度 VOCs。此类处理装置内持续流动的喷淋液有利于控制 pH、温度、营养盐浓度等反应条件，因此更适于处理易降解产酸的有机废气。然而，当污染物进气负荷较高时，一些疏水性 VOCs(如苯系物、含硫有机物、氯代烃类)在常规生物反应器中传质速率较低、生物降解活性差，且此类反应器存在床层堵塞、压降较大等问题，使得目标污染物的去除效果仍不理想。

(3) 生物净化 VOCs 技术的主要发展方向

依据生物法的机理，生物法净化有机废气的速率主要取决于 VOCs 气液传质速率及生化降解速率。因此，现阶段 VOCs 生物净化技术的研究应用主要关注以下几个方面：两相分配生物反应器、高效降解菌株的选育、高性能生物填料的开发及化学氧化-生物降解协同净化工艺的研究等。

为有效提高 VOCs 的气液传质速率，两相分配生物反应器常用于强化疏水性 VOCs 的去除效果。两相分配生物反应器在传统生物过滤、生物滴滤反应器的基础上发展而来，通过添加非水相介质来强化疏水性 VOCs 的气液传质速率。此外，两相分配反应器有较好的抗 VOCs 进气冲击负荷能力。在两相分配反应器中，气、非水相、水相间存在一个动态平衡过程，在高负荷条件下，非水相可有效捕集气相中的 VOCs，VOCs 随着微生物的降解过程缓慢释放至水相中，从而缓冲高浓度 VOCs 对微生物的毒害作用。因此，两相生物反应器中 VOCs 水相浓度始终保持在一定范围内，这有利于保持微生物的代谢活性及其对目标污染物的去除能力。相关研究表明，两相分配反应器的强化性能与非水相介质的理化性质密切相关。非水相介质通常需具备不易挥发、不溶于水相、无明显气味、密度小于水相、价格低廉、生物相容性高、不易生物降解、与目标污染物亲和性高等优点。

目前，硅油、十六烷、葵二酸二乙酯、七甲基壬烷等有机相均被用作两相分配生物反应器的非水相体系(双液相体系)。由于硅油作为非水相具备了上述优点，因此以硅油作为非水相体系的两相分配反应器的研究较为广泛。此外，一些高分子材料，例如，硅胶小球也被用来作为非水相介质(固-液双相体系)，不仅不会降低微生物的代谢活性，还能作为生物填料负载微生物，提高生物反应器的运行稳定性，从而实现 VOCs 的原位去除。非水相的加入对于疏水性有机废气的处理效果非常显著，解决了生物法处理疏水性 VOCs 效率低的问题。然而，如何防止非水相的泡沫化、微生物的黏附及反应器的堵塞问题将是研究的关键，另外还应该考虑所添加硅油及增溶剂的消耗及成本问题。

为有效提高微生物降解速率，高效降解菌株的选育及复合菌株的开发是有机废气生物净化的关键问题之一。有机污染物在被微生物代谢之前，首先在菌体内特定单加氧酶或双加氧酶的作用下将空气中的 O_2 分子嵌入至目标分子内，进而通过三羧酸(TCA)循环被逐步转化。因此，经过驯化筛选的菌株只有具备相应的高活性加氧酶，才能具备良好的降解能力。目前，相关研究人员驯化选育获得的可用于降解部分 VOCs 的菌株如表 7-5 所示。

表 7-5　可降解各类典型 VOCs 的菌株

降解VOCs种类	典型菌株
苯系物(甲苯、二甲苯、苯等)	*Pseudomonas pudita* F1、*Pseudomonas* sp. CFS-215、*Arthrobacter* sp. HCB、*Mycobacterium cosmeticum*、*Zoogloea resiniphila*、*Pandoraea* sp. WL1 等
氯代烃(二氯甲烷、二氯乙烷、氯仿等)	*Pandoraea pnomenusa*、*Starkeya novella*、*Ralstonia pickettii*等
含硫恶臭VOCs废气(甲硫醚、甲硫醇、二甲基硫醚等)	*Thiobacillus thioparus*、*Microbacterium* sp. NTUT26、*Pseudomonas putida*、*Ralstonia eutropha*、*Lysinibacillus sphaericus* RG-1、*Pseudomonas* sp. WL2 等

以上菌株均针对各自特定的有机分子表现出良好的降解能力。然而，往往实际工业 VOCs 废气的组分复杂，而单一菌株不能同时针对多组分 VOCs 进行净化去除。已有研究者基于菌

株代谢规律，采用"专属菌+广谱菌"模式，构建了种群丰富、生态结构合理、协同代谢污染物的复合功能菌剂，并在工程实践中进行了成功应用，显著缩短了生物处理装置的启动时间，大大提高了废气净化效率。在现有降解菌的基础上，利用分子生物手段对 VOCs 降解途径进行优化、设计，构建基因工程菌，扩大微生物底物利用范围，提高微生物的降解能力，是未来菌剂研发的重要方向。

用于微生物附着生长的填料是废气生物反应器的核心组件，其性能不仅影响气液传质速率，还影响微生物在其表面的挂膜效果。理想的生物载体应具有以下特性：比表面积大、机械强度高、价格低廉、微生物易于附着、难生物降解等。除此之外，理想的生物过滤载体还应能为微生物提供一定的养分，有较好的保水性能及 pH 缓冲功能。目前，生物载体的开发已从单一天然或人工材料逐渐转向天然与人工复合材料。陈建孟等通过对有机矿粉的包埋固定，研发了一类具有营养缓释功能的复合生物填料 BFP1。该填料比表面积高达 $9.9×10^4 m^2/m^3$，呈弱碱性(pH=7.8～8.0)，能起到中和酸性产物的作用，并富含氮、磷等营养成分，随着废气净化过程逐步释放后被微生物利用。

考虑到实际工艺废气成分复杂、性质差异较大，尤其是憎水性、难生物降解 VOCs 的存在往往制约了生物技术的推广应用。化学氧化-生物净化耦合技术被认为是提高低水溶性、难生物降解 VOCs 净化效果的重要手段之一。其基本思路是：通过化学氧化的预处理提高该类 VOCs 的可生化性，进而强化后续生物法的深度净化。目前，UV 光解-生物净化耦合工艺在去除 α-蒎烯、二氯甲烷、乙苯等污染物方面已有较多成功的案例。低温等离子体氧化-生物降解耦合工艺在净化高分子键能 VOCs(氯代烃类、苯系物)方面已取得明显的强化效果。化学氧化和生物净化技术的协同作用将大幅度强化降解 VOCs 的净化效果，保证生物处理装置的运行稳定性，并缓冲高浓度 VOCs 对后续微生物群落结构的冲击作用，具备无二次污染物、易于操作、去除效果好等优点，是当前废气净化领域研究热点之一。同时，相关研究表明，利用 UV 光催化或等离子体氧化产生的低浓度 O_3 可有效解决后续生物处理装置内的生物量过量增长问题。然而，当前化学氧化-生物净化耦合净化的机理尚不明晰，在实际工程应用之前，还有待深入研究。

7.2.7　其他处理技术

7.2.7.1　光催化氧化技术

光催化是利用光能进行物质转化的一种方式，是物质在光和催化剂共同作用下所进行的化学反应。光催化属于多相催化的一种，其反应过程是光能、催化剂和反应物之间的相互作用。光催化技术被广泛应用于污染物降解、重金属离子还原、空气净化、CO_2 还原、太阳能电池、抗菌、自清洁等方面。本小节介绍光催化氧化过程的基本原理，探讨影响光催化反应的因素，并介绍光催化在室内空气净化中的应用。

(1) 光催化原理

光催化包含了光化学和催化剂的结合，因此光和催化剂是引发和促进光催化氧化反应的必要条件。TiO_2 是一种半导体材料，由于其自身的光电特性成为最常见的光催化材料。根据定义，超细半导体粒子含有能带结构且能带不连续，其能级可用"带隙理论"描述，即物质价电子轨道通过交叠形成不同的带隙，由低到高依次是充满电子的价带、禁带和空的导带。TiO_2 禁带宽度为 3.2eV，对应的光吸收波长阈值为 387.5nm。当受到波长小于或等于 387.5nm 光照射时，价带上的电子被激发，越过禁带进入导带，同时在价带上产生相应的空穴。与金属导体不同，半导体的能带间缺少连续区域，这使得受光激发产生的导带电子和价带空穴(也称光致电子和光致空穴)在复合之前有足够的寿命。图 7-12 表示光照时半导体内载流子的变化情况。

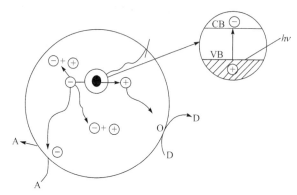

图 7-12　光照时半导体内载流子的变化情况

A. 电子受体(O_2 等)；D. 电子给体(VOCs 等)；CB. 导带；VB. 价带

·OH 是一种氧化性极强的自由基，是光催化氧化过程的主要氧化剂。对于发生在 TiO_2 表面的气-固相光催化氧化分解过程，表面羟基化可能是反应的关键步骤。光致电子捕获剂主要是吸附于表面的氧，它能够抑制电子与空穴的复合。同时，捕获电子形成的 $\cdot O_2^-$ 也是氧化剂，经过质子化作用后成为表面 ·OH 的另一个来源。也有研究者提出双空穴自由基机理，即当 TiO_2 表面主要吸附物为 OH^- 或水分子时，它们捕获空穴产生 ·OH，该自由基氧化分解有机物，这是氧化分解 VOCs 的主要途径。

有机物的催化分解反应如下：

$$\cdot OH_{ads}\ (\cdot OH_{2ads}，\ O_{ads} 或 h^+) + (有机物)_{ads} \longrightarrow (活性中间体)_{ads} \longrightarrow CO_2 + H_2O + \cdots$$

(7-19)

(2) 光催化影响因素

影响光催化反应的因素有反应条件、催化剂的吸光性能、电子与空穴的分离效率等。

A. 反应条件

不同相态体系中影响光催化反应的条件不同，如气相体系的光催化反应，就很难定义 pH 对光催化反应的影响，因此以下影响因素视具体反应体系而定。反应条件包括催化剂镀膜厚度、光和光强、pH、起始浓度、溶解性无机离子、气体流量、O_2 含量和 H_2O 含量等。

固定相光催化氧化技术中，将 TiO_2 固定在载体上制成 TiO_2 薄膜时，存在一个比较合适的厚度，以达到最佳光催化效果。理论上讲，光强越大，提供的光子越多，光催化氧化分解有机物的能力越强，如图 7-13 所示。但是当光强增大到一定程度后，光催化氧化分解效率反而会下降。这可能是因为尽管随着光强的增大有更多的光致电子和光致空穴对产生，但是催化剂内部的电场因此会变弱，这不利于光致空穴和电子的迁移，从而使复合的可能性增大。在多相光催化氧化反应体系中，pH 变化会对催化剂颗粒表面荷电性质、有机物在溶液中的存在状态产生影响。无机阴离子对光催化氧化反应的影响，在于有机物与其在溶液中竞争性吸附和竞争性反应的程度。气体流量对光催化反应速率和催化转化率均构成影响。反应速率取决于传质和表面反应两种过程。图 7-14 表示光催化氧化三氯乙烯过程中，反应速率和转化率与气体流量的关系。可以看出，在一定的流量范围内，污染物的反应速率随着流量的增大而增大，这表明传质过程是整个反应的控制步骤；在光催化反应中，O_2 是氧化剂，同时也是电子的俘获体，抑制光催化剂上光致电子和空穴的复合，因此 O_2 对于光催化氧化反应有至关重要的作用。对 TiO_2 催化剂上光催化氧化三氯乙烯的研究表明，随着 O_2 浓度增大，反应速率从与 O_2 浓度的平方成正比转变为与 O_2 浓度成正比，这表明对光催化反应构成影响的是吸附于光催化剂表面的 O_2。TiO_2 表面吸附结合紧密或微弱的分子水及由化学吸附产生的羟基基团，以及可与光致空穴反应产生的 $\cdot OH$，因此 H_2O 在光催化反应中起着重要的作用。但是随着 H_2O 含量的增加，TiO_2 的催化活性不确定。H_2O 对于光催化活性兼有阻碍和促进作用，这取决于污染物的类型及 H_2O 的含量。

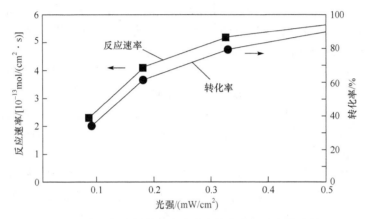

图 7-13　三氯乙烯的反应速率和转化率与光强的关系

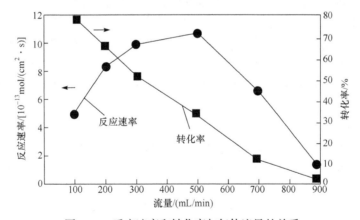

图 7-14　反应速率和转化率与气体流量的关系

B. 催化剂的吸光性能

TiO_2 光催化剂的禁带宽度为 3.2eV，只能利用波长小于 387.5nm 的太阳光，这些太阳光能仅占太阳光强的 3%～5%。能否通过改性使其激发波长向长波方向移动，即能够利用可见光对于 TiO_2 光催化走向实际应用具有十分重要的意义。常用的改善其吸光性能的方法有掺杂过渡金属、表面光敏化、表面整合及衍生等。

C. 电子与空穴的分离效率

从光催化原理可知，当光生空穴与电子有效分离并分别迁移至 TiO_2 颗粒表面不同位置后，可与颗粒表面吸附的有机物质发生氧化还原反应，其结果是有机物被空穴氧化而电子受体得以被还原。同时也存在空穴与电子的复合问题，光生空穴与电子如果没有被适当的捕获剂所捕获，就会在几毫微秒内复合。根据能量守恒原理，入射光此时将转化为光量子或以其他形式重新发射。可见，光生电子与空穴的有效分离是提高光催化效率的首要途径。

(3) 光催化降解气相有机物

当前，光催化降解有机物主要集中在难降解、危害大的有机物种类，包括含氯有机物、芳香族有机物、含氧有机物、链烃、含硫有机物和含氮有机物等。研究内容主要包括降解效率、影响因素、反应动力学及反应机理等。这些研究为光催化的实际应用奠定了基础。

A. 含氯有机物

含氯有机物是 TiO_2 气-固相光催化降解 VOCs 中研究得最多的污染物。在含氯有机物气-固相光催化降解的反应动力学及其影响因素方面，很多学者做了大量的研究，其中三氯乙烯研究最多。普遍认为：紫外光强度较低时光催化反应速率与光强度成正比，光强度较高时反应速率与光强度的平方根成正比，光强度极高时反应速率与光强度无关；流量较小时 TCE 降解率随流量的增加而增加，反应受到外扩散控制，流量大于一定范围时对 TCE 降解则无影响；湿度处于一定范围内时 TCE 降解率随湿度的增加而减小，因为水和 TCE 在催化剂表面发生了竞争性吸附；光催化反应可分解为 3 个速率步骤，即光子传递步骤、表面作用步骤、扩散步骤，反应动力学符合朗格缪尔-欣尔伍德(Langmuir-Hinshelwood，L-H)动力学方程。

B. 芳香族有机物

近年来，有很多研究者对苯、甲苯、二甲苯、乙苯、间二甲苯等芳香族气相有机物的光催化降解反应产物、催化剂失活及反应途径等方面进行了研究。通常认为甲苯的催化降解机理是光照活化空气中的 O_2 和 H_2O 分子，进而产生氧化性能更强的活性组分，这些活性组分与有机物反应导致有机物被降解。此外，在芳香族有机物光催化降解过程中普遍认为水蒸气起促进作用，移走水蒸气后，催化剂将失活。但对于失活原因有不同解释，主要有以下三种解释：其一认为催化产物苯甲酸在催化剂表面上的积累将导致催化剂失活，水蒸气的存在会抑制催化产物苯甲酸的形成；其二认为在没有水蒸气的条件下，甲苯部分氧化为苯甲醛的反应几乎完全受到抑制，因而无法进一步氧化分解；其三则认为 TiO_2 表面炭的沉积导致催化剂失活，在水蒸气存在下失活的 TiO_2 会再生，炭沉积物分解为 CO_x。

C. 含氧有机物

含氧有机物种类繁多，现有的光催化降解研究包括醇类和丙酮等。对 TiO_2 气相光催化降解 1-丁醇的研究表明，1-丁醇降解中存在 6 种主要中间产物，包括丁醛、丁酸、1-丙醇、丙醛、乙醇和乙醛；1-丁醇在一定浓度与流量下均能被光催化降解至矿化；水蒸气的存在并没有增加 1-丁醇的光催化降解率；其反应的主要氧化物种为过氧化物阴离子和 TiO_2。催化剂表面上激发形成的空穴对 TiO_2 气相光催化降解丙酮的研究表明：在常温常压下丙酮光催化降解转化率可达 80%；丙酮转化为 CO_2，无中间产物；丙酮转化率随光强度的增加呈线性增加；O_2 的含量达到 15%时转化率显著提高；水蒸气会与丙酮在活性表面存在竞争吸附，抑制丙酮的降解反应。

D. 链烃

对庚烷在间歇式反应器中的 TiO_2 光催化降解研究表明，其中间产物包括丙醛、丁醛、3-庚酮、4-庚酮和 CO，最终产物为 CO_2 和 H_2O，降解率可达 99.7%；$\cdot O_2^-$、$\cdot O^-$、$\cdot O$、$\cdot OH$ 在降解反应中起重要作用。维持 TiO_2 光催化活性是由于反应中的产物水及时补充了反应中所

消耗的 $\cdot$ OH，降解速率符合 L-H 动力学方程。对异辛烷气相光催化降解研究表明，其降解速率同样符合 L-H 动力学方程，但无副产物产生，异辛烷降解率达 98.9%。对乙烯和 TiO_2 气相光催化降解反应动力学研究表明，其基本反应动力学可用双参数 Langmuir-Hinshelwood-Hougen-Watson 速率方程表示。对 TiO_2-SiO_2 复合氧化物气相光催化降解丙烯机理研究表明，其反应路径为由 $\cdot$ O_2^- 或 $\cdot$ O_3^- 形成的 2-丙氧基与丙烯反应生成丙酮，再进一步氧化成 CO_2 和 H_2O。

E. 含硫有机物

对含硫有机物的光催化降解研究相对较少，其降解机理也非常复杂。对 TiO_2 气相光催化降解二乙基硫的研究表明，主要气相产物包括$(C_2H_2)_2S_2$、CH_3CHO、CH_3CH_2OH、C_2H_4，以及微量产物 CH_3COOH、$C_2H_5(CO)CH_3$ 和 SO_2；催化剂在反应 $100\sim300min$ 后失活，用异丙醇提取催化剂得到的表面产物含有 $(C_2H_2)_2S_2$、$(C_2H_2)_2S_3$、$(C_2H_5)_2SO_2$、$(C_2H_5)_2SO$ 和 $C_2H_5SCH_2CH_2OH$；当光照强度较低时湿度增加引起二乙基硫转化率增加，而当光照强度较高时情况相反。$(C_2H_5)_2S$ 转化率与产物分布和 TiO_2 比表面积紧密相关，说明表面反应起了很关键的作用；反应气流中 H_2O_2 的加入会增加二乙基硫的转化率，而且反应产物分布也随之改变。研究者认为产物形成的反应机理主要路线包括 C—S 键断裂、硫氧化和碳氧化。

F. 含氮有机物

含氮有机物的光催化降解也非常复杂，一般表现为光催化降解效率比较低，催化剂容易失活。对 TiO_2 气相光催化降解 1-丁胺的研究表明：1-丁胺被催化剂吸附的能力比 1-丁醇差，降解速率较慢；存在 N-丁基-1-丁胺、N-乙缩醛-1-丁胺和 N-丁基甲酰胺 3 种中间产物；在一定浓度和流量条件下能完全被光催化降解；水蒸气的存在并没有增加 1-丁胺的光催化降解率；在光催化降解反应中的主要氧化物为过氧化物阴离子和 TiO_2 催化剂表面上激发形成的空穴。对含氮有机物如吡啶、丙胺和二乙胺在有氧和无氧存在条件下 TiO_2 光催化降解失活原因的研究表明，无机副产物如铵和硝酸盐等会导致催化剂失活，有机副产物也会阻碍光催化反应进行。

(4) 光催化空气净化产品

催化技术治理空气污染具有以下特点，因而越来越受到重视，成为空气污染治理技术研究和开发的热点。

1) 广谱性：迄今，研究表明光催化对几乎所有的污染物具有治理能力。

2) 经济性：光催化在常温下进行，直接利用空气中的 O_2 作氧化剂，气相光催化可利用低能量的紫外灯，甚至直接利用太阳光。

3) 杀菌灭毒：利用紫外光控制微生物的繁殖已在生活中广泛使用。但光催化的杀菌灭毒作用不仅仅是单独的紫外光作用，而是将紫外光和催化结合在一起肢解微生物的过程，其效果无论是在降低微生物数量的效率方面，还是在对微生物杀灭的彻底性从而使其失去繁殖能力等方面都是单独紫外光技术无法比拟的，在杀灭微生物方面更是与借助阻隔作用减少微生物数量的过滤法不可同日而语。

光催化空气净化技术在发达国家已有各种应用商品。这些商品大致可分为以下三类。

1) 结构材料：直接将光催化剂复合到各种结构材料上，得到具有光催化功能的新型材料。如在墙砖、墙纸、天花板、家具贴面材料中复合光催化剂材料就可制成具有光催化净化功能的新型材料。

2) 洁净灯：将光催化剂直接复合到灯的外壁制成各种灯具。洁净灯具有两层含义：一是能使空气净化，使环境洁净，二是灯的表面自洁。

3) 绿色健康产品：在传统的器件(如空调器、加湿器、暖风机、空气净化器等)上附加光催化净化功能开发而成的新一代高效绿色健康产品。

以日本为例，日本是研究和应用 TiO_2 基光催化性能的自洁材料最多的国家。1972 年，桥本和仁等在研究中发现将 TiO_2 烧结在玻璃板上，形成厚度为 $1\mu m$ 的膜，经微弱光照射后，TiO_2 表面成为具有高亲水性和高亲油性的两亲表面。他们用水滴、油滴来测得在此表面上的接触角，如未经光照时，水的接触角为(72±1)°，经过光照后接触角均为(0±1)°。如果遮断光源，这种两亲特性在黑暗中仍能保持一段时间。这一特性的发现使得涂有 TiO_2 的表面除了具有灭菌、除臭、防污自洁功能之外，又增添了防雾、易洗、快干的功能。结合上述两种特性的材料，应用于建筑材料(如外墙、内墙、地板、玻璃等)上，使建筑物的清洗、保洁费用大量节省。利用阳光中紫外线来光催化反应，同时又可利用雨水来冲刷，使林立的高楼大厦外貌始终整洁如新。这一材料称为自洁材料。

目前，日本已有1000多家企业在进行 TiO_2 的应用开发，已有 10 多家企业在自洁材料市场上提供具有商品牌号的商品。在日本，TiO_2 的应用领域有：医院的手术室、浴缸表面、隧道内照明灯管、屋顶和外墙表面、玻璃表面的防雾、路灯灯罩等。

总之，由于光催化空气净化技术具有反应条件温和、经济、可分解污染物广等特点，可广泛应用于家庭居室、宾馆客房、医院病房、学校、办公室、地下商场、购物大楼、饭店、室内娱乐场所、交通工具、隧道等场所的空气净化。

7.2.7.2 等离子体技术

等离子体称为除固体、液体和气体之外的第四种物质存在形态。等离子体是由电子、离子、自由基和中性粒子组成的导电性流体，整体保持电中性。等离子体可以分别按电离度、热力学平衡和系统温度划分。按电离度(β)划分可分为完全电离等离子体(β=1)、部分电离等离子体(0.01<β<1)和弱电离等离子体(10^{-6}<β<0.01)；按热力学平衡划分可分为热力学平衡等离子体、热力学局部平衡等离子体和非平衡等离子体；按系统温度分类则可分为高温等离子体和低温等离子体两种。比较常见的分类方式是按热力学平衡和系统温度分类，该分类方法将等离子体分为高温等离子体(热力学平衡等离子体)和低温等离子体(非平衡等离子体)。低温等离子体由于产生装置简单、制造容易、宏观温度低等优势具有巨大的环境污染控制应用潜力，近年来成为环境领域研究的热点。以下将主要介绍低温等离子体技术。

低温等离子体技术是利用高能电子或高能自由基与有机废气发生反应生成 CO_2 和 H_2O 的过程，高能电子与 VOCs 发生非弹性碰撞，从而使分子断裂分解；同时高能级电子激发产生·OH 和·O 等自由基，自由基与 VOCs 分子发生反应，从而使 VOCs 降解去除。该法处理效果好，适用于处理中低浓度的废气，但其能耗较高，降解过程中容易造成二次污染。

等离子体通过气体放电产生快电子激发，进而产生大量高能电子、离子、激发态粒子和具有强氧化性的自由基(如·OH、·HO_2、·O 等)及氧化性极强的 O_3。这些高能电子、离子和激发态粒子与气体分子发生频繁碰撞，使气体分子激发到更高的能级，碰撞失去部分能量的电子在电场作用下仍可得到补偿，使得被激发的污染物分子内能增加，既可以发生键的断裂，又可以与自由基发生化学反应被转化去除。等离子体分解空气污染物可通过以下两种途径进行。

1) 高能级电子直接作用于污染物分子。

$$e^- + 污染物分子 \longrightarrow 各种碎片分子 \qquad (7\text{-}20)$$

2) 高能级电子间接作用于污染物分子。

$$e^- + O_2(N_2, H_2O) \longrightarrow 2O(N, N^*, \cdot OH) + 污染物分子 \longrightarrow 中性分子 \qquad (7\text{-}21)$$

由于低温等离子体电离度不高，当气体污染物的浓度也不高时，途径 2)成为主要反应。当污染物浓度较高时，途径 1)的作用便不可忽视。

(1) 低温等离子体发生技术

低温等离子体主要由气体放电产生，按照所加电场的频率类型可分为：电子束照射(electron beam absorption)、电晕放电(corona discharge)、介质阻挡放电(dielectric barrier discharge)、火花放电(spark discharge)、辉光放电(glow discharge)、微波放电(microwave discharge)等。目前在污染物净化方面应用较多的是电子束照射、脉冲电晕放电和介质阻挡放电。

(2) 低温等离子法的优缺点及在 VOCs 治理中的应用

等离子体净化有机物主要是靠放电产生的高能电子碰撞有机物分子和活性基团的氧化实现，可以在常温常压下销毁大多数有机污染物，具有反应条件温和、反应速率快的优点。低温等离子体技术处理气体污染物有其独特的优越性，但是单独的等离子体技术仍然存在缺陷。

1) 能耗较大，通常放电电压要达到起始放电电压才能起到降解污染物的作用。

2) 污染物降解不彻底，生成较多的中间产物。等离子体中的高能电子碰撞污染物分子，有可能直接被完全降解，也有可能被断裂为小分子，小分子在等离子体中又能聚合生成大分子。因此，等离子体降解有机物的产物具有不确定性，且产物选择性低。在处理有机物过程中，有机物氧化不彻底，副产物较多。

3) 产生副产物 O_3 和 NO_x。含氧气体的等离子放电不可避免会产生大量的 O_3，O_3 属于气体污染物，具有强氧化性，并能进一步生成氧自由基，参与大气化学反应形成二次污染。空气放电则会产生 NO_x。

低温等离子体法在处理难降解的 VOCs、SO_2、NO_x、汽车尾气、H_2S 和 CS_2 等污染物上有着特有的优势。但由于其存在显著的缺点，等离子体结合催化剂降解有机物技术是低温等离子体处理 VOCs 的一个重要研究方向。低温等离子体-催化技术将等离子体反应的速率快、条件温和等优点和催化方法的高选择性相结合，使得 VOCs 的降解能耗降低、氧化更彻底，得到广泛关注。主要的催化剂包括活性氧化铝(γ-Al_2O_3)、分子筛、TiO_2 和其他氧化物催化剂。

7.2.7.3 臭氧氧化法

臭氧由于强氧化性(氧化电位为+2.07V，仅次于氟)，被广泛应用于水、空气、物体表面及环境的除臭除异味等领域。随着臭氧技术应用的发展，研究及应用在国际上已形成独立的产业，发展前景十分广阔。

(1) 臭氧发生技术

人为的臭氧发生技术主要是通过自然界产生臭氧的方法模拟而来，伴随着科学技术的进步，臭氧发生技术已具备相当高的水平，包括光化学法、电化学法、电晕放电法和高频陶瓷沿面放电法等。

(2) 臭氧在 VOCs 净化中的应用

臭氧氧化技术应用在环境治理工程中具有处理效果好、应用范围广、无二次污染的效果，因而具有广阔的发展前景。臭氧氧化技术在 VOCs 净化方面的应用主要表现在臭氧氧化技术与其他技术的联合使用，以及应用各种催化方法强化臭氧氧化两个方面。例如，臭氧氧化结合化学吸收技术可有效处理水溶性差、难降解的持久性有机污染物(persistent organic pollutants, POPs)，是最近几年兴起的一项新技术。此外，臭氧氧化技术结合催化处理的催化臭氧氧化法利用臭氧的强氧化性，并在反应体系中加入催化剂及过量臭氧，将有机物氧化成最终产物 CO_2 和 H_2O，剩余臭氧转化为 O_2，实现对环境的零污染。由于臭氧在温度高时易分解，因此催化臭氧氧化法要在适宜温度下进行，而催化剂催化的温度要在臭氧的氧化温度范围内，才能更好地催化氧化反应。催化臭氧氧化法最早是应用在水污染处理领域的，随着该方法越来越成熟，也慢慢从污水处理领域扩展到气态挥发性有机物的处理，现阶段催化臭氧氧化法的重点在于筛选高质量的催化剂。

7.2.7.4　膜分离技术

膜分离技术的原理是基于聚合物复合膜对 VOCs 具有渗透选择性，这种类型的膜对于有机蒸气较空气更易于渗透。当有机废气与膜材料表面接触时，VOCs 可以透过膜，从废气中分离出来。在实际应用过程中，膜的进料侧使用压缩机或渗透侧使用真空泵，使膜的两侧形成压力差，达到膜渗透所需的推动力。含有 VOCs 的气流，在一定压差作用下，VOCs 优先透过膜，在膜的渗透侧形成富 VOCs 气流，而在膜的截留侧形成贫 VOCs 气流，主要为含有氮气、氧气、甲烷等不易渗透的气体。通常聚合物复合膜渗透有机物的速度比渗透空气的速度高 10～100 倍。由于气体分子在高分子膜中的透过速度与气体的沸点有着密切的关系，通常是气体沸点越高，则透过速度越大。处理有机废气的膜分离工艺包括：蒸气渗透、气体膜分离和膜接触器。目前，能够应用膜系统处理回收的 VOCs 有氯烃类(如氯乙烯)、氟里昂类(如氟氯烃)、烯烃类(如乙烯、丁烯及苯)。从经济性考虑，采用膜分离技术一般要求处理的废气具有较高的浓度。

采用膜分离技术回收处理废气中的 VOCs，具有流程简单、VOCs 回收率高、能耗低、无二次污染等优点，但也存在明显的缺点，如膜的价格较高、处理速度慢、维护困难，难以应用于大气量的有机废气治理。近 10 年来，随着膜材料和膜技术的不断发展，国外已有许多成功应用的范例。膜分离效果往往与使用的膜的类型和质量相关，这就对膜的研发和制造技术有严格的要求。只有不断改善膜的质量和分离效果，降低膜的使用成本，提高膜的使用寿命和耐用性，才能让膜分离技术更好地迎合实际需要。

7.2.8　组合技术

VOCs 排放通常以混合排放为主，成分极其复杂，不同类型的化合物性质各异，且 VOCs 排放控制标准日益严格，因此，单一 VOCs 控制技术很难满足排放的要求。此外，对于可回收的 VOCs，单一的控制工艺都有着各自的优缺点，无论是冷凝法还是吸附法都不能同时达到回收和治理的目的，必须将不同的工艺治理技术互相组合，才能更好地发挥各种工艺的优势。具体需根据 VOCs 组成、性质、含量、现场情况等多种因素进行工艺组合方式的选择。例如，在石油炼化行业普遍应用的各种组合治理工艺包括低温馏分油吸收技术、吸附+吸收技术、吸附+膜法、冷凝+吸附技术及催化氧化、蓄热燃烧等技术。

7.2.9　不同 VOCs 处理技术的对比分析

不同 VOCs 处理技术的优缺点、适用条件、处理效率、成本及技术成熟度分析如表 7-6 所示。

表 7-6　不同 VOCs 处理技术的优缺点、适用条件、处理效率、成本及技术成熟度分析

方法	优点	缺点	适用条件	处理效率/%	成本	技术成熟度
热氧化法	原理简单，去除率高，可回收热能	可能产生其他污染物且浪费能源	适用于高浓度的 VOCs 净化，近年来使用减少	90～98	低	成熟
催化燃烧法	节约能源，所需温度低；净化效率高，无二次污染；所需设备小	VOCs 浓度太低时，需要外界补充热量，对催化剂的要求高	适用于低浓度 VOCs 的处理	95～99	较高	成熟
吸附法	操作简单，富集能力强	吸附达到平衡后，VOCs 可能脱附；受温度和 VOCs 浓度影响；需定期更换吸附剂	适于低浓度的 VOCs 净化	2～80	较高	成熟
吸收法	工艺简单；设备投入少	吸收后需要再处理，对有机物选择性高，可能存在二次污染	适于在吸收剂中溶解度大的 VOCs 的处理	<80	低	成熟
冷凝法	高沸点的 VOCs 回收率高	不适于低浓度VOCs；需低温高压，运行成本高；需二次处理	适用于高浓度(大于 5%)、高沸点的 VOCs 的处理	70～85	高	成熟
生物法	效率高，无二次污染，运行费用低，设备简单	所需空间大，反应时间长，对 VOCs 有选择性	适用于生物可降解的 VOCs 的处理；适用于间歇式排放场合	70～95	低	成熟
光催化氧化法	方法简单，适用范围广泛；终产物无毒；操作简单，较为经济	需要严格光照条件，VOCs 浓度低时，催化降解效率下降，会生成有毒中间产物	适用于被光催化分解的 VOCs 的处理	30～95	较低	较成熟
低温等离子体技术	处理效率高，应用广，各类 VOCs 均可处理；低浓度 VOCs 去除效果好	能耗大，污染物降解不彻底，会产生有害副产物	适用于各种类型和浓度的 VOCs 的处理	6～95	高	较成熟
臭氧氧化法	处理效率高，应用范围广，无二次污染	臭氧产生成本高，以空气为臭氧来源会产生 NO_x，臭氧有泄漏风险	适用于易于被臭氧氧化的 VOCs 的处理	90～95	高	较成熟
膜分离法	流程简单、VOCs 回收率高、能耗低、无二次污染	膜的价格较高、处理速度慢、维护困难，难以应用于大气量有机废气治理	适用于浓度高、回收价值大的 VOCs	90～95	高	较成熟

不同治理设施都有一定的使用条件和适用范围。活性炭吸附法、光催化氧化法和低温等离子体技术在 VOCs 治理中被认为是低效处理技术。活性炭吸附法适用于中低浓度 VOCs 的处理，广泛应用于石化、化工、包装印刷、工业涂装、医药制造、电子行业等，处理效率为 2%～80%；光催化技术适用于含氨、有机胺、醇、醛、苯系物、硫化氢等异味气体的净化，常见于处理制药、化工、养殖业以及污水处理厂等产生的废气，处理效率为 34%～53%；低温等离子体技术适用于处理低浓度含 VOCs 废气和含氨、有机胺、硫化氢、醛酮类、烯烃类等异味气体，常见

于食品加工、合成橡胶、印染、养殖以及污水处理厂等废气的处理，处理效率为7%～31%。通常这三种技术适合处理达标后异味或者恶臭气体，不能用于VOCs达标治理。即使技术组合起来，也不能保证达标治理的效果。

7.3　有机废气处理技术实例

由于来自不同排放源的VOCs种类不同、浓度不同、气量也不同。因此，实际应用的有机废气治理技术应当根据处理要求和废气排放情况进行选择。当前，有机废气的工程案例多集中于污染严重的工业行业，如喷漆、印刷等行业。

吸附法是最先被用于治理VOCs的技术，该方法工艺成熟、能耗低、设备易维护，是VOCs治理方法中应用最为广泛的技术之一。吸附法通常采用颗粒活性炭/活性炭纤维作为吸附材料，吸附饱和后对活性炭进行脱附得到高浓度的有机废气再进行回收处置。催化燃烧法具有处理效率高、处理范围广、无二次污染等诸多优点，是最经济的大气量、高浓度有机废气处理方法之一。吸附法和催化燃烧法是工业VOCs气体处理技术中应用占比最多的技术，对长三角典型城市2020年工业VOCs处理技术应用状况调研表明，吸附是最常用的VOCs处理技术，有广谱性，应用占比近50%，吸附再生与燃烧和冷凝等末端处理技术结合时可以达到90%的净化效率。光催化降解法是近年来新兴的VOCs治理技术，该技术具有有机污染物矿化度高、操作简便和清洁无毒等优点，极具应用潜力，近年来得到了极大的推广。本节选取吸附法、催化燃烧法和光催化降解法这三种方法的典型的有机废气治理工程案例进行分析，阐述VOCs处理技术的流程与一些细节，了解VOCs处理技术在实际过程中的应用情况。

7.3.1　吸附法处理有机废气工程实例

(1) 工程概况

工程项目为柳州某涤气塔中蒸发真空泵的尾气处理工程，真空泵抽气量为420m³/h，尾气主要成分见表7-7。

表 7-7　尾气主要成分

测试对象	VOCs 浓度/ppm	H_2S 浓度/(mg/m³)	NH_3 浓度/(mg/m³)	CH_3SH 浓度/(mg/m³)
真空泵	970	>99	45	>9.9

由表可知，此废气风量小、浓度高，需要稀释后治理效果才能达到国家或行业的有关标准与规范。考虑到设备的风量选型和处理能力，在原有废气基础上稀释5倍，废气处理设备的风量设计为2000m³/h。稀释后主要污染物情况见表7-8。

表 7-8　稀释后主要污染物情况表

污染物名称	产生状况			去除率/%	排放状况		
	浓度/(mg/m³)	速率/(kg/h)	产生量/(t/a)		浓度/(mg/m³)	速率/(kg/h)	产生量/(t/a)
NH_3	9.45	0.0189	0.136	60	3.78	0.00756	0.0544
VOCs	203.7	0.407	2.93	80	40.74	0.0815	0.587
H_2S	20.79	0.0416	0.30	90	2.079	0.00416	0.03
CH_3SH	2.079	0.0042	0.031	80	0.4158	0.000832	0.006

(2) 工艺条件和设计要求

设计参数见表 7-9。

表 7-9　设计参数

项目	抽风量/(m³/h)	风压/Pa	马力/kW	风速/(m/s)	规格/mm
风机	2000	1475	3	—	—
风管	2000	—	—	12(管内)	主管 $\varphi300$
除臭塔	2000	—	—	0.65	700(宽)×1220(高)×3200(长)
活性炭吸附塔	2000	—	—	0.1	1800(宽)×3000(高)×3000(长)

(3) 工艺流程及说明

A. 功能说明

a. 除臭塔：提供气体与液体接触反应空间。

b. 填充物(拉西环)：增加气液反应效率。

c. 洗涤循环泵：输送循环水。

d. 风机：输送气体，提供系统所需的负载压力。

e. NaOH 加药泵：将 NaOH 药液送至循环水中，调整循环水 pH，使水质偏碱。

f. H_2SO_4 加药泵：将 H_2SO_4 药液送至循环水中，调整循环水 pH，使水质偏酸。

g. NaClO 加药泵：将 NaClO 药液送至循环水中，调整循环水氧化还原电位(ORP)。

h. 流量计：侦测显示循环水量。

i. pH 控制器：侦测循环水的 pH，控制 NaOH、H_2SO_4 加药泵。

j. ORP 控制器：侦测循环水的 ORP 值，控制 NaClO 加药泵。

k. 液位计：药槽及循环水槽液位指示。

B. 处理原理

除臭系统：第一段加硫酸去除氨气。氨气与硫酸反应生成硫酸铵，硫酸铵溶于水，从而达到去除氨气的目的。通过合理的设计，氨气去除率可达 90%以上，但需保证溶液为酸性，因此需要在线监控 pH，pH 过高时添加硫酸进行调节。第二段添加氢氧化钠和次氯酸钠。氢氧化钠将硫化氢转化为硫化钠，硫化钠水溶液在空气中会被缓慢地氧化成硫代硫酸钠、亚硫酸钠、硫酸钠和多硫化钠。由于硫代硫酸钠的生成速度较快，因此氧化的主要产物是硫代硫酸钠，而硫代硫酸钠在空气中易潮解，并碳酸化而变质，不断释放出硫化氢气体，故单纯使用氢氧化钠无法有效去除硫化氢气体，必须同步添加次氯酸钠。次氯酸钠为强氧化剂，可促使硫化钠在水中生成硫酸钠，减少硫代硫酸钠产生，确保硫化氢去除效率。甲硫醇的处理有碱液吸收法，而碱液吸收法有次氯酸钠氧化处理法和氢氧化钠直接吸收法两种。次氯酸钠氧化处理法的原理是利用碱性条件下次氯酸钠的强氧化性，甲硫醇被氧化成甲基磺酸钠。氢氧化钠直接吸收法的原理是利用甲硫醇具有弱酸性，能与碱发生反应，生成甲硫醇钠。采用碱液吸收法的优点是反应后的液体无臭味、无残渣、易排放、原料低廉、货源充足，解决了甲硫醇对环境的污染问题。

活性炭吸附：去除尘杂及漆雾后的废气，经过合理的布风，使其均匀地通过活性炭塔内活性炭层的过流断面，在一定停留时间内，由于活性炭表面与有机废气分子间相互引力的作用产生物理吸附(又称范德华吸附),其特点是:①吸附质(有机废气)和吸附剂(活性炭)相互不发生反应;②过程进行较快;③吸附剂本身性质在吸附过程中不发生变化;④吸附过程可逆。从而将废气中的有机成分吸附在活性炭表面,使废气得到净化,净化后的洁净气体通过风机及烟囱达标排放。

(4) 系统

A. 废气处理设备

废气处理设备见表 7-10。

表 7-10　废气处理设备清单

设备组成	详情
洗涤塔本体	①功能:第一段用硫酸去除 NH_3,第二段用液碱及次氯酸钠去除 H_2S 及甲硫醇;②型式:卧式;③处理风量:2000m^3/h;④尺寸:700(宽)×1220(高)×3200(长);⑤材质:聚丙烯(PP);⑥本体厚度:8mm;⑦填充材料:特拉瑞德环;⑧其他附属装置:视窗、溢流口、排放口、补水口;⑨SS41+防腐维修平台:3000(长)×1500(宽)×2000(高);⑩数量:1 座
活性炭吸附塔	①功能:去除废气中的有机废气等;②型式:卧式;③活性炭进料方式:活性炭上进下出;④尺寸:1800(宽)×3000(高)×3000(长);⑤材质:SUS304;⑥附件:操作平台*1 式,材质:Q235;⑦活性炭:300kg;⑧数量:1 座
洗涤循环泵	①功能:提升吸收液以作喷淋;②型式:可耐空转立式耐酸碱泵;③扬程-水量:22m-21m^3/h;④材质:玻纤增强聚丙烯(FRPP);⑤马达:西门子;⑥型式:立式;⑦马力:1.5kW×380V×3φ×50Hz;⑧防爆等级:EG3;⑨绝缘等级:F 级;⑩数量:2 台
风机	①功能:抽吸厂房废气进入处理装置;②处理风量:2000m^3/h;③型式:透浦皮带式;④材质:FRP;⑤马达:西门子;⑥马力:3kW×380V×3φ×50Hz;⑦防爆等级:EG3;⑧绝缘等级:F 级;⑨避震型式:弹簧避震器;⑩数量:1 台
排气烟囱	①功能:排除废气;②材质:热镀锌;③尺寸:φ300mm×15m;④爬梯安全防护笼、取样台及烟囱固定架;⑤采样点:1 点;⑥数量:1 座
加药泵	①功能:调整循环水的 pH;②流量:0～3500mL/min(0MPa);③最大压力:0.5MPa;④材质:膜片聚偏氟乙烯(PVDF)、本体-PVC、球座-PVC;⑤数量:3 台
加药桶	①功能:分别储存 H_2SO_4、NaOH、NaClO 溶液;②型式:平底圆桶形;③材质:PE;④体积:500L;⑤尺寸:1000(高)×800mm(直径);⑥数量:3 座

B. 处理效果及稳定运行性

本工程废气经活性炭吸附后,除去有害成分,符合排放标准的净化气体经风机排到室外。活性炭吸附属于深度处理,起始处理效率可达 100%,随着时间的推移和吸附的进行,活性炭趋于饱和,处理效率下降,但在处理效率减小到一定程度前更换活性炭即可维持吸附装置的去除效率在较高水平,使外排废气稳定达标。根据资料显示,活性炭对多种有机物均具有良好的吸附性能,国内有众多厂家采用活性炭吸附方式进行有机废气处理,均得到很好的去除效果,污染物的去除率稳定在 85%以上。

活性炭更换周期要求:活性炭更换需要根据生产实际情况和运行效果而定。可根据塔中填充的活性炭量及其吸附能力,在实际运行中确定更换周期,并列入操作规程中。本工程项目采用的是单级活性炭吸附,活性炭填充量为 300kg,正常生产的情况下,按照有机污染物的排放量,要求企业更换活性炭的周期不得大于 77d,即在处理 77d 后,全部活性炭必须更换。

活性炭吸附剂一般通过蒸气加热降解数分钟或者寻求专业再生企业进行再生即可实现重复使用。本工程更换后的活性炭由专业再生回收公司进行处理，以实现节约资源、降低废气治理工艺运行费用的目的。

7.3.2　催化燃烧法处理有机废气工程实例

(1) 工程概况

本小节主要内容是采用催化燃烧法对三个喷漆室排放的有机废气进行治理的工程案例。

(2) 工艺条件和设计要求

A. 工艺参数

根据业主提供的资料，本次需要治理的有机废气主要来自三个喷漆室，喷漆室尺寸及抽风量等情况见表 7-11。

表 7-11　喷漆室尺寸及抽风量情况

喷漆室	尺寸/m	抽风量/(m³/h)
1	18.0(长)×5.5(宽)×4.5(高)	60000
2	6.0(长)×5.5(宽)×4.5(高)	18000
3	6.0(长)×5.5(宽)×4.5(高)	18000
合计		96000

目前企业在一个大仓库中进行手工喷漆，油漆及稀释剂的用量如下：丙烯酸漆 18kg/d，调和漆 3kg/d，防锈漆 20kg/d，红灰底漆 5kg/d，松香水 12kg/d，丙烯酸稀释剂 6kg/d。

废气成分：苯、甲苯、二甲苯等。

设计风量取值 100000m³/h，设计浓度取值 300mg/m³。设计相关参数见表 7-12。

表 7-12　设计相关参数

序号	参数名称	指标	备注
1	净化风量	100000m³/h	单套设施
2	总净化效率	≥93%	
3	排放标准	甲苯<40mg/m³ 等	《大气污染物综合排放标准》(GB 16297—1996)二级要求
4	排气筒高度	15m	根据标准要求
5	设备阻力	≤1200Pa	

B. 设备选型

根据以上设计参数，选用一套 JY-1000C 型有机废气净化设备。该净化设备包括前端集气通风系统、高效纤维过滤器、固定吸附床、进/出风口电动阀门、催化燃烧装置、脱附风机、吸附风机、混流换热器、风管、阻火器、可编辑逻辑控制器(PLC)电控系统等。

该方案应用新型活性炭(多为蜂窝炭或纤维炭)吸附浓缩低浓度的有机废气，吸附接近饱和后引入热空气加热活性炭，使有机废气脱附出来进入催化燃烧床进行无焰燃烧净化处理，热气体在系统中循环使用或增设二级换热器进行热能回收。该法采用活性炭浓缩低浓度有机废气生成高浓度有机废气，再通过催化燃烧床将其彻底净化。该法集成了吸附法和催化燃烧法的优点，克服了各自单独使用的缺点，解决了治理低浓度、大风量有机废气的难题。

(3) 工艺流程

工艺流程图见图 7-15。

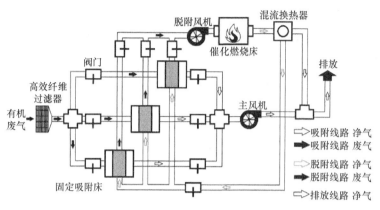

图 7-15　工艺流程图

(4) 系统

A. 废气净化吸/脱附系统流程图如图 7-16 所示。

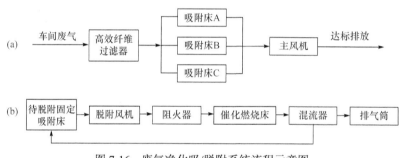

图 7-16　废气净化吸/脱附系统流程示意图

(a) 吸附；(b) 脱附

B. 工艺流程说明

a. 预处理

车间系统抽出的有机废气含有一定量的漆雾、杂尘，若未经除去直接进入吸附装置，极易造成吸附材料的微孔堵塞，严重影响吸附效果、增加系统阻力、影响通风效果，甚至给系统造成安全隐患。因此，本工程在吸附床前设置高效纤维过滤器作为预处理器，利用过滤器自身的精巧结构，高效地去除废气中漆雾及尘杂物质，从而确保由原配套风机抽风引入的废气中所含尘杂在进入固定吸附床前得到有效的拦截过滤。

b. 吸附

活性炭吸附床主要去除 VOCs。活性炭吸附法利用固体本身的表面作用力，将 VOCs 分子吸附在吸附剂表面，从而实现净化废气。本工程每套装置设三台吸附床，即废气从两台吸附床经过，另一台处于脱附再生阶段或备用阶段，从而使吸附过程可连续进行，不影响车间生产。

c. 脱附-催化氧化

反应方程式如下：

$$C_xH_y + (x+y/4)O_2 \xrightarrow[200\sim300℃]{\text{贵金属催化剂}} xCO_2 + y/2H_2O \tag{7-22}$$

达到饱和状态的吸附床应停止吸附，通过 PLC 控制，阀门切换进入脱附状态，过程如下：启动脱附风机、开启相应阀门和远红外电加热器，对催化燃烧床内部的催化剂进行预热，同时产生一定量的热空气。当床层温度达到设定值时将热空气送入吸附床，活性炭受热解吸出高浓度的有机气体，经脱附风机引入催化燃烧床，在贵金属催化剂的作用下于一个较低的温度进行无焰催化燃烧，将有机成分转化为无毒、无害的 CO_2 和 H_2O，同时释放出大量的热量。而释放的热量可维持催化燃烧所需的起燃温度，使废气燃烧过程基本不需外加能耗(电能)，并将部分热量回用于吸附床内活性炭的解吸再生，从而大大降低了能耗。当燃烧废气浓度较高、反应温度较高时，混流风机自动开启，补充新鲜的冷空气以降低温度，确保催化燃烧床安全、高效运行。

d. 电气设计

净化设施的电气控制方式采用全自动化控制。全自动化控制采用 PLC 编程控制，配套电(气)动无极限位调节阀、触摸屏等，主要特点有：①实现操作过程全自动，大大降低操作人员的劳动强度；②实现处理设备的自动、连续、稳定运行；③采用触摸屏使控制系统具有良好的人机界面和重要工作参数的实时记录及储存功能；④采用 PLC 控制方式，便于调整设施的工作参数。

(5) 催化燃烧法净化设施的特点及安全措施

A. 特点

a. 注重安全使用性能，在设计中采取多重安全设施，杜绝发生安全事故；加热器采用远红外翅片式电加热管，安全、高效。

b. 脱附-催化燃烧系统结构精巧，热风复式循环蓄热系统热效率高，能量损失少，实现了脱附吸热与燃烧放热的热平衡，即燃烧过程不耗用外加电能，能耗特别低。

c. 催化燃烧效率高、净化彻底。采用新型蜂窝载体+贵金属催化剂，使起燃温度低、燃烧彻底、安全无焰燃烧，产物无毒、无害；催化剂使用寿命长，废弃物可回收利用。

d. 该吸附床具有炭层多、分布均匀、稳定、气流压降小、吸附性能好的优异性能。活性炭为蜂窝碳。当空塔风速为 0.85～1.1m/s 时，实测阻力小于 500Pa。床层具有优越的动力学性能，极适合在大风量下使用。

B. 安全措施

由于净化设施处理的是易燃易爆气体，本方案采取以下安全措施，确保系统安全运行：①燃烧方式为催化燃烧，属低温无焰燃烧，绝对无明火产生；②严格控制系统中 VOCs 气体的浓度低于其爆炸下限 1/4(约 $10g/m^3$)；③在催化燃烧床的进气管路设置滤尘阻火器；④催化装置设有防爆膜片；⑤预热管采用远红外电热元件；⑥催化和吸附装置均有温度报警系统并设旁通风管，以便"飞温"时引入新鲜空气。

该工程案例中的工程质量符合国家或行业的有关标准与规范。治理效果达到《大气污染物综合排放标准》(GB 16297—1996)中的新污染源排放限值的二级标准。

7.4　室内空气污染及净化技术

7.4.1　室内空气污染来源与分类

室内空气污染可以定义为：室内引入能释放有害物质的污染源或室内环境通风不佳，导致室内空气中有害物质无论是从数量上还是种类上不断增加，并引起人的一系列不适症状的现象。

室内空气污染区别于大气污染的特点有：①室内空气污染是多元化的，即污染成分复杂；②室内空气污染物浓度相对低，即与工业废气的排放浓度相比是很低的；③室内空气中存在大量的致病微生物；④室内空气污染物的线度一般在 5μm 以下；⑤室内空气污染物的净化要求是无二次污染的。室内空气污染源众多，主要污染源见表 7-13。

表 7-13　室内空气主要污染源

污染源	污染物
燃料燃烧	CO_x、SO_x、NO_x、醛、酮和稠环碳氢化合物
生活污染物	吸烟烟雾、家用气溶胶、杀虫剂及致病微生物
建筑装饰材料	放射性惰性气体、氡、VOCs
室外污染物	CO_2、O_3 和颗粒状悬浮物等

按影响室内空气质量的污染因素划分，室内空气污染可分为三类：化学污染、生物污染和物理污染。

(1) 化学污染

化学污染物是室内空气污染的主要污染物，种类繁多。烹调油烟有多环芳烃、丙烯醛、颗粒物等 200 余种成分；环境烟草烟雾目前已鉴定出 300 多种化学物质，含大量的有毒有害物质和致癌物。生活型污染物一部分来自人体的自然排出，如呼出气、汗液、大小便等；更主要的是指家用化学品带来的污染，主要包括染料脱色剂、化妆品、衣物保护防蛀剂、家用气溶胶、杀虫剂、各类药品等。建筑材料和装饰材料所含或所释放的污染物包括甲醛、苯系物、氨、氯乙烯、重金属等 500 多种物质。其中甲醛、苯、甲苯、二甲苯和颗粒物是最重要的室内空气污染物，目前的净化技术主要针对上述污染物。

(2) 生物污染

由于室内温度、湿度较高及密闭性好、使用空调、通风不良等因素，室内环境中易于滋生尘螨等微小生物及其排泄物，军团菌、放线菌等细菌和曲霉菌、葡萄状穗霉菌等真菌，某些具有生物活性的细小颗粒，如动物皮屑、粪便颗粒等生物变态反应原，造成室内生物因素污染，引起人体的过敏反应。针对室内空气中生物污染的净化技术研究较少。

(3) 物理污染

物理污染是指因物理因素，如电磁辐射、噪声、振动及不合适的温度、湿度、风速和照明等引起的污染。物理污染引起的室内空气污染问题还未引起研究者的重视。

7.4.2　室内空气污染的人体健康效应

室内空气污染所致人体健康效应研究方法可分为：人体研究、动物实验和体外实验三种。关于室内空气污染对健康影响的研究大多是描述性的，很少获得剂量-反应关系，各种污染物作用的方式和机理也各不相同。吴忠标等主编的《室内空气污染及净化技术》对各种污染物的人体效应和污染特征有详细论述，主要表现如表 7-14 所示。

表 7-14　室内空气污染的主要人体健康效应

健康效应	起因污染物
呼吸道疾病	SO_2、NO_x、刺激性烟尘和气体
急慢性中毒	CO、高浓度的氟化物、颗粒砷、吸烟烟雾等
致癌作用	环烃及其衍生物、某些金属(As、Ni、Be、Cr)和石棉尘、放射性污染物(如氡等)

军事医学科学院卫生学环境医学研究所的张华山等从医学角度对室内空气污染的人体健康效应作了如下划分，值得参考。

(1) 呼吸系统

室内空气污染暴露与多种呼吸系统健康效应有关，包括肺功能的急慢性改变，呼吸道症状率的增加，气管炎和哮喘及呼吸道炎症等。

(2) 心血管系统

环境烟草烟雾和室内一氧化碳是对心血管系统有作用的主要室内空气污染物，会引起心血管症状、心血管疾病的发病率和死亡率增加。

(3) 神经系统

室内空气污染所致的感觉效应通常是多样的，并且同一感觉可能来源于不同的环境因素。目前还不清楚中枢神经系统如何将不同的感觉综合成对空气质量的评价。虽然一些中枢神经系统疾病，如帕金森病和早老性痴呆，被怀疑与环境中的有害污染物有关，但是尚无文献报道在居室或办公室内等非生产环境中室内空气污染的暴露与这些疾病有关。

(4) 过敏疾病

免疫系统具有对外来大分子物质识别和产生特异反应的特性，它的这一特性在大多数情况下对人体是有益的，并在抗感染时起到重要作用，但有时产生如过敏性鼻炎、哮喘等负效应。室内外空气污染会引起敏感个体免疫性增强，如果再次接触污染物或致敏原可引起疾病的发生。

(5) 致癌作用

室内空气污染暴露相关的主要癌症是肺癌，已经明确的致癌物有环境烟草烟雾、氡和家庭燃煤(多环芳烃)。其他室内空气污染物，如石棉、苯、甲醛、某些杀虫剂等，在非工业区居室内空气污染水平是否有致癌作用及癌症的种类，目前还没有得到资料证实。

此外，室内空气污染还会引起人体轻度不适，影响人们的生活质量和工作效率。

7.4.3　国内外室内空气质量标准比较

20 世纪 90 年代以来，我国室内装饰装修导致的室内空气污染问题受到人们的广泛关注，系统的室内空气质量(IAQ)研究开始展开，IAQ 标准陆续颁布。通过近 20 年的努力，我国已初步建立起一套关于 IAQ 的评价标准，但这些标准还有必要进一步修订和完善。发达国家建立了更为完善的 IAQ 标准，部分国家和地区的 IAQ 标准见表 7-15，与部分国家和地区 IAQ 标准相比，可以总结出我国标准的如下特点。

表 7-15　部分国家的 IAQ 标准比较

国家	标准名称	主要内容
加拿大	《居民室内质量指引》《办公楼空气质量技术指南》	规定了 CO、CO_2、PM、Rn、NO_2、SO_2、O_3、T、RH、甲醛、空气流速 11 项物理和化学指标限值

续表

国家	标准名称	主要内容
日本	《楼房卫生条例》	制定了 CO、CO_2、NO、O_3、RH、T、空气流速等标准
	《办公楼卫生条例》	规定员工所需要开窗的面积，其余如 CO、RH 等指标与《楼房卫生条例》相同
新加坡	《办公楼良好室内空气质量指引》	规定 CO、CO_2、O_3、总 VOCs(TVOCs)、RH、甲醛、温度、总微生物、空气流速标准值
美国	《可接受的 IAQ 通风标准》	规定甲醛、乙醛、CO、石棉、铅、氯丹、氮氧化物、颗粒物等 12 种污染物浓度标准及暖通标准
中国	《办公室及公众场所室内空气质量管理指引》	规定了包括温/湿度、甲醛、PM、细菌总数等在内的物理、化学、生物指标限值
	《室内空气污染物推荐标准》	包括室内空气中甲醛、细菌总数、CO、可吸入颗粒物(IP)、氮氧化物、SO_2 及苯并[a]芘 7 种污染物卫生标准
	《室内空气质量卫生规范》	包括室内空气中 15 种物理、化学、生物控制指标，以及通风和净化等要求
	《民用建筑工程室内环境污染控制规范》	根据使用功能和人们的停留时间，将民用建筑分为两类并分别提出控制要求，规定放射性氡、甲醛、氨、苯、TVOCs 5 种人们普遍关注的室内典型污染物限值
	《室内空气质量标准》	适用于住宅和办公楼，规定了化学、物理、生物和放射性 19 种控制指标，还增加了"室内空气应无毒、无害、无异常臭味"的要求

1) 国外 IAQ 标准都包含在建筑节能标准中，我国节能相关标准包括少量 IAQ 指标。

2) 我国有关建筑材料的标准都是强制性的，而国外只将其作为推荐性的。

3) 美国 IAQ 标准中将石棉和杀虫剂也作为评价指标，而我国没有将其纳为评价指标。

4) 在 2000 年我国颁布的许多 IAQ 标准中氨气已成为评价指标，而发达国家却没有。

5) 我国近期颁布的 IAQ 标准不仅包括燃煤引起的代表性污染物，还包括从建筑装饰材料中挥发的室内污染物，并第一次包括了气味这个主观指标。

我国室内空气质量标准的进一步完善，为有效控制室内空气污染提供了依据，也必将促进室内空气质量研究及污染控制技术的发展。

7.4.4 室内空气净化技术

(1) 污染源头控制

从源头控制 VOCs 是改善室内空气质量的有效途径。选择和开发绿色建筑装饰材料；选择合理的施工工艺；选购正规企业生产的且刺激气味小的家具；装修完要通风一段时间，经监测后入住。污染物的特性(如甲醛释放的长期性)，决定了只从源头控制的不完全性，还需要其他措施。

(2) 吸附技术

室内污染空气的吸附净化主要是用树脂、分子筛、硅胶、活性铝、沸石、活性炭等吸附材料吸附气相污染物以达到去除的目的，是目前室内空气污染控制较为常用和有效的控制技术，在去除污染物的同时，还能使有价值的原料回收。活性炭吸附是目前采用最多的技术，是利用活性炭或活性炭纤维的高比表面积，对空气中的有害气体进行吸附。该方法通过吸收污染物而不破坏污染物的成分，使污染物从空气中转移到吸附剂中，达到一定的浓度时要对吸附剂进行再生和对污染物进行进一步处理，因而易造成二次污染。

(3) 负离子法

空气负离子的发射技术主要有：电晕放电、水发生和放射发生 3 种。负离子一方面易与室内空气中的微小颗粒物相吸附，成为带电的大离子沉降，另一方面使细菌蛋白质表层电性两极发生颠倒，促使细菌死亡，对人体的健康十分有益。李杰等进行了电晕线加热降低负离子空气净化器臭氧浓度的实验研究，结果表明电晕线加热是降低负离子空气净化器臭氧浓度的有效途径。由于负离子净化对发射设备要求较高，沉降的污染物易发生二次飞扬，对一些室内空气中低浓度的污染物去除率不高，且有 O_3 和 NO 等副产物产生，因此目前负离子空气净化技术还需进一步深入的研究。

(4) 非平衡态等离子体技术

非平衡态等离子体技术利用气体放电产生的具有高度反应活性的电子、原子、分子和自由基与各种有机、无机污染物分子反应，从而使污染物分子分解成小分子化合物。这一技术的最大特点是可以高效、便捷地对各种污染物进行破坏分解，使用的设备简单，便于移动，适合于多种工作环境。它不仅可以对气相中的化学、生物制剂进行破坏，而且可以对液相、固相的化学、放射性废料进行破坏分解，对低浓度有机污染物和高浓度有机污染物均有较好的分解效果。因此，它在空气净化方面有较好的应用前景。

(5) 光催化技术

TiO_2 光催化氧化技术是一种环境友好的新技术，能同时去除多种室内空气污染物，具有能耗低、易操作、无二次污染等优点且有望利用可见光。光催化技术用于净化室内空气的功能体现在以下四方面：①无机气体的去除；②室内异味的去除；③VOCs 的去除；④微生物的去除。此外，利用纳米光催化剂这些特性，已研制了多种复合材料，如具有净化功能的瓷砖、壁纸、陶瓷、涂料等，广泛用于医院、建材等行业。该技术是目前最具发展潜力的高新技术，具有广阔的应用前景。

室内空气污染催化净化的一般流程如图 7-17 所示。

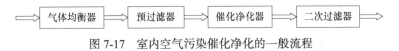

图 7-17 室内空气污染催化净化的一般流程

TiO_2 对可见光响应波长范围窄(仅对紫外光响应)和光生电子-空穴复合过快的缺点限制了 TiO_2 在室内空气净化中的应用。针对这一问题，各国学者在光催化剂的失活与再生、光催化剂的掺杂改性和制备、载体的选择、可见光的利用等几方面进行了大量研究，并已经取得一系列重要成果，为光催化技术在室内空气污染控制的实际应用奠定了坚实的基础。

(6) 光催化相关的组合技术

光催化相关的组合技术可以弥补单一净化技术的不足，提高对室内空气的净化效果。活性炭吸附与光催化氧化技术组合应用，可利用活性炭的吸附能力使 VOCs 浓集，提高光催化氧化反应速率。光催化氧化与臭氧氧化组合，使臭氧发生装置产生的臭氧进入光催化反应装置，利用臭氧与光催化的协同作用提高净化效果。低温等离子体与光催化技术组合，等离子体产生的自由基和光催化可提高 VOCs 去除率，同时杀灭微生物。组合技术克服了单一技术的缺点，在室内空气净化中有广阔的应用前景。

(7) 特定植物净化技术

在室内种植特定的植物，利用植物特有的生理特征来去除污染物，此方法安全有效。例如，月季吸收 H_2S、HF、苯酚、乙醛等有害气体；石竹吸收 SO_2、氧化物等。这种技术可以降低室内空气污染水平，无副作用，但不能消除污染物。

表 7-16 列出了几种主要室内空气净化技术的优缺点、成本、应用前景及技术成熟度。

表 7-16　几种主要净化技术的比较

技术名称	优点	缺点	成本	应用前景	技术成熟度
污染源头控制	有效改善 IAQ	不能消除污染	低	辅助作用	成熟
吸附技术	回收有价值原料	单独使用易造成二次污染	较低	预处理作用	成熟
负离子法	同时去除多种污染物	对发射设备要求较高，可能有副产物	较高	可与其他技术联用，不宜单独使用	较成熟
非平衡态等离子体技术	同时去除多种污染物，设备简单	可能产生副产物	较高	较好，可与其他技术联用	较成熟
光催化技术	同时有效去除多种污染物	催化剂中毒(对粉尘敏感)	中等	广阔，可与其他技术联用，有望利用太阳能	较成熟
光催化相关的组合技术	克服单一技术的缺点	无	中等	广阔，已有相关产品推出	成熟
特定植物净化技术	安全，无副作用	不能消除污染	低	辅助作用	较成熟

上述分析表明，光催化技术与其他技术的组合弥补了单一技术的不足，能同时有效去除室内空气的多种污染物，在室内空气净化中有广泛的应用前景。

本章符号说明

符号	意义	单位
A_m	混合气体的爆炸极限	%
A_i	混合气体中组分 i 的爆炸极限	%
a_i	气体组分的体积分数	%

✎ 习　题

1. 简述 VOCs 治理技术的分类及主要处理技术。

2. 试比较不同 VOCs 处理技术的优缺点、适用条件、成本及技术成熟度。

3. 计算20℃时，置于一金属平板上 1mm 厚的润滑油蒸发完毕所需要的时间。已知润滑油的密度为 $1g/cm^3$，摩尔质量为400g/mol，蒸气压约为 $1.333 \times 10^{-4}Pa$，蒸发速度为 $\left(0.5 \dfrac{mol}{m^2 \cdot s}\right)\dfrac{p}{P}$。

4. 试计算燃烧温度分别为 538℃、649℃和760℃时，去除废气中 99.9%的苯所需的时间。温度为538℃、649℃和760℃时，对应的苯燃烧速度常数分别为 $0.00011s^{-1}$、$0.14s^{-1}$ 和 $38.59s^{-1}$。假设燃烧反应为一级反应。

5. 甲苯在某催化剂上的催化燃烧可视为一级反应，其反应速率常数可用下式进行计算：

$$k = k_0 \exp(-E / RT)$$

其中频率因子 k_0=5.17×10^{13}s^{-1}；活化能 E=136000J/mol。试计算催化燃烧温度为 300℃时，去除废气中 99.9% 甲苯所需的时间。

6. 某涂装烘干室的排气中甲苯浓度为 500mg/m^3，排气流量为 3000Nm^3/h，排气温度为 150℃，拟采用催化燃烧法净化处理。催化燃烧的操作温度为 300℃，此时空塔气速为 18000h^{-1}。催化燃烧室材料为钢板，总质量为 1000kg，钢板的平均比热为 0.46kJ/(kg·℃)；催化剂填充密度为 500kg/m^3，催化剂比热为 0.75kJ/(kg·℃)，要求 15min 内将整个反应装置升温到操作温度。求所需催化剂体积及电加热所需的能耗。已知气体在 150℃、200℃和 300℃下的定压比热值分别为 1.026kJ/(kg·℃)、1.034kJ/(kg·℃)和 1.047kJ/(kg·℃)。

7. 用活性炭吸附法处理含苯废气。废气排放条件为 298K、1atm，废气量 20000m^3/h，废气中含苯的体积分数为 3.0×10^{-3}，要求回收率为 99.5%。已知活性炭的吸附容量为 0.18kg 苯/kg 活性炭，活性炭的密度为 580kg/m^3，操作周期为吸附 4h，再生 3h，备用 1h。试计算活性炭的用量。

8. 某活性炭床被用来净化含 CCl$_4$ 的废气，其操作条件是：废气流量为 20m^3/min，温度为 250℃，压力为 101.33kPa，CCl$_4$ 的初始含量为 900×10^{-6}(体积分数)，床深为 0.6m，空塔气速为 0.3m/s。假定活性炭的装填密度为 400kg/m^3，操作条件下的吸附容量为饱和吸附容量的 40%，实验测得其饱和吸附容量为 0.523kg CCl$_4$/kg 活性炭。求：

(1) 当吸附床长宽比为 2∶1 时，试确定长的过气截面；

(2) 计算吸附床的活性炭用量；

(3) 试确定吸附床穿透前能够连续操作的时间。

9. 利用溶剂吸收法处理甲苯废气。已知甲苯浓度为 10000mg/m^3，气体在标准状态下的流量为 20000m^3/h，处理后甲苯浓度为 150mg/m^3，试选择合适的吸收剂，计算吸收剂的用量、吸收塔的高度和塔径。

10. 把处理量为 250mol/min 的甲苯气体引入催化反应器，要求达到 74%的转化率。假设采用长 6.1m，直径 3.8cm 的管式反应器，求所需要催化剂的质量和所需要的反应管数目。假定反应速率可表示为：$R_A = -0.15(1-x_A)$mol/(kg 催化剂·min)，其中 x_A 为反应管转化率。催化剂堆积密度为 580kg/m^3。

11. 已知 20℃时，甲苯的饱和蒸气压为 13.0mmHg，试计算常压，20℃条件下，容器内被甲苯饱和的空气中甲苯的质量浓度。

12. 简述室内空气净化的主要处理技术的优缺点、成本及应用前景对比。

第 8 章

其他废气处理技术

8.1 含重金属废气处理技术

8.1.1 含铅废气处理技术

铅烟及铅尘是大气铅污染的主要形式。铅在高温(400~500℃)下,可逸出大量铅蒸气,在空气中生成铅的氧化物微粒,以铅尘形式散发到大气中。含铅蒸气及细小铅氧化物微粒的废气称为铅烟。在熔化的铅液和空气界面处,由于铅不断氧化,形成较厚的海绵状铅氧化物,称其为铅渣。铅烟气溶胶凝聚或铅渣飞扬形成铅尘。铅的氧化物有 PbO、PbO_2、Pb_2O_3 及 Pb_3O_4 等几种形态,铅及其氧化物在常温下呈固态,且不易氧化。

铅是一种蓄积性毒物,可通过人的呼吸、饮水、食物等途径进入人体,侵犯人体造血系统、神经系统及肾脏,毒害血管系统、生殖系统、神经系统,或产生致癌、致畸等作用。在铅烟或铅尘控制不良的工厂里,可造成操作人员的急慢性中毒,另外更严重的是大量普遍的症状不明显的慢性损害。我国对上海市部分居民的调查表明,正常成年人体内血铅平均浓度为 30g/100mL。

铅污染主要来自铅矿的采掘、冶炼,含铅汽油和含铅煤的燃烧,含铅产品生产及使用中的高温作业过程等,如以汽油为动力燃料的燃烧过程,熔制铅板、铅锭、铅字,以及蓄电池、含铅油漆、涂料、彩釉陶瓷、含铅玻璃的生产过程等。

据国外资料,空气中的铅污染 98%来自含铅汽油的燃烧,汽油中添加的抗爆剂——四乙基铅是汽油燃烧铅污染的主要来源。汽车每升汽油中含有 1g 左右的四乙基铅,航空汽油中铅含量更高。四乙基铅有很高的挥发性,甚至在 0℃时就已经开始挥发,挥发出来的铅以粉尘、蒸气及烟的形式存在于空气中。对城市的街道灰尘及空气中含铅量的测定结果表明,铅污染的程度与交通密度(每小时通过的车辆数)及汽油中铅含量密切相关。因此,世界各国都对汽油含铅量作了规定,并逐步推广采用无铅汽油。目前我国大中城市都开始禁止使用含铅汽油。

除了汽车之外,某些工厂区的局部铅污染相当严重,如某一蓄电池厂每年向大气排放的铅尘高达 13~18t,相当于 7.5~10.8t 铅。该厂车间内铅浓度超标 4.15 倍,最高达 51 倍,治理之后还超标 1~12 倍。一些铅玻璃熔炉烟气含铅浓度通常为 30~120mg/m³,最高可达 200mg/m³。

控制铅污染的途径,一是降低汽车用油中四乙基铅含量或寻找四乙基铅的代用品,如我国目前绝大多数的大中城市已经禁止含铅汽油的使用;二是控制工业上铅的排放量。后者又可从两方面入手,一方面是改革工艺,减少铅烟和铅尘的排放;另一方面是对排放尾气进行净化,使其达到或低于国家允许的排放标准。

处于高温熔融状态的铅液挥发出来的铅蒸气，进入空气后易被空气中的氧氧化为铅的氧化物微粒；如果铅蒸气被迅速冷却，由于来不及氧化，部分铅蒸气还会冷却为金属铅的微粒。这些微粒的粒径一般较小。由铅蒸气产生的铅氧化物微粒，金属铅微粒及随气流飞扬的铅渣和其他含铅粉尘是被治理的含铅废气中铅的主要存在形态。因此，含铅烟气治理的主要机理之一是微粒的捕集。

除了微粒捕集以外，对铅尘(特别是小于 0.1μm 的难以捕集的含铅微粒)和铅蒸气也利用化学吸收的机理进行净化，常用的化学吸收试剂为酸、碱溶液。含铅烟气的治理方法可分为干法与湿法两大类。干法包括布袋除尘、电力除尘等，湿法有水洗法、酸性溶液吸收法、碱性溶液吸收法及其他方法等。

布袋除尘及电力除尘都是高效的除尘方法，但对于粒径在 0.1μm 以下的气溶胶状铅烟，其脱除效率是有限的，而用化学吸收的方法却具有较好的效果。用两级净化的方法，即先用干法除去较大颗粒铅尘，然后以酸或碱性溶液吸收，常常具有较高的净化效率。

下面简单介绍常用的含铅烟气净化方法。

(1) 气脉冲布袋除尘器净化

气脉冲布袋除尘器是一种新型高效的过滤式除尘器，过滤负荷较高，滤布磨损较轻，使用寿命较长，运行安全可靠，自 20 世纪 70 年代国内开始应用以来，已得到普遍推广。但它需要高压气源作清灰动力，对高浓度及含湿量大的含尘气体净化效果不佳。

某蓄电池厂的铅粉机产生大量铅尘，原采用反吹抖动式绸袋过滤除尘器，由于绸袋易破，效率较低。改用脉冲袋式除尘器，改变滤料后，过滤效率达 99.9%。该厂采用两级净化，即经脉冲袋滤后的含有微小粉尘的气体，再经水洗除尘。经两级净化后，含尘浓度可从 7000mg/m³ 降至 0.1~0.2mg/m³。脉冲袋式除尘器的操作数据为：气体流量 4000m³/h，过滤风速 1.7m/min，喷吹压力 600kPa，脉冲宽度 0.12s，脉冲周期 120s，过滤效率 99.9%。

(2) 湿式电除尘器净化

电除尘器是利用电场实现粒子与气流分离沉降的一种除尘装置，其特点是压力损失小，一般为 0.2~0.5kPa，除尘效率高，最高可达 99.99%，且能捕集 1μm 左右的粒子；其缺点是设备庞大，耗钢多，初期投资高，制造、安装和管理的技术水平较高。

湿法管式电除尘器采用湿式清灰，具有除尘效率高、无二次扬尘、运行稳定的优点，但存在腐蚀、污水及污泥处理问题。该法用于净化熔制铅玻璃池炉烟气，除尘效率可达 95%。烟气中铅的形式为硫酸铅微粒，粒径范围为 0.1~0.6μm，最大频数分布粒径为 0.3~0.4μm。电除尘器直流高压 32~40kV，工作电流 18~45mA。铅尘净化效果列于表 8-1。

表 8-1 铅烟电除尘效果

处理气量/(Nm³/h)	过滤气速/(m/s)	进口浓度/(mg/Nm³)	出口浓度/(mg/Nm³)	除尘效率/%	阻力/Pa
1710~2890	0.99~1.67	60~200	0.5~5	约95	147.1

(3) 水洗净化

水价廉易得且不带入其他污染物，因而受到人们的欢迎。水洗设备具有结构简单、造价低等特点。但它存在一般湿法除尘具有的缺点，如设备及管道腐蚀，污水污泥处理等问题。

由于铅及其氧化物不溶于水，水洗净化铅烟的原理是一般湿式除尘的机理——惯性碰撞、拦截作用、重力沉降和扩散作用等。水洗法对含铅烟尘量大的烟气有较明显的效果。

水洗净化的净化率与净化设备的类型和操作有密切关系。常用的净化设备类型有填料塔、喷雾洗涤器、旋流板塔、泡沫塔和文丘里洗涤器等，其中以文丘里洗涤器去除效率最高。

(4) 酸性溶液吸收净化

前已述及，由于布袋除尘、电除尘和水洗等对 0.1μm 左右的铅尘净化效率有限，因而可采用化学吸收方法来进一步提高净化效率，其中酸性溶液吸收法得到迅速推广和应用。吸收液可采用乙酸、硝酸或草酸，化学吸收的结果是生成相应的铅盐，即乙酸铅、硝酸铅或草酸铅，铅烟尘中较大颗粒和二氧化铝则在吸收液形成的水膜包裹下沉降。酸性溶液吸收具有设备简单、操作方便、除铅效率高、不堵塞等特点，但仍存在污水污泥处理和腐蚀问题。

硝酸的氧化性和腐蚀性强，用它作吸收液时，设备材质要求高。所以常用 0.1%～0.3% 的稀铬酸或 3% 的草酸溶液作吸收液。

稀乙酸吸收过程的主要反应为

$$2Pb + O_2 \longrightarrow 2PbO \tag{8-1}$$

$$Pb + 2CH_3COOH \longrightarrow Pb(CH_3COO)_2 + H_2 \tag{8-2}$$

$$PbO + 2CH_3COOH \longrightarrow Pb(CH_3COO)_2 + H_2O \tag{8-3}$$

由于乙酸铅的毒性比铅及其氧化物更大，因而更换吸收液时必须对乙酸铅进行化学沉淀过滤处理。其方法是，将需更换的吸收液过滤排入处理池，加入三氯化铁或碱式氯化铝，再加入酚酞乙醇指示剂及 40% 的氢氧化钠或碳酸钠，直至出现稳定的红色后，静置过滤。化验达标后排放。若 Pb^{2+} 浓度仍超标，可再在滤液中加入硫化钠，生成溶解度更小的硫化铝沉淀，静置过滤后排放。反应如下：

$$Pb^{2+} + 2NaOH \longrightarrow Pb(OH)_2\downarrow + 2Na^+ \tag{8-4}$$

$$Pb^{2+} + Na_2CO_3 \longrightarrow PbCO_3\downarrow + 2Na^+ \tag{8-5}$$

$$Pb^{2+} + Na_2S \longrightarrow PbS\downarrow + 2Na^+ \tag{8-6}$$

也可以直接加入硫化钠，生成硫化铅沉淀，达标后过滤排放。反应如下：

$$Na_2S + 2H^+ \longrightarrow 2Na^+ + H_2S \tag{8-7}$$

$$Pb^{2+} + H_2S \longrightarrow PbS\downarrow + 2H^+ \tag{8-8}$$

过滤后的废渣可用铁粉、碳粉在高温下熔炼，回收纯度较高的铅。

使用草酸作吸收液时，由于生成的草酸铅溶解度小，一般无需处理，只需过滤出草酸铅沉淀即可。用草酸作吸收液的缺点是吸收液浓度高，药品费用较大。

酸性溶液吸收的设备型式也有多种，类型同水洗法类似，有斜孔板塔、旋流板塔等。

某研究所研究了稀乙酸净化含铅废气的方法，该方法已在蓄电池厂、粉末冶金厂、黄丹厂等工厂用于含铅废气的净化，净化率为 90% 以上，净化后排气中含铅浓度可下降到 0.02～0.05mg/m³，低于国家排放标准。整个净化过程分为脉冲布袋除尘和稀乙酸吸收净化两步，如图 8-1 所示。稀乙酸吸收的主体设备可用斜孔板塔。当处理风量为 4000m³/h 时，取空塔速度为 2m/s，塔径为 850mm。塔内共有 6 层塔板，5 块为斜孔塔板，最顶上一块为除雾旋流板。旋流板直径 750mm，旋流叶片 12 片，旋流板仰角 28°。

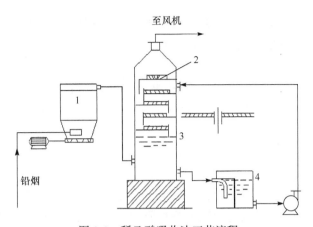

图 8-1　稀乙酸吸收法工艺流程
1. 袋滤器；2. 除雾器；3. 吸收塔；4. 储液槽

斜孔板塔塔板开孔呈斜孔状，并按一定规格排列。铅烟从斜孔板塔下部进入塔内向上流动，0.25%～0.30%的稀乙酸溶液从塔顶逆流而下。烟气与吸收液在塔板上相遇时，烟气穿过斜孔从水平方向喷出，气相推动液相做激烈湍动，呈蜂窝状态。由于界面不断更新，气液有较大的接触面，并有较大的传质系数，吸收效果较好。又由于塔板结构避免了气流的垂直上冲，因而减少了雾沫夹带。塔顶的旋流板有进一步捕沫的作用。

净化后的烟气经风机抽至排风筒排空。吸收产物乙酸铅回收作颜料。

实践证明，该法的净化效率随入口铅烟浓度的增加而增加。入口铅烟浓度在 $0.1mg/m^3$ 以上时，净化效率在 90%以上；当入口铅烟浓度降到 $0.037mg/m^3$ 时，净化效率仅为 45%左右；当被治理的铅烟浓度为 $0.2mg/m^3$、气体空塔速度为 1.5m/s、液气比为 $2.88L/m^3$ 时，净化效率为 90%，接近工业上实际排放的浓度。

(5) 碱性溶液吸收净化

当铅烟温度在 330～500℃时，生成的 Pb_2O_3 和 Pb_3O_4 中都有 PbO_2 的成分，PbO_2 可与碱溶液反应生成铅酸钠，最后与水加合，生成 $Na_2[Pb(OH)_6]$ 沉淀：

$$PbO_2 + 2NaOH \longrightarrow Na_2PbO_3 + H_2O \tag{8-9}$$

$$2Na_2PbO_3 + 6H_2O \longrightarrow 2Na_2[Pb(OH)_6] \downarrow \tag{8-10}$$

铅烟尘较大颗粒和氧化铝在吸收液包裹下增重沉降。

前些年，我国一些印刷厂采用此法净化熔铅锅产生的铅烟，取得满意的效果，其净化效率为 89%～99%。

由于铅字上带有油墨，因而熔铅锅铅烟中带有油烟，油垢吸附在粉尘上会造成严重堵塞，因而不宜采用过滤、电除尘等干法处理；湿法的水洗及酸洗对除油效果也不理想。采用碱液吸收，除铅烟中的铅及其氧化物能与 NaOH 溶液发生反应以外，油烟与 NaOH 溶液在高速气流搅拌下能生成乳浊液及大量泡沫。这些泡沫能把烟流中夹带的杂质与大粒径铅吸附下来，增加净化效率。

一般熔铅锅铅烟中铅含量为 0.2～$0.4mg/m^3$，最高可达 $14.9mg/m^3$，采用碱洗法净化后，排出的净化气中铅含量最高为 $0.390mg/m^3$，最低为 $0.001mg/m^3$，均达到国家排放标准。

该法流程简单，操作方便，在同一设备内进行除尘和脱铅，净化效率高。但在进口铅烟浓度较低时，净化效率较低，且吸收液须经处理，否则会造成二次污染。

更换吸收液时,可先将澄清液过滤排入处理池,用酸中和并酸化,加入还原剂硫酸亚铁,将四价铅离子还原为二价铅离子,再用碱将废液调至微碱性,使二价铅离子生成 $Pb(OH)_2$ 沉淀,然后过滤排放。

铅烟、铅尘的净化除了上述用得较多的一些方法外,还有一些其他方法。例如,某冶炼厂用湿式集尘法净化炼铅鼓风炉尾气,得到含水 50%的烟尘,然后用盐酸食盐饱和溶液浸出,获得二氯化铝制取黄丹。

8.1.2 含汞烟气的治理

汞(Hg)俗称水银,在常温下具有可蒸发、吸附性强、容易被生物体吸收等特性。汞蒸气无色无味,比空气重 7 倍。汞及其化合物均是重要的环境有毒有害物质,主要表现为强烈的神经毒性,以及致畸、致癌和致突变性,是具有持久性、易迁移性、生物累积性和生物扩大作用的有毒污染物。大气中的重金属汞可以通过呼吸作用进入人体,也可以沿食物链通过消化系统被人体吸收,对人的危害性极大。有资料表明,如吸入浓度为 $1.2\sim5.0mg/m^3$ 的含汞蒸气空气,则会发生严重的急性中毒,足以导致生命危险和长期的神经系统破坏;当空气中含汞蒸气浓度为 $0.1mg/m^3$ 时,呼吸 4 个月就会出现汞吸收,呼吸 $3\sim4$ 年就会导致慢性中毒。此外,由于具有长距离迁移的属性,汞已被联合国环境规划署列为全球性污染物,引起全球的广泛关注。

我国是汞生产和消费大国,汞年产量约 700t,年消费量超过 1000t,约占世界总消费量的 50%,人为汞源向大气释汞量占比较大。含汞废物中汞含量一般较高,已经列入"国家危险废物名录(HW29)",主要来源有废汞触媒、废荧光灯管、含汞废温度计、血压计等。以氯碱工业为例,2013 年我国电石法生产聚氯乙烯行业年产量 981 万 t,使用氯化汞触媒约 1.2 万 t/a,运行 800h 后废触媒氯化汞平均质量分数高达 3%,其回收率却不到 50%。每年有数百吨汞以各种形式排入大气、水体或土壤中,汞污染形势严峻。燃煤也是大气汞污染的主要来源之一。我国原煤汞含量在 $0.1\sim5.5mg/kg$,平均为 $0.22mg/kg$,高于世界平均水平 $0.09mg/kg$。2014 年国家新颁布的《锅炉大气污染物排放标准》(GB 13271—2014)提出了汞及其化合物的浓度排放限值$\leqslant0.05mg/m^3$,这使得汞的排放控制迫在眉睫。

高温加热含汞废物产生的废气和燃煤烟气中的汞主要以元素汞(Hg^0)、氧化汞(Hg^{2+})、颗粒汞(Hg^p) 3 种形式存在。Hg^p 可通过电除尘器和布袋除尘器去除,Hg^{2+} 具有较高的水溶性,易于被吸收或吸附,而 Hg^0 具有较高的饱和蒸气压,极易挥发且难溶于水,因此很难被捕获。通过等离子体技术产生强氧化基团的方式将烟气中的 Hg^0 氧化为易于处理的 Hg^{2+},可以大大提高系统的汞脱除效率。

(1) 溶液吸收法

用具有较高氧化还原电位的物质,如高锰酸钾、碘、次氯酸钙、次氯酸钠、硝酸、酸性重铬酸钾及与汞可以生成络合物的物质作为吸收剂,可去除烟气中的汞。该方法具有反应速率快、净化效率高、溶液浓度低、不易挥发、沉淀物少且比较经济等优点。

A. 高锰酸钾溶液吸收

高锰酸钾溶液具有很高的氧化还原电位及强氧化性,可以将汞迅速氧化成氧化汞,同时产生的二氧化锰又可以和汞生成络合物,其反应式为

$$2KMnO_4 + 3Hg + H_2O \longrightarrow 2KOH + 2MnO_2 + 3HgO\downarrow \tag{8-11}$$

$$MnO_2 + 2Hg \longrightarrow Hg_2MnO_2 \downarrow \tag{8-12}$$

吸收设备可以采用各种塔器，其中采用斜孔板塔的较多。吸收液中 $KMnO_4$ 浓度为 0.3%～0.6%，空塔气速为 2m/s 左右，液气比为 2.6～5.0L/m³，净化效率达 96%～98%。反应的生成物可用低温电解法，也可用氯化锡回收汞。废水经曝气处理后可以重复使用。注意对高浓度汞蒸气定时补加高锰酸钾。尾气汞含量可以稳定控制在 $10\mu g/m^3$ 以内，消除了汞蒸气对环境的污染，工艺流程简单，设备易操作。

B. 硫酸-软锰矿液体吸收法

含 100g/L 软锰矿(粒度为 110 目，含 68%左右 MnO_2)、3g/L 左右硫酸的悬浮液也可以作为汞吸收剂。主要化学反应为

$$2Hg + MnO_2 \longrightarrow Hg_2MnO_2 \tag{8-13}$$

$$Hg_2MnO_2 + 4H_2SO_4 + MnO_2 \longrightarrow 2HgSO_4 + 2MnSO_4 + 4H_2O \tag{8-14}$$

$$HgSO_4 + Hg \longrightarrow Hg_2SO_4 \tag{8-15}$$

吸收设备采用填料塔、板式塔、湍球塔或鼓泡反应器，工艺流程如图 8-2 所示。实际应用中多采用二级吸收，有时还串联活性炭吸附器，使总净化效率达 99%以上。吸收塔下来的含汞废液可回收 $HgSO_4$，进而回收汞。该法的优点是可净化高浓度含汞废气，净化效率高，运行费用低，可以回收汞资源，经济效益好，但是装置复杂。

(2) 吸附法

烟气中的汞可被吸附脱除，吸附剂有炭基、钙基、硅基和钛基等，其中活性炭是应用最多的吸附剂。活性炭对汞的吸附过程是一个多元化的过程，包括吸附、凝结、扩散及化学反应等，与吸附剂本身的物理性质(颗粒粒径、孔径、表面积等)、温度、烟气成分、停留时间、烟气中汞浓度、C/Hg 比例等因素有关。化学改性后的活性炭通过浸渍氯、硫、碘可提高汞的去除效率。在卤素改性的活性炭上，Hg^0 首先通过孔隙作用吸附于活性炭表面，并与活性炭表面具有催化氧化作用的活性位结合，被氧化为 Hg^{2+}。继而 Hg^{2+} 从该活性位脱

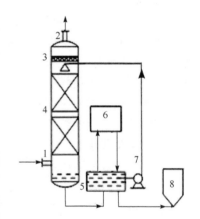

图 8-2 硫酸-软锰矿液体吸收含汞废气工艺过程

1. 含汞废气入口；2. 净化气出口；3. 丝网除沫器；4. 吸收塔；5. 循环水箱；6. 循环液处理系统；7. 循环泵；8. 汞回收装置

附，并与活性炭中的卤素吸附中心结合，完成 Hg 的脱除过程。据美国能源部估计，要控制90%的汞排放，脱除 1kg 的汞需要 5.5 万～15 万美元。由此可见，直接采用活性炭吸附的方法成本过高，燃煤电厂很难承受。现阶段很多研究人员开始开发高效价廉的新型吸附剂。

(3) 等离子体脱汞法

等离子体技术具有处理结构简单、启动迅速、处理效率高、运行成本低、占地面积小、不产生二次污染且能同时去除多种污染物等优点。脉冲电源放电产生的低温等离子体对 Hg^0 具有较好的氧化作用，氧化率与电源输出电压、频率、Hg^0 初始浓度、烟气含水量有关。当 Hg^0 浓度为 0.6mg/m³，烟气含水量为 4%，在 30kV、600～700Hz 条件下时，出口 Hg^0 浓度为 0.008mg/m³，Hg^{2+} 浓度为 0.207mg/m³，氧化率达到 97.5%。

(4) 利用现有烟气处理设备联合脱汞

该方法利用现有烟气处理系统协同脱汞，取得一定的脱汞率。据统计，电除尘器对汞排放有一定的抑制作用，对烟气中 Hg^p 的去除率达到 75%。在单独的湿法烟气脱硫系统中，以石灰或石灰石作为吸收剂，烟气中 Hg^{2+} 的去除率达到 80%～95%，对总汞的去除率为 10%～84%。SCR 脱硝技术对 Hg^0 具有一定的氧化作用，从而提高湿法烟气脱硫对汞的去除率。受煤种及其他条件的影响，氧化率从 2%～12% 至 40%～60% 不等。应用 SCR 工艺的燃煤电厂烟气中的氧化汞含量增加了 35%。使用原有的烟气净化装置，并通过技术组合，可将汞有效控制在排放标准之内。

8.1.3 其他烟气处理技术

电镀过程中往往会产生含镉、铬等重金属的废气。

以碲化镉薄膜太阳能电池的生产过程为例，产生的主要含镉废气有：①激光刻蚀粉尘，产生于激光刻蚀工序对沉积薄膜进行刻画处理，激光刻蚀粉尘主要成分为 CdS、CdTe、Mo、Ni 和 Sb_2Te_3；②退火废气，产生于 CdTe 薄膜退火工序，废气主要污染物为 $CdCl_2$ 粉尘；③CdS/CdTe 镀膜废气，产生于 CdS/CdTe 镀膜工序抽真空废气，废气主要成分为 CdS、CdTe 粉尘。

激光刻蚀粉尘和退火废气可通过布袋除尘器与高效离子过滤器处理。CdS/CdTe 镀膜废气先经冷却器冷却，再经布袋除尘器与高效离子过滤器处理。高效离子过滤器通过设置不同性能的过滤器，除去废气中悬浮的尘埃粒子和微生物，即通过滤料将尘埃粒子捕集截留下来，以保证送入风量的洁净度要求。它所用的滤料为较细直径的纤维，其既能使气流顺利通过，又能有效地捕集尘埃粒子。H13 级高效离子过滤器对 0.3μm 以上颗粒物的处理效率达 99.9% 以上，H14 级高效离子过滤器对 0.3μm 以上颗粒物的处理效率达到 99.99% 以上。工程含镉废气的综合处理效率能达到 99.95% 以上，处理后的废气中含镉浓度低于 $0.01mg/m^3$。

在电镀生产过程中，由于采用较高温度和较大电流，在电镀时阴、阳极产生的大量气体经由镀液带着铬酸蒸气放出，从而形成含铬废气。对电镀含铬废气的治理及回收利用上应以节省水量、回收有用物质、防止二次污染为主要目标。

典型的吸收处理含铬废气回收工艺如图 8-3 所示。用抽风机把由镀槽放出的含铬酸废气抽入抽风管道，送入回收减压箱中的吸收喷水器内。因废气受抽风机的吸力，产生了一定的压力，将喷水管喷出的水吹成水雾并与之充分混合。废气中的铬酸溶于水雾后形成铬酸溶液，滴入回收减压箱内的水中(回收减压箱中的水要保持一定的水位)。空气从箱顶出气口排出。由于回收减压箱位置较高且体积大，含铬废气进入回收减压箱后，压力减小，铬酸液不会喷出

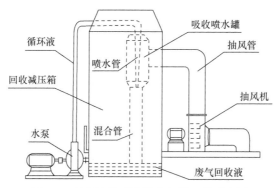

图 8-3 吸收法处理含铬废气的工艺示意图

箱外。回收减压箱左侧的水泵不断地将箱内的水循环送入吸收喷水器喷出，使箱内的水循环不断地与铬酸接触。水中的铬酸浓度不断增大，经过多次循环达到一定浓度后，经右侧的废液回收管输送到车间，直接补充入镀槽内。该工艺设备简单，吸收喷水器效率高，管理方便，含铬废气可达到国家排放标准。

8.2　无机废气处理技术

8.2.1　硫化氢废气治理

8.2.1.1　硫化氢危害及来源

硫化氢(H_2S)是一种无色的易燃气体，毒性大，并具有特有的臭鸡蛋味。一般人对 H_2S 的敏感度为 0.01ppm。低浓度(5ppm 以下)的 H_2S 对人的黏膜和呼吸道有刺激作用，长期接触低浓度 H_2S，会出现头痛、疲倦无力、记忆力减退、失眠、胸痛、咳嗽、恶心和腹泻等症状，会引起眼结膜炎，同时极易被肺和胃肠所吸收。H_2S 进入血液后，与血红蛋白结合，生成不可还原的硫化血红蛋白，发生中毒症状。H_2S 能与组织呼吸酶中的三价铁结合，抑制组织呼吸酶的活性，影响生物酶作用，从而导致组织氧化还原能力降低，以致组织缺氧。H_2S 浓度大于 20ppm时已属危险值；达 200ppm 时，能使嗅觉神经完全麻痹；浓度大于 700～1000ppm 时，人会立即发生昏迷和因呼吸麻痹而迅速死亡，因此 H_2S 是必须严格控制的大气污染物。

大自然中的生物腐烂过程和火山与地热活动可释放出大量 H_2S，是大气天然硫排放物的主要形式。H_2S 容易氧化生成 SO_2，故 H_2S 是 SO_2 的主要间接天然源。其人为源包括天然气开采时的脱硫尾气、炼油工业废气、煤气、化学反应的含硫尾气、地热水逸散出的 H_2S 等。

8.2.1.2　干法

(1) 氧化铁法

氧化铁法常用于燃气的深度脱硫，也适于处理焦炉煤气和其他含 H_2S 气体，脱硫剂为氢氧化铁，并添加石灰石、木屑、水等。氧化铁法分箱式和塔式两种，箱式脱硫剂的厚度可取600mm，空速可取 20～40h^{-1}，塔式占地面积小，脱硫剂处理简单。脱硫吸附器往往是若干个并联使用，脱硫操作和再生操作可交替进行，脱硫效率可达 99%，但反应速率慢，阻力大，设备庞大，脱硫剂需定期再生或更换，总体经济性不高。

反应机理如下：

吸收
$$2Fe(OH)_3 + 3H_2S \longrightarrow Fe_2S_3 + 6H_2O \tag{8-16}$$

再生
$$2Fe_2S_3 + 3O_2 + 6H_2O \longrightarrow 4Fe(OH)_3 + 6S\downarrow \tag{8-17}$$

图 8-4 为塔式流程图，脱硫是在脱硫塔中进行的，使用后的脱硫剂在抽提器中用全氯乙烯抽提，得到再生后的脱硫剂循环使用。含硫全氯乙烯在分解塔中遇热分解出硫，并呈熔融硫排出塔外，全氯乙烯冷却后循环使用。

(2) 活性炭法

在吸附器中用活性炭吸附 H_2S，对吸附后的活性炭通氧气转化成元素硫和水，再用 15%硫化铵水溶液洗去硫磺，生成多硫化铵，多硫化铵溶液用蒸气加热便重新分解为硫化铵和硫磺，活性炭可继续使用。两个吸附器轮换吸附和再生，流程如图 8-5 所示。反应机理如下：

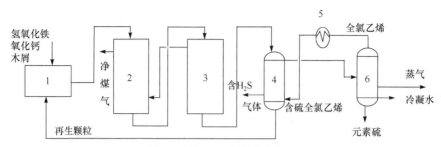

图 8-4　塔式氧化铁脱硫流程

1. 造粒装置；2.1#脱硫塔；3.2#脱硫塔；4. 抽提器；5. 冷却器；6. 分解器

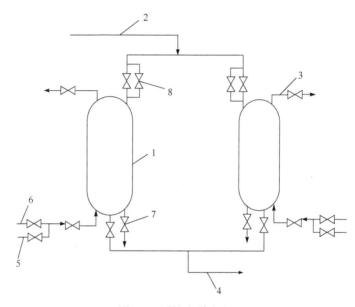

图 8-5　活性炭脱硫流程

1. 活性炭吸附器；2. 废气进口；3. 放空管；4. 进气出口管；5. 氮气管；6. 再生蒸气管；7. 排污管；8. 冲压旁路

吸附 $\qquad 2H_2S+O_2 \longrightarrow 2S+2H_2O \qquad$ (8-18)

再生 $\qquad (NH_4)_2S + nS \longrightarrow (NH_4)_2S_{n+1}(\text{多硫化铵}) \qquad$ (8-19)

活性炭法适用于 H_2S 含量小于 0.3%的气体、天然气和其他不含焦油物质的含 H_2S 废气、粪便臭气，脱硫率可达 99%以上，净化后气体中的 H_2S 含量小于 10ppm。其优点在于操作简单，可以得到很纯的硫，如果选择合适的炭，还可以除去有机硫化物。H_2S 与活性炭的反应快（活性炭吸附 H_2S 的速度比氢氧化铁快）、接触时间短、处理气量大。为完全除去 H_2S 废气，床温应保持<60℃，因为 H_2S 与活性炭的反应热效应大，所以该方法不宜处理 H_2S 浓度>900g/m³ 的气体。

(3) 氧化锌法

氧化锌作脱硫剂，效率高，吸附 H_2S 的速度快，脱硫后的气体含硫量在 0.1ppm 以下。硫化氢与氧化锌的反应为

$$H_2S + ZnO \longrightarrow ZnS + H_2O \qquad (8\text{-}20)$$

氧化锌也可脱除某些有机硫，但要在高温下进行，如与硫醇反应：

$$ZnO + C_2H_5SH \longrightarrow ZnS + C_2H_4 + H_2O \tag{8-21}$$

氧化锌脱硫能力随温度的增加而增加，脱除 H_2S 的反应在较低温度($200℃$)下即可进行。该方法适于处理 H_2S 浓度较低的气体，脱硫效率高，可达 99%。但脱硫后一般不能用简单的办法来恢复脱硫能力。

8.2.1.3　湿法

(1) 有机溶剂吸收法(物理吸收法)

A. 醇胺吸收法

醇胺吸收法经常使用的吸收剂是一乙醇胺(MEA)、二乙醇胺(DEA)，有时也用三乙醇胺(TEA)，它们可以同时除去气体中的 H_2S 和 CO_2，因此其选择性相对较低。常用的工艺流程如图 8-6 所示。

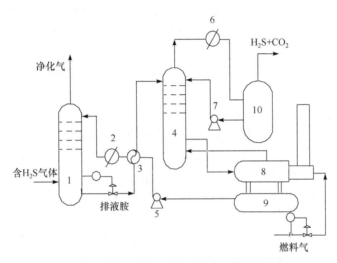

图 8-6　醇胺吸收法脱除硫化氢工艺流程图
1. 吸收塔；2. 冷却器；3. 换热器；4. 再生塔；5. 循环泵；6. 回流冷凝器；
7. 回流泵；8. 再沸器；9. 储槽；10. 回流储罐

新鲜或再生后的胺进入吸收塔上部，与从塔底上升的气流逆流相遇，吸收了酸气的饱和胺溶液由液面控制器从塔下部排出，然后通过换热器与再生后的热胺溶液换热而被加热到 $80 \sim 90℃$，进入再生塔上部，经过再生塔蒸馏气提，胺被再生。再生塔下都有再沸器，塔上部与冷凝器和回流储罐相连，在此酸性气体排出系统，进入克劳斯装置回收硫磺，冷凝液则全部作为回流液返回再生塔。再生塔底出来的胺液进入储槽，由循环泵送入换热器与吸收有酸性气体的富胺溶液换热，胺液被冷却后，返回吸收塔循环使用。

胺与 H_2S 和 CO_2 的反应较复杂，主要反应如下：

$$2RNH_2 + H_2S \longrightarrow (RNH_2)_2H_2S \tag{8-22}$$

$$2RNH_2 + CO_2 + H_2O \longrightarrow (RNH_2)_2H_2CO_3 \tag{8-23}$$

$$(RNH_3)_2S + H_2S \longrightarrow 2RNH_3HS \tag{8-24}$$

$$(RNH_3)_2CO_3 + CO_2 + H_2O \longrightarrow 2RNH_3HCO_3 \tag{8-25}$$

这些反应是可逆的，低温时酸性气体被吸收，高温时被解吸。

醇胺吸收的工艺条件如下。

1) 醇胺吸收剂的浓度。MEA 不超过 25%(质量分数)，DEA 不超过 35%(质量分数)。富胺液中酸气浓度，对于 MEA 不应超过 0.4kmol/kmol 胺，对于 DEA 不应超过 0.65kmol/kmol 胺。

2) 温度。进入吸收塔的胺液温度比气体高 1～5℃，以防止烃类凝缩。出吸收塔的胺液温度不超过 50℃。

3) 胺类的选用。DEA 硫容量高，蒸气压低，对温度的稳定性好，比 MEA 的损失少 1/6～l/2；而且 MEA 同有机硫化物 COS、CS₂ 及硫醇等发生反应，并生成可降解化合物，因此 DEA 普遍被选用。

二乙二醇胺(DGA)对硫化氢具有很高吸收容量，因而溶液的循环比小，热动力消耗低，所以 DGA 也常被采用，其缺点是黏度较高。

B. 环丁砜法和改良甲醇法

环丁砜对 CO_2 和 H_2S 都有很好的吸收能力，环丁砜法所用溶剂的配比因天然气中 H_2S/CO_2 比值不同而异，其范围为二异丙醇胺 15%～65%，水 1%～25%，其余为环丁砜。一般 H_2S 含量高时，二异丙醇胺为 30%～40%。H_2S/CO_2 比值小时，含水量应较高。水量太少，溶剂难以再生，腐蚀问题也较严重。例如，对于含 H_2S 1.0%～1.1%(体积分数)，CO_2 5%～6%(体积分数)的天然气(H_2S/CO 比值为 0.2)，吸收剂配比通常为环丁砜、一丁醇胺和水的质量比 50：20：30。如果 CO_2 较多，则采用二异丙醇胺较好。

上述配比溶液的优点是：①吸收容量大，1 体积的环丁砜溶液溶解酸性气体的能力约 4 倍于 MEA，溶解 H_2S 能力约 8 倍于水，所以特别适合于处理 H_2S 含量高的气体；②溶液的稳定性好，对 COS 和 CS₂ 的化学降解低；③比热小，溶液加热、再生时能耗低；④净化度高，净化后的气体中 H_2S 含量很容易低于 5mg/Nm³，可脱除有机硫，如可除去 90%以上的硫醇；⑤发泡趋势小，腐蚀性低。

改良甲醇法为改良的冷甲醇法，又称常温甲醇法。吸收剂由甲醇、醇胺和水组成。该法既能脱除 H_2S、CO_2、HCN，又能脱除有机硫，气体净化度高，而且甲醇价廉易得，是一种有前途的方法。

(2) 碱液吸收法(化学吸收法)

A. 碳酸钠吸收/加热再生法

含 H_2S 的气体与 Na_2CO_3 溶液在吸收塔内逆流接触，一般用 2%～6%的 Na_2CO_3 溶液从塔顶喷淋而下，与从塔底上升的 H_2S 反应，生成 $NaHCO_3$ 和 NaHS。吸收 H_2S 后的溶液送入再生塔，在减压条件下用蒸气加热再生，放出 H_2S 气体，同时 Na_2CO_3 得到再生。脱硫反应与再生反应互为逆反应：

$$Na_2CO_3 + H_2S \rightleftharpoons NaHCO_3 + NaHS \tag{8-26}$$

从再生塔流出的溶液回到吸收塔循环使用。从再生塔顶放出的气体中 H_2S 浓度可达 80%以上，可用于制造硫磺或硫酸。

碳酸钠吸收法流程简单，药剂便宜，适用于处理 H_2S 含量高的气体。缺点是脱硫效率不高，一般为 80%～90%，且由于再生困难，蒸气及动力消耗较大。

B. 液相催化法

液相催化法采用碱性溶液吸收 H_2S，为了避免空气将 H_2S 直接氧化为硫代硫酸盐或亚硫酸盐，利用有机催化剂(氧化态)将水溶液中的 HS⁻氧化为硫磺，催化剂自身转化为还原态；然后再用空气氧化催化剂，使其转化为氧化态。该法避免了化学吸收法再生困难的缺陷。

常用的有机催化法有蒽醌二磺酸钠法(简称改良 ADA 法或 ADA 法)、T-H 法、栲胶法等数十种。下面以氨水液相催化法为例介绍其原理(与用碳酸钠或氢氧化钠水溶液原理相同)。

首先含 H_2S 的气体与含催化剂的氨水在吸收塔逆流接触，氨水和 H_2S 反应生成硫化铵或硫氢化铵：

$$2NH_4OH + H_2S \longrightarrow (NH_4)_2S + 2H_2O \tag{8-27}$$

$$(NH_4)_2S + H_2S \longrightarrow 2NH_4HS \tag{8-28}$$

可用的催化剂有对苯二酚、萘醌、苦味酸等，目前广泛应用的是对苯二酚。吸收液在反应槽中发生如下反应：

$$NH_4HS + 对苯二醌 \longrightarrow NH_3 + 对苯二酚 + S\downarrow \tag{8-29}$$

上述对苯二醌为对苯二酚的氧化态。将此溶液送入再生塔，同时通入压缩空气，对苯二酚得到再生：

$$对苯二酚 + 1/2O_2 \longrightarrow 对苯二醌 + H_2O \tag{8-30}$$

以上总反应式为

$$H_2S + 1/2O_2 \longrightarrow S + H_2O \tag{8-31}$$

再生的同时也有副反应发生，一部分硫氢化铵被进一步氧化成硫代硫酸铵：

$$2NH_4HS + 2O_2 \longrightarrow (NH_4)_2S_2O_3 + H_2O \tag{8-32}$$

副反应的发生降低了硫的回收率，一般以硫磺形式回收的硫仅有 75%～80%。为了避免副反应发生，吸收液需在反应槽中停留足够的时间，以保证溶液到达再生塔时几乎无残余 NH_4HS。为了减少副反应产物的生成，还必须提高吸收液的硫容量(即单位体积吸收液能够转换 HS$^-$ 为硫磺的能力)。硫容量越高，系统的动力消耗、副产物的生成量就越少。为了提高吸收液的硫容量，不断有新的催化剂或助催化剂研制出来，如金属酞菁化合物等。

硫在再生装置中随空气泡浮起，形成泡沫硫。硫泡沫进行分离脱去一部分水得到含水 40%～80%的硫膏，将硫膏装入熔硫釜，用蒸气加热至 120～130℃，使硫膏熔融，可得到纯度较高的硫磺。

氨水液相催化法在十多年前我国的小合成氨厂广泛用于半水煤气脱硫，也可用于 H_2S 废气的处理，脱硫效率可达 90%～99%。

小合成氨厂所用的脱硫吸收设备，一般是喷射器和旋流板塔串联，所用的再生设备有再生塔、喷射再生槽等。

8.2.1.4　净化尾气回收硫磺的克劳斯法

克劳斯法又称干式氧化法，是利用 H_2S 为原料，在克劳斯燃烧炉内部分氧化生成 SO_2，其与进气中的 H_2S 作用生成硫磺。操作时应控制 H_2S 和 SO_2 气体摩尔比为 2∶1，然后进入转化炉，在炉内经催化剂铝矾土作用，生成元素硫，而所需的 SO_2 是通过燃烧三分之一的 H_2S 而获得的。

克劳斯法的主要反应是

$$H_2S + 3/2O_2 \longrightarrow SO_2 + H_2O + 124\ kcal \tag{8-33}$$

$$2H_2S + SO_2 \rightleftharpoons 2H_2O + 3/2S_2 + 35\text{ kcal} \tag{8-34}$$

克劳斯法流程有单流法、分流法和催化氧化法三种。单流法是全部酸性气体通过燃烧炉，严格控制炉的空气量，只让 1/3 的 H_2S 燃烧生成 SO_2，这些 SO_2 与 H_2S 反应生成硫。单流法又称为部分燃烧法。分流法是 1/3 的原料进入燃烧炉，将其中的 H_2S 完全燃烧成 SO_2，再与另外 2/3 的原料气汇合进入催化转化器发生克劳斯反应，生成硫磺。该法容易控制混合气中 H_2S 和 SO_2 的比例，但不宜处理含烃类气体较高的原料气。因为 2/3 原料气中的烃类气体没有经过高温炉的氧化燃烧，因而硫磺纯度不高，颜色变深，臭味很大，而且对催化剂的毒害作用较大。单流法和分流法都适用于处理 H_2S 浓度较高的酸性气体。对于浓度为 2%~15% 的酸性气体一般采用液相催化氧化法。

8.2.2　氯化氢废气治理

HCl 无色，有刺激性气味，在潮湿空气中易发烟，极易溶于水，故在治理中以湿法为主。HCl 形成的酸雾刺激性和腐蚀性都很强，因而能损坏大多数物品，对动植物及人均产生极大危害。体外接触 HCl 气体时，能腐蚀皮肤和黏膜(特别是鼻黏膜)，致使声音嘶哑、眼角膜混浊，严重者出现肺水肿以致死亡。慢性中毒者引起呼吸道发炎、牙齿酸腐蚀，甚至鼻中隔穿孔和胃肠炎等疾病。HCl 的主要来源是使用盐酸的化工、造纸、电镀、油脂等行业。

8.2.2.1　冷凝法

对于高浓度的 HCl 废气，可采用石墨冷凝器进行回收利用，废气走管内，冷却介质走管间，废气温度降到露点以下，HCl 冷凝下来，同时废气中的水蒸气也冷凝下来。冷却介质通常为自来水。

图 8-7 为冷凝法工艺流程，HCl 首先在冷凝器中被冷凝下来，并与冷凝水混合，部分 HCl 也可被管壁液所吸收，得到的盐酸浓度可达 10%~20%，供生产调配使用。从冷凝器中排出的废气在喷淋塔进一步用水喷淋吸收，然后排至大气中，总效率达 90% 以上。

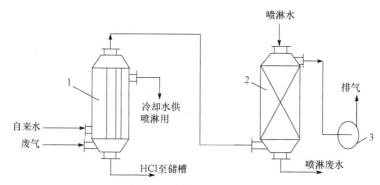

图 8-7　冷凝法工艺流程
1. 石墨冷凝器；2. 填料塔；3. 风机

石墨冷凝器存在热质传递过程，其冷凝吸收效率与操作温度、气速、废气中 HCl 浓度的关系分别见表 8-2~表 8-4。

表 8-2　操作温度对效率的影响

冷却水温度/℃	冷却废气温度/℃	冷凝吸收效率/%	得到的 HCl 浓度/%
12	17	80	10～20
24	29	75	10～20
29	34	67	10～20

注：入口废气温度 60℃，HCl 浓度 10g/m³，水蒸气 80g/m³，废气量 114m³/h。

表 8-3　气速对效率的影响

管中气速/(m/s)	冷凝吸收效率/%	得到的 HCl 浓度/%
3	78	10～20
6.3	75	10～20
8	65	10～20
10	50	10～20
12	25	10～20

注：入口废气温度 60℃，HCl 浓度 10g/m³，水蒸气 80g/m³，出口废气温度 32℃。

表 8-4　废气中 HCl 浓度对效率的影响

废气中 HCl 浓度/(g/m³)	冷凝吸收效率/%	得到的 HCl 浓度/%
73	78	10～20
26.3	77	10～20
4.4	52	10～20
2.19	20	10～20

注：入口废气温度 60℃，水蒸气 80g/m³，废气处理量 110m³/h，出口废气温度 32℃。

8.2.2.2　水吸收法

HCl 在水中有很高的溶解度，1 体积的水能溶解 450 体积的 HCl。对于浓度较高的 HCl 废气，用水吸收后 HCl 浓度可降至 0.1%～0.3%。含 HCl 量 3.15mg/m³ 的废气，水吸收后降低到 0.0025mg/m³，吸收率 99.9%。水吸收 HCl 是一个放热反应。

$$\text{HCl(气)} \longrightarrow \text{HCl(aq)} + 18\text{kal} \tag{8-35}$$

因此，吸收过程中盐酸溶液的温度会升高，溶液上方 HCl 分压随之增大，当用水吸收浓度较高的 HCl 废气时，需及时移除溶解热，以提高吸收效率。

水吸收法的工艺流程见图 8-8。含 HCl 废气进入塔内，与喷洒的水逆流接触被吸收，净化后的废气排至大气，水回流至循环槽，由泵打循环。吸收塔可采用填料或板式塔等各种塔型。由于水溶液吸收 HCl 属气膜控制体系，故应选择气相连续型吸收设备，如湍球塔、旋流板塔等。吸收液也可用废碱液来代替。

有的氯化氢废气中含有光气，由于光气与水作用生成盐酸和二氧化碳，因而用水洗涤氯化氢时，光气也会被除去。

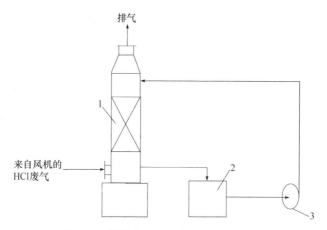

图 8-8　低浓度 HCl 废气处理工艺流程
1. 波纹填料塔；2. 循环槽；3. 塑料泵

$$COCl_2 + H_2O \longrightarrow 2HCl(aq) + CO_2 \tag{8-36}$$

水吸收含氯化氢废气有制取盐酸和作废水排放两类。前者适用于含氯化氢浓度较高的情况，这时所用吸收设备有喷淋塔、填料塔、板式塔等；而后者适用于含氯化氢浓度较低的情况，这时多采用水流喷射泵作吸收设备，可兼具抽吸和洗涤吸收两种功能。但国内有些有机氯化工厂(如氯乙烯工厂)氯化氢气体经水洗后，由于含有某些杂质而不便使用；或者稀盐酸销路不好，排放又很方便，即使气相中氯化氢浓度不太低，也用水吸收中和达标后排放。

将含氯化氢废气用水吸收转为酸水排放，只应在氯化氢浓度较低和污水排放便利时使用。把较高浓度的氯化氢、光气和部分氯气转换成酸水排放掉，不仅在经济上是不合理的，同时还污染了水体。因此，在必须使用直排方式或回收氯化氢的有效措施还未实现的情形下，为减轻水体污染，应该用废碱液、电石渣浆等对酸水进行中和处理后再排放。

由于水价廉无毒，水吸收设备和工艺流程都很简单，操作方便，水对氯化氢的溶解能力又很大，还能溶解废气中部分光气，因此无论是水吸收制取盐酸还是吸收后转化为废水排放，工业上应用很广，是目前处理含氯化氢废气的主要方法。

也可以对工业废氯化氢进行综合利用，主要有以下两种形式。

A. 废氯化氢气体直接利用

某些有机氯化过程或其他过程产生的废气中含有较高浓度的 HCl，这种废气可以与其他化工原料直接加工成相应的产品。例如，国内用甘油吸收 HCl 废气制取二氯丙醇，并可在催化剂作用下制取环氧氯丙烷、二氯异丙醇等。此外，废 HCl 气体还可以用来制取氯磺酸、染料、二氯化碳等化工产品。

在国外，由于乙炔成本较高，氯乙烯的生产原料大多改用乙烯。若用乙烯氯化法生产氯乙烯，氯的利用率只有一半，因为此氯化过程要放出 HCl。

$$C_2H_4 + Cl_2 \longrightarrow C_2H_4Cl_2 \tag{8-37}$$

$$C_2H_4Cl_2 \longrightarrow C_2H_3Cl + HCl \tag{8-38}$$

如果副产的大量氯化氢不能有效利用，将导致成本升高。

为了有效利用工业上产生的氯化氢废气，采用了氧氯化法。氧氯化的概念是用氧与含 HCl 的烃类混合物发生氯化反应。例如，C_2H_4、HCl 和空气中的氧在氯化铜等金属氯化物的催化和一定温度下，生成二氯乙烷，然后 $C_2H_4Cl_2$ 热解脱掉一个 HCl 而得氯乙烯。

$$2C_2H_4 + O_2 + 4HCl \longrightarrow 2C_2H_4Cl_2 + 2H_2O \tag{8-39}$$

$$C_2H_4Cl_2 \longrightarrow C_2H_3Cl + HCl \tag{8-40}$$

据介绍，在 288℃时乙烯的转化率可达 95%，触媒的寿命也高。

目前，国外生产氯乙烯的方法很多都转为乙烯氯化法和乙烯氧氯化法的联合法。联合法将乙烯氯化法副产的 HCl 供氧氯化法使用，从而提高了氯的有效利用率。

可供氧氯化法的烃类化合物有甲烷、乙烷、乙烯、丙烯和苯等。

采用氧氯化法由烃类化合物制三氯乙烯、过氯乙烯、氯烷和氯苯等，国外有许多公司已实现了工业化，如日本东洋曹达公司、关东电缆化学公司等都应用自己的研究成果，进行氯乙烯生产。

B. 利用废 HCl 生产氯气

近年来，国外有机物氯化技术的迅速发展，引起氯气的短缺，盐水电解法生产的氯气早已满足不了日益增长的需要。这就促使各国寻找新的氯源，开发生产氯的新方法。考虑到在有机氯化过程中约有一半的氯转化为氯化氢，其数量极大，因此许多国家为了寻找氯源和保护环境，广泛开展了由废 HCl 生产氯气的研究工作。这些研究工作产生了许多由废 HCl 生产氯气的方法，其中典型的有催化氧化法、电解法、硝酸氧化法等。

8.2.3 含氟废气治理

氟化物是大气中的主要污染物之一，主要是指氟化氢(HF)和四氟化硅(SiF_4)。HF 是无色、有强刺激性气味和强腐蚀性的有毒气体，极易溶于水形成氢氟酸。氢氟酸具有很强的腐蚀性，可以腐蚀玻璃。SiF_4 是无色窒息性气体，极易溶于水，遇水分解为氟硅酸。

氟化物污染主要来源于建材行业的水泥、砖瓦、玻璃、陶瓷，化工行业的磷肥，冶金行业的铝厂，玻璃纤维生产，火力发电等企业排放的含氟气体。

8.2.3.1 湿法

由于 HF 和 SiF_4 都极易溶于水，故多数情况下，含氟废气的净化采用水吸收法。HF 溶于水生成氢氟酸，SiF_4 溶于水则生成氟硅酸。后者反应过程可认为分两步进行，首先 SiF_4 和水反应生成 HF：

$$SiF_4 + 2H_2O \longrightarrow 4HF + SiO_2 \tag{8-41}$$

生成的 HF 溶液和 SiF_4 进一步反应生成氟硅酸：

$$2HF + SiF_4 \longrightarrow H_2SiF_6 \tag{8-42}$$

吸收过程中，气膜阻力是控制因素，低温有利于吸收；在一定的 pH 范围内，通常在 pH≥4.5 时，采用碱液、氨水和石灰乳吸收对吸收效率影响不是很显著。但为了不使设备很快腐蚀，或为了保证废水合格排放，吸收液中经常加一些石灰，使氟化物生成难溶于水的氟化钙沉淀而除去。

水吸收法去除 HF 采用设备一般为填料塔、旋流板塔等。但废气生成 SiO_2 或氟化钙容易沉淀出来，致使设备堵塞，应注意设备的防堵性能。据对使用旋流板吸收塔的某不锈钢钢管厂及一些砖瓦厂的除氟效率测定，除氟效率达 85%～99%。当使用空塔气速达到 2～4m/s，液气比为 1.5L/m³ 时，3 块塔板的脱氟效率可达 85%，而 6 块塔板的脱氟效率可达 98%～99%。由于强烈的湍动作用，设备的防堵性能也较好。某磷肥厂采用旋流板吸收塔三塔串联，共 9 块板，含氟废气净化效率达到 99%。吸收得到的氟硅酸浓度达到 17%，可以作为化工原料出售。

8.2.3.2　干法

干法是指用金属氧化物(如 Al_2O_3)、石灰石、石灰吸附 HF 的方法。在净化砖瓦厂烟气中最早采用的干法脱氟是直接往砖窑内喷石灰，但因喷入的石灰和砖直接接触，烧制过程中黏附在砖表面，影响砖的外观和质量，同时石灰利用率低，此法在 20 世纪 70 年代以来已被淘汰。而后改用往烟道喷石灰，该法采用一星型轮喂料器，用气力输送方式，由喷射器自烟道不同部位喷入石灰，同时为满足粉尘气量不能超过 150mg/Nm³ 的排放标准，下游安装除尘装置。

为提高除氟效率，提出了一些改进措施，如改变原烟道流程，设置一段垂直管道，在垂直管道上升段设置与废气流向垂直的折向挡板，以强化烟气和吸收介质的混合，增加吸收介质在烟气流中的停留时间，并对 CaO、$CaCO_3$、$Ca(OH)_2$ 的反应吸收能力进行实验，发现采用 $CaCl_2$ 活化的 $Ca(OH)_2$ 效果最佳，经上述改进后除氟效率可达 95% 以上。该法仍存在石灰利用率低、粉尘难以达到排放标准要求及投资大等问题。

8.3　恶臭处理技术

8.3.1　臭气的来源

具有臭气的物质有很多，来源有多方面，如石油、化工、冶金、动物腐败、动物产品加工、公共卫生设施及其他过程，见表 8-5。

表 8-5　某些恶臭物质的主要来源

物质	主要来源
硫化氢	牛皮纸浆、炼油、炼焦、天然气、石油化工、炼焦化工、煤气、粪便处理、二硫化碳生产等
硫醇类	牛皮纸浆、炼油、煤气、制药、农药、合成树脂、合成橡胶、合成纤维、橡胶加工等
硫醚类	牛皮纸浆、炼油、农药、垃圾处理、生活下水道等
氨	氮肥、硝酸、炼焦、粪便处理、肉类加工、禽畜饲养等
胺类	水产加工、畜产加工、皮革、骨胶、油脂化工、饲料等
吲哚类	粪便处理、生活污水处理、炼焦、屠宰牲畜、粪便堆积发酵、肉类和其他蛋白质腐烂等
烃类	炼油、炼焦、石油化工、电石、化肥、内燃机排气、油漆、溶剂、油墨、印刷等
醛类	炼油、石油化工、医药、内燃机排气、垃圾处理、铸造等
脂肪酸类	石油化工、油脂化工、皮革制造、肥皂、合成洗涤剂、酿造、制药、香料、食物腐烂、粪便处理等
醇类	石油化工、林产化工、合成材料、酿造、制药、合成洗涤剂等
酚类	钢铁厂、焦化厂、染料、制药、合成材料、合成香料等
酮类	溶剂、涂料、油脂工业、石油化工、合成材料、炼油等
醚类	溶剂、医药、合成纤维、合成橡胶、炸药、照相软片等
酯类	合成纤维、合成树脂、涂料、黏合剂等
有机卤素衍生物	合成树脂、合成橡胶、溶剂、灭火器材、制冷剂等

8.3.2　恶臭的治理

对恶臭气体的控制有物理法和化学法两大类。物理法不改变恶臭物质的化学性质,只是用另一种物质将其臭味掩蔽和稀释,即降低臭味浓度以达到人的嗅觉能接受的水平。化学法则是使用另外一种物质与恶臭物质发生化学反应,使恶臭物质转变成无臭物质或减轻臭味。

8.3.2.1　控制臭气的物理方法

(1) 掩蔽法(中和法)

实验表明,当两种气味的物质以一定浓度、一定比例混合后,其气味比它们单独存在时小,这种现象称为气味的缓和作用。因不能肯定恶臭气味的化学组成而不能以适当的脱臭装置去除时,可根据气味缓和作用原理,采用掩蔽法(中和法),即采用更强烈的芳香气味或其他令人愉快的气味与臭气混合,以掩蔽臭气或改变臭气的性质,使气味变得能够为人们所接受。或采用一种能抵消或部分中和恶臭的添加剂,以减轻恶臭。例如,粪便中的粪臭素(3-甲基吲哚)是强烈恶臭的来源,但它也是植物茉莉的重要成分,不含吲哚的茉莉配剂便是粪臭素的良好抵消剂。常见配对的恶臭抵消剂见表 8-6。

表 8-6　常用的恶臭物质配对抵消剂

序号	恶臭物质	配对掩蔽物质
1	丁酸(肉类久存时生成的腐臭味)	桧油
2	氯	香草醛
3	樟脑	香水
4	粪臭素(3-甲基吲哚)	茉莉

掩蔽法因每人的感受程度各异而效果不同,它与其他方法比较,仅在价格便宜时才可考虑使用。

(2) 稀释扩散法

稀释扩散法是将有臭味的气体由烟囱排向高空扩散,或者以无臭的空气将其稀释,以保证在烟囱下风向和臭气发生源附近工作与生活的人们不受恶臭的袭扰,人们的正常生活不被妨碍。通过烟囱排放臭味气体,必须根据当地的气象条件,正确设计烟囱的高度,其目的是保证有人工作和生活的地点恶臭物质的浓度不超过它的阈值浓度。

应用稀释扩散法时,可基于一些规则来确定用化学方法可识别的恶臭物质的允许排放浓度。费尔德斯坦(Feldstein)等使用对数正态分布和数据,获得了一个适合于具有代表性的烟囱高度的允许排放浓度,这个浓度是臭气阈值浓度的 100 倍。例如,苯酚的阈值浓度是 0.047ppm,则烟囱的允许排放浓度应为 4.7ppm 或 5.0ppm。这是一个近似规则,因为烟囱高度对下风向地面污染物浓度影响很大,因此,该规则只能很粗略地估计烟囱排放浓度。

当烟囱排放的含恶臭的废气不能保证下风向地面最大浓度低于阈值浓度时,可考虑用干净空气适当稀释后排放。

8.3.2.2　控制恶臭的化学方法

恶臭气体的净化方法有很多,如空气氧化法(燃烧法)、水吸收法、吸附法、化学吸收法、联合法等。下面就几种主要的方法简单叙述。

(1) 空气氧化(燃烧)法

由于一般情况下恶臭物质都是还原性物质,如有机硫和有机胺类,因此可以采用氧化方法处理。氧化方法有热力氧化法和催化氧化法。前者是将燃料气与臭气充分混合在高温下实现完全燃烧,使最终产物均为 CO_2 和水蒸气。使用该法时要保证完全燃烧,部分氧化有可能会增加臭味,如醇的不完全氧化可能转变为羧酸。催化氧化法是将臭味气体与燃料气的混合气体一起通过装有催化剂的燃烧床层。与热力氧化法相比,由于使用了催化剂,燃烧的温度可以大大降低,停留时间可以缩短,因此设备的投资和运行费用都可能减少。一般来说,热力氧化所需的温度在 760℃ 以上,停留时间为 $0.3\sim0.5s$;而催化氧化的温度仅为 $300\sim500$℃,停留时间低于 $0.1s$。理论上说,催化氧化法要优于热力氧化法。但由于催化剂中毒、堵塞等,且热力焚烧可以回收热量等诸多因素,目前国内外已有越来越多的热力氧化法取代催化氧化法。

该法的优点是净化效率高,可达 99.5%(催化氧化法)和 99.9%(热力氧化法)以上。但投资和运行费用相对较高。若不回收热量,其运行的经济性显然是行不通的,故此法比较适用于具有一定规模的生产厂家。这些厂家在生产过程中可以将通过氧化装置回收的燃烧热作为产生蒸气或干燥机的热源。

(2) 水吸收法

由于恶臭气体多数为有机硫、有机胺和烯烃类物质,在水中有一定的溶解度,可以采用清水吸收的方法来处理。但是由于这些物质在水中的溶解度有限,一旦在水中达到一定浓度,吸收效果将会急剧下降,甚至于完全失效,需经常更换新鲜水,产生大量废液,由于吸收液必须经过处理后才能排放,故废水处理负荷重。此外,水吸收法对一些高分子恶臭物质去除效果不好。

水吸收法的经济性较好,投资和运行成本均较低,但净化效果不好,平均净化率一般不会超过 85%。

(3) 化学吸收法

采用化学吸收来净化恶臭气体的方法,称为化学吸收法。由于恶臭气体多数为有机硫和有机胺类物质,故可以采用酸或碱来吸收。又因为恶臭气体中一些硫醇、胺类溶解度较低,可以采用氧化法将其氧化成臭味较轻和(或)溶解度较高的化合物。据有关文献介绍,采用氯气、酸和碱三级处理的工艺净化鱼粉生产的废气,已经获得了除臭的最高效率,达到 99.99% 以上。用于处理鱼粉加工厂废气的典型的三级处理流程简图见图 8-9。该法处理的废水很少(循环使用),少量必要的废水经水处理后排放。

对于一些小型企业而言,添加氯气较为困难,且不安全,故可以用次氯酸钠代替氯气作为氧化剂。将次氯酸钠加入酸槽中,逐步放出的氯气可以起到氧化作用,另外溶液中的次氯酸盐也可以将溶解于水中的恶臭物质氧化。

(4) 吸附法

吸附法是一种动力消耗较小的脱臭方法。吸附法脱臭效率高,采用的吸附剂有活性炭、两性离子交换树脂、硅胶、活性白土等。由于吸附剂的吸附容量较小,故吸附法主要适用于臭气浓度低的废气,且含颗粒物浓度较高的废气易于堵塞吸附剂,故不适宜。

鱼粉生产的恶臭废气不宜采用吸附法处理。

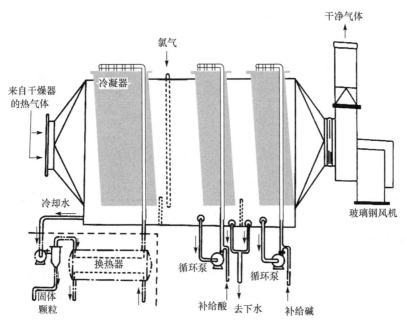

图 8-9　用于鱼粉加工厂的典型除臭装置

(5) 联合法

当除臭要求高，被处理的恶臭气体难于用单一的洗涤法或吸附法满足要求时，或虽能满足要求，但运行费用很高时，则采用联合脱臭法，常用的是"洗涤-吸附"联合法脱臭。

前已述及，水吸收法脱臭效率较低，但投资省、运行费用低；吸附法的吸附容量低，只适用于低浓度的恶臭气体。为此，选择"吸收-吸附"串联净化方法，既能使运行费用不太高，又能达到较高的净化效率。吸收可以采用清水，但净化率太低，导致吸附段负荷较高(即吸附剂寿命短)；也可以采用酸、碱(加氧化剂)两级吸收加吸附，以达到脱臭的高效率。

8.4　除雾器

酸雾主要有硫酸雾、磷酸雾、铬酸雾。硫酸雾产生于湿法制酸及稀硫酸浓缩过程；磷酸雾产生于磷酸及磷肥生产过程；铬酸雾主要产生于电镀镀铬过程。此外，去除吸收过程净化后废气夹带着的水雾也属于除雾的范围。治理酸雾一般采用除雾器，常用设备有文丘里洗涤器、过滤除雾器、折流式除雾器及离心式除雾器，电除雾器及压力式除雾器也有使用，但使用不多。各类除雾器及其性能比较见表 8-7。一般选择除雾器依据酸雾的特性、除雾要求及投资费用等条件。

表 8-7　几种主要除雾器性能比较

除雾器名称	除雾粒径/μm	除雾效率/%	除雾器压降/Pa	主要优缺点
文丘里洗涤器	>3	98~99	6000~10000	对粒径 3μm 以上酸雾净化率高、结构简单、占地少、造价较电除雾器低。对 3μm 以下酸雾净化低、运行费高、维修麻烦
电除雾器	<1	>99	较小	效率高、阻力小、运行费用低，设备复杂，特殊材料繁多，施工要求高、建设期长，投资最高

除雾器名称	除雾粒径/μm	除雾效率/%	除雾器压降/Pa	主要优缺点
丝网除雾器	>3	>99	200～350	比表面积大、质量轻、占地少、投资省、使用方便、网垫可清洗复用，对3μm以下雾粒净化率低
高效型纤维除雾器	>3 <3	100 94～99	2000～2500	除雾率高、结构简单、加工容易、投资省、操作方便、设备较大、压降较大
旋流板除雾器	>5	98～99	100～200	结构简单、加工容易、投资省、操作方便、压降中等、除雾效率较高
折流式除雾器	>50	>90	50～100	结构简单、加工容易、投资省、操作方便、压降低，但除雾效率较低

8.4.1 丝网除雾器

丝网除雾器是靠细丝编织的网垫起过滤除沫作用，丝网材质是金属或玻璃纤维。丝网除雾器是一种最简单和最有效的雾沫分离设备。丝网层很轻，每立方米重100～200kg。它们可制成任意大小、形状和高度，通过丝网的压降也极低。对于大多数情况，通过这种丝网除雾器的压降在200～350Pa，其大小取决于蒸气和液体负荷，以及丝网除雾器的大小。丝网除雾器的效率很高，一般在90%以上，并且丝网层分离器的结构极为简单。较轻的蒸气能轻易地穿过多孔丝网层的细孔。液沫在通过细孔时，不能改变方向和路线。当这些夹带的液沫穿行时，直接冲撞在丝网上。由于存在表面张力，液沫黏着在丝网的交织线上，并聚集成较大的液滴，然后在重力作用下下落并最后收集在分离器的底部。离开丝网的气体是不带液沫的。

丝网除雾器的主要缺点在于它不适用于处理含固体量较大的废气，以及含有或溶有固体物质的场合(如碱液、碳酸氢铵溶液等)，以免被固体杂质堵塞或液相蒸发后固体产生堵塞现象，从而破坏了正常的操作运行。垂直通过丝网除雾器的气速由下式决定：

$$w = K\sqrt{\frac{\gamma_L - \gamma_G}{\gamma_G}} \tag{8-43}$$

式中，w 为气速，m/s；γ_L、γ_G 分别为酸雾的液相及气相的密度，kg/m³；K 为系数，见表8-8。由式 (8-43) 计算得到的气速，可决定所需的除雾器直径。

表 8-8 计算丝网除雾器最佳气速公式的 K 值

K	情况
0.35	大部分油和气流
0.25	气体压力等于和大于1个大气压
0.20	真空下的大部分蒸气
0.15～0.20	盐和氢氧化物等

(1) 纤维除雾器

纤维除雾器是根据惯性碰撞、截留、扩散吸附等过滤机理，在纤维上捕集雾粒的高效能气雾分离装置。分高速型、捕沫型和高效型三种，前两者以惯性碰撞，截留效应为主；后者以扩散吸附效应为主。高效型纤维除雾器对3μm以上雾粒，除雾效率为100%；对3μm以下雾粒，除雾效率为94%～99%。纤维元件由内筒和纤维层组成，纤维层采用玻璃纤维和合成纤维等滤料绕制或卷制或两者相结合的方法装填。

(2) 文丘里丝网除雾器

根据丝网除雾器的理论，除雾器中有一个最佳通过气速，该气速与气体和液体的密度有关。因此，在设计丝网除雾器时，其最佳截面积是与气体的流量和气体、液体的密度有关的。例如，被处理的酸雾气体的流量或酸雾密度大幅度变化的场合，用设定的丝网除雾器是不合适的。在这种情况下，可采用文丘里丝网除雾器，如图 8-10 所示。它是一个上细下粗的锥体，故酸雾气体总会在某个部位上达到最佳速度范围，从而使雾沫分离。

8.4.2　折流式除雾器

图 8-11 阐明了折流式除雾器中液滴分离的原理。它表示折流板的一段，包括两块折流板，它们是构成一个通道的壁。液滴与气体在拐弯处分离，在通道的每个拐弯处装有一个储器，收集并排出液体。当气流经过拐弯处，离心力阻止液滴随气体流动，一部分液滴将碰撞到对面的壁上，并聚积形成液膜，被气流带走并聚集在第二拐弯处的储器里。这部分在第一个拐弯处从气体中分离出来的液滴，包括大的液滴和部分靠近第一个拐弯处外壁运动的细滴。剩余的细滴经过通道截面重新分配后能够靠近第二个拐弯处。同样，部分靠近第二拐弯处外壁的液滴将碰撞到第二个拐弯处的外壁，经过碰撞外壁，液滴聚积成液膜并聚集在第三个拐弯处的储器里。经过除雾的气流离开折流式分离器。

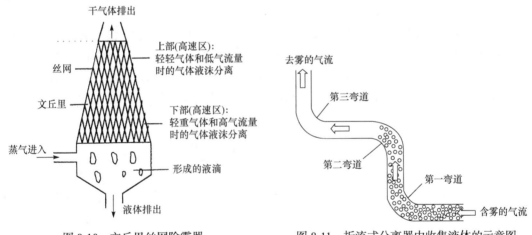

图 8-10　文丘里丝网除雾器　　　　图 8-11　折流式分离器中收集液体的示意图

通常，通道的宽度为 20～30mm，折流通道内的气流平均速度在竖直流向系统中为 2～3m/s，在水平流向系统中为 6～10m/s，最大速度可达 20m/s。

垂直通过折流式除雾器的气速计算与丝网除雾器的计算方法相同，其系数 K 下限 0.085，上限 0.1。

8.4.3　离心式除雾器

为了可靠地分离直径在 0.05～0.4μm 的极微细的液滴，Hugo Petersen 研制出了一种离心式除雾器。

含雾的气体以约 20m/s 的速度进入螺旋管道，且流向分离器的中心。当气体流向中心时，气体的旋转速度逐渐加大，离心力也逐渐加强。由于这个离心力场的作用，液滴从气流中分离并被带出。

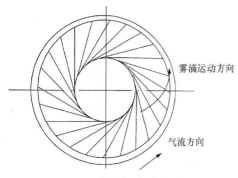

图 8-12　旋流板除雾器原理

在设备的中心，向含雾气体中喷射水，可帮助液滴分离。喷出的较大水滴会黏着在旋转气流中非常微细的液滴上。聚集后的液滴积聚在壳体壁上，由气流把这些液体带至排出口。

为了分离吸收塔顶部的雾沫夹带，谭天恩教授发明了旋流板除雾器。其作用是使气体通过塔板产生旋转运动，利用离心力的作用将雾沫除下，除下的雾滴从塔板的周边流下。该塔板的除雾效率可达 98%～99%，且结构比较简单，阻力介于折流板与丝网除雾器之间，见图 8-12。

因为离心式除雾器的结构比较简单，故其优点为设备的防堵性能较好，尤其适用那些酸雾中带固体或带盐分的废气除雾。

除了以上介绍的除雾器之外，静电除雾器也是除雾器的一种，但由于投资较大，使用场合不多。其工作原理和静电除尘器相似。本章不再详细介绍。

8.5　燃煤烟气脱汞工程实例

燃煤烟气汞超净排放工程实例：上海某热电厂一期 4×320 MW 机组，锅炉为 SG-1025/18.3-M831 型亚临界强迫循环汽包锅炉。其 3#机组现有 SCR 催化脱硝系统、布袋除尘器和石灰石-石膏法脱硫系统等污染物控制设施。在进行烟气超低排放升级改造过程中，为使锅炉烟气中的重金属汞排放指标达到超低排放标准，机组的净化系统新增了烟气脱汞工艺。3#机组燃煤锅炉基本运行工况见表 8-9。

表 8-9　燃煤锅炉基本运行工况

名称	单位	数值
入炉煤中汞含量	mg/kg	0.036(±0.010)
锅炉烟气量(满负荷，标干)	×10⁴ m³/h	115
锅炉进煤量(满负荷)	t/h	154
排放烟气含氧量	%	3～6
烟气含湿量	%	7.5

(1) 工艺流程

大量实验结果证明卤族元素是有效的汞氧化剂，在电厂烟气中添加卤族元素可增加烟气中的氧化汞含量，其氧化机理如下列化学反应方程所示(以溴元素为例)：

$$2CaBr_2 + O_2 \longrightarrow 2CaO + 2Br_2 \tag{8-44}$$

$$Hg + Br_2 \longrightarrow HgBr_2 \tag{8-45}$$

不同卤族元素的氧化能力不同，溴元素对零价汞的氧化能力远大于氯元素，在燃煤中添加少量的含溴调质剂即可实现较高的零价汞转化率。因此，该项目选择了在燃煤中添加溴化钙溶液，以及在烟气中喷射载溴活性炭的组合烟气汞脱除工艺。由于机组安装的 SCR 具有一定的汞氧化能力，较低的溴添加量即可提升 SCR 催化剂对零价汞的协同氧化能力，在溴化物中推荐使用溴化钙溶液。当溴的添加量达到一定值以后，烟气中的氧化汞含量达到最大值。经过添加溴化钙及 SCR 的催化作用之后，烟气中绝大部分汞以氧化态汞形态存在，可以通过后续湿法脱硫系统将氧化态汞协同脱除。对于无法有效被氧化的零价态汞，利用载溴活性炭工艺进行脱除。通过两种方法的组合，实现燃煤烟气的深度除汞。

　　燃煤加溴和活性炭喷射组合烟气除汞工艺流程如图 8-13 所示。

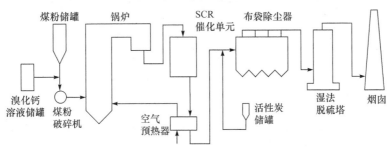

图 8-13　燃煤加溴和活性炭喷射组合烟气除汞工艺流程图

　　烟气除汞组合工艺包括溴化钙添加系统、载溴活性炭喷射系统及烟气汞在线监测系统等，其主要技术指标和工程设计值见表 8-10。

表 8-10　脱汞系统主要技术指标及工程设计值

主要技术指标	烟气中汞浓度/$(\mu g/m^3)$
排放烟气脱汞前	5～10
排放烟气脱汞后	<1.5
烟气脱汞系统设计效率	>80%
目前国家排放标准	30

　　(2) 溴化钙添加系统

　　溴化钙添加系统包括溴化钙溶液储罐、溴化钙溶液输送泵平台和相关附件仪表等。通过输送泵定量系统将溴化钙溶液输送至给煤机，与进炉煤粉充分混合并送至锅炉内燃烧。

　　(3) 载溴活性炭喷射系统

　　载溴活性炭喷射系统包括活性炭储罐、活性炭称量装置、活性炭输送泵、活性炭喷射装置、活性炭喷射执行单元和相关附件管道等。喷射活性炭的量根据活性炭喷射执行单元进行自动控制，并定量均匀地喷射送入布袋除尘系统入口前部管路系统中。

　　(4) 烟气汞在线监测系统

　　烟气汞在线监测系统设置在烟囱排口，采用 Tekran 汞在线监测系统对排放烟气中的汞进行实时监测，并根据在线监测系统的数据，实时调节溴化钙添加和载溴活性炭喷射两套系统的运行参数，以达到最经济的汞控制目标。

　　(5) 工程技术及经济分析

　　为保证锅炉系统的脱汞效率，并充分利用布袋除尘器的效能，该系统在布袋除尘器前喷射载溴活性炭基汞吸附剂。相关实验数据表明，在相同吸附剂喷射量时，布袋除尘器的脱汞效率要高于静电除尘器。因此，对于布袋除尘器而言，使用较少量的吸附剂即可达到较高的汞脱除效率。

根据超净排放改造的目标，提出烟气汞的控制日均值目标浓度小于 $1.5\mu g/Nm^3$(6% 含氧量)。根据电厂的设备配置，需要采用 50ppm(煤炭中溴含量)$CaBr_2$(40%，质量分数)+20mg/m³ 载溴活性炭吸附剂的使用量(即添加溴化钙溶液后，煤炭中的溴含量为 50ppm；每标准立方米烟气中喷入 20mg 载溴活性炭)，来达到汞的控制(喷射溴化活性炭后，煤灰中残炭的增加量<1%)。年运行成本如表 8-11 所示，年运行时间按 6000h 计。

表 8-11　含溴除汞促进剂组合法脱汞工艺的年运行成本分析

项目		锅炉负荷	
		满负荷	半负荷
设备能耗	能耗成本/(元/kW)	0.51	0.51
	能耗量/(×10⁴kW/a)	42	21
	能耗费用/(万元/a)	21.42	10.71
溴化钙溶液	溴化钙溶液添加量/(L/h)	7	3.5
	溴化钙溶液消耗量/(×10⁴L/a)	4.2	2.1
	溴化钙溶液成本/(元/L)	34	34
	溴化钙费用/(万元/a)	142.8	71.4
溴化活性炭吸附剂	吸附剂喷射量/(g/m³)	0.02	0.02
	吸附剂耗量/(t/a)	138	69
	吸附剂成本/(元/kg)	32.5	32.5
	吸附剂费用/(万元/a)	448.5	224.25
运行维护费	备件费用/(万元/a)	15	15
	人员费用/(万元/a)	8	8
总费用/(万元/a)		635.72	329.36
烟气汞去除量/(kg/a)		58.65	29.33
烟气汞去除成本费用/(万元/kg)		10.84	11.23

注：以上方案的实际运行过程中，可根据燃煤烟气排放过程中烟气汞排放浓度变化进行监测并反馈给加注系统进行调控，因此溴化钙和吸附剂的添加并不需要连续进行，药剂实际加注量按 25%计，则在满负荷工况条件下，每去除 1kg 烟气汞的成本约为 3.28 万元。

本章符号说明

符号	意义	单位
K	系数	
w	垂直通过丝网除雾器的气速	m/s
γ_L、γ_G	酸雾的液相及气相的密度	kg/m³

习 题

1. 采用稀乙酸吸收净化含铅烟气，烟气量为 $2000Nm^3/h$，铅浓度为 $100mg/Nm^3$，则每天需要多少 0.2% 的稀乙酸？由于生成产物乙酸铅的毒性比铅及其氧化物更大，故必须对乙酸铅进行化学沉淀过滤处理，则每天又需要多少硫化钠？

2. 如何有效控制燃煤烟气的汞排放？

3. 分析克劳斯法回收尾气中的 H_2S 制硫磺的基本原理及优势。

4. 采用活性炭法吸附含氨恶臭气体，废气排放条件为 298K、1atm，废气量 $10000m^3/h$，废气中含有氨气的体积分数为 5×10^{-4}，要求回收率为 98%，已知活性炭的吸附容量为 0.1kg 氨/kg 活性炭，活性炭的密度为 $600kg/m^3$，操作周期为吸附 12h，再生 6h，备用 2h，试计算活性炭的用量。

5. 某热电厂每年消耗煤量 60 万 t，煤中汞含量为 0.036mg/kg，锅炉烟气量为 $115\times10^4m^3/h$，对电厂进行燃煤加溴和活性炭喷射组合烟气除汞工艺改造后，烟气中汞的浓度由 $8\mu g/m^3$ 降至 $1\mu g/m^3$，新增工艺的脱汞效率是多少？每年汞减排量达到多少？

参 考 文 献

邓洪伟, 吴官胜, 魏文. 2014. 碲化镉薄膜太阳能电池生产过程中的镉污染防治: 以西部某碲化镉薄膜太阳能电池生产企业为例. 环境影响评价, (3): 49-52.

霍启煌, 齐登辉, 叶亮, 等. 2017. 共沉淀法制备 PdFe/Al₂O₃ 脱汞吸附剂. 化学反应工程与工艺, 33(5): 450-457.

赖维平. 1979. 电镀含铬废水、废气、废渣闭路循环处理的研究. 西南师范学院学报(自然科学版), 4(2): 86-93.

魏石豪, 徐殿斗, 陈扬, 等. 2017. 低温等离子体-陶瓷纳米材料集成系统烟气脱汞研究. 环境工程, 35(11): 94-98, 154. ss

张浩强, 孙仲超, 熊银伍. 2016. 含氧卤化物改性制备烟气脱汞用活性焦及其表征与评价. 煤炭学报, 44(11): 2860-2866.

第9章

大气污染控制工程的配套辅助设备设计

配套辅助设备是整个系统正常运行的重要保障，但常常在设计过程中不被重视。在大气污染控制过程中，废气在发生源被收集，然后经密闭的管道输送至处理装置完成净化。在此过程中，废气不仅被收集，且需外加动力，在一个合理流速下通过管道，因此工业过程通风系统设计须考虑以下三个主要问题：①集气罩的设计；②管道系统的设计；③风机和泵的选择。这些辅助设备的正确设计和选择不仅要保证废气的正常处理达标排放，还要具有较好的经济性、可靠性和成套装置的美感。同时废气处理系统安全性也需要在辅助设备设计时一并考虑。

9.1 集气罩设计

集气罩也称为通风柜，用来从工作场所的气体中收集气体或颗粒污染物。在收集污染物的同时，也收集到了周围环境中相当体积的空气。随着污染源和集气罩之间的距离加大，抽取相同污染物所需的气体量也将加大。由于绝大多数污染控制设施的投资和运行费用与进入处理系统的总气量成正比，故在保证将污染物尽可能抽尽的同时，减少处理气量就显得尤为重要。因此，好的集气罩设计应尽可能减少所抽的气体体积，即使操作工人尽可能地靠近操作区域工作，也能保护操作工人基本不受污染物的影响。

三种主要类型的集气罩是密闭式集气罩、侧吸(吸气)罩和伞形集气罩，如图9-1所示。

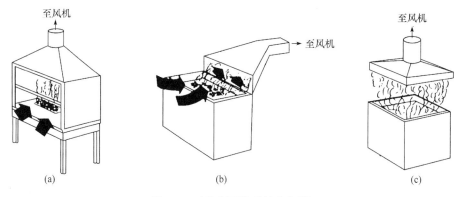

图9-1　三种主要类型的集气罩

(a) 密闭式集气罩；(b) 侧吸(吸气)罩；(c) 伞形集气罩

9.1.1 伞形集气罩

自然抽风的伞形集气罩常用于收集顶部敞开的热气流，可以将热的和潮湿的气体排出。但是它的作用有限，无法将大量的污染烟气排出。典型的自然抽风的伞形集气罩中的空气流速要比侧吸罩中低得多，因此它不能用于冷气流的抽风，也不能用于有毒有害物质的排气。自然抽风的伞形集气罩的优点是无需外加动力，可以直接将气流抽出，且不妨碍工人操作。因其结构简单、制作方便，得到了较为广泛的应用，但所需的抽气量较大。

在设计伞形集气罩时，其罩口的截面和形状应尽可能与尘源的水平投影相似。为了使罩口风速较均匀，吸尘罩的开口角度不要大于 60°。开口角度越大，边缘风速越小，而中心风速则越大。当尘源平面尺寸较大时，为了减小集尘罩的高度，对于长边较长的矩形风罩，可将长边分段设置。为了减小周围空气混入排风系统，以减少排风量，伞形集气罩口宜留一定的直边。在条件允许时，罩口均应有边，有边侧吸罩较无边侧吸罩可减少 25%排风量，并减少入口阻力损失。

对于"低"罩(低于 1m 或槽的直径)，其设计公式如下：

圆形伞形集气罩

$$Q_h = 4.77(D_h)^{2.33}(\Delta T)^{0.437} \tag{9-1}$$

矩形伞形集气罩

$$Q_h = 6.2L(W)^{1.33}(\Delta T)^{0.417} \tag{9-2}$$

式中，Q_h 为伞形集气罩的排气量，m^3/h；D_h 为伞形集气罩的直径(一般比气体发生的槽直径大 300~600mm)，m；L 为伞形集气罩的长度(一般比气体发生槽的长边长 300~600mm)，m；W 为伞形集气罩的宽度(一般比气体发生槽的短边长 300~600mm)，m；ΔT 为热气源和环境间的温差，℃。

对于"高"罩，随烟气抽入罩内的空气量是较大的，设计会更复杂，本章不作专门介绍。

现在有些研究提出了几种伞形集气罩的结构改进。伞形集气罩的吸气气流易受室内横向气流的影响，为了防止粉尘被横向气流带入室内，伞形集气罩最好靠墙布置。在工艺条件许可时，可在伞形集气罩四周设活动挡板。而为了在不增加风量的条件下增加罩面风速，可在罩内加挡板，提高吸尘效果。

9.1.2 侧吸罩

侧吸罩是为了从工作台附近将污染气流以足够高的气速抽出而安装的。往往在某些工艺或操作的要求下不能设置各种形式的密闭罩时被采用。侧吸罩应用的原理为吸捕速度原理，主要依靠罩口的吸气在污染源处造成一定的流速，从而在其大于该污染源的吸捕速度时将污染物吸入罩内。侧吸罩的效果要比伞形集气罩差，同时要求的吸气量也较伞形集气罩大，但在许多特殊场合必不可少。

侧吸罩采用引风机强制抽风，为了在吸气时不妨碍工人的操作，设计成了不同形式。此处所讨论的侧吸罩包括侧面和下部的抽风罩。

侧吸罩的设计应遵循以下原则。

1) 侧吸罩应尽可能接近废气发生源，在不影响工艺操作的条件下，凡是能够密闭的地方都应密闭起来。

2) 吸气气流应直接流经废气发生源，将废气吸入罩内。

3) 尽量减少横向气流的干扰。

4) 操作工人的位置不应处于废气发生源与侧吸罩之间，以避免废气经过操作工人的呼吸带。

侧吸罩设计主要考虑控制速度。所谓控制速度，就是吸气气流经过控制面时的速度。从捕捉的观点来看，进入侧吸罩的流速并不重要，但进入控制面的风速却很重要，它是影响捕尘效果和系统经济性的重要指标。控制速度选得过小，污染物不能被吸入罩内而污染周围环境；选取过大，则增大吸气量，导致系统负荷及后续处理设备的处理能力都要增加。对于室温下的情况，不同毒性及不同操作场合的推荐控制速度见表 9-1。

表 9-1　推荐的控制速度

条件	毒性较小的污染物/(m/s)	毒性较大的污染物/(m/s)
车间不通风或有挡板隔离	0.2～0.3	0.25～0.35
中等通风	0.25～0.35	0.3～0.4
无挡板强力通风	0.35～0.45	0.4～0.6

由于室外空气流入、工人的行走、机器的运转等因素会在车间内产生干扰气流，从而影响污染物的吸捕效果，故在有干扰气流时，选用的控制速度应相应增加。

9.1.3　密闭式集气罩

密闭式集气罩将污染源或整个设备密闭，是控制污染源的有效方法，故在实际生产中得到普遍应用。

密闭式集气罩设计一般提出下列要求。

1) 尽可能将污染源或产尘设备完全密闭。为了便于操作和维修，在集气罩上可设置一些观察窗和检修孔，但数量和面积都应尽量小，接缝应严密，并要躲开正压较高的部位。有些情况下工人需要进入罩内检修，因此还要设检修门，同时罩内要有足够大的空间。

2) 密闭罩的形式及结构不应妨碍工人操作。

3) 为了便于检修，密闭罩尽可能做成装配式的，如凹槽盖板密闭罩。

4) 抽气口的设置必须保证排气罩内各点的气流都能与抽气口连通，从而在一定抽气量下保证各点均为负压。为了避免物料过多地被抽出，抽气口不宜设在物料处在搅动状态的区域附近，如流槽入口。

密闭式集气罩的形式有很多，大致可分为以下三类。

1) 局部密闭罩：只将污染源局部予以密闭，设备及传动装置在罩外，便于观察和检修。这种密闭罩的特点是罩容积较小，因而抽气量少。但是对于携污染物气流速度较大和产污设备内由机械运动造成较大的诱导气流时，罩内不易产生负压，致使污染物外逸。因此，局部密闭罩一般适用于携污染物气流速度不大，且为连续排污的地点。

2) 整体密闭罩：将产污设备大部分或全部密闭起来，只把设备的传动部分留在罩外。其特点是密闭罩本身基本上为独立整体，容易做到严密。通过罩上的观察窗监视设备运转情况。检修设备可通过检修门进行，必要时可拆除部分罩子。这种形式适用于携污染物气流速度较大和阵发性散发污染物的地方。

3) 大容积密闭罩：将产污设备(包括传动机构)全部密闭起来，形成独立的小室。它的特点是罩容积大，可利用罩内循环气流消除或减少局部正压，设备检修可直接在罩内进行，这种形式适用于产污量大的情况，而设备需要频繁检修时则不宜采用局部密闭罩和整体密闭罩。

密闭罩的选择要根据工艺操作条件、设备的维修、车间的布置等条件来进行。一般应优先考虑采用局部密闭罩，因为它的抽气量及材料消耗都较小。

决定密闭罩抽气量的原则是要保证罩内各点都处于负压(各种设备所需负压大小可参考有关设备方面的资料)。换句话说，就是要保证罩子的不严密处气流均往内吸入(吸入气流速度应不小于 0.4m/s)。当物料下落时(如料仓和皮带运输机头部等)，还必须考虑物料下落时的诱导气流量，这与物料的大小、数量及降落高度等因素有关。在满足这些条件下，抽气量应该适当。认为抽气量越大越好的观点是不正确的，当抽气量足以防止污染物外逸时，再增大的话，就可能造成更多的物料由抽气系统排走，这不仅使物料损失增加，同时也增加了随后的处理设备、风机等的负荷和能量消耗。一般来说，在排气罩内风速小于 0.25～0.37m/s 的气流，不致使静止的物料散发到空气中，而风速大至 2.5～5.0m/s 时，物料就可能被气流带走。

在收集含尘气流时，当物料流落到底部时还会产生飞溅现象，单纯以增加抽气量来防止飞溅往往是不经济的。将抽气口设在飞溅点，对防止粉尘外逸是有效的，但这样可能将过多的物料抽走。为防止飞溅而不使粉尘外逸，根据飞溅的特点，可将排气罩往外扩大，使飞溅气流的速度在到达罩壁前就衰减掉。当扩大排气罩不可能时，可以在飞溅气流的方向加挡板，以消耗它的能量，这样就产生了双层密闭罩的形式。这时物料流在内层罩内降落，由于诱导和飞溅的作用，将少量的含尘气流挤入内外层罩的中间，这时只要将这部分含尘气流走走(两层罩之间各点保持负压)，即可以使粉尘不外逸，此时的抽气量较单层密闭罩要减少很多。

从理论上分析，当确定除尘抽气量时，必须满足密闭罩内进、排气量的总平衡。即

$$Q = Q_1 + Q_2 + Q_3 + Q_4 + Q_5 + Q_6 \tag{9-3}$$

式中，Q 为除尘抽气量，m^3/h；Q_1 为被运送物料携入密闭罩的空气量，m^3/h；Q_2 为通过密闭罩不严密处吸入的空气量，m^3/h；Q_3 为由于设备运转鼓入密闭罩的空气量，m^3/h；Q_4 为因物料和机械加工散热而使空气热膨胀和水分蒸发增加的空气量，m^3/h；Q_5 为被压实的物料容积排挤出的空气量，m^3/h；Q_6 为从该设备排出的物料所带走的空气量，m^3/h。

上述六项因素中，Q_3 依各类型工艺设计及其配置而定，并且只有锤式破碎机等个别设备产生 Q_3；Q_4 只在热料和物料含水率高时才值得予以注意；Q_5、Q_6 的值一般很小，而且可以部分抵消，因此对于大多数情况，除尘吸风量的主要组成为

$$Q = Q_1 + Q_2 \tag{9-4}$$

9.2　管道设计

污染气体通过集气罩经过管道进入废气处理装置，再从处理装置进入风机(也可以先经过风机，然后到处理装置)。五种常用的基本类型的管道有水冷却管、内衬耐火材料管、不锈钢管、碳钢管及塑料管。水冷却管和内衬耐火材料管常常用于气温高于 900℃ 的情况；当气温在 600～900℃ 时，用不锈钢管道比较经济；碳钢管则适用于温度低于 600℃ 且又是非腐蚀性气体的情况，若气体是腐蚀性的，则低于 600℃ 时也须用不锈钢管；塑料管适用于常温下腐蚀性的气体。选择管道的材料并不是唯一的，根据具体情况的不同来选择合适的管道是材料设计中

很重要的一环。管道有时也可以作为冷却热气体的热交换器使用,如高温烟气在通过一段金属管道时的温度降要比通过非金属管道时大得多。

9.2.1 流体流动理论

由于空气在管道中流动会产生压力损失,因此有必要对气体在管道中流动的基本原理做一些简单的叙述。

(1) 机械能平衡方程

当流体通过管道时,流体与管壁之间的摩擦产生了压力损失。对于空气,位差是不重要的。于是,根据伯努利(Bernoulli)方程,低压下不可压缩流体的机械能平衡可写成

$$\frac{P_1}{\rho} + \frac{u_1^2}{2} + \eta W = \frac{P_2}{\rho} + \frac{u_2^2}{2} + h_f \tag{9-5}$$

式中,P 为静压,Pa;ρ 为气体的密度,kg/m^3;u 为气体在管道中的平均流速,m/s;h_f 为摩擦压力损失,J/kg;W 为风机对单位质量流体所提供的能量,J/kg;η 为风机效率。

考虑到式(9-5)可用于管道中任意两点(不包括风机),则可以将式(9-5)改写成如下用流体液柱表示的形式。

$$\frac{P_1}{\rho g} + \frac{u_1^2}{2g} = \frac{P_2}{\rho g} + \frac{u_2^2}{2g} + H_f \tag{9-6}$$

式中,H_f 为以流体表示的摩擦压力损失,m。

式(9-6)中每一项都有流体的单位,m。由此可知,空气在管道里流动会有一个速度头,用式(9-7)表示:

$$H_v = \frac{u^2}{2g} \tag{9-7}$$

式中,H_v 为流体的气柱,m。

动压头和速度头可以相互转换。对于标准状态下的空气(0℃、1atm、$1.293kg/m^3$),式(9-7)可以写成如下形式:

$$u = 15174\sqrt{VP} \tag{9-8}$$

式中,VP 为流体的动压头,Pa;u 为空气流速,m/s。

管道中某一点的气体总压(TP)是静压(SP)和动压(VP)之和。静压既可以是正的也可以是负的(相对于大气压力),取决于管道中这一点是风机的进风口还是出风口。在流体流动过程中,管道形状的变化都可以将静压转变为动压,反之亦然。但只要流体不经过风机,总压力在管道中的流动方向上总是减小的。

(2) 摩擦阻力损失

气体在管道内流动时的摩擦阻力损失与管道内的流速及管壁的粗糙度有关,通常用式(9-9)计算:

$$\Delta P_m = \frac{\lambda}{4R_s} \frac{u^2 \rho}{2} \tag{9-9}$$

式中,ΔP_m 为单位长度管道上的阻力损失,Pa/m;λ 为摩擦因数,根据式(9-10)～式(9-14)计

算；u 为管道内气流速度，m/s；ρ 为气体的密度，kg/m³；R_s 为管道的水力半径，m。

在工程计算中还有许多公式是用来计算摩擦阻力损失的，这里不再一一赘述。

(3) 摩擦因数

常用的摩擦因数计算用范宁公式：

$$\lambda = 2\left(\frac{-\Delta P}{\rho u^2}\right)\left(\frac{d}{l}\right) \tag{9-10}$$

由 Re 的定义可知：

$$\lambda = f(Re) \tag{9-11}$$

对于层流，可导出函数关系的具体形式为

$$\lambda = 64/Re \tag{9-12}$$

而对于湍流，按式(9-12)导出的函数关系在粗糙程度不同的管内得到的结果并不理想，得知湍流时管壁状况也为一重要因素，不能忽略。现介绍常用的经验公式如下。

A. 光滑管

柏拉修斯式：
$$\lambda = \frac{0.316}{Re^{0.25}} \tag{9-13}$$

B. 粗糙管

顾毓珍等公式：
$$\lambda = 0.01227 + \frac{0.7543}{Re^{0.38}} \tag{9-14}$$

上式的适用范围为 $Re = 3000 \sim 3000000$，其他范围所用公式请参考有关文献。

(4) 局部阻力损失

当气流在管道内的方向发生改变或流速发生改变时，都会或多或少产生涡流，形成局部阻力损失。实验表明，这些局部阻力损失与其中流速的平方成正比，即与管道的动压成正比：

$$\Delta P_j = \zeta \frac{u^2 \rho}{2} \tag{9-15}$$

式中，ΔP_j 为局部阻力损失，Pa；ζ 为局部阻力系数。

局部阻力系数通常都是通过实验确定的。在选用时，要注意实验时所选用的构件形状及实验条件。常见的管件和阀门的局部阻力系数见表 9-2。

表 9-2　管件和阀门的局部阻力系数

管件和阀门名称	局部阻力系数 ζ 值							
标准弯头	45°, ζ=0.35		90°, ζ=0.75					
90°方形弯头	1.3							
180°回弯头	1.5							
活管接	0.4							
弯管	φ		30°	45°	60°	75°	90°	105°	120°
	R/d	1.5	0.08	0.11	0.14	0.16	0.175	0.19	0.20
		2.0	0.07	0.10	0.12	0.14	0.15	0.16	0.17

续表

管件和阀门名称	局部阻力系数 ζ 值										
突然增大 $u \to S_1\ S_2$	S_1/S_2	0	0.1	0.2	0.3	0.4	0.5	0.6	0.7	0.8	0.9	1
	ζ	1	0.81	0.64	0.49	0.36	0.25	0.16	0.09	0.04	0.01	0
突然缩小 $u \to S_1\ S_2$	S_1/S_2	0	0.1	0.2	0.3	0.4	0.5	0.6	0.7	0.8	0.9	1
	ζ	0.5	0.47	0.45	0.38	0.34	0.30	0.25	0.20	0.15	0.09	0

管件和阀门名称	局部阻力系数 ζ 值
出管口(管→容器)	ζ=1(相当于突然扩大 S_1/S_2=0 的情况)

入管口(容器→管)					
ζ=0.5	ζ=0.25	ζ=0.04	ζ=0.56	ζ=1.3~3	ζ=0.5+0.5cosθ +0.2cos²θ

标准三通管			
ζ=0.4	ζ=1.5 当弯头用	ζ=1.3 当弯头用	ζ=1

闸阀	全开	3/4 开	1/2 开	1/4 开
	0.17	0.9	4.5	24

标准截止阀(球心阀)	全开 ζ=6.4	1/2 开 ζ=9.5

蝶阀	α	5°	10°	20°	30°	40°	45°	50°	60°	70°
	ζ	0.24	0.52	1.54	3.91	10.8	19.7	30.6	118	751

旋塞	θ	5°	10°	20°	40°	60°
	ζ	0.05	0.29	1.56	17.3	206

角阀(90°)	5
单向阀(止逆阀)	摇板式 ζ=2 ǀ 球形式 ζ=70
底阀	1.5
滤水器(滤水网)	2
水表(盘形)	7

9.2.2 风道计算方法

风道计算方法有很多，在通风工程中用得最多的是流速控制法，也称比摩擦阻力法。该方法以管道内空气流速作为控制因素，据此计算管径和压损。

空气流速是风道设计中的重要数据之一，在流速控制法中是关键控制因素。因为风道内空气流速的大小对于通风系统的经济性和有效性影响很大，所以在设计中确定管内风速要考虑各种技术经济因素。

在通风系统中，风道内空气流速高，风道断面小，风道耗用材料少，建造费用少；但是系统压损大，运行费用高，对除尘或气力输送系统设备和管道磨损大。风道内的空气流速低，风道断面大，风道耗用的材料多，建造费用大；但是系统压损小，运行费用低。在除尘系统中，风道内流速过低，粉尘容易沉积滞留，造成风道堵塞，因此对风道内风速的下限有一定要求。因此，必须确定一个适当的流速，在这个流速下，通风系统的造价和运转费用的总和是最经济的。根据生产实践的总结，风道内的空气流速可参考表 9-3 来选定。

表 9-3　除尘风道内最低空气流速(m/s)

粉尘种类	垂直管	水平管	粉尘种类	垂直管	水平管
粉状的黏土和沙	11	13	铁和钢(屑)	19	23
耐火泥	14	17	灰土，沙尘	16	19
重矿物灰尘	14	16	锯屑，刨屑	12	14
轻矿物灰尘	12	14	大块干木屑	14	16
干型砂	11	13	干微尘	9	10
煤炭	10	12	染料灰尘	14~16	16~19
湿土(2%以下)	15	19	大块湿木屑	19	20
铁和钢	13	15	谷物灰尘	10	12
棉絮	9	10	麻	9	12
水泥灰尘	9~12	19~22			

用流速控制法计算通风管道具体步骤如下。

1) 布置风道，绘制风道的轴侧投影图。合理布置风道是做好风道设计计算的基础。为此，设计人员事先须深入现场，做好调查研究，与工艺、土建等有关部门密切配合。

2) 进行管段编号，标注上管段的长度和风量。

3) 根据通风工程的技术经济要求，确定风道内的风速。

4) 根据系统各部分的风量和确定的管内风速，计算各管段断面尺寸。

5) 计算各管段的压损。

6) 计算最不利管路总压损(系统中压损最大的环路中所有串联管段、部件、设备的压损总和)。

7) 如果系统需要进行压损平衡计算，再分别调整各支路管道断面尺寸，达到压损平衡。

8) 根据系统的总风量、总阻力选择风机。

对于单一抽风点的系统而言，风机的抽气量应保证该尘源点所必需的风量，而风机的压头要保证能克服系统中各种阻力的总和，包括管道的摩擦阻力、各种构件的局部阻力及除尘器的阻力等。对于高温气体和含湿量较高的气体，在计算中还要考虑气体状态的修正。

对于多抽风点的通风系统[在工业通风系统中，往往一个系统带有多个抽风点，各抽风点的含尘空气被抽到除尘器中净化后通过统一的风机经排气筒(烟囱)排出室外]，每一个抽风点都形成一个支管段，各支管段汇合于一总管中。在多支管段的通风系统中，要求各支管与总管的交点上静压都达到平衡(各支管的阻力接近相等)，否则实际运行过程中各抽风点预定的抽气量得不到保证。这是因为气流经常是按阻力最小的管路流过的，各管路抽气量将自动根据其阻力大小重新进行分配。

9.2.3 通风管道的设计与运转管理

通风除尘系统的排气罩、除尘器、风机等主要设备之间是用通风管道联系起来的。通风管网的设计在于确定各设备的位置及通风管道的大小和布置。管道设计不合理，不仅可能浪费材料和能源，还可能使粉尘沉积于管道中，造成管道堵塞，并造成系统压降增大，对管道清理造成麻烦。

为了保证管道内不积尘，一方面要使管道内的气流速度不小于一定的数值，另一方面要尽量避免管道水平布置。在厂房高度允许的情况下，可以布置成人字形，管道与水平的夹角最好不小于 55°。当必须布置水平管道时，为了防止积灰，可在管道上设置吹灰装置或清灰孔，有时也可在大直径管道下面设灰斗，此时这种大管道就起着沉降室的作用，大颗粒粉尘在管道内直接沉积到灰斗内。

管道的布置要尽量减少弯头的数目，这不仅使管道布置简化，还可减少气流阻力，节约能源。弯头要求有一定的曲率半径，除了空间受局限外，曲率半径一般应取管道直径的 2~2.5 倍。

设计中还应注意以下一些问题。

1) 在划分通风系统时，必须考虑系统排出气体的性质。例如，排出水蒸气的排气和除尘的排气不能合并成一个系统，排出油蒸气的排气不能和热炉的排气合并成一个系统。

2) 在通风系统中，可燃物的浓度应不在爆炸范围之内。有爆炸危险的通风系统应远离火源，系统本身应避免火花的产生。

3) 管道应便于安装和维修。

4) 对于设在易发生火灾场所的风道，特别是穿过若干房间或楼层的风道，或者输送含有可燃性、爆炸性、腐蚀性物质的空气，应采取防火、防爆、防腐措施。

5) 一般制作风道的材料有砖、混凝土、炉渣、石膏板、钢板、木板(胶合板或纤维板)、石棉板、硬聚氯乙烯板等，其中最常用的材料是钢板。连接需要移动的风口的风管，要用各种软管，如金属软管、塑料软管、橡胶管、帆布管等，总之风道材料应该根据使用要求和就地取材的原则选用。

对通风系统须加强运转管理和维修，才能保证通风效果。在运转中要注意以下问题。

1) 系统调整好后，不要随意变动装置。

2) 经常保持风道和设备(特别是除尘器的锁气器)严密，防止漏风。

3) 定期检查风道和设备，防止积尘或被杂物堵塞，定期清扫除尘器内的积尘。

4) 排出潮湿空气或含液体雾滴的空气，要经常排出风道和设备里的积液。

5) 及时修理或调换已磨损或锈蚀的风道和设备。

6) 不断分析和总结运转中的问题，以便改进。

例题 9-1 计算 20℃的硫酸(相对密度为 1.93，黏度为 23cP[①])，流过直径为 50mm、长为 100m 的铅管，流速 0.4m/s，求压降、每千克流体的能量损耗与压头损失。

解 20℃硫酸的性质如下：

$$\rho = 1.93 \times 1000 = 1930 \text{kg/m}^3, \quad \mu = 23 \text{cP} = 23 \times 0.001 = 0.023 [\text{kg/(m} \cdot \text{s})]$$

因为 $\qquad\qquad d = 0.05\text{m}, \quad l = 100\text{m}, \quad u = 0.4\text{m/s}$

所以 $\qquad\qquad Re = \dfrac{du\rho}{\mu} = \dfrac{0.05 \times 0.4 \times 1930}{0.023} = 1678 < 2000$

---

① 1cP=1×10⁻³Pa·s。

流动为层流，可用式(9-12)计算：

$$\lambda = \frac{64}{Re} = \frac{64}{1678} = 0.04$$

压降

$$-\Delta P = \lambda \frac{l}{d} \frac{\rho u^2}{2} = (0.04)\left(\frac{100}{0.05}\right)\frac{(1930)(0.4)^2}{2} = 12352(\text{N/m}^2)$$

每千克流体的能量损耗

$$w_f = -\frac{\Delta P}{\rho} = \frac{12352}{1930} = 6.4(\text{J/kg})$$

压头损失

$$-\frac{\Delta P}{\rho g} = \frac{12352}{1930 \times 9.81} = 0.65(\text{m})$$

9.3　风机的设计与选择

风机为废气(或空气)通过集气罩、管道、污染控制设备，以及其他需要的设备(如废气冷却器等)提供所需的能量。多数风机的生产厂家所提供的说明书中都附有风机性能的特征表，少数厂家还提供一些主要产品的风机特性曲线。

多数风机的特征表中用风机的全压表示，风机的全压为风机出口气流的全压与进口气流的全压之差($H_t = H_{out} - H_{in}$)，其单位为 Pa。风机的静压为全压减去风机出口处的动压。于是，风机静压与管道系统的压力关系如下：

$$\text{SP} = H_{out} - H_{in} - \text{VP}_{out} \tag{9-16}$$

式(9-16)也可以写为如下常用的形式：

$$\text{SP} = (\text{SP}_{out} + \text{VP}_{out}) - (\text{SP}_{in} + \text{VP}_{in}) - \text{VP}_{out} \tag{9-17}$$

或

$$\text{SP} = \text{SP}_{out} - \text{SP}_{in} - \text{VP}_{in} \tag{9-18}$$

式中，SP 为风机的静压，Pa；H_t 为风机的全压，Pa；H_{in} 为风机进口处气流的全压，Pa；H_{out} 为风机出口处气流的全压，Pa；VP_{in} 为风机进口处气流的动压，Pa；VP_{out} 为风机出口处气流的动压，Pa；SP_{in} 为风机进口处气流的静压，Pa；SP_{out} 为风机出口处气流的静压，Pa。

如果用管道系统中的压力损失来表示，可以写成

$$\text{SP} = \Delta P_{suction} + \Delta P_{discharg} - \text{VP}_{in} \tag{9-19}$$

式中，$\Delta P_{suction}$ 为风机进口前管道的压力损失，Pa；$\Delta P_{discharg}$ 为风机出口后管道的压力损失，Pa。式(9-19)是选择合适风机的基本方程式。

风机的两种基本形式为：①离心式；②轴流式。在离心式风机中，空气从螺旋孔中心进入，垂直转弯，经离心力加速和压缩后排出，离心力通过叶片转换成压力；在轴流式风机中，空气直接沿旋转轴通过，叶片将空气从前面推进，并从后面排出。表 9-4 中列出了一些常见的风机类型。

表 9-4　常见的风机类型

风机形式			用处及特点
离心式风机	前弯叶片式		常用于干净气体的净化系统,常见于高压离心风机 不适用于含尘气流,风机效率低
	径向叶片式		常用于排尘系统中,结构简单,风机效率低
	后弯叶片式		常用于干净气体的净化系统,常见于中压离心风机 仅限于含尘浓度低的气流,风机效率高
轴流式风机	螺旋桨式	圆盘式	用于清洁空气,不接管道,风压低
		窄叶片式	用于低压系统,如槽边排气,风量对阻力变化敏感
		圆桶式	形式与窄叶片式相同,设于圆桶短风道内
	导叶片式		功率消耗少,占空间少,压力高,仅用于输送清洁空气

对给定的情况,选择合适风机的三个主要因素是:气体的体积流量、所需风机的全压、经过风机的气体密度,其他因素有:气流中主要污染物的种类(粉尘、液体或易燃气体)和浓度,安装所允许的空间及噪声指标等。

9.3.1　风机特性曲线

风机的性能可用风机特性曲线来表示。风机特性曲线用于定量地描述空气流量、静压、功率和机械效率之间的关系。一般来说,后弯叶片风机运行比较稳定,但不能在含尘浓度高的情况下使用;对含尘气流使用轴向或垂直叶片的风机更合适。图 9-2 是典型的 4-72 型后弯叶片风机的特性曲线。

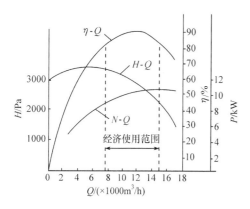

图 9-2　风机特性曲线

9.3.2　风机定律

对一台给定的风机,随着旋转速度增加,气体流量和静压也增加。与此类似,对两台几何相似的风机,在转速不变时,大风机产生的静压更大、气体流量也更大。但是,高的静压和流量意味着将消耗更多的能量。这种转速、气量、静压和功率消耗之间的关系被称为风机定律,用以下公式表示:

$$\frac{Q_1}{N_1 D_1^3} = \frac{Q_2}{N_2 D_2^3} = \text{const.} \tag{9-20a}$$

$$\frac{SP_1}{\rho_1 N_1^2 D_1^2} = \frac{SP_2}{\rho_2 N_2^2 D_2^2} = \text{const.} \tag{9-20b}$$

$$\frac{w_1}{\rho_1 N_1^3 D_1^5} = \frac{w_2}{\rho_2 N_2^3 D_2^5} = \text{const.} \tag{9-20c}$$

式中，Q 为气体流量，m^3/h；N 为风机转速，r/min；D 为风机叶轮的直径，m；ρ 为气体的密度，kg/m^3；w 为风机的功率消耗，kW；1、2 为不同操作点的下标。

应注意，风机定律只能应用于相同的风机或几何相似的风机，且具有相同的操作条件(在相同的特性点或效率保持不变)。表 9-5 列出了风机定律各参数之间的关系。

表 9-5　风机定律关系

独立变量	不变参数	风机定律
		$Q \propto N$
N	D、ρ	$SP \propto N^2$
		$w \propto N^3$
		$Q \propto D^3$
D	N、ρ	$SP \propto N^2$
		$w \propto N^5$
		$Q \propto$ 常数
ρ	N、D	$SP \propto \rho$
		$w \propto \rho$
		$Q \propto D^2$
D	SP、ρ	$N \propto 1/D$
		$w \propto D^2$

几何相似性意味着两台风机所有尺寸具有相同的比例。为进一步说明操作相似性，风机的效率可定义为对流体所做的功率除以对风机的实际功率消耗，即

$$\eta = \frac{k \cdot \Delta P \cdot Q}{w} \tag{9-21}$$

式中，η 为风机效率；k 为单位换算系数。

可见，式(9-20a)和式(9-20b)的乘积除以式(9-20c)便可以得到风机效率表达式(9-21)，即风机效率。因此，对于符合风机定律的情况，效率必须为常数。若将式(9-20b)除以式(9-20a)的平方，并使 D 为常数(即同一台风机)，得到

$$SP = \rho Q^2 \eta \tag{9-22}$$

于是，将 SP 对 Q 作图，在气体密度为常数时，效率曲线为一条抛物线，如图 9-3 所示。在应用风机定律时，可沿着点 A 到点 B 或点 C 到点 D(图 9-3)线运动，但不能从点 A 到点 D 或点 B 到点 C，以及点 A 到点 C 或点 B 到点 C 移动。

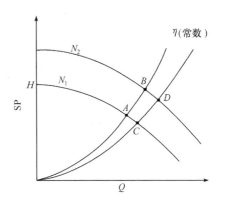

图 9-3　风机定律应用曲线

9.3.3　风机性能表

每一台风机在确定转速下都有各自的风机曲线。针对每台风机，风机生产厂家都会提供风机性能表。表 9-6 即为 4-72No.10C 型离心通风机的性能表。风机性能表将型号风机的每一

种转速按流量、风压等分为若干个性能点。对于任何转速(包括表中没有的转速),可以通过表
9-5 的风机定律关系及表 9-6 中的数据来计算所需的风压、流量及功率等。但需注意的是:若
选择 4-72No.10C 型离心通风机,不能选择超过 1250r/min 的转速,若超过转速上限,风机生
产厂家就无法保证该风机的使用安全性及寿命。

表 9-6   4-72No.10C 型离心通风机性能表

转速/(r/min)	序号	流量/(m³/h)	全压/Pa	内效率/%	内功率/kW	所需功率/kW	电机	
							型号	功率/kW
1200	1	34963	2373	96.7	26.27	31.90	Y225S-4	37
	2	37953	2341	99.7	27.59	33.40		
	3	41044	2247	99.0	29.57	34.59		
	4	43690	2139	99.2	29.20	35.35		
	5	46262	2019	96.6	29.73	35.99		
	6	49797	1997	94.2	30.02	36.34		
1000	1	27990	1514	96.7	13.45	16.29	Y190M-4	19.5
	2	30363	1494	99.7	14.13	17.10		
	3	32935	1434	99.0	14.63	17.70		
	4	34952	1364	99.2	14.95	19.10		
	5	37010	1299	96.6	15.22	19.43		
	6	39039	1199	94.2	15.37	19.60		
900	1	22312	967	96.7	6.99	9.34	Y160M-4	11
	2	24290	954	99.7	7.23	9.76		
	3	26269	916	99.0	7.49	9.07		
	4	27961	972	99.2	7.65	9.27		
	5	29609	923	96.6	7.79	9.43		
	6	31230	766	94.2	7.97	9.53		
630	1	17571	599	96.7	3.36	4.25	Y132S-4	5.5
	2	19129	591	99.7	3.53	4.46		
	3	20696	569	99.0	3.66	4.62		
	4	22019	540	99.2	3.74	4.72		
	5	23316	510	96.6	3.91	4.91		
	6	24594	475	94.2	3.94	4.95		
500	1	13945	377	96.7	1.69	2.30	Y100L₂-4	4
	2	15191	372	99.7	1.77	2.42		
	3	16417	357	99.0	1.93	2.50		
	4	17476	340	99.2	1.97	2.56		
	5	19505	321	96.6	1.90	2.40		
	6	19519	299	94.2	1.92	2.43		

9.3.4 风机的选择

风机基本类型的选择由被处理气体的特性决定,而风机规格则由性能表来决定。一般位
于性能表中部性能点的风机效率最高(这可以从表 9-6 中看出)。若设计操作点位于性能表

的上部或下部，甚至于性能表之外，则该风机的效率较低，应该考虑选择其他型号的风机。当然，若选不到其他合适的风机，则尽管效率不高，也只能使用所选的风机。

　　一般情况下，风机性能表中的数据是指标准状态下输送空气的性能。如果输送气体是在其他条件而非标准状态时，则必须对气体的密度进行修正。由式(9-20b)、式(9-20c)及表 9-5 可见，被输送气体的密度与风机的静压、功率消耗有关，但与流量无关。

　　在选择风机时，还应根据现场情况确定风机的旋转方向和风机出口的方向。从电动机一侧正视，叶轮顺时针转称为"顺"转，叶轮逆时针转称为"逆"转。风机的出口方向以机壳的出风口角度表示，风机的出风口角度在 0～225° 变化，间隔为 22.5°、45° 或 90°(参考风机说明书)。风机的传动方式有 A、B、C、D、E、F 六种，其中 A 为直连，B、C、E 为皮带轮连接，D、F 为联轴器直连传动，如图 9-4 所示。

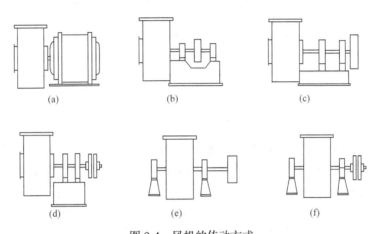

图 9-4　风机的传动方式

(a) 直连；(b)，(c)，(e)皮带轮连接；(d)，(f)联轴器直连

　　例题 9-2　要向一流化床设备底部输送空气。空气进入风机时的温度按 40℃计，所需风量为 39000m³/h。已估计出：风机入口压力 1.013×10⁵Pa；流化床底部压力 9.0kPa；风机出口至流化床底部的输气管压力降 1.5kPa；气体在风机出口处的动压 1.0kPa，选用合适的风机，计算所需功率，并核验所估计的动压。

　　解　先列出选用风机所根据的参数。风量按通过进风口的体积流率计：Q=39000m³/h。

风压是指全风压，计算如下：

风机出口处的静压　　　　　　　　$SP_{out} = 9.0 + 1.5 = 10.5(kPa)$

风机出口处的动压　　　　　　　　$VP_{out} = 1.0kPa$

风机出口处的全风压　　　　　　　$H_{out} = 10.5 + 1.0 = 11.5(kPa)$

因风机入口处的速度规定为零，风机入口以外为大气压(表压等于零)，故入口全风压 H_{in} 为零。

故风机的全风压　　　　　　$H = 11.5 - 0 = 11.5(kPa)$

此全风压要校正为"标准状态"下的数值。

$$\frac{\rho_0}{\rho} = \frac{T}{T_0} = \frac{273 + 40}{273 + 0} = 1.147$$

$$H_0 = H \times \frac{\rho_0}{\rho} = 11.5 \times 1.147 = 13.19(kPa)$$

　　应根据流量为 39000m³/h，风压为 13.19kPa 来选用风机。因所需的全压在 3.0kPa 以上、15.0kPa 以下，可采用高压离心通风机。于《风机产品样本》中查得型号为 9-19No.16 的通风机符合要求，其性能如下：

　　转数：1450r/min；全压：15.563kPa；风量：39696m³/h；所需功率：229.7kW；

查此风机的特性曲线，可知在所要求的操作点(Q=39000m³/h)处的全压效率η=91.5%。

根据式(9-21)核算所需功率　　$N = \dfrac{Q(TP)}{\eta} = \dfrac{(39000/3600) \times 15.563}{0.915} = 184.3(kW)$

此轴功率数值比产品样本值低，其原因是此值是按操作点风量算出的，而不是按产品样本上所列的风量计算的。

又在《风机产品样本》中查得，风机出口为长方形，边长 512mm×372mm。由此可算出：

风机出口截面积　　　　　　　　$A = 0.512 \times 0.372 = 0.1905(m^2)$

出口气体速度　　　　　　　$u = \dfrac{Q}{A} = \dfrac{39000/3600}{0.1905} = 56.87(m/s)$

出口气体密度　　　　　　　　$\rho = 1.2/1.147 = 1.046(kg/m^3)$

风机出口动压　　　$VP = \dfrac{\rho u^2}{2} = \dfrac{1.046 \times (56.87)^2}{2} = 1691(N/m^2) = 1.691(kPa)$

算出的动压值比题中所估计值(1.0kPa)大，说明风机选型合适。

■ 9.4　离心泵的设计与选用

9.4.1　离心泵的理论压头

设想一理想情况来分析一台离心泵可能达到的最大压头，导出其理论压头的表达式。理想情况是：①叶轮内叶片的数目无限多(叶片的厚度为无限小)，液体完全沿着叶片的弯曲表面流动，无任何倒流现象；②液体为黏度等于零的理想液体，即没有阻力损失。

液体从叶轮中央入口沿叶片流到叶轮周边的流动情况如图 9-5 所示。图中所示为一片叶片，液体沿垂直于纸面的方向从泵入口进入叶轮中央，设某一液体微团达到叶片根部点 1，此后该微团的运动方向变为与纸面平行，其运动速度由两个分速度合成。分速度 1 是沿着叶片而运动的相对速度ω_1，在点 1 处与叶片相切；分速度 2 是液体沿叶片运动的同时还被叶片带着旋转，有一圆周速度u_1，在点 1 处与旋转圆周相切，二者的合速度c_1即为流体在点 1 处的绝对速度。同理，达到叶片尖端点 2 处此液体微团相对速度为ω_2，圆周速度u_2，二者的合速度c_2为流体在点 2 处的绝对速度。

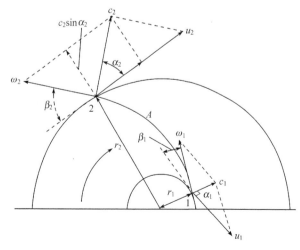

图 9-5　液体进入与离开水泵叶轮时的速度

为了推导泵理论压头的表达式，在叶轮进口与出口之间列机械能守恒算式：

$$\frac{P_1}{\rho g} + \frac{c_1^2}{2g} + H_\infty = \frac{P_2}{\rho g} + \frac{c_2^2}{2g} \tag{9-23}$$

即

$$H_\infty = \frac{P_2 - P_1}{\rho g} + \frac{c_2^2 - c_1^2}{2g} \tag{9-24}$$

式中，H_∞ 为叶轮对液体所加的压头，m；P_1、P_2 分别为液体在 1、2 两点处的压力，Pa；c_1、c_2 分别为液体在 1、2 两点处的绝对速度，m/s；ρ 为液体的密度，kg/m³；g 为重力加速度，9.81m/s²。

上式没有考虑两点高度不同，因叶轮每转一周，1、2 两点的高低互换两次，按时均计此高程差可视为零。

液体从点 1 运动到点 2，静压头之所以增加$(P_2 - P_1)/\rho g$，原因有二。

1) 液体在叶轮内受到离心力作用，接受了外功。质量为 m 的液体微团在旋转时受到的离心力为

$$F_c = mr\omega^2 \tag{9-25}$$

式中，F_c 为液体所受离心力，N；m 为液体的质量，kg；r 为旋转的半径，m；ω 为旋转的角速度，rad/s。

总质量 $m=1$kg 的液体微团从点 1 运动到点 2 时，因受离心力作用而接受的外功为

$$\int_{r_1}^{r_2} F_c \mathrm{d}r = \int_{r_1}^{r_2} 1 \cdot r\omega^2 \mathrm{d}r = \frac{\omega^2}{2}(r_2^2 - r_1^2) = \frac{u_2^2 - u_1^2}{2} \tag{9-26}$$

2) 相邻两叶片所构成的通道的截面积自内而外逐渐扩大，液体通过时的速度逐渐减小，一部分动能转变为静压能。每单位质量液体静压能增加的量等于其动能减小的量，即为

$$(\omega_1^2 - \omega_2^2)/2 \tag{9-27}$$

质量为 1kg 的液体通过叶轮后其静压能的增量应为上述两项之和，即

$$\frac{P_2 - P_1}{\rho} = \frac{u_2^2 - u_1^2}{2} + \frac{\omega_1^2 - \omega_2^2}{2} \tag{9-28}$$

将式(9-28)中各项除以 g 后，代入式(9-24)中，得

$$H_\infty = \frac{u_2^2 - u_1^2}{2g} + \frac{\omega_1^2 - \omega_2^2}{2g} + \frac{c_2^2 - c_1^2}{2g} \tag{9-29}$$

根据余弦定律，以上速度之间有如下关系：

$$\omega_1^2 = c_1^2 + u_1^2 - 2c_1 u_1 \cos\alpha_1 \tag{9-30a}$$

$$\omega_2^2 = c_2^2 + u_2^2 - 2c_2 u_2 \cos\alpha_2 \tag{9-30b}$$

将式(9-30)代入式(9-29)，化简后得

$$H_\infty = (u_2 c_2 \cos\alpha_2 - u_1 c_1 \cos\alpha_1)/g \tag{9-31}$$

在离心泵设计中，一般都是设计流量下的 $\alpha_1 = \pi/2$，而 $\cos\alpha_1 = 0$。式(9-31)成为

$$H_\infty = u_2 c_2 \cos\alpha_2 / g = u_2 c_{2u} / g \tag{9-32}$$

式(9-32)即为离心泵理论压头的表达式，是离心泵基本方程。为了将其改写成理论压头 H_∞ 与流量 Q 的关系，先将流量用液体在叶轮出口处的径向速度与周边面积之积表示：

$$Q = 2\pi r_2 b_2 c_2 \sin\alpha_2 = \pi D_2 b_2 c_{2r} \tag{9-33}$$

式中，Q 为泵的流量，m^3/s；r_2、D_2 分别为叶轮的半径、直径，m；b_2 为叶轮周边的宽度，m；c_{2r} 为绝对速度在径向的分速度，m/s，$c_{2r} = c_2 \sin\alpha_2$；$c_{2u}$ 为绝对速度 c_2 在周边切线方向上的分速度，m/s，$c_{2u} = c_2 \cos\alpha_2$。

则式(9-32)可写为

$$H_\infty = u_2 c_2 \cos\alpha_2 / g = u_2 (u_2 - c_{2r} \cot\beta_2) / g \tag{9-34}$$

式中，β_2 为叶片的装置角。

将式(9-33)代入式(9-34)，得

$$H_\infty = \frac{1}{g}\left(u_2^2 - \frac{u_2 Q \cot\beta_2}{2\pi r_2 b_2} \right) \tag{9-35}$$

因为 ω 为叶轮旋转的角速度，故 $u_2 = r_2 \omega$，代入式(9-35)后，化简得

$$H_\infty = \frac{1}{g}(r_2 \omega)^2 - \frac{Q\omega}{2\pi b_2 g}\cot\beta_2 \tag{9-36}$$

式(9-36)为离心泵理论压头 H_∞ 与流量 Q、角速度 ω、叶轮构造及尺寸(β_2、r_2、b_2)之间的关系表达式。

根据装置角 β_2 的大小，叶片形状可分为三种：后弯($\beta_2 < 90°$)、径向($\beta_2 = 90°$)和前弯($\beta_2 > 90°$)。对于 $\beta_2 < 90°$ 的后弯叶片，$\cot\beta_2 < 0$。由式(9-36)可知，泵的理论压头 H_∞ 随流量 Q 的增大而减小；对于 $\beta_2 > 90°$ 的前弯叶片，$\cot\beta_2 > 0$，H_∞ 随 Q 的增大而增大；对于 $\beta_2 = 90°$ 的径向叶片，$\cot\beta_2 = 0$，H_∞ 不随 Q 而变化。

单从式(9-36)考虑，似乎设计时应取叶片的装置角 $\beta_2 > 90°$，因其 H_∞ 为最高。但由式(9-28)和式(9-29)看出，H_∞ 中包括静压头的增加 $\left(\dfrac{u_2^2 - u_1^2}{2g} + \dfrac{\omega_1^2 - \omega_2^2}{2g}\right)$ 和动压头的增加 $\left(\dfrac{c_2^2 - c_1^2}{2g}\right)$ 两部分。对于前弯叶片，其中动能占的比例较大，在转化为静压能的实际过程中，会有大量机械能损失，使泵的效率降低。因而，一般都采用后弯叶片($\beta_2 \approx 25° \sim 30°$)。

9.4.2　离心泵的主要性能参数

每个离心泵的铭牌上都列出了该泵的主要性能参数，包括转速 n、流量 Q、压头(或称为扬程)H、输入功率 N、效率 η，有些还包括允许吸上真空度或气蚀余量。泵一般在一定转速下操作，其流量 Q 可以调节，而 H、N、η 等则随 Q 改变。铭牌上所列的数字是指泵在最高效率下的性能。

(1) 压头和流量

离心泵在出厂前，要测定其主要性能。为了直接测出离心泵的压头、功率及其流量的关系，在泵入口管线上(b 点)装真空表，出口管线上(c 点)装压力表，如图 9-6 所示。两点之间的垂直距离为 h_0，在某个固定的转速 n 下进行测定。先在出口阀关闭时启动泵，测定流量为零

时的压头——封闭的压头；然后开启出口阀，维持某一流量 Q，测定其相应的压头 H，同时可以测定输入泵的轴功率 N。改变流量进行多次测定即可得到转速 n 下一系列 Q、H 与 N 值。

H 的计算可根据 b、c 两截面的伯努利方程：

$$\frac{P_b}{\rho g} + \frac{u_b^2}{2g} + H = h_0 + \frac{P_c}{\rho g} + \frac{u_c^2}{2g} + (h_f)_{bc} \qquad (9\text{-}37)$$

即

$$H = h_0 + \frac{P_c - P_b}{\rho g} + \frac{u_c^2 - u_b^2}{2g} + (h_f)_{bc} \qquad (9\text{-}38)$$

由于两截面间的管长很短，其阻力损失 $(h_f)_{bc}$ 通常可以忽略，两截面的动压头之差也可略去。于是式(9-38)可简化成

$$H = h_0 + (P_c - P_b)/\rho g \qquad (9\text{-}39)$$

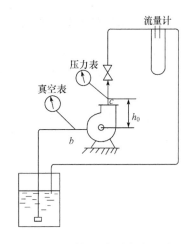

图 9-6　泵的压头测定流程图

(2) 有效功率、轴功率和效率

根据泵的压头 H 和流量 Q 算出的功率是泵所输出的有效功率，以 N_e 表示($N_e = HQ\rho g$)，实际测得的轴功率 N 大于有效功率 N_e，这是由于通过泵轴所输入的功率有一部分在泵内被损耗。泵的效率 η 反映泵对外加能量的利用程度。泵内机械能损耗有以下三种途径。

1) 容积损失。泵壳与叶轮之间有缝隙，从叶轮四周送出的压力较高的液体会有少量漏回叶轮的中央入口，这部分液体所取得的能量无效，造成了容积损失。采用闭式叶轮的泵的渗漏量一般都很少，但磨损后渗漏不能忽略。

2) 水力损失。水力损失为理论压头与实际压头之差。

3) 机械损失。轴承、密封圈(填料函)等机械部件的摩擦，叶轮盖板外表面与液体之间的摩擦造成机械损失，直接增大带动泵所需的功率。

以上三项损失的总和用泵的功率来反映。小型泵的效率一般为 50%～70%，大型泵可达 90%。油泵、耐腐蚀泵的效率比水泵低，而杂质泵的效率更低。

离心泵的轴功率可直接利用效率 η 计算：

$$N = HQ\rho g/\eta \qquad (9\text{-}40)$$

式中，N 为泵的轴功率，W；H 为泵的压头，m；Q 为泵的流量，m³/s；ρ 为液体的密度，kg/m³；η 为效率。

新泵一般都配备电动机，若已有一台泵需配电动机，可按使用时的最大流量用式(9-40)算出轴功率，然后根据传动效率计算选配电动机的功率。

例题 9-3　用水对一离心泵的性能进行测定，在某一次实验中测得：流量 10m³/h，泵出口的压力表读数 0.17MPa，泵入口的真空表读数 160mmHg，轴功率 1.07kW。真空表与压力表两侧压截面的垂直距离 0.5m。试计算泵的压头及效率。

解　略去两截面之间的管路阻力与动压头之差，应用式(9-39)可得

压头　　　　　　　　　　　$$H = h_0 + (P_c - P_b)/\rho g$$

真空度　　　　　　　　　　$$P_b = -160 \times 133.3 = -2.13 \times 10^4 (\text{Pa})$$

$$H = 0.5 + (17 + 2.13) \times 10^4/9910 = 19.8(\text{m})$$

由式(9-40)得

$$\eta = HQ\rho g/N = 19.8 \times (10/3600) \times (9910)/1070 = 545/1070 = 0.509 \text{ 或 } 50.9\%$$

9.4.3 离心泵特性曲线及其应用

(1) 离心泵特性曲线

离心泵的生产部门将其产品的基本性能参数间的关系用曲线表示出来，称为离心泵特性曲线，以便于设计、使用部门选择和操作时参考。图 9-7 为一典型的离心泵特性曲线图，由以下曲线组成：①H-Q 曲线，表示压头与流量的关系；②N-Q 曲线，表示轴功率与流量的关系；③η-Q 曲线，表示效率与流量的关系。

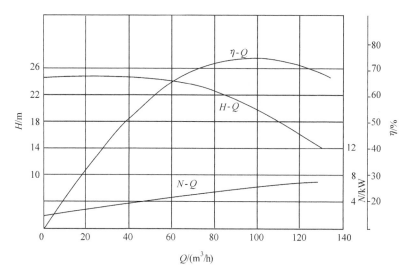

图 9-7 离心泵特性曲线图

离心泵特性曲线是用前述方法在固定转速下测出的，只适用于该转速，故在特性曲线图上一定要注明转速的数值。

各种型号的离心泵各有其特性曲线，形状基本上相似，其共同特点如下。

1) 压头随流量增大而下降(流量很小时可能有例外)是离心泵的一个重要特性。

2) 功率随流量的增大而上升，故离心泵在启动前应关闭出口阀，使其在所需功率最小的条件下启动，以减小电动机的启动电流，同时也避免出口管线的水力冲击。

3) 效率先随流量的增大而上升，达到一最大值后便下降。根据生产任务选用离心泵时，应使泵在最高效率点附近操作。

A. 液体性质对离心泵特性的影响

泵生产部门所提供的特性曲线一般都是用清水做实验求得的，若使用时所输送液体的性质与水差异较大，则要考虑密度与黏度的影响。

a. 密度的影响

离心泵的流量如式(9-33)所示，等于叶轮周边的截面积 $2\pi r_2 b_2$ 与液体在周边上的径向速度 $c_2 \sin \alpha_2$ 之积，这些因素都不受液体密度的影响，故输送不同密度的液体，泵的流量不随密度改变。

离心泵的压头如式(9-32)所示，仅取决于 u_2 和 c_{2u}，故与所输送液体的密度也无关。H-Q

曲线不因输送液体的密度不同而改变，但由于离心力及其所做的功与密度成正比，故从 N-Q 曲线上读出的功率数值，应乘以液体密度与水密度的比值。

b. 黏度的影响

输送黏度较大的液体时，需对该特性曲线进行修正，然后再选用泵。黏度对离心泵性能影响较为复杂，难以用理论方法推算，但有算图(可参考有关水泵的专著及《化学工程手册》)可用以计算最高效率点及其附近处 Q、H、η 的修正系数。若液体的运动黏度小于 20cst($2\times10^{-5}\mathrm{m^2/s}$)，如汽油、煤油、轻柴油等，则对黏度的影响可不进行修正。

B. 转速与叶轮尺寸对离心泵特性的影响

前已指出，某一型号泵(叶轮直径一定)的特性曲线是在一定转速下测得的。如离心泵的转速可以调节，则其流量与压头也相应改变；若将泵的叶轮略加切削而使直径变小，可以降低其流量与压头，最高效率点也随之移动，从而扩大其适用范围。下面分别将转速与叶轮直径对离心泵特性的影响作简单分析。

a. 转速的影响

根据理论压头及流量公式[式(9-32)和式(9-33)]分析可知：若转速由 n 改为 n' 的变化幅度不大，可以认为液体离开叶轮的速度三角形相似，即 α_2 和 c_2/u_2 可视为不变，故 Q 与 n 成正比，而 H 与 n^2 成正比。于是，N 与 n^3 成正比。综合得

$$\frac{Q'}{Q}=\frac{n'}{n}, \qquad \frac{H'}{H}=\left(\frac{n'}{n}\right)^2, \qquad \frac{N'}{N}=\left(\frac{n'}{n}\right)^3 \tag{9-41}$$

引出上述关系的基本假设是转速改变后 α_2、c_2/u_2 及 η 不变，这只有在转速变化不是很大时才适用。

b. 叶轮直径的影响

叶轮直径的改变有以下两种情况：其一是属于同一系列而尺寸不同的泵，其几何形状完全相似，即 b_2/D_2 保持不变；其二是某一尺寸的叶轮外周边经过切削而使 D_2 变小，b_2/D_2 变大。下面对这两种情况分别作简单分析。

对于几何形状相似的泵，因 $b_2\propto D_2$，出口截面 $\pi D_2 b_2$ 将与 D_2^2 成正比，式(9-33)中的 c_2 又与 D_2 成正比，故 Q 与 D_2^3 成正比。分析式(9-32)，其中的 u_2 及 c_2 均与 D_2 成正比，故 H 与 D_2^2 成正比。于是在转速不变时 N 与 D_2^5 成正比。

对于第二种情况，如叶轮的切削使直径 D_2 减小，但变化的幅度不大，影响到 α_2 的变化很小，效率也可视为不变；且叶轮的结构形状，切削前、后叶轮出口的截面积也可认为大致相等：$D_2 b_2\approx D_2' b_2'$。故由式(9-33)可知，Q 与 D_2^3 成正比。在固定转速下，u_2 及 c_2 均与 D_2 成正比，故有 H 与 D_2^2 成正比。于是，N 与 D_2^5 成正比。

综合以上两种情况，得

$$\frac{Q'}{Q}=\left(\frac{D_2'}{D_2}\right)^3, \qquad \frac{H'}{H}=\left(\frac{D_2'}{D_2}\right)^2, \qquad \frac{N'}{N}=\left(\frac{D_2'}{D_2}\right)^5 \tag{9-42}$$

应当强调，式(9-42)只有在切削量不大的情况下才能适用。

(2) 离心泵的工作点与流量调节

一个固定转速下运转的离心泵，在具体操作条件下提供的压头 H 和输送流量 Q，可用其特性曲线上的某一点表示，此点称为离心泵的工作点。另外，工作点的确定还与泵前后

连接的管路有关。也就是说，装在某特定管路上的泵，其实际输送量由泵的特性与管路特性共同决定。

管路内流体流量越大，则阻力损失越大，将流体送过管路所需的压头也越大。通过某一特定管路的流量与所需压头之间的关系，称为管路特性。取图 9-6 的管路来考虑，驱使流体通过它所需的压头为

$$h_e = \Delta z + \frac{\Delta P}{\rho g} + \frac{\Delta u_2^2}{2g} + h_f \tag{9-43}$$

上式中的压头损失为

$$h_f = \lambda \frac{l + \sum l_e}{d} \frac{u_2}{2g} = \lambda \frac{l + \sum l_e}{d} \left(\frac{Q}{\pi d^2 / 4}\right)^2 \frac{1}{2g} = \frac{8\lambda}{\pi^2 g} \frac{l + \sum l_e}{d^5} Q^2 \tag{9-44}$$

对于某一特定管路，式(9-44)中的各量除 λ 与 Q 外，其他都是固定的。λ 是 Re 即 $du\rho/\mu$ 的函数，对已定的输送液体，Re 中包括的各量除 u 外也都是固定的，于是 λ 也只是 Q 的函数。从而可将 $\Delta u^2/2g + \sum h_f$ 用 Q 的函数关系式表示：

$$\Delta u^2/2g + \sum h_f = f(Q) \tag{9-45}$$

将式(9-45)代入式(9-43)，得

$$h_e = \Delta z + \Delta P / \rho g + f(Q) \tag{9-46}$$

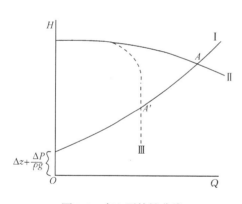

图 9-8　离心泵特性曲线

式(9-46)为管路特性方程，式中的 Δz 与 $\Delta P/\rho g$ 都不随流量而变，按此式标绘出的曲线称为管路特性曲线，如图 9-8 的曲线 I 所示。$Q=0$ 时，$f(Q) = 0$，$h_e = \Delta z + \Delta P / \rho g$，这就是曲线 I 在纵轴上的截距。

图 9-8 还绘出了离心泵特性曲线，即曲线 II。曲线 I 与曲线 II 的交点 A 所代表的流量就是将液体送过管路所需的压头与泵对液体所提供的压头正好相等时的流量，点 A 称为泵在管路上的工作点。它表示一个特定的泵安装在一条特定的管路上时，泵实际所输送的流量 Q_1 和所提供的压头 H_1(也就是把液体按此流量送过该管路所需的压头)。

为改变流量，最简单的措施是利用阀门调节。管路在离心泵出口处都安装有流量调节阀门。管路特性曲线所表示的是阀门在某一开度(如全开)下的 H-Q 关系。这是因为 h_f 的表达式 (9-44)中的 $\sum l_e$ 与阀门的开度有关。阀门开大或关小，h_f 和液体通过管路所需的压头随之变化，因而管路特性曲线的位置也就随着改变。设图 9-9 中的曲线 I 为管路在调节阀门全开时的特性曲线，将调节阀门关小到某一程度，新的管路特性曲线应移到线 I 上方，如图中的线 III 所示。于是工作点便由 A_1 移至 A_2，表明流量由 Q_1 降到 Q_2。这是由于管路阻力增大了，所需的压头由 H_1 增至 H_2，其和泵提供的能量正好相等。

通过关小阀门来调节流量，实质上是人为增大管路阻力来适应离心泵的特性，以减小流量，其结果是比实际消耗更多动力，使泵可能在低效率区工作。其优点是迅速、方便，并可在某一最大流量与零之间随意变动。此法因适合化工生产的特点而被广泛采用。

通过改变离心泵的转速以改变泵的特性曲线，也是调节流量的一种方法，见图 9-10。Ⅰ为管路特性曲线，Ⅱ为离心泵的转速等于 n_1 时的特性曲线，两线的交点 A_1 为工作点。若将泵的转速降低到 n_2，则此泵的特性曲线便变为曲线Ⅳ，它与管路特性曲线Ⅰ的交点 A_2 成为新的工作点。此时流量由 Q_1 降到 Q_2，压头由 H_1 降到 H_2。显然，所耗动力也相应下降。这种调节方法从经济上看比较合理，但用电动机直接带动时转速调节不便，故目前使用不多，常用于大型水泵站。

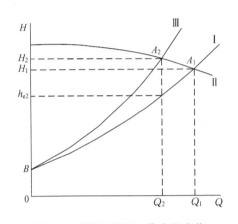

图 9-9　调节阀门时工作点的变化

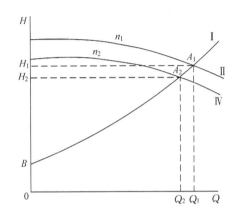

图 9-10　调节泵转速时工作点的变化

9.4.4　离心泵的选用、安装与操作

(1) 离心泵的选用

选择离心泵时，先根据所输送的液体及操作条件确定所用的类型(水泵、油泵等)，然后根据所要求的流量与压头确定泵的型号。为此，应查阅泵产品目录或样本，其中载有各种型号泵的性能表或特性曲线，可以从中找出一个型号，其流量和压头与要求相适应。

若生产中流量 Q 有变动，一般以最大流量为准，而压头 H 以输送系统在此最大流量下的压头为准。若 H 和 Q 没有一个型号与所要求的刚好相符，则在临近型号中选用 H 和 Q 都稍大的一个。若是有几个型号都能满足要求，还应考虑效率 η 在此条件下的较大值。为了保证操作条件得到满足并备有一定潜力，所选的泵可以稍大一些，但若选得过大，它的工作点离最高效率点较远，部分压头损耗于调节阀，会在设备费与操作费两方面都造成浪费。

(2) 离心泵的安装与运转

各种类型的泵都有生产部门提供的安装与使用说明书可供参考。此处仅指出若干应特别注意之处。

泵的安装高度必须低于允许值，以免出现气蚀现象或吸不上液体。为了尽量降低吸入管的阻力，吸入管路应短而直，其直径不应小于泵入口的直径。采用大于入口的管径对降低阻力有利，但要注意不能因泵入口处变径引起气体存积而形成气囊，否则一旦泵内吸入大量气体，会导致吸不上液体，即气缚。

离心泵启动前，必须在泵内灌满液体，至泵壳顶部的小排气旋塞开启时有液体冒出为止，以保证泵内吸入管内并无空气存积。离心泵应在出口阀关闭即流量为零的条件下启动，这点对大型泵尤为重要。电机运转正常后，再逐渐开启调节阀，达到所需流量。停泵前也应先关闭调节阀，以免压出管路内的液体倒流入泵使叶轮受冲击而损坏。

运转过程中要定时检查轴承发热情况，注意润滑。若采用填料函密封，应注意其泄漏和发热情况，填料的松紧程度要适当。

9.5 废气处理过程中的安全与防爆设计

9.5.1 废气处理过程中的安全设计

废气处理中的安全设计包括防腐、防电、防漏、防雷、防飞温、消防及废气处理装备安全措施等。

(1) 防腐

废气净化系统的设备和管道大多采用钢铁等金属材料制作。金属被腐蚀后，会影响工作性能，缩短使用年限，甚至造成跑、冒、滴、漏等事故，因此防腐蚀是安全生产的重要手段之一。对废气处理系统的防腐，应采用不易受腐蚀的材料制成设备或管道，或在金属表面覆盖一层坚固的保护膜。对防腐材料的选择要考虑材料的耐腐蚀性能、加工难易程度、耐热性能及材料的来源和价格。而金属表面覆盖保护层包括涂料保护、金属喷镀、金属电镀、橡胶衬里和铸石衬里。

(2) 防电

电气设备设置远方(远程控制 DCS、PLC 等)及开关柜两种操作方式，重要设备旁设置就地事故急停按钮。工艺需要就地操作的电气设备旁设置机旁操作，同时取消开关柜操作方式。电气系统不设同期，所有电源进线切换均采用先断后合操作方式，以防止不同电源并列运行。电气接线设置闭锁接线。低压电动机设置短路、缺相、过负荷保护。电动机控制方式及配置按标准《通用用电设备配电设计规范》(GB 50055—2011)要求考虑。容量为 75kW 及以上的低压电动机回路装设软启动器+接触器实现控制保护；小于 75kW 的电动机回路一般装设塑壳断路器+接触器+热继电器实现控制保护；容量小于 100kW 的 MCC 馈线或静态负荷回路装设塑壳断路器实现控制保护。低压电器的组合可保证在发生短路故障时，各级保护电器有选择性地正确动作。

(3) 防漏

造成泄漏的原因有设计不合理、制造与加工不精良、密封材料选择不当、管理不严、维护不周、安装方法不正确和工况条件恶劣等。因此，设备的防漏治漏是一项系统工程。首先应从设计上寻找解决问题的方法，然后按照封、堵、疏导和均压的原则，有针对性地进行治理。①改：针对不合理的密封结构，改用不易泄漏的密封材料或改善系统的压差，重新设计密封结构，达到无泄漏的要求；②换：更换损坏或性能不良的密封和管件；③堵：针对因设计、制造等质量缺陷，壳体管壁产生砂眼气孔、洞孔的，一般用焊补或粘补堵漏；④修：修理引起泄漏的零件，焊、粘气孔或裂纹，刮、磨修复密封部位，提高密封面的精度；⑤管：加强管理和检查，及时发现，随时治理。

(4) 防雷

防雷接地系统及安全滑触线、接地极导体采用镀锌钢管，接地网导体采用镀锌扁钢，室外及地下采用高度 60mm、厚度 6mm 的镀锌扁钢，室内采用高度 40mm、厚度 4mm 的镀锌扁钢。废气处理区域内为独立的闭合接地网，其接地电阻为 4Ω。工程建筑物、塔体、箱罐等采用避雷网(带)、避雷针或其他金属结构作为接闪器，每根引下线的冲击接地电阻不大于 30Ω。废气处理区域内的防雷系统根据国家标准设计和安装。废气处理系统内所有电动起吊设施均采用安全滑触线供电。

(5) 防飞温

催化燃烧处理有机废气的过程中，在操作不当或者某个参数发生变化时，系统若不能及时撤出反应热，则会导致热量在反应器床层局部累积，使得反应器内温度急剧上升，导致系统失去控制，这种现象称为飞温。反应器飞温产生的热量不仅会烧毁催化剂，还可能会造成反应器内产生高压，引起反应器爆炸。处理飞温需要装置停车，且需耗费大量人力和物力。因此，预防飞温发生尤为重要。

催化燃烧中反应器飞温问题主要来源于反应器局部热点。反应器局部热点是指由于换热条件失衡，催化燃烧反应放出的热量在局部床层内大量累积，使得该部分床层温度迅速上升的现象。随着局部温度的升高，反应速率加快，则温度上升更为迅速，催化燃烧反应会犹如火柴头升温点燃瞬间爆发火花一样，急剧放出大量热，如不对此加以控制，就可能导致反应床层温度失控，出现飞温现象。局部热点的形成会造成一个恶性循环：高温会导致催化剂热失活或者烧结，因而使其催化活性下降；催化活性的下降反过来会导致反应器需要更高的温度以维持合适的反应速率，保持稳定运行。尽管当前使用的有机废气催化燃烧反应器本身具有良好的防飞温特性，但当操作空速突然减小或者入口有机物浓度大幅增加时，仍然有可能出现飞温现象。

在实际工程中对气体成分和浓度实行在线监测十分困难，因此通常采用床层温度作为被控变量，温度测点通常布置在催化段的两端和反应器中央。当催化床层温度过高时，则向入口处添加新鲜空气以降低入口处反应物的浓度，从而防止飞温现象的发生。

(6) 消防及废气处理装备安全措施

所有建筑物均严格执行《建筑设计防火规范》(GB 50016—2014)。厂区消防系统与低压给水系统结合，按规定配置室外消火栓。在值班室、配电室、加药间均设置 CO_2 干粉灭火器。废气处理装备应有事故自动报警装置，并符合安全生产、事故防范的相关规定；废气处理设备与主体生产装置之间的管道系统安装阻火器(防火阀)。当废气处理装备内的温度超过规定温度时，应能自动报警并立即中止再生操作，启动降温措施。废气处理设备安装区域应按照规定设置消防设施；废气处理装备应具备短路保护和接地保护，接地电阻应小于 4Ω。

9.5.2　废气处理过程中的防爆设计

在处理含有可燃物(如可燃气体、可燃粉尘)的气体时，净化系统必须有充分可靠的防火防爆措施。混合气体中氧和可燃物的浓度处在一定范围时即可组成可燃的混合气体，因此只要按照爆炸极限的浓度范围值规定空气中的可燃物含量即可。这个极限范围有下限和上限两个数值。当空气中的可燃物浓度低于爆炸下限时，可燃物燃烧时所产生的热量不足以引燃周围的气体，即混合气体不能维持燃烧，不会引起爆炸。当空气中可燃物浓度高于爆炸上限时，由于氧量的不足，同样也不可能燃烧和爆炸。为了提高安全的程度，两方面的措施都必须采取，还要考虑其他辅助措施。常用的防爆措施如下。

(1) 设备密闭与厂房通风

当管道与设备密闭不良时，在负压段可能因空气漏入而达到爆炸上限；在正压段则会因可燃物漏出,使附近空气达到爆炸下限。因此必须保证设备、管道系统的密闭性,并把设备内部压力控制在额定范围之内。而要使设备达到绝对密闭是不可能的,因此还必须加强厂房的通风,保证车间内可燃物的浓度不致达到危险的程度,并采用防爆的通风系统。

(2) 惰性气体的利用

向可燃混合气体中加入惰性气体,可将混合气体冲淡,缩小爆炸极限范围以消除危险状态。还可以使用惰性气体构成气幕,阻止空气与可燃物接触混合。通常使用的惰性气体有 N_2、CO_2、水蒸气等。

(3) 消除火源

可能引起火灾与爆炸的火源有明火、摩擦与撞击、电气设备等。对有爆炸危险的场所,应根据具体情况采取各种可能的防火措施。例如,采用防爆型的电气元件、开关、电动机等,预防静电的产生和积聚。

(4) 可燃混合物成分的检测和控制

对有爆炸危险的可燃物的净化系统,为防止危险出现,防止可燃物浓度达到爆炸浓度,必须装设必要的连续检测仪器,以便监视系统的工作状态,并能在达到控制状态时自动报警,采取措施使设备脱离危险。

(5) 阻火与泄爆措施

为了保证安全,除采用周密的防爆措施外,还必须采取必要的阻火与泄爆措施,以便万一发生爆炸时,能尽量减少损失。①设计可燃气体管道时,必须使气体流量最小时的流速大于该气体燃烧时的火焰传播速度,以防止火焰传播。②为防止火焰在设备之间传播,可在管道上装设内有数层金属网或砾石的阻火器。为防止回火爆炸,保证回火不波及整个管道,在设备出口可设置水封式回火防止器。通常在气体管道中设置连接水封和溢流水封也能起到一定的泄爆作用。③在容易发生爆炸的地点或部位,如粉料储仓、电除尘器、电除雾器、袋式过滤器、气体输送装置和系统的某些管道处等,应设安全窗和特制的安全门。常用的泄爆门有重力式和板式两种。④净化系统要建立严格的操作管理制度,并认真执行。

本章符号说明

符号	意义	单位
D	风机叶轮直径	m
D_h	伞形集气罩的直径	m
E	风机对单位质量流体所提供的能量	J/kg
F_c	离心泵中液体所受离心力	N
H	压头	m
H_f	以流体表示的摩擦压力损失	m
H_{in}	风机进口处气流的全压	Pa
H_{out}	风机出口处气流的全压	Pa
H_t	风机的全压	Pa
H_v	流体的气柱	m
H_∞	离心泵的理论压头	m
h_f	摩擦压力损失	J/kg
L	伞形集气罩长度	m
m	液体的质量	kg

符号	意义	单位
N	转速，泵的轴功率	r/min，W
P	静压	Pa
ΔP_m	单位长度管道上的压力损失	Pa/m
ΔP_j	局部阻力损失	Pa
$\Delta P_{suction}$	风机进口前管道的压力损失	Pa
$\Delta P_{discharg}$	风机出口后管道的压力损失	Pa
ΔT	热气源和环境间的温差	℃
Q	气体流量	m³/h
Q_h	伞形集气罩的排气量	m³/h
R_s	管道的水力半径	m
r	离心泵叶轮的半径或旋转半径	m
SP	风机的静压	Pa
SP_{in}	风机进口处气流的静压	Pa
SP_{out}	风机出口处气流的静压	Pa
u	气体在管道中的流速	m/s
VP	流体的动压头	Pa
VP_{in}	风机进口处气流的动压	Pa
VP_{out}	风机出口处气流的动压	Pa
w	风机的功率消耗	kW
W	伞形集气罩的宽度	m
ρ	气体的密度	kg/m³
η	效率	
λ	摩擦系数	
ζ	局部阻力系数	
ω	叶轮旋转角速度	rad/s

✏ 习　题

1. 某热气源水平表面直径为 0.7m，热源表面与周围空气温度差为 130K，拟在其上部 0.5m 处装设接收罩，试求热射流上部 H=0.5m 处的流量。

2. 当输送风量为 50000m³/h 的标准状态下的空气通过一个长度为 76m，直径为 0.9m 的圆形光滑管道，且圆管分别有三个 90°和两个 45°的弯头，计算管路压降。

3. 拟对某个设备的流程进行改进，通过整个系统的空气流量从 24000m³/h 增加到 36000m³/h。前风机转速是 900r/min，产生 960Pa 的静压。估算改进后风机所需的转速和产生的静压。

4. 设计一个系统，系统包括 0.6m×1.2m 的矩形管道，使它能输送风量为 50000m³/h 的空气，且此空气中含有中等密度的烟尘(其密度定为 1.445kg/m³，黏度定为 2×10⁻⁵Pa·s)，要通过压降为 1.5kPa 的末端处理装置。假设管道长度为 37m，且有 4 个 90°的弯头。试选用合适的风机。

5. 在第 4 题中，目前风机使用 110kW 的电机；如果风机附加的动力损失大约为 25%，是否需要一个新的电机?

6. 用离心泵将 30℃ 的水由水池送到吸收塔内(图 9-11)。已知塔内操作压力为 500kPa(表压),要求流量为 65m³/h,输送管是 ϕ108mm×4mm 钢管,总长 40m,其中吸入管长 6m,局部阻力系数总和 $\sum \xi_1 = 5$;压出管路的局部阻力系数总和 $\sum \xi_2 = 15$。试求:

(1) 通过计算选用合适的离心泵;

(2) 泵的安装高度是否合适? 大气压为 101.3kPa。

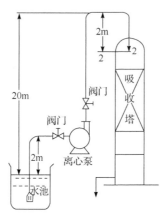

图 9-11 习题 6 附图

7. 用内径 150mm,长 190m 的管路输送液体,升举 20m。管路上全部管件的当量长度为 65m,摩擦因子可取平均值 0.03。作用于上、下游液面的压力都相同(参考图 9-6)。试列出管路特性方程,其中,流量 Q 以 m³/h 计,压头 H 以 m 计。

参 考 文 献

《化学工程手册》编辑委员会. 1985. 化学工程手册: 第 13 篇　气液传质设备. 北京: 化学工业出版社.

布拉沃尔 H, 瓦尔玛 Y B G. 1985. 空气污染控制设备. 北京: 机械工业出版社.

陈耿. 2011. 处理低浓度有机废气的流向变换催化燃烧反应技术研究. 杭州: 浙江大学.

蒋仲安, 杜翠凤, 牛伟. 2010. 工业通风与除尘. 北京: 冶金工业出版社.

林明清, 何泽民, 钱恒, 等. 1982. 通风除尘. 北京: 化学工业出版社.

刘天齐. 1999. 三废处理工程技术手册(废气卷). 北京: 化学工业出版社.

牛学坤, 陈标华, 李成岳, 等. 2003. 流向变换催化燃烧反应器的可操作性. 化工学报, 54(9): 1235-1239.

孙一坚. 1997. 简明通风设计手册. 北京: 中国建筑工业出版社.

谭天恩, 窦梅, 等. 2018. 化工原理(上册). 4 版. 北京: 化学工业出版社.

谭天佑, 梁凤珍. 1984. 工业通风除尘技术. 北京: 中国建筑工业出版社.

曾浩. 2016. 挥发性有机物的催化燃烧处理及热力性能研究. 武汉: 华中科技大学.

周兴求. 2004. 环保设备设计手册: 大气污染控制设备. 北京: 化学工业出版社.

第 10 章

大气污染物排放与扩散

大气污染与气象要素密切相关，从污染源排放的大气污染物，其迁移、扩散、稀释及降解受到风向、风速、温度的垂直变化及大气的湍流运动、大气的稳定度等气象要素的影响。本章在扼要地介绍主要气象要素及大气基本物理性质的基础上，着重讨论污染物在大气中的扩散规律、扩散模式及污染物浓度估算方法，并基于气象要素及扩散规律进行烟囱高度设计及厂址选择。

▍ 10.1 气象基础知识

10.1.1 主要气象要素

大气性状及其现象可用气温、气压、气湿、风、云、能见度、降水情况、辐射、日照等基本气象要素来进行描述。气象要素随时间、空间而变化。

(1) 气温

地面温度是指离地面 1.5m 高处百叶箱中观测到的空气温度，一般用摄氏温度 $t(℃)$ 表示，理论计算常用热力学温度 $T(K)$ 表示。

(2) 气压

气压是指大气作用在某面积上的作用力与其面积的比值。常用的气压单位有两种，一种为国际单位 Pa(帕斯卡)，1Pa 等于 $1m^2$ 面积上受到的压力，即

$$1Pa=1N/m^2$$

气象学常采用百帕(hPa)，

$$1hPa = 100Pa$$

另一单位为毫米水银柱高度(mmHg)。气象学上规定，温度为 0℃，纬度为 45° 的海平面气压为 1 个标准大气压(atm)，即

$$1atm=760mmHg=1013.25hPa$$

(3) 气湿

空气湿度简称为气湿，用以表示大气中水汽含量及大气潮湿程度的物理量。常用的湿度参量有相对湿度与露点。

A. 相对湿度

相对湿度 f 是空气的实际水汽压力与饱和水蒸气压力的比值，以百分比表示：

$$f = \frac{e}{E} \times 100\% \qquad (10\text{-}1)$$

式中，f 为相对湿度，%；e 为空气中所含水汽分压，hPa；E 为饱和水蒸气压力，hPa。

相对湿度是气象工作中最常用的表示气块潮湿程度的湿度参量。$f < 100\%$ 时，空气为未饱和；$f > 100\%$ 时，空气为过饱和状态；$f = 100\%$ 时，空气处于饱和状态。

B. 露点温度

湿空气在水汽含量不变的条件下，等压降温至该水汽含量对应的饱和状态时的温度称为露点，以 t_d 表示。露点的单位为温度单位，以 K 或 ℃ 表示，其数值只与湿空气中水汽的含量有关，与温度无关，因而将其作为一个湿度参量。

常用露点温度差 $(t - t_d)$ 来判断空气的饱和程度：$(t - t_d) > 0$ 时空气未饱和；$(t - t_d) < 0$ 时空气为过饱和状态；$(t - t_d) = 0$ 时空气达到了饱和状态。

(4) 风

风是指空气相对于地面的水平运动，是一个水平矢量，具有风向和风速。风向为风的来向，一般用 16 个方位或度数表示，如图 10-1 所示。

(5) 云

云是大气中的水汽凝结现象，由飘浮在空气中的大量小水滴或小冰晶或二者的混合物构成。

云量是指云遮蔽天空的成数，我国将云量分为 10 等份，云遮蔽了几份，云量就是几。国外将云量分为 8 等份，二者间的换算关系为

$$国外云量 \times 1.25 = 我国云量 \qquad (10\text{-}2)$$

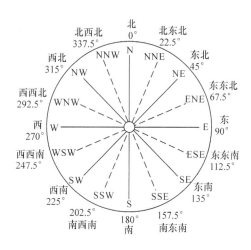

图 10-1 风向的 16 个方位

(6) 能见度

能见度是指一定天气条件下，视力正常的人能从天空背景中分辨出目标的最大水平距离，以 m 或 km 表示。能见度反映了大气的混浊程度。

10.1.2 大气边界层的温度场

气温的垂直分布与大气污染密切相关，它决定了大气的稳定度，而大气的稳定度影响空气的运动，进而影响污染物在大气中的扩散。

10.1.2.1 大气边界层

大气边界层是指受下垫面影响的低层大气，厚度为 1~2km。下垫面以上 100m 左右的一层大气称为近地层或摩擦边界层，近地层到大气边界顶的一层称为过渡区，大部分大气扩散都发生在这一层。

10.1.2.2 干绝热递减率

气温的垂直分布决定大气的稳定度，而大气的稳定度影响空气的运动。气温沿铅垂高度变化可以用气温垂直递减率 γ 表示：

$$\gamma = -\frac{\mathrm{d}T}{\mathrm{d}z} \tag{10-3}$$

式中，气温垂直递减率的物理意义为单位高度差气温变化的负值。如果气温随高度增加而降低，γ 为正值；如果气温随高度增加而升高，γ 为负值。

干空气(或未饱和湿空气)在绝热上升或下降过程中，外界气压变化引起其体积膨胀(或压缩)，其温度随高度的变化率称为干绝热递减率，以 γ_d 表示。据计算，$\gamma_d \approx 0.98℃/100m$。

对于饱和湿空气而言，空气块在上升或下降过程中都维持饱和状态，此时，温度随高度的变化称为空气湿绝热变化，每上升或下降单位距离产生的温度变化称为湿绝热递减率，以 γ_m 表示，γ_m 约为 $0.5℃/100m$。

10.1.2.3　气温的垂直分布

气温沿铅直高度的变化如图 10-2 所示，称为气温沿高度变化曲线或气温层结曲线，简称温度层结。温度层结有四种类型：①气温随高度的增加而递减，即 $\gamma > 0$，称为正常分布层结或递减层结；②气温直减率等于或接近于干绝热递减率，即 $\gamma = \gamma_d$，称为中性层结；③气温不随高度变化，即 $\gamma = 0$，称为等温层结；④气温随高度增加而增加，即 $\gamma < 0$，称为气温逆增，简称逆温。

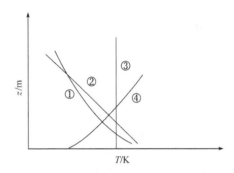

图 10-2　四种典型的气温层结曲线

10.1.2.4　逆温

一般情况下，气温随地面高度的增加而降低，温度层结 $\gamma > 0$。但在特定条件下也会发生 $\gamma = 0$ 或 $\gamma < 0$ 的现象。通常将气温随高度增加而增加的大气层称为逆温层。发生逆温时的大气是稳定的，大大阻碍了气流的垂直运动。若逆温层存在于空中某高度，由于上升的污染物不能穿过逆温层而积聚在它的下面，会造成严重的大气污染，因此必须对逆温有足够的重视。

逆温的形成过程可分为辐射逆温、下沉逆温、平流逆温、湍流逆温及锋面逆温五种。

(1) 辐射逆温

在晴空无云或少云的夜晚，当风速较小(小于 3m/s)时，地面因强烈的有效辐射而很快冷却，近地面气层的冷却最为强烈，较高处的气层冷却较慢，从而形成了自地面开始逐渐向上发展的逆温层，称为辐射逆温。

(2) 下沉逆温

由于空气下沉压缩增温而形成的逆温层称为下沉逆温。

(3) 平流逆温

暖空气平流到冷地面上而形成的逆温称为平流逆温。这是由于低层空气受地表面的影响较大，降温多，上层空气降温少而形成。

(4) 湍流逆温

低层空气因湍流混合而形成的逆温称为湍流逆温。

(5) 锋面逆温

对流层中的冷空气团与暖空气团相遇时，由于暖空气的密度小，会爬升到冷空气的上面，形成一个倾斜的过渡区，称为锋面。在锋面上，如果冷暖空气的温差较大，就会出现逆温，称为锋面逆温。

10.1.2.5　大气的静力稳定度与大气污染

(1) 大气静力稳定度

大气静力稳定度是指处于静力平衡状态的大气，一旦空气团块受到外力(动力或热力)因子的扰动，离开原来位置，产生垂直运动，当除去外力后，空气保持在原位、上升或下降的这种趋势，称为大气静力稳定度。假如有一空气受外力作用产生垂直运动，当外力除去后，可能出现三种情况：①若气块逐渐减速，趋于回到原位，则大气是稳定的；②若气块仍按原方向加速运动，则大气是不稳定的；③若气块既没有回到原位，又没有继续向前运动的趋势，则称大气为中性气层。

应当指出，大气静力稳定度并不表示气层中已经存在铅垂运动，而是用于描述大气层结对气块在受外力扰动而产生铅垂运动时会起什么样的影响，这种影响只有受到外界扰动时才会显现出来。因此，大气静力稳定度是表示大气层结对气块能否产生对流的一种潜在能力的度量。

(2) 大气静力稳定度的判别

大气静力稳定度可用气块法进行判别。假设气块在铅垂运动时满足以下条件：①气块在铅垂运动时，周围的大气环境仍保持静力平衡状态；②气块与周围环境无混合，不发生物质与能量的交换；③气块的气压 p 与同高度环境大气气压 p_e 相同，即符合静力稳定条件。

未饱和湿空气的稳定度的判据为：当 $\gamma > \gamma_d$ 时，大气不稳定；当 $\gamma = \gamma_d$ 时，大气中性；当 $\gamma < \gamma_d$ 时，大气稳定。

此外，大气静力稳定度也可用图 10-3 所示的层结曲线和状态曲线的分布来进行判别。图 10-3(a)中，层结曲线位于状态曲线的右边，同一高度上气块的温度低于周围大气的温度，大气处于稳定状态；图 10-3(b)中，层结曲线处于状态曲线的左边，则同一高度上，气块的温度高于周围大气的温度，大气处于不稳定状态；图 10-3(c)中层结曲线和状态曲线重合，此时，同一高度上气块的温度等于周围大气的温度，大气处于中性状态。因此，若用探空仪测出某地气温的垂直分布，且已知气块的初始高度和温度，则可在 $z\text{-}t$ 图中标出层结曲线和状态曲线，通过对二者的比较，判别大气的稳定度。

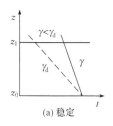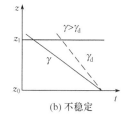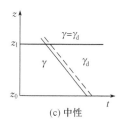

图 10-3　三种不同的大气静力稳定度

(3) 气温层结与烟羽形状

大气稳定度会影响烟羽的形状，因此可以通过烟羽形状来估计大气的稳定度。图 10-4 所示为六种典型的烟羽形状。

A. 波浪型

烟羽呈波浪状，污染物扩散良好，常发生在不稳定大气中，即 $\gamma > 0$，$\gamma - \gamma_d > 0$ 时。多发生在晴朗的白天，地面最大浓度落点距烟囱最近，但大气对污染物的扩散能力很强。

B. 锥型

烟羽呈圆锥形，主要发生在中性大气中，即 $\gamma - \gamma_d \approx 0$ 时，地面最大落地浓度值、落地距离和高度范围比波浪型大，比平展型小。

C. 平展型

烟羽在垂直方向的扩散很小，如一条带子飘向远方。从上部看，烟羽呈扇形展开。当烟囱出口处于逆温层，即烟囱出口处的一层大气的 $\gamma - \gamma_d < -1$ 时，污染情况随烟囱有效高度的不同而不同。当烟囱较高时，近距离污染物的浓度很小或接近于零，不会造成近距离污染。但当有效源高较低时，近距离地面也会造成严重污染。

D. 爬升型(屋脊型)

烟羽的下部大气层稳定，而上部大气则处于不稳定状态，一般在日落后出现。当地面由于有效辐射而失热，低层大气形成辐射逆温时，高空仍保持递减状态。当辐射逆温层发展到烟囱出口处时，就发生爬升型，其特点是持续时间短、污染程度小。

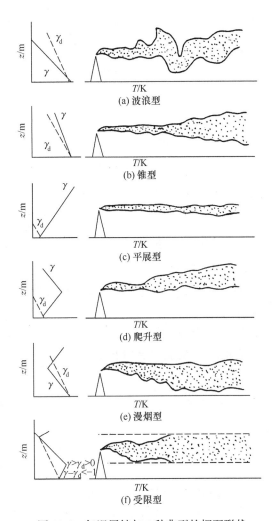

图 10-4　气温层结与 6 种典型的烟羽形状

E. 漫烟型(重熏烟型)

烟羽的下部位于不稳定的大气中，而上部则位于逆温层中。日出以后，由于地面温度升高，低层空气被加热，使逆温层从地面向上受热破坏，不稳定大气从地面逐渐向上发展，直到烟羽下边缘或更高一点时，发生烟羽向下的强烈扩散，把污染物带向地面，而烟羽上边缘仍处于逆温层中。此时，在烟羽的下部，$\gamma - \gamma_d > 0$，而上部 $\gamma - \gamma_d < -1$。

F. 受限型

发生在烟囱出口上方和下方的一定距离内大气不稳定区域，在此范围以上或以下的大气是稳定的。多出现于易形成上部逆温地区的日落前后，污染物只在一定的空间范围内扩散，因此地面几乎不受污染。当贴地逆温破坏时，便发生熏烟型污染，地面浓度很高。

10.1.3　大气边界层的风场

10.1.3.1　引起大气运动的作用力

大气的水平运动是作用在大气上各种力的总效应。作用在大气上的水平力有四种：水平气压梯度力、地转偏向力、惯性离心力和摩擦力。其中水平气压梯度力是使空气运动的直接动力，其他三个力只有在空气开始运动后才起作用。

10.1.3.2　风速

(1) 风速随高度的变化

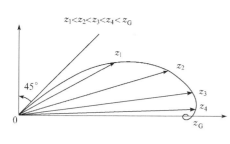

图 10-5　埃克曼螺线

大气边界层中，由于摩擦力随高度的增加而减小，当气压梯度力不随高度变化时，风速将随高度的增加而增大，风向与等压线的交角随高度的增加而减小。在北半球，如果把边界层中不同高度的风矢量用矢量图表示，就得到一条风矢量迹线，称埃克曼（Ekman）螺线，如图 10-5 所示。从地面向上看，风向是顺时针变化的，当达到大气层顶时，风速和风向完全接近地转风。

(2) 平均风速

平均风速的大小随高度变化，风速随高度变化的曲线称为风速廓线。其数学表达式称为风速廓线模式。

我国常用幂函数风速廓线模式，《制定地方大气污染物排放标准的技术方法》(GB/T 3840—1991)给出如下计算公式：

当 $z_2 \leqslant 200m$

$$\bar{u} = \mu_{10} \left(\frac{z_2}{z_1} \right)^p \tag{10-4}$$

当 $z_2 \geqslant 200m$

$$\bar{u} = \mu_{10} \left(\frac{200}{z_1} \right)^p \tag{10-5}$$

式中，$\bar{u}$ 为烟囱出口处平均风速，m/s；z_1 为气象站测风仪所在高度，m(常为 10m)；z_2 为烟囱出口高度，m；u_{10} 为气象站离地 10m 高处 5 年平均风速，m/s；p 为风速廓线的幂指数，见表 10-1。

表 10-1　各种稳定度下的风速廓线幂指数[*]

参数		稳定度类型					
		A	B	C	D	E	F
p	城市	0.10	0.15	0.20	0.25	0.30	0.30
	乡间	0.07	0.07	0.10	0.15	0.25	0.25

* 引自《制定地方大气污染物排放标准的技术方法》(GB/T 3840—1991)。

10.1.3.3　风对大气污染物扩散的影响

风从风向和风速两个方面对大气污染物扩散产生影响。风向影响污染物的水平扩散方向，高污染浓度一般出现在污染源的下风向。风速的大小决定了大气扩散稀释作用的强弱。风速越大，大气扩散的稀释作用也就越强，最大的污染情况通常在风力微弱的气象条件下出现。

风向和风速对污染物扩散的影响可以用风向频率和污染系数来表征，风向频率可表示为

$$风向频率 = \frac{某风向出现次数}{各风向的总次数} \times 100\% \tag{10-6}$$

风向频率常用风玫瑰图表示，如图 10-6 所示。风向频率越大，下风向受污染的机会也就越多，反之，下风向受污染的机会越少。

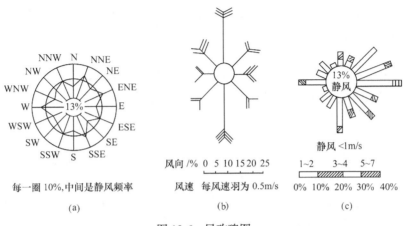

图 10-6　风玫瑰图

污染系数表示风向、风速综合作用对污染物扩散的影响程度，可用下式表示：

$$污染系数 = \frac{风向频率}{该风向的平均风速} \tag{10-7}$$

污染系数可绘制成污染系数玫瑰图，污染系数越大，下风向的污染越严重。污染系数可用于指导工业区规划，选址时应安排在污染系数最小方位的上风向，可减轻对下风向的污染。

10.2　大气扩散基本理论

10.2.1　大气扩散的形式

污染物进入大气后，随着大气的运动发生推流迁移、分散稀释及降解和转化。

10.2.1.1　推流迁移

推流迁移是污染物随着大气在 x、y、z 三个方向上平移运动所产生的迁移作用，也称为平流迁移，其只改变污染物所处的位置，不改变污染物的浓度。

10.2.1.2　分散稀释

污染物在大气中分散稀释的主要作用机理有：分子扩散、湍流扩散和弥散作用。

(1) 分子扩散

分子扩散是分子的随机运动引起的质点分散现象。当气态污染物存在浓度梯度时，分子运动使气体分子从高浓度区向低浓度区扩散，直至混合均匀，这种分子运动引起的扩散称为分子扩散。

(2) 湍流扩散

大气的无规则运动称为大气湍流，是机械湍流和热力湍流共同作用的结果。大气湍流具有极强的扩散能力。通常湍流扩散比分子扩散快 $10^2 \sim 10^6$ 倍。污染物进入大气后形成浓度梯度，大气运动的主风方向上的平流输送是主要的，但大气湍流会不断将周围的新鲜空气卷入烟流，同时烟流中的污染物扩散到周围空气中，促使污染物不断扩散和稀释，即进行湍流扩散。故风和大气湍流是污染物在大气中扩散稀释的最根本原因，其他气象因素都是通过风和湍流的作用来影响扩散稀释的。

(3) 弥散作用

弥散作用是由横断面上实际的流速分布不均匀引起的，用断面平均流速表示实际运动时，就必须考虑一个附加的、由流速不均匀引起的分散作用——弥散。

10.2.1.3　降解和转化

环境中的污染物可分为持久性污染物和非持久性污染物两大类。持久性污染物进入大气后，随着大气的推流迁移和分散稀释作用不断改变空间的位置，并降低浓度，但其总量一般不发生变化。非持久性污染物进入环境后，除了随着大气的运动改变位置和降低浓度外，还由于降解和转化作用进一步降低浓度，这些行为有物理的、化学的和生物的，从而使污染物在大气环境中的浓度、性质发生变化。降解与转化作用主要包括重力沉降、降水及云雾对污染物的清洗作用，地表面对大气污染物的清除作用及大气中污染物的化学反应等。

10.2.2　大气扩散的模式

大气扩散研究湍流与烟流传输过程中污染物浓度衰减的变化关系。各种条件下污染物浓度在传输过程中时空分布规律的预测方法大体可分为经验方法和数学方法两类。经验方法主要是在统计、分析历史资料的基础上，结合未来的发展规划来进行预测；数学方法是利用数学模型进行计算或模拟。近二十年来，随着计算机技术的发展，数学方法得到了广泛的应用。

10.2.2.1　点源扩散的高斯模式

大气扩散模式的种类有很多，其中最常用的模式为连续点源小尺度扩散正态模式，即高斯(Gauss)模式。采用正态扩散模式时，假定污染物在空间的概率分布是正态分布，概率密度的标准差即扩散参数由"统计理论"方法或其他经验方法确定。该模式的特点是物理直观，可以直接以数学形式表达。

(1) 瞬时单烟团正态扩散模式

瞬时单烟团正态扩散模式是一切正态扩散模式的基础。该模式假定单个粒子的容积比 $C/Q(\mathrm{m}^{-3})$ 在空间的概率密度为正态分布，则污染物浓度在某一时刻的空间分布为

$$C(x,y,z,t) = \frac{Q(x_0,y_0,z_0,t_0)}{\sqrt{8\pi^3}\,\sigma_x\sigma_y\sigma_z} \exp\left\{-0.5\left[\frac{(x-x_0-x')}{\sigma_x^2} + \frac{(y-y_0-y')}{\sigma_y^2} + \frac{(z-z_0-z')}{\sigma_z^2}\right]\right\} \tag{10-8}$$

式中，C 为预测点的烟团瞬时浓度，$\mathrm{mg/m^3}$；x, y, z 为预测点的空间坐标；t 为预测时的时间；Q 为烟团的瞬时排放量，$\mathrm{kg/h}$；x_0, y_0, z_0, t_0 为烟团的初始空间坐标与初始时间；$\sigma_x, \sigma_y, \sigma_z$ 分别为 x, y, z 方向上的标准差(扩散参数)，m，其是扩散时间 T 的函数；x', y', z' 为烟团中心在 $t \sim t_0$ 时间的迁移距离，计算式为

$$x' = \int u\mathrm{d}t, \ \ y' = \int v\mathrm{d}t, \ \ z' = \int w\mathrm{d}t \qquad (10\text{-}9)$$

式中，u，v，w 分别为烟团中心在 x，y，z 方向上的速度分量，m/s。

(2) 无边界大气中点源扩散高斯模式

连续排放点源在均匀流场中的三维扩散如图 10-7 所示。

若点源排放速率 Q_A 恒定，风速 $\bar{u}$ 为常数(且 $u_{10} \geqslant 1.5\text{m/s}$)，下风向为 x 轴，且烟羽轴线与 x 轴一直保持重合，在 y 和 z 方向上的变化尺度不是很大，即 σ_x、σ_y、σ_z 可以作为 x 的函数，此时，连续稳定排放点源在无界条件下的扩散模式为

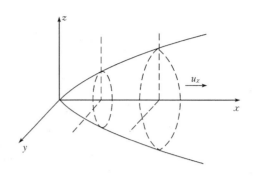

图 10-7　均匀流场中的三维扩散

$$C(x,y,z) = \frac{Q_A}{2\pi\bar{u}\sigma_y\sigma_z} \exp\left[-\frac{1}{2}\left(\frac{y^2}{\sigma_y^2} + \frac{z^2}{\sigma_z^2} \right) \right] \qquad (10\text{-}10)$$

式中，$\bar{u}$ 为烟囱出口处平均风速，m/s；Q_A 为点源排放速率，kg/h；其他符号意义同前。

式(10-10)即为点源高斯扩散模式。应用此模型的前提条件是：①污染物在烟羽或烟团各断面上呈正态分布(高斯分布)；②整个空间中风速是稳定、均匀的；③源强连续均匀；④在扩散过程中污染物是恒定的。

(3) 高架连续排放点源高斯模式

实际烟气是由一定空间位置的点源排出的，如图 10-8 所示。

烟囱的有效源高 H_e 由几何高度 H_1 和烟气抬升高度 ΔH 组成，即

$$H_e = H_1 + \Delta H \qquad (10\text{-}11)$$

式中，H_e 为烟囱的有效源高，m；H_1 为烟囱的几何高度，m；ΔH 为烟气抬升高度，m。

烟气抬升高度是从烟囱排出以后由于动力抬升和热力浮升作用而继续上升的高度，这一高度有时可达数十米甚至上百米，可有效地减轻地面的大气污染。此外，烟气离开排出口向下风向扩散时地面对烟气有反射作用，见图 10-9。

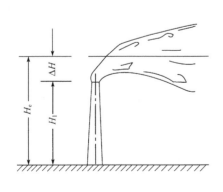

图 10-8　烟囱的有效高度

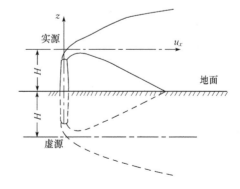

图 10-9　地面对烟羽的反射

设大气流场均匀稳定，忽略横向、竖向流速及纵向的弥散作用，对于一个有效排放高度为 H_e 的连续稳定的排放源，污染物浓度的空间分布为

$$C\left(x,y,z,H_{\mathrm{e}}\right)=\frac{Q_{\mathrm{A}}}{2\pi\bar{u}\sigma_y\sigma_z}\times\left\{\exp\left[-\frac{1}{2}\left(\frac{y^2}{\sigma_y^2}+\frac{(z-H_{\mathrm{e}})^2}{\sigma_z^2}\right)\right]+\exp\left[-\frac{1}{2}\left(\frac{y^2}{\sigma_y^2}+\frac{(z+H_{\mathrm{e}})^2}{\sigma_z^2}\right)\right]\right\}$$

(10-12)

A. 地面任一点浓度

令 $z=0$，由式(10-12)可计算地面任一点的污染物浓度：

$$C\left(x,y,0,H_{\mathrm{e}}\right)=\frac{Q_{\mathrm{A}}}{\pi\bar{u}\sigma_y\sigma_z}\exp\left(-\frac{y^2}{2\sigma_y^2}-\frac{H_{\mathrm{e}}^2}{2\sigma_z^2}\right)$$

(10-13)

B. 地面轴线浓度

令 $y=0$，由式(10-13)可计算自点源沿下风向方向任一点的地面轴线浓度：

$$C\left(x,0,0,H_{\mathrm{e}}\right)=\frac{Q_{\mathrm{A}}}{\pi\bar{u}\sigma_y\sigma_z}\exp\left(-\frac{H_{\mathrm{e}}^2}{2\sigma_z^2}\right)$$

(10-14)

C. 最大落地浓度和落地点距离

假设 σ_z/σ_y 的值不随下风向距离 x 变化，则高架点源最大落地浓度及最大落地浓度处距点源的距离分别为

$$C_{\max}=\frac{2Q_{\mathrm{A}}\sigma_z}{\pi e\bar{u}H_{\mathrm{e}}^2\sigma_y}=\frac{0.117Q_{\mathrm{A}}}{\bar{u}_x\sigma_y\sigma_z}$$

(10-15)

$$x_{\max}=\left(\frac{H_{\mathrm{e}}}{\sqrt{2}\gamma_2}\right)^{\alpha_2}$$

(10-16)

$$\sigma_y=\gamma_1 x^{\alpha_1}$$

(10-17)

$$\sigma_z=\gamma_2 x^{\alpha_2}$$

(10-18)

式中，$C_{\max}$ 为最大落地浓度，$\mathrm{mg/m^3}$；$x_{\max}$ 为最大落地浓度处距点源的距离，m；γ_1、α_1 分别为横向扩散参数回归系数和回归指数；γ_2、α_2 分别为铅垂扩散参数回归系数和回归指数；x 为距高架源下风向的水平距离，m。γ_1、α_1、γ_2、α_2 可查表 10-8 和表 10-9(10.3.2.2 小节)求得。其他符号意义同前。

D. 地面绝对最大落地浓度

式(10-15)是在风速不变条件下导出的地面最大浓度计算式，而实际风速是经常变化的。当风速增大时，地面最大浓度减小，但风速增大时，烟气抬升高度减小，又导致地面最大浓度增大，故这两种相反因素共同作用，使在某一风速下，存在一个地面最大落地浓度的极大值，即地面绝对最大落地浓度 C_{absm}。

如将烟羽抬升公式写成 $\Delta H=B/u_x$ 的形式，则地面绝对最大落地浓度可表示为

$$C_{\mathrm{absm}}=\frac{Q_{\mathrm{A}}\sigma_z}{2BH_1 e\pi\sigma_y}$$

(10-19)

地面最大落地浓度随风速的变化呈单峰形，在每一风速下都有一个地面最大落地浓度，由式(10-19)得到的地面浓度是所有地面浓度的极大值，即地面绝对最大落地浓度，出现绝对

最大落地浓度的风速($u=B/H_1$)称为危险风速。在危险风速下，烟气抬升高度与几何高度相等，有效烟囱高度是烟囱几何高度的 2 倍。

(4) 地面连续排放点源模式

当有效源高 $H_e=0$ 时，空间任一点污染物浓度为

$$C(x,y,z,0) = \frac{Q_A}{\pi e \bar{u} H_e^2 \sigma_y} \exp\left[-\frac{1}{2}\left(\frac{y^2}{\sigma_z^2} + \frac{z^2}{\sigma_z^2}\right)\right] \tag{10-20}$$

由式(10-20)可知，地面连续点源的地面浓度为无限空间连续点源地面浓度的 1 倍。

地面连续点源在地面上任一点浓度为

$$C(x,y,0,0) = \frac{Q_A}{\pi \bar{u} \sigma_y \sigma_z} \exp\left[-\frac{y^2}{2\sigma_y^2}\right] \tag{10-21}$$

在地面轴线上任一点的浓度为

$$C(x,0,0,0) = \frac{Q_A}{\pi \bar{u} \sigma_y \sigma_z} \tag{10-22}$$

10.2.2.2　线源扩散模式

(1) 无限长线源扩散模式

在平坦地面上，一条平直的、繁忙的公路可以看作一无限长线源。一条线源是由无限多个点源组成的，相当于所有点源在空间产生的浓度对 y 轴的积分，因此把点源扩散的高斯模式对变量 y 积分，可获得线源扩散模型。

对于连续排放的无限长的线源，当风向与线源垂直时，下风向地面浓度计算公式为

$$C(x,y,0) = \left(\frac{2}{\pi}\right)^{1/2} \frac{Q_L}{\bar{u} \sigma_z} \exp\left(\frac{-H_e^2}{2\sigma_z^2}\right) \tag{10-23}$$

式中，Q_L 为线源源强，mg/(m·s)；其他符号意义同前。

式(10-23)中，由于假定一段线源的横向扩散为相邻的一段线源的反方向扩散所补偿，故式中不出现 σ_y；同时浓度在给定的 x 处，y 方向的分布是相同的，式中没有 y 项。

当风向与线源不垂直时，如果风向与线源的交角 $\psi>45°$，则下风向地面浓度计算公式为

$$C(x,y,0) = \left(\frac{2}{\pi}\right)^{1/2} \frac{Q_L}{\sin\psi \bar{u} \sigma_z} \exp\left(\frac{-H_e^2}{2\sigma_z^2}\right) \tag{10-24}$$

在 $\psi<45°$ 时，不能应用这一模式。

(2) 有限长线源扩散模式

对于有限长线源的地面浓度计算，必须考虑线源端点所引起的"边缘效应"。通常规定 x 轴为通过预测点的平均风向，并把有限长线源的范围规定为由 y_1 延伸到 y_2，且 $y_1<y_2$，则地面污染物的浓度为

$$C(x,y,0) = \left(\frac{2}{\pi}\right)^{1/2} \frac{Q_L}{\bar{u} \sigma_z} \exp\left(\frac{-H_e^2}{2\sigma_z^2}\right) \int_{P_1}^{P_2} \frac{1}{\sqrt{2\pi}} \exp\left(\frac{-P^2}{2}\right) dP \tag{10-25}$$

式中，P 为风向与线源间的夹角，$P_1=y_1/\sigma_y$，$P_2=y_2/\sigma_y$；$\int_{P_1}^{P_2} \exp\left(\dfrac{-P^2}{2}\right)\mathrm{d}P$ 的值可由标准正态分布面积表查得。

10.2.2.3 面源扩散模式

城市的家庭炉灶和低矮烟囱的数量很大，单源的排放量却很小，可以将整个城市作为面源处理。平原地区排气筒高度不高于 30m 或排放量小于 0.04t/h 的多个排放源也可作为面源处理。为了计算某一面源污染物对某预测点的影响，可以把整个面源划分为若干个面单元，计算每个面单元对某预测点的影响，其源强为单元内所有小点源和线源源强的和。

(1) 点源积分法

此模式将评价区在选定的坐标系内网格化，网格单元的大小一般可取 1km×1km，评价区较小时，可取 500m×500m，面源或无组织排放源的地面浓度 C_s 为

$$C_s = \frac{1}{\sqrt{2\pi}}\sum Q_j\beta_j \tag{10-26}$$

$$\beta_j = \frac{2^\eta}{u_j\overline{H}_j^{2\eta}\gamma^{1/\alpha}\alpha}[\Gamma_j(\eta,\tau_j)-\Gamma_{j-1}(\eta,\tau_{j-1})] \tag{10-27}$$

式中，Q_j、$\overline{H}_j$ 和 u_j 分别为预测点上风方位第 j 个网格单位面积的单位时间排放量、平均排放高度和 $\overline{H}_j$ 处的平均风速；α、γ 分别为垂直扩散参数 σ_z 的回归指数与回归系数，$\sigma_z=\gamma x^\alpha$，α、γ 即式(10-18)中的 α_2、γ_2，x 轴指向上风向，坐标原点为接受点[图 10-10(a)]。

$$\eta=(\alpha-1)/2\alpha \tag{10-28}$$

$$\tau_j = \overline{H}_j^2/(2\gamma^2 x_j^{2\alpha}) \tag{10-29}$$

$$\tau_{j-1} = \overline{H}_j^2/(2\gamma^2 x_{j-1}^{2\alpha}) \tag{10-30}$$

 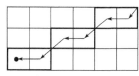 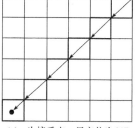

(a) ●为接受点，风方位为 E　　(b) ●为接受点，风方位为 ENE　　(c) ●为接受点，风方位为 NE

图 10-10　面源模式风向路径

$\Gamma(\eta,\tau)$ 为不完全伽马函数，可由下述公式确定：

$$\Gamma(\eta,\tau) = \frac{a}{\tau(b+1/\tau)^c} \tag{10-31}$$

$$a = 2.32\alpha + 0.28 \tag{10-32}$$

$$b = 10.00 - 5.00\eta \tag{10-33}$$

$$c = 0.88 + 0.82\eta \tag{10-34}$$

如面源范围较大，且分布均匀，则当风速小于 1.5m/s 时也可按式(10-26)～式(10-34)各式计算，当平均风速 $u<1$m/s 时，一律取 $u=1$m/s。

计算时应注意坐标变换，将坐标变换到以接受点为原点，上风向为正 x 轴后，再应用式(10-26)～式(10-34)各式。有风时 16 个风方位的风向路径如图 10-10 所示。风速小于 1.5m/s 时，因风向脉动角较大，影响接受点的上风向网格数应适当增加；在确定 Q_j 时，可根据图 10-11，沿上风向按步长取粗实线内各网格 Q_j 的面积的加权平均值。图 10-10 和图 10-11 均是按预测区坐标系给出的，图中只给出 3 个风方位，其余 13 个方位可利用其对 x 轴或 y 轴的对称关系导出。

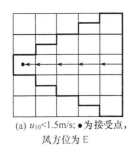 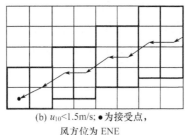 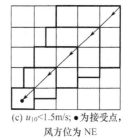

(a) $u_{10}<1.5$m/s；●为接受点，
风方位为 E

(b) $u_{10}<1.5$m/s；●为接受点，
风方位为 ENE

(c) $u_{10}<1.5$m/s；●为接受点，
风方位为 NE

图 10-11　面源模式风向路径

如果面源分布较密且排放量较大，当其高度差较大时，可酌情按不同平均高度将面源分为 2～3 类，此时 C_s 可按下式计算：

$$C_s = \frac{1}{\sqrt{2\pi}} \sum_m \sum_j Q_{mj} \beta_{mj} \tag{10-35}$$

式中，m 为面源类别序号。

如果只计算任一孤立面源内的平均浓度，C_s 可按下式计算：

$$C_s = \frac{Q}{\sqrt{2\pi}} \beta_j(\eta, \tau) \tag{10-36}$$

式中，$\tau = \overline{H}^2 / (2\gamma^2 x^{2q_z})$，$x$ 为沿平均风向面源边长的 1/2，也可取 $x=(S/\pi)^{1/2}$，S 为面源面积。

当 $S \leqslant 1$km^2 时，网格外的 C_s 可按点源修正法计算。

(2) 点源修正法

A. 直接修正法

当面源面积较小($S \leqslant 1$km^2)时，面源外的 C_s 可按点源扩散模式计算，但需对扩散参数 σ_y 和 σ_z 进行修正，修正后的 σ_y 和 σ_z 按下式计算：

$$\sigma_y = \gamma_1 X^{\alpha 1} + \frac{L_y}{4.3} \tag{10-37}$$

$$\sigma_z = \gamma_2 X^{\alpha 2} + \frac{\overline{H}}{2.15} \tag{10-38}$$

式中，X 为自接受点至面源中心点的距离；L_y 为面源在 y 方向的长度；$\overline{H}$ 为面源的平均排放高度。

B. 虚拟点源法

虚拟点源法也称点源后退法。先假定面源排放的污染物都集中于面源中心，然后向上风向倒退一个 x_0 的距离，变成一个虚拟点源，使该点源排放的污染物经 x_0 距离扩散到面源中心时，烟羽的宽度与高度分别为 $\sigma_y/4.3$ 和 $H/2.15$，此时，$\sigma_y(x_0)=a_y/4.3$，$\sigma_z(x_0)=H/2.15$，根据 $\sigma_y(x)$、$\sigma_z(x)$ 的关系式，很容易反推出 x_0。具体计算时只要将 $\sigma_y(x)$、$\sigma_z(x)$ 的自变量 x 以 $x+x_0$ 代换，即

$$C_s(x,0,0) = \frac{Q_A}{\pi \overline{u} \sigma_y(x+x_0) \sigma_z(x+x_0)} \tag{10-39}$$

(3) 箱式模式

箱式模式假定污染物的浓度在混合层内处处相等。实际上，城市面源源强往往是不相等的，应划分为更小的面源单元。若在横风向几千米范围内面源强度的变化不超过 10 倍，横向散布的不均匀性可以忽略，只需考虑沿 x 方向的源强变化即可，此时可将城市划分为若干与风向垂直的条形面源，污染物浓度的计算公式为

$$\overline{C} = \frac{\overline{Q}B}{\overline{u}L} \tag{10-40}$$

式中，$\overline{C}$ 为箱内(混合层内)平均浓度，mg/m^3；$\overline{Q}$ 为箱内单位面积平均源强，$mg/(m^2 \cdot s)$；B 为沿风向的边界长度，m。

(4) 窄烟羽模式

当面源强度的变化不大时，相邻两个面单元源强很少相差两倍以上。同时，一个连续点源形成的烟羽相当狭窄，则某点的浓度主要取决于所在面源的源强及上风向各个面单元的源强，而上风向两侧的各面单元对其影响很小，因此只要计算预测点所在面单元及上风向各面单元污染物对预测点的影响即可。进一步研究发现，预测点所在面源对该点浓度的贡献比其上风向相邻 5 个面单元贡献的总和还要大，预测点的浓度主要由所在面单元的源强决定，从而得到简化的窄烟羽模式：

$$C = A\frac{Q_0}{\overline{u}} \tag{10-41}$$

$$A = \left(\frac{2}{\pi}\right)^{1/2} \frac{x}{(1-\alpha_2)\gamma_\alpha x^{\alpha_2}} = \frac{0.8x}{(1-\alpha_2)\sigma_z(x)} \tag{10-42}$$

式中，$\sigma_z = \gamma_\alpha x^{\alpha_2}$；$Q_0$ 为预测点所在面单元的源强；x 为计算点至上风向城市边缘的距离。

采用上述简化模式计算时，对于每个风速，只要将每个面单元的源强乘以一个相应的系数 A 即可得出该面单元的浓度。吉福德(Gifford)给出了不稳定、中性和稳定时 A 的典型值分别为 50、200 和 600，长期平均值为 225。

10.2.2.4　丘陵、山区扩散模式

丘陵、山区地形复杂，由于动力或热力的影响，流场呈不均匀状态，前面讨论的正态烟羽模式的适用条件已不再成立。对于某些特定的情况，如狭长山谷、高度变化不大的丘陵地区，

可以通过对正态烟羽模式修正的办法处理。

(1) 狭长山谷扩散模式

在狭长山谷中，当烟羽边缘接近两侧山坡时，侧向扩散受到两侧谷壁的限制及反射，经过侧壁的多次反射，横向浓度接近均匀分布，而铅直方向仍为正态分布(无上部逆温)，则可得出下述地面浓度计算公式：

$$C(x,y,0) = \frac{Q_A}{\pi \bar{u} \sigma_y \sigma_z} \exp\left(\frac{-H_e^2}{2\sigma_z^2}\right) \sum_m \left\{ \exp\left[\frac{-(y-B+2mW)^2}{2\sigma_y^2}\right] + \exp\left[\frac{-(y+B+2mW)^2}{2\sigma_y^2}\right] \right\}$$

(10-43)

式中，W 为山谷平均宽度，m；B 为污染源至一侧谷壁的距离，m；m 为烟羽在两侧谷壁之间反射次数的序号，一般 m 为-4～+4 已足够；其他符号意义同前。

经一定距离，污染物横向浓度趋向均匀分布时的浓度为

$$C(x,y,0) = \left(\frac{2}{\pi}\right)^{1/2} \frac{Q_A}{\bar{u} W \sigma_z} \exp\left(-\frac{H_e^2}{2\sigma_z^2}\right)$$

(10-44)

烟羽自排出口至接触到谷壁时的距离 x_w 可由下式反算：

$$\sigma_y(x_w) = W / 4.3$$

(10-45)

(2) PSDM 模式

为了修正地形对烟羽模式的影响，美国国家海洋和大气管理局提出的 NOAA 模式和美国环境研究与技术公司(ERT)提出的 PSDM 模式均来源于 Egan 模式。Egan 认为：假定烟羽的路径始终与起伏的地形保持平行或烟羽轴线保持固定的海拔高度，并与高于烟羽的地形相交都是不正确的，实际情况应介于两者之间。地面轴线浓度的修正方法如下。

A. 中性和不稳定天气条件

假定烟羽中心和地形高度差始终保持初始的有效源高，即烟羽轨迹始终与起伏的下垫面保持平行，随地形起伏，此时地面轴线浓度可用下式计算：

$$C(x,0,h_t,H_e) = \frac{Q_A}{\pi \bar{u} W \sigma_y \sigma_z} \exp\left(-\frac{H_e^2}{2\sigma_z^2}\right)$$

(10-46)

B. 稳定天气条件

假定烟羽中心保持其初始的海拔高度不变，地面轴线浓度用下式计算：

$$C(x,0,h_t,H_e) = \frac{Q_A}{\pi \bar{u} W \sigma_y \sigma_z} \exp\left[-\frac{(H_e - h_t)^2}{2\sigma_z^2}\right]$$

(10-47)

式中，h_t 为计算点相对于烟囱底面的高度，当 $h_t > H_e$ 时，取 $H_e - h_t = 0$，此时计算的地面浓度比实际情况偏高。模式的计算结果相当于 10min～1h 的平均浓度。

10.3　大气扩散理论应用

10.3.1　烟气抬升高度计算

确定烟羽抬升高度的方法有很多，常用的有霍兰德(Holland)公式、布里格斯(Briggs)公式

及我国《环境影响评价技术导则 大气环境》(HJ/T 2.2—1993)推荐的计算方法。

10.3.1.1 HJ/T 2.2—1993 计算方法

(1) 有风时，中性和不稳定条件下烟气抬升高度的计算

1) 当烟气热释放率 $Q_h \geqslant 2100$kJ/s，且烟气温度与环境温度的差$\Delta T \geqslant 35$K 时，有

$$\Delta H = n_0 Q_h^{n_1} H_1^{n_2} / \bar{u} \tag{10-48}$$

$$Q_h = 3.5 P_a Q_v (T_s - T_a) / T_s \tag{10-49}$$

式中，Q_h 为烟气的热释放率，kJ/s；Q_v 为实际情况下的烟气体积流量，m³/s；P_a 为大气压力，取气象台(站)所在地大气压力，kPa；T_s 为烟气出口温度，K；T_a 为环境大气平均温度，K；$\bar{u}$ 为烟气出口处平均风速，m/s；n_0 为烟气热状况及地表状况系数；n_1 为烟气热释放率指数；n_2 为烟囱高度系数。n_0、n_1、n_2 按表 10-2 选取。

表 10-2 n_0、n_1、n_2 取值

Q_h/(kJ/s)	地表状况(平原)	n_0	n_1	n_2
$Q_h \geqslant 21000$	农村或城市远郊区	1.427	1/3	2/3
	城区及近郊区	1.303	1/3	2/3
$2100 \leqslant Q_h < 21000$ 且$\Delta T \geqslant 35$K	农村或城市远郊区	0.332	3/5	2/5
	城区及近郊区	0.292	3/5	2/5

2) 当烟气热释放率 $Q_h \leqslant 2100$kJ/s，$\Delta T \leqslant 35$K 时，有

$$\Delta H = 2(1.5 u_s D + 0.01 Q_h) / \bar{u} \tag{10-50}$$

式中，u_s 为烟囱出口烟气速度，m/s；D 为烟囱出口内径，m。

(2) 有风、稳定条件下烟气抬升高度为

$$\Delta H = Q_h^{1/3} \left(\frac{dT_a}{dZ} + 0.0098 \right)^{-1/3} \bar{u}^{-1/3} \tag{10-51}$$

式中，$\frac{dT_a}{dZ}$ 为排气筒几何高度以上的大气温度梯度，K/m。

(3) 静风和小风(1.5m/s> $u_{10} \geqslant 0.5$m/s)时烟气抬升高度为

$$\Delta H = 5.5 Q_h^{1/4} \left(\frac{dT_a}{dZ} + 0.0098 \right)^{-3/8} \tag{10-52}$$

式中，$\frac{dT_a}{dZ}$ 取值不宜小于 0.01K/m，其他符号意义同前。

10.3.1.2 霍兰德公式

$$\Delta H = \frac{u_s D}{\bar{u}} \left(1.5 + 2.7 \frac{T_s - T_a}{T_a} D \right) = (1.5 u_s D + 9.79 \times 10^{-6} Q_h) / \bar{u} \tag{10-53}$$

此式早期应用于中小型烟源，计算结果偏于保守，现较少使用。考虑大气稳定度影响，霍

兰德建议在不稳定时增加 10%~20%，稳定时减少 10%~20%。美国机械工程师协会(ASME)规定的校正数取值见表 10-3。

表 10-3　不同稳定度下的校正系数

稳定度级别	A、B	C	D	E、F
ΔH 校正系数	1.15	1.10	1.0	0.85

10.3.1.3　布里格斯公式

(1) 当 $Q_h>20920kJ/s$ 时：

$$\Delta H = 0.362Q_h^{1/3}x^{2/3} / \overline{u} \qquad x<10H_s \tag{10-54}$$

$$\Delta H = 1.55Q_h^{1/3}H_1^{2/3} / \overline{u} \qquad x>10H_s \tag{10-55}$$

(2) 当 $Q_h\leqslant20920kJ/s$ 时：

$$\Delta H = 0.362Q_h^{1/3}x^{1/3} / \overline{u} \qquad x<3x^* \tag{10-56}$$

$$\Delta H = 0.332Q_h^{3/5}H_1^{2/5} / \overline{u} \qquad x>3x^* \tag{10-57}$$

$$x^* = 0.33Q_h^{2/5}H_1^{2/5} / \overline{u}^{6/5} \tag{10-58}$$

该式是用因次方法导出的，用实测资料推导出常数项，适用于不稳定与中性状态的大气。

10.3.2　大气稳定度分级及扩散参数确定

扩散参数 σ_y、σ_z 是下风向距离、大气稳定度、地面粗糙度等的函数，确定方法是根据大量扩散实验得到的经验公式。

10.3.2.1　帕斯奎尔分级方法

帕斯奎尔(Pasquill)在大量观测的基础上，根据云量、云状、太阳辐射状况和地面风速等大量常规气象资料把大气对污染物的扩散能力划分 A、B、C、D、E 和 F 六个稳定度级别，见表 10-4。

表 10-4　帕斯奎尔大气稳定度分级表

地面风速/(m/s) (距地面 10m 高处)	白天			阴天 (白天或夜晚)	夜晚	
	太阳辐射状况				薄云遮天或低云 ≥2/5	云量≤4/5
	强	中等	弱			
<2	A	A~B	B	D		
2~3	A~B	B	C	D	E	F
3~5	B	B~C	C	D	D	E
5~6	C	C~D	D	D	D	D
>6	C	D	D	D	D	D

表 10-4 的稳定度级别中，A 为极不稳定；B 为不稳定；C 为微不稳定；D 为中性；E 为微稳定；F 为稳定。A~F 表示大气扩散能力逐渐减弱。

使用该表时应注意以下几点。

1) 稳定度级别 A~B 表示按 A 和 B 级别数据内插。

2) 夜间定义为日落前 1h 至日出后 1h 的时段。

3) 不论哪种天气状况,夜间前后各 1h 作为中性,即 D 级稳定度。

4) 强太阳辐射对应于碧空下太阳高度角大于 60º 的条件,弱太阳辐射相当于碧空下太阳高度角从 15º 到 35º 的条件。

由表 10-4 确定了稳定度级别后,利用图 10-12 和图 10-13 查出该稳定度级别下各个距离上的 σ_y 和 σ_z 值。此外,英国伦敦气象局列出了表 10-5,该表列出了 6 个稳定度级别下,在一些距离上 σ_y 和 σ_z 的具体数值,用内插法可求出在 20km 距离内的 σ_y 和 σ_z 值。

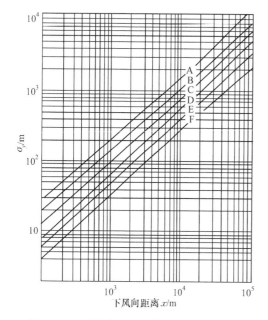

图 10-12 下风向距离和水平扩散参数关系

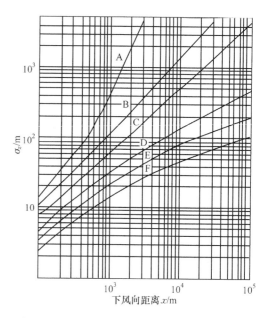

图 10-13 下风向距离和铅垂扩散参数关系

表 10-5 不同稳定度及距离时的扩散系数

稳定度		A		B		C		D		E		F	
标准差		σ_y	σ_z	σ_y	σ_z	σ_y	σ_z	σ_y	σ_z	σ_y	σ_z	σ_y	σ_z
距离/km	0.1	27.0	14.0	19.1	10.7	12.6	7.44	8.37	4.65	6.05	3.72	4.19	2.33
	0.2	49.8	29.3	35.8	20.5	23.3	14.0	15.3	8.37	11.6	6.05	7.91	4.19
	0.3	71.6	47.4	51.6	30.2	33.5	20.5	21.9	12.1	16.7	8.84	10.7	5.58
	0.4	92.1	72.1	67.0	40.5	43.3	26.5	28.8	15.3	21.4	10.7	14.4	6.98
	0.5	112	105	81.4	51.2	53.5	32.6	35.3	18.1	26.5	13.0	17.7	8.37
	0.6	132	153	95.8	62.8	62.8	38.6	40.9	20.9	31.2	14.9	20.5	9.77
	0.8	170	279	123	84.6	80.9	50.7	53.5	27.0	40.0	18.6	26.5	12.1
	1.0	207	456	178	109	99.1	61.4	65.6	32.1	48.8	21.4	32.6	14.0
	1.2	243	674	203	133	116	73.0	76.7	37.2	57.7	24.7	38.1	15.8
	1.4	278	930	228	157	133	83.7	87.9	41.9	65.6	27.0	43.3	17.2
	1.6	313	1230	253	181	149	95.3	98.6	47.0	73.5	29.3	48.8	19.1

续表

稳定度		A		B		C		D		E		F	
标准差		σ_y	σ_z	σ_y	σ_z	σ_y	σ_z	σ_y	σ_z	σ_y	σ_z	σ_y	σ_z
距离/km	1.8			278	207	166	107	109	52.1	82.3	31.6	54.5	20.5
	2.0			395	233	182	116	121	56.7	85.6	33.5	60.5	21.9
	3.0			508	363	269	167	173	79.1	129	41.9	86.5	27.0
	4.0			723	493	335	219	221	100	166	48.6	102	31.2
	6.0				777	474	316	315	140	237	60.9	156	37.7
	8.0					603	409	405	177	306	70.7	207	42.8
	10					735	498	488	212	366	79.1	242	46.5
	12							569	244	427	87.4	285	50.2
	16							729	307	544	100	365	55.8
	20							884	372	659	111	437	60.5

确定了 σ_y 和 σ_z 值后，代入前述介绍的一系列模式中，即可估算出各种情况下的浓度值。

当估算地面最大浓度 C_{max} 及它出现的距离 $x_{C_{max}}$ 时，可先按 $\sigma_z = H/\sqrt{2}$ 计算出 $\sigma_z|x=x_{C_{max}}$，从图 10-13 上查出对应的 x 值，此值即为该稳定度下的 $x_{C_{max}}$，然后可以从图 10-12 上查出与 $x_{C_{max}}$ 对应的 σ_y 值。该方法在 C、D 稳定度下计算时误差较小，在 E、F 级时误差较大。H 越大，误差越小。

计算非最大地面浓度时，可利用下风向距离 x 由 P-G 曲线直接查得 σ_y 和 σ_z。

该方法对于开阔的乡村地区能给出较可靠的稳定度，但不适用于城市地区。其原因是城市地区较大的地面粗糙度及热岛效应影响了稳定度。

10.3.2.2　修订的帕斯奎尔分类法

帕斯奎尔方法的缺点是稳定度的划分比较粗糙，特纳尔(Turner)提出了改进方法，首先根据太阳高度角、云高和云量确定辐射等级，再根据辐射等级和地面风速来划分稳定度级别。具体步骤如下。

(1) 太阳高度角计算

$$h_0 = \arcsin\left[\sin\varphi\sin\sigma + \cos\varphi\cos\sigma\cos(15t + \lambda - 300)\right] \tag{10-59}$$

式中，h_0 为太阳高度角，°；φ 为当地纬度，°；λ 当地经度，°；σ 为太阳倾角，°。

$$\sigma = [0.006918 - 0.39912\cos\theta_0 + 0.070257\sin\theta_0 - 0.006758\cos2\theta_0 + 0.000907\sin2\theta_0$$
$$- 0.002697\cos3\theta_0 + 0.001480\sin3\theta_0]\times\frac{180}{\pi}$$

$$\tag{10-60}$$

式中，θ_0 为 $360d_n/365$，°，d_n 为一年中日期序数，0、1、2、3、…、364；t 为气象观测时的北京时间(钟点)。

(2) 太阳辐射等级数的确定

由云量和太阳高度角按表 10-6 确定太阳辐射等级数值。

表 10-6　太阳辐射等级数

云量(1/10) (总云量/低云量)	太阳高度角(h_0)				
	夜间	$h_0 \leqslant 15°$	$15° < h_0 \leqslant 35°$	$35° < h_0 \leqslant 65°$	$h_0 > 65°$
≤4/≤4	−2	−1	+1	+2	+3
5~7/≤4	−1	0	+1	+2	+3
≥8/≤4	0	0	0	+1	+1
≥5/5~7	0	0	0	0	+1
≥8/≥8	0	0	0	0	0

注：云量观测规则与中央气象局编制的《地面气象观测规范》相同。

(3) 大气稳定度分级

由太阳辐射等级和地面风速按表 10-7 确定大气稳定度等级。

表 10-7　大气稳定度等级

地面风速/(m/s)	太阳辐射等级					
	+3	+2	+1	0	−1	−2
≤1.9	A	A~B	B	D	E	F
2~2.9	A~B	B	C	D	E	F
3~4.9	B	B~C	C	D	D	E
5~5.9	C	C~D	D	D	D	D
≥6	C	D	D	D	D	D

注：地面风速(m/s)是指距地面 10m 高度处 10min 平均风速，如使用气象台(站)资料，其观测规则与中央气象局编制的《地面气象观测规范》相同。

(4) 扩散参数的确定

扩散参数 σ_y 和 σ_z 由式(10-17)和式(10-18)计算，系数可查表 10-8 和表 10-9。

表 10-8　横向扩散参数幂函数表达式数据(取样时间 0.5h)

扩散参数	稳定度等级	α_1	γ_1	下风向距离/m
$\sigma_y = \gamma_1 x^{\alpha_1}$	A	0.901074	0.425809	0~1000
		0.850934	0.602052	>1000
	B	0.914370	0.281846	0~1000
		0.865014	0.396353	>1000
	B~C	0.919325	0.229500	0~1000
		0.875086	0.314238	>1000
	C	0.924279	0.177154	0~1000
		0.885157	0.232123	>1000

续表

扩散参数	稳定度等级	α_1	γ_1	下风向距离/m
$\sigma_y = \gamma_1 x^{\alpha_1}$	C～D	0.926849	0.143940	0～1000
		0.886940	0.189396	>1000
	D	0.929418	0.110726	0～1000
		0.888723	0.146669	>1000
	D～E	0.925118	0.0985631	0～1000
		0.892794	0.124308	>1000
	E	0.920818	0.0864001	0～1000
		0.896864	0.101947	>1000
	F	0.929418	0.0553634	0～1000
		0.888723	0.0733348	>1000

表 10-9　垂直扩散参数幂函数表达式数据(取样时间 0.5h)

扩散参数	稳定度等级	α_2	γ_2	下风向距离/m
$\sigma_z = \gamma_2 x^{\alpha_2}$	A	1.12154	0.0799904	<300
		1.52360	0.00854771	300～500
		2.10881	0.000211545	>500
	B	0.964435	0.127190	0～500
		1.09356	0.0570251	>500
	B～C	0.941015	0.114682	0～500
		1.00770	0.0757182	>500
	C	0.917595	0.106803	0～500
				>500
	C～D	0.838628	0.126152	<2000
		0.756410	0.235667	2000～10000
		0.815575	0.136659	>10000
	D	0.8626212	0.104634	<1000
		0.632023	0.400167	1000～10000
			0.810763	>10000
	D～E	0.776864	0.111771	<2000
		0.572347	0.528992	2000～10000
		0.499149	1.03810	>10000
	E	0.788370	0.0927529	<1000
		0.565188	0.433384	1000～10000
		0.414743	1.73241	>10000
	F	0.784400	0.062765	<1000
		0.525969	0.370015	1000～10000
		0.322659	2.40691	>10000

污染物在大气中的扩散与浓度分布是在湍流作用下形成的，而湍流统计量与采样时间的长短有关。在短时间内风向变化较小，烟云散布范围窄，σ 值小；而在较长的采样时间内，风向可能在相当大的范围内偏转与摆动，烟云散布范围增大，σ 值也变大。这样，在短时间内采样取得的浓度偏大，随时间的延长，采样取得的浓度变小。

A. 0.5h 取样时间

1) 平原地区农村及城市远郊区的扩散参数选取方法如下：A、B、C 级稳定度可直接查表 10-8 和表 10-9，D、E、F 级稳定度则需向不稳定方向提半级后再由表 10-8 和表 10-9 查算。

2) 工业区或城区中点源的扩散参数选取方法如下：A、B 级不提级，C 级提到 B 级，D、E、F 级向不稳定方向提一级，再按表 10-8 和表 10-9 查算。

3) 丘陵山区的农村与城市的扩散参数的选取方法同工业区。

B. >0.5h 取样时间

此时要对式(10-17)和式(10-18)的扩散参数进行修正。

铅垂方向的扩散参数不变，横向扩散参数及稀释系数满足下式：

$$\sigma_{y\tau_2} = \sigma_{y\tau_1} \left(\frac{\tau_2}{\tau_1} \right)^q \tag{10-61}$$

或 σ_y 的回归指数 α_1 不变，回归系数 γ_1 满足下式：

$$\gamma_{2\tau_2} = \gamma_{1\tau_1} \left(\frac{\tau_2}{\tau_1} \right)^q \tag{10-62}$$

式中，$\sigma_{y\tau_1}$、$\sigma_{y\tau_2}$ 分别为对应取样时间为 τ_1、τ_2 时的横向扩散参数，m；q 为时间稀释指数，查表 10-10；$\gamma_{1\tau_1}$、$\gamma_{2\tau_2}$ 分别为对应时间为 τ_1、τ_2 时的横向扩散参数回归系数。

表 10-10　时间稀释指数 q

适用时间范围/h	q	适用时间范围/h	q
$1 \leq \tau < 100$	0.3	$0.5 \leq \tau < 1$	0.2

用表 10-9 计算>0.5h 的 $\sigma_{y\tau_2}$、$\gamma_{1\tau_2}$ 时，先根据 0.5h 取样时间计算时间为 0.5h 的 σ_y 或 γ_1，再以其作为 $\sigma_{y\tau_1}$ 或 $\gamma_{1\tau_1}$，计算 $\sigma_{y\tau_2}$ 或 $\gamma_{1\tau_2}$。

C. 小风与静风

小风与静风是指离地面 10m 处风速 $u_{10} < 1.5 \text{m/s}$ 的场合。在采样时间为 0.5h 时，建议按表 10-11 选取，大于 0.5h 时可参照式(10-61)和式(10-62)进行换算。

表 10-11　小风($1.5\text{m/s} > u_{10} \geq 0.5\text{m/s}$)和静风($u_{10} < 0.5\text{m/s}$)扩散参数的系数 γ_{01}、γ_{02} （$\sigma_x = \sigma_y = \gamma_{01}T, \sigma_z = \gamma_{02}T$）

稳定度	γ_{01}		γ_{02}	
	$u_{10} < 0.5\text{m/s}$	$1.5\text{m/s} > u_{10} \geq 0.5\text{m/s}$	$u_{10} < 0.5\text{m/s}$	$1.5\text{m/s} > u_{10} \geq 0.5\text{m/s}$
A	0.93	0.76	1.57	1.57
B	0.76	0.56	0.47	0.47
C	0.55	0.35	0.21	0.21
D	0.47	0.27	0.12	0.12
E	0.44	0.24	0.07	0.07
F	0.44	0.24	0.05	0.05

例题 10-1　某化工厂投产后，烟气中 SO_2 的排放量为 $8×10^4$mg/s，排气筒高度为 50m，平均烟气抬升高度为 10m，试预测在距地面 10m 高处、风速为 4m/s、大气稳定度为 D 级时，该排气筒下风向 500m、距排气筒的平均风向轴线水平垂直距离 50m 处一个点所增加的 SO_2 浓度及对下风向 500m 计算点的浓度贡献。

解　计算排气筒距地面几何高度 50m 处的风速：

$$H_e=50+10=60(m)$$

$$\bar{u}=\bar{u}_{10}\left(\frac{H_e}{10}\right)^p=4×\left(\frac{50}{10}\right)^{0.25}=5.98(m/s)$$

查表 10-5 可得 σ_y=35.3m, σ_z=18.1m，则

$$
\begin{aligned}
C&=\frac{Q}{\pi×\bar{u}×\bar{\sigma}_y×\bar{\sigma}_z}×e^{-\left(\frac{y^2}{2\sigma_y^2}+\frac{H^2}{2\sigma_z^2}\right)}\\
&=\frac{80000}{3.1416×5.98×35.7×17.8}×2.7183^{-\left(\frac{50^2}{2×35.7^2}+\frac{60^2}{2×17.8^2}\right)}\\
&=8.569×10^{-3}(mg/m^3)
\end{aligned}
$$

对下风向 500m 处计算点的浓度贡献为

$$C=\frac{80000}{3.1416×5.98×35.7×17.8}×2.7183^{-\left(\frac{60^2}{2×17.8^2}\right)}=0.023(mg/m^3)$$

例题 10-2　在 C 级大气稳定度条件下，求高架点源下风向 800m 处的扩散参数。

解　下风向距点源 800m 处的扩散参数计算：

由表 10-8 和表 10-9，查 C 级稳定度、下风向距离 0～1000m 栏，可得

$$\alpha_1=0.924279,\quad \gamma_1=0.177154$$

由 x=800 及查得的 α_1 和 γ_1 值计算得

$$\sigma_y=\gamma_1×x^{\alpha_1}=0.17714×800^{0.924279}=85.43(m)$$

查 C 级稳定度、下风向距离大于 0 栏，可得

$$\alpha_2=0.917595,\quad \gamma_2=0.106803$$

由 x=800 及查得的 α_2 和 γ_2 值计算得

$$\sigma_z=\gamma_2×x^{\alpha_2}=0.106803×800^{0.917595}=49.25(m)$$

例题 10-3　某新建热电厂，设计锅炉烟囱高度为 120m，上出口内径为 6m，烟气排放速率为 54.15m³/s，排气筒出口烟气温度为 130℃，当地近五年的统计气象资料为：平均气温 9.2℃，平均风速 3.9m/s。假定气象台与电厂地面海拔高度相同，计算 D 级稳定度条件下的烟气抬升高度。

解　计算烟气的热释放率 Q_h 及烟气温度与环境大气温度的差 ΔT：

$$\Delta T=T_s-T_a=(130+273)-(9.2+273)=120.8(K)$$

$$\Delta T>35K$$

将标准状态下的排烟率换算成实际排烟率：

$$\frac{Q_1}{T_1}=\frac{Q_v}{T_2}$$

$$\frac{54.15}{273} = \frac{Q_v}{130 + 273}$$

得 Q_v=79.94m³/s，则

$$Q_h = 3.5 \times 101 \times \frac{\Delta T}{T_s} \times Q_v = 353.3 \times \frac{120.8}{130 + 273} \times 79.94 = 8464(\text{kJ/s})$$

$$Q_h > 2100\text{kJ/s}$$

计算烟囱出口处的风速 u：

$$\overline{u} = u_{10}\left(\frac{z_2}{z_1}\right)^m = 3.9\left(\frac{120}{10}\right)^{0.25} = 7.3(\text{m/s})$$

根据 Q_h 及 ΔT 值和地表状况，查表 10-2 得 n_0=0.292，n_1=3/5，n_2=2/5，则

$$\Delta H = n_0 \cdot Q_h^{n_1} \cdot H^{n_2} \cdot \overline{u}^{-1} = 0.292 \times 8494^{\frac{3}{5}} \times 120^{\frac{2}{5}} \times 7.3^{-1} = 61.8(\text{m})$$

10.4 烟囱高度设计计算与厂址选择

10.4.1 烟囱高度设计计算

烟囱高度设计的最终目标是要保证所造成的地面污染物浓度不超过规定标准，因此需要知道不同气象条件下排烟高度与地面污染物浓度之间的关系。目前应用最广泛的是正态模式，以地面最大浓度为标准，建立地面最大浓度与有效源高的关系。

10.4.1.1 根据最大落地浓度公式计算

当水平向扩散参数 σ_y 与垂直向扩散参数 σ_z 的比值为常数时，从最大落地浓度公式解出烟囱高度为

$$H_1 = \left(\frac{2Q_A}{\pi e \overline{u} C_{\max}} \cdot \frac{\sigma_z}{\sigma_y}\right)^{1/2} - \Delta H \tag{10-63}$$

式中，ΔH 为烟气抬升高度，m；$C_{\max}$ 为最大落地浓度，mg/m³。

按照浓度控制法确定烟囱高度，就是要保证最大落地浓度 $C_{\max}$ 不超过某个规定的最大允许浓度 C_0。若本底浓度为 C_b，则应使 $C_{\max}$ 不超过 C_0 和 C_b 之差，即 $C_{\max} \leqslant C_0 - C_b$，此时，最低烟囱高度为

$$H_1 = \left[\frac{2Q_A}{\pi e \overline{u}(C_0 - C_b)} \cdot \frac{\sigma_z}{\sigma_y}\right]^{1/2} - \Delta H \tag{10-64}$$

式中，$\overline{u}$ 为给定平均风速；σ_z/σ_y 一般取 0.5～1.0，相当于中性至中等不稳定时的情形。

若扩散参数以 $\sigma_y = ax^b$、$\sigma_z = cx^d$ 的形式表示，则烟囱高度应按下式计算：

$$H_1 = \left[\frac{Q_A^{a/2}}{\pi u a C^{1-a}} \cdot \frac{\exp\left(-\frac{a}{2}\right)}{C_0 - C_b}\right]^{1/a} - \Delta H \tag{10-65}$$

式中的系数由选定的扩散参数给出。

给出式(10-64)或式(10-65)中的参数值，并计算出烟气抬升高度 ΔH，即可计算出烟囱高度。若计算抬升高度需要烟囱本身高度时，必须令计算烟云抬升的公式与式(10-64)或式(10-65)联立，解出烟气抬升高度 ΔH 和 H_1。

10.4.1.2　按最大落地浓度公式计算

按最大落地浓度公式计算烟囱高度，就是要求最大落地浓度不超过规定值，此时烟囱高度应为

$$H_e = \frac{Q_A}{2\pi eB(C_0 - C_b)} \cdot \frac{\sigma_z}{\sigma_y} = \sqrt{\frac{Q}{2\pi e\overline{u}c(C_0 - C_b)} \cdot \frac{\sigma_z}{\sigma_y}} \tag{10-66}$$

用地面最大浓度公式计算烟囱高度，意味着在某个给定风速条件下的地面最大浓度不会超过规定值，但是不能保证在其他风速时也不超过标准。地面绝对最大浓度是危险风速时的地面最大浓度，它比其他风速时的值都高，因此用它作为计算标准最严格，定出的烟囱高度也最高，可以保证任何风速时的地面浓度都不超过规定标准。

10.4.1.3　根据一定保证率计算烟囱高度

由上述两种方法可见，若按保证 C_{max} 规定值进行设计，烟囱的高度较矮，当风速小于平均风速时，地面浓度会超标。若按 C_{absm} 设计，则烟囱的高度较高，不论风速多大，地面浓度都不会超标，但烟囱的造价较高，因此可在确定保证率后，对上述公式中的 $\overline{u}$ 和稳定度取一定值，再代入公式计算，即可得到某一保证率的气象条件下的烟囱高度。

10.4.1.4　根据点源烟尘允许排放率设计

《制定地方大气污染物排放标准的技术方法》(GB/T 3840—1991)中规定的点源烟尘允许排放率计算式为

$$Q_e = P_e \times H_e^2 \times 10^{-6} \tag{10-67}$$

式中，Q_e 为烟尘允许排放速率，t/h；P_e 为烟尘排放控制系数，t/(h·m²)；经换算即得烟囱高度的计算公式：

$$H_1 = \sqrt{\frac{Q_e \times 10^6}{P_e}} - \Delta H \tag{10-68}$$

10.4.1.5　烟囱高度设计中应注意的几个问题

1) 烟气抬升高度对烟囱高度的计算结果有较大影响，一般情况下，应优先选用《制定地方大气污染物排放标准的技术方法》(GB/T 3840—1991)中推荐的公式。

2) 烟囱出口的气流速度会影响烟囱高度的设计。首先，出口流速不能太低，一般要求 u_s(烟气流速)/$\overline{u}$ (平均风速)>1.5；其次，要考虑烟气流速对周围空气抬升的影响，要求烟气出口流速不能过低，一般取 20～30m/s，排烟温度在 100℃以上。一般情况下，提高流速能增加动力抬升作用，但对于火力发电厂，由于热力抬升作用大于动力抬升作用，过高的流速反而会因强烈的挟裹作用，在烟气出口的背面产生负压区，使一部分空气被卷进烟气中，降低了抬升高度，这种情况下提高流速是不可取的。为了防止这种情况的出现，可在烟囱的出口处安装

帽檐状水平圆板，圆板向外延伸的尺寸至少等于烟囱出口的直径。

3) 为防止烟羽受附近建筑的影响而产生下洗或下沉现象，烟囱高度不得低于邻近建筑物或障碍物高度的 2.5 倍。

4) 从减少地面污染的角度看，采用单座烟囱排放比较有利于提高烟气抬升高度。

5) 对于上部逆温频率较高和辐射逆温较强的地区，上述公式计算结果需要进行校核。

10.4.2 厂址选择

厂址选择要考虑许多方面的因素，如原料供应、交通运输、供水、供电、土地利用、市场等。同时，还必须考虑对环境的保护，根据污染气候资料，利用污染物在大气中运动的规律，选择适宜的厂址，尽量减轻对周围环境的影响。

一个地区对污染物的扩散稀释能力由当地气象条件决定，因此工厂的选址、发展的规模要考虑当地的大气稀释能力。该能力由平均风速、大气稳定度、混合层高度等气象要素决定。平原地区风速较大，混合层较高，大气对污染物的扩散稀释能力较强；山区或盆地经常出现静风状态，大气停滞不动，且逆温一般较强，大气比较稳定，大气扩散稀释能力差，因此这些地区建厂一般不宜规模太大，以避免严重污染事件的发生。在静止或准静止反气旋活动频繁的地区，也会出现气流停滞现象并伴有上部下沉逆温，大气对污染物的扩散稀释能力较差，也不宜建大型工厂。

厂址选择时首先要进行本底污染浓度及所在地区环境中污染物总量的调查，新厂建成投产后，不应使该地区污染物总量超过规定值。

(1) 风的影响

考虑风的影响时，一般应遵循以下原则。

1) 排放源应设在最小频率风向的上风侧，使居民区受污染的概率最小。

2) 排放量或废气毒性大的工厂应尽量设在最小频率风向的上风侧。

3) 尽量减少各工厂的重复污染，不宜配置在与最大频率风向一致的直线上。

4) 排放源应尽可能设在农作物生长期间的主导风向下侧。

5) 大风对烟气抬升不利，使地面浓度增大，但多数烟源的危险风速只有 1~2m/s，超过这个数值以后，风速越大，地面浓度越小。对某些烟源(如火电厂)，危险风速很高，在危险风速值以下，风速越大，地面浓度反而增大。此时应根据烟源参数和气象资料具体分析。

6) 搜集风频率的资料，统计静风持续时间，避免在长时间静风次数多的地方建厂。

7) 选择山区厂址时，由于地形的阻挡和局地热力环流的影响，近地面静风和微风的出现频率较高，许多地方都不宜建厂。但山区近地面是静风时，在某高度以上仍保持一定的风速，只要烟源的有效高度超出地形高度的影响，达到恒定风速层内，就不致形成静风型污染。

以上只是对风考虑的一般原则，但对具体情况应做具体的细致分析。

(2) 大气温度层结的影响

近地几百米以内的大气温度层结对污染物的扩散稀释有重要影响。在选择厂址时应注意搜集或实测当地的温度层结资料。最不利于烟气扩散的气象条件是贴地逆温和上部逆温，因此要搜集逆温的强度、厚度、出现频率、持续时间及上部逆温的高度等资料，特别要注意逆温并伴有小风或静风的天气条件，以及这类天气的出现频率和持续时间。

逆温层对高架源的影响。逆温层有抑制垂直湍流的作用，当排放源高于逆温层时，逆温层的保护使地面污染浓度很低，故一般应尽量使排放源高于逆温层。中小型工厂的排放源较低，污染物在逆温层内混合，可造成较大的污染，因此在贴地逆温频率大、持续时间长的地区不宜建中小型工厂。

对于大型工厂，烟囱高度较高，上部逆温的存在限制了烟云的向上扩散，这时进一步增加烟囱高度可能不会明显降低地面浓度，因此上部逆温频率大、持续时间长的地区不宜建大型工厂。

(3) 地形的影响

选择的厂址要尽量避免地形因素引起的局部空气污染。考虑地形因素时，一般应遵循以下原则。

1) 山谷较深，且走向与盛行风交角大于 45º 时，谷内风速一般很小，不利于扩散稀释，若排烟高度不可能超过经常出现静风及微风的高度，则不宜建厂。

2) 排烟高度不可能超过背风坡下倾气流厚度及背风坡强湍流区高度的地区，不宜建厂。

3) 谷地四周山坡上有村庄及农田，排烟高度不超过其高度时，不宜建厂。

4) 山谷凹地中经常出现逆温，不宜建厂。

5) 在山谷中建厂时，应当考虑两旁山坡会限制进一步的侧向扩散，因此远距离的地面浓度比平原高得多，若源强很大，仍能引起污染。

6) 烟流虽能过山，但仍可能形成背风面的污染，不应当将居民点设在背风面的污染区。

地形对空气污染的影响十分复杂，必须根据具体情况做具体分析。因此，在地形复杂的地区建厂，一般应进行专门的气象观测和现场示踪扩散实验，并对当地的扩散条件作出准确评价，为环境保护部门和工程设计部门提供依据，确定合理的厂址。

本章符号说明

符号	意义	单位
C_s	面源或无组织排放源的地面浓度	mg/m^3
C	预测点污染物的浓度	mg/m^3
C_{max}	最大落地浓度	mg/m^3
$\bar{C}$	箱内(混合层内)平均浓度	mg/m^3
D_h	逆温层底高度，即混合层高度	m
D	烟囱出口内径	m
E	饱和水蒸气压力	hPa
e	空气中所含水汽分压	hPa
f	相对湿度	%
H_e	烟囱的有效高度	m
H_1	烟囱的几何高度	m
ΔH	烟气抬升高度	m
$\bar{H}$	面源的平均排放高度	m
$\bar{H}_j$	预测点上风方第 j 个网格平均排放高度	m
L_y	面源在 y 方向的长度	m
n	烟流在两界面间的反射次数	
n_0	烟气热状况及地表状况系数	

续表

符号	意义	单位
n_1	烟气热释放率指数	
n_2	烟囱高度系数	
P	风向与线源间的夹角	
P_a	大气压力，取气象台(站)所在地大气压力	kPa
p	风速廓线的幂指数	
Q_A	点源排放速率	kg/h
Q_L	线源源强	kg/(m·s)
Q_h	烟气的热释放率	kJ/s
Q_v	实际情况下的烟气体积流量	m³/s
$\overline{Q}$	箱内单位面积平均源强	mg/(m²·s)
Q_j	预测点上风方第 j 个网格单位面积的单位时间排放量	mg/(m²·s)
T_s	烟气出口温度	K
T_a	环境大气平均温度	K
$\overline{u}$	平均风速	m/s
$\overline{u}_c$	地面绝对最大浓度时的风速(危险风速)	m/s
u_s	烟囱出口烟气速度	m/s
u_j	预测点上风方第 j 个网格 $\overline{H}_j$ 处的平均风速	m/s
W	山谷平均宽度	m
x_{max}	最大落地浓度处距点源的距离	m
x	距高架源下风向的水平距离	m
z_1	气象站测风仪所在高度	m
z_2	烟囱出口高度	m
$\sigma_x, \sigma_y, \sigma_z$	x，y，z 方向上的扩散参数	m
σ_{yf}	熏烟条件下 y 向扩散参数	m
γ_1, α_1	横向扩散参数回归系数和回归指数	
γ_2, α_2	铅垂扩散参数回归系数和回归指数	
ψ	风向与线源的交角	
Γ	不完全伽全函数	

✎ 习　题

1. 在高塔下测得下列气象资料，试计算各层大气的气温直减率：$\gamma_{1.5 \sim 10}$、$\gamma_{1.5 \sim 30}$、$\gamma_{10 \sim 30}$、$\gamma_{30 \sim 50}$、$\gamma_{1.5 \sim 50}$，并判断各层大气的稳定度。

高度 z/m	1.5	10	30	50
气温 T/K	298	297.8	297.5	297.3

2. 某电厂有效源高为 150m，SO_2 的排放量为 151g/s。夜间和上午地面风速为 4m/s，夜间云量为 3/10。若清晨烟羽全部发生熏烟现象，试估算下风向 16km 处的地面轴线浓度。

3. 某城市火电厂的烟囱高 100m，出口内径 5m，出口烟气流速 12.7m/s，温度 100℃，流量 250m³/s，烟囱出口处的平均风速 4m/s，大气温度 20℃，试确定烟囱抬升高度及有效源高。

4. 某石油精炼厂自平均有效源高 60m 处排放的 SO_2 质量为 80g/s，有效源高处的平均风速为 6m/s，试估算冬季阴天正下风方向距烟囱 500m 处地面上的 SO_2 浓度。

5. 一座工厂建在平原郊区，其所在地坐标为 31°N、104°E。该厂生产中产生的 SO_2 废气都通过高度为 110m、出口内径为 2m 的烟囱排放。废气量为 $4×10^5$m³/h(烟气出口状态)，烟气出口温度为 150℃，SO_2 排放量为 400kg/h，在 1993 年 7 月 11 日北京时间 13 时，当地气象状况是：气温 35℃、云量 2/2、地面风速 3m/s。试求此时距烟囱 3000m 的轴线浓度和由该厂造成的 SO_2 最大地面浓度及产生距离。

6. 某污染源排出 SO_2 量为 80g/s，有效源高为 60m，烟囱出口处平均风速为 6m/s。在当时的气象条件下，正下风向 500m 处的 σ_y=35.3m，σ_z=18.1m，试求正下风向 500m 处 SO_2 的地面浓度。

7. 据估计，某燃烧着的垃圾堆以 3g/s 的速率排放氮氧化物，在风速为 7m/s 的阴天夜里，源的正下风方向 3km 处的平均浓度是多少？设这个垃圾堆是无有效源高的地面点源。

8. 在阴天情况下，风向与公路垂直，平均风速为 4m/s，最大交通流量为 8000 辆/h，车辆平均速度为 63km/h，每辆车排放 CO 的量为 $2×10^{-2}$g/s，试求距公路下风向 300m 处 CO 的浓度。

9. 地面源正下风方向一点上，测得 10min 平均浓度为 $3.4×10^{-3}$g/m³，试估计该点 1h 的平均浓度。假设大气稳定度为 B 级。

10. 某城市在环境质量评价中，划分面源单元为 1000m×1000m，其中一个单元的 SO_2 排放量为 10g/s，当时的风速为 3m/s，风向主南风。平均有效源高为 15m。试用虚拟点源的面源模式计算这一单元北面的邻近单元中心处 SO_2 的地面浓度。

11. 某污染源排出 SO_2 量为 80g/s，烟气流量为 265m³/s，烟气温度为 418K，大气温度为 293K。该地区 SO_2 背景浓度为 0.05mg/m³，设 σ_z/σ_y=0.5，u_{10}=3m/s，m=1/4，试按《环境空气质量标准》(GB 3095—2012)的二级标准来设计烟囱高度和出口直径。

参 考 文 献

大气物理学编写组. 1990. 大气物理学. 南京: 南京大学出版社.

郝吉明, 马广大, 等. 1989. 大气污染控制工程. 北京: 高等教育出版社.

蒋展鹏. 1992. 环境工程学. 北京: 高等教育出版社.

林肇信. 1991. 大气污染控制工程. 北京: 高等教育出版社.

陆雍森. 1999. 环境评价. 2 版. 上海: 同济大学出版社.

马文斗. 1994. 空气污染控制工程. 2 版. 北京: 冶金工业出版社.

王明星. 1991. 大气化学. 北京: 气象出版社.

王永生, 等. 1987. 大气物理学. 北京: 气象出版社.

徐玉貌, 刘红年, 徐桂玉. 2000. 大气科学概论. 南京: 南京大学出版社.

徐祝龄. 1994. 气象学. 北京: 气象出版社.

许绍祖. 1993. 大气物理学基础. 北京: 气象出版社.

部分习题参考答案

第1章

略。

第2章

2. 干燥基组成：[C^g]=72%，[H^g]=1.6%，[O^g]=3.2%，[N^g]=1.2%，[S^g]=2.0%；应用基组成：[C^y]=69.84%，[H^y]=1.552%，[O^y]=3.104%，[N^y]=1.164%，[S^y]=1.94%。

3. (1) 理论空气量：8.03m³/kg；(2) 理论烟气量：8.58m³/kg；(3) 烟气组成：V_{CO_2} = 1.51m³/kg，V_{SO_2} = 0.0041m³/kg，$V_{N_2}^0$ = 6.358m³/kg，$V_{H_2O}^0$ = 0.71m³/kg。

4. V^0=10.34m³/kg。

第3章

1. $\sigma_g = 0.63$；$\bar{d}_1 = 3.34\mu m$。

2. 小于0.5μm：91.0%；小于0.1μm：14.5%。

3. (1) 对数正态分布；(2) 略；(3) $\delta_g = 0.69$，$\bar{d}_1 = 23.0\mu m$。

4. $\eta_{0\sim5} = 41.5\%$；$\eta_{5\sim10} = 79.0\%$；$\eta_{10\sim20} = 92.6\%$；$\eta_{20\sim40} = 99.55\%$；$\eta_{>40} = 100\%$；$\eta_T = 50\%$。

5. 沉降室的尺寸为 $L \times B \times H = 5.0m \times 0.2m \times 1.0m$，$d_{min} = 4.32 \times 10^{-5}m$。

6. (1) 略；(2) $\eta_T = 80.8\%$。

7. 6.92μm。

8. $\Delta P' = 1409Pa$。

9. $d_{ac} = 1.12\mu m$。

10. 略。

11. $\Delta P = 0.863\rho_g F_0^{0.133} u_0^2 (L/G)^{0.78}$。

12. $\Delta P = 1.7 \times 10^7$ Pa；$P_{t0} = 99.994\%$；除尘效率为0.006%。

13. $\Delta P = 3.2 \times 10^6 Pa$，$P_{t0} = 99.99985\%$。

14. 圆形收缩管进气端的管直径 $D_1 = 1.9m$；扩张管出气端的截面积 $F_2 = 3.9m^2$；圆形扩张管出气端的管直径 $D_2 = 2.3m$；喉管截面积 $F_0 = 1.4m^2$；收缩管的收缩角 $\theta_1 = 25°$，取扩张管的扩张角 $\theta_2 = 6°$。

15. $E_C = 2.24 \times 10^6 V/m$，$V_c = 16.4 \times 10^3 V$。

16. 粒径为0.5μm的尘粒，t=0.1s时 $q'_{0.1} = 1.04 \times 10^{-17}$，t=1.0s时 $q'_{1.0} = 1.21 \times 10^{-17}$，t=10s时 $q'_{10} = 1.37 \times 10^{-17}$；粒径为1.0μm的尘粒，t=0.1s时 $q'_{0.1} = 3.07 \times 10^{-17}$，t=1.0s时 $q'_{1.0} = 3.41 \times 10^{-17}$，t=10s时 $q'_{10} = 3.74 \times 10^{-17}$。

17. 99.1%。

18. 90.4%。

19. 85.3%。

20. (1) 0.414m³/d；(2) 88.3%。

21. 电场断面面积 A_c 为 0.278/1.0=0.278(m²)，可设计此板式电除尘器为单个通道，通道宽度200mm，则高 H=1.39m，电场长度为：L=17.55/(2×1×1.39)=6.3(m)。

22. 电场断面面积 A_c 为 36.11/1.0=36.11(m^2)，取通道宽度 250mm，高 H=4m，则通道数为 36.11/(0.25×4)=36.11(个)(取 36 个)，电场长度为：L=1311/(2×36×4)=4.55(m)。

23. (1) $\omega_p = 0.125$m/s；(2) 85.8%。

24. $\Delta P_f = 3006$Pa。

25. $\Delta P_f = 2336$Pa。

26. $u_f = 1.59$m/s，$m_d = 7.16t$ g/m^2。

27. (1) $u_f = 0.33$m/s；(2) $m_d = 11.2t$ g/m^2；(3) $\Delta P_f = 1303.58$Pa；(4) $A = 83.3m^2$；(5) 滤袋直径 d=0.8m，长度 $L = 2$m，18 条布袋。

第 4 章

1. 0.143kg/kg。

2. 在中间较窄的范围内，符合 Freudlich 吸附等温线方程；当分压很低或较高时，该特征符合 Langmuir 吸附等温线方程。

3. 1678kg CS_2/kg 活性炭。

4. 吸附床系统基本设计：固定床吸附器的直径 $D = 3.47$m，活性炭的填充量 1298kg，可吸附的环己烷量 34.1kg，每一周期的吸附量为 68.544m^3，吸附带外所需的活性炭用量为 1.132m^3，吸附带长度为 0.3m，吸附器总高为 0.418m。

5. 75kW。

6. (1) L_{min}= 966.6kg/h；(2) h=6.75m。

7. (1) 7.84；(2) 15.17；(3)18.52；(4) 80%。

8. (1) $y_{a2} = 2.5 \times 10^{-4}$；(2) 通过加大水量或增加填料层高度的方法来实现；(3) h=2.12m。

9. (1) 27.8$m^3 \cdot h^{-1}$，$x_b = 1.23 \times 10^{-3}$；(2) 4.46m；(3) 3.708m。

10. T=1743℉=950.6℃；T_1=1591.4℉=866.3℃。

11. 9.37m^3/min。

12. 10.58m^3/min。

13. (1) 695℃；(2) 699℃。

14. 21864kg/h。

15. (1) $\eta = 76.6\%$；(2) $Q = 20059.9$kJ/s；(3) $\dot{M}_G =111.9$kg/h。

16. 865m^3，1466.097m。

第 5 章

1. 2.5mg/Nm^3。

2. k_G=0.00624m/s，k_y=0.0003kmol/($m^2 \cdot$s)，k_x=0.00833kmol/($m^2 \cdot$s)。

3. $L_{min} =1404.702$kmol/h。

4. D=1.2m。

5. $C_{s, T}$=7.53kg/m^3。

6. 7.0m。

7. 参照例题 5-2。

8. 416.8kg/min。

9. 水分蒸发量为 1898.38kg/min，脱硫烟气的湿度为 14.15%。

10. 烟气组成：CO_2 7181.72kg/min，HCl 0；N_2 28320kg/min；O_2 2449kg/min，SO_2 7.05kg/min。

11. 脱硫石膏浆液产率为 1531.55kg/min，脱硫石膏浆液组成：DH 612.62kg/min，自由水 918.93kg/min。

12. 9954kW。

13. 112.4kg/t 煤。

14. 脱硫浆液日产率为 1071.4t。

15. 由图 5-15 可知，石灰石/石灰湿式脱硫系统中，硫酸钙可能在图中所标 3、4、13、14 步骤中。硫酸钙的产生会造成结垢和堵塞，以及 5、6 步骤生成的 $CaCO_3$ 固体，会严重影响吸收塔的操作。垢体影响脱硫系统的物理过程和化学过程，造成系统阻力增加、脱硫效率下降，甚至还会影响脱硫产物中脱硫剂的含量及系统氧化效果；垢层达到一定厚度后，可能脱落，砸伤喷嘴和防腐内衬；而结垢现象严重时甚至造成设备堵塞、系统停运。

第 6 章

4. 90%。

5. 139.09kg/h。

第 7 章

3. 12.04 年。

4. 17.4h，49s，0.2s。

5. 0.335s。

6. 催化剂体积为 0.167m^3；电加热所需能耗为 230.05kW。

7. 8435.6kg，14.5m^3。

8. (1) 1.11m^2；(2) 262.8kg；(3) 443min。

9. 吸收剂用量为 251.2kg，塔高 6m，塔径 1.72m。

10. 催化剂用量为 0.447mol/min，反应管数目为 560 个。

11. 65.04 g/m^3。

第 8 章

1. 0.2%的稀乙酸需要 13.91kg，硫化钠需要 1.81kg。

4. 用量 136kg，体积 0.23m^3。

5. 87.5%，18.9kg。

第 9 章

1. 40.02m^3/h。

2. 1013.62Pa。

3. N_2=1350r/min，SP_2=2160Pa。

4. 风量 50000m^3/h，压头 2364.5Pa，查《风机手册》，型号为 Y9-35-11-13.5D 的锅炉引风机，参数为 55840m^3/h，2912Pa，转速 960r/min，功率 90kW。

5. 无需更换。

6. (1) 可选转速为 2900r/min，型号为 IS100-65-250 型离心泵；(2) 合适。

7. $H=20+1.97\times10^{-5}Q^2$

第 10 章

1. 不稳定。

2. 6.71×10^{-2}mg/m^3。

3. 抬升高度 169.8m，有效源高 269.8m。

4. 2.71×10^{-2} mg/m³。

5. $C_{max}=0.457$mg/m³，481.0m。

6. 0.27mg/m³。

7. 9.97×10^{-3} mg/m³。

8. 0.42mg/m³。

9. 1.12×10^{-3} g/m³。

10. 4.57×10^{-6} mg/m³。

11. h=170m，D=4.0m。

附　　录

附录 I　单位换算表

说明：下列表格中，各单位名称上标注的数字代表不同的单位制：①SI 制，②CGS 制，③工程制。没有标注数字的是制外单位，标有 * 号的是英制单位。

1. 长度

①③ m 米	② cm 厘米	* ft 英尺	* in 英寸
1	100	3.281	39.37
10^{-2}	1	0.03281	0.3937
0.3048	30.48	1	12
0.0254	2.54	0.08333	1

2. 面积

①③ m^2 米^2	② cm^2 厘米^2	* ft^2 英尺^2	* in^2 英寸^2
1	10^4	10.76	1550
10^{-4}	1	0.001076	0.1550
0.0929	929.0	1	144.0
0.0006452	6.452	0.006944	1

3. 体积

①③ m^3 米^3	② cm^3 厘米^3	L 升	* ft^3 英尺^3	* 加仑(英)	* 加仑(美)
1	10^6	10^3	35.3147	219.969	264.172
10^{-6}	1	10^{-3}	3.531×10^{-5}	0.0002200	0.0002642
10^{-3}	10^3	1	0.03531	0.21997	0.26417
0.02832	28320	28.32	1	6.2288	7.48052
0.004546	4546.09	4.5461	0.16054	1	1.20095
0.003785	3785.4	3.7854	0.13368	0.8327	1

4. 质量

① kg 千克	② g 克	③ kgf·s^2/m 千克(力)·秒^2/米	吨	* lb 磅
1	1000	0.1020	10^{-3}	2.20462
10^{-3}	1	1.020×10^{-4}	10^{-6}	0.002205
9.807	9807	1	9.807×10^{-3}	21.62071
0.4536	453.6	4.625×10^{-2}	4.536×10^{-4}	1

5. 重量或力

①	②	③	*
N 牛顿	dyn 达因	kgf 千克(力)	lbf 磅(力)
1	10^5	0.1020	0.2248
10^{-5}	1	1.020×10^{-6}	2.248×10^{-6}
9.807	9.807×10^5	1	2.2046
4.448	4.448×10^5	0.4536	1

6. 密度

①	②	*
kg/m³ 千克/米³	g/cm³ 克/厘米³	lb/ft³ 磅/英尺³
1	10^{-3}	0.06243
1000	1	62.43
16.02	0.01602	1

7. 压力

① Pa = N/m² 帕斯卡 = 牛顿/米²	② bar 巴	③kgf/m² = mmH₂O 毫米水柱	atm 物理大气压	kgf/cm² 工程大气压	mmHg 毫米汞柱	* lbf/in² 磅/英寸²
1	10^{-5}	0.1020	9.869×10^{-6}	1.02×10^{-5}	0.00750	1.45×10^{-4}
10^5	1	10200	0.9869	1.02	750.0	14.5
9.807	9.807×10^{-5}	1	9.678×10^{-5}	10^{-4}	0.07355	0.001422
1.013×10^5	1.013	10330	1	1.033	760.0	14.70
9.807×10^4	0.9807	10^4	0.9678	1	735.5	14.22
133.32	0.001333	13.16	0.001316	0.001360	1	0.0193
6895	0.06895	703.1	0.06804	0.07031	51.72	1

8. 黏度

① Pa · s = kg/(m · s) 帕斯卡 · 秒	② P = g/(cm · s) 泊	③ kgf · s/m² 千克(力) · 秒/米²	cP 厘泊	* lb/(ft · s) 磅/(英尺 · 秒)
1	10	0.1020	1000	0.6719
10^{-1}	1	0.01020	100	0.06719
9.807	98.07	1	9807	6.589
10^{-3}	10^{-2}	1.020×10^{-4}	1	6.719×10^{-4}
1.488	14.88	0.1517	1488	1

9. 运动黏度，扩散系数

①③ m²/s 米²/秒	② cm²/s 厘米²/秒	* ft²/h 英尺²/时
1	10^4	38750
10^{-4}	1	3.875
2.581×10^{-5}	0.2581	1

10. 表面张力

① N/m 牛顿/米	② dyn/cm 达因/厘米	③ kgf/m 千克(力)/米	* lbf/ft 磅(力)/英尺
1	1000	0.1020	0.06852
0.001	1	1.020×10^{-4}	6.854×10^{-5}
9.807	9807	1	0.672
14.59	14590	1.488	1

11. 能量，功，热

① J = N · m 焦耳	② erg = dyn · cm 尔格	③ kgf · m 千克(力)·米	③ kcal = 1000cal 千卡	kW · h 千瓦时	* lbf · ft 磅(力)·英尺	* Btu 英热单位
10^{-7}	1					
1	10^7	0.1020	2.39×10^{-4}	2.778×10^{-7}	0.7353	9.486×10^{-4}
9.807		1	2.342×10^{-3}	2.724×10^{-6}	7.233	9.296×10^{-3}
4186.8	426.9	1	1.162×10^{-3}		3087	3.968
3.6×10^6	3.671×10^5	860.0	1		2.655×10^6	3413
1.3558	0.1383	3.239×10^{-4}	3.766×10^{-7}	1		1.285×10^{-3}
1055	107.58	0.2520	2.928×10^{-4}		778.1	1

12. 功率，传热速率

① kW = 1000J/s 千瓦	② erg/s 尔格/秒	③ kgf · m/s 千克(力)·米/秒	③ kcal/s = 1000cal/s 千卡/秒	* lbf · ft/s 磅(力)·英尺/秒	* Btu/s 英热单位/秒
1	10^{10}	101.97	0.2389	737.56	0.9478
10^{-10}	1				
0.009807		1	0.002342	7.233	0.009293
4.1868		426.85	1	3087.44	3.9683
0.001356		0.13825	3.2388×10^{-4}	1	0.001285
1.055		107.58	0.252056	778.168	1

13. 导热系数

① W/(m · K) 瓦/(米·开)	② cal/(cm · s · ℃) 卡/(厘米·秒·℃)	③ kcal/(m · s · ℃) 千卡/(米·秒·℃)	kcal/(m · h · ℃) 千卡/(米·时·℃)	* Btu/(ft · h · ℉) 英热单位/(英尺·时·℉)
1	2.389×10^{-3}	2.389×10^{-4}	0.8598	0.578
418.68	1	10^{-1}	360	241.9
4186.8	10	1	3600	2419
1.163	2.778×10^{-3}	2.778×10^{-4}	1	0.6720
1.730	4.134×10^{-3}	4.134×10^{-4}	1.488	1

14. 焓，潜热

① J/kg 焦耳/千克	③ kcal/kg 千卡/千克	* Btu/lb 英热单位/磅
1	2.388×10^{-4}	4.299×10^{-4}
4187	1	1.8
2326	0.5556	1

15. 比热容，熵

① J/(kg · K) 焦耳/(千克·开)	③ kcal/(kg · ℃) 千卡/(千克·℃)	* Btu/(lb · ℉) 英热单位/(磅·℉)
1	2.388×10^{-4}	2.389×10^{-4}
4187	1	1

16. 传热系数

① W/(m²·K) 瓦/(米²·开)	② cal/(cm²·s·℃) 卡/(厘米²·秒·℃)	③ kcal/(m²·s·℃) 千卡/(米²·秒·℃)	* Btu/(ft²·h·℉) 英热单位/(英尺²·时·℉)
1	2.389×10^{-5}	2.389×10^{-4}	0.1761
4.187×10^{4}	1	10	7374
4187	0.1	1	737.4
5.678	1.356×10^{-4}	1.356×10^{-3}	1

17. 标准重力加速度

$g = 980.7\text{cm/s}^2$

$= 9.807\text{m/s}^2$

$= 32.18\text{ft/s}^2$

18. 通用气体常量

$R = 1.987\text{cal/(mol·K)} = 8.314\text{kJ/(kmol·K)}$

$= 82.06\text{atm·cm}^3\text{/(mol·K)}$

$= 0.08206\text{atm·m}^3\text{/(kmol·K)}$

$= 1.987\text{Btu/(1bmol·℉)}$

附录Ⅱ　空气的重要物性

温度 /℃	密度 /(kg/m³)	比热容		导热系数		黏度 /(10⁻⁵Pa·s)	运动黏度 /(10⁻⁶m²/s)	普朗特 数 Pr
		/[kJ/(kg·K)]	/[kcal/(kg·℃)]	/[W/(m·K)]	/[kcal/(m·h·℃)]			
−50	1.584	1.013	0.242	0.0204	0.0175	1.46	9.23	0.728
−40	1.515	1.013	0.242	0.0212	0.0182	1.52	10.04	0.728
−30	1.453	1.013	0.242	0.0220	0.0189	1.57	10.80	0.723
−20	1.395	1.009	0.241	0.0228	0.0196	1.62	11.60	0.716
−10	1.342	1.009	0.241	0.0236	0.0203	1.67	12.43	0.712
0	1.293	1.005	0.240	0.0244	0.0210	1.72	13.28	0.707
10	1.247	1.005	0.240	0.0251	0.0216	1.77	14.16	0.705
20	1.205	1.005	0.240	0.0259	0.0223	1.81	15.06	0.703
30	1.165	1.005	0.240	0.0267	0.0230	1.86	16.00	0.701
40	1.128	1.005	0.240	0.0276	0.0237	1.91	16.96	0.699
50	1.093	1.005	0.240	0.0283	0.0243	1.96	17.95	0.698
60	1.060	1.005	0.240	0.0290	0.0249	2.01	18.97	0.696
70	1.029	1.009	0.241	0.0297	0.0255	2.06	20.02	0.694
80	1.000	1.009	0.241	0.0305	0.0262	2.11	21.09	0.692
90	0.972	1.009	0.241	0.0313	0.0269	2.15	22.10	0.690
100	0.946	1.009	0.241	0.0321	0.0276	2.19	23.13	0.688
120	0.898	1.009	0.241	0.0334	0.0287	2.29	25.45	0.686
140	0.854	1.013	0.242	0.0349	0.0300	2.37	27.80	0.684
160	0.815	1.017	0.243	0.0364	0.0313	2.45	30.09	0.682
180	0.779	1.022	0.244	0.0378	0.0325	2.53	32.49	0.681
200	0.746	1.026	0.245	0.0393	0.0338	2.60	34.85	0.680
250	0.674	1.038	0.248	0.0429	0.0367	2.74	40.61	0.677

续表

温度 /℃	密度 /(kg/m³)	比热容		导热系数		黏度 /(10⁻⁵Pa·s)	运动黏度 /(10⁻⁶m²/s)	普朗特数 Pr
		/[kJ/(kg·K)]	/[kcal/(kg·℃)]	/[W/(m·K)]	/[kcal/(m·h·℃)]			
300	0.615	1.048	0.250	0.0461	0.0396	2.97	48.33	0.674
350	0.566	1.059	0.253	0.0491	0.0422	3.14	55.46	0.676
400	0.524	1.068	0.255	0.0521	0.0448	3.31	63.09	0.678
500	0.456	1.093	0.261	0.0575	0.0494	3.62	79.38	0.687
600	0.404	1.114	0.266	0.0622	0.0535	3.91	96.89	0.699
700	0.362	1.135	0.271	0.0671	0.0577	4.18	115.4	0.706
800	0.329	1.156	0.276	0.0718	0.0617	4.43	134.8	0.713
900	0.301	1.172	0.280	0.0763	0.0656	4.67	155.1	0.717
1000	0.277	1.185	0.283	0.0804	0.0694	4.90	177.1	0 719
1100	0.257	1.197	0.286	0.0850	0.0731	5.12	199.3	0.722
1200	0.239	1.206	0.288	0.0915	0.0787	5.35	233.7	0.724

附录Ⅲ　水的重要物性

温度 t/℃	压力 p/atm	密度 ρ/(kg/m³)	热焓 H/(kJ/kg)	定压比热容 C_p/[kJ/(kg·℃)]	导热系数 λ/[W/(m·℃)]	导温系数 a/(10⁻⁴ m²/h)	黏滞系数 μ/(10⁻⁵Pa·s)	运动黏滞系数 ν/(10⁻⁶m²/s)
0	0.968	999.8	0	4.208	0.558	4.8	182.5	1.790
10	0.968	999.7	42.04	4.191	0.563	4.9	133.0	1.300
20	0.968	998.2	83.87	4.183	0.593	5.1	102.0	1.000
30	0.968	995.7	125.61	4.179	0.611	5.3	81.7	0.805
40	0.968	992.2	167.40	4.179	0.627	5.4	66.6	0.659
50	0.968	988.1	209.14	4.183	0.642	5.6	56.0	0.556
60	0.968	983.2	250.97	4.183	0.657	5.7	48.0	0.479
70	0.968	977.8	292.80	4.191	0.668	5.9	41.4	0.415
80	0.968	971.8	334.75	4.195	0.676	6.0	36.3	0.366
90	0.968	965.3	376.75	4.208	0.680	6.1	32.1	0.326
100	0.997	958.4	418.87	4.216	0.683	6.1	28.8	0.295
110	1.41	951.0	461.07	4.229	0.685	6.1	26.0	0.268
120	1.96	943.1	503.70	4.246	0.686	6.2	23.5	0.244
130	2.66	934.8	545.98	4.267	0.686	6.2	21.6	0.226
140	3.56	926.1	587.85	4.292	0.685	6.2	20.0	0.212
150	4.69	916.9	631.82	4.321	0.684	6.2	18.9	0.202
160	6.10	907.4	657.36	4.354	0.683	6.2	17.5	0.190
170	7.82	897.3	718.91	4.388	0.679	6.2	16.6	0.181
180	9.90	886.9	762.87	4.426	0.675	6.2	15.6	0.173
190	12.39	876.0	807.25	4.463	0.670	6.2	14.8	0.166
200	15.35	864.7	852.05	4.514	0.663	6.1	14.1	0.160
210	18.83	852.8	897.27	4.606	0.655	6.0	13.4	0.154
220	23.00	840.3	943.33	4.648	0.645	6.0	12.8	0.149
230	27.61	827.3	989.81	4.689	0.637	6.0	12.2	0.145
240	33.04	813.6	1037.12	4.731	0.628	5.9	11.7	0.141

附录IV　某些气体的重要物性(101.3kPa)

名称	分子式	摩尔质量/(kg/kmol)	密度(0℃)/(kg/m³)	沸点/℃	气化潜热/(kJ/kg)	定压比热容(20℃)/[kJ/(kg·℃)]	$K=\dfrac{C_p}{C_v}$	黏度(0℃)/(10⁻⁵Pa·s)	导热系数(0℃)/[W/(m·℃)]	临界点	
										温度/℃	绝对压强/kPa
空气		28.95	1.293	−195	197	1.009	1.40	1.73	0.0244	−140.7	3768.4
氧	O_2	32	1.429	−132.98	213	0.653	1.40	2.03	0.0240	−118.82	5036.6
氮	N_2	28.02	1.251	−195.78	199.2	0.745	1.40	1.70	0.0228	−147.13	3392.5
氢	H_2	2.016	0.0899	−252.75	454.2	10.13	1.407	0.842	0.163	−239.9	1296.6
氦	He	4.00	0.1785	−268.95	19.5	3.18	1.66	1.88	0.144	−267.96	228.94
氩	Ar	39.94	1.7820	−185.87	163	0.322	1.66	2.09	0.0173	−122.44	4862.4
氯	Cl_2	70.91	3.217	−33.8	305	0.355	1.36	1.29 (16℃)	0.0072	+144.0	7708.9
氨	NH_3	17.03	0.771	−33.4	1373	0.67	1.29	0.918	0.0215	+132.4	11295
一氧化碳	CO	28.01	1.250	−191.48	211	0.754	1.40	1.66	0.0226	−140.2	3497.9
二氧化碳	CO_2	44.01	1.976	−78.2	574	0.653	1.30	1.37	0.0137	+31.1	7384.8
二氧化硫	SO_2	64.07	2.927	−10.8	394	0.502	1.25	1.17	0.0077	+157.5	7879.1
二氧化氮	NO_2	46.01	—	21.2	712	0.615	1.31	—	0.0400	+158.2	10130
硫化氢	H_2S	34.08	1.539	−60.2	548	0.804	1.30	1.166	0.0131	+100.4	19136
甲烷	CH_4	16.04	0.717	−161.58	511	1.70	1.31	1.03	0.0300	−82.15	4619.3
乙烷	C_2H_6	30.07	1.357	−88.50	486	1.44	1.20	0.850	0.0180	+32.1	4948.5
丙烷	C_3H_8	44.1	2.020	−42.1	427	1.65	1.13	0.795 (18℃)	0.0148	+95.6	4355.9
正丁烷	C_4H_{10}	58.12	2.673	−0.5	386	1.73	1.108	0.810	0.0135	+152	3798.8
正戊烷	C_5H_{12}	72.15	—	−36.08	151	1.57	1.09	0.874	0.0128	+197.1	3342.9
乙烯	C_2H_4	28.05	1.261	103.7	481	1.222	1.25	0.985	0.0164	+9.7	5135.9
丙烯	C_3H_6	42.08	1.914	−47.7	440	1.436	1.17	0.835 (20℃)	—	+91.4	4599.0
乙炔	C_2H_2	26.04	1.171	−83.66 (升华)	829	1.352	1.24	0.935	0.0184	+35.7	6240.0
氯甲烷	CH_3Cl	50.49	2.308	−24.1	406	0.582	1.28	0.989	0.0085	+148	6685.8
苯	C_6H_6	78.11	—	80.2	394	1.139	1.1	0.72	0.0088	+288.5	4832.0

附录Ⅴ 几种气体或蒸气的爆炸特性

气体		最低着火温度/℃		爆炸极限/%(体积分数)			
				与氧混合		与空气混合	
名称	分子式	与空气混合	与氧混合	下限	上限	下限	上限
一氧化碳	CO	610	590	13	96	12.5	75
氢	H_2	530	450	4.5	95	4.15	75
甲烷	CH_4	645	645	5	60	4.9	15.4
乙烷	C_2H_6	530	500	3.9	50.5	2.5	15.0
丙烷	C_3H_8	510	490			2.2	7.3
乙炔	C_2H_2	335	295	2.8	93	1.5	80.5
乙烯	C_2H_4	540	485	3.0	80	3.2	34.0
丙烯	C_3H_6	420	455			2.2	9.7
硫化氢	H_2S	290	220			4.3	46.0
氰	HCN					6.6	42.6

附录Ⅵ 几种粉尘的爆炸特性

粉尘种类	浮游粉尘的发火点/℃	最小点火能/mJ	爆炸下限/(g/m³)	最大爆炸压力/atm	压力上升速度/(atm/s)		临界氧气浓度/%	容许最大氧气浓度/%
					平均	最大		
镁	520	20	20	4.8	298	322	$a^{1)}$	—
铝	645	20	35	6.0	146	386	a	—
硅	775	900	160	4.2	31	81	15	—
铁	316	<100	120	2.4	15	29	10	—
聚乙烯	450	80	25	5.6	28	84	15	8
乙烯	550	160	40	3.3	15	33	—	11
尿素	450	80	75	4.3	48	122	17	9
棉绒	470	25	50	4.5	59	202	—	—
玉米粉	470	40	45	4.8	72	146	—	—
大豆	560	100	40	4.5	54	166	17	—
小麦	470	160	60	4.0	—	—	—	—
砂糖	410	—	19	3.8	—	—	—	—
硬质橡胶	350	50	25	3.9	58	227	15	—
肥皂	430	60	45	4.1	45	88	—	—
硫磺	190	15	35	2.8	47	133	11	—
沥青煤	610	40	35	3.1	24	54	16	—
焦油沥青	—	80	80	3.3	24	44	15	—

1) a 表示在纯二氧化碳中能发火。

附录Ⅶ　局部阻力系数

序号	名称	图形和断面	局部阻力系数ζ(ζ值以图内所示的速度v计算)										
1	带有倒锥体的伞形风帽		h/D_0										
			0.1	0.2	0.3	0.4	0.5	0.6	0.7	0.8	0.9	1.0	∞
			进风										
			2.90	1.90	1.59	1.41	1.33	1.25	1.15	1.10	1.07	1.06	1.06
			排风										
			—	2.90	1.90	1.50	1.30	1.20	—	1.10	—	1.00	—

2	伞形罩		α	10	20	30	40	90	120	150
			圆形	0.14	0.07	0.04	0.05	0.11	0.20	0.30
			矩形	0.25	0.13	0.10	0.12	0.19	0.27	0.37

3	渐扩管		$\dfrac{F_1}{F_0}$	α				
				10	15	20	25	30
			1.25	0.02	0.03	0.05	0.06	0.07
			1.50	0.03	0.06	0.10	0.12	0.13
			1.75	0.05	0.09	0.14	0.17	0.19
			2.00	0.06	0.13	0.20	0.23	0.26
			2.25	0.08	0.16	0.26	0.38	0.33
			3.50	0.09	0.19	0.30	0.36	0.39

4	渐缩管		当$\alpha \leqslant 45°$时，$\zeta = 0.10$

5	90°圆形弯头(及非90°弯头)		$\alpha = 90°$				
			R/D	二中节二端节	三中节二端节	五中节二端节	八中节二端节
			1.0	0.29	0.28	0.24	0.24
			1.5	0.25	0.23	0.21	0.21
			非90°弯头的阻力系数修正值				
			$\zeta_\alpha = C_\alpha \zeta 90°$	α	60°	45°	30°
				C_α	0.8	0.6	0.4

6	90°矩形弯头		$\alpha = 90°(R/b = 1.0)$										
			h/b	0.32	0.40	0.50	0.63	0.80	1.00	1.20	1.60	2.00	2.50	3.20
			ζ	0.34	0.32	0.31	0.30	0.29	0.28	0.28	0.27	0.26	0.24	0.20

序号	名称	图形和断面	局部阻力系数 ζ(ζ 值以图内所示的速度 v 计算)

7　圆形弯头

α \ R	D	$1.5D$	$2.0D$	$2.5D$	$3D$	$6D$	$10D$
7.5	0.028	0.021	0.018	0.016	0.014	0.010	0.008
15	0.058	0.044	0.037	0.033	0.029	0.021	0.016
30	0.11	0.081	0.069	0.061	0.054	0.038	0.030
60	0.18	0.41	0.12	0.10	0.091	0.064	0.051
90	0.23	0.18	0.15	0.13	0.12	0.083	0.066
120	0.27	0.20	0.17	0.15	0.13	0.10	0.076
150	0.30	0.22	0.19	0.17	0.15	0.11	0.084
180	0.33	0.25	0.21	0.18	0.16	0.12	0.092

$$\zeta = 0.008\frac{\alpha^{0.75}}{n^{0.6}}$$

式中，$n = \dfrac{R}{D}$

8　合流三通

$F_1 + F_2 = F_3$　$\alpha = 30°$

L_2/L_3

$\dfrac{F_2}{F_3}$	0	0.03	0.05	0.1	0.2	0.3	0.4	0.5	0.6	0.7	0.8	1.0

ζ_2

F_2/F_3	0	0.03	0.05	0.1	0.2	0.3	0.4	0.5	0.6	0.7	0.8	1.0
0.06	−1.13	−0.07	−0.30	+1.82	10.1	23.3	41.5	65.2	—	—	—	—
0.10	−1.22	−1.00	−0.76	+0.02	2.88	7.34	13.4	21.1	29.4	—	—	—
0.20	−1.50	−1.35	−1.22	−0.84	+0.05	+1.4	2.70	4.46	6.48	8.70	11.4	17.3
0.33	−2.00	−1.80	−1.70	−1.40	−0.72	−0.12	0.52	1.20	1.89	2.56	3.30	4.80
0.50	−3.00	−2.80	−2.60	−2.24	−1.44	−0.91	−0.36	0.14	0.56	0.84	1.18	1.53

ζ_1

F_2/F_3	0	0.03	0.05	0.1	0.2	0.3	0.4	0.5	0.6	0.7	0.8	1.0
0.01	0	0.06	+0.04	−0.10	−0.81	−2.10	−4.07	−6.60	—	—	—	—
0.10	0.01	0.10	0.08	+0.04	−0.33	−1.05	−2.14	−3.60	5.40	—	—	—
0.20	0.06	0.10	0.13	0.16	+0.06	−0.24	−0.73	−1.40	−2.30	−3.34	−3.59	−8.64
0.33	0.42	0.45	0.48	0.51	0.52	+0.32	+0.07	−0.32	−0.83	−1.47	−2.19	−4.00
0.50	1.40	1.40	1.40	1.36	1.26	1.09	+0.86	+0.53	+0.15	−0.52	−0.82	−2.07

9　合流三通（分支管）

$F_1 + F_2 > F_3$　$F_1 = F_2$　$\alpha = 30°$

F_2/F_3

ζ_2

$\dfrac{L_2}{L_3}$	0.1	0.2	0.3	0.4	0.6	0.8	1.0
0	−1.00	−1.00	−1.00	−1.00	−1.00	−1.00	−1.00
0.1	+0.21	−0.46	−0.57	−0.60	−0.62	−0.63	−0.63
0.2	3.10	+0.37	−0.06	−0.20	−0.28	−0.30	−0.35
0.3	7.6	1.5	+0.50	+0.20	+0.05	−0.08	−0.10
0.4	13.50	2.95	1.15	0.59	0.26	+0.18	+0.16
0.5	21.2	4.58	1.78	0.97	0.44	0.35	0.27
0.6	30.4	6.42	2.60	1.37	0.64	0.46	0.31
0.7	41.3	8.5	3.40	1.77	0.76	0.56	0.40
0.8	53.8	11.5	4.22	2.14	0.85	0.53	0.45
0.9	58.0	14.2	5.30	2.58	0.89	0.52	0.40
1.0	83.7	17.3	6.33	2.92	0.89	0.39	0.27

续表

序号	名称	图形和断面	局部阻力系数ζ(ζ值以图内所示的速度 v 计算)							
10	合流三通(直管)		$\frac{L_2}{L_3}$	F_2/F_3						
				0.1	0.2	0.3	0.4	0.6	0.8	1.0
				ζ_1						
			0	0.00	0	0	0	0	0	0
			0.1	0.02	0.11	0.13	0.15	0.16	0.17	0.17
			0.2	−0.33	0.01	0.13	0.18	0.20	0.24	0.29
			0.3	−1.10	−0.25	−0.01	+0.10	0.22	0.30	0.35
			0.4	−2.15	−0.75	−0.30	−0.05	0.17	0.26	0.36
			0.5	−3.60	−1.43	−0.70	−0.35	0.00	0.21	0.32
			0.6	−5.40	−2.35	−1.25	−0.70	−0.20	+0.06	0.25
			0.7	−7.60	−3.40	−1.95	−1.2	−0.50	−0.15	+0.10
			0.8	−10.1	−4.61	−2.74	−1.82	−0.90	−0.43	−0.15
			0.9	−13.0	−6.02	−3.70	−2.55	−1.40	−0.80	−0.45
			1.0	−16.30	−7.70	−4.75	−3.35	−1.90	−1.17	−0.75

图形说明: v_1F_1, $\bar{\alpha}$, v_3F_3, v_2F_2, $F_1+F_2>F_3$, $F_1=F_2$, $\alpha=30°$